中國近代建築史料匯編（第一輯）

中國近代建築史料匯編編委會 編

第六册

同濟大學出版社
TONGJI UNIVERSITY PRESS

第六册目録

中國近代建築史料匯編（第一輯）

建築月刊

第三卷　第五期

期五第 卷三第 刊月築建

廬寄嶺

刊月築建

THE BUILDER

〇L. 3 NO. 5 期五第 卷三第

大中機製磚瓦股份有限公司

製造廠南東浦匯縣下沙鎮

本公司因鑒於建築事業日新月異材料選擇尤關重要特聘專門技師購置德國最新式機器精製各種青紅磚瓦及空心磚等品質堅韌色澤鮮明自應銷以來已蒙各界推爲上乘樂予採購茲略舉一二以資參攷其他惠顧諸君因限於篇幅不克一一備載諸希鑒諒是幸

大中磚瓦公司附啟

曾經購用敝公司出品各戶台銜列后：

本埠

國立上海商學院	西體育會路	陸根記承造
博德運絨線廠	定海路	創新承造
海港驗疫所	吳淞	陶記承造
正廣和汽水廠	培開爾路	方瑞記承造
百老匯大廈	百老匯路	新仁記承造
錦興大廈	河南路	新森泰承造
雷斯德工藝學院	熙華德路	久泰錦記承造
揚子飯店	雲南路	潘榮記承造
中新第九廠	東京路	協盛承造
南成都路工部局	南成都路	新蓀記承造
四行儲蓄會	靜安寺路	馥記承造
工部局巡捕房	平涼路	新蓀記承造
國立中央實驗館	兆豐花園	和興公司承造
墾業銀行	北京路	趙新泰承造
南京飯店	山西路	新金記祥號承造
開成造酸公司	軍工路	王錦記承造
四海銀行	北京路	惠記興承造
麵粉交易所	民國路	元和興記承造
業廣公司	歐嘉路	陳馨記承造
法教堂	勞神父路	吳仁記承造
七層公寓	霞飛路	吳仁記承造

外埠

中央政治學校	南京	大昌公司
太古堆棧	廈門	喃喇治港公司
中國銀行	青島	錦生記承造
中央飯店	南京	新金記承造
金陵大學	南京	利源建築公司承造
航空學校	杭州	新金記康號承造

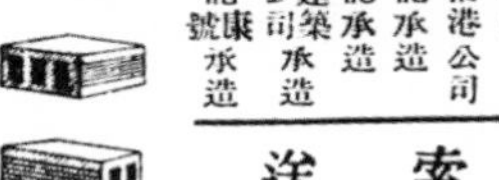

所出各品儲有大批現貨以備各界採用如蒙定製各色異樣磚瓦亦可照辦備有樣品如蒙索閱即當送奉

駐滬批發所

英租界牛莊路德興里四號　電話九〇三一一

DAH CHUNG TILE & BRICK MAN'F WORKS.

Sales Dept. 4 Tuh Shing Lee, Newchwang Road, Shanghai.

TELEPHONE 90311

英商開能達有限公司

Callender's Cable & Construction Co., Ltd.

40 Ningpo Road
Shanghai

Tel. 14378, 15365
P. O. Box 777

代客設計承攬

敷設電話及電力綫路工程

製造

一應輸電設備材料及建築房屋上所用最上等鉛皮綫橡皮綫等

經售

英國佛蘭梯Ferranti各種方棚電錶電鐘電爐及一切無綫電材料

英國福開森潘林Ferguson & Pailin各種發電輪電上應用電氣管理開關

英國牛頓來特Newton & Wright X光器械

最近首都電廠鍋爐間及抽水間所用

最高容量五萬開維愛之電氣管理總開關念壹副

及壹萬叁千捌百伏而脫之叁千開維愛方棚叁具

均由本公司供給

NO COMPLAINTS WITH

FIRST MADE TO MEET THE NEEDS OF H. M. OFFICE OF WORKS FOR ECONOMICAL MAINTENANCE OF NATIONAL BUILDINGS

HIGH-GLOSS POMPEIAN FOR ALL INDOOR AND OUTDOOR PAINTING.

SEMI-LUSTRE POMPEIAN THE SATIN FINISH FOR INTERIOR WALLS AND WOODWORK.

POMPEIAN

SAVE-A-COAT ENAMEL PAINT.

FREE COLOUR PATTERNS & PARTICULARS
from ILBERT & CO., (1931) LTD.
17 Canton Road, Shanghai.

BERGER PAINTS

本行所經理之
「胖品」漆有二種
一質良有光可用於室內及室外
一色亮如綢可漆牆頭及木器
如欲樣品請來函或電話接洽可也

總經理地址廣東路十七號老公茂洋行
電話 18667

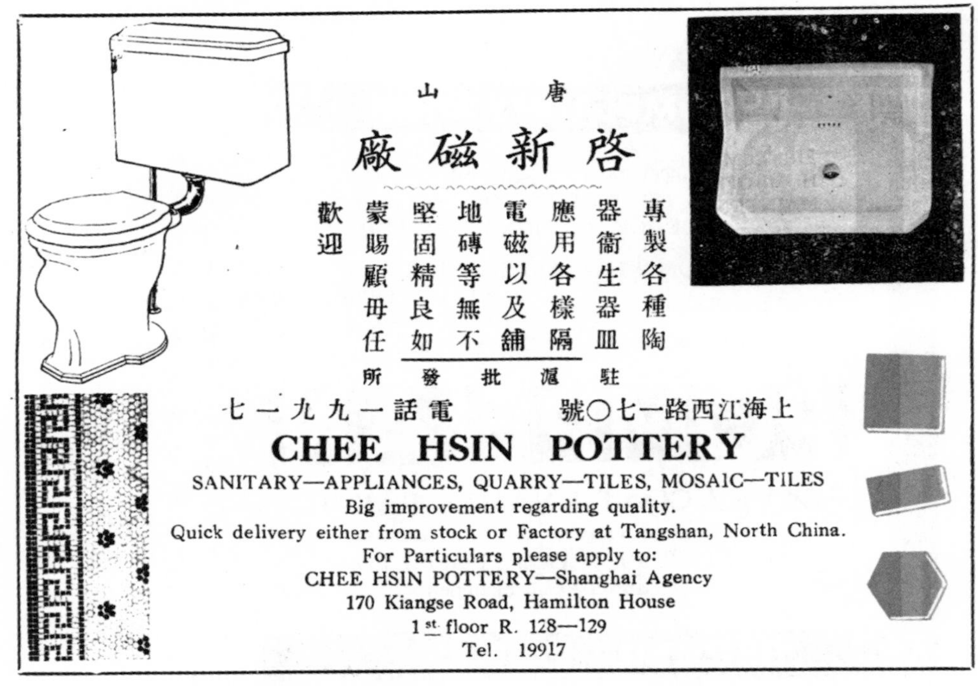

唐山
啓新磁廠
專製各種陶器衛生器皿應用各樣隔電磁以及舖地磚等無不堅固精良如蒙賜顧毋任歡迎
駐滬批發所
上海江西路一七〇號
電話一九九一七
CHEE HSIN POTTERY
SANITARY—APPLIANCES, QUARRY—TILES, MOSAIC—TILES
Big improvement regarding quality.
Quick delivery either from stock or Factory at Tangshan, North China.
For Particulars please apply to:
CHEE HSIN POTTERY—Shanghai Agency
170 Kiangse Road, Hamilton House
1st floor R. 128—129
Tel. 19917

ELGIN AVENUE BRITISH CONCESSION
TIENTSIN
SURFACED WITH K.M.A. PAVING BRICKS

欲求街道整潔美觀惟有用

開灤路磚

價廉物美，經久耐用，平滑乾燥

A Modern City needs

K. M. A Paving Brick

Rigidity & Flexibility

Dense, Tough, Durable, low maintenance

The Kailan Mining Administration

12 the Bund Telephone 11070, 11078 & 11079 (3 lines)

Direct Telephone to Sales Dept. 17776.

Direct Telephone to Agent's Private Office 19304.

信孚裝璜油漆公司

上海愛多亞路一四二九號

電話 三一七三八

本公司承辦油漆工程及裝璜設計積二十年之宏富經驗工作精良時期迅速如蒙惠顧毋任歡迎

EXPERIENCE, QUALITY AND SERVICE is a GUARANTEE of our work as PAINTERS and DECORATORS. Call upon us for this service.

The Guarantee Painting & Decorating Co.

Office & Works: 1429 Avenue Edward VII Tel. 31738

君欲享受新家庭之幸福乎？請至華藝來定能使君滿意

別出心裁

式樣優美

本號專製上等摩登木器及燈架有 美觀 舒適 耐用 價廉 四大優點

華藝木器號謹啓

上海北四川路八號

電話四五七五一號

木材乾腐如何可以防止

凡木材之易於感受乾腐者。祇須用「阿脫拉司A」護木水治之。便可使其完全免去此患。使用之法。或將木材浸入水中。或用刷子塗施木面。如用之於木材之已經乾腐者。則足以滅絕滋生之木耳及其細菌。無論土產或外洋輸入之木材。一受此水。便可永保安全。不生菌類。其力之强。為他種殺滅木耳之藥物所莫及。此在倫敦帝國大學格羅姆Percy Groom教授之種種試驗中已經充分證明。蓋彼屢在「阿脫拉司A」治過之木段上。試植木耳。即Coniophora cerebella與Merulius lacrymans。而結果全屬負性。故「阿脫拉司A」者。乃世界上最有効而經濟之護木水也。

如蒙來函索閱格羅姆教授之報告書及敍述「阿脫拉司A」之其他說明。不勝歡迎。

阿脫拉司A防腐劑有限公司獨家製造

愛立士　康德　英格蘭

中國經理處　孔士洋行　上海四川路一一〇號

裝聽：一加侖及五加侖兩種

水質濃厚　十分經濟

SLOANE·BLABON

司隆百拉彭

印花油毛氈毯

此為美國名廠之出品。今歸秀登第公司獨家行銷。中國經理則為敝行。特設一部。專門為客計劃估價及鋪設。備有大宗現貨。花樣顏色。種類甚多。尺寸大小不一。司隆百拉彭印花油毛氈毯。質細耐久。終年光潔。既省費。又美觀。室內鋪用。遠勝毛織地毯。

美商　美和洋行

上海江西路二六一號

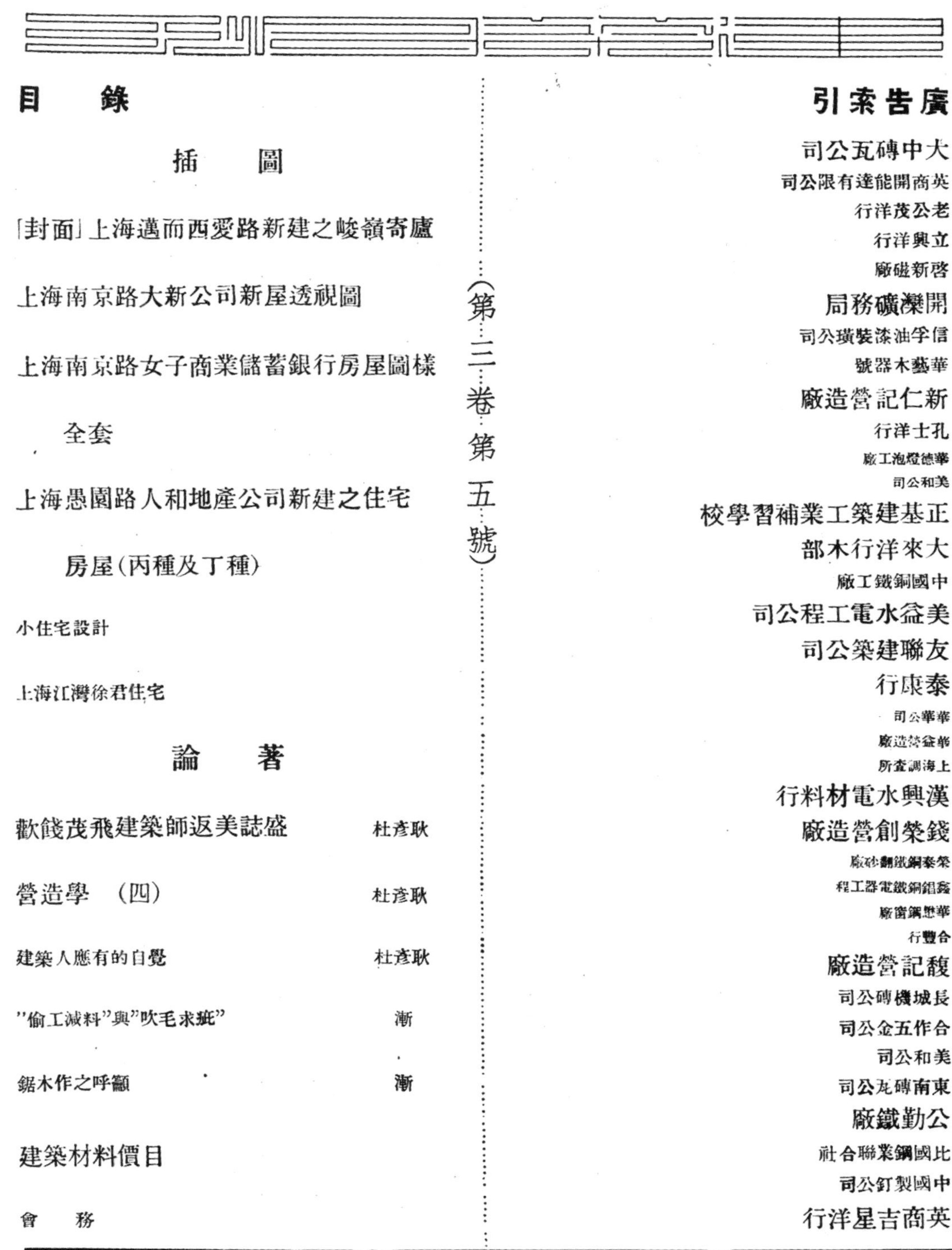

目錄

(第三卷第五號)

插圖

論著

廣告索引

上海市建築協會服務部啟事

查本部自設立以來，承受建築月刊讀者及各界諮詢工程問題，或請求代索樣本樣品者，日必數起；本部亦本服務之旨，竭其能力所及，免費解答及代索，如命辦理，以謀讀者及各界之便利。惟近查多數來函，每不鑒諒本部辦事手續，一紙信箋，附題數十。所詢內容，或範圍綦廣，漫無限制，或擬題奧邃，未便解答；或索取樣品，寄遞困難。未附郵資，尚屬其次，而解答代辦，輾轉需時，事務進行，備受影響。茲爲略示限制起見，特訂辦法數則，即日實行，幸希垂諒是荷。

(一)詢問具有專門性之建築及工程問題，每題應附郵資二十分，多則類推，惟以十題爲限。

(二)詢問各題，本部有選擇答覆之權。審閱不合，除扣去復函寄費外，原件及郵資一併退還。

(三)請求代索樣本或樣品，應預計原件重量，附足回件寄費。如不能照辦，除扣去復函寄費外，所餘郵資一併退還。

(四)來函須將問題內容或樣品種類等，及詳細住址，應用墨筆或鋼筆繕寫清楚。否則如有誤投遺失，概不負責。

上海南京路大新公司新屋透視圖

基泰工程師設計　　馥記營造廠承造

Architect's Perspective of the New Premises of The Sun Co., Ltd. on Corner of Nanking and Thibet Roads, Shanghai.

Kwan Chu & Yang, Architects.　　Voh Kee Construction Co. Contractors.

歡餞茂飛建築師返美誌盛

杜彥耿

七月二日，馥記陶桂林君，假座大東酒樓歡餞美建築師茂飛氏。來賓到者有沈君怡，薛次莘，李錦沛，童雋，哈沙得(Elliott Hazzard)，鄔達克(L. E. Hudec)等五十餘人，頗極一時之盛。席間由陶桂林君起立致辭。辭畢，茂飛君答辭，畧謂余之來華任務，可分兩種：一爲執行建築師之職務，二爲研究中國建築。蓋中國建築藝術，其歷史之悠久與結構之謹嚴，在在使余神往者也。故余研究中國建築，至感興趣。計以研究所得實施於建築者，有北平之燕京大學，南京之金陵大學與南京靈谷寺陣亡將士墓及紀念塔等，並將余研究所得，寄返紐約。余之設計構造中國建築，最初爲金陵大學。因得在座余洪記營造廠之助，而收美滿之結果。雖因造價問題，余洪記與金陵發生糾葛，然余之研究中國建築，而今施之實踐，一秉初旨，而得相當之成效。余之中國建築作品，最感滿意者，厥爲陣亡將士墓與紀念塔。此建築物屹立孫中山先生陵園之傍，爲中國有數之紀念建築物，而余得參與設計，深自慶幸，故余對之每起雋思。而余尤有欽感者，承建此項建築物者，卽爲馥記陶桂林君。陶君係余二十餘年之老友，亦卽當今建築界之健者。此次余因久旅貴邦，擬返美休養，稍息仔肩。而陶君曾數勸重遊，意殊惓惓，余亦反勸陶君遊美，蒞紐約時俾盡地主之誼。余因旅華已久，在華友人頗衆，中國之革新，亦具特殊認識。試

圖中中坐者茂飛君後立者陶桂林君

歡餞茂飛建築師返美留影

舉中國近今兩大建築，如廣州中山紀念堂，與沈怡博士主持之上海市政府，均無外籍建築師之參加，而成績特著。從可知中國建築師之努力與中國建築之復興。余若有機會，深願重來中國，研究中國建築，以與知友朝夕敘首，切磋琢磨也。余今借此機會，謹祝中國建築師之進步與陶君事業之成功云云。

× × × ×

按茂飛建築師(Mr. Henry K. Murphy)，爲國民政府建築顧問，係美國紐海文籍。(New Haven, Connecticut)一八九九年畢業於耶魯大學，得學士位。一九〇〇年至紐約，經五年之訓練，自一九〇四年起，在業務上卽頗活動。一九〇八年與台那君(Richard Henry Dana係名詩人Longfellow之孫）合夥組織公司，先後凡十二年。業務範圍先僅及於紐約及新英格蘭，繼及於近東及遠東。故在一九一四年茂氏曾游歷東方；今番蒞滬，已屆第八次矣。一九二〇年，因但氏專致力於紐約附近之業務，故脫離公司，另由馬奇與漢倫二氏(Mc-Gill and Hamlin)加入，與茂氏合作。至一九二三年，馬漢二氏退出，乃由茂氏單獨經營。茂氏在美，以設計殖民地式建築 (Colonial Architecture) 著稱，其代表作如Loomis Institute Windsor 兒童學校，(均在Connecticut)及耶魯大學教授飛爾浦氏(Prof. William L. Philps)之住宅（在紐海文），曾由美國建築師公會，選認爲唯一殖民地式建築，在舊金山世界市場(San Francisco World's Fair)公開陳列。因茂氏在業務上之成功，於一九一三年由耶魯大學贈以藝術學士(B. F. A.)學位，以示激勵。茂氏在國民政府建築顧問任內，曾將南京作初步之首都設計，安置各院部會，以壯觀瞻。並受蔣委員長之聘，設計南京紫金山陣亡將士墓。該項工程已於二十二年七月九日正式落成，蓋亦紀念由廣東出發北伐之七週紀念也。茂氏此外並担任廣東嶺南大學校董，及北平之中美文化經濟協會保管委員，與美華地產公司建築部主任等職，現均告退，返國休養，不日卽將首途云。

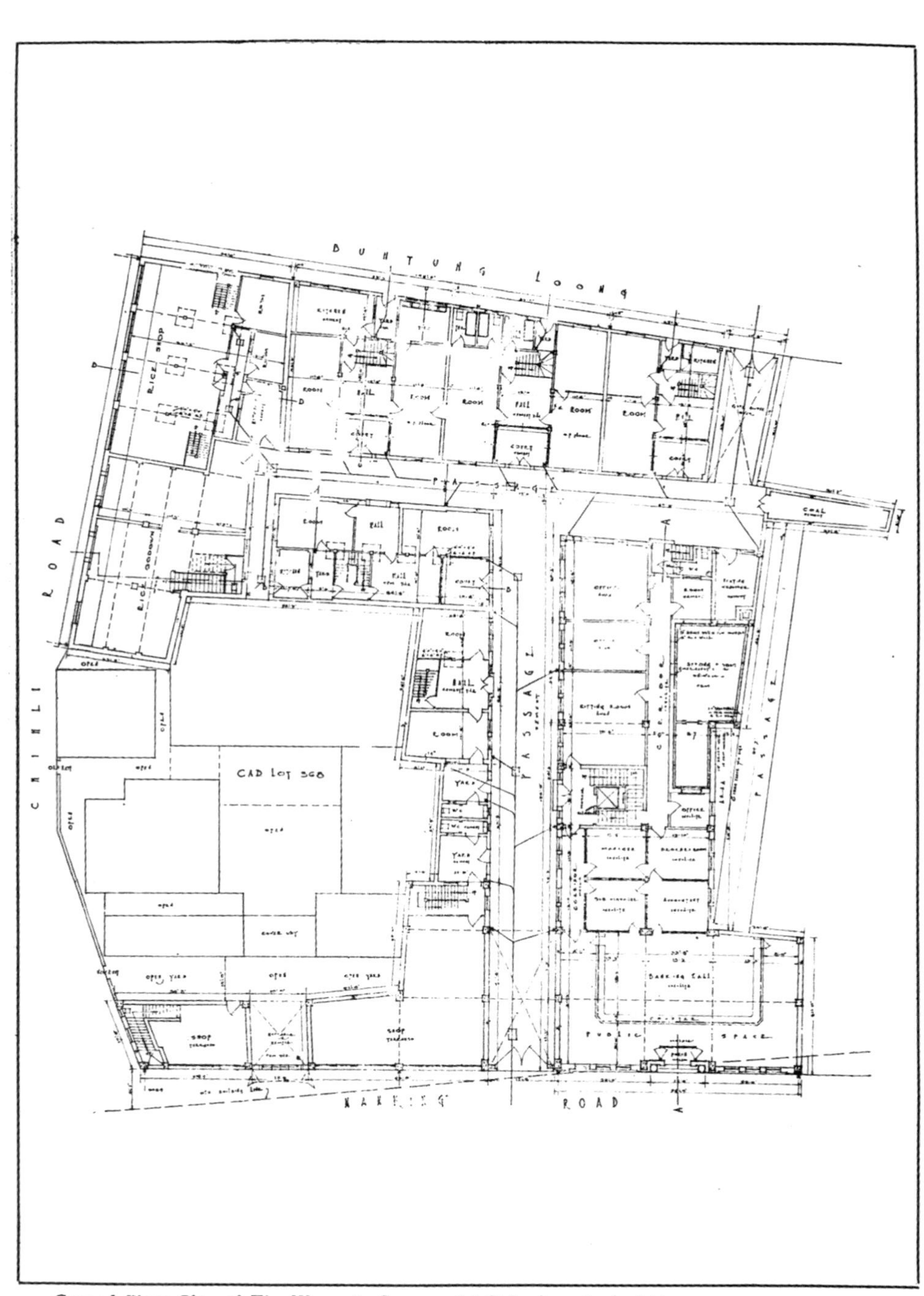

Ground Floor Plan of The Woman's Commercial & Savings Bank, Ltd., Nanking Road, Shanghai.

上海南京路上海女子商業儲蓄銀行房屋下層平面圖

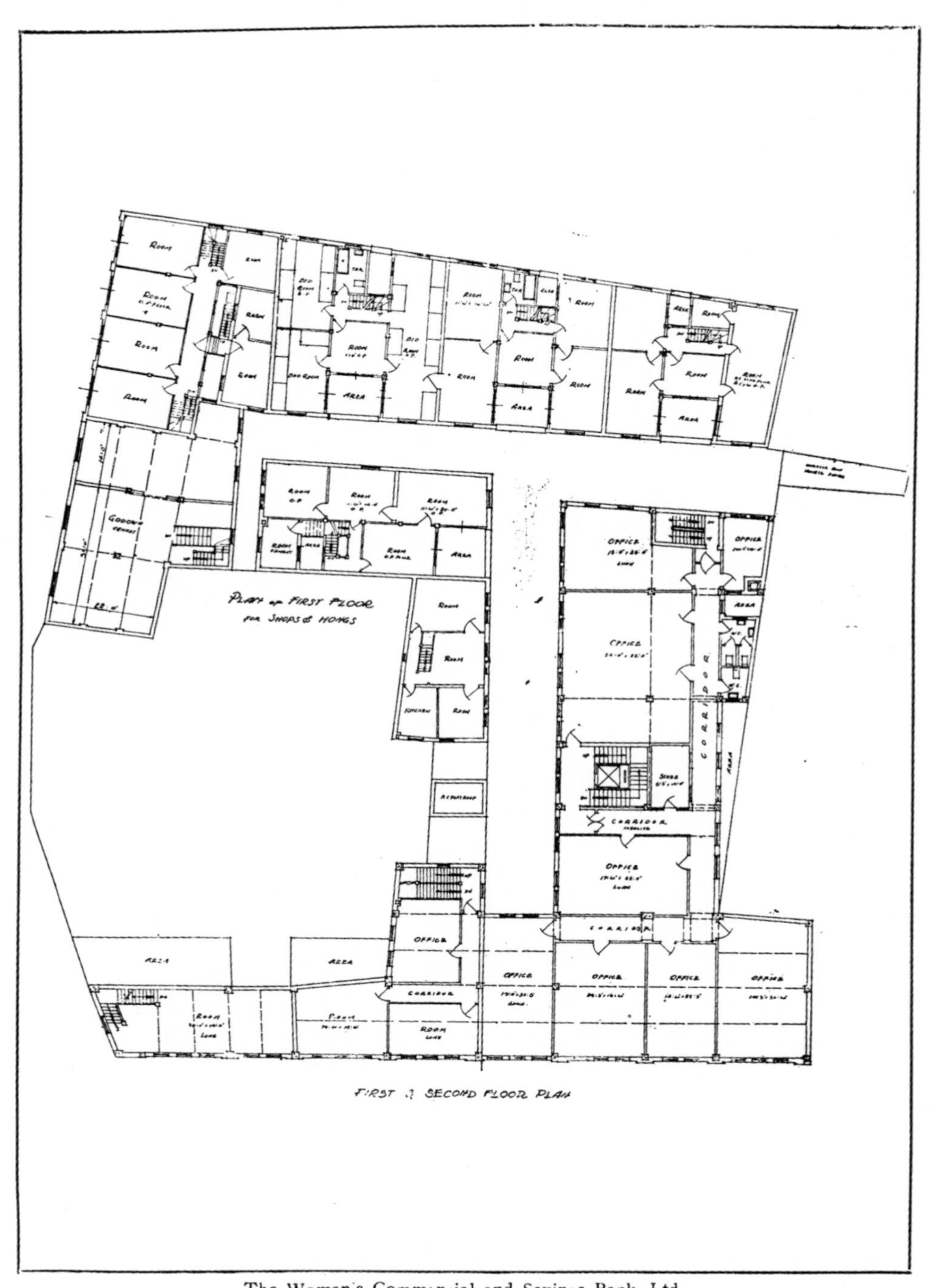

The Woman's Commercial and Savings Bank, Ltd.

上海女子商業儲蓄銀行二層及三層平面圖

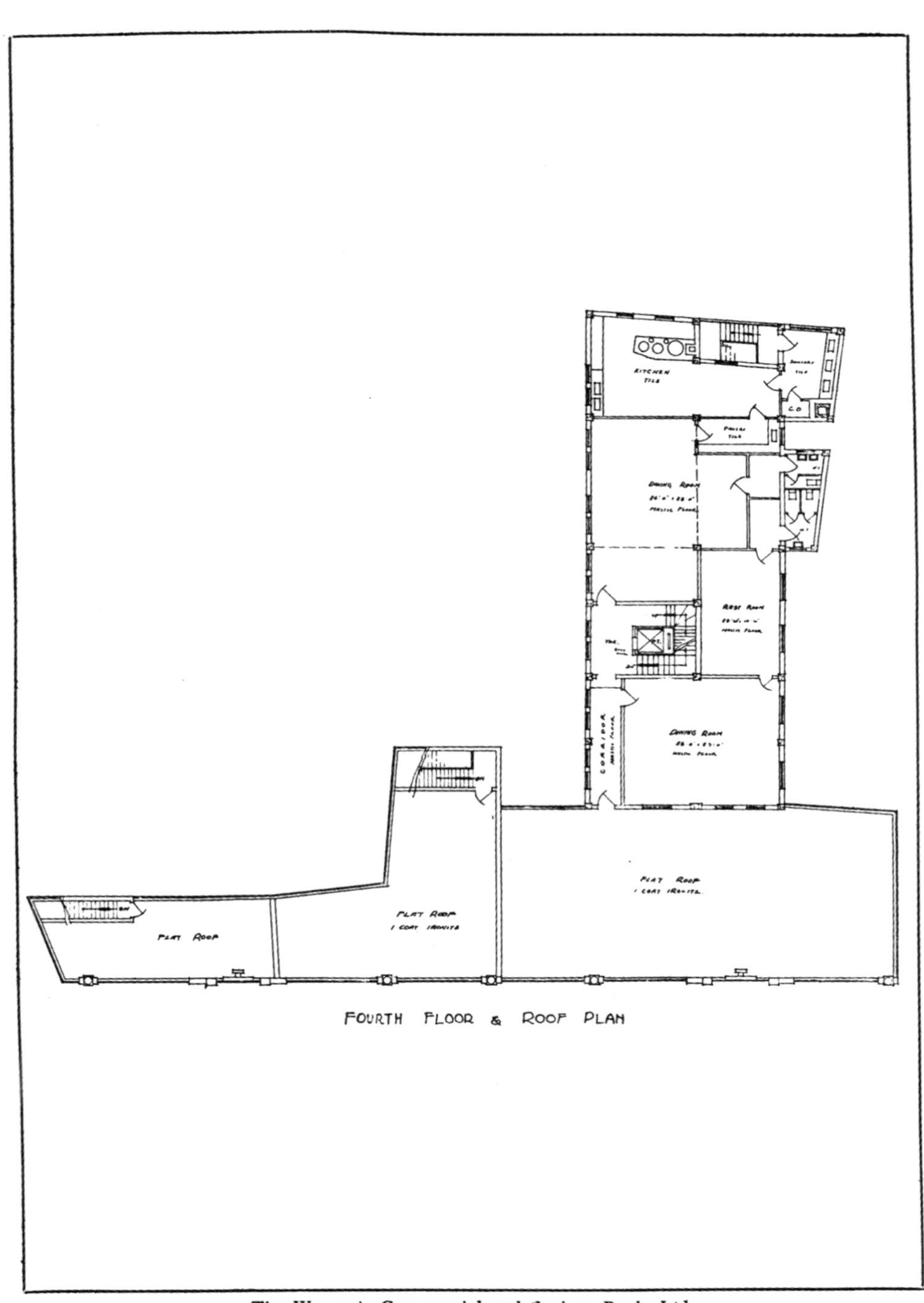

The Woman's Commercial and Savings Bank, Ltd.

上海女子商業儲蓄銀行五層及屋頂平面圖

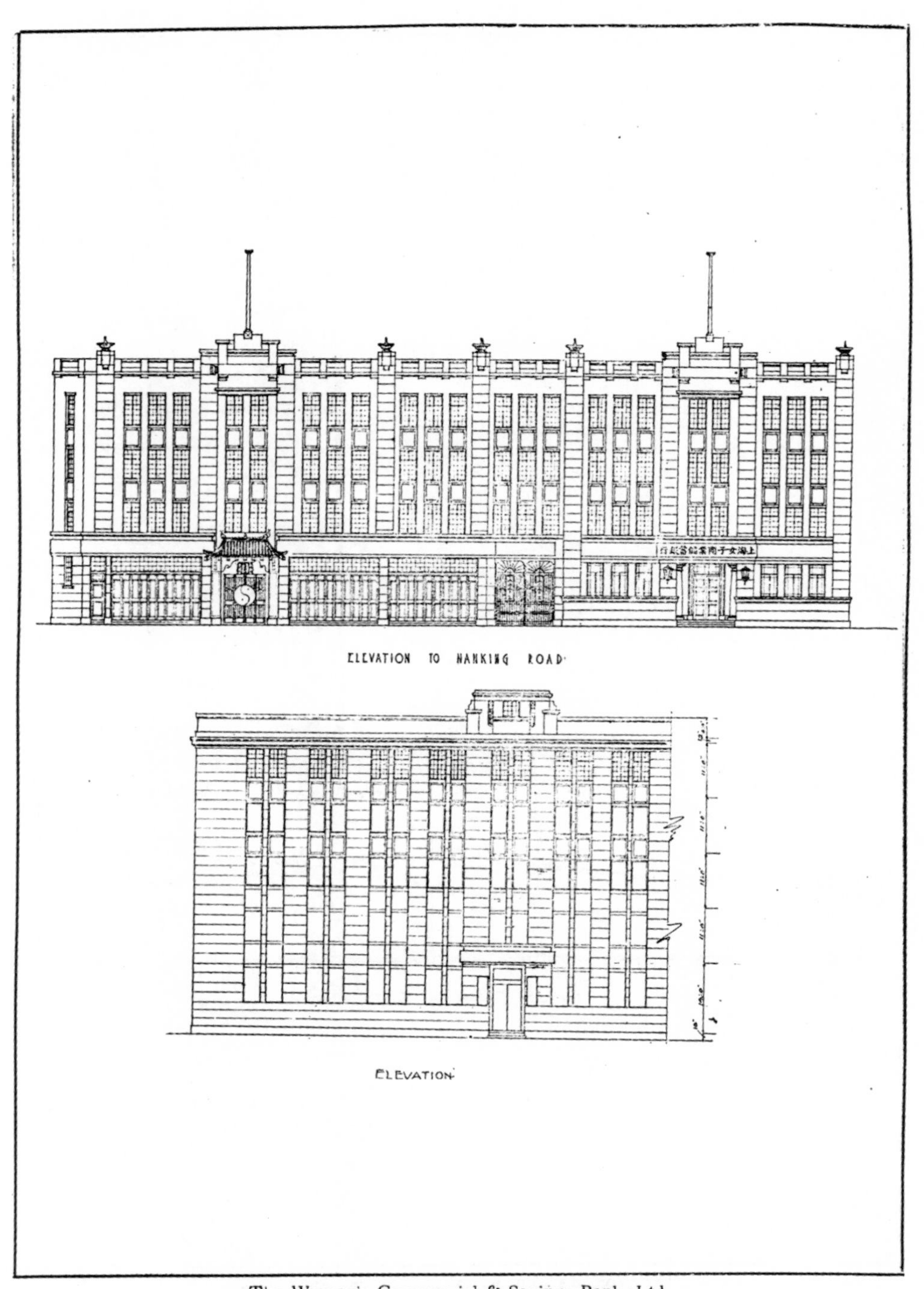

The Woman's Commercial & Savings Bank, Ltd.

上海女子商業儲蓄銀行立面圖

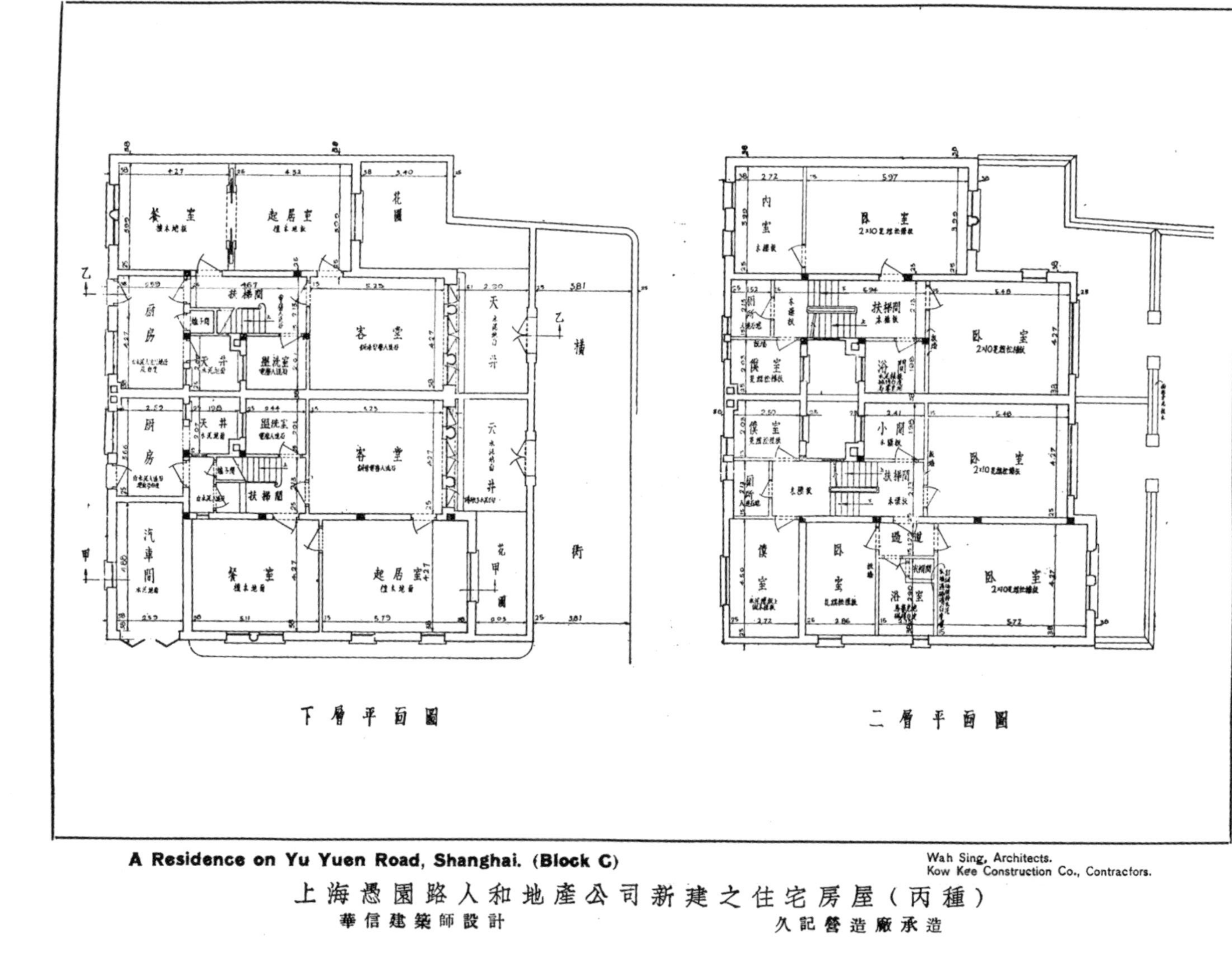

A Residence on Yu Yuen Road, Shanghai. (Block C)

Wah Sing, Architects.
Kow Kee Construction Co., Contractors.

上海愚園路人和地產公司新建之住宅房屋（丙種）

華信建築師設計

久記營造廠承造

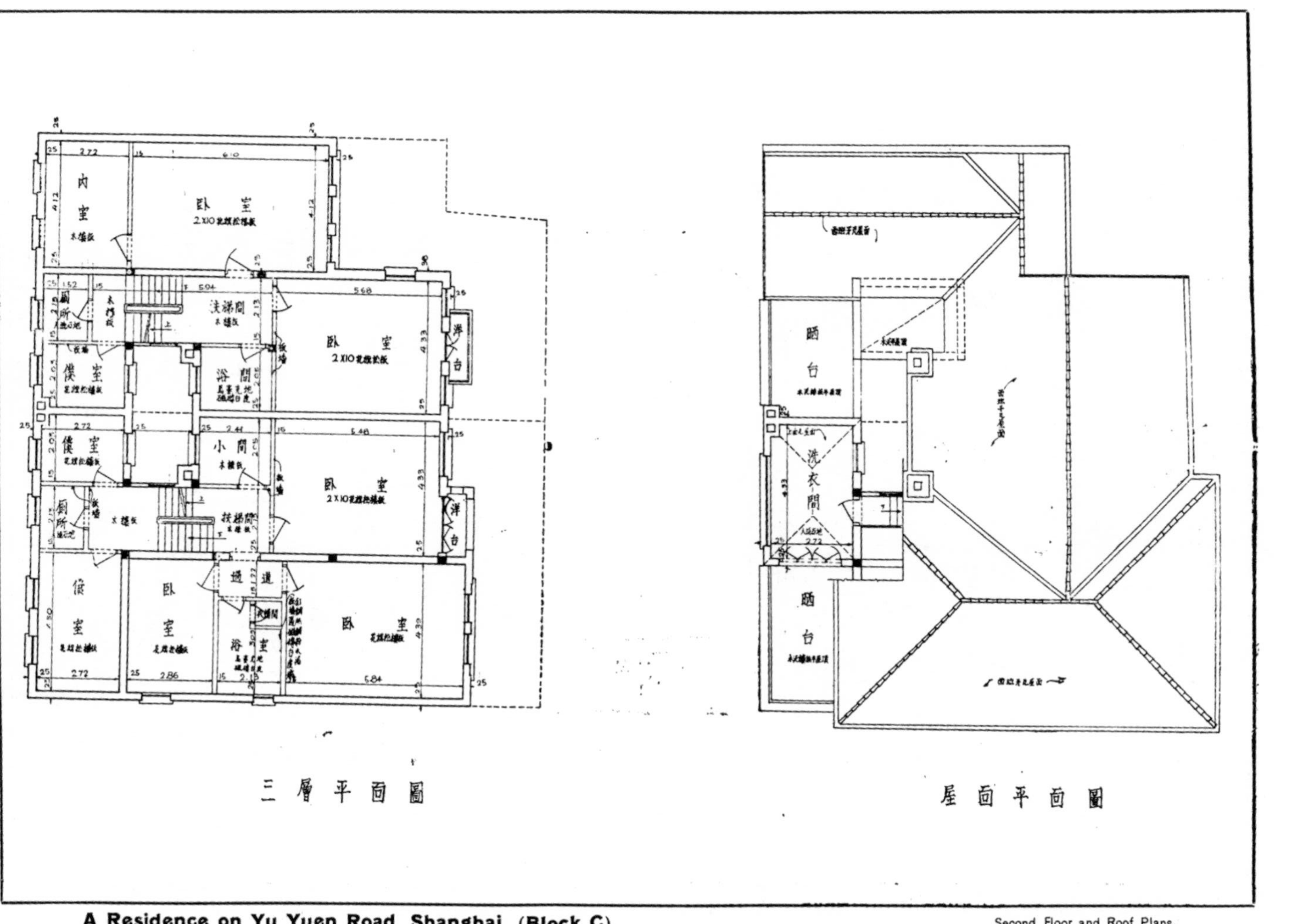

A Residence on Yu Yuen Road, Shanghai. (Block C)

Second Floor and Roof Plans.

愚園路住宅丙種

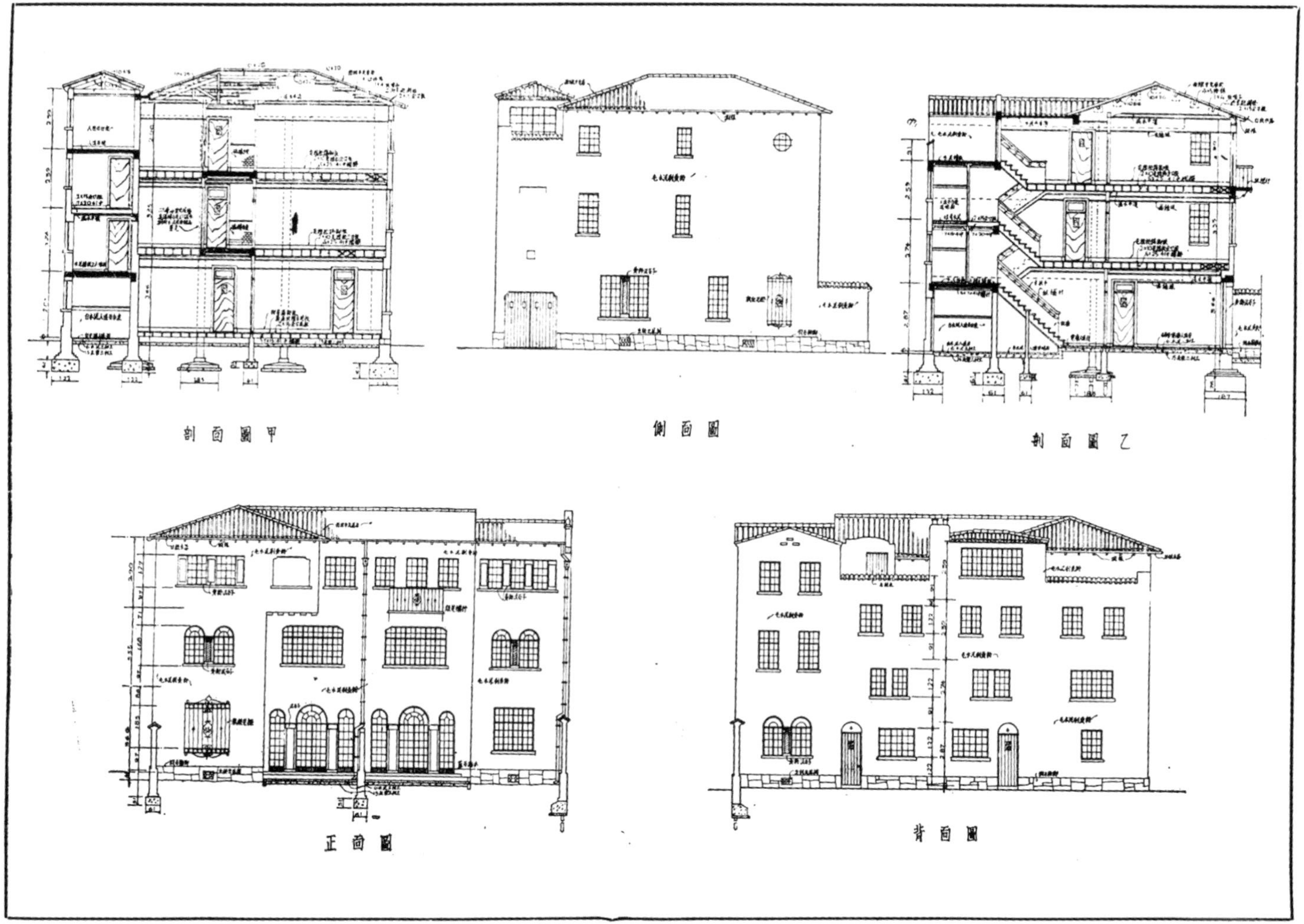

A Residence on Yu Yuen Road, Shanghai. (Block,C)

正面圖

背面圖

剖面圖甲

側面圖

剖面圖乙

Elevations and Sections.

愚園路住宅丙種

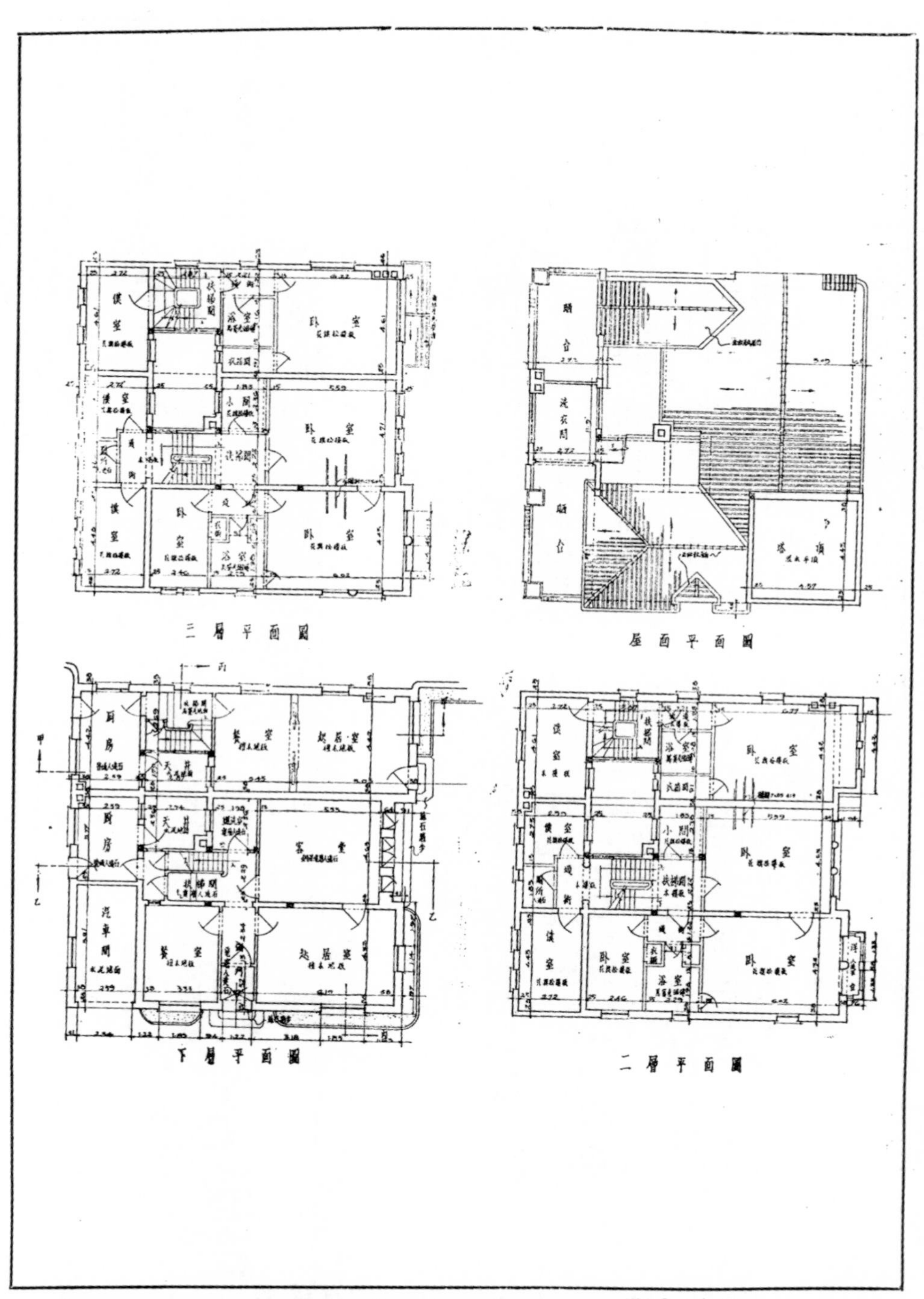

A Residence on Yu Yuen Road, Shanghai. (Block D)

Wah Sing, Architects.
Kow Kee Construction Co., Contractors.

上海愚園路人和地產公司新建之住宅房屋（丁種）

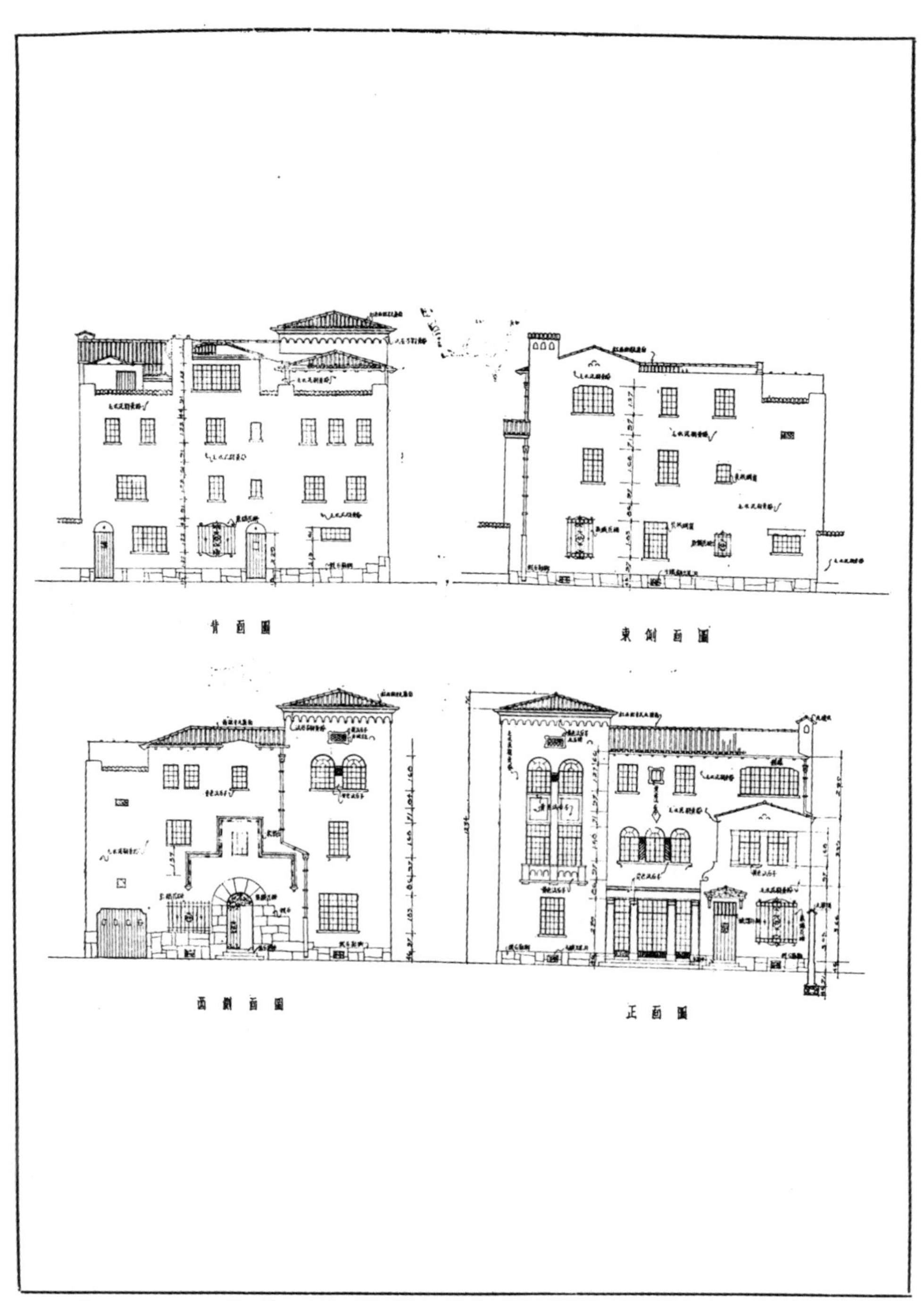

A Residence on Yu Yuen Road, Shanghai. (Block D) Elevations.

愚園路住宅丁種

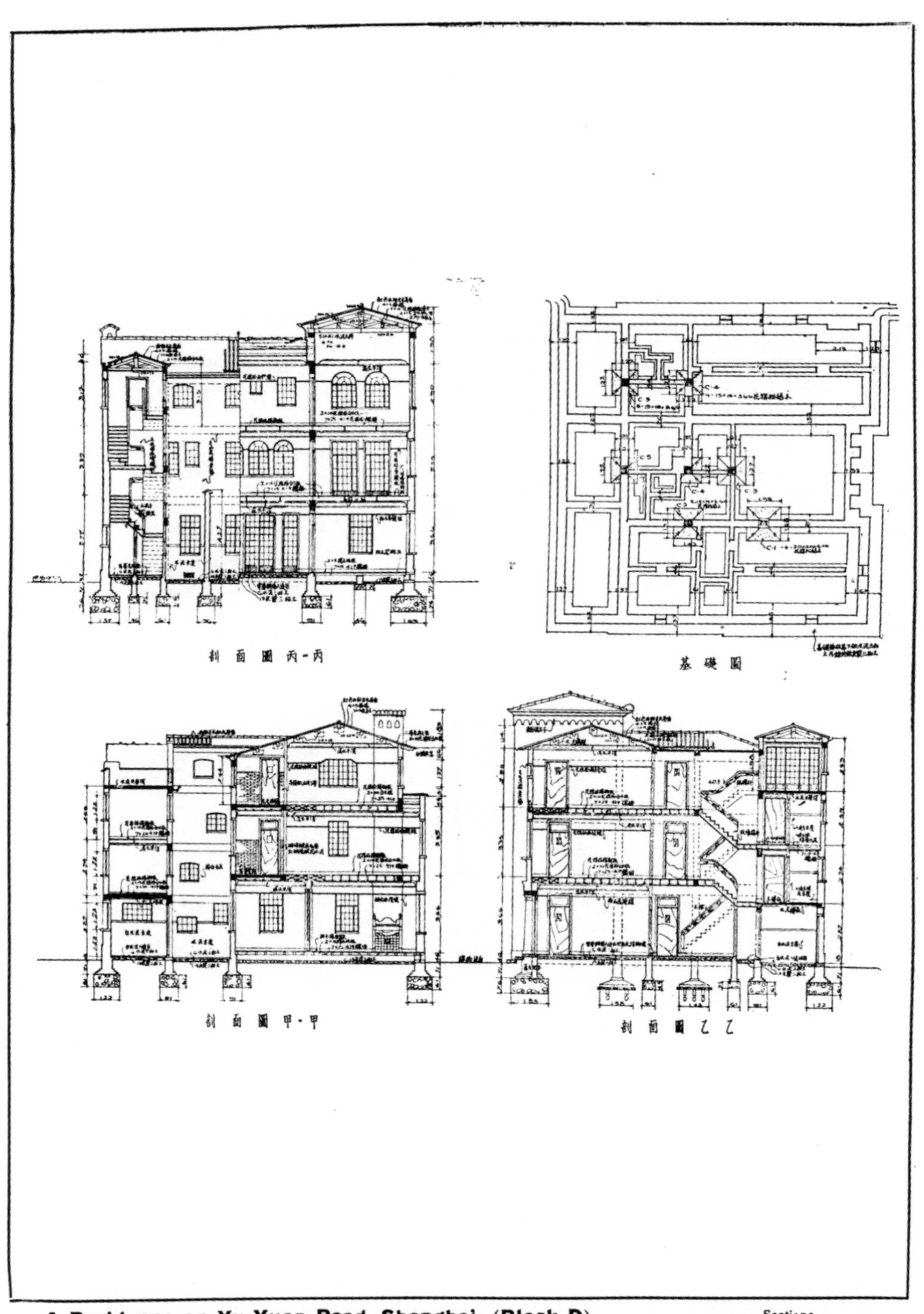

A Residence on Yu Yuen Road, Shanghai. (Block D)

Sections.

愚園路住宅丁種

Plan for a small dwelling house.

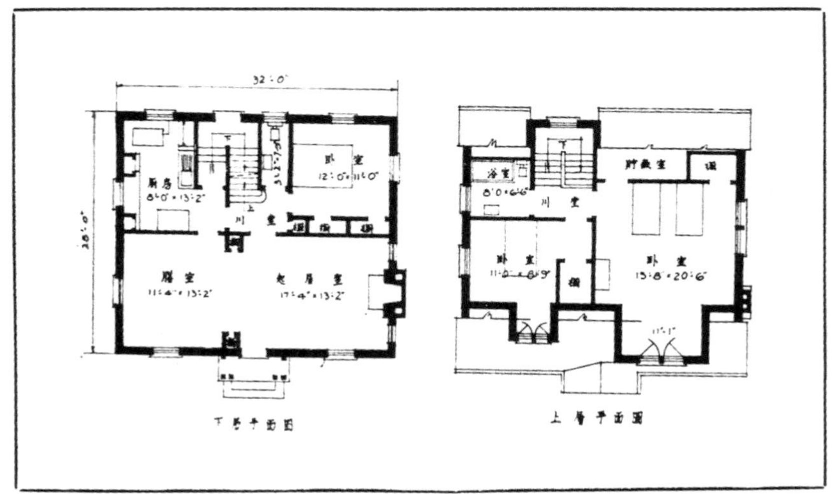

此種住屋，頗合實際需要。試觀二樓臥室之特色，與起居室及餐室之佈置，廚房間之便利等，在在足資介紹者也。

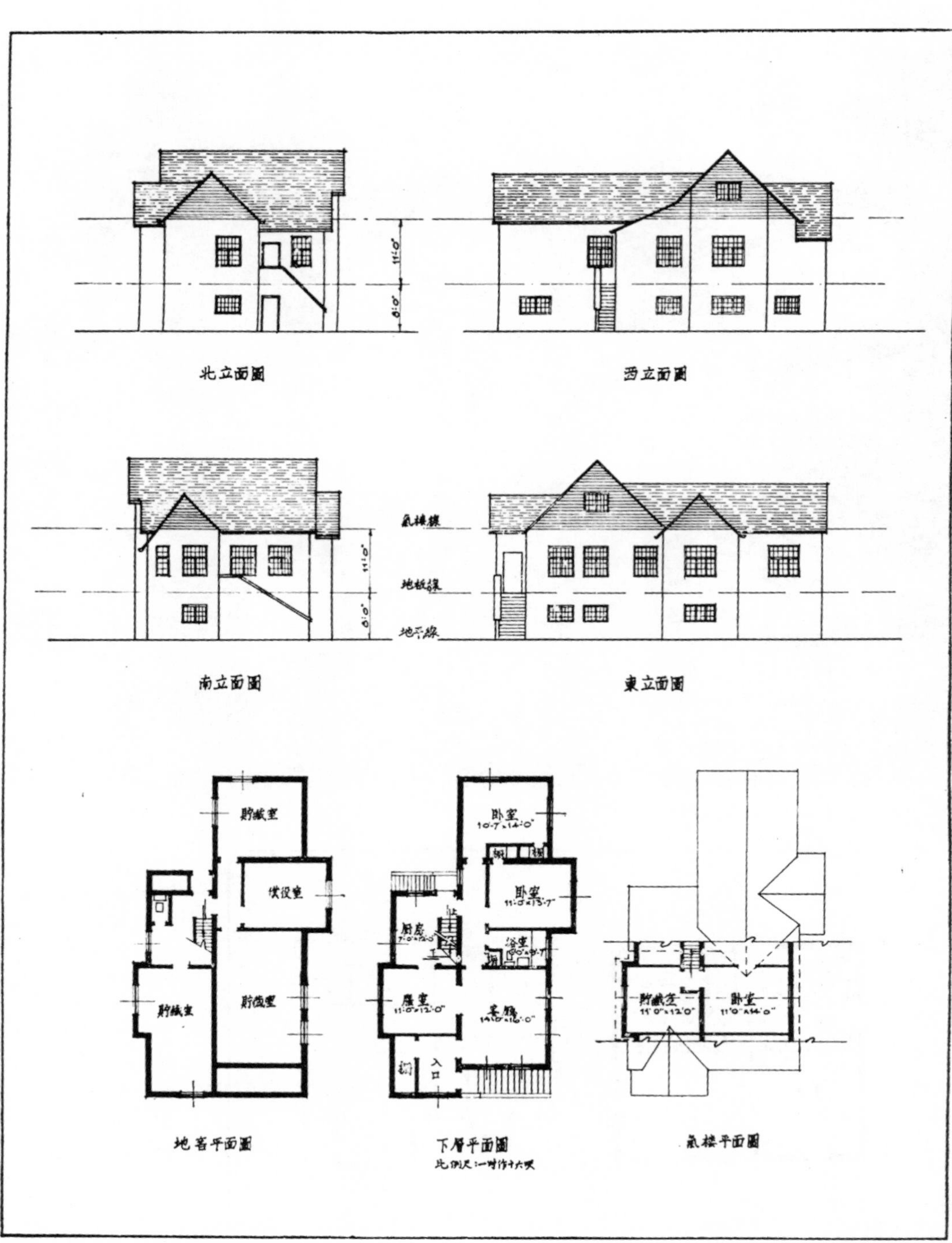

Mr. Zee's Residence, Kiangwan.

上海江灣徐君住宅

Designed by Service Dept., S. B. A.

本會服務部設計

營造學（四）

杜彥耿

第二章

第一節 甎瓦（續）

乾壓法： 此法專用之於泥質鬆脆，容易碾細者。若以之參水柔潤，必加多量之水份，殊爲不便；倘用乾壓法，自屬省事。法取地上乾土，置於盤中，直輪機器，無須加水，用機之重大壓力，非僅將泥土壓碎，且同時即壓成甎形。經此手續壓成之甎坯，不特出面光潔，而角口又極整齊。乾壓製甎機有兩種：一爲在同一動作中可以壓甎二塊，另一則可壓甎四塊。其最稱便利者，甎坯一經從機壓出，便可直輪甎窰燒煉；不必如軟泥法之甎坯須涼乾後，方可入窰也。

堅泥法： 法將泥先加水於盤中拌潤，送入鑽形之機重行調製，使之黏潤。隨即由鑽形機旋轉將泥迫壓旋出，經過旋鑽末端之模型，而成連續不斷之直條；此直條之形式，可隨所需之式樣裝置之。如甎之從旋端轉出，中間留空者，即爲空心甎或瓦筒等。自機續不斷之直條旋出後，即可割切成塊，其長短可隨意之所欲割剖之。割切機之裝置，係另設一台，用鋼絲割切者。經鋼絲切割之甎口，必成圓角形；但此角口砌牆時，甎縫略呈圓口，自無問題。若必欲頭角整齊者，則可重經機器或手工整理；同時並可壓出商標與牌號等標記。

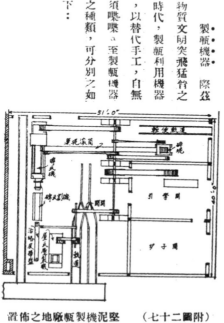

用堅泥法不獨造甎，並可製各種形式與大小不同之瓦筒，瓦片及空心甎等。其手續至簡，僅需於鑽壓之末端，裝以瓦筒或瓦片等之模型即可。

製甎機器： 際茲物質文明突飛猛晉之時代，製甎利用機器，以替代手工，自無須喋喋。至製甎機器之種類，可分別之如下：

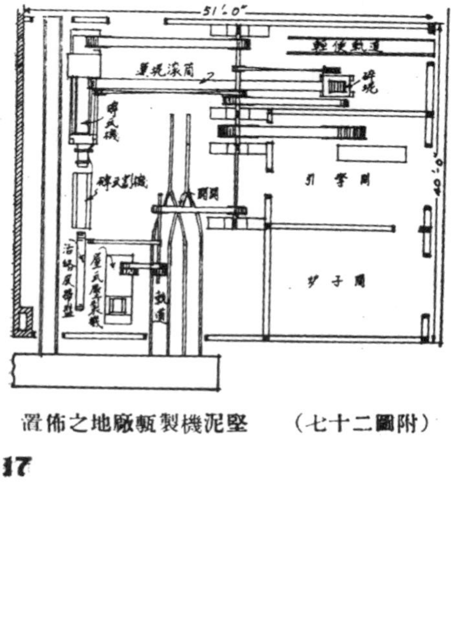

（附圖二十七） 堅泥機製甎廠地之佈置

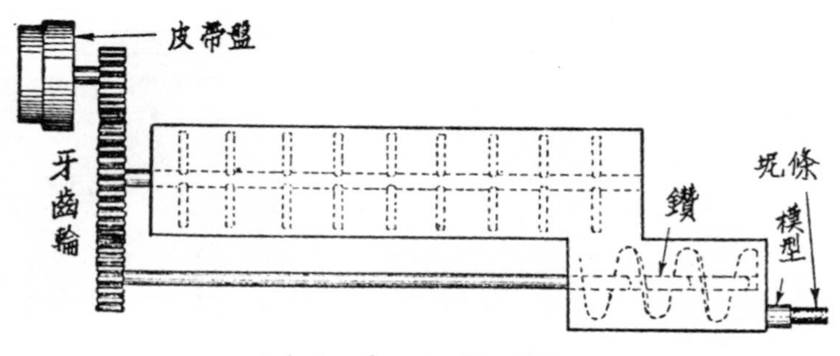

（附圖二十八）

鑽壓機之剖面

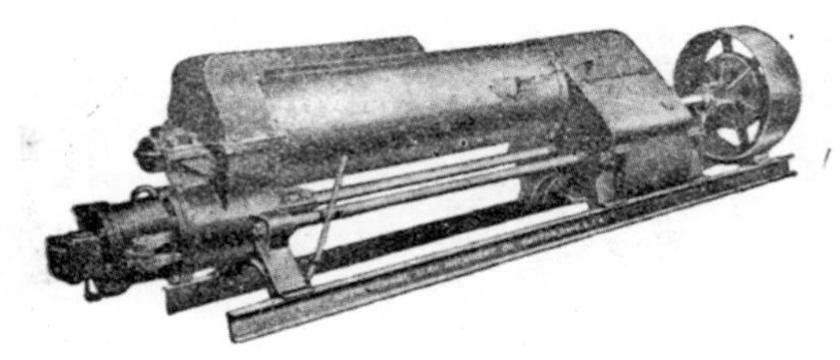

（附圖二十九）

堅泥機或稱鑽壓機，內含拌泥與製坯兩部。其上面部份係一長管形之拌泥機；下段爲鑽壓頭子與模型，泥從裏面逼出，經過模型，逼成長條之泥坯，然後再割切成甎之長度。此機可製空心磚，陰溝管等等。

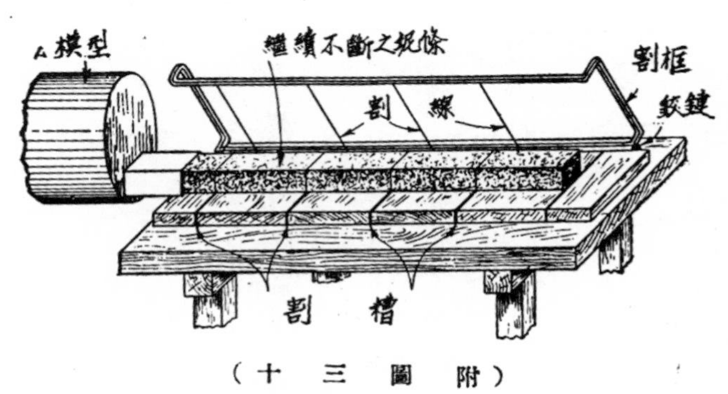

（附圖三十）

割切甎塊之情形

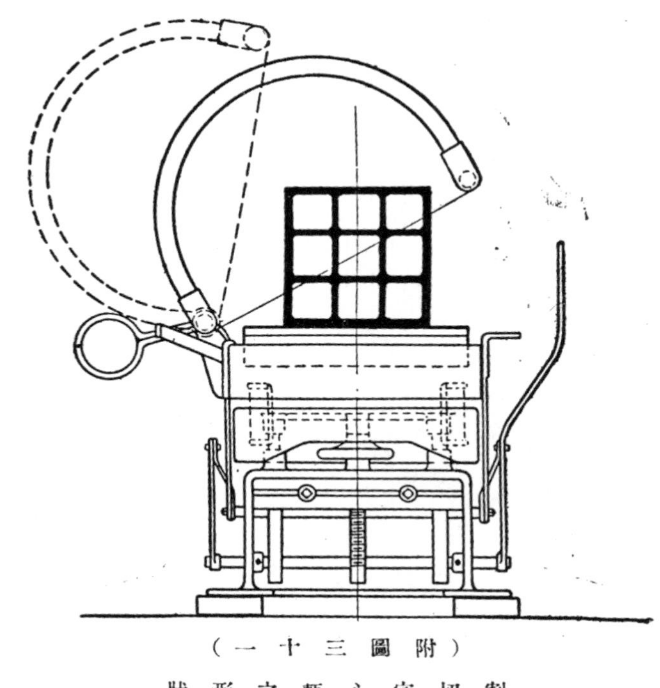

（附圖三十一）

割切空心甎之形狀

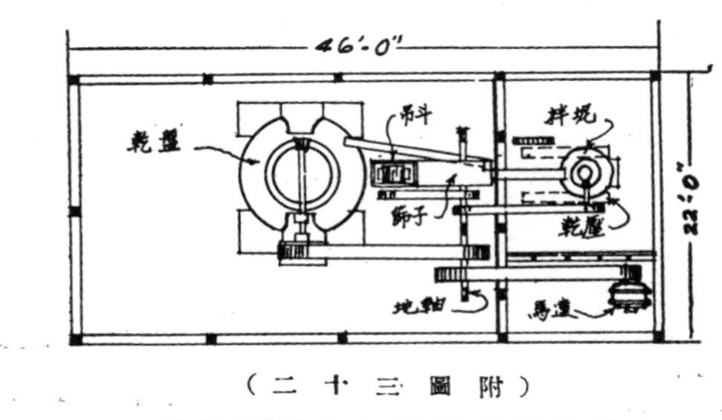

（附圖三十二）

用乾壓手續製甎之廠地佈置

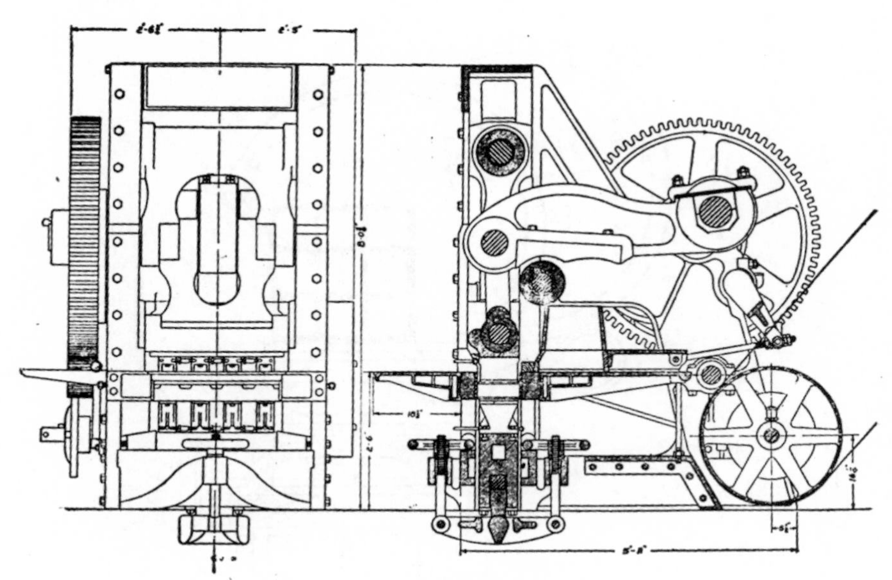

（附圖三十三）
壓甎機之正面與側面形狀

（附圖三十四）
萬國式複壓機

（附圖三十五）
萬國式軟泥製甎機

(附圖三十七)
萬國式拌泥機

(附圖三十六)
培格(Berg)乾壓製磚機

(附圖三十九)
運輸乾磚坯進窰之車

(附圖三十八)
運輸磚坯至涼棚之輕便車

(附圖四十)
萬國式暖氣烘乾甎坯之裝置

（附圖四十二）

甎坯架子長八尺，高十四格，每格五寸中到中，進深可置甎九塊

（附圖四十一）

暖氣烘乾甎坯之內部裝置

（附圖四十三）

運甎輕便車之又一式

（附圖四十四）

燒煉空心甎，瓦，火甎及陰溝管等上品甎瓦之窰。

(附圖四十五)

此窰需用材料，較任何式之窰爲省；惟構造費用獨鉅，故祇合大規模窰場之設置。

第二章

第二節　甎作工程

甎之定義　甎者，係實體之土塊，經過甎窰燒煉，或於日下曬乾者；以之組砌牆垣，藉抗風雨之侵蝕，並擔受建築物之壓擠重力。

甎作工程　甎作俗稱水作，宋李明仲著『營造法式』稱泥作，係一種專門組砌牆垣之技工。將甎用灰沙黏砌，而成一體；並將甎塊犬牙組砌，構成能任重壓力推剪力之强固建築。

甎之大小　甎之大小尺寸：普通三號甎，長九寸，闊四寸三分，厚一寸五分或一寸六分。機製甎有九寸長四寸三分闊二寸半厚者，亦有八寸半四寸一分二寸半與十寸五寸二寸等者。總之，凡甎之長，必倍於其濶；惟兩磚之闊度，應較一磚之長度稍狹，俾資黏貼灰沙之隙地。

英國建築學會對於甎之定律　下列標準，係由英國建築學會與甎業公會共同議定者，並由工程學會推派代表參加修訂規律，於一九〇四年五月一日起開始實施。從此凡建築學會之會員，於規訂建築說明書或承攬章程時，應以建築學會規定之標準爲鵠的。

(一)甎之長度，必倍於甎之濶度；並須加一頭縫之隙地。

(二)甎之厚度，以四皮磚加四條灰縫，等於一尺。

(三)頭縫應爲二分，長縫須加半分爲二分半，因甎之上下邊口，多呈曲屈，不能整齊一線之故。如此走磚長度之中到中爲九寸二分。

甎之類別　甎之類別甚多，如實心磚，空心磚，陷子磚，鏟刀磚及角磚等，式樣如下圖。

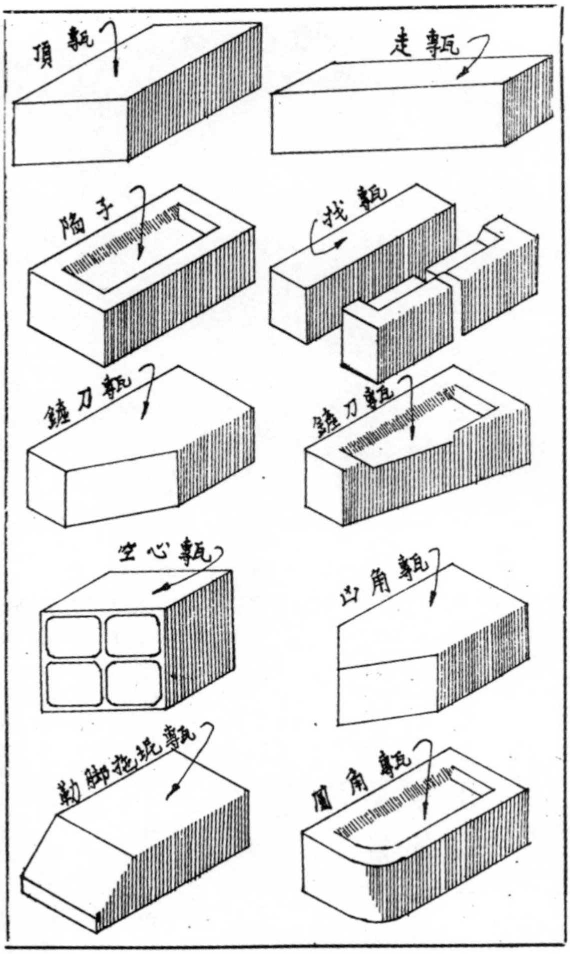

頂甎　走甎　陷子　找甎　鏟刀甎　鏟刀甎　空心甎　凸角甎　勒脚花境甎　圓角甎

（附圖四十六）

陷子磚　陷子甎吾國用者極少，惟火磚間有陷子。普通所用，均係實心者。陷子磚之組砌，以陷子向上爲是，向下則非是。（參閱四十七圖）

建築術語　皮數係指甎之在上下灰縫之間之一層，謂之一皮，如四皮磚連灰縫等於一尺。

限子　牆之外角，如牆角用甎砌者，謂之限子磚；用石者謂之限子石。

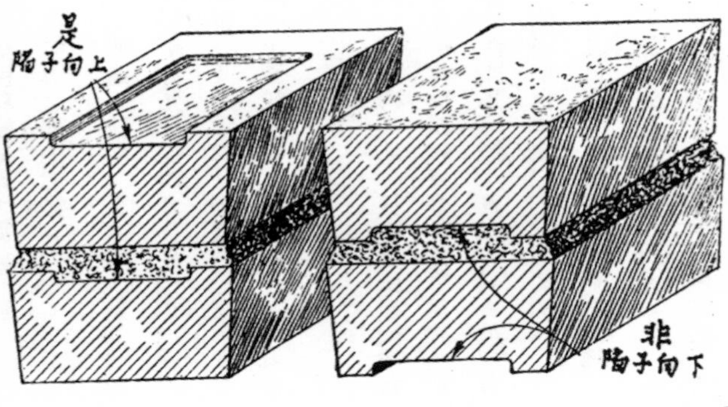

是　陷子向上
非　陷子向下

（附圖四十七）

頭縫　在牆之立面之豎流灰縫。因求磚垣組砌妥善之故，頭縫必間皮騎花，卽兩皮頭縫不可在同一直線。

走甎　甎之長面，卽九寸之一邊，露出於牆面。

頂甎　甎之濶面，卽四寸三分之一邊，露出於牆面。

找甎　將整塊甎甎，剖成所需之長度；如剖去一半，謂之五分找，剖去十分之三謂之三分找，十分之七謂之七分找等。

鏟刀甎　甎之截去一角，謂之鏟刀甎。見四十六圖。

凶角甎　甎之截去兩邊二角，成一不整之方角者，為凶角甎，見四十六圖。

勒脚拖泥甎　甎之一邊，製成坡斜形或線脚，砌於勒脚最上之一皮，銜接正牆身處者，如四十六圖。

圓角甎　甎之一角形圓，砌於牆之外角者，如四十六圖。

灰沙　灰沙係石灰與沙泥或水泥與黃沙之混合物，用以窩砌甎底及甎邊之縫，其功效如下：

（一）分任甎工之壓力。

（二）使甎與甎凝成一片。

（三）堵隔熱氣，聲浪及潮濕，由牆之一面傳達至彼面。

灰沙中所用之沙，應甚清潔，有稜角，並無泥質混雜，純粹沙粒者為佳。灰則以石灰或水泥。灰沙之混合成分，最佳最堅強者，用一分石灰或水泥與二分沙泥或黃沙拌合之。

灰沙之用石灰與沙泥拌合者，普通成分為一與三之比，即一分石灰與三分沙泥。或因石灰成色較次，則灰份增多，沙份應減少。普通石灰之品質佳者，隨時化拌，隨時可用。次等之灰化後，須待二十四小時以至一星期，方能用之。關於石灰與水泥之煉製，品質及功能，當於下冊詳論之。

水泥灰沙　水泥灰沙之混合成分，自一分水泥與二分黃沙以至四分黃沙。此兩種材料須乾拌均勻後加水。水泥灰沙一經加水拌勻，即須用罄。蓋水泥加水混拌後，即起硬化作用；若待之稍久，則效用減損，甚或時間過久，業已凝結，不復可用。

甎甎浸水　灰沙中之水份，為硬化過程時所必要者。故甎於未用之前，應先浸濕，或用噴桶儲水灑澆，俾甎潤濕，藉免乾甎將灰沙中之水份吸乾。更有進者，天氣燥熱之時，尤須將甎濕透，如此既可免灰沙乾硬太速之弊，又可去甎面上之積灰，俾使灰沙與甎面凝貼妥實。

甎工在冰凍時期　甎工在冰凍時期，應完全停止。蓋灰沙尚未凝結，含有水份，受凍結冰，則灰沙之功效全失，甎與灰沙勢不能黏合一體矣。故倘因工作急迫，不能停止者，則灰沙最妥改用水泥，於日中不結冰時工作，工畢須將新完成之部份妥加蓋護，務以不使結冰為度。再者，在此時期，雖因工作急迫勉強於日間工作，但夜工則必須停止。

組砌甎工　甎工之組砌，最應注意者，厥為甎之底面與側面之灰沙，須完全施足，不可稍有空隙。關於窩砌灰沙，有三種手續：一、刮砌，二、窩砌，三、澆漿。刮砌係將灰沙用泥刀挑起，刮於甎之底面，隨後將甎置於牆上。此種用灰沙刮於甎上，有兩種手法：一為滿刀灰，一為螺壳灰。滿刀灰者，甎底灰沙施足；螺壳灰則僅施灰於甎之兩邊，中間空虛。現在一般工人組砌牆垣，每用螺壳灰，殊屬不合；蓋此項刮砌方法，用之於單薄之牆垣則可；倘係巨厚之甎工則應窩砌，法將兩邊沿口之甎先砌，隨後將灰沙傾倒牆上，用泥刀刮開，即取甎窩上，再將空隙之縫刮斗刮足。刮斗時隨刮隨用噴桶澆水。第三種澆漿係用於鑲砌法圈或其他相似之甎工；其灰縫緊密整齊者，先將灰沙刮於甎之兩邊鑲砌，隨後取灰漿澆入中間空隙。

（待續）

建築人應有的自覺

杜彥耿

世界經濟不景氣之風潮，激盪澎湃，震撼大地，把整個中國也席捲在內。什麼入超問題，白銀問題，農村問題，失業問題等等，在在表示着社會的枯竭與死氣。建築界當然不能例外，也祇好浮沉在這惡潮裏，若不急起掙扎自拔，恐亦難免同遭沒頂的慘禍。

建築師工程師一批一批的從國內外專校大量地產生。營造商建築材料商與建築工人等，又復有增無已的投奔建築界來，想分一杯美羹。不知偏又遇到這經濟枯竭的大難關。不要說將來怎樣，便是目前已起了極大的危機。跟建築事業休戚相關的地產事業，既已一蹶不振，欲冀回蘇，不知伊於何日。實業建築在這百業蕭條的空氣中，倒閉與難維現狀的消息，相繼而至，遑論有新的工廠等建築。公共建築在近年雖較進步。但因中央與地方政府因限於資力，又不能大事建設。私人的住宅建築，更無論已。著者在遇着友人之從事建築師工程師者，談及現狀，輒歎奈何。去年曾經設計完竣之建築圖案。本約今春進行建築者，現都擱置在建築師的抽屜中。於是營造商，建築材料商，及建築工人等，都連帶地感到不知所云的窘境！

在建築材料商以及建築工人聚集的茶會裏。人的擁擠程度不減往年，但都愁歎着無所事事。往年新三號磚每萬價格一百二三十元的，現在每萬只售五十三元；石灰每担二元二三角者，現在祇售一元。材料的價格已是這樣低落，但依舊沒有交易，無人問津，所以現在的癥結，不單將貨物貶價，便可將病入膏肓的建築市面。救蘇更甦，必須要靠建築人自己聯合起來，共同研究對策，闢出一條出路纔是。

中國地產商的目光，都是拘囿一隅，不思向外開展，牢守着一方蚯蚓吃一方坭的故態。偪促在都市的一角，相互競逐。本來上海南京路及外灘的地段，與南市斜土路閘北太陽廟等地無甚區別。一樣在這地面上可建房屋，如何一面捧得這樣高，一面却抑得那樣的低。在斜土路低窪的草蓬裏，仰頭便可望見摩天建築的屋塔。在這短程的距離中，地價與房屋的租價，竟有非能想像的差別。若是土地有知，也要抱怨地產商不該把同樣的土地，有着極大差額的地價。因了地產商抱着趨炎附勢的方針，便有地產事業一落千丈的結果，此亦早在一般人的臆料之中，因為地產商祇把鬧市地價拚命提高，不知居住鬧市者的經濟力，是否能作正比例的担負。地產在盛時。每經一次買賣，每破一次新高價的紀錄。如此輾轉買賣，高價迭現，彼時卽知最後一人購進者必吃大虧，特不知最後為何人耳！現在固然高價吃進的，跌了價依舊吐不出來，何苦早不把眼光放大些呢！這都是有個原由，因為中國本無地產事業，起初是由外人經營。外人在內地沒有置產權，故祇能限於租界一隅。可巧因着內地多事，所以內地稍有資產者，咸把租界視作安樂窩。租界的人口既然突增，地價亦隨之日高，外國地產商的自不必說。白手來上海的外國人，資產積得最速最巨的要以經營地產者為最多。國人見有利可圖，也追踵着營地產事業。經營之區，也限租界。更妙者在租界內的土地，若係道契地，要比方單地價昂。故中國地產商，無形中也變成外國地產商，因為這契上地權人的名字，都是外國人，照理地產商應負開闢土地的負任，不可跟着外國人在同樣小範圍內瞎幹。外國人因無權在內地置產，所以沒法；而國人權限在握，為何也跟着在蝸角裏投放巨資呢！

地產商應當看準了一處可以開發的地。在那裏的地價，必很低廉。便投資作大批的購進。若因交通不便　並須獲得築路權。從這目的地與重要城市，建設電車路或公路，相與貫通。同時沿路一帶地產，也可投資收買。在此路的終點的目的地方，先開闢公園遊嬉塲溫浴塲餐食堂茶亭，戲劇電影等種種高尚設備。他如圖書館，動物園，種植園水族館兒童遊戲設備等，祇求人們到了這個地方，不論老少男女，都能稱適愉快。因為人在城市裏居住營謀，好比一只鳥關閉在籠子裏，舉目一望，都是死的物質，缺少自然界的調劑。所以每逢假日，多要往名勝的地方去覽賞。但是說也可憐，本來很好的名勝，因人去得多了，便有一般俗人還把好好的地方攪俗。本來很幽雅的地方，造起一座俗不可耐的洋房，前面開闢一所園子，在萬山環抱的天然的山上壘起一座假山，試想妙也不妙。天然名勝的地方，祇要略施人工，稍加點綴，人去了自然留戀忘返。普通商人有了錢去築別墅，那裏顧到俗與不俗，這眞同不識字的兵士，撕碎古書擦槍一樣的道理。

地產商可觀透人們這種需要，明白人為何出着很高的代價，寄生在白鴿籠式的囂市呢！人都是不願的，但因着交通的不便，又不得不擠在偏促的一隅了！所以地產商可在離市稍遠地方，先開公園，築路通車。車價特別便宜，則暇日遊者必衆。車價雖低，然因遊者衆多，也可開支。若遇不足，則有遊嬉塲及地價提高的盈餘可資補償。

在公園的裏外，與沿路一帶，標立告白，沿路某處地價若干，公園裏面若干，園外若干。遊者見了交通便利，地方清幽，也都樂於購置地產，同時並可代客設計房屋圖樣與建築事務。除了應得的相當利潤之外，不可過事提高地價與建築方面之分外利益。如此地產商與客人兼得其利。這是地產商長久的事業，雖然不比在鬧市裏，今日購進一處產業，隔不多時，重行脫售，大可賺錢那樣乾脆。但是這不是地產事業，實變成投機事業了！

（待續）

「偷工減料」與「吹毛求疵」(續)

漸

初意棧房底基完成，接着便可做辦事院底基。棧房底基完成，便應紮立柱頭鉄，撑柱頭壳子板與樓板壳子；豈知直待澆完樓板水泥，底下有了隙地，可置黃沙石子等材料，方得回頭整理辦事院底基木型，將鋼條重行拆起，用鋼絲帚擦拭，把銹痕出新，所費工夫，實屬不貲，更因所訂合同期限共僅十月，眼看三個多月過去了，計算起來尚餘六個半月的時期，要造六層高的房屋。現在連底脚尙在動手，沒有做好，心中焦急，可以想見。因爲合同內規定逾期一日，罰款百兩。工作若能順利進行，加緊趕築，或能如期完工，免遭罰款。偏遇那多方刁難的工程師，問題百出，直是防不勝防。例如鋼筋紮舒，請他來看，事先把鋼條底下的壳子板用水冲洗盡淨，雖有極細裂縫，亦用薄板鑲嵌。平台上面復用馬機擱起，佈着脚手板，人都走在脚手板上。一切都佈置妥了，他先命副工程師檢閱。迨副工程師看了沒話可說，便去復命。他也不即就來復檢，藉口在別處視察工程，或說是在辦事室有事，多方稽延，遲遲其行。迨他來時鑲密的板縫被熱烈的日光晒得豁裂了，便說不合，或是因恐壳子板被晒裂，所以常常用水冲洗。因爲不即來看，水冲得太多了，板便伸漲，看了不平，又說不合。副工程師看的時候鋼筋本來紮得很齊，因爲不即復看，工場裏面人多，加諸工人都係自顧自的，別人做成了的工作不知加以愛護。例如鉄匠紮成的鋼條，工場中的工事長若見有一平台板離縫了，便命木匠去嵌。這位木匠在上去時，總不顧在脚手板上行走，便在紮成的鋼條上亂踏。本來很挺直的鉄，被他踏倒，這還不算。他找到了裂縫的地方，便蹲下去，拿着一根板條，對板縫看看。板條如嫌太厚，嵌不進去，便用斧頭把板條斬薄。可是斬下來的木片木屑，散了一地，一陣風來，把這些片屑又吹到大料鐵的底下，試想那工程師在這時候來了，那時不用說是一定不合的了。這樣躭擱了幾天，鋼條的脊肋上面發生黃銹，說是銹了應取拆下來，用鋼絲帚排拭。不知不去拭他，到還不妨，一拭之後，把鋼條外面一層法藍拭去，格外容易發銹，那是一輩子不稱適了。補救之法，惟有做些手脚，取紗團醮油少許，將鋼條擦抹，隨後再用乾淨紗團揩擦，方看不出曾經用油抹過。鋼條看去自亦清新。不過今天若不來看，明天一早又得如法泡製一回。

大概工程師檢閱鋼筋，祇須檢閱鋼筋是否有錯，組紮整齊合式否，以及木壳子板的尺寸正確與工作是否穩固；澆擣水泥的時候不致漏漿，及木壳子板不勝負重等的弊病，除上面所說種種問題之外，還得來干涉堆置黃沙石子水泥等的數量與品質。他預先在柱子上劃定標準線，黃沙倉庫裏的黃沙，最多不可堆過劃定的標準線。若過此線，他便說太重，恐基礎不固，勢須壓壞。若少堆些，又恐少了，澆擣水泥的時候，若遇不夠，再命車送，復恐緩不濟急。石子也是這樣，要照標準線進貨，多了少了，全都不合。此外還要排剔黃沙的粗細，石子的均勻，與石質的堅嫩等。手續的煩重，可見一斑。

凡是營造商若遇到了這種工程師，簡直是遇到了前世的寃家，實在沒有辦法。更因我們建築商人都沒有保障，遇到這種不幸事情，可說全無補救辦法，祇好自認悔氣，那天他來檢閱鋼筋之後，照例要看黃沙石子水泥等材料，我以為看了，或無他事，不知他去看了黃沙石子等沒有話說，迨去看拌水泥機的拌桶，說桶內留有凝堅的殘餘水泥在裏面，須要把這些水泥鑿去後，再叫他來看過，方可開車澆擣水泥。以後每次澆完水泥，仍須把拌桶整理乾淨。

鋼筋水泥工程的木壳子板，照理最多四個星期便可拆去。天氣燥熱的時候，二個星期也已足夠。依我的經驗，有一次建築一所六層高的楼房，因為這工程很急迫，時在十一月裏，混凝土澆了九天，便把木壳子拆去。一所六層高的楼房，祇有十個星期便完成了。像這種工程何等乾脆爽快！這全恃工程師的經驗豐富，凡事確有把握。若遇到不二不三的工程師便倒足八百年的霉。一切的一切，都捧着書本走，這真要命。你要替他解說，他是拗執不悟，意為你給他當上。說他外行，他却有工程師的文憑。說他工程師，連工程師的屁渣都沒有。這種人混在工程界裏的多着多着，無論在那一處工程，有了這樣的人，便夠受用了！

那位只知二五不知一十的懶團工程師，對於木壳子板，也說四個星期可拆。但是事實上終要挨到六個星期。本來下層的壳子板，預算可拆下移用到四層。現在被他這一躭擱，勢須多添二層壳子板。試想這種損失，向誰申訴。如若多損失壳子板，對於工程實際如有好處，倒也罷了。無奈這種已逾時期的鋼筋水泥，他早已堅硬了，雖有壳子板附着，已等沒有。一方則需用壳子板，須購新料，這種損人不利已的舉動，祇有那種吃死人不吐骨頭的工程師能做。這種人真是別具腸腑，連人類的同情性都早失了！

說也好笑，在已擣成的水泥樓板上，堆放甗甎，祇准放三塊高，多了說樓板不能担荷這重量。但是一桶水泥的重量，難道等於三塊磚的重量麼？一池的灰沙，也等於三塊磚的重量麼？如磚須在池裏浸濕後方可砌用，但一池水的重量，與水中所浸磚的重量，在在多要超出三塊磚的重量，他倒不說。而工人將磚自地運上去的時候，祇准堆高三塊，因為工人運磚，一手總是五塊，要求堆放五塊，他始終不允，只許三塊。若問他一桶水泥與五塊磚比較孰重，我不知他怎樣來圓他的玄說。總之，這種手段都是在搗亂，早已越出工程師的範圍。可恨吾人沒有團結，一任他人的壓迫，一些沒有自衞。我每逢有這種悖乎常理的事情發生，每有一次抗議書去。後來不但引起建築師的不滿，連同業聽了，也埋怨我說不該硬撞。但是除發抗辯書外，尚有其他自衞的方法否？閒人祇說閒話，要我去低頭賠禮。生意人和氣生財，不妨陪着他去逛逛窰子，買些重禮送給他，也許會有轉機！不要大家弄得面紅耳赤，爭了氣徒自吃虧。我也知道這些話在替我設想，都是好話。但是要我這樣去做，我根本沒有這種才能，故只能做建築商的敗卒。我自已也明白自已太戇直。因此自這次工程完了，誓不再做營造商。現在那種齷齪的環境，也不允許我再做了！

有一天他動手打了我的工事長(俗稱看工)，我便又寫一封信去、建築師問及他如何打你的工事長，有何人看見，我說我雖沒有親見，但工場裏看見的人多着，除工事長自已報告被踢外，工人都說工事長被工程師踢一腿。懶團聽了急辯說沒有踢，說我們撒謊。他並要我提出證據。我說人證都齊。建築師見情形不對，急命我先出去。那懶團在裏面的建築辦公室裏好久沒有出來，大概是建築師在埋怨他不應這樣魯莽。因爲在隔天一個西崽告訴我說，那天懶團出來的時候臉上很不好看。

本來營造廠與工程師是同在服務。不過在職守上有些分別罷了，應當大家客客氣氣，保持好感。惟獨這個懶團正是氣燄萬丈，偏碰着我沒有好的嘴臉給他看，弄到後來他也不要見我了。工程上事務，只對我的工事長說。最好笑的他見了我在這裏，他便避向別處，把砌好的牆亂拆。總之，他見我在這裏，總得找些事情出來，大跳大鬧。我聽不過了，走向前去，他又跑往別處去了。

後來這處工程完了，結算期限，已過七個月。本來十個月的工程做了十七個月，卽除雨工，亦決沒有七個月可除。後來數經交涉，結果依照合同，罰了五十三天。每天以一百兩計算，共罰五千三百兩，虧本一萬五千兩。工程結果，如釋重負。一旦擺脫了這個煩惱，決不再做營造生意，因爲這十七個月的寃氣，吃得太多，覺得有精力有資本，難道傍的生意不能做，一定要做營造商的嗎？故我自那場工程完了，直到現在沒有做過。這是自動的不願意做了！但是那個懶團工程師自從我那處工程完了，不久也被辭退了。直到我寫此稿時，還是空閒着沒有第二個人去請教他。他是被動的失業了，並且失業好久了！

這懶團工程師有個胞兄，也在上海做工程師。以前他兄弟兩人在合作時，有一處大工程是用蘇州花崗石做下層，層的統門面，故所用數量很多。迨石料運到工程地，這位懶團看了，說石的六面都要鬆光。普通石工祇有出面的一面打光，那有連背面上下左右都要打光的道理。試想那個營造廠主，如何答應得下。所以去對懶團的兄長說了，立卽召致懶團，操着他們本國的言語，在埋怨他。那個營造廠主也在傍邊，聽了他們的言語固然不懂，但神氣之間，可以看出是在埋怨他。他言語的中間夾着兩句，一句是 Nonsense，又一句是 Common sense 這兩句的意思是在說他無理取鬧和缺乏常識。這懶團被他兄長申斥了一番，紅着臉沒有話說。後來把這件事懷恨在心，總得找出機會來，以施報復。一天，他囑那營造廠主，要做一個鐵錘。這鐵錘的形式是怎樣，重量要多少，錘柄是怎樣裝配。那廠主接過圖樣，依樣子做了一個鐵錘。又一天懶團到工程地來，問那個鐵錘做好了否。廠主連說已經做就，卽命工人去取鐵錘，取來授給懶團，懶團道謝一聲，攜着走到柱立着價值三千多兩的石柱旁邊，提錘向柱猛擊。這時廠主一陣心酸，竟掉下淚來。傍邊許多職工，也無可奈何。他擊壞柱子的理由，是因石工的不良，與石的色澤欠佳。但他祇能命廠主撫摸，不能自已動手，把石柱子擊壞。照理可以控訴損失，但是那時在民國初元的時候，中國人控訴外國人，好像是大逆不道。故中國人吃了虧，祇好打落門牙往肚裏嚥了！更因營造廠在社會上的地位太底，說得好聽些，是營造廠主；說得不好聽些，便是包工頭目。確實，以前的營造廠主，都是做手出身。智識程度，固然很低，但都很勤懇從事。見了外國建築師工程師，都稱東家。若爲承攬工程，到富人的家裏，也跟着下人稱主人爲老爺太太等名稱。有一個姓鍾的人，都叫他鍾師傅的。認識一家劉公館，他見了劉公館裏的主人，同他的子女媳輩，完全同在他們家裏的奴婢僕役一樣老爺少爺的亂叫。逢到他們在吃飯的時候，也站在一傍替他們添飯。飯罷，幫傭人把殘羹撤下，擠在廚房裏同娘姨奶媽廚司一塊兒吃飯。同着男僕稱兄道弟，與女僕則嫂子姊婦的稱呼。他自己身上穿着老布衫褲與自做的布鞋。劉公館裏的主人見他怪可憐的，凡有他家興建土木的事務，都由鍾師傅一手包辦。這位鍾師傅後來居然積了十多萬的財產，劉太太見了鍾師傅，不知他已發了財，依舊說他是怪可憐的！

（待續）

出讓本刊

茲有人委託出讓本刊第一卷第一號（即創刊號）第一卷第三號（特大號）及第一卷第四號各一冊又某君委託出讓本刊第一卷全卷一份以上各書均完好無損欲補購者願出價若干希函示

本刊編輯部

鋸木作的呼籲

漸

上海水木公所所設立之魯班殿，在本埠南市邑廟後，內包括五種行業，卽木作、水作、清水作、雕花作與鋸木作是。在昔此五種行業，在建築界中各佔重要地位。但現因時代變遷，機械的動作替代人力，後列三業日漸式微，無人問津。從事此業者於年幼時卽專習此道，辛苦從事，時至今日，不便輕易改業。按機器祇能鋸成整批多數之材料，所剩餘之另星雜料，若用機器鋸解，便不可能，必須僱用人工鋸做。此殆亦自機械本身所睡餘之殘粒，予該業中人以苟延殘喘之機會也　殊不知命運不濟者，到處遭受打擊，因爲營造廠素來凡有鋸作事情，均直接去叫鋸作。現因鋸作事情絕少，偶有雜碎工作，卽命木作兼做，免在賬上另立名目。更因鋸作住處不明，營造廠雖有需要，須往茶會去找；茶會中人多紊雜，現在慣在寫字間辦事者，多不願前往。加之營造廠與木作見面機會極多，爲求便利起見，自叫木作帶做鋸作矣。

鋸作因鑒於木作帶做鋸作，均起恐慌。因此連合同業，一面通知木作不得帶做鋸作，一面要求營造廠直接叫鋸作。本刊特闢一角隙地，將鋸作包工之姓名住址，附錄於後，以備營造廠之召喚。

附鋸木作姓名住址

季六寶　青雲路天壽里五六號
曹銀泉　閘北新疆路昌明里十二號
張關勝　池浜橋長春樓收轉
王裕卿　北囂小沙渡路六三六弄十五號
徐登才　北四川路橫浜橋西士慶路明盛里八號
張聚財　叉袋角梹榔路錦繡里三弄二四九號
劉源興　閘北煤屑路一一九號
萬文亭　巨籟達路恆慶里二六號
陸森貴　大通路斯文里八十七號
李川郎　庭倫路永興里六一號
黃鴻順　育嬰堂路徐德新煙紙店轉
顧阿全　南碼頭平安橋七七弄三號
楊友生　南市滬軍營南京街勤本里十四號
馮木生　宋公園路中山路一龍橋甲十二號
沈培根　閘北通濟路六九弄一號
李松郎　楊友生轉
李再郎　楊友生轉
孫裕卿　西門穿心河橋北紅欄杆街十一號
盧鳳和　愛文義路九五八弄六二號
郭金田　同孚路永利坊二一六弄三號
周榮和　勞勃生路富源里四一號
姚成英　梹榔路西攤六五號
韓玉卿　閘北漢中路漢中里四六號
周榮春　周榮和轉
唐景全　閘北吉祥路歐陽路合興茶樓轉

沈榮富 池浜橋長春茶樓
沈仲卿 池浜橋西得意茶樓
張金根 同孚路斜橋路一九九弄六號
王中民 徐春發轉
李其生 閘北大統路得意樓轉
黃金桃 閘北大統路順興棧
倪阿松 武定路吳興記廠隔壁竹匠店內
李錦山 馮木生轉
倪和濤 滬閔拓路一二九號大豐米店
茅德順 萬文亭轉
費鴻珠 廣肇路恆康里三號
孔熙寶 香煙橋張家巷路大陸坊五弄三號
楊榮華 大統路順興茶樓轉
唐榮南 同張金根
徐春發 法租界錢家塘西市九四號
陶茂林 西蒲石路蒲石里A二十三號
唐順發 閘北中州路寶順里八號
鄔林江 楊友生轉
楊梅田 新大沽路順裕里七五號
陸根桃 山海關路聚昌里一五四號
邵湧生 康家橋永思坊十二號
陶福祥 愛文義路九五八弄六十號
邱翠生 陸金貴轉
金福生 南市機廠街久記木行轉

胡慶榮 同前
焦有祿 康腦脫路小沙渡路四二七弄一〇二號
季炳芳 威海衛路五一九弄三七號
丁福記 虹口歐嘉路裕康里十一號
龔順桃 大連灣路培開爾路仁安里九號
劉坤江 香煙橋下太平橋四十四號
戴萬源 虹口歐嘉路同加路三九弄十二號
陳同興 閘北長安路八五號
王長泰 京江路寶來里八號
馬永生 極司斐而路康家橋公安局對面一一七號
高老五 貝勒路東勞神父路一六九號
管三山 新疆路滿州路三四一弄永安里
李樹德
朱關金
沈和尚
張富全
錢松泉
唐錫生
曹金桂
楊 儀
王登山
董友其
唐和尚
嚴文瀾
李慶山
孫杏瑞
沈玉蘭
李金華
陳裕泰
楊老二

建築材料價目
本刊所載材料價目，力求正確；惟市價瞬息變動，漲落不一，集稿時與出版時難免出入。讀者如欲知正確之市價者，希隨時來函詢問，本刊當代為探詢詳告。

磚瓦

▲大中磚瓦公司出品

名稱	大小	價格	備註
空心磚	十二寸方十寸六孔	每千洋二百三十元	
空心磚	十二寸方九寸六孔	每千洋二百十元	
空心磚	十二寸方八寸六孔	每千洋一百八十元	
空心磚	十二寸方六寸六孔	每千洋一百三十五元	
空心磚	十二寸方四寸四孔	每千洋九十二元	
空心磚	十二寸方三寸三孔	每千洋七十二元	
空心磚	九寸二分方六寸六孔	每千洋七十二元	
空心磚	九寸二分方四寸半三孔	每千洋五十五元	
空心磚	九寸二分方三寸三孔	每千洋四十五元	
空心磚	四寸半方九寸二分四孔	每千洋三十五元	
空心磚	九寸二分四寸半三寸二孔	每千洋二十二元	
空心磚	九寸二分•四寸半•二寸半•二孔	每千洋廿一元	
空心磚	九寸二分•四寸半•二寸•二孔	每千洋廿元	
八角式樓板空心磚	十二寸方八寸四孔	每千洋二百元	
八角式樓板空心磚	十二寸方六寸三孔	每千洋一百五十元	
八角式樓板空心磚	十二寸方四寸三孔	每千洋一百元	
深綫毛縫空心磚	十二寸方十寸六孔	每千洋二百五十元	
深綫毛縫空心磚	十二寸方八寸半六孔	每千洋二百十元	
深綫毛縫空心磚	十二寸方八寸六孔	每千洋二百元	
深綫毛縫空心磚	十二寸方六寸六孔	每千洋一百五十元	
深綫毛縫空心磚	十二寸方四寸四孔	每千洋一百元	
深綫毛縫空心磚	十二寸方三寸三孔	每千洋八十元	
深綫毛縫空心磚	九寸二分方四寸半三孔	每千洋六十元	
實心磚	九寸四寸三分二寸半紅磚	每萬洋一百四十元	
實心磚	八寸半四寸一分二寸半紅磚	每萬洋一百三十二元	
實心磚	十寸•五寸•二寸紅磚	每萬洋一百二十七元	
實心磚	九寸四寸三分二寸紅磚	每萬洋一百〇六元	
實心磚	九寸四寸三分二寸二分紅磚	每萬洋一百廿元	
實心磚	九寸四寸三分二寸二分拉縫紅磚	每萬洋一百八十元	以上統係外力
一號紅平瓦		每千洋六十五元	
二號紅平瓦		每千洋六十元	
三號紅平瓦		每千洋五十元	
一號青平瓦		每千洋七〇元	
二號青平瓦		每千洋六十五元	
三號青平瓦		每千洋五十五元	
西班牙式紅瓦		每千洋五十元	
西班牙式青瓦		每千洋五十三元	
英國式灣瓦		每千洋四十元	
古式元筒青瓦		每千洋六十五元	以上統係連力

鋼條

名稱	大小	價格	備註
鋼條	四十尺二分光圓	每噸一一八元	德國或比國貨

名稱	大小	價格	備註
鋼條	四十尺二分半光圓	每噸一一八元	仝前
鋼條	四十尺三分光圓	每噸一一八元	仝前
鋼條	四十尺三分圓竹節	每噸一一六元	仝前
鋼條	四十尺普通花色	每噸一〇七元	自四分至一寸
鋼條	盤圓絲	每市擔四元六角	方或圓

水泥

名稱	數量	價格
象牌	每桶	洋六元三角
泰山	每桶	洋六元二角五分
馬牌	每桶	洋六元二角
英國"Atlas"	每桶	洋三十二元
法國麒麟牌白水泥	每桶	洋二十八元
意國紅獅牌白水泥	每桶	洋二十七元

木材

▲上海市木材業同業公會公議價目

名稱	標記	價格	備註
洋松	八尺至卅二尺再長照加	每千尺洋七十八元	下列木材價目以普通貨爲準
一寸洋松		每千尺洋八十元	揀貨及特種鋸
寸半洋松		每千尺洋八十一元	貨另定價目
洋松二寸光板		每千尺洋六十四元	
四尺洋松條子		每萬根洋一百四十五元	
一寸四寸洋松一號企口板		每千尺洋九十元	
一寸四寸洋松副頭號企口板		每千尺洋八十元	
一寸四寸洋松二號企口板		每千尺洋七十元	
一寸六寸洋松一號企口板		每千尺洋九十八元	
一寸六寸洋松副頭號企口板		每千尺洋八十五元	
一寸六寸洋松二號企口板		每千尺洋七十五元	
一二五四寸一號洋松企口板		每千尺洋一百三十元	
一二五四寸二號洋松企口板		每千尺洋九十元	
一二五六寸一號洋松企口板		每千尺洋一百四十元	
一二五六寸二號洋松企口板		每千尺洋九十五元	
柚木(頭號)	僧帽牌	每千尺洋五百元	
柚木(甲種)	龍牌	每千尺洋四百二十元	
柚木(乙種)	龍牌	每千尺洋四百元	
柚木段	龍牌	無市	
柚木	旗牌	每千尺洋四百元	
柚木	盾牌	每千尺洋三百六十元	
硬木		每千尺洋一百五十元	
硬木	火介方	每千尺洋一百四十元	
柳安		每千尺洋一百六十五元	
紅板		每千尺洋一百十五元	
抄板		每千尺洋一百四十元	
一二尺三寸六八皖松		每千尺洋六十元	
一二尺二寸皖松		每千尺洋六十元	
一二五四寸柳安企口板		每千尺洋一百八十元	

名稱標記	價格	備註
一寸六寸柳安企口板	每千尺洋一百八十元	
一二五四寸企口紅板	每千尺洋一百四十元	
建松片	市尺每千尺洋六十元	
九尺四分建松板	市尺每丈洋四元二角	
九尺八分建松板	市尺每丈洋七元五角	
六尺半五分青山板	市尺每丈洋四元	
本松毛板	市尺每塊二角四分	
本松企口板	市尺每塊洋二角六分	
六尺半二分杭松板	市尺每丈洋二元	
七尺半二分甌松板	市尺每丈洋二元	
六尺半八分皖松板	市尺每丈洋四元四角	
九尺八分皖松板	市尺每丈洋五元三角	
六尺半五分皖松板	市尺每丈洋四元二角	
台松板	市尺每丈洋四元	
七尺半四分坦戶板	市尺每丈洋三元六角	
七尺半三分坦戶板	市尺每丈洋三元二角	
六尺二分機鋸紅柳板	市尺每丈洋三元三角	
六尺三分毛邊紅柳板	市尺每丈洋三元三角	
六尺二分俄松板	市尺每丈洋三元五角	

名稱標記	價格	備註
六尺半二分俄松板	市尺每丈洋三元	
七尺半毛邊二分坦戶板	市尺每丈洋三元一角	
六尺半五分機介杭松	市尺每丈洋四元六角	
六分一寸俄紅松板	每千尺洋七十八元	
六分一寸俄白松板	每千尺洋七十六元	
一寸二分四寸俄紅松板	每千尺洋七十四元	
一寸二分四寸俄白松板	每千尺洋七十二元	
俄紅松方	每千尺洋一百十五元	
一寸四寸俄紅白松企口板	每千尺洋七十九元	
一寸六寸俄紅白松企口板	每千尺洋七十九元	
俄麻栗方	每千洋一百三十元	
俄啞克方	每千洋一百三十元	
六分一寸俄黃花松板	每千尺洋七十八元	
一寸二分四分俄黃花松板	每千尺洋七十四元	
四尺俄條子板	每萬根洋一百三十元	
一寸五分杭桶木	每根洋三角	以下市尺
一寸九分杭桶木	每根洋四角	
二寸三分杭桶木	每根洋五角七分	
二寸七分杭桶木	每根洋六角七分	
三寸杭桶木	每根洋八角	
三寸四分杭桶木	每根洋九角五分	

名稱	標記	價格	備註
三寸八分杭桶木		每根洋一元一角五分	
二寸三分連半		每根洋六角八分	
二寸七分連半		每根洋八角三分	
三寸連半		每根洋一元	
三寸四分連半		每根洋一元二角	
三寸八分連半		每根洋一元四角五分	
二寸三分雙連		每根洋八角五分	
二寸七分雙連		每根洋一元三角五分	
三寸雙連		每根洋一元三角五分	
三寸四分雙連		每根洋一元五角	
三寸八分雙連		每根洋一元八角	
三尺半寸半杉木條子		每萬 大洋八十五元 小洋五十五元	

五 金

(一)鐵皮

號數	張數	重量	價格
二二號英白鐵	每箱二一張	四二〇斤	洋五十八元八角
二四號英白鐵	每箱二五張	四二〇斤	洋五十八元八角
二六號英白鐵	每箱三三張	四二〇斤	洋六十三元
二八號英白鐵	每箱三八張	四二〇斤	洋六十七元二角
二二號英瓦鐵	每箱二一張	四二〇斤	洋六十九元三角
二四號英瓦鐵	每箱二五張	四二〇斤	洋六十九元三角
二六號英瓦鐵	每箱三三張	四二〇斤	洋六十三元
二八號英瓦鐵	每箱三八張	四二〇斤	洋六十七元二角

(二)釘

名稱	標記	價格	備註
美方釘		每桶洋十六元〇九分	
平頭釘		每桶洋十六元八角	
中國貨元釘		每桶洋六元五角	

(三)牛毛毡

名稱	標記	價格	備註
五方紙牛毛毡		每捲洋二元八角	
半號牛毛毡	馬牌	每捲洋二元八角	
一號牛毛毡	馬牌	每捲洋三元九角	
二號牛毛毡	馬牌	每捲洋五元一角	
三號牛毛毡	馬牌	每捲洋七元	

(四)門鎖

名稱	標記	價格	備註
洋門套鎖	中國鎖廠出品 黃銅或古銅式	每打洋十六元	
洋門套鎖	德國或美國貨	每打洋十八元	
彈弓門鎖	中國鎖廠出品	每打洋三十元	
彈弓門鎖	外貨	每打洋五十元	
彈子門鎖	三寸七分古銅色	每打洋四十元	以下合作五金公司出品
彈子門鎖	三寸七分黑色	每打洋三十八元	
明螺絲彈子門鎖	三寸五分古黑色	每打洋三十三元	
明螺絲彈子門鎖	三寸五分黑色	每打洋三十二元	
執手插鎖	六寸六分(金色)	每打洋二十六元	
執手插鎖	古銅色	每打洋二十六元	
執手插鎖	克羅米	每打洋三十三元	
彈弓門鎖	三寸黑色	每打洋十元	
彈弓門鎖	三寸古銅色	每打洋十元	
迴紋花板插鎖	四寸五分金色	每打洋二十五元	
迴紋花板插鎖	四寸五分黃古色	每打洋二十五元	
迴紋花板插鎖	四寸五分古銅色	每打洋二十五元	
細花板插鎖	六寸四分金色	每打洋十八元	
細花板插鎖	六寸四分黃古色	每打洋十八元	

名稱	標記	價格	備註
細花板插鎖	六寸四分古銅色	每打洋十八元	
鐵質細花板插鎖	六寸四分古色	每打洋十五元五角	
瓷執手插鎖	三寸四分(各色)	每打洋十五元	
瓷執手靠式插鎖	三寸四分(各色)	每打洋十五元	
暗螺絲彈子門鎖	三寸七分古銅色	每打三十六元	以下康門五金廠出品
暗螺絲彈子門鎖	三寸七分(黑色)	每打三十二元	
明螺絲彈子門鎖	三寸七分古銅色	每打三十四元	
明螺絲彈子門鎖	三寸七分(黑色)	每打三十元	
鐵執手插鎖	六寸六分古銅色	每打十五元	執手與門板細邊細花迴紋美術配合
銅執手插鎖	六寸六分金古色	每打十八元	
全銅執手插鎖	七寸七分黃古色	每打三十四元	
全銅執手插鎖	七寸七分(金色)	每打三十二元	
全銅執手插鎖	七寸七分克羅米	每打三十八元	
全銅執手插鎖	七寸七分(銀色)	每打四十二元	
全銅執手插鎖	三寸四分(金色)	每打二十四元	
全銅執手插鎖	三寸四分克羅米	每打二十八元	
單面彈子頭插鎖	四寸六分(金色)	每打三十八元	
雙面彈子頭插鎖	四寸六分金古色	每打四十六元	
雙面彈子頭插鎖	四寸六分克羅米	每打四十八元	
大門彈子插鎖	十寸四分(金色)	每打五十六元	
大門彈子插鎖	十寸四分克羅米	每打六十四元	
瓷執手插鎖	三寸四分(棕色)	每打十四元	
瓷執手插鎖	三寸四分(白色)	每打十四元	

(五)其他

名稱	標記	價格	備註
鋼絲網	22"×96" 2¼lb.	每方洋四元	德國或美國貨
鋼版網	8"×12" 六分一半牛眼	每張洋卅四元	
水落鐵	六分	每千尺五十五元	每根長二十尺
牆角線		每千尺九十五元	每根長十二尺
踏步鐵		每千尺五十五元	每根長十尺或十二尺
鉛絲布		每捲二十三元	闊三尺長一百尺
綠鉛紗		每捲洋十七元	同上
銅絲布		每捲四十元	同上

顧銀福 孫鐵海 夏輝庭 徐嘉星 許梁公 錢屏九 湯瑞鈞 俞福記 諸君均鑒：本刊按期依照所開尊址由郵寄奉，近被退回，無法投遞；即希示知現在通信處，俾便更正，而免誤遞，為盼。

本刊發行部啓

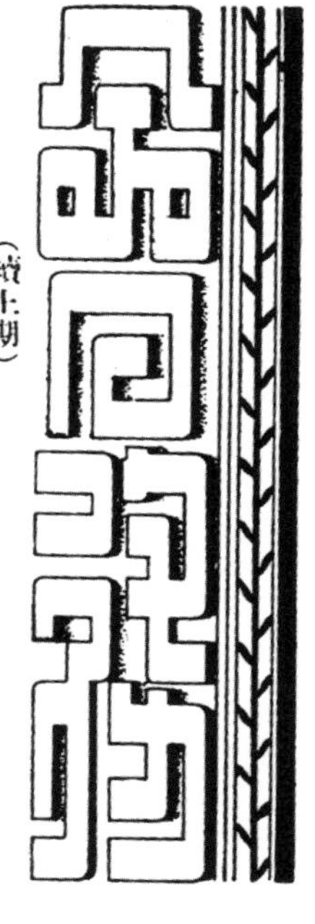

度量衡標準單位及名稱（續上期）

薩本棟

我國度量衡素乏標準，不但無從採用以作科學的計算，卽一般商民，亦覺其紊亂無規，易受愚弄。在南京國民政府未成立之前，雖有營造尺，庫平制等法定値，但未經嚴厲推行，尙未見諸通用。十八年國民政府所公佈之度量衡法規，（指定於十九年一月一日起施行），係採用萬國公制。（卽俗稱米突制）爲標準制，並暫設與萬國公制成一二三比率之市用制，以作過渡時代之輔制。本年全國度量衡局復擬定一特種度量衡標準，單位及名稱草案，以確定各種度量衡標準，用意至善。推度量衡法規所定標準之名稱等等，不完善之處，各方屢有評論，然多以法規制定在先，評論方繼之以起，故未生效。至於新近所擬之特種度量衡草案，復多方遷就原有法規，致弊病益見擴大，不但於科學上應用，窒礙叢生，卽於日常生活上，恐亦不免困難，玆特就管見所及，陳述如次。

（一）標準制之度，量，衡三系統各單位之名稱，不必遷就我國舊有名稱，而冠以公字，以作區別也。

論市用制之缺點者，多以三市尺等於一公尺（卽一米突，此後簡稱爲米）爲不便，因三分之一爲除不盡數。鄙意則以爲除不盡數一準，不可厚非，蓋法規已明言市用制乃『暫設之輔制』，故其與標準制之關係如何，吾人可不必斤斤計較，且三分之一，雖爲除不盡數，記憶較易，於折算上亦無何等困難。

市用制各單位與我國舊有各單位，如尺，斤，升，相差無幾沿用舊有名稱而冠以市字，尙稱可取。至於萬國公制中之米，與我國舊有之尺，相差既有三倍左右，其基羅格蘭姆（此後簡稱爲仟克）與我國舊有之斤，相差亦約二倍，今必以公尺，公斤等名之，顧名思義，實頗費解。市用制中一斤等於十六兩，一里等於一千五百尺，至於萬國公制，則係完全十進的制度，故必欲兩制度各單位之名稱，含一公同之字，例如因市尺之下有市寸，故公尺之下亦必爲公寸，或因斤之下爲兩，故公斤之下亦必爲公兩等，恐於折算上未必便利，且易引起誤會，（例如因一公斤等於二市斤，或將以爲一公錢亦等於二市錢，又因一公尺等於三市尺，或將以爲一公里亦等於三市里之類）。由是言之，萬國公制之命名，實無遷就市用制之必要，況萬國公制，按法規所定，乃標準制，市用制乃暫用輔制，主賓分界，極爲明顯，今强標準制之名稱，以從輔制，喧賓奪主之嫌，恐無詞可逭。若因公尺，公斤等名詞在國內已有十餘年之歷史，不宜放棄，則基羅蘭格姆，米突等等，其歷史較公斤公尺等字更爲悠久，何以必歸淘汰？嘗謂民國四年農商部擬定公尺，公斤等名詞時，其對萬國公制係以『乙』制視之，而其所定之基本『甲』制乃營造尺與庫平制，故以『乙』從『甲』或有可原，惟對於公尺，公斤，等之大約値，與吾國舊有之尺斤觀念相差懸殊，實已不妥：今所規定萬國公制各單位之名稱，一仍民國農商部辦法，而對於商用制之定義等，則大加革命，以便記憶，吾人爲日後一般從事理工之人員計，對於標準制之名稱，似亦應以『革命的手段』採一簡單易憶之系統。

遷就標準制單位名稱以從市用制，遂有公尺，公寸，公分，公厘各長度單位；公畝，公厘各地積單位，公斤，公兩，公錢，公分，公厘各重量單位。以同一名詞，例如公分或公厘，作二種或三種以上，性質迥異之單位稱謂，其不適於學科的應用，稍習理工者，類能言之。我國就有度量衡名稱，實犯此不可救藥之弊病，今標準制之名稱，乃仿此而定，恐日後初學理工之青年，對于單位之認識，將益感困難。標準制單位名詞，不應仿此以定，民九科學名詞審查委員會，已有陳述，何以至民十八重訂度量衡標準時，未曾稍加考慮，遽作現今之法規？若按照現今法規所訂名詞，再參以特種度量衡草案，則吾人於言某地之面積爲若干公厘時，將得下述之折算公式：

一公厘（地積）$=\frac{1}{100}$公畝 = 1平方公尺 = 1,000,000平方公厘，一公厘面積亦等於一百萬平方公厘面積是誠玄妙之極！

除令標準制遷就市用制外，特種度量衡草案復擬定各單位字首，(Kilo Centi,等)之命名法則，用意至善。惟若沿用公尺，公斤等名詞而以分厘毫絲忽微纖沙塵，順序作十分之一，百分之一等，則長度系統中將缺一位，而重量系統中反多一位，茲表列於後以明示之：

字首	長度	重量
仟(Kilo)	公里(Kilometer)	公斤(Kilogram)
佰(hecto)	公引(hectometer)	公兩(hectogram)
什(deca)	公丈(decemeter)	公錢(centigram)
個(　)	公尺(meter)	公分(gram)
分(deci)	公寸(decimeter)	公厘(decigram)
厘(centi)	公分(centimeter)	公毫(centigram)
毫(milli)	公厘(millimeter)	公絲(milligram)
絲(decimilli)	(公厘至公微，中應有公毫)	(公毫至公微，中應有公忽一位)
忽(centmilli)	(公絲公忽三位，今僅有二位)	(今則有二空位)
微(micro)	公微(micron)	公微(microgram)

若按成，分，厘，毫，絲，忽…………順序以作十分之一，百分之一…………等（此乃度量衡局局長吳承洛先生最近所提議，見其所著之小數命名研究一稿），長度系統固可免缺憾，惟重量系統中則竟多出兩個空位無以爲名。小數命名，應否以分爲百分之一，後當另論。茲就上表所列，亦知在一實的制度中，具基本的重要地位之度及衡兩單位系統，其命名竟須例外，且非同樣之例外，其不適用，自不必多言。又者。考諸萬國公制原文之須記憶者，僅有Meter, gram, Liter及Metricton四個，其餘均可藉下同之字首九字拚合而得，今遷就我國舊有之名稱，以致標準制之度量衡單位名稱須記得十八個特名，字首亦多至十五個，而各字首之拚用，復有例外，此種系統實不啻迫從事理工者耗費寶貴之時間與腦力，于記憶莫須有之複雜關係。若已定名爲公尺，公斤等，可保國粹，殊不

知尺，斤等冠以公字後，實質與數量，均非國貨，何必牽强以行？又查素重視其本國文化(Kattur)之德國，當其採用萬國公制之時未曾因 Pound(磅)及"Feet"(尺)爲 echt dentel(眞正德貨)而對於"Kilogram"(仟克)及"meter"(米)等，乃改名之爲"internationaler pound"(公磅)或"internationaler Fuss"(公尺)者，吾人又何必於此，特表其愛國熱誠哉。

綜上所述，標準制之度量衡單位名稱不必遷就市用制之理由有四：(1)公斤，公尺等與我國習慣所用之斤，尺，相差懸殊，不必影射。(2)我國舊有之度量衡制度，其所用單位名稱繁多，記憶不便，既非完全十進的制度，且有一名數用之弊，實不合於科學的應用；(3)按照度量衡法規，萬國公制乃標準制，市用制乃暫用輔制，一爲百年大計，一爲一時權宜，命名之時，不應削足就履，(4)標準制之命名，應與西文名稱之字首有關，以便閱讀西文書籍者，不至於有顧此失彼之患。根據此數理由，作者以爲吾人對於標準制中之長度，重量及容量各單位之名稱，應以擬定 meter, gram 及 Liter 三字之名稱，(例如米，克，升)爲基本，然後再定十以上及十以下各單位之首字之名稱，(例如仟佰什，及分厘毫等)，以資合併之用。

(二)特種度量衡標準，單位及名稱應另由專家參照現今國際趨勢，加以縝密釐訂也。

全國度量衡標準即所擬之特種度量衡草案，缺點之多，實可驚人，茲略舉其較顯著者數端，以質諸創擬草案之當局。

(甲)草案所用之西文根據甚不劃一。

草案中各單位之西文名稱均以法文爲依據，而其定義有時附列英文。此種兩歧辦法，似應避免。

(乙)草案中所列各基本觀念之名詞，多不可用。

草案名"energy"爲能力，"Power"爲工能"moment"爲能率，實使三者無從辨識。又如草案"astronomical unit"爲天體單位，惟天體有 heavenly body 之意決非"Astronomical"(天文的)之原意。他如時間單位之 Minute 爲時分，Second 爲時秒，均不如分鐘與秒鐘之較切當，且不易引起誤解。

(丙)各定義方程式頗有錯誤。

查草案各分類表中第三行所列者爲各量之定義方程式，而此等方程式之犯循環辯證之病者不止一處。例如電阻 R，電流 I，及電壓 E 三者之定義，僅有一項，得引用電之定律，(即 $E=RI$)今草案則均用此方程作 E, R 及 I 之定義方程。又者電感 L 之定義方程，不應書作 $L=\frac{\Phi}{I}$ 而應作 $L=\frac{N\Phi}{I}$ Φ表磁力線數，N 表與Φ鏈貫(link)之線圈數目。I 則表產生Φ之電流。此等錯誤均應改正。

(丁)實用單位與大單位小單位等，各表中排列與否既介定則，且所列之實用單位，前後不成一系統。

例如質量之實用單位既爲 Kilogram(公斤)，(見第一類基本單位表)，則在第三類力學單位表內不應復以 Kilogram 爲力之實用單位；又如同表中既以 Kilogram meter 爲 energy(能量)或 work(工作)之實用單位，則在第五類電學單位表中以 goule 爲電能之實用單位，與此又非同一系統，按電學所用之各實用單位，如Valt, ampere, ohm, goule, fruod, henry, coulomd, watt 等，Maxwell 曾證其可用以組成數千絕對的系統，惟在同一系統中，力與質量之單位均非同名，能量或工作之單位，則僅有一名，今所擬訂者則適反此。

（戊）電學單位之絕對制，實用制與萬國公制或付缺如，或未加區別，均應訂正。

查電學所用各單位係以厘，米，克，秒為基本單位而推得所號為靜電及電磁兩系統。電磁系統各單位，其大小於實用上不甚便利，故有實用制之創設。惟實用制各單位之量測，技術上頗非易事，乃復有萬國公制之規定。此等單位及標準應如何決定，近二三年來頗引起各國學術團體之注意，吾國科學落後，對此素無人顧問，茲應設法研究以謀與各國互通聲氣，以促科學之進步。關於此等問題之文獻散見於國外各雜誌之頗多，尤當先事彙集，以便考究。

由上述各段觀之，創擬特種度量衡標準，單位及名稱草案事宜，恐非全國度量衡局目下之職員所能勝任，因此等職員之屬於專家者為數恐甚少也。茲擬請教育部，實業部，會同國立編譯館，國立中央研究院，國立北平研究院聘任一委員會專事其責。（查萬國物理學協會最近曾組成一Sun(symbols, units, & Nomenclature)委員會研究此事，吾國可與之合作）。此委員會之人選應以物理學家及電機工程師為中心，而參其他有關科學之專家若干人、誠以度量衡標準問題，對於物理學最為切膚，次即為電工學，故必多羅致物理及電工專家之意見也。會似可由物理學專家三電機工工程師三人；土木，機械，化學，天文，地理專家各一人，國立編譯館，全國度量衡標準局，中央研究院，北平研究院，教育部及實業部代表各一人(共十七人)組織之。此委員會之職務，不但決定吾國特種度量衡標準，符號，單位及名稱應為何，更須立即從事自製各種標準，以與世界各國互相交換而資比較。

（三）大數及小數命名，應以無背吾國舊有算數命名之意義，及以往之習慣，且須注意及翻譯西文算數名稱及字首之便利，及三位分節之通則也。

甚大及甚小之數（例如在百萬以上或百萬以下）；有無簡單名稱，實非甚重要之事，蓋遇甚大或甚小之數時吾人總不免缺乏一直覺的印象，故書寫大數或小數時，如能採用指數記法，（即10^6為百萬10^{-6}為百萬分之一（等），結果自為較佳。至於何位應有簡易名稱，則視其常用與否為轉移。在西文中，最常用之字首為deci（十分之一），centi(百分之一），milli（千分之一），micro（百萬分一）milli……micro及micro……micro，與deca(十)hecto(百)kilo（千）及mega(百萬)等故釐訂大數及小數單位時，須能顧及此等字首之譯名，方稱便利。

按最近全國度量衡局局長吳承洛先生曾對於大數及小數命名加以研究而著成二文，考據引徵，極其詳盡，洵為有價值之貢獻。其大數命名標準研空文中所列之修正十進千進混合法等絕對萬進法二系統似可并行無悖。如嫌後法所用，叠名過於繁多，則以採用前法為是，惟後法命名，完全不致發生誤解，乃其優點，不容忽視。吳先生之小數命名標準研究一文曾將各法歸納而得兩種系統，其一係按分厘毫……順序(即以分爲十分一，厘爲百分一)，其二則在分之前加一單位名曰成，而按成分厘……順序(即以成爲十分一，分爲百分一)。考吳先生第二法之用意，乃以遷就centimeter之命名爲公分，故認 centi 爲分。標準制各單位名稱既不必遷就市用制，已如前述，則吳先生所新創立第二法似無成立之必要。其實，按吳先生之研究，其引論(一)，(二)，(三)，(四)，(七)，(八)(九)，第(十一)，(十二)，九條中均已明白的表示分字意義係指小數後之第一位，厘則爲第二位，(deci爲分 ，centi 爲厘)；其所引(五)，(十)，(二十)，(二十一)，(二十五)條引論與分字意義無關；(六)與(十四)則均應解作分係十分一，厘爲百分一，因第六條云。『……十毫爲一厘，十厘爲一分，十分爲一寸，十寸爲一尺，十尺爲一丈……』似應解作吾國舊有長度單位名稱，(其他單位如斤兩錢分，或元角分亦同此)，其有特名者，至寸而止，其未有特名者則以分爲始，不幸吳先生對於centimeter名爲公分之成見過深，致將此條曲解爲『若以寸爲單位，則分爲十分之一，以尺爲單位，則分爲百分之一』而遽認分亦可作百分一解。若依吳先生解法，則分亦未嘗不可作千分之一或十萬分之一解，因只需所認爲始點之單位移爲丈或里卽可。其第十四條所舉之幣制系統(卽圓角分厘毫)亦應解作貨幣之特名，至角而止，其未有特名者，亦以分爲始，而不應曲解之曰『角爲十分之一，分爲百分之一，厘爲千分之一』。文中(十三)，(十七)兩條均爲遷就公尺，公寸，公分等名稱，其不妥之處，前已述及，茲不贅。(十五)條所云『長年六厘利息』(卽銀行通稱週息六厘)，『乃謂每年以十個月計，每月每元利息爲六厘，故厘爲千分之一而分則爲百分之一』，恐亦有曲解之嫌。按作者所知週息六厘，意爲每百元每年得六元之息金，今吳先生必先將一年分爲十個月，而後計之，方得厘爲千分之一，若不幸吳先生將一年分爲十二個月而後計之，『則六厘』將被解爲『百分之五』。且按十月計算，每月付息六厘，其結果實爲複利，與週息六厘之習慣恐有未合，故此條引論亦不能視作應以分爲百分之一，厘爲千分之一之佐證。其引論第十九條之後半，因百分之一爲1%，乃認1%與一分之意義，亦能一貫，亦有妄行删改之嫌。綜合吳先生引論，在其二十二條中，與分厘意義有關者共十七條。十七條內計有十條，係毫無疑義的承認分爲十分之一，厘爲百分之一；認分爲百分之一，厘爲千分之一者僅有吳先生，徐善祥先生與陳文先生，及曾珹益先生所主張之二條半(十七，十八，十九前半)與度量衡法規所立公分一詞(十三條)之一條，至於(六)，(十四)及(十五)各條均有曲解之嫌；故謂分爲十分之一，厘爲千分之一，實合通用習慣，若以分爲百分一，厘爲千分一，在分之上增設『成』，恐有畫蛇添足之譏。至於吳先生論斷中竟誣賴第一法(卽認分爲十分一，厘爲百分一)，爲『日本法』，其所杜撰之第二法(卽認分爲百分一，厘爲千分一)乃『中國法』，以求其主張之貫澈，吾人雖愛國貨，然對於此種抹殺事實而冒牌嫌疑之結論殊不敢贊同。

總之，大數與小數命名，作者以爲可採下述之系統：

大數命名及分位表

	1,	000,			000,			000,			000,			000,			000,		
	10^{18}	10^{15}			10^{12}			10^{9}			10^{6}			10^{3}			1		
（甲法）	恆河沙	百極	十極	極，	百澗	十澗	澗，	百秭	十秭	秭，	百兆	十兆	兆，	億	萬	千，	百	十	個
（乙法）	百萬萬萬萬	十萬萬萬萬	萬萬萬萬	千萬萬萬	百萬萬萬	十萬萬萬	萬萬萬	千萬萬	百萬萬	十萬萬	萬萬	千萬	百萬	十萬	萬	千	百	十	個

小數命名及分位表

	0,	000,			000,			000,			000,			000,			001		
	1	10^{-3}			10^{-6}			10^{-9}			10^{-12}			10^{-15}			10^{-1}		
（甲法）	個	分	厘	毫，	絲	忽	微，	百塵或分厘	十塵或厘微	塵，	百漠或分塵	十漠或厘塵	漠，	百須臾或分漠	十須臾或厘漠	須臾，	百瞬息或分須臾	十瞬息或厘須臾	瞬息
（乙法）	個	十分一	百分一	千分一	萬分一	十萬分一		百萬分一	千萬分一	十萬萬分一	百萬萬分一	千萬萬分一	萬萬萬分一	十萬萬萬分一	百萬萬萬分一	十萬萬分一	萬萬萬分一	百萬萬萬分一	千萬萬萬分一

爲簡便起見，可採用甲法，惟欲免除誤解而不慣繁長時，不妨用乙法。

本會爲修訂度量衡事呈復教育部文

呈爲擬具修訂度量衡標準制意見，仰祈鑒核，希賜彙轉事。案奉鈞部秘字第六八〇號訓令內開：爲中國物理學會請改訂度量衡標準制單位名稱與定義一案，令爲簽註意見，以憑彙轉等因。奉此，屬會遵即推選委員，從事研究。經數度集議，僉以十七年七月，及十八年二月，國民政府所公佈之度量衡法，對於建築界在施行時尙無若何困難，茲奉前令，姑將決議之擬定名稱及意見，謹具如左：

長度單位名稱表

西文原名	法定名稱	屬會擬名
Ki'o-metre	公里	里
hecto-meter	公引	引
deci-metre	公丈	丈
metre	公尺	尺
deci-metre	公寸	寸
centi metre	公分	分
milli metre	公毫	毫

質量單位名稱表

西文原名	法定名稱	屬會擬名
Kilo-gramme	公斤	斤
hecto-gramme	公兩	兩
deca-gramme	公錢	錢
gramme	公分	分
deci-gramme	公厘	厘
Centi-gramme	公毫	毫
milli-gramme	公絲	絲

容量單位名稱表

西文原名	法定名稱	屬會擬名
Kilo-liter	公秉	秉
hecto litre	公石	石
deca-litre	公斗	斗
litre	公升	升
deci-litre	公合	合
Centi-litre	公勺	勺
milli-litre	公撮	撮

竊查吾國自有度量衡以來，其間制度迭有變更，雖於同一地域同一時期內，亦有數種尺度與數種斤兩權度等之使用；綜錯紊雜，殊不一致。但尺不論長短如何，而尺之命名則一，斤兩之輕重雖有差異，而斤兩之名稱未嘗更易也。故就此點言，吾國度量衡制之急欲改革者，尙在其劃一之長度，與一統之斤兩升斗，而不在命名之更動。有主吾國既已採用最科學化之萬國公制，何不連其名亦採用。但以吾國文字組織，向與他國不同，若採譯音，如以metre爲米，以gramme曰克等，勢難普遍盡曉，易滋誤會，而貽民間以無謂之糾紛。實業部全國度量衡局編印之「法定度量衡標準制單位定義與名稱確立之緣由」，對此已詳言之。蓋以此種米，什米，佰米，仟米；克，什克，佰克，仟克等名，雜以中文，發音求解，兩欠通順，反失中國文字上之本意。際此朝野人士盛倡中國本位文化建設運動之時，對於此 名稱之確定，允宜力求適合國情，固不必接踵歐美，强爲附合，以失去吾民族固有之精神也。

民國十七年七月，及十八年二月，法令公佈之制度，在每一單位名稱上，冠一「公」字，以示與素用寸尺丈引里及斤兩錢分等者有別。但考一國法令之制訂，係具有永久性者，非爲暫時權宜計也。今於每一單位名稱上，冠一「公」字，以示區別，恐亦日久玩衞視同贅物。故擬將「公」字逕行刪去，單用毫，分，寸，尺，丈，引，里，以與Millimeter Centimeter, decimeter, Meter, decameter hectometer, Kilometer 相對照；以絲，毫，厘，分，錢，兩，斤與 Milligramme, Centigramme, decigramme, gramme, decagramme,hectogramme, kilogramme等相對照。蓋吾國關於度量衡制之亟待改革者，係爲劃一之制度。尺必有全國統一通用之尺；斤，必有全國統一通用之斤；升，必有全國統一通用之升。此實爲當急之務，而尺寸丈引里等名稱，吾國數千年來固已習用，不必另起新名，徒事更張也。再查具有暫時性之市用尺，不妨冠以市字；再如法定命名以外之尺，如英尺，尺之上必需冠一英字，以示區別，並使人用法以外之尺升斤爲爲累贅，而漸廢棄之，隨後引用簡易明顯之法定尺矣。

具呈各節，是否有當，伏祈鑒核，並賜彙轉，實爲公便。謹呈

教育部部長王。

（尙有實業部致本會函，及本會復實業部函，原意相同，故從略。）

中國國民黨上海特別市執行委員會
上海市社會局

訓令第一七〇一號

令上海市建築協會

爲會銜訓令事查識字教育爲提高民智復興文化之最基本最切要之辦法凡屬國人皆應竭其資能成斯偉舉現當政府積極推進之時非發動社會整個之力量決不易收並興齊舉之效果況各社團既具服務社會之性質應負扶助公益之義務本會局等有鑒於此特訂定『各團體設立識字學校辦法及實施辦法』兩種除令所屬各社團一律遵行外合行印發附件令仰該會遵照自文到日起限兩星期內先行籌備隨時具報須於六月

二十日前開學一面推派負責代表一人於本月十九日上午九時至蓬萊路尙文小學聽候報告爲要切切此令

計發各團體設立識字學校　辦法　實施辦法　各一份

中華民國二十四年五月十五日

常務委員　潘公展　吳醒亞　童行白

局長　吳醒亞

各團體設立識字學校辦法

第一條　凡經本市黨政機關許可或核准備案之團體既有服務社會之性質卽應有扶助公益之責任當此政府發展識字教育之時自應各盡所能成斯偉舉實爲一公認之原則

第二條　凡屬前條所述之團體概須就適當地點聘請教員設立識字學校至少一所

第三條　前項團體所設之識字學校分上下午各設一班每班人數至少須三十人

第四條　前項學校每班每日至少教授一小時修業時期至少兩個月

第五條　前項學校於成立前須將學校地址所請教員教授時間依規定之報告表呈報市黨部備案

第六條　前項學校於畢業或辦理結束時概須呈報市黨部備案

第七條　各識字學校規定兩月爲一期各團體至少須辦一期欲續辦者更佳

第八條　各團體所辦之識字學校其名稱須依下列之規定並呈准市黨部備案

上海市私立第○識字學校 某團體設立

第九條　團體中有特殊困難經市黨部查明核准者得免予設立識字學校

第十條　團體設立之識字學校概不得收取任何費用

第十一條　團體設立之學校經費概由該團體負担書籍由市黨部識字教育協進會發給

第十二條　各團體因地點或人才關係不便自行設立識字學校者得委託市黨部識字教育協進會代辦惟校名仍冠以該團名義

某某團體設立 上海市識字教育協進會代辦　第　識字學校

第十三條　代辦之識字學校其費用規定如下由委託之團體一次繳付於市黨部識字教育協進會立據收執

甲種　學生上下午共二班各七十人以上教薪及辦公費用每月四十五元

乙種　學生上下午共二班各五十人以上教薪及辦公費用每月四十元

丙種　學生上下午共二班各三十人以上教薪及辦公費用每月三十五元

第十四條　各團體組織是否健全領導是否得力卽以此次舉辦識字教育之成績爲考成

第十五條　各團體除有第九條之情形外如力能舉辦而延不奉行者視情節之輕重或撤換其負責人或解散其團體以爲組織鬆懈領導不力者戒

第十六條　各團體設立識字學校二所以上或連續舉辦二期以上而有成績者其團體或負責人由市黨部給予獎章或獎狀

第十七條　本辦法採强制性任何團體皆應遵守

第十八條　本辦法經市黨部社會局公布後施行

第十九條　本辦法如有未盡事宜得隨時修正之

各團體設立識字學校實施辦法

第一條　各團體設立識字學校除遵照『各團體設立識字學校辦法』辦理外並依本辦法施行之

第二條　每一團體均應設立識字學校至少一所能多設更佳

第三條　校址不限於該團體會所凡庵廟神社住宅客堂鄉村茶樓及普通校舍均可借用附設

第四條　就讀者不限於本業中人亦不分性別長幼概不收學費每日分上下午各設一班每班人數至少須三十人愈多愈佳

第五條　規模不妨簡單不一定要具備學校形式普通家用之檯櫈傢具均可適用惟必須置備大黑板一塊以供教授之用

第六條　教授時間依就學者之便利情形而酌定早晚日中均可惟一經規定不得更改其教授方式可斟酌必要情形定之總以不識字者能識字爲最高目的

第七條　識字學校除教授識字外幷須予以常識指導公民訓練使於識字外更得思想上智識上之啟示

第八條　各團體設立之識字學校其教員人選須合於下列各項之一之規定

1. 曾在初級師範或初級中學畢業有證書證明者
2. 曾在市立或立案之小學担任教職一年以上有證明者
3. 經上海市識字教育協進會或識字教育委員會登記或考驗合格者
4. 有教授經驗經上海市識字教育協進會核定者

第九條　各團體設立識字學校除完全自行辦理外其委託市黨部識字教育協進會代辦其經費照『各團體識字學校辦法第十三條』之規定一次繳於市黨部識字教育協進會

第十條　各團體設立之識字學校由市黨部隨時派員考查其成績凡達到之學校應受來員之指導

第十一條　各團體設立識字學校成績優良者其獎勵辦法如下：

1. 能設立識字學校二所或連續舉辦二期並辦有成績者給予獎狀
2. 能設立識字學校三所以上或連續舉辦三期以上並辦有成績者除給予獎狀外再給獎章

第十二條　各團體如力能舉辦識字學校而延不設立者其懲戒辦法如

下：

1.自市黨部通令之日起二星期後尚未籌備亦不呈明理由者予以警告

2.自警告之日起二星期後尚未設立亦不呈明理由者撤換其負責人

3.自撤換其負責人之日起二星期後尚無設立之表示亦不前來聲請者予以解散

第十三條　本辦法自市黨部公布之日起施行

第十四條　本辦法有未盡事宜由市黨部隨時修改之

按本會接奉　訓令後，遵卽於五月二十一日（星期二）下午五時，召集執監委員會臨時會議，討論進行辦法。當經決議在馥記營造廠南京路西藏路口大新公司工程處，及陶桂記營造廠南京路永安公司工程處，各設識字班一班。當由會備函向各該營造廠接洽進行，所有教員則由本會職員担任，授課時間以不妨礙工人工作時間爲原則，現已於六月十日（星期一）開學，入學者都百餘人，並已將進行情形呈復　市黨部矣。

中華郵政特准掛號認為新聞紙類

建築月刊
THE BUILDER

內政部登記證警字第二五五四號

廣告刊例
Advertising Rates Per Issue

地位 Position	全面 Full Page	半面 Half Page	四分之一 One Quarter
底封面外面 Outside back cover.	七十五元 $75.00		
封面及底面之裏面 Inside front & back cover	六十元 $60.00	三十五元 $35.00	
封面裏面及底面裏面之對面 Opposite of inside front & back cover.	五十元 $50.00	三十元 $30.00	
普通地位 Ordinary page	四十五元 $45.00	三十元 $30.00	二十元 $20.00
小廣告 Classified Advertisements	每期每格三寸半闊洋四元 一寸高 — $4.00 per column		

廣告概用白紙黑墨印刷，倘須彩色，價目另議；鑄版彫刻，費用另加。
Designs, blocks to be charged extra.
Advertisements inserted in two or more colors to be charged extra.

第三卷 第五號

民國二十四年五月發行

刊務委員會 竺泉通 江長庚 陳松齡

主編 杜彥耿

廣告 藍克生 (A. O. Lacson)

發行 上海市建築協會 南京路大陸商場六二〇號 電話九二〇〇九號

印刷 新光印書館 上海聖母院路聖達里三一號 電話七四六三五號

定價

每月一冊 全年十二冊

訂購辦法	價目	郵費 本埠	郵費 外埠及日本	郵費 香港澳門	郵費 國外
零售	五角	二分	五分	一角八分	三角
預定全年	五元	二角四分	六角	二元一角六分	三元六角

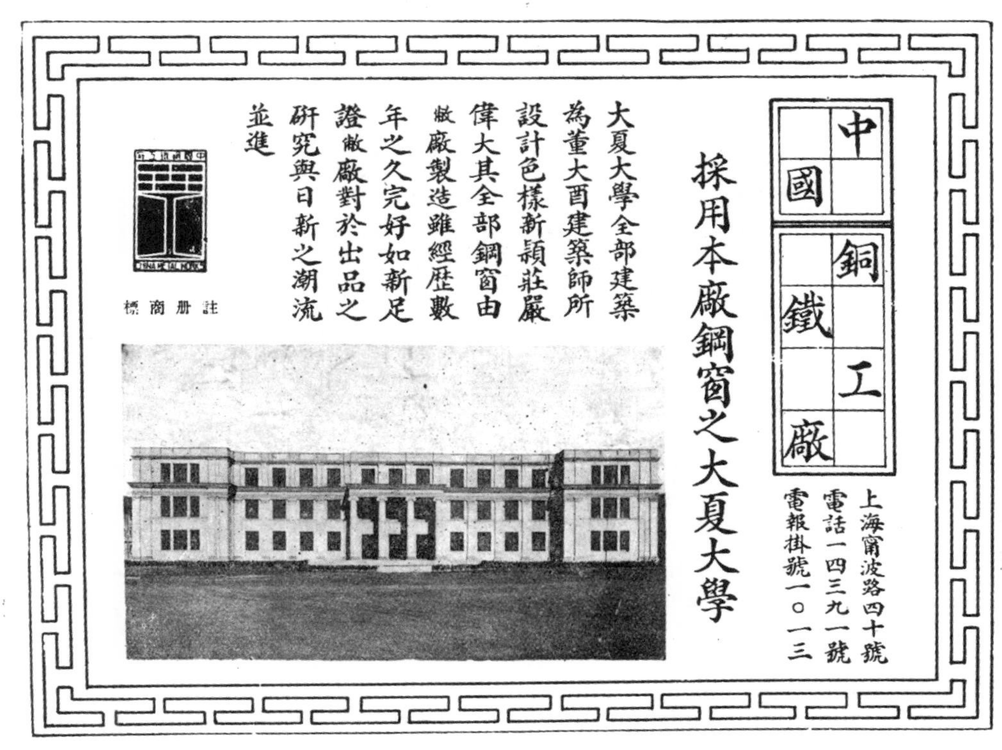

美益水電工程公司

◀承包電氣暖汽衛生工程▶

下圖上海大新公司新建十層大樓內

全部電氣電熱工程由本公司承包承裝

地址

事務所：上海江西路四五二號　電話一三八六七號

門市部：霞飛路四六〇號　電話八一八五一號

友聯建築公司
本公司承造一切大小
鋼骨水泥房屋工程
各項人員無不經
驗豐富工作認
眞如蒙委託
承造或估
價竭誠
歡迎
峻嶺寄廬
由本公司承造
上海圓明園路二〇九號四樓

泰 康 行

CHINA UNITED ENGINEERING CORP.

SOLE AGENTS FOR

TRUSCON STEEL COMPANY

YOUNGSTOWN, OHIO, U.S A.

本行專門代客規劃或設計鋼骨水泥及工字鐵房屋橋樑等發售鋼窗鋼門鋼絲網避水漿水泥油漆磁磚花磚屋頂油毛氈等建築材料

設計工程				鋼窗	
南京大戲院	上海	臨時法院	上海	西僑青年會	上海靜安寺路
北京大戲院	上海	鐵道部	南京	同濟大學	吳淞
光華大戲院	上海	衛生署	南京	白洛克賽特西人公寓	上海海格路
浙江大戲院	上海	救火會	常州	上海療養院	上海靶子路
珠光大戲院	上海	寶隆醫院	上海	臨時法院	上海
新光大戲院	上海	鄉下總會	上海	清心中學	上海大東門
東海大戲院	上海	花旗總會	上海	震旦大學	上海呂班路
金城銀行	上海	信大麵粉廠	上海	寶隆醫院	上海
四銀行儲蓄會	上海	裕豐麵粉廠	上海	上海紗廠	上海楊樹浦
上海銀行大廈	上海	東華紗廠	上海	聖芳濟學堂	上海韜朋路
中國銀行虹口分行	上海	崇明紗廠	崇明	申新紗廠	上海楊樹浦
爵祿飯店	上海	大豐紗廠	上海	工部醫院	上海靶子路
惠中旅舍	上海	大同麵粉廠	上海	福新麵粉廠	上海楊樹浦
遠東飯店	上海	工足襪廠	上海	恆豐紗廠	上海楊樹浦
中國飯店	上海	上海牛皮廠	上海	申報館	上海望平街
一品香飯店	上海	上海啤酒廠	上海	安息日會亞東總會	上海華德路
半島飯店	九龍	和豐紙廠	嘉興	江蘇銀行	上海及蘇州
青年會	濟南	怡和洋棧	漢口	蔣介石先生住宅	蘇州
郵政局	北平	金陵女子大學	南京	公大紗廠	上海
申報館	上海	清華大學	北平	內外紗廠	上海
商務印書館	北平	暨南大學	眞茹	中央研究院	上海白利南路

其餘工程繁多不及備載

行址　上海圓明園路二〇九號　電話一一二六六　（兩線專接各部）

廠址　上海匯山路DL一一九三號　電話五〇二七〇

漢興水電材料行

上海福煦路八七五號

電話七四一八一

本行承包各項暖氣水管工程及衛生器皿等設備如蒙委託請通知敝行當即派員趨前接洽也

HAN SHING Co.

Heating, Plumbing & Electric Contractors

875 Avenue Foch

Phone 74181

上海江灣開林油漆公司廠屋……………由本廠承造

STEEL SASH FACTORY
TEL.15557
製造中之工程
中國通商銀行大樓
市中心博物館
市中心圖書館
鋼窗廠
辦事處
外灘七號中國通商銀行三樓
製造廠
昆明路九十號
電話五一〇六四號
本廠出品各種鋼窗鋼門普及全國製造原料悉向歐美定購精工固益零件銅器等素推究討式樣新穎俾委託者滿意也

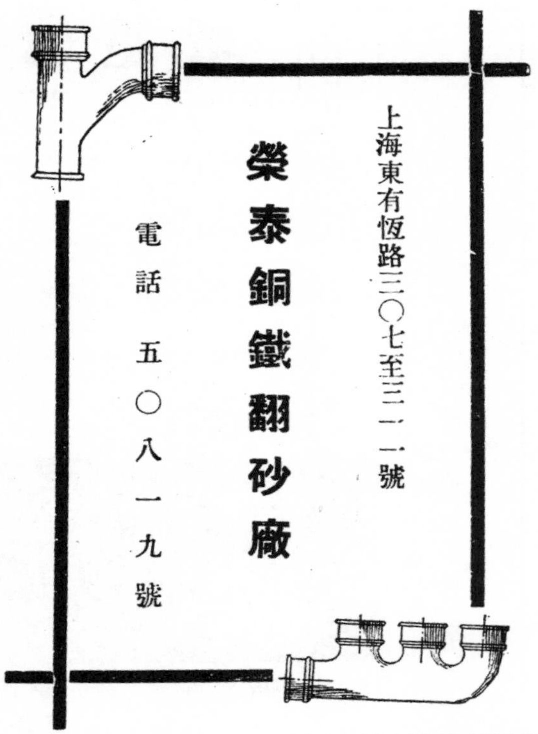
上海東有恆路三〇七至三一一號
榮泰銅鐵翻砂廠
電話五〇八一九號

長城機製磚瓦股份有限公司

註冊商標 TRADE MARK

價比普通磚廉

貨品較任何機器磚高

出品

堅韌硬磚
輕硬空心磚
瀉水瓦片

如蒙垂詢價格及索閱貨樣請電話通知即當送奉

証明

壓力、吸水量、耐久性均經上海工部局詳細化驗負責証明成績超越一切磚瓦

總公司製造廠　騰越路一四四號　電話五一二七九
事務所　牛莊路七四二號　電話九〇九八〇

合作五金股份有限公司出品
優點
精確 美觀 堅固 價廉
出品
門鎖 抽屜鎖 拉手 文具 鉸鏈
CMC 註冊商標 TRADE MARK
K.T.O.H.C. L TRADE MARK 註冊商標
MARCH

製造廠　江蘇嘉定合作路
總務處　上海塘山路七九六
發行所　上海牛莊路七四二
電報掛號九六〇二　電話九〇九八〇

創新建築廠

總事務所　新大沽路五二六弄四號　電話　三三一八八

分事務所　愛多亞路中滙大樓三〇二號　電話　八一一三三

承造一切建築工程

積二十餘年之經驗

本廠歷年承造本外埠工程，不下百數十處，以故**經驗豐富**，**技術優良**。

最近承造英國博德運**蜜蜂牌毛絨廠**廠房於楊樹浦路，業已竣工。

現在建築中者，計有英商怡和洋行委託之定海路**啤酒廠**，及中央銀行委託之市中心區**虬江碼頭**等工程。

EXPERIENCED *in all TYPES of ENGINEERING STRUCTURES*

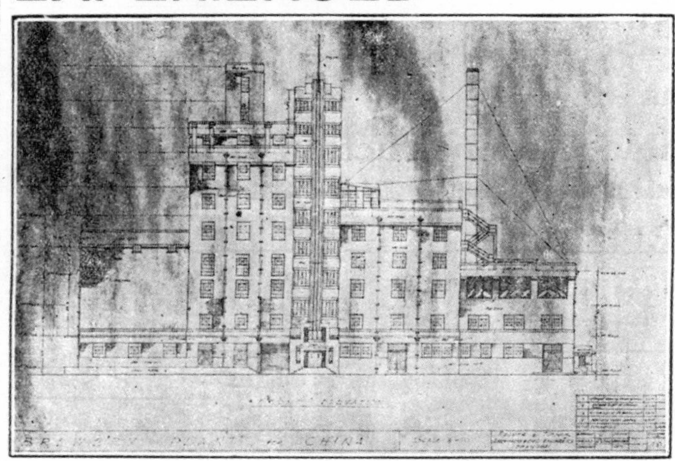

NEW BREWERY

We have been entrusted with many important projects, among them the recently completed

PATONS & BALDWINS'

KNITTING MILLS

At Yangtszepoo

At the present time we are undertaking the constructions of the

NEW BREWERY

at Tinghai Road

for

Messrs. Jardine, Matheson & Co. Ltd.

and

Wharves, Godown, Office & Steel Sheds.

at Chiukiang Creek

for

Messrs. The Central Bank of China.

CHANG SING & CO.

GENERAL BUILDING CONTRACTORS

Head Office
Lane 526, JA. 4 Taku Road
Shanghai
Tel. 33188

Town Office
Room 301-3 Chungwai Bank Bldg.
147, Avenue Edward VII
Tel. 81133

上海市
藏書

亞特利 ARDALMETALS 亞特利

堅固·質輕·耐久·柔韌

"亞特利"爲一種分量極輕之混合金屬，具有特殊性質，現時用於下列用途，得有極大成功，如：

飛行機製造，建築及裝飾工程，造船及馬達引擎範型，活塞子及彎軸範型，櫥窗，構架及鐵板；艙面甲板及馬達原動機，管形用具，路標及各式壓機印機等。

"亞特利"並可用金屬噴漆法，使用於一切材料之上。絕無多空之弊，故無滲水之虞。

本廠出品，均山專家管理製造，蒙囑估價，無不竭誠歡迎。

英商亞達金屬有限公司

(INCORPORATED UNDER THE COMPANIES' ORDINANCES OF HONKONG.)

中國總經理

平和洋行

上海北京路四號　　電話一一一五九

ALFRFD JOHNSON & SON, LTD.

Queenborough, England

The Largest Sanitary Earthenware Pottery in Europe.

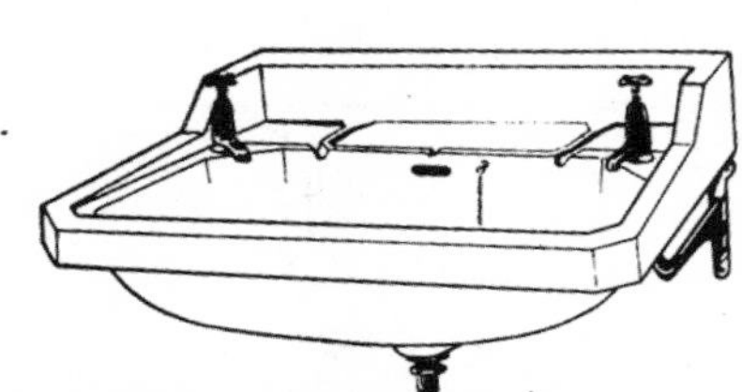

英國出品衛生磁器

存貨充足任憑選購

中國獨家經理

四川路六五九號　　電話一八六三四

Stocks Carried.

SOLE AGENTS

HARVIE COOKE & CO., LTD.

659 Szechuen Road, Shanghai　　Telephone 18634

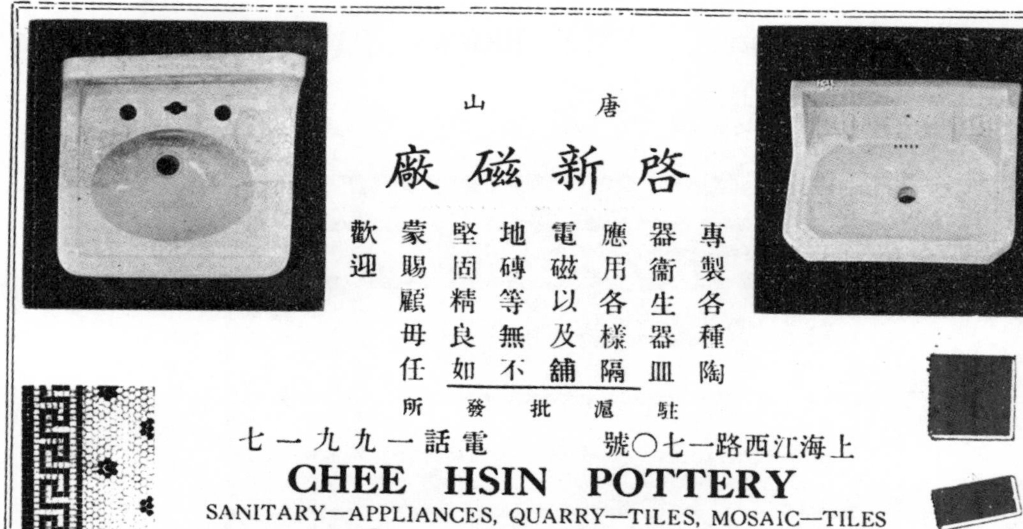
唐山
啓新磁廠
專製各種陶器衛生器皿應用各樣隔電磁以及舖地磚等無不堅固精良如蒙賜顧毋任歡迎
駐滬批發所
上海江西路一七〇號
電話一九九一七
CHEE HSIN POTTERY
SANITARY—APPLIANCES, QUARRY—TILES, MOSAIC—TILES
Big improvement regardinqg quality.
Quick delivery either from stock or Factory at Tangshan, North China.
For Particulars please apply to:
CHEE HSIN POTTERY—Shanghai Agency
170 Kiangse Road, Hamilton House
1 st. floor R. 128—129
Tel. 19917

大東鋼窗公司
事務所：上海河南路四九五號
電話九二四〇〇
本公司專辦一切鋼窗鋼門工程式樣新穎質地堅固如蒙 惠顧及委託估價無任歡迎
GREAT EASTERN STEEL WINDOW Co
SHANGHAI MERCANTILE
BANK BUILDING
495 HONAN RD. TEL. 92400

中國近代建築史料匯編（第一輯）

建築月刊

第三卷　第六期

建築月刊

THE BUILDER

VOL. 3 NO. 6 第三卷 第六期

大中機製磚瓦股份有限公司

製造廠浦東南匯縣下沙鎮

本公司因鑒於建築事業日新月異材料選擇尤關重要特聘專門技師購置德國最新式機器精製各種青紅磚瓦及空心磚等品質堅韌色澤鮮明自應銷以來已蒙各界推爲上乘樂予採購玆略舉一二以資參攷其他惠顧諸君因限於篇幅不克一一備載諸希鑒諒是幸

大中磚瓦公司附啟

曾經購用敝公司出品各戶台銜列后：

本埠

國立上海商學院	西體育會路	陸根記承造
博德運紱綫廠	定海路	創新承造
海港驗疫所	吳淞	陶記承造
正廣和汽水廠	培開爾路	方瑞記承造
百老匯大廈	百老匯路	新仁記承造
錦興大廈	河南路	新森泰承造
雷斯德工藝學院	熙華德路	久泰錦記承造
揚子飯店	雲南路	潘榮記承造
中新第九廠	東京路	協盛承造
南成都路工部局	南成都路	新蓀記承造
四行儲蓄會	靜安寺路	馥記承造
工部局巡捕房	平涼路	新蓀記承造
國立中央實驗館	兆豐花園	和興公司承造
鹽業銀行	北京路	趙新泰承造
南京飯店	山西路	新金記祥號承造
開成造酸公司	軍工路	王錦記承造
四海銀行	北京路	惠記興承造
麵粉交易所	民國路	元和興記承造
業廣公司	歐嘉路	陳馨記承造
法毅堂	勞神父路	吳仁記承造
七層公寓	霞飛路	吳仁記承造

外埠

中央政治學校	南京	大昌公司
太古堆棧	廈門	嗬蘭治港公司
中國銀行	青島	錦生記承造
中央飯店	南京	新金記承造
金陵大學	南京	利源建築公司承造
航空學校	杭州	新金記康號承造

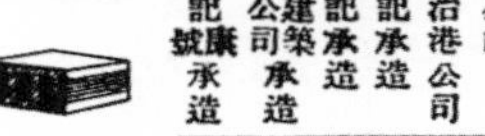

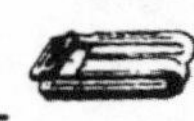

所出各品儲有大批現貨以備各界採用如蒙定製各色異樣磚瓦亦可照辦備有樣品如蒙索閱即當送奉

駐滬批發所

英租界牛莊路興德里四號　電話九〇三一一

DAH CHUNG TILE & BRICK MAN'F WORKS.

Sales Dept. 4 Tuh Shing Lee, Newchwang Road, Shanghai.

TELEPHONE 90311

二十層百老滙大廈

新仁記營造廠

總賬房 愛文義路一四二三號 電話 三〇五三一

事務所 江西路一七〇號二樓二五八號 電話 一〇八八九

本廠承造工程一斑

沙遜大樓	南京路
漢彌爾登大廈	江西路
都城飯店	江西路

SIN JIN KEE CONSTRUCTION COMPANY

Head Office: 1423 Avenue Road. Tel. 30531

Town Office: Hamilton House, Room No.258, 170 Kiangse Road. Tel. 10889

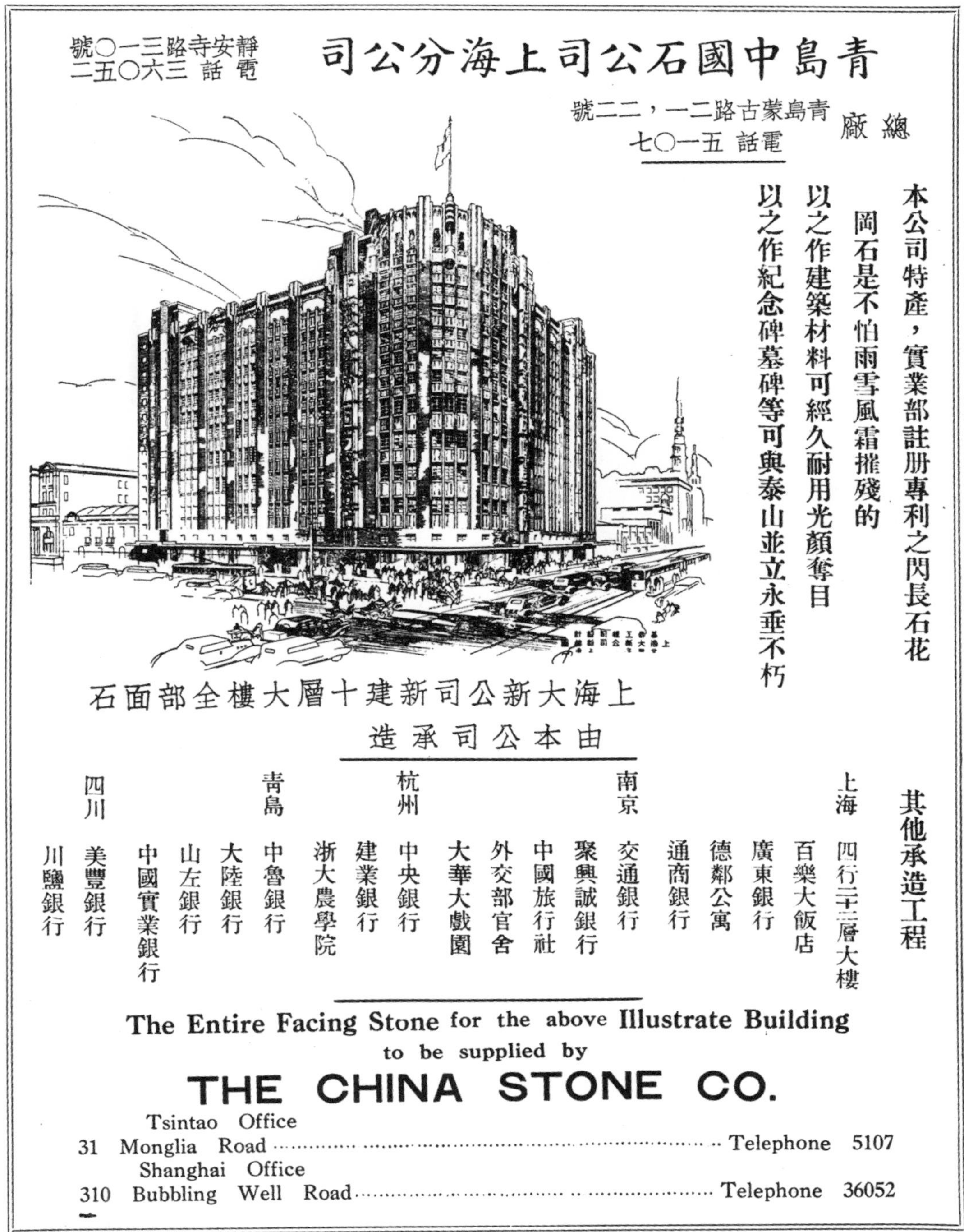

青島中國石公司上海分公司
靜安寺路三一〇號
電話三六〇五二
總廠
青島蒙古路二一，二二號
電話五一〇七
本公司特產，實業部註册專利之閃長石花
崗石是不怕雨雪風霜摧殘的
以之作建築材料可經久耐用光顏奪目
以之作紀念碑墓碑等可與泰山並立永垂不朽
上海大新公司新建十層大樓全部面石
由本公司承造
其他承造工程
上海 四行二十二層大樓 百樂大飯店 廣東銀行 德鄰公寓 通商銀行
南京 交通銀行 聚興誠銀行 中國旅行社 外交部官舍 大華大戲園
杭州 中央銀行 建業銀行 浙大農學院
青島 中魯銀行 大陸銀行 山左銀行 中國實業銀行
四川 美豐銀行 川鹽銀行
The Entire Facing Stone for the above Illustrate Building
to be supplied by
THE CHINA STONE CO.
Tsintao Office
31 Monglia Road .... Telephone 5107
Shanghai Office
310 Bubbling Well Road .... Telephone 36052

Linoleum Living Room

Inlaid, Plain, Marbelle and Jaspe Linoleum.

Armstrong Accotile

Armstrong Rubber Tile

Armstrong Cork Tile

Armstrong Linowall

(Linoleum wall covering)

Durable, Artistic, Economical.

Masonite Living Room

Masonite Presdwood Moisture Proof

1. TEMPERED PRESDWOOD
   for Furniture, Concrete Form, Floors, Wall Panneling, Cabinet Making, etc.
2. STANDARD PRESDWOOD
   for all Interior Walls & Ceilings.
3. QUARTER BOARD
   for Walls and Ceilings.
4. INSULATION BOARD
   for Interior Finishes, insulation and sound absorption.

Estimates and Samples given without obligation.

Skillful workmanship and under Foreign supervision.

EXCLUSIVE AGENTS:-

GETZ BROS. & CO.

22 Nanking Road. Tel. 16851-3

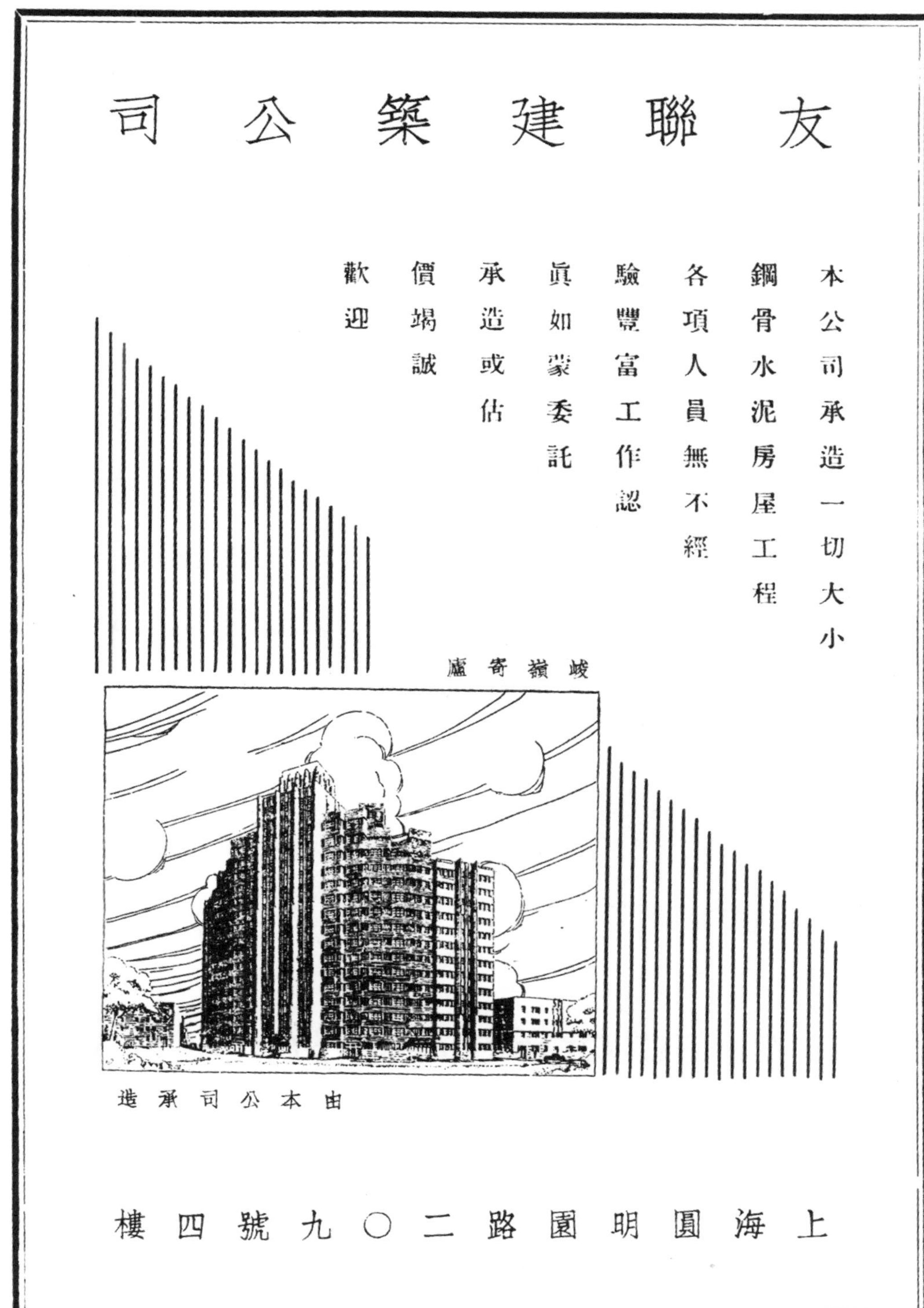
友聯建築公司
本公司承造一切大小
鋼骨水泥房屋工程
各項人員無不經
驗豐富工作認
眞如蒙委託
承造或估
價竭誠
歡迎
峨嶺寄廬
由本公司承造
上海圓明園路二〇九號四樓

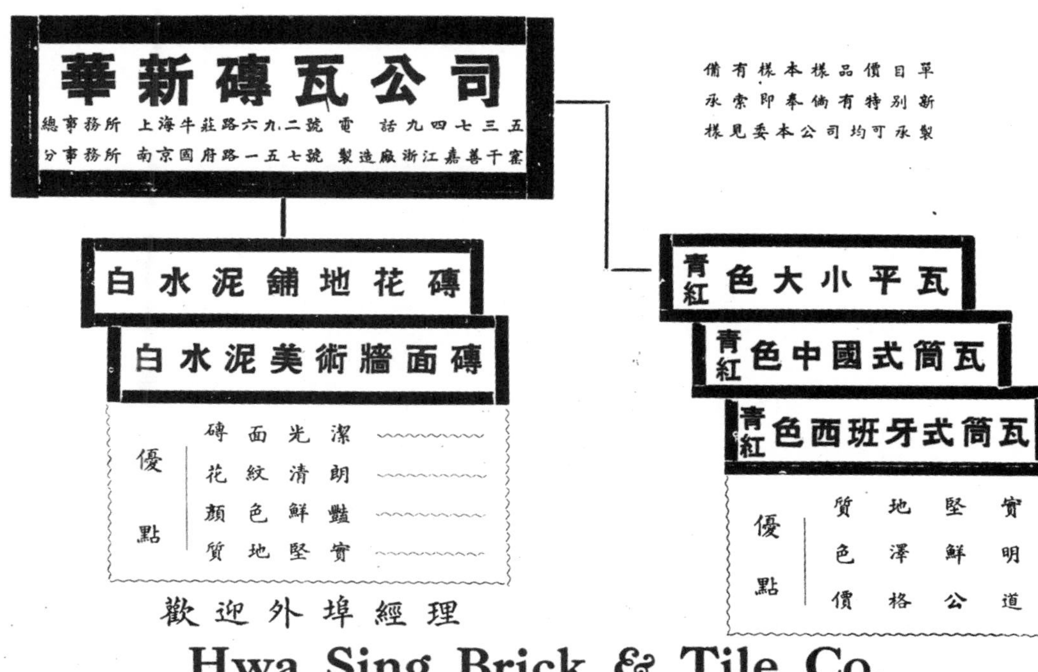

目錄

(第三卷第六號)

插圖

論著

廣告索引

上海市建築協會服務部啟事

查本部自設立以來，承受建築月刊讀者及各界諮詢工程問題，或請求代索樣本樣品者，日必數起；本部亦本服務之旨，竭其能力所及，免費解答及代索，如命辦理，以謀讀者及各界之便利。惟近查多數來函，每不鑒諒本部辦事手續，一紙信箋，附題數十。所詢內容，或範圍綦廣，漫無限制，或擬題奧邃，未便解答；或索取樣品，寄遞困難。未附郵資，尚屬其次，而解答代辦，輾轉需時，事務進行，備受影響。茲爲略示限制起見，特訂辦法數則，即日實行，幸希垂諒是荷。

(一)詢問具有專門性之建築及工程問題，每題應附郵資二十分，多則類推，惟以十題爲限。

(二)詢問各題，本部有選擇答覆之權。審閱不合，除扣去復函寄費外，原件及郵資一併退還。

(三)請求代索樣本或樣品，應預計原件重量，附足回件寄費。如不能照辦，除扣去復函寄費外，所餘郵資一併退還。

(四)來函須將問題內容或樣品種類等，及詳細住址，應用墨筆或鋼筆繕寫清楚。否則如有誤投遺失，概不負責。

百老滙大廈之遠眺

黑白影社 盧施福 攝

The Cenotaph with the Broadway Mansions at the Background.

Photo by Dr. K. C. Lu Seifug

建築說明書之重要

漸

建築說明書用以說明需用材料及施工情形，以輔建築圖樣之不足，故其重要性初不減於建築圖樣之本身也。然一般建築師往往忽畧此點，致引起無謂之糾紛；甚或涉訟經年，延不解決，前車之鑒，可不愼歟！玆將某建築師所撰說明書中有足資考慮者，擇要摘錄數點，以供讀者研究，庶幾此後之撰說明書者，得所參閱，而臻於縝密完備之境也。

水作類

石灰　石灰須採用質地最好者，並須於應用前三星期化用。

註：此條關於石灰之化用，須於三星期前行之，按諸工場實際情形，其日期距離實屬太遠。欲免爭執起見，亟應加以修正。蓋事實上用於砌牆之灰沙，隨時應用，隨時化用者也。因石灰之已採用質地最好者，固無需如此長久時間，事前拌化也。

煤屑　煤屑用白煤屑，不得有雜質混入，並須經建築師核准後方能使用。

註：此條所謂白煤屑者，殊屬費解。此白煤屑不知是否指煤屑之色須白者，抑係白煤之餘燼，實足引起誤會也。

油漆類

註：關於樓地板應做漆或做泡立水上蠟，或用凡立水，竟未載明，或係漏脫。然此點關係重要，豈容疏忽哉。

屋面及油毛毡

屋面　一切斜屋面須先詳細檢查一週，斷定毫無弊病時，然後掃清做油毛毡。每皮油毛毡須順斜水排放，腰牆轉角至少包上八寸，屋面油毛毡均用二號，樣品須建築師核准。

註：此條閱後，殊不明瞭。所謂斜屋面者，實際係平屋面。在平屋面上舖置油毛毡，應詳細載明第一皮洒柏油，第二皮紙油毛毡，第三皮澆柏油，第四皮以何種牌子之二號油毛毡，第五皮澆柏油，第六皮石子。今單云均用二號，殊足引起糾紛也。

此外關於業主與包工人之稱謂，殊屬不妥。因民法中已有規定，稱前者爲定作人，後者爲承攬人，自應依照法定名稱，不應再有東家東翁業主包工人承包人等畸形稱謂。蓋建築說明書既係契約之一種，自宜根據法律上之名稱爲妥也。

上海大新公司新屋介紹

一般人提起上海，便有三公司在腦海裏盤旋着。那南京路上雄踞着三大公司的摩天建築，確是惹人注意，不會遺忘。尤其是晚上的霓虹燈，城開不夜，引人入勝，駐足其間，免不了進內光顧的。

在偌大的上海，只有三家完備的百貨公司，不能湊成一桌，成了三缺一的局面。吾人正感沒趣，大新公司百貨商店，終於在這不景氣的市面中，挺身而出，把以前三條腿的局面打開，湊成四只脚。從茲我們可打着口彩說：上海的市面有了四平八穩的現象，應有回甦的希望了。

大新公司位於上海南京路西藏路角，地位適中，交通四達，深得地理上的便利。全屋計高九層，係用鋼筋混凝土搆築。建築師為基泰工程司，承做者馥記營造廠。門面用中國石公司之青島黑花崗石。鋼窗由大東鋼窗公司承做，電氣工程由美益水電工程行承裝。甎用長城機製磚瓦公司的煤屑磚。

內部設置之最能引人注目者，厥為自動電梯，此在中國尚屬首創。梯之構造與普通者相同。惟梯步能藉電上升，電梯不斷轉動，人可踏上梯級，便自隨之上升，故無通常電梯之有擁擠及等待之不便。

已往三大公司房屋全請外籍建築師設計。如先施為德和洋行，永安為公和洋行及哈沙德洋行，新新為鴻達洋行。獨現在的大新公司，係由基泰工程司設計。基泰工程司係由關頌聲朱彬楊寬麟關頌堅及楊廷寶等建築工程師所組織，均係資學湛深之士。國內大建築由該工程司設計者，如上海九江路之大陸大樓，南京譚故院長之陵墓，遺族學校，及河南孝義之化學廠等，不勝枚舉。經驗卓著，允推有數之建築師。該工程司派駐大新工場的監工者張靜之君，也是深具建築經驗的健者。此外大新公司方面，更另聘王毓蕃君為顧問工程師。王君係美國麻省理工大學(M. I. T)土木工程碩士，前曾担任本會附設正基建築工業學校的教授。

承造大新公司的馥記營造廠，是現在營造商中的權威。承造工程，如廣州中山紀念堂，廈門美領館，四川美豐銀行，南京孫總理陵園，陣亡將士紀念塔，南昌航空學校，河南孝義化學廠，上海四行二十二層大樓，寶隆醫院，交通大學工程館，海格路公寓，公和祥碼頭，及江蘇建設廳導淮工程，杭州浙江大學，青島海軍船塢等，不勝縷述。代表該廠主持大新公司工程者為金福林君，他也便是四行二十二層大廈工程的主持者。

大新公司全部造價估計一百五十萬元，約可於本年底竣工。下層全部用為店堂。依西藏路南京路勞合路門面，均係櫥窗。西藏路有大門兩處，西藏路角與南京路角大門一處，南京路大門一處，南京路與勞合路角大門一處，勞合路大門二處，自動電梯的位置，直對南京路大門，左右兩輛，二層至四層均作店堂舖位之用。四層之西邊，闢為商品陳列所。南邊一部係備會計處事務室會議室經理室祕書室及會客室等之用。五層為辦事室，貨倉廚房及職員膳堂等。六層為酒樓，七層為戲院茶室及陳列室等。八層為電影院等。九層為眺望亭，露天電影場，屋頂花園及水亭等。最下層的地窖，係為貨倉爐機房及開箱間等。

該公司的內部設置，已如上述。至於門面的壯觀，設計的新穎，無庸諱言是近今上海偉大建築之一；將來落成，行見跑馬廳畔又添起一所摩天建築，與四行儲蓄會二十二層樓及永安公司新屋等媲美。

上海大新公司新屋

南京路面樣

基泰工程司設計
馥記營造廠承造

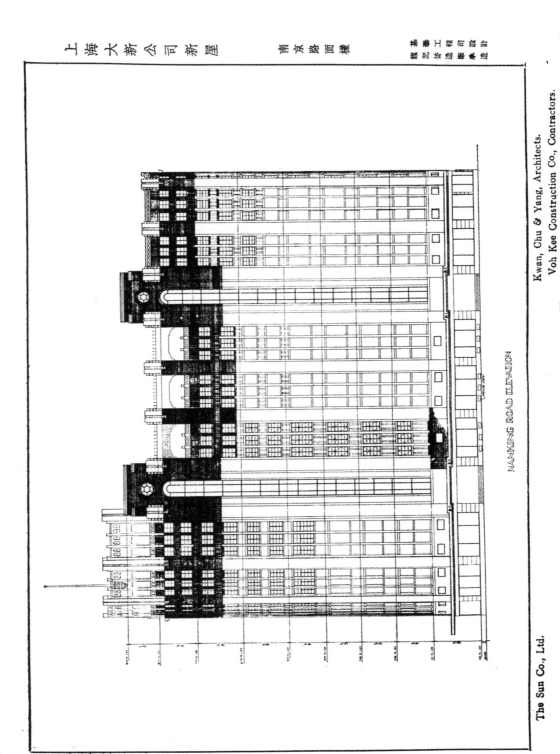

NANKING ROAD ELEVATION

The Sun Co., Ltd.

Kwan, Chu & Yang, Architects.
Voh Kee Construction Co., Contractors.

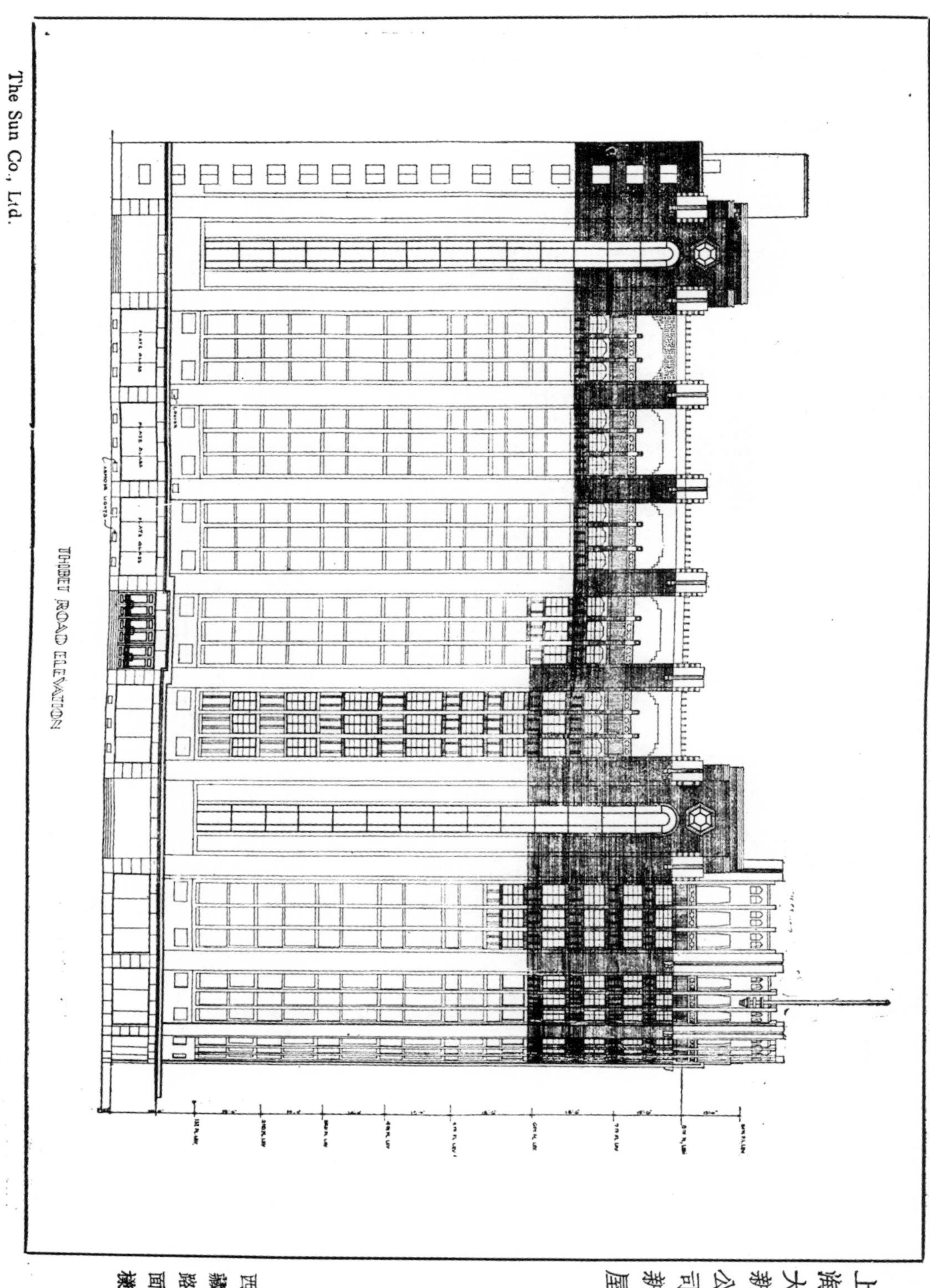

The Sun Co., Ltd.

上海大新公司新屋

西藏路面樣

上海大新公司新屋　勞合路面樣

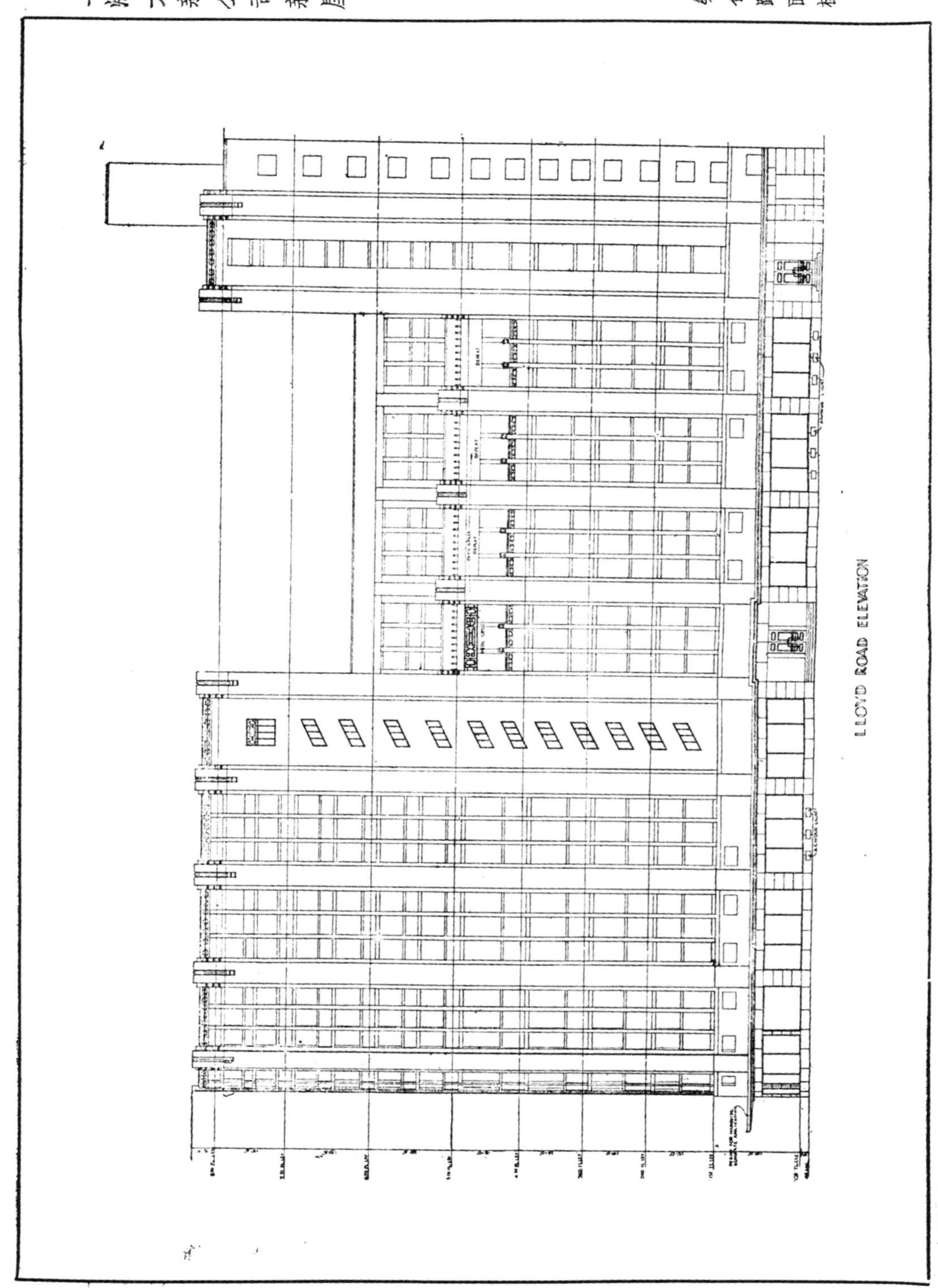

The Sun Co., Ltd.

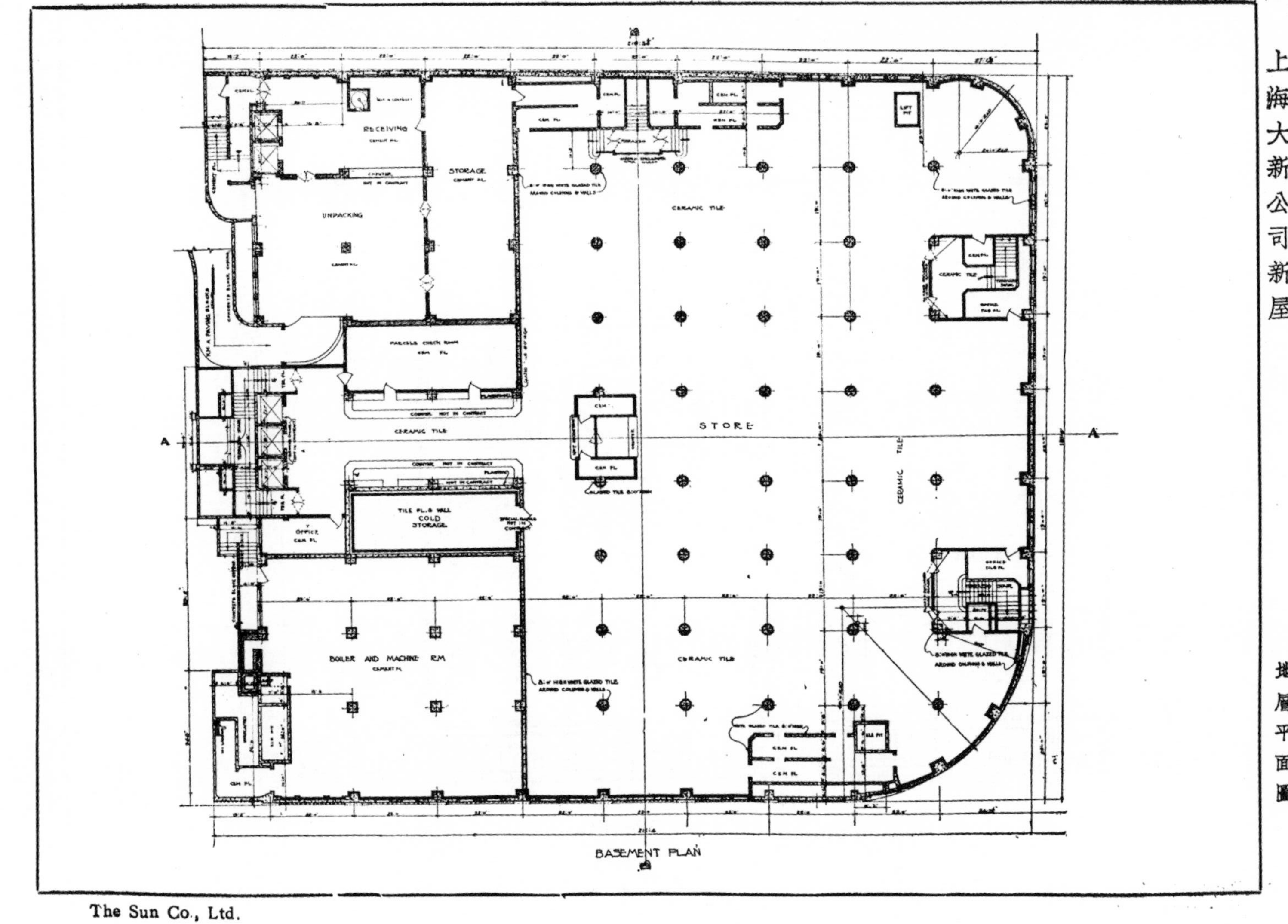

The Sun Co., Ltd.

上海大新公司新屋

地層平面圖

上海大新公司新屋 下層平面圖

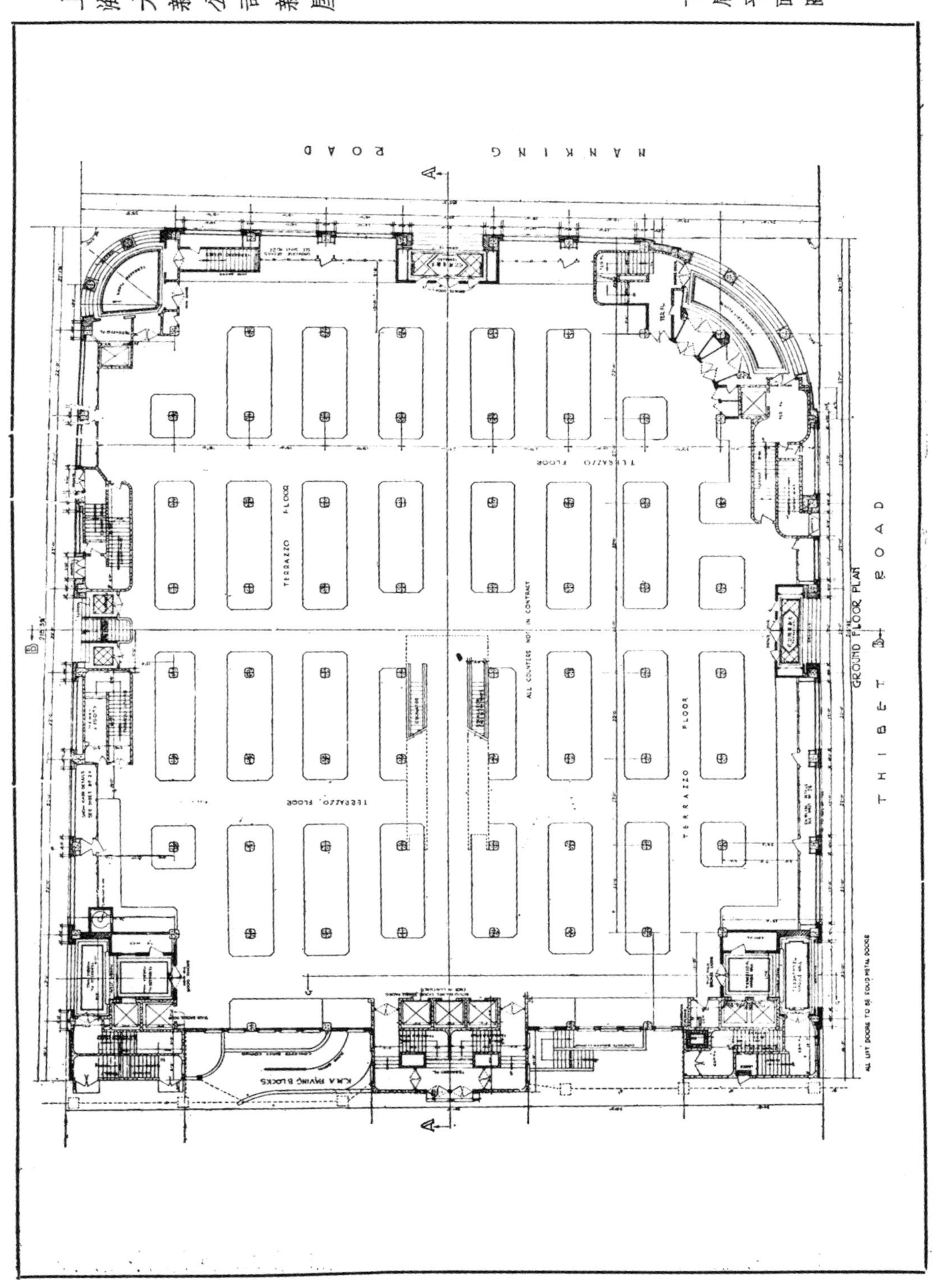

The Sun Co., Ltd.

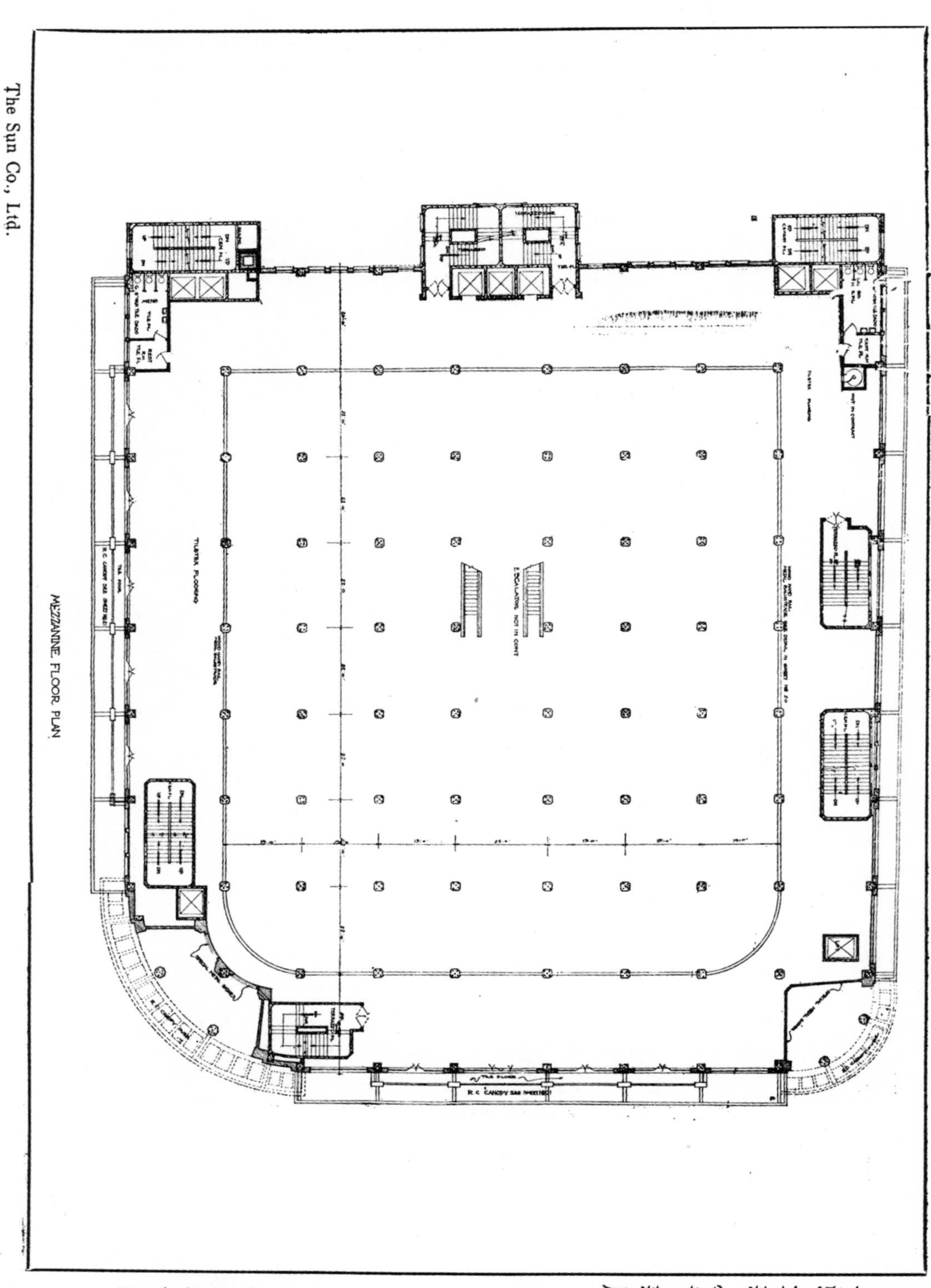

The Sun Co., Ltd.

上海大新公司新屋

閣樓平面圖

10

上海大新公司新屋　　二層平面圖

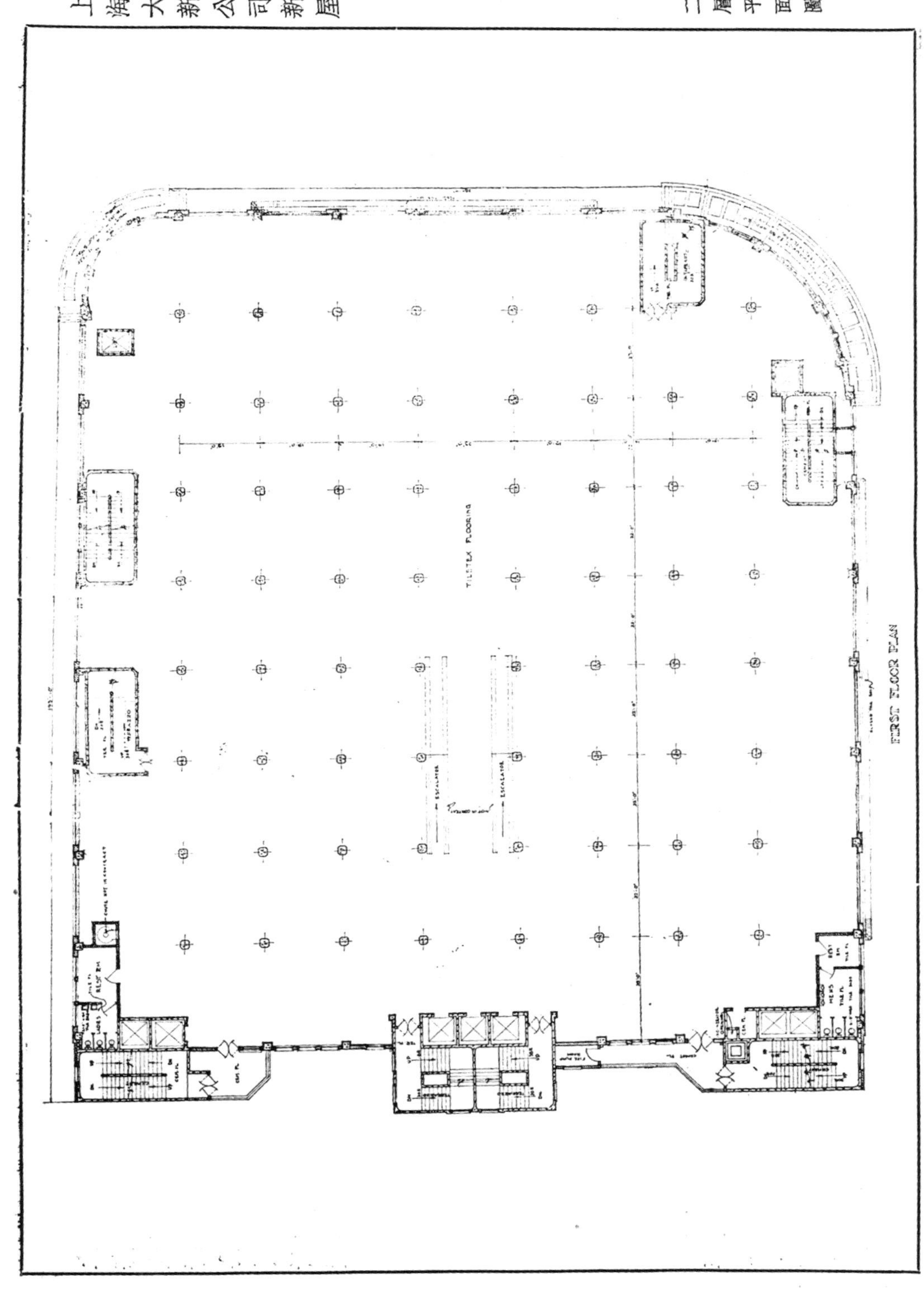

The Sun Co., Ltd.

The Sun Co., Ltd.

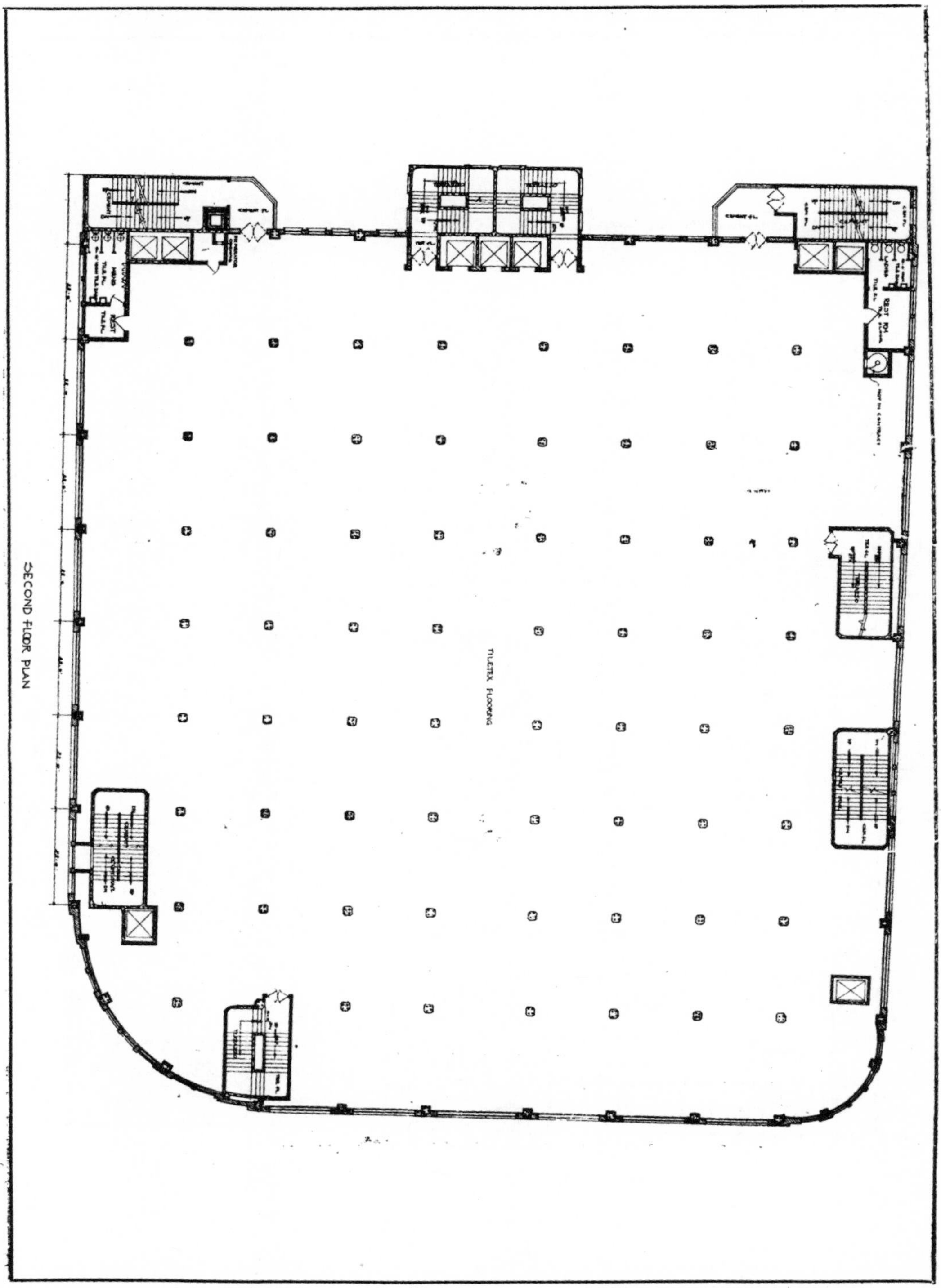

SECOND FLOOR PLAN

TILETEX FLOORING

上海大新公司新屋

三層平面圖

上海大新公司新屋　　四層平面圖

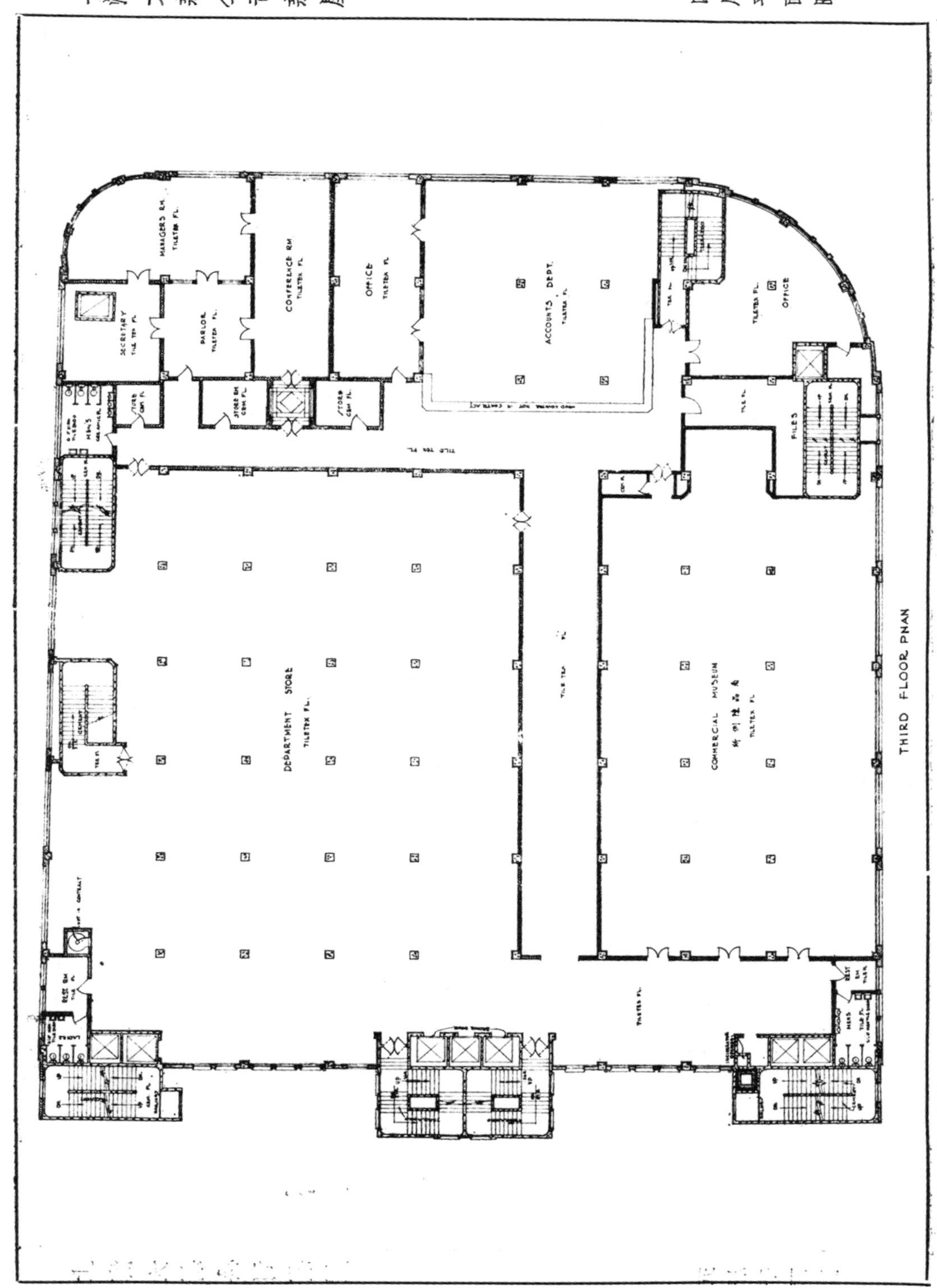

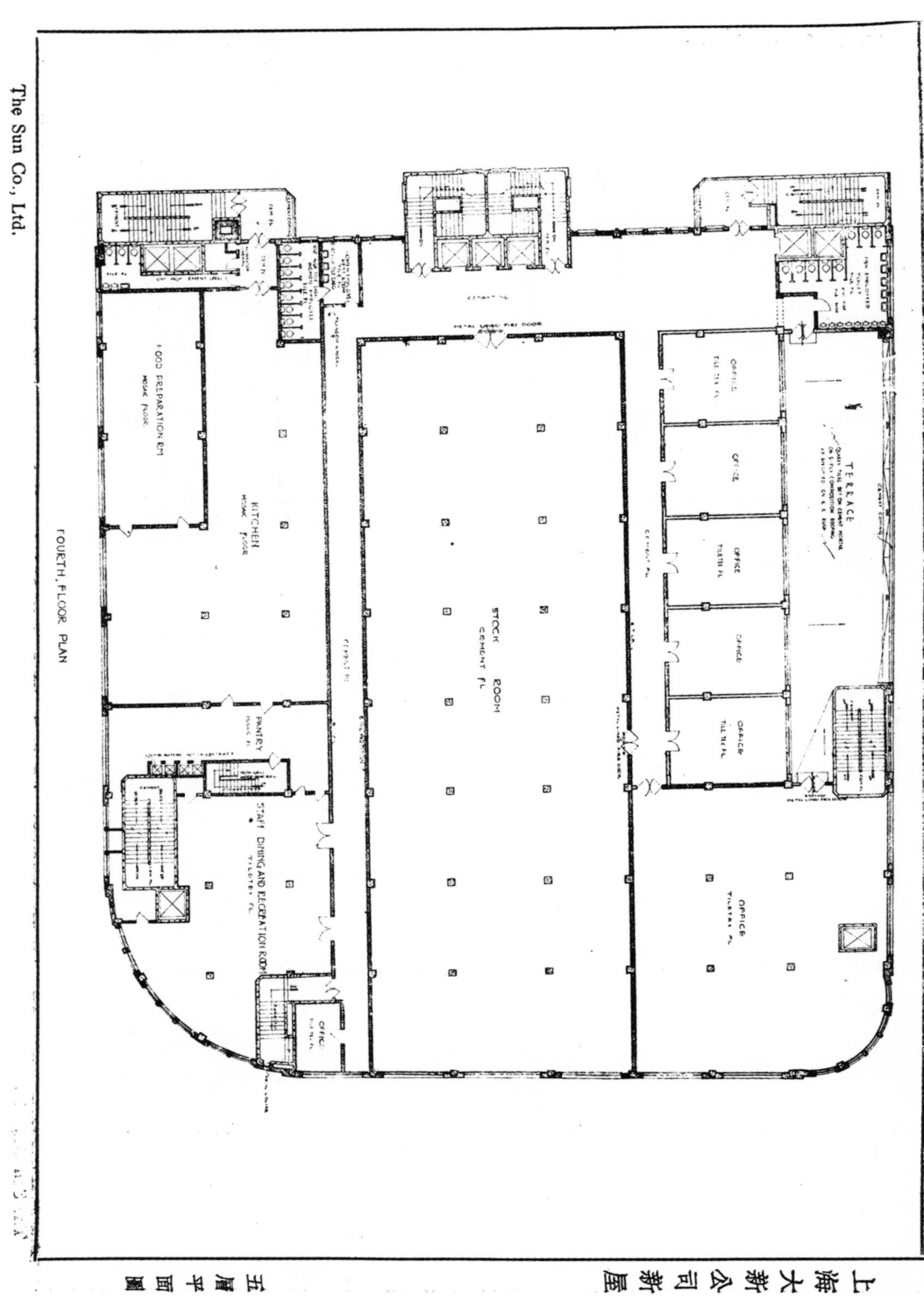

上海大新公司新屋

五層平面圖

上海大新公司新屋　六層平面圖

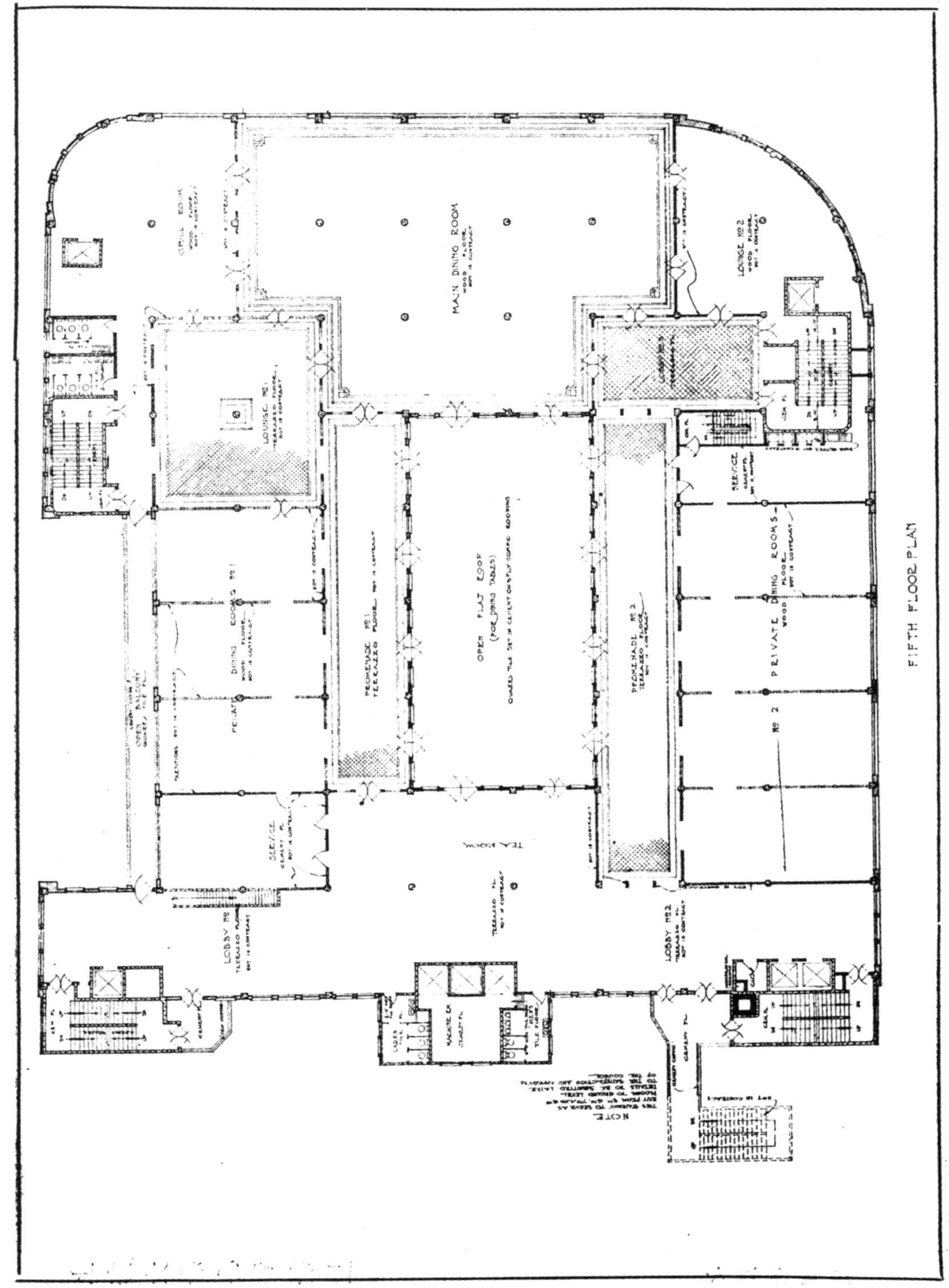

The Sun Co., Ltd.

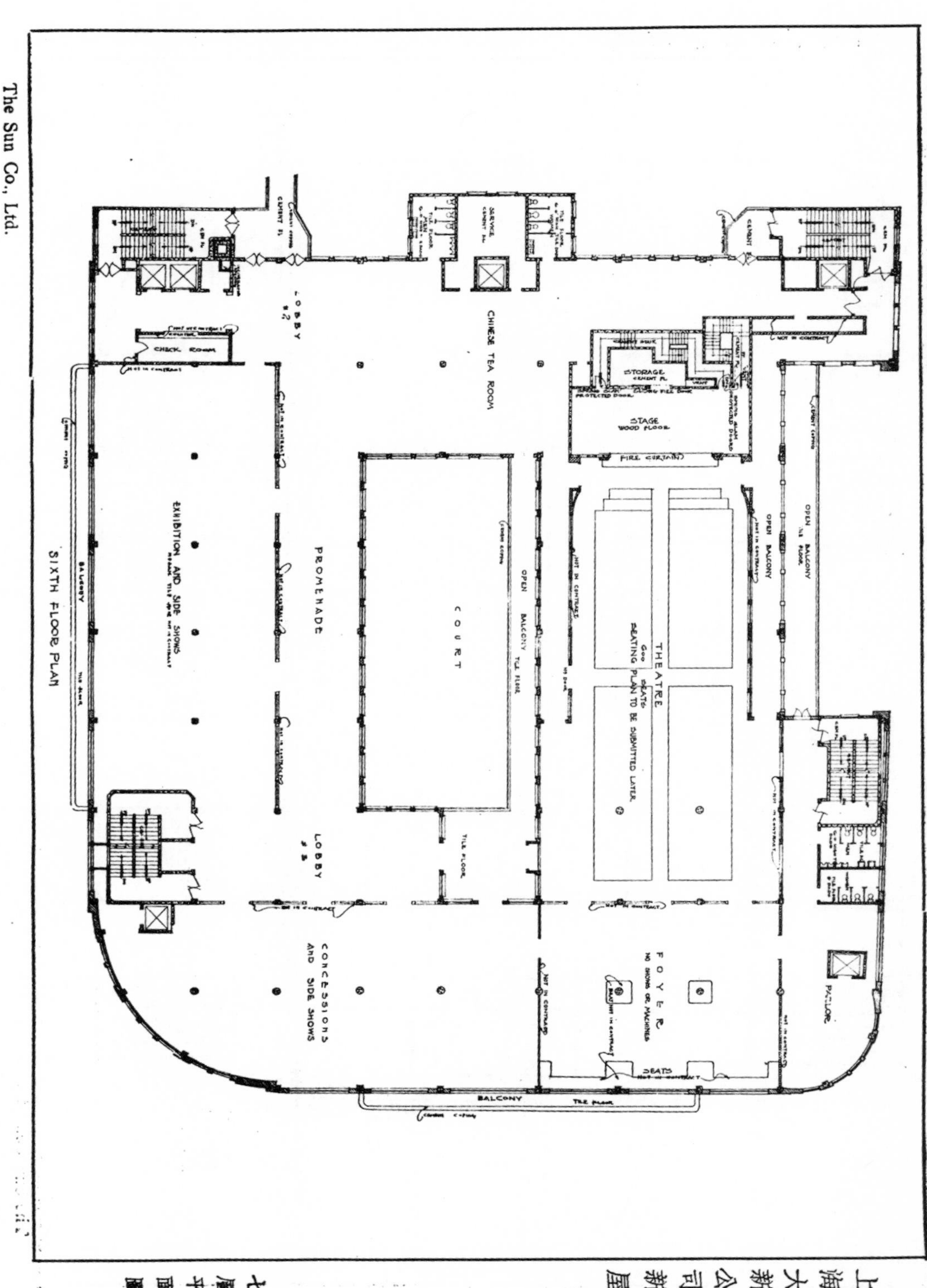

上海大新公司新屋

七層平面圖

16

上海大新公司新屋　八層平面圖

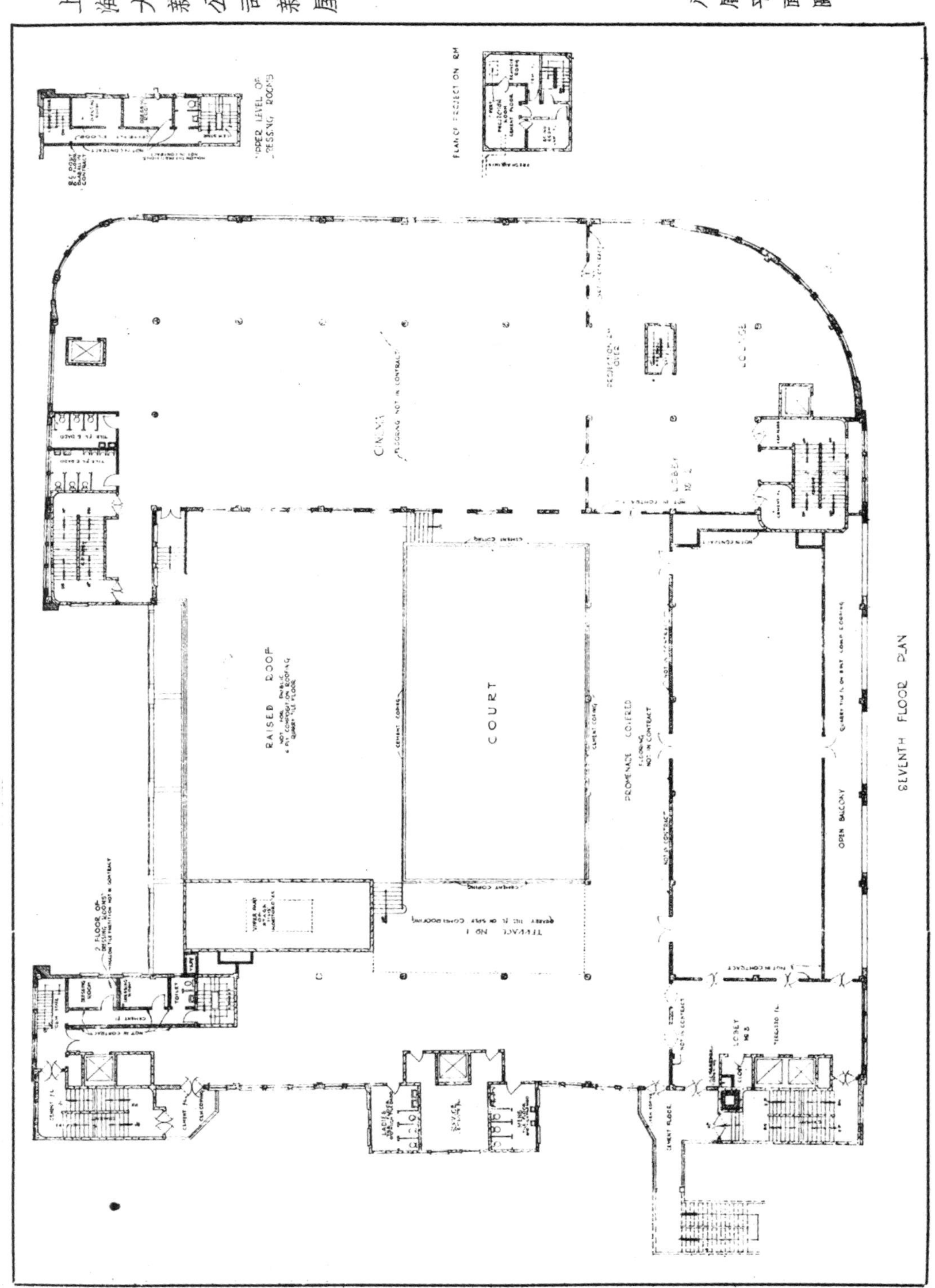

The Sun Co., Ltd.

The Sun Co., Ltd.

FLAT ROOF A
QUARRY TILE FLOOR OR 5 PLY COMPO ROOFING
SERVICE
CEMENT COPING
5 PLY COMPOSITION ROOFING
PROJECTION RM. 'B'
UPPER PART OF STAGE
EIGHTH FLOOR PLAN
FLAT ROOF 'B'
THIS AREA TO BE USED FOR CINEMA DURING SUMMER MONTHS
QUARRY TILES SET ON CEMENT MORTAR ON 5 PLY COMPOSITION ROOFING AS SPECIFIED ON R.C. ROOF
WATER TANK
10TH FLOOR OVER REAR STAIRS
ROOF PLAN OF STAGE
9TH FLOOR OVER REAR STAIRS
EXHIBITION
MOSAIC TILE FLOOR
FLAT ROOF 'C'
ROOF GARDEN
WITH TABLES AND FIXED EXHIBITS
QUARRY TILES ON 5 PLY COMP ROOFING
GLAZED TILE ROOF

上海大新公司新屋

九層平面圖

營造學(五)

杜彥耿

第二章

第二節 甎作工程(續)

普通砌牆手續，先起兩端外角，高約二尺至三尺(如五十一圖)。隨後在兩外角之中間，引一繩準，逐皮依照準繩之直線砌起。麻線之寄繫，係用竹片或木片，插入甎縫，謂之摘線。其繩之兩端，繫於脚手架之牽綱，或繫於皮數杆；線之地位，齊甎之上口，須離牆身約一粒米之空間；麻線不能與甎貼著，因麻線倘貼着於甎，遂失直線之標準。

平齊 砌牆必須注意平齊，尤應於甎牆初砌之時，用水銀平

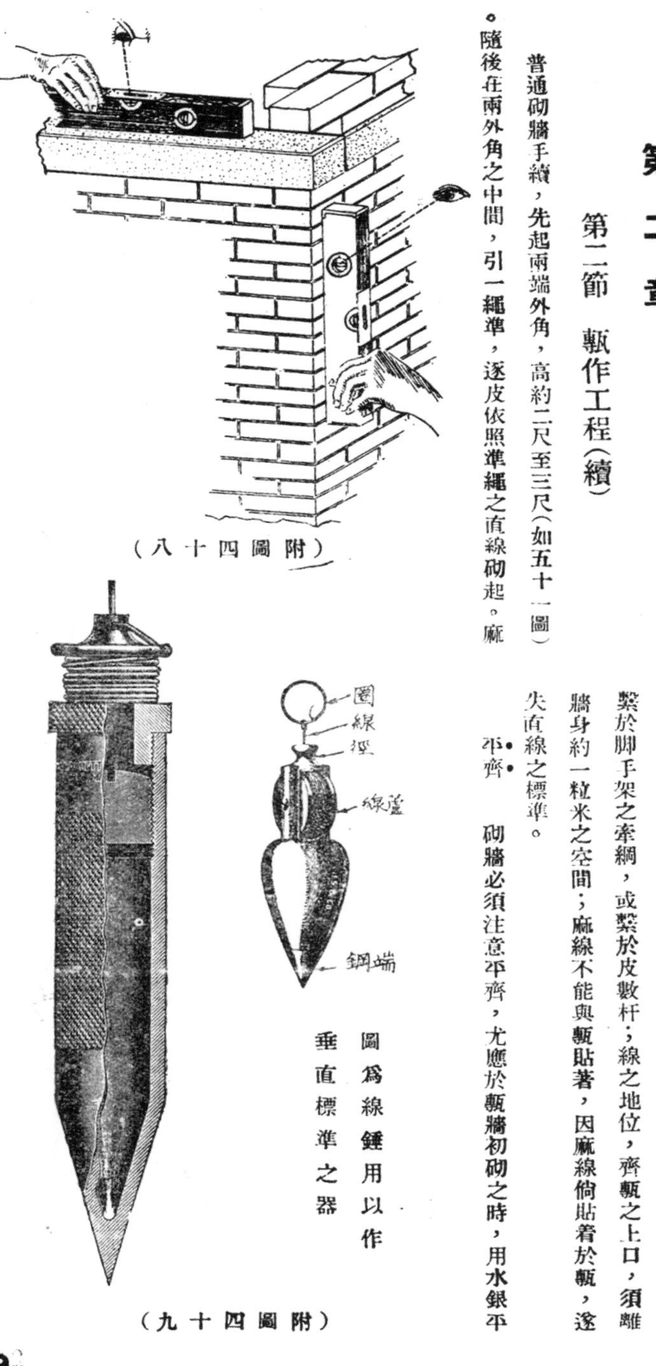

(附圖四十八)

圖為線錘用以作垂直標準之器

(附圖四十九)

尺及至少十尺長之平尺板，將四角平準，然後於牆之四角根際，齊泥皮線處之甎縫中，插一平水榫，藉資用皮數杆量試牆之是否平否。欲測驗牆之平齊，其距離短者，可用水銀平尺（如四十八圖）；若距離長者，應用平水儀爲妥。

皮數杆者，係一木杆，厚一寸，闊二寸，長依照房屋每層之高度，加長二尺或三尺，如屋之下層地板面至樓板面，爲十三尺；則杆長十四尺或十五尺均可（如附圖五十），在杆之一面，用墨線劃出，每一皮甎與灰縫之厚度；故於砌牆時，將杆之下端，抵立齊泥皮線之平水榫，量探牆之一角後，再行提往彼角，倘量得此角與彼角之高度相同，則牆身平坦；否則倘有高低，則牆自不平。

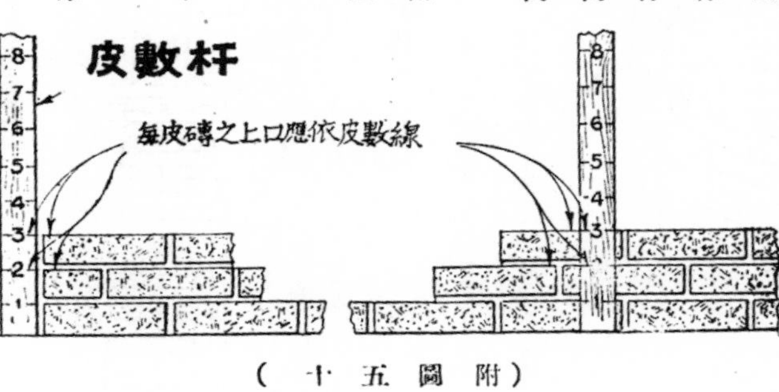

（附圖五十）

率頭　普通砌牆，祇能先砌一處或數處，自不能全部同時砌起。故於先砌之一部，應留置率頭，以便後砌甎牆之銜接。法以每隔一皮，全甎伸出四分之一，上面及下面之一皮，則均縮進全甎四分之一。一皮伸出一皮收進，而成輪齒形式（如五十一圖），謂之肉裏率頭，亦稱齒積。

（附圖五十一）

在舊有之外牆上，擬添接腰牆，則應於老牆上開鑿長方形之率頭，其寬度應與腰牆之闊度相同。高度則等於三皮磚連灰縫之厚度，深可全甎之半。如此每隔三皮，鑿三皮高之長方洞，以資新腰牆之鑲接。鑲砌時最妥用水泥灰沙，藉免沉縮，而致新舊牆接縫處有谿裂之虞。（如五十一圖）

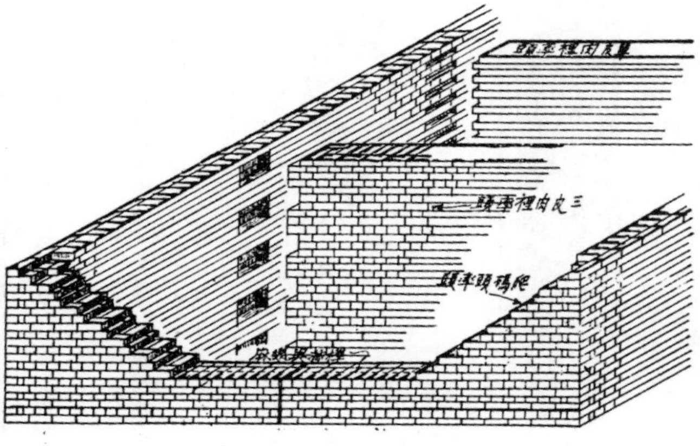

步積　步積，或稱爬碼頭率頭。係牆之一部，不即砌起，而將另一部砌起者。其不砌起之處，勢須留置率頭，俾資與新甎工鑲

合。是以其留率頭之處，不宜直砌度頭，亦非肉裏率頭，應用爬碼頭率頭。爬碼頭率頭者，以每一皮甎收進全甎四分之一，逐皮收進，形如階梯（如五十一圖）。再者，磚工之組砌，應錯綜交接，不可同縫。而接搭處亦勿宜接攏過多，應以一磚之四分之一爲合度。茲特製圖如下：

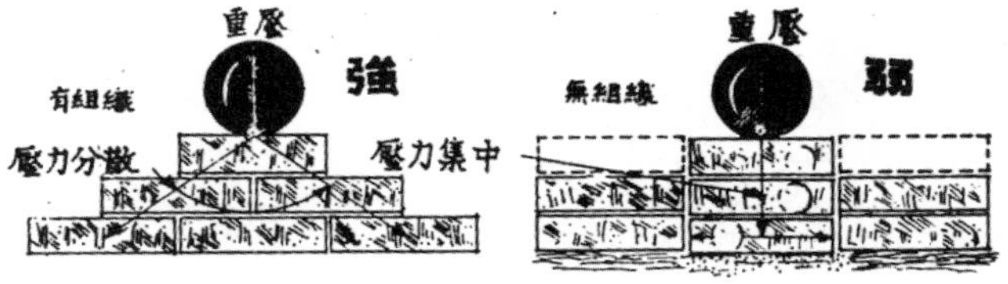

（附圖五十二）

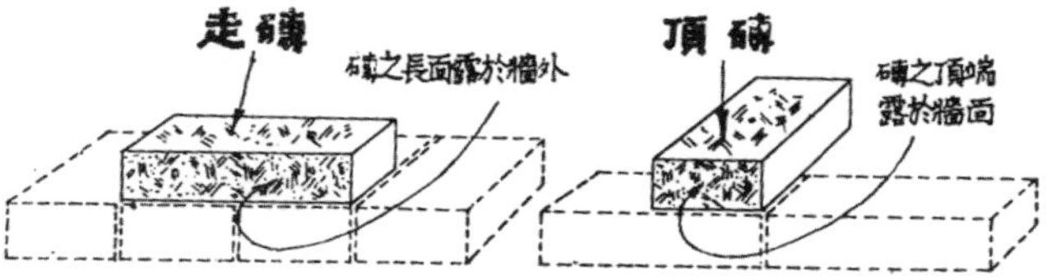

（附圖五十三）

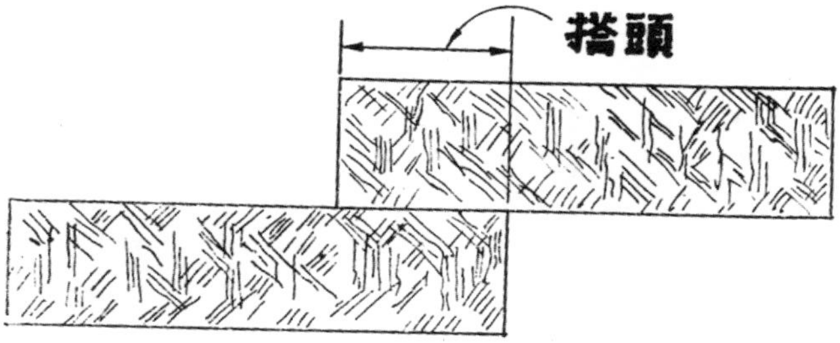

（附圖五十四）

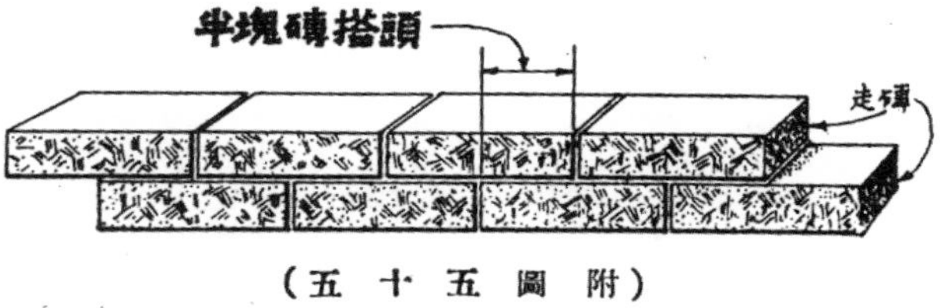

（附圖五十五）

組砌　甎牆之組砌，其主要條件，有如下述五項：

一，甎之組砌，必須整齊一式。

二，找甎愈少愈佳。

三，上下兩皮甎，不可同縫。

四，走磚祇能砌於牆之露面部份，內心應砌頂磚。

五，甎之長度，必須倍於濶度，並加一條灰縫。

組砌甎牆之主要條件，既如上述；更有各種組砌方式，錄之如下：

一，英國式——或稱頂走磚。

二，雙面蘇包式——或稱雙面十字式。

三，單面蘇包式——或稱單面十字式。

四，走磚式

五，頂磚式

六，蓆紋式

七，斜紋式

英國式 係一皮頂甎一皮走甎，如後列五十六至六十六圖。

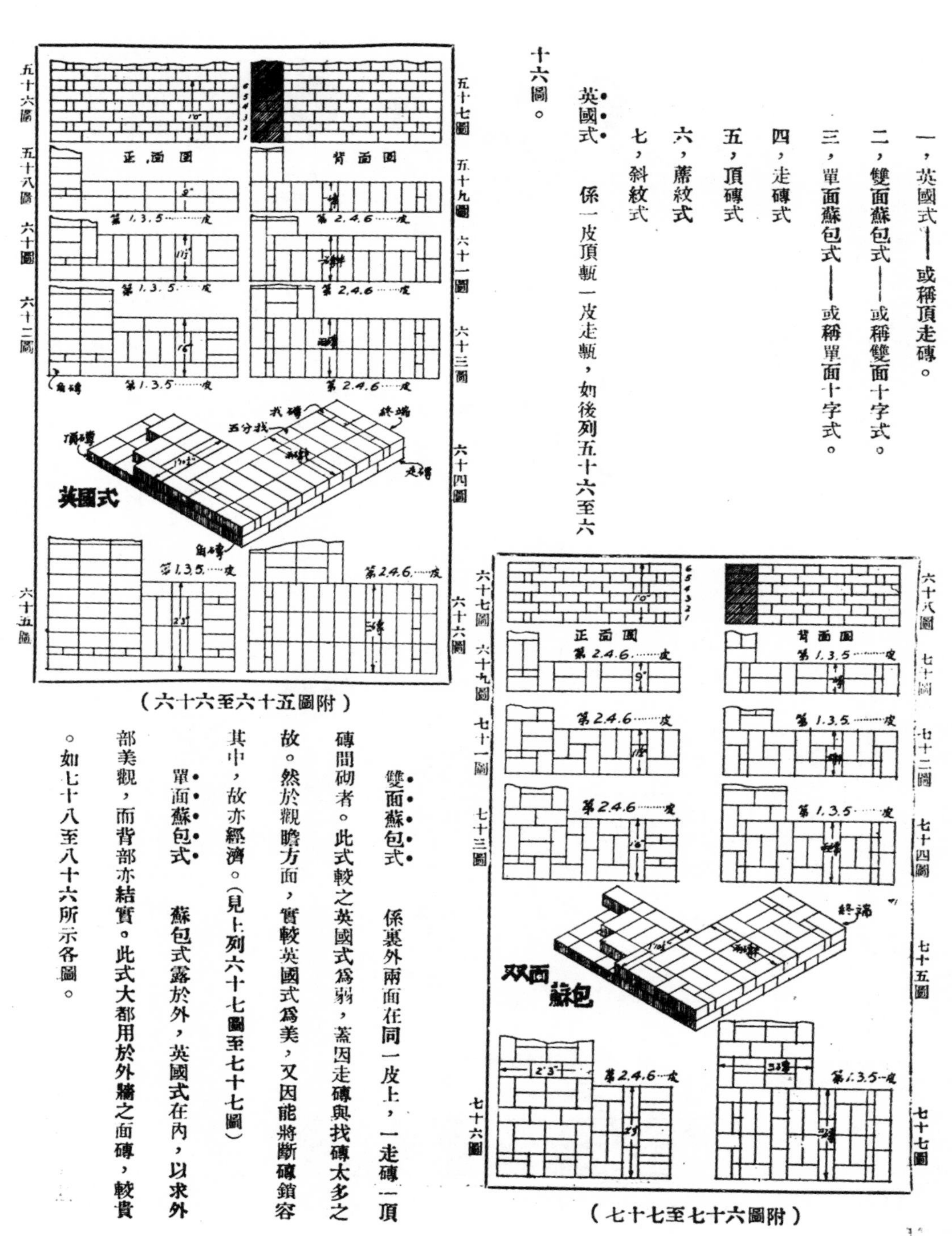

（附圖五十六至六十六）

（附圖六十七至七十七）

雙面蘇包式 係裏外兩面在同一皮上，一走磚一頂磚間砌者。此式較之英國式為弱，蓋因走磚與找磚太多之故。然於觀瞻方面，實較英國式為美，又因能將斷磚鎖容其中，故亦經濟。（見上列六十七圖至七十七圖）

單面蘇包式 蘇包式露於外，英國式在內，以求外部美觀，而背部亦結實。此式大都用於外牆之面磚，較貴。如七十八至八十六所示各圖。

（附圖七十八至八十六）

走磚式　此式用之於單壁，如分間牆，木筋磚牆，及木山頭等之鑲砌。甎之組砌，全係走磚式，如五十五圖。

頂甎式　此種方式，係甎之頂端向牆外者，大都用於圓灣，底脚，挑出部份及台口等處。如八十七圖。

花園牆及圍牆　在同一皮牆上砌三塊走磚，一塊頂磚。此式用於一磚厚度之牆，雙面同爲三走磚一頂磚。

蓆紋式　牆之厚度增加，及其橫切力亦增；但於平垣面之力量，自減削無疑，蓋其接搭之處，不如他式之謹嚴，故其弱點亦卽在此。因之蓆紋式之爲用，幾祇採取觀瞻，而於實際方面，堅牢之効率極少。（見九十三及九十四圖）

面張式　此式係一皮頂磚三皮走磚間砌者，如八十八圖至九十二圖。

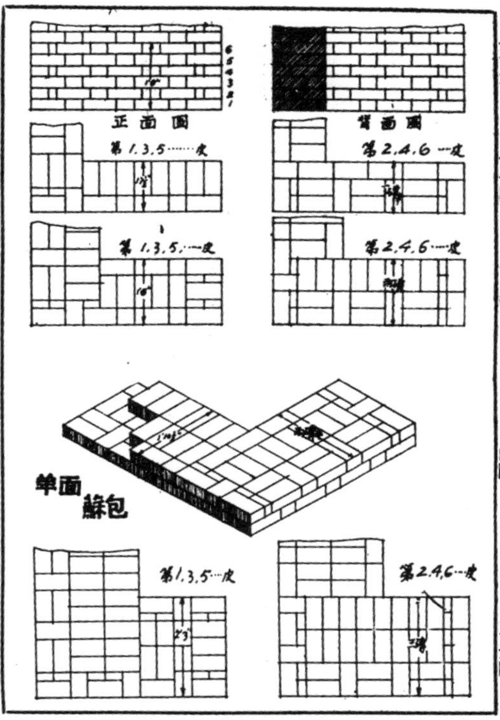

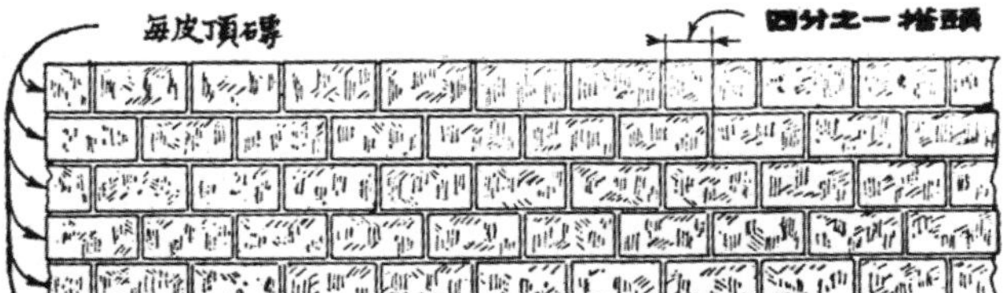

（附圖八十七）

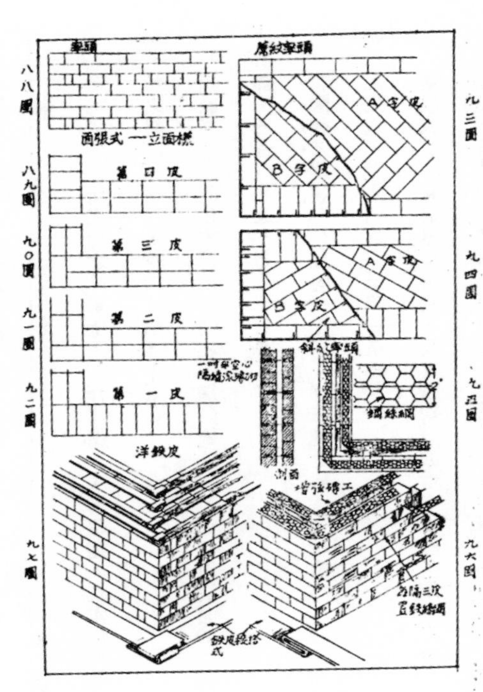

（附圖八十八至九十七）

牆之增强　牆可用鋼鐵之屬牽制之，藉以增其力量之堅强。如牆中夾置鐵皮，而增拉力；但必須用一分水泥，三分黃沙合成之灰沙鑲砌，並須塡實無隙，以免鐵皮之銹蝕。

若建築物之建立於堅度不勻之地上，或於山坡之上，而有傾瀉之虞者，應善用增强牆身之材料。夾置牆中之洋鐵皮，係普通之物料。倘有鋼板網一種，每捲長約三百尺，寬度有多種，應視牆之厚度，而採用何種寬度之鋼板網。見九十八圖。

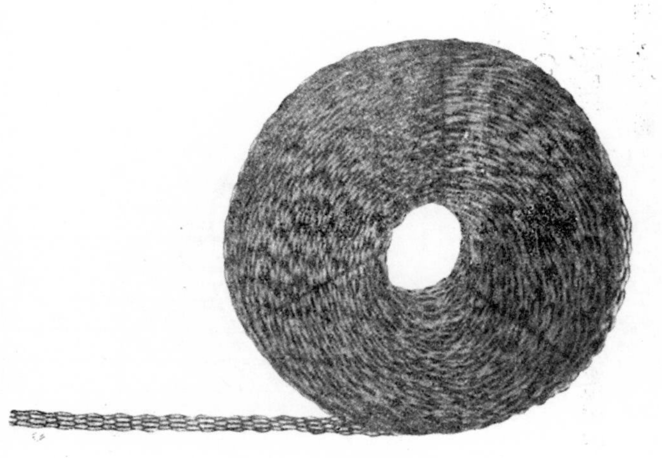

（附圖九十八）

鉄皮闊一寸，厚半分，單壁可置一條鉄皮，最好於用前先抹柏油，此係對牆之用灰沙砌者而言；若用水泥砌者，鉄皮可毋庸柏油塗抹。最好拭水漿一度，以防銹蝕。鐵皮之於牆角轉彎處，應妥加勾摘。

墩子　墩子之用甎鑲砌者，如九十九至一〇九圖，係長方形，以之擔任壓力，而俾樑棟之架置；或承受二面或數面法圈圈脚之推制力，轉傳墩子。

九十九至一〇九圖中之平面圖，凡轉方之墩子，其組砌係依照英國式及蘇包式砌者，平面圖祗示一皮組砌方式，第二皮殊無繪出之必要，讀者自能瞭解。

一一〇至一一四圖示八字角墩子。

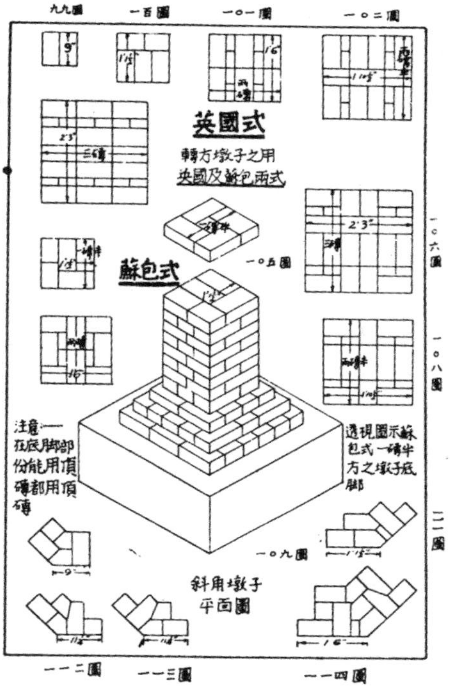

（附圖九十九至一一四）

腰牆聯接處　在腰牆與大牆聯接處之牽頭，其組砌係將大牆每隔一皮縮進一甎之四分之一，使之成單皮肉裏牽頭；而腰牆亦每隔一皮伸出一甎之四分之一，鑲入大牆肉裏牽頭。其牽頭之寬度視腰牆之厚度而定。如一一五至一二〇圖。

一二一至一二二圖示一塊磚厚之英國式牆，與一塊半甎厚之蘇包式牆聯接之方式。

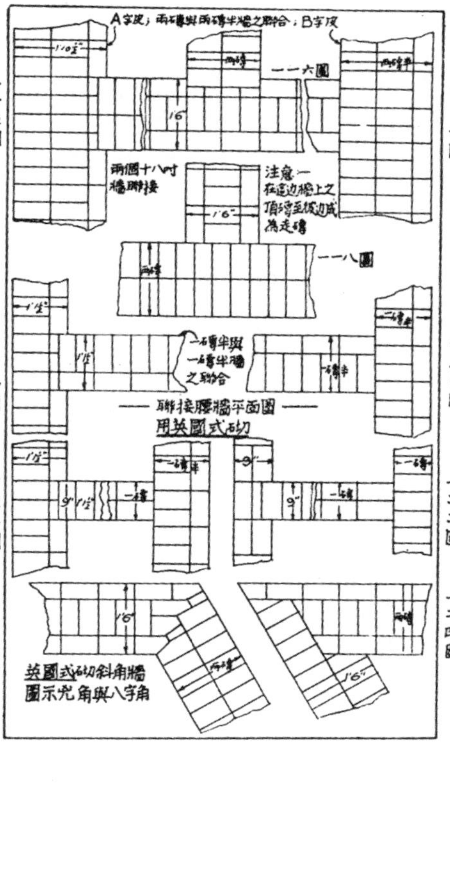

（附圖一一五至一二四）

（待續）

建築人應有的自覺（續）

杜彥耿

都市本來不能與鄉村背道而馳，畸形發展的。兩者應平均進展，這是誰也知道的。但事實上都市自成都市，農村還是農村，這全因地產商的沒有眼光，銀行家之不予擁護，與內地連年匪禍天災的影響所致。現若急起直追，倘不難把市面挽救復蘇，而有得慶更生的希望。

地產商非但要負起繁榮市面的責任，對於民族的復興，也具有很大的關係。譬如把上海作出發點，那末離上海最近風景最佳歷史上最負盛名的蘇州，便可取作目的地了。蘇州已有山林之勝，復有那太湖的一片大澤，更顯得湖光山色的美景。可惜一般人不知利用這天然勝地，反在城內外馬路一帶造起旅館菜館，一意模倣着上海，以致弄成東施效顰的醜態。如在這種地方，地產商便應加以注意．集合確有資力而志趣相投者，組織有限公司。一方與省政府及地方政府，以及有關各機關如鉄道部等接洽，要求從上海到蘇州遊覽的中西旅客，予以種種便利。在交通方面如雙軌的敷設，車輛的增加，與支路的銜接等，在必要時並可要求鐵道部，予以相當的津貼．此舉在鐵部方面，既可鼓勵開闢內地的繁榮，更能獲得鐵路營業進展的利益。這是鐵部與地產事業相依相助最要的關鍵。便是當地政府也要處處相助，予地產商以種種便利。如土地的收買，公路的開闢等等，事成了當地政府當然也有很大的利益，如土地的漲價，稅收的增加等。不容說，這都是有事實證明的。例如日本的寶塚，那地方的自然環境很是平淡，遠不如吾國的蘇州有山有水，更有名勝古蹟。但是一個因為有人經營，便成為世界上有名的去處。每天吸引去的人何啻幾萬，單就寶塚劇塲一處講　上下三層觀劇者，每塲均都擠滿，僅就演劇的少女．及樂師員役等，其數已在二千以上，讀者於此便可想見內容的偉大了。寶塚一地，不單日人趨之若騖，愛之若狂，便是外人懷中的金錢，無疑地也假着游歷的機會，盡量輸入了日本的國庫。返觀我們的蘇州，有着大好的湖山不去經營建設，坐令僧廟墓塋，佔領着大部的名山勝地，湮沒千古，關心之士，怎能不扼腕痛惜呢！

地產商若因自已的力量不夠，並可請求政府，組織地產復興部，參照美國房屋運動的辦法，發行證券，從事興建。美國自從房屋運動開始以來　建築人均呈活躍之象，失業工人亦漸減少。單就「無烟區」（註）一處而言，新建住屋四千餘宅，均甚新穎簡單，經濟美觀，而所有的建築資金，便是借用於房屋運動的證券的。

（註）這些住屋均設有電熱的最新裝置，並無烟囪之類，遂自成一無烟區域。

新近英屬加拿大溫哥華地方的島上，擬闢作風景區，以招致遊人，增益收入。玆將其經過迻譯如下：

因當局決意將溫哥華島闢成能引人入勝之佳境，故已組成委員會討論此事。上週在娜娜瑪舉行全體委員會議。與會者有市長及其他高級職員等。當經決議通力合作，務將此島闢成旅人留連忘返之勝地。並定五年之內，完成計劃。建設目的由中區運動場，遊嬉塲，公園，游泳池等着手。本星期先擬在維多利亞慕集四萬金圓，以濟築路之需。

當局並規定溫哥華島爲非實業區，亦非商業區，乃爲一純粹之住宅與遊息區域。短期旅行來游者必衆，但因現在尚無運動塲與遊嬉場等設備，使遊者在該處得有留戀較久之機會。一待有如英國本國，Florida, California 等處之有海濱浴場等設備、則遊者更衆，自屬毫無疑義。更有一事足資欣幸者，卽現在有一對於旅行游樂極具經驗之人，協助當局關劃經營。此人確具遊息所在的實驗，故必能將溫哥華島築成南北本洲及東方來遊者之注意與欣感。此間人士現均深信其能協助當局，負起開闢經營之責任也。

現在市面已呈轉機，加拿大各處均有蓬勃之氣象。卽在維多利亞一處，本年最初四個月中，售出之地已較去年同時加倍。在奧克倍(Oak Bay)地方，本年所發營造執照，已較去年多出三倍。以前曾作上海寓公之克利曼氏（Mr. A. J. Clements)現正構建住屋。行人之經過該屋者，無不羨慕建築之美觀與地位之佳勝。此外尚有新自香港歸來之葛臨海夫婦(Mr & Mrs. Greenhill) 葛君在香港地產公司任事，此次言旋，擬在溫哥華島一展其地產事業之身手矣云云。

我在上面引了人家的一段事實做榜樣，但我明白國人都有個通病，不願這樣去幹的。因爲國人的腦筋，天賦靈敏，凡事都要趨現成去做。若遇稍困難的事，便都觀望不前。但若有人打破困難，宣告成功，便一窩蜂擁來傾軋，互相競爭，冀享現成。結果大家弄得焦頭爛額，兩敗俱傷。中國實業的不發達，主要原因還在這裏。但經營地產不比傍的事業之忌人傾軋，最好有人競相投資，愈多愈妙。若大家觀望，無人過問，那却不妙了。

地產商既已見到上海地產的衰落，卽應另闢蹊徑，別謀發展，倒也有轉機的可能。繁榮市面的重任，全在經營地產者的身上，不要畏縮不前，應勇敢地幹去。看看別人怎樣的活動，在任何艱難的環境中，都得設法苦幹，經過一番極度的努力，自然有佳景在前，坦途重現。不要保守着現有的財產，自以爲這財產是自己的。其實現時這財產根本談不到屬於何人，早晚保不定有事變發生。一個人最緊要的壽命尚且朝不保暮，那道身外的東西，反能保得住嗎？不如趁早覺悟，趁錢在自己手中的時候，做一番活動市面有益社會促進建設的事業。這事業不一定把錢抛在水中，也許事業成功，獲得更大的利益。這才是經營地產者的正當事業，與正當的獲利機會。

地產商如能把眼光放遠，銀行如能擁護地產商投資建設都市以外的事業，則不但能夠移轉市面的繁榮，便是都市中的惡習，也要改好不少。這個因爲都市的人閒了想找快樂，看電影已算是高尙的娛樂了，其次如逛屋頂花園，開旅館叫條子，聚賭抽大烟，那一件是對民族前途有好處的。在都市裏已沉湎在這種生活裏，而盲目的鄉村，還想處處模倣齷齪的都市，無怪喊了多年的口號，祇弄得每況愈下。推其原因，實由於叫喊的都是空言，與負着實際責任的地產商不去建設內地。

建築師與工程師本來是一種很清高的職業，對於建設事業應該處處去作人們的導師。故不獨在專門技能方面，應有豐富的研究與經驗，便是對於法律，文學，哲學等也應有相當的認識，方不愧站在社會上做領導的人物。夠得上這資格的，在全國實不多覯，現在少數建築師與工程師，有着兩種通病：一爲洋氣，一爲俗氣，這兩種氣味，染着一種，已感難受，若兩氣俱全，那就更不可耐了！照這樣的人，怎可作人們的導師？怎可站在社會的前線！

建築師與工程師不是商品，也不是供人驅使的人員。他是最高尙的藝人，同名書畫家一樣，有人請求題字繪畫，先要看這人的誠意如何，人格如何。他若見對方有些不合，那便不願應他的要求。已應允了，那人又須很端恭的把潤資雙手捧上，嘴裏還要說些恭維的套話。名畫家心裏方始高興，權且受了。論理建築師工程師也有這樣的資格，但是有許多人偏不去學他，反去學那在馬路傍邊擺畫攤的畫家，那便糟了！

貶價賤賣，賤價的貨自然比較不純潔，這是商業上的常態。建築師工程師也在貶價競逐，難道建築師工程師也將等於商品嗎？建築師工程師萬萬不能承認是商品，他是最高尙無比的技藝人，他應該遵守最高尙無比技藝人的條件才是。

「師」是應該使人肅然尊重的。孩子們進學校讀書，見了教師，自不容說，病人請了醫師，自須遵守醫囑，反之性命恐亦不保。當事人因案涉訟，要請律師，如若不聽律師的話，勝訴便無把握。凡此種種，便可知道爲「師」的尊重，與尊師的途徑了，建築師工程師，在頭上也頂着師的頭銜，自然也要使人以師禮事之。這全要建築師工程師自行做去，自尊了人方能尊之。這是百折不移的定律。故凡能自尊自重的建築師工程師，須要檢舉那不自尊重的，加以整頓才是。

檢舉整頓的有效方法，可由有見地的建築師工程師起來組織學術團體。若已在各該地有了團體，儘可擴大組織。但應多行其實，不要徒有集團的名義，沒有集團的實務。要把建築師工程師歸納在各自集團裏　組織演講會討論會等，凡建築師工程師在業務上所遇到的任何困難問題，都可提出研究，共同討論。個人如有心得，亦可公開演講，俾資別人的借鑑。同時並刊行出版物，專載演講稿或討論所得。這樣一來，凡是經驗缺少的，或行動欠當的人，日久薰陶，相互砥礪，各個感受着人格上的感化，也就逐漸把身上的洋氣與俗氣洗濯乾淨，樹立了「師」的典型！

既有了可師的建築師與工程師，那便要實踐其爲師之道，去做地產商的高等顧問，替地產商劃策設計，建議中央政府及各地方政府建議關於建設事宜。因爲政府當局對於建設大計容有不明瞭的地方，全靠專門人材的建議與計劃，對於一地方的應興應革事宜，怎樣可使政府與人民兩得其利。這纔是爲師之道。若是人家已經定當了的事情，命建築師工程師計劃幾幅圖樣，那便不是自動的「師」、他的師道，多少含有被動性的了！

中國現在最重要的施政方針，厥惟物質建設，負有直接責任的便是建築師與工程師。但是誰曾站在主動的地位，而向政府當局有所貢獻呢？政府需要建設，却不遠萬里向外洋去聘顧問，難道我們國內眞正沒有人材嗎？其實這全因我們平素沒有什麽表現，以致政府需要人材之時，沒處去找信望卓孚的人，心想還是往外國去聘請，一方面如有確實學問的人，到處都可有地位，不想去做官，還是廝守着老園地，不圖向其他方面發展。這也間接堅定了政府聘請洋顧問的動機。

其實不做官是可以的，若對國家建設守着緘默的態度，這是不當的！我們如果長此緘默，別人見了還以謂中國實無人材。其實請來的外國顧問，他的貢獻能否適合國情及實際需要，這還是問題。而請了某國顧問，他國見了嫉妒，有時反引起意外的麻煩，這在報上是常可見到的事實。這全由建築師工程師平素沒有學術上的著述或演講，對外公開發表，甘守着沉默的態度，引進了洋顧問的錄用，而起這無謂的撚酸作用，爲補救已往的缺憾，爲廢除客卿的任用，現在的建築師工程師應從速自覺，趕快把 孫總理所著建國大綱裏的各種建設，逐項加以公開研究與討論。而且建築師工程師不但能用文字發表心得，又能用圖樣來傳達思想，更可根據圖樣推算建設經費的詳細數目。這是其他專家所不能的，我們蘊藏着這種技能，尚不能盡這天賦的責任，誠屬有愧職守了！

在這極度緊張的時局中，又遇到連年的水旱天災，我們應當用很敏捷決毅的手段，來對付當前的困難。消極的束手嗟嘆，是無補於實際的。各人都應鼓着奮勵的精神，埋頭幹去。尤其是建築人應當分外努力，起來挽救這空前的厄運，因爲建設確是救國之道，建築人對於建設事業最關切也沒有了，所以著者提議建築人應聯合起來，共同討論出一個怎樣挽救危機的方法來。但有人批評，現在的問題複雜博大，決非吾人所能解決。但一件事集了大衆的智力與精力，必能得到相當的圓滿結果。該看去年日本的大阪發生了大風水災，各處建築學會便開會討論今後的建築改進問題，自下午六時起，直至晚上十點半，這種同舟共濟的精神是值得摹倣的。反觀中國目前的天災，其嚴重十百倍於日本，又有那一個建築集團來注意此事，加以討論災區住屋的此後怎樣改進，以抗天災於萬一呢！這又不得不歸咎於建築人的缺乏自覺了，快趁這機會來自動表現一下吧！

（完）

英國皇家建築學會之進展史

古健

英國建築團體之最早而可考查者，初係總會性質，名建築師總會。(Architects' Club) 時在一七九一年，假 Thatched House Tavern 開會，舉柯克雷君 (Samuel Pepys Cockerell) 爲會計。柯君之子係爲皇家建築學會第二屆主席，其孫亦任該學會總幹事多年。當時之幹部會員有Sir William Chambers, Robert Adam, Robert Milne, John Soane, Thomas Hardwick, James Wyatt, George Dance。

迨後在一八〇六年，有倫敦建築學社之創立。該社爲純建築學者之正式集團。其組織及宗旨與現在之皇家建築學會相同。於每年擇定日期，公開展覽建築圖樣，每一會員至少須有立面圖平面圖及剖面圖各一張，並說明書等，陳列展覽。此舉係屬首創，前未曾有。會員如有不參加者應罰金二枚，同時更有對於建築學術之討論會，被邀者若不參加，亦罰金半枚。會員應徵陳列展覽之圖樣說明書，及建築學術討論議案等，均付全體會員討論，而會員不參加滿二次者，罰五先令，以後每不參加一次，罰五先令。惟會員因病或住址離開會地點十英里以外者，不在此列。社務至一八三一年幾瀕停頓，遂有一八三四年至一八三五年之復選。當選葛拉克氏 (William Barnard Clarke) 爲主席，華脫 (Thomas Henry Wyatt) 爲副主席，馬爾 (George Mair) 爲祕書。計劃灌輸一般建築學識。以資普遍，因之有不列顛學校之組織，與圖書館博物館之設立，及教授之演講及展覽會等，大受學子之歡迎。一八三四年林肯薩地方之從業建築師，提議需要一較已設立更臻完備之代表的學術團體，並發宣言，大意謂藝術與科學尙無集團的組織，以資研討與改進。建築學可以代表藝術，兼可包含整個之科學。而此邦偏乏此種組織完備之學術團體。英國皇家建築學會，因此於一八四二年與建築學社實行合併，擴大其組織。

英國皇家建築學會之發起人會於一八三四年七月二日，假聖詹姆斯街舉行關於發起宗旨及會之組織，均於此創立會中決定。一面並羅致信望素孚資學湛深之建築師入會，入會資格不獨應具有豐富學識，並須品格淳良，純屬技術人而不染商業化者。因在早期技術人往往兼營商業，殊失社會信仰，故建築師必潔身自好，使業主視爲友好與顧問，而非只爲業主之代表。茲更將關於此會初創時之信函一封，係由陶南而生教授所發者，迻譯如下：

一八三四年五月八日勃朗姆斯倍區赫德路七號

下列諸君既已接得羅炳生先生之宣言矣，茲亟欲舉行一次會議，決議組織不列顛學會之宗旨及其辦法。現定於星期二晚七時半，假利勒街十四號林南君處舉行首次會議，尙希蒞臨賜教。會議時間准晚八時開始不誤。

陶南而生啟

當時函請出席者，有Atkinson, Besevi, Blore, Papworth, Sir John Rennie, Taylor 等，列席者 Barry, Bellamy, Decimus, Burton, Cresy, Fowler, Goldicutt, Gwilt, Hardwick, Kay, Kendall, Lee, Parker, Rhodes, Robinson, Seward, Wallen 等。

第二次會議於一八三四年八月六日舉行。係屬徵集會員大會。十二月三日選舉職員，當選Robinson, Kay, Gwilt 三人爲副會長，Donaldson與Goldicutt二人爲祕書，後復於十二月十日在Thatched House Tavern 重行召集會議。更隔數星期，舉葛雷伯爵(Earl de Grey)爲第一任會長。

一八三五年六月十五日舉行第一次全體會員大會，會長及秘書陶南而生等先後致辭，原辭均存會中。皇家學院建築系教授沙姆爵士 (Sir Johu Soane) 對於該會組織極表贊同，特資助七百五十磅，以謀會務之進展。

一八三七年一月十一日英皇威廉第四(King William IV) 頒書特許設立。同年八月八日維多利亞皇后登極後，嘗與康沙脫太子贊助該會之進展。並於一八四二年之一次會中，執行主席。以後每年舉行大會時，亦必出席致辭。

自一八四八年起，維多利亞皇后特頒金牌，與予努力建築學術之著述，及於建築圖樣之設計有能到之處，經建築學會之保舉者，由皇后特授金質獎章，以資鼓勵。

一八六六年五月十八日，遵重皇室之命，更名不列顛皇家建築學會(Royal Institute of British Architects)

一八六三年至一九一〇年英皇愛德華第七(King Edward VII) 執政時，亦每年頒給金質獎章。

當今英皇喬治第五自接位以來，亦每年頒給金章，從不間斷。

該會爲欲更爲健全組織起見，故呈請凡欲入會者須經考試及證書之發給。於一八八七年三月二十八日得邀英皇之批准。

一九〇九年一月十一日，復得英皇批准，特予該會委員以酌授會員以學位之權。

一九二四年大會決議合併建築學社，同時建築學社亦決議與英國皇家建築學會合併。

一九二五年二月英皇批准建築學社得與皇家建築學會合併，並准兩會會員有同等之選舉權及有得到學位之權利。會員既已得到學位，可用註冊建築師名義。(Chartered Architect)

一九二五年三月四日，修正會章及委員會之組織法，以適應兩會合併後之環境。

一九二五年六月，建築學社實行結束，與皇家建築學會合併，並將值一萬磅之社產，移交建築學會。

一九三〇年一九三一年兩次國會通過登記 英皇之詔書於七月三十一日頒至，一九三二年元旦日起，實施依據國會通過之綱章辦理。

建築師公費之規定

朗琴

建築師應得公費標準，每爲一般人所欲深知。吾國建築事業日趨繁興，執行建築師業務者，對其所取公費標準，尚乏具文之規定。英國皇家建築學會（R. I. B. A）於一八七二年時，對於建築師服務之條件與要點，及應得公費等，曾有明白之規定。後復於一八〇八年，一九一九年及一九三三年，三度修訂，以適合現狀，茲特迻譯如下，以供讀者參閱。

第一條 建築師服務之條件及其要點

（甲）英國皇家建築學會會員，應遵守學會之註冊規例，會章及歷屆議決案。

（乙）建築師於建築物之營造時期，必須連續前往視察。

（丙）若需監工員常駐營造地督察工程者，此監工員之任用，應得建築師之同意；而僱用及給薪，均由定作人爲之。惟該監工員須完全聽受建築師之指導與管理。

（丁）建築師未經定作人之同意時，已經簽定之合同，圖樣，及建築章程等，不得有所更改。

（戊）建築師有權改正合同規定工程上之缺點，而並不增加造價者，一面並應通知定作人。

（己）建築師於工作將竣時，關於陰溝總管之通接，應當予以義務上之服務；但所計劃之圖案，其所有權仍歸建築師。

（庚）建築師之公費，並不包括測量工作。關於此點，可參考測量學會第九條至十五條之規定，而適用於英國皇家建築學會者。

（辛）關於工程顧問之任用，應據建築師之意旨，及定作人之同意，顧問費之担任，應由建築師與定作人磋商酌定之。

（壬）建築師與定作人間之合同，若有正當理由，並經雙方同意及書面知照，無論何時，均可終止之。

第二條 公費

（甲）新工程 自得定作人通知，繪製草圖，估算大約每立方尺之造價，或行設計正式圖樣，規訂說明書等，以便確定招標及投標辦法，訂立合同，選任顧問，（若需要者）供給承攬人圖樣及說明書二份，及此後對於工程必需之詳圖。對於工程之視察，已如上述，簽發領款證書，核定造價加減賬目及簽發證書，此項新工程公費之徵收，除第二條（辛）字項另有規定外，均依造價總額或數徵收為標準。其數如下：

子●造價值二千鎊以上者，六厘計算(6 percent)。

丑●造價不滿二千鎊者，依一成計算(10 percent)。設有二千鎊之工程，而因特殊情形，減收一百鎊者，公費亦按二千鎊之等級，六厘計算之。然公費根據二千鎊徵收六厘，或依一百鎊徵收一成，則由建築師自行決定之。

寅●上列所定徵收公費之標準，如遇工程巨大，或式樣重複而工作簡單者，建築師自可減照五厘計算之。

(乙)改裝及加添工程　若房屋改裝或添接等工程，其公費額自須增加，然不能超過第二條(甲)項所規定，新工程公費標準之兩倍。

(丙)裝修裝璜等　裝修，傢具，裝璜，花園等之設計，繪圖費，其取費標準，須酌視情形，自行訂定。

(丁)工程之取消　工程之已經建築師規劃妥定，而中途取消者，建築師既已有服務之事實，得依照公費原數三分之二徵收之。

(戊)局部服務　若全部工程有一部削減，或建築師被專委對下列各項服務者，其公費之計算標準，分列如下：

子●遵照定作人之通知，繪製草圖，以明房屋與屋中居室之地位，及造價之約算者，建築師之公費，視接洽情形，自行酌定。

丑●遵照定作人之通知，繪製草圖，估算大約造價，其公費由建築師視接洽情形自定之。惟不能超越第二條(甲)項及(乙)項規定之六分之一。

寅●遵照定作人之知照，繪製草圖，估算每立方尺大約造價，或已繪製較詳細之圖樣，足資估算正確造價，或曾招人投標者，其公費可依第二條(甲)項或(乙)項之規定三分之二徵收之。

注意：除(子)(丑)兩款外，其(寅)款建築師之手續，均已辦妥，而經六個月仍未招標者，建築師可於此時函請繳付公費。

(己)分期付款　接到標賬後或簽立合同時，由定作人命將工程卽行開始進行時，建築師得依第二條(甲)項(乙)項或(丙)項之規定，先收公費三分之二。以後若有工程之一部或全部作罷時，已收之公費，不能返還。所餘三分之一之公費，於工程進行中，隨時收取之。

(庚)應用舊材料等者　若建築物之全部或一部，採用舊有材料，或材料人工及運輸等，由定作人自辦者，公費應照工程之由承攬人承造之例計算，並其舊料亦應視作新料。

(辛)不依照按百分扣公費者　建築師之服務，不依照按百分扣算公費，而依事務之繁簡者，其公費如下：

子•對於購置地基之選擇，地位之適合與否之顧問事務，購地或購屋等之接洽事務，測量地基或房屋及測量平準事務，及地上所有房屋繪製圖樣。

丑•在工作已進行時，接得定作人之通知，擬將既已規定之圖樣及說明書，欲加修改及需用材料之增減等，更改圖樣，或重繪新圖，及其他關於因變更原計劃而多出之服務工作，加添圖樣，以應定作人，監工員，承攬人，及分支承攬人之需要，圖樣供給，及與租地地主，近鄰，公務官署，請求營造執照等處之接洽事務。

建築師之服務關涉下開事項者：

寅•分界牆採光權，保留地權，及阻止侵佔地權。

卯•爭訟公證或評價。

辰•建築工程之遲延，而非建築師之力可能挽救者，如不測之事，破產，合股間之阻擋等。

第三條 視察 建築師對一建築物視察其構築狀況後，作成報告書及計劃書，其公費應照時間計算。依照第七條之規定，普通每小時三鎊，助手另加。

第四條 爭訟及公證 分別證據，及提出證據，鑑定證據，與律師法官討論，出庭，或其他公斷等，此種爭訟之公費，應依時計算，或至少每天五鎊。

第五條 估計毀損 估算毀損，及製訂或審核表格，其公費依照審核同意之數額五厘 (5 percent) 計算。如為接洽談判賠償數額之妥協，及其他服務，以照時間計算公費者，根據第七條之規定計算之。

第六條 旅行時間 若因工程地點，距離遙遠，而受時間上之損失者，應另取費。

第七條 公費依照服務時間 公費之依照服務時間計算者，最低每天五鎊，助手另加。

第八條 除上述之公費外，其有用儀器，契約副本副印，（譯者註：如圖樣之須添印多份，以資各關係者之應用。）旅行，旅館，及其他一切合理支付之費，應另加支公費。

（待續）

『偷工減料』與『吹毛求疵』(續完)

漸

營造界裏有了鍾師傅那樣的人材，便會有人去學他那一套；雖然不能學他一個全像，但是多少終有些影響，把整個營造人的地位，貶落到另一階級。我不是在這裏深怪鍾師傅的不是，因爲鍾師傅在當時的環境，不得不向這條路用功夫，獨有那後來的盲從者，不加考慮，競相適從，便把風氣攪壞，鬧成現在般沒有是非的現象。

個人或因營業關係，有時不得不抱着和氣生財的宗旨；眼前吃些小虧，耐着氣，希望後來。團體應當設法來保護會員的利益，不可像個人般畏縮不前。團體中的當局，也應抱着爲公衆而服務的前題，不要恐防爲了公衆的事情，影響到私人身上。若是處處怕事，便不應在團體中担負職務，這是很簡單的理由。但事實上儘有那些人喜歡攬事，東也委員，西也董事，這裏監察，那裏又是經理。他又不是千手觀音，攬了這許多事情，實際上徒擁虛名，並不去做，影響整個團體事業，自不待言，便是國家也缺少了健全的中層社會，因此缺乏組織，難謀一致。人家選你做委員做主席，是因爲你能領導羣衆，爲公服務。如果你不出些力，團體中人所受非分的損失，與不應受的氣惱，又向誰訴說呢！

營造人雖也有團體的組織，但事實上能有具體供獻，力謀實際的確是少數。外面雖遵在同一區域不能有兩個同業團體的組織，內部却有所謂甯紹帮與本帮之分。在組織的本身已有這樣一條裂痕，欲謀事業的發展，誠屬難事了！

照理這團體可以修訂詳章，明定會員的營業範圍，利益標準，與責任範圍等，把這章程呈請政府核准備案，免得會員在受委曲時沒有護身的依據。若是有了章程，臨時可以提出某項職務不在營造人範圍者，根據某條營造人有何項利益者；不若像現時般祇要建築師或工程師籠統地指營造人偷工減料，營造人便一時無話以對。到這時我們便可根據上述的章程，加以駁詰，我想必能減免很多無可告援的寃抑呢！

(完)

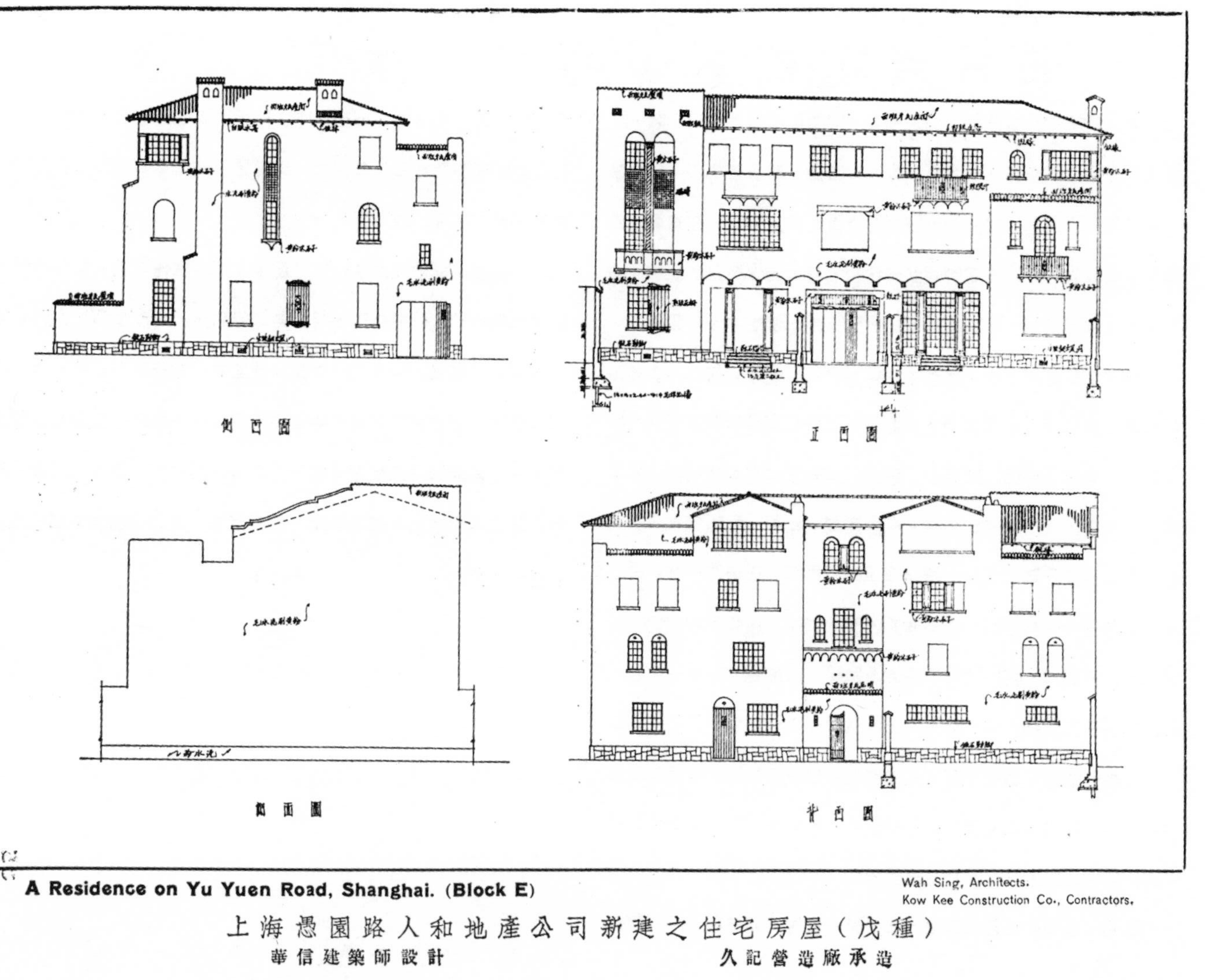

A Residence on Yu Yuen Road, Shanghai. (Block E)

上海愚園路人和地產公司新建之住宅房屋（戊種）

華信建築師設計

久記營造廠承造

Wah Sing, Architects.

Kow Kee Construction Co., Contractors.

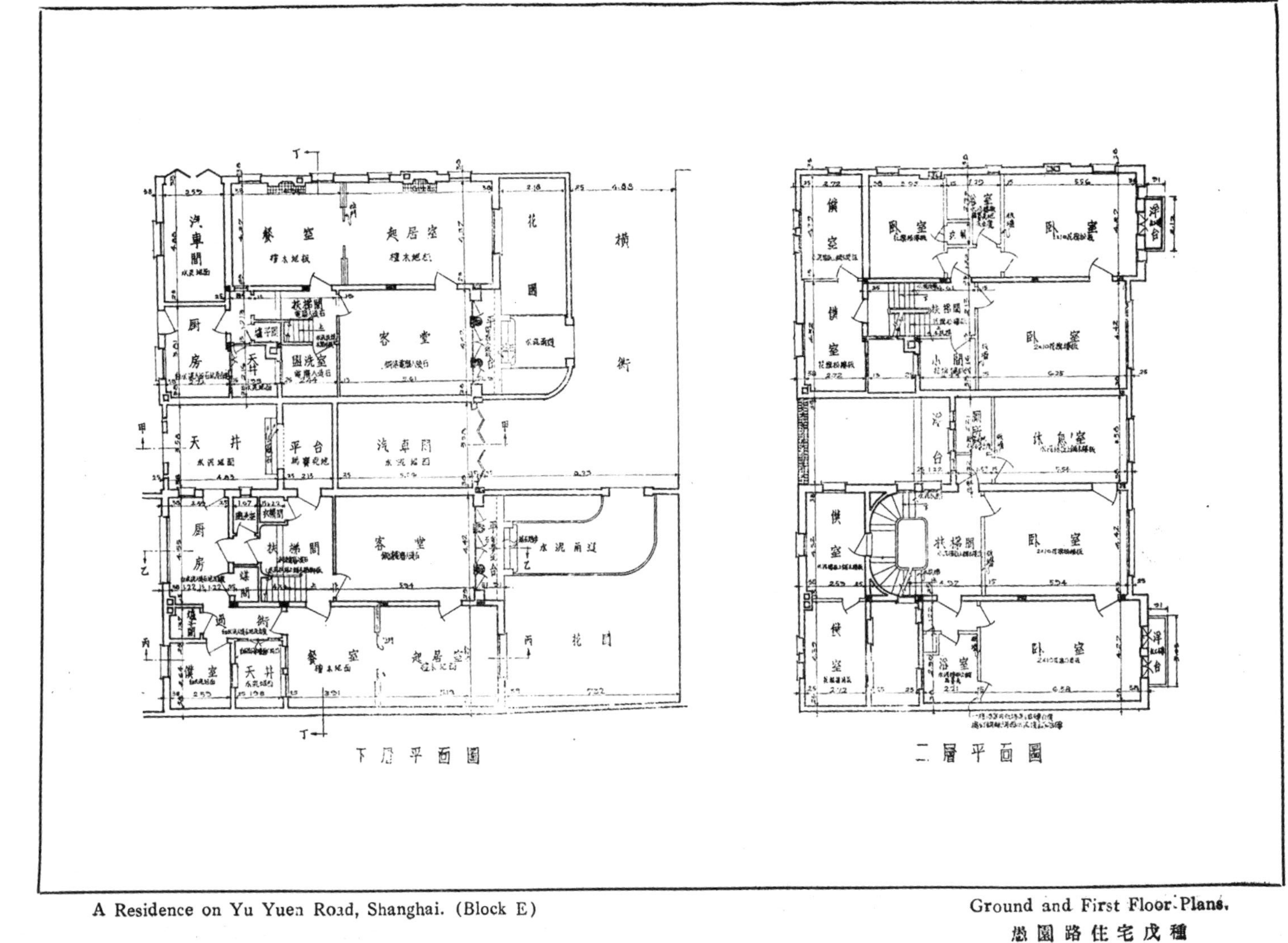

A Residence on Yu Yuen Road, Shanghai. (Block E)

Ground and First Floor Plans.

愚園路住宅戊種

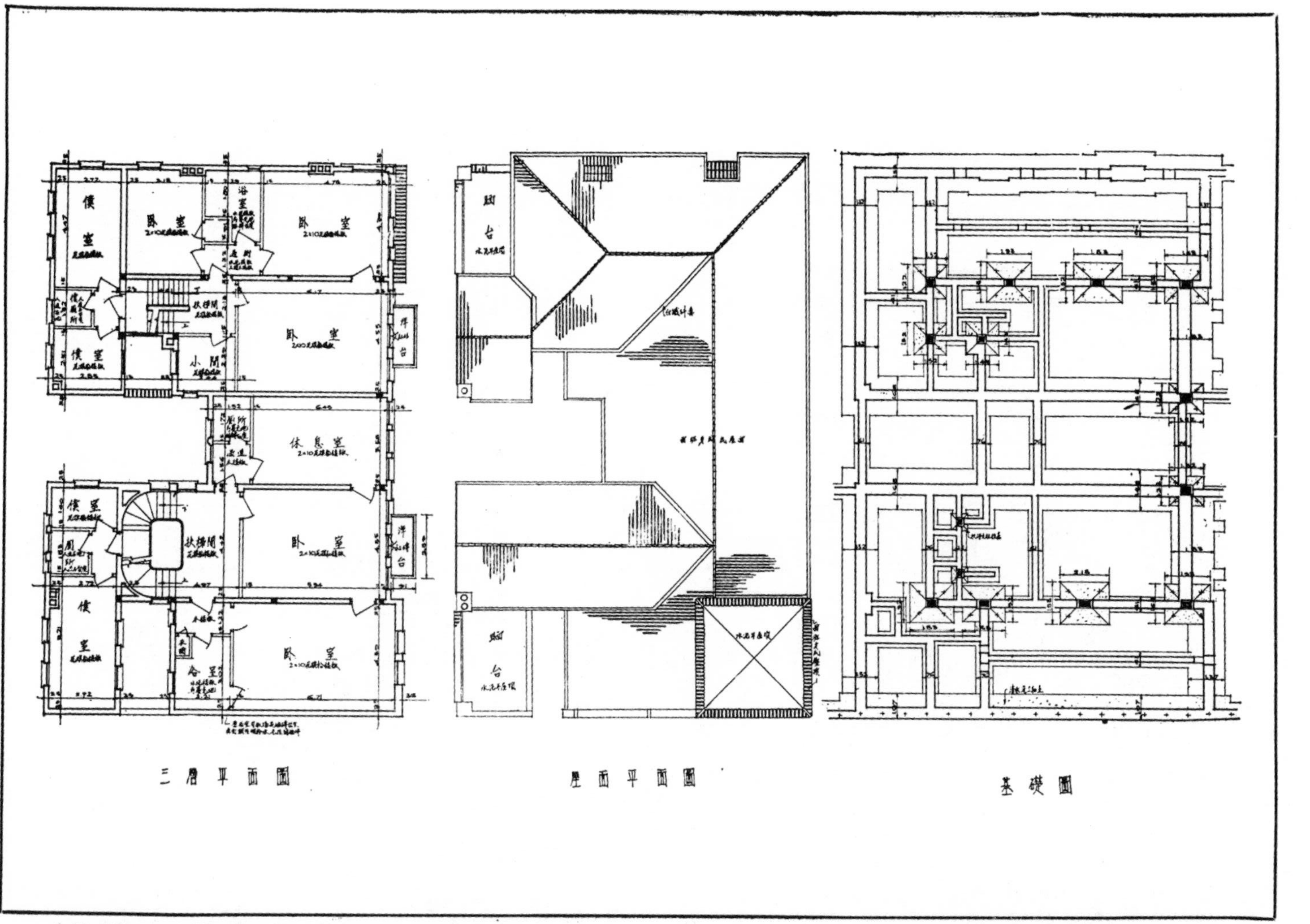

A Residence on Yu Yuen Road, Shanghai. (Block E)

Second Floor, Roof and Foundation Plans.

愚園路住宅戊種

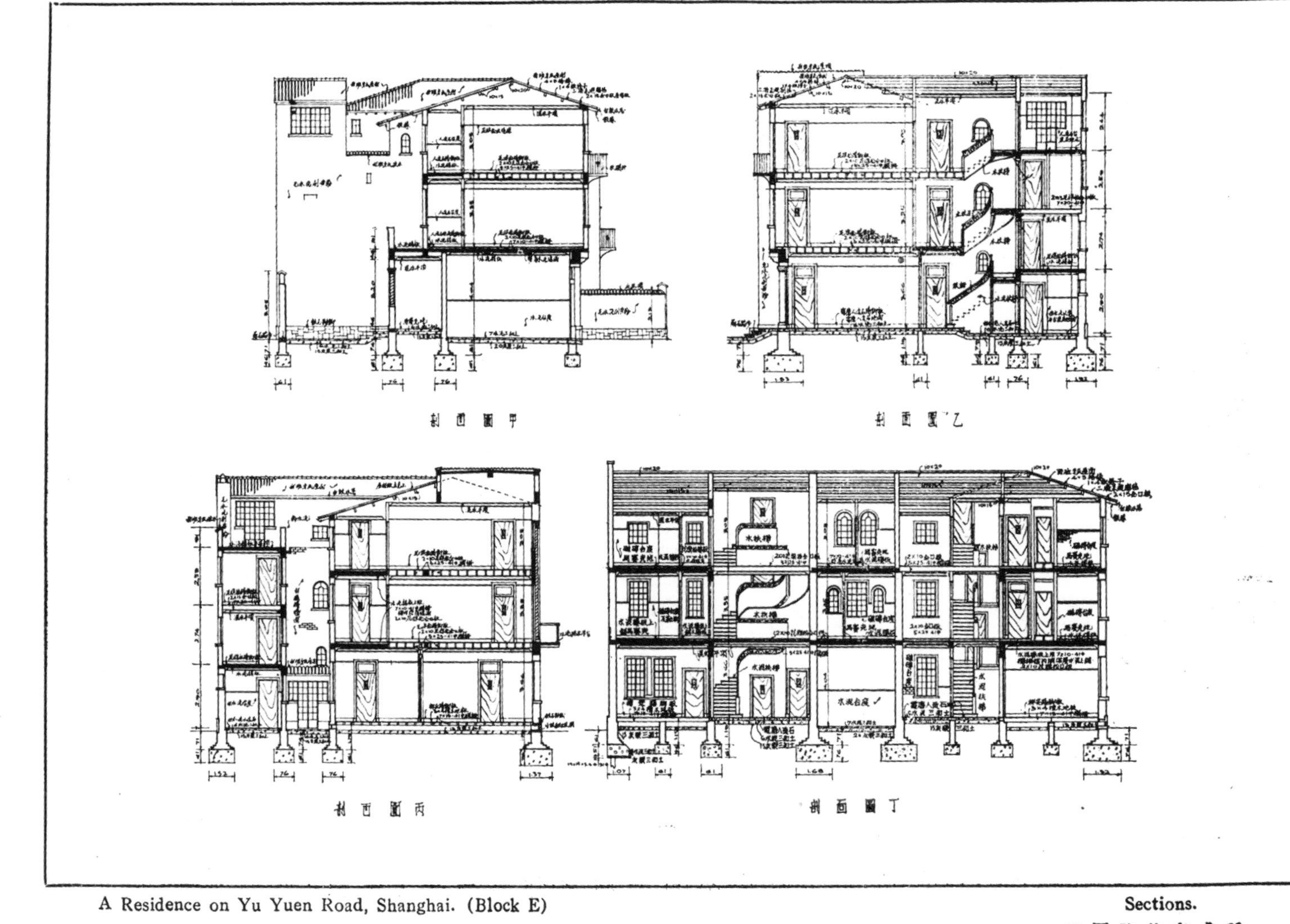

A Residence on Yu Yuen Road, Shanghai. (Block E)

Sections.

愚園路住宅戊種

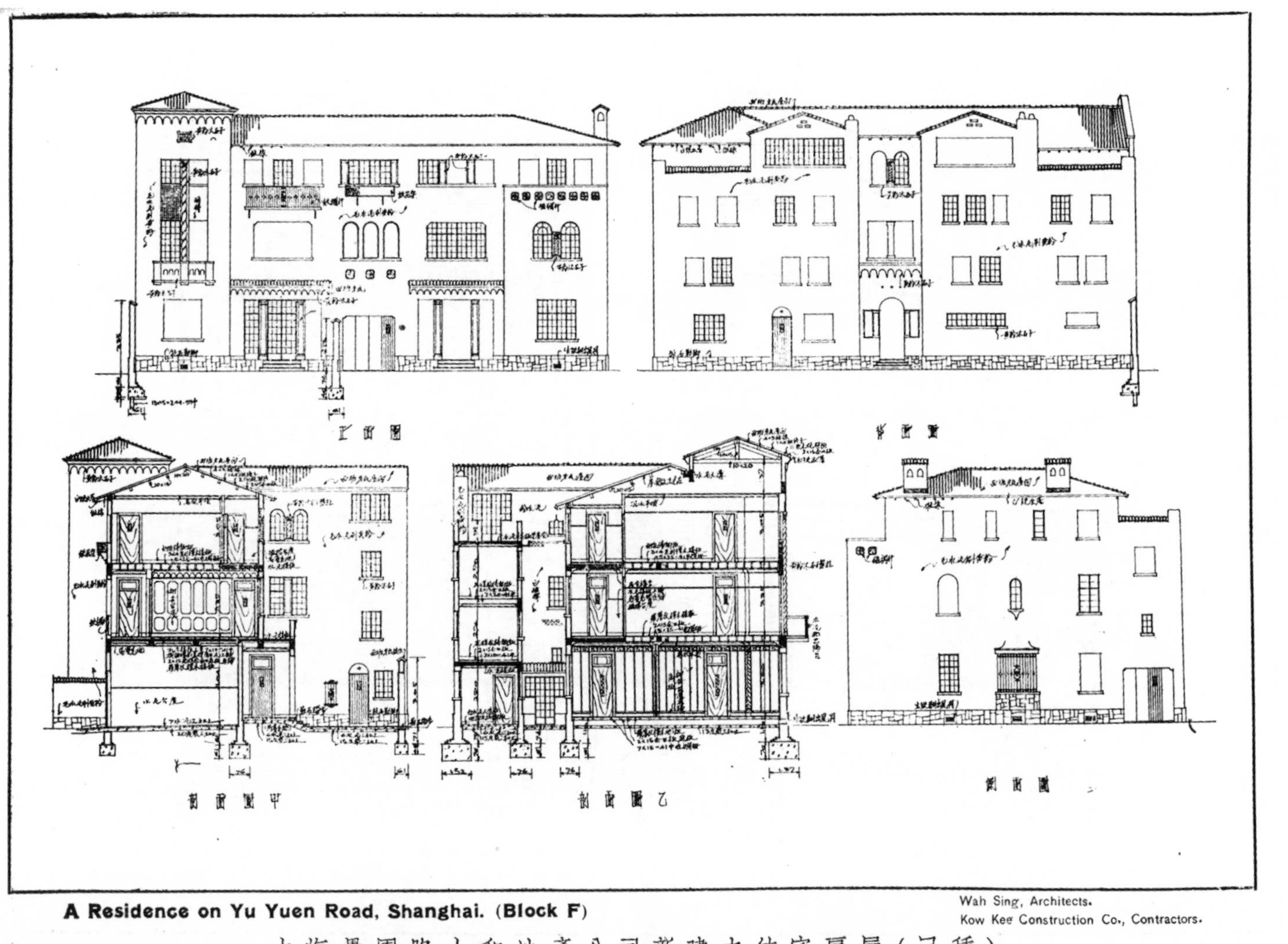

A Residence on Yu Yuen Road, Shanghai. (Block F)

Wah Sing, Architects.

Kow Kee Construction Co., Contractors.

上海愚園路人和地產公司新建之住宅房屋（己種）

華信建築師設計

久記營造廠承造

40

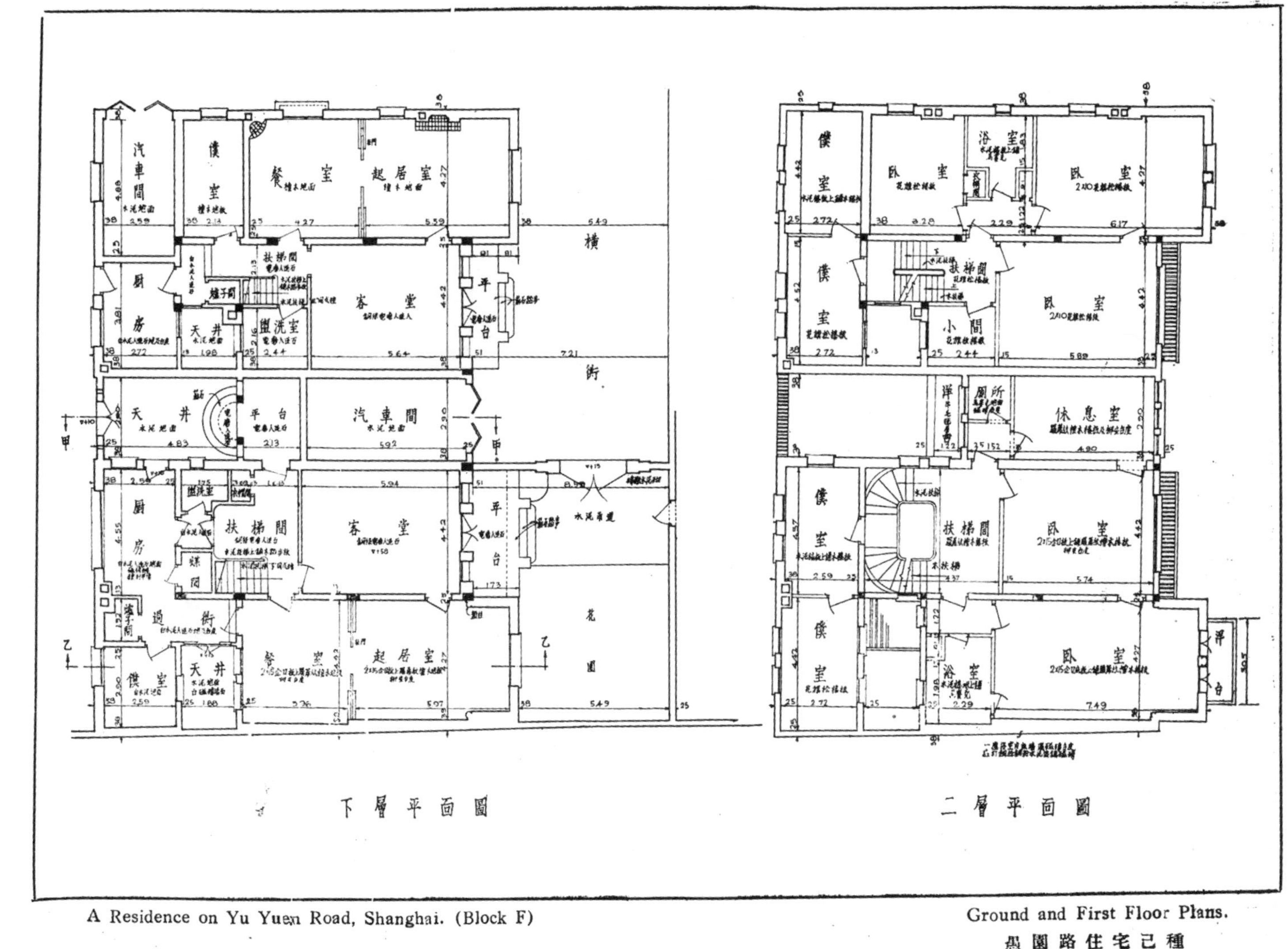

A Residence on Yu Yuen Road, Shanghai. (Block F)

Ground and First Floor Plans.

愚園路住宅己種

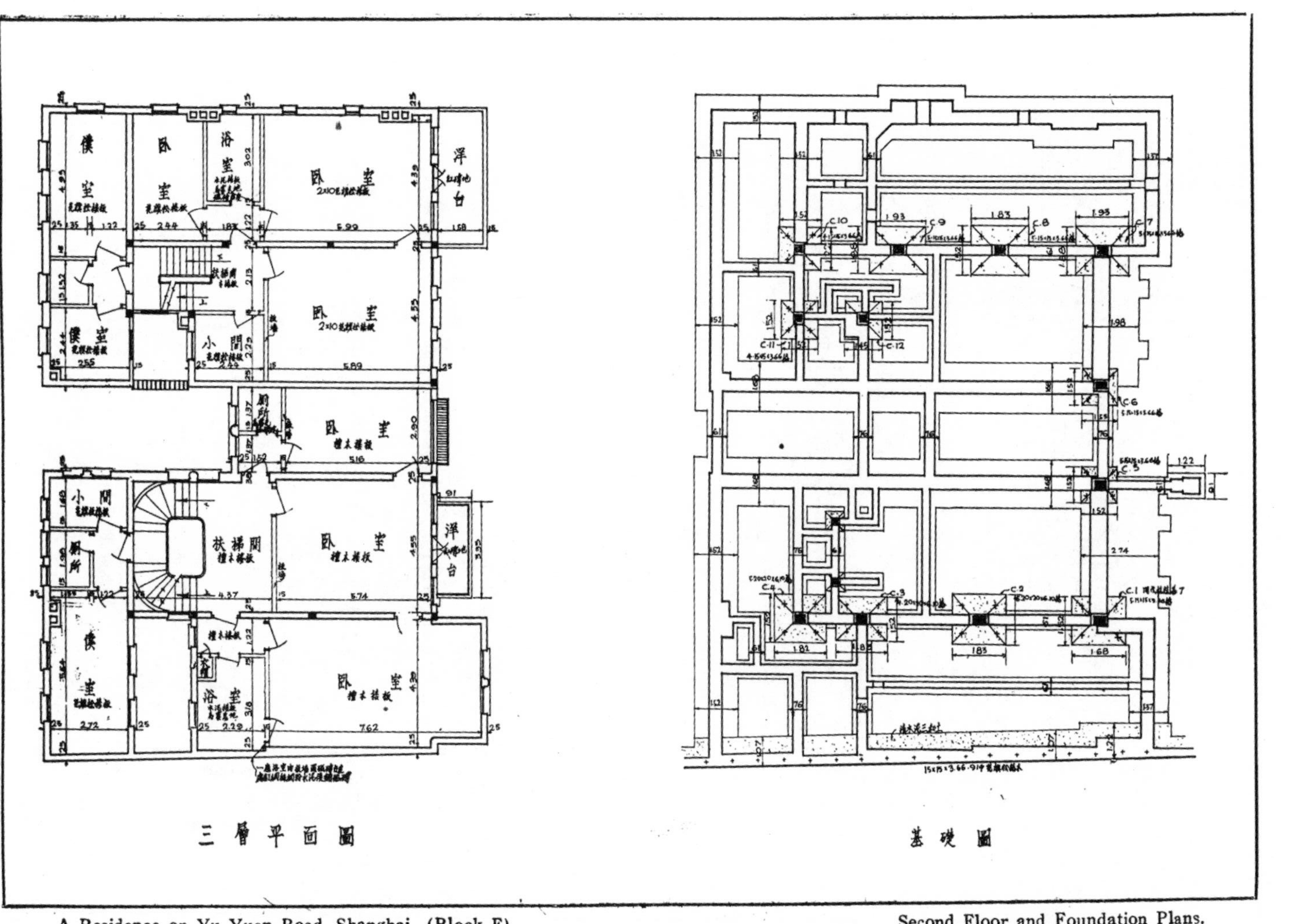

A Residence on Yu Yuen Road, Shanghai. (Block F)

Second Floor and Foundation Plans.

愚園路住宅己種

Plan for a small dwelling house.

這住屋堅固結實，在建築方面是無懈可擊的。廣大的挑台，寬舒的居室，便利的廚房等，在二層還有一間縫紉室，佈置盡善盡美，實值得我們注意的。

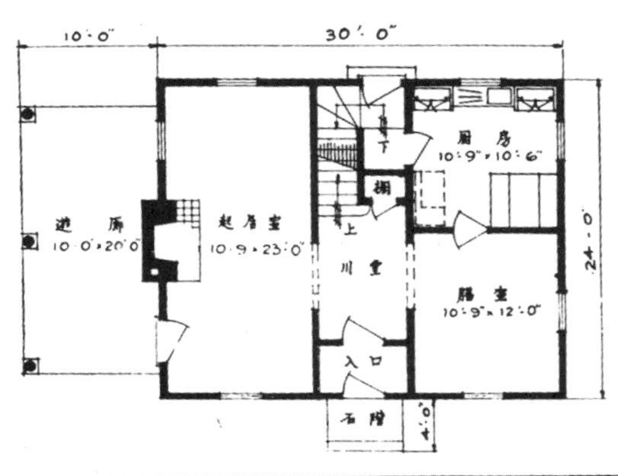

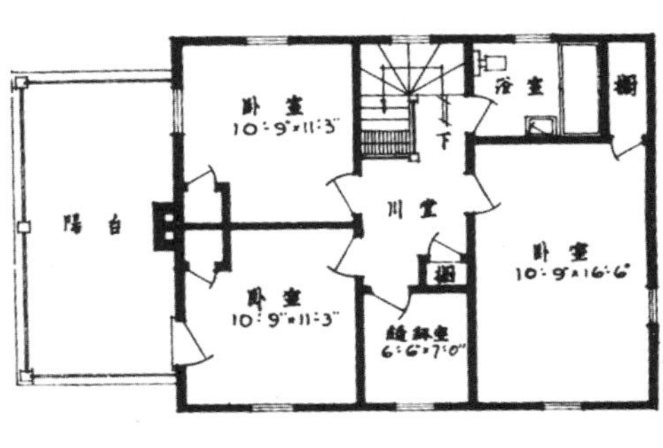

Dr. V. Park Woods' Residence, Kiangwan.

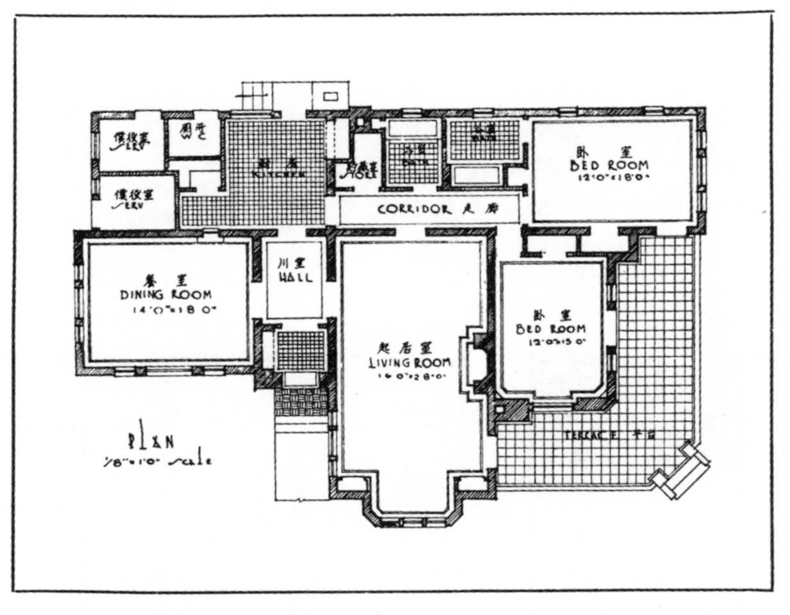

上海江灣胡德醫生住宅

開闢浙東十里荒山

衢州北鄉十里荒山，荒蕪已數百年，南北長約十里，東西約十二三里，面積約一百餘方里，合有五萬餘畝。今春經建廳籌定經費，三月間興工開闢，四月一日起，設立駐山辦事處，指導合作築路水利等事宜，經四月來努力經營之結果，已告一段落。茲將該處工程進行，誌之於下：

興修公路

十里荒山公路，經辦事處派員測量，由縣城至大路店約四十里，有衢蘭公路可達，自大路店至盈川十里，盈川至荒山十里，荒山至峽口鎮十五里。建廳原定計劃，以安仁站爲出發點。經盈川十里荒山終至峽口鎮，取道簡捷的公路線，計需測量築造工程費六萬元，現因經費不濟，峽口一段，暫行停築。安仁站至十里荒山天井塘，業經測竣，經費領到五千元，由植墾辦事處委託第三區公路管理處計劃興築，本可即日興工，因上月大水被阻，一俟積水退淨，即可開工興築。此段大路完成，與安仁站取得聯絡，運輸上可得十分便利。

建設新村

辦事處以荒地開闢後，須招農民領種，尤須趕築住宅，爲將來佃戶居住。並擬以科學化之管理方法，設立新農村，指導農民改良一切物品種植，及施以教育，以期完成全美之新村。此項計劃，俟公路竣工後，交通上得以便利，即着手建造民房二百間，完成模範的新農村。數百年爲蓬蒿沒廢之十里荒山，經此披荊斬棘之啓發，行見苗木青葱，田畦如畫，成爲浙東民殷物阜之世外桃源矣。

贛南之公路建設

贛南多崇山峻嶺，不獨軍運不便，即農村商業，亦以交通阻窒，疲敝不振。現已劃定由宜黃至寗都闢爲宜甯公路，全線約長一百十八華里。由樂安至招攜關為樂招公路，全線約長九十華里，以兵工修築。自經此兩線完成後，商旅稱便農村漸臻繁榮。

二十四年度之閩省建設工作

閩省建設廳，以二十四年度建設中心工作，應通盤籌劃，且建設公債三百萬元，即將開始發行，經費自不至發生問題，經召集廳務會議，討論結果，決定本年度建設中心工作，大約分為六端。

㈠繼續建築公路　已完成者計劃通車，未完成者繼續開築，並請各段駐軍協助，以利進行，期使於本年度完成聯絡各段公路，下半年度拓築閩浙，閩贛，閩粵間各幹支線公路。

㈡完成全省電話網　以省會為中心點，然後再由各區行政公署架設聯縣電話，由建設廳協助辦理。

㈢普設苗圃及農場　省府為提倡造林運動，通電各區設立農場苗圃。

㈣開採礦產　本省礦產頗多，如安溪金礦，晉江鐵礦等，均應設法開採。

㈤培植建設人才　擬與教育廳合作，將各縣普通中學一律改為職業工業或農業學校，專門培植各項人才，以便分別派往各縣辦理改良農場事宜。㈥其他如濬河，建築輕便鐵道等，均有詳細計劃云。

黃水會工作概況

黃河水利委員會，成立二載，對於治河工作，頗為努力。茲將該會年來已完成及實施之工程四項錄下：㈠培修金堤工程　全部工程共分二段，自滑縣至高堤口為第一段，長約一百公里。自高堤至陶城埠為第二段，長約八十六公里。全部工程費，約三十六萬元，此項工程已完成，㈡小新堤護岸工程　全部工程有護岸工程一處，排水埽二座。工程費十三萬元，中央協助三萬，蘇省府協款七萬，河南撥五萬之石方。分兩期完成。㈢修築貫孟堤工程　此工西起貫台，東至孟崗。本年五月二十日，該會派隊施測，三十一日即開工矣。全部工程費約計五十萬元。㈣沁河口西黃河灘地護岸工程　全部工程費需十三萬餘元，擬分兩期辦理。

青島之公共建築

平民住所　平民住所，啟始於民十九年，計建住屋一百七十二間，為譚受倫女士捐款所建築，其後婦女正誼會又建一百間，市府建築二百六十八間，均在二十一年以前完成。自二十一年以來前後三年間，所建者計二千七百三十四間。

公共體育場　公共體育場，在第一公園之南，於民二十二年三月啟建，六月完成，計費二十萬元。

民眾大禮堂　民眾大禮堂，在關山路口，於二十三年啟建，供市民集會及結婚等之需用。

公園　新建公園，計棧橋公園，海濱公園，觀象公園三處，而以海濱公園之物景最佳，因其面海旁山，蹊徑曲屈，頗有天然雅趣。

其他建築　其他建築，計倉庫三座，公共廁所五所，勞働休息亭十二處，公墓兩所，亦均爲近三年來之新建設。

連雲港車牛山建築塔燈

連雲港爲新闢港口，現經隴海路局積極建築，行將完竣。惟航行方面，迄無燈塔設備，殊感不便。海關有鑑及此，爰在距連雲港東北四十公里海中之車牛山（該處爲上海青島航線必經之處），勘定地點，建築燈塔。業由海關海務科監督，於上月動工。聞該燈塔建築費爲七萬元，光照二十五海里，預計三個月即可全部完成，又西連島方擬建較小燈塔一座光照六海里，不日亦可動工云。

連雲港築建現狀

連雲港位於東海之濱，隴海路之終點，即總理孫中山先生實業計劃中四個二等港之一也。是港不惟於國防，政治，經濟上之地位，爲中外人士之所注目而已也。其築港工程，港區之概況，良有調查之必要。茲詳述於次：

築港經過

自遜清光緒三十年迄民國元年，海港鐵路之海開，（海州至開封）已延爲隴海。民九隴海終點始決定於海州，海港地點，確定於墟溝（屬灌雲縣）當時即有海屬旅京同鄉會江問漁（灌雲人）等，聯名呈請中央開辦海州商埠，後經中央簡派海港商埠督辦，於京設立籌備處，從事籌備，迄民國十四年遷處於海州之新浦，擘劃經營，亟謀開拓，旋以經濟艱澀，與諸軍事影響，海港進行，致告中輟。因是市埠建設，隨之而廢。自錢宗澤長隴海路管理局後，即鑒於二千里已建之鐵路，而無海港爲之吐納，實非是計。爰於二十一年春成立購地委員會，從事興工，並將隴海路線由大浦（屬海州）而展至於墟溝以東之老窰，穿山鑿洞，移石塡海，其於萬分艱困中，此二十餘里之路線，得期告成。刻已完全通車，由西安直達老窰。同時即於老窰山之東，東西連島之西，確定爲連雲港之地點，計長十華里，中間距離寬有二千公尺，狹僅五百公尺，自陸棟嘴迄孫家山，所有沿海地面，悉爲隴海鐵路所徵用，照預定計劃之建築費爲七百萬元，（附入隴海路之借款中）勢可共築碼頭十二個，於其兩端，各築止浪隄，隄留一口，以爲船隻之出入。依照規定之海岸線，向外塡出三百公尺，現在潮落，深四公尺，尤次再事掘深四尺，如是則五千噸上下之船隻，迨不問潮水漲落，已可自由出入於海港矣。自孫家山至海頭灣之海岸，亦向外塡出三百公尺，預定爲建築倉庫之用。其第五碼頭，二十三年雙十節即告泊輪。隴海路之客貨車，亦先後直達老窰，而墟溝老窰等處，內有綿亙四千餘里之路線，外有行將竣工之海港，不特是地之繁華可待，即我國腹部交通，定可放一異彩，是爲築港之經通也。

形勢重要

港於灌雲縣境雲台山之北麓，適臨黃海，自孫家山至陶棟嘴一段，長約六公里，尤爲峻隄。東西連島，橫亙海中，山麓平均約兩公里，西張東促，爲天然屏障。其在中國之地位，頗屬重要。以全國言，適在東方北方兩大港之間，海外運輸完成後，益見通暢。以江蘇一省言，爲江北沿海建築港埠唯一地點，江北繁榮，胥以是賴。加之隴海鐵路綿亙隴，秦、豫、蘇、計程四千餘里，爲橫貫東西最大幹線。腹地貨物，端賴由此吐納，初不僅有關於西北之開發也。當本港未築之前，地點雖幾經選擇，如灌河口，臨洪口等，均有一度擬議，乃最後則決定仍屬連雲港。蓋以其有左列優越之數點在。(A)水深　在最低位時，港址水深、約自三、五公尺至六公尺，稍加疏浚，吃水六公尺以上之海輪，出入可無問題。(B)潮流　普通潮流，由東向西，惟海流速率，向未測量，不知究有若干，大汛時之潮差，約六公尺之多。(C)風霧　冬季多北風，夏季多東南風，颶風不易襲擊。蓋我國海洋颶風，向自台灣附近登陸，至上海沿長江流域而行，鮮有行經江北者，遇霧次數，年亦甚鮮。(D)雨量　每年平均雨量，約七〇〇公厘至九百公里。(E)氣候　附近氣候平和，港內不易封凍。(F)淤沙　港址因位於西連島及雲台山之間，內河水口雖遠，但無淤沙之弊。綜上數點，港闢於此，殆無極宜矣。

工程計劃

本港工程計劃，至爲完善。利用東西連島爲屏障。建築防浪幹隄二道。西隄自雲台山之孫家山起，至西連島廟前灣止，長約三千五百公尺，完全將海口隔斷。東隄自雲台山之陶棟嘴起，伸入海中，長五百公尺，間距約二百公尺，此即停泊海輪處所，利用孫家山附近之平原煤炭碼頭，利用東連島之羊窩頭凸角，築防浪隄二道。形如海斧，煤炭碼頭及防浪隄終點，各設十海里進口燈一盞，以利航行。隴海路局以該處潮流既由東向西，故決定首築防浪東隄，隄址向西稍移，約在第四座碼頭附近，以此雲島間（雲台山東連島）爲最狹也。堤長規定一千公尺，又築碼頭一座，規定長三百公尺，八千噸輪船，可並列三艘，附近碼頭及海岸間之聯絡段，均用沙石塡築。

興築現狀

工程由隴海路管理局主辦，荷蘭治港公司承包。該公司建築工程師丁伯根，原於葫蘆島擔任建港事宜，旋以九一八之變，工程停頓，乃將機械工具及熟練工人，悉數移來本港工作，故效率較速，用費稍省耳。至防浪隄工程，係斜伸海中，利用就近山石綜錯，堆集而成。港測斜坡，約爲二比一，建築時採用順序法。㈠自海岸起，逐漸延伸海中，利用已築部份爲基礎，佈置車道，計劃長一千公尺。㈡碼頭與防浪隄幷行，西側用鋼板樁排列，堅固耐用。建築時亦用順序法，與防浪隄同，鋼板樁中實以沙石，計長三百公尺，刻已先後完成。㈢駁岸工程，凡碼頭及海岸間之聯絡段，皆用山石塡築齊平。㈣後港工程港內水深，東深於西，業經挖泥機浚渫，水深已告一律。㈤鐵路工程，隴海鐵路由墟溝展至孫家山，當經該山時，曾開鑿山洞三百餘尺，由山以東，類均花崗岩，石路兩側，懸崖峭壁，形勢極爲雄壯。

工程包銀

本港全部工程在初估銀三千萬元，方克築成具有規模之港埠。及錢宗澤來長隴海路，以節餘之財力，用經濟之時間，艱難締造，乃築成此溝通東西文化物產之本港也，計第一號碼頭及防浪隄共包價爲三百萬元，第二碼頭八十五萬元，挖深航行線九十萬元。承包是項工程之荷蘭公司，自與隴海鐵路管理局簽訂合同，原定第一號碼頭於客歲十一月完成交工，否則每日罰金三百元。第二號碼頭，本限今年三月完成，乃迄今雖大工已竣，而小工猶有未成也。第一號碼頭之第三船位之鋼板樁，未能下妥，致沉墊脫陷，三千噸輪船，僅可停泊兩艘。第二號碼頭，亦未如期交工，該碼頭專爲中興煤礦公司屯煤之用，三千至五千噸之煤輪，現可停一艘，該碼頭工程似尤遜於第一號，迄計倒塌陷落者，前後不下數次之多，損失未爲少數也。路方雖履行合同，向該承包之荷蘭公司加以罰金，然月不過萬餘元，而實際以碼頭未能竣工，收入固屬減少，洵亦不僅萬餘元也。現該公司已定本年年底全部完竣，但合同期限，已逾八九月矣。

港名由來

本港市區，本年一月十八日省府正式公布跨東海，灌雲之濱海區域，以灌雲縣境一大部份，與東海縣境一小部份劃入而成。按灌雲縣（卽板浦）清屬海州，宋改蒼梧，古名郁州，明始稱雲台，近港之村莊舊名老窰，今改連雲，蓋一以海內有東連兩島，緊連海岸，以爲港口外之外藩，一以陸上有雲台山，高峙海表，以爲港口之海障，取連島之「連」與雲台之「雲」，聯屬而成一名，故稱爲『連雲』也。

籌備設市

省府自春間委任賴璉爲市政籌備處長後，賴氏卽從事進行，籌備迄今，處內一切布置，均經就緒。賴氏及全體職員，亦均到齊，迄八月一日該處卽宣告正式成立，開始辦公。處內暫設四組，（一）建設，（二）土地，（三）民政，（四）總務，建設組掌市區設計，及公用工務等建設事項。土地組掌理土地測量，及土地行政事項。民政組掌教育，公安，衛生，及其他社會行政事項。總務組掌財政出納預算決算等事項。該處直隸江蘇省政府，其職權與普通市相同，且須行該處單行法規，省府以該處爲籌備期間，暫定籌備處經費每月爲八千元，事業費在外，迨市政進展，再圖擴充。該處賴處長以市政籌備伊始，凡百建設，均須經濟與人才，故曾赴滬親向銀行界磋商借款以爲將有大規模之建設。關於市內土地，治安，司法等問題，在目前司法案件，則仍歸東灌兩縣縣政府辦理。

市區面積

根據省府本年一月十八日公布之水陸區域，暫以臨洪河以南，燒香河以北，東面包括東西連島，西沿臨洪河新浦板浦以東爲界。包有原有的三鎮，二十鄉，適成爲一三角形，總計面積約爲三千方里。其區域內之原屬東灌兩縣之各鄉鎮名稱，亟錄如次。（一）新總鄉：有新總，東林，林潭三村。（卽新縣原名）（二）尹聚鄉：有尹宋，聚雲二村（在新縣南面）（三）郁林鄉：有大村，小村，郁林三村。（原名郁林）（四）風雲鄉：有風雲，弁露二村。（五）鹽場鄉：有西河，鹽河二村。（卽鹽場車站前）（六）墟溝鎮：有石門，南固，墟溝三鄉。（七）東窰鄉：有老窰，石城二鄉。（八）連島鄉：有新雲，留雲二村。（原名宿城）（九）五羊湖：有樹雲，棲雲二村。（十）沃雲鄉。（十一）隔村鄉：有麓雲，福雲二村。（原名隔村）（十二）中富鄉：有屏雲，蔚雲，秀雲三村。（十三）東磊鄉：有山東，延福二村。（原東磊）（十四）東灘鄉：有東埝，西埝二處。（原東灘）（十五）龍山鄉：有關裏村，當路，東霞，九嶺四村。當路，東霞，九嶺四村。（十六）石門鄉：有西墅，北城二村。（十七）南城鄉：有中興，寧海，新鳳三鄉。（原名道新）（十九）大浦鎮。（二十）東山鄉。（二一）西山鄉。（二二）夏灘莊。（二三）太平埝。

中華郵政特准掛號認為新聞紙類

建築月刊
THE BUILDER

內政部登記證警字第二五五四號

廣告刊例
Advertising Rates Per Issue

地位 Position	全面 Full Page	半面 Half Page	四分之一 One Quarter
底封面外面 Outside back cover.	七十五元 $75.00		
封面及底面之裏面 Inside front & back cover	六十元 $60.00	三十五元 $35.00	
封面裏面及底面裏面之對面 Opposite of inside front & back cover.	五十元 $50.00	三十元 $30.00	
普通地位 Ordinary page	四十五元 $45.00	三十元 $30.00	二十元 $20.00
小廣告 Classified Advertisements	每期每格一寸高三寸半闊洋四元 - $4.00 per column		

廣告概用白紙黑墨印刷，倘須彩色，價目另議；鑄版彫刻，費用另加。
Designs, blocks to be charged extra.
Advertisements inserted in two or more colors to be charged extra.

第三卷 第六號

民國二十四年六月發行

刊務委員會 竺泉通 江長庚 陳松齡

主編 杜彥耿

廣告 藍克生 (A. O. Lacson)

發行 上海市建築協會 南京路大陸商場六二〇號 電話 九二〇〇九

印刷 新光印書館 上海聖母院路聖達里三一號 電話 七四六三五

定價

每月一冊 全年十二冊

訂購辦法	價目	郵費 本埠	郵費 外埠及日本	郵費 香港澳門	郵費 國外
零售	五角	二分	五分	一角八分	三角
預定全年	五元	二角四分	六角	二元一角六分	三元六角

上海市建築協會附設
私立正基建築工業補習學校招生

民國十九年秋創立 〇 上海市教育局登記

宗旨 利用業餘時間進修建築工程學識（授課時間每日下午七時至九時）

編制 參酌學制設初級高級兩部每部各三年修業年限共六年

招考 本屆招考初級一二三年級及高級一二年級（高級三年級照章並不招考新生或插班生）各級投考資格爲

初級一年級　須在高級小學畢業或具同等學力者
初級二年級　須在初級中學肄業或具同等學力者
初級三年級　須在初級中學畢業或具同等學力者
高級一年級　須在高級中學工科肄業或具同等學力者
高級二年級　須在高級中學工科畢業或具同等學力者

報名 即日起每日上午九時至下午五時親至（一）牯嶺路本校或（二）南京路大陸商場六樓六二〇號建築協會內本校辦事處塡寫報名單隨付手續費一元正（錄取與否概不發還）領取應考証憑証於指定日期入場應試

考科 各級入學試驗之科目　（初一）英文・算術　（初二）英文・代數　（初三）英文・幾何（高一）英文・三角・　（高二）英文・解析幾何・微分・

考期 九月一日（星期日）上午八時起在牯嶺路本校舉行

校址 牯嶺路派克路口第一六八號

附告 （一）函索詳細章程須開具地址附郵二分寄大陸商場建築協會內本校辦事處空函恕不答覆
（二）錄取學生除在校審定公佈外並於考試後三日內直接通告投考各生

中華民國二十四年七月　日　校長　湯景賢

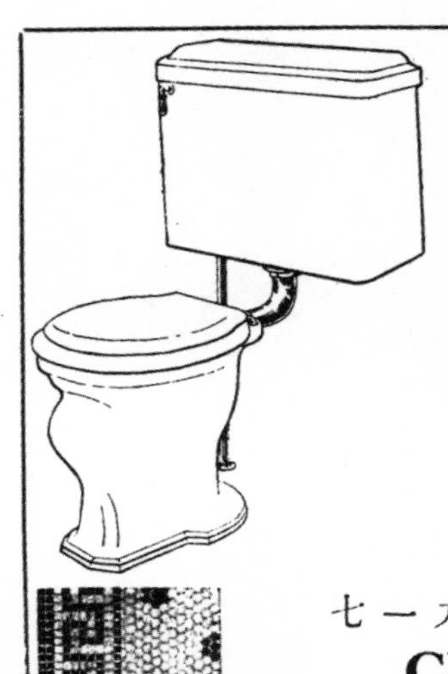

唐山

啓新磁廠

專製各種陶器衛生器皿應用各樣隔電磁以及舖地磚等無不堅固精良如蒙賜顧毋任歡迎

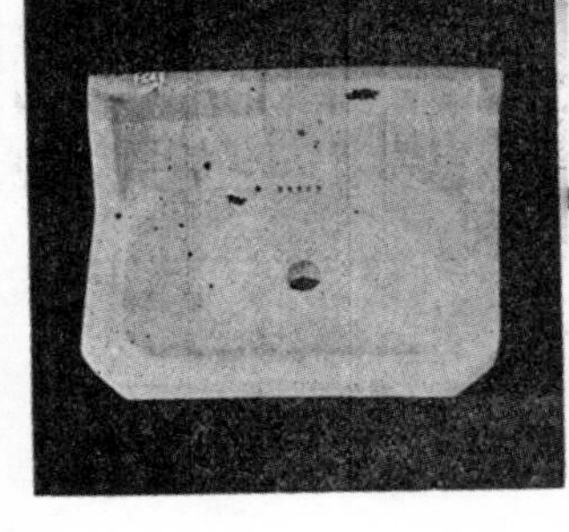

駐滬批發所

上海江西路一七〇號　電話一九九一七

CHEE HSIN POTTERY

SANITARY—APPLIANCES, QUARRY—TILES, MOSAIC—TILES

Big improvement regarding quality.

Quick delivery either from stock or Factory at Tangshan, North China.

For Particulars please apply to:

CHEE HSIN POTTERY—Shanghai Agency

170 Kiangse Road, Hamilton House

1st floor R. 128—129

Tel. 19917

中國鋼鐵工廠出品

國貨鋼窗

本廠爲國貨鋼窗廠中最先製造者歷年出品成績卓著爲建築界所稱許茲刊左圖以資證明

總辦事處

上海甯波路四十號

電話一四三九一號

電報掛號一〇一三號

上列鋼窗均由本廠承辦

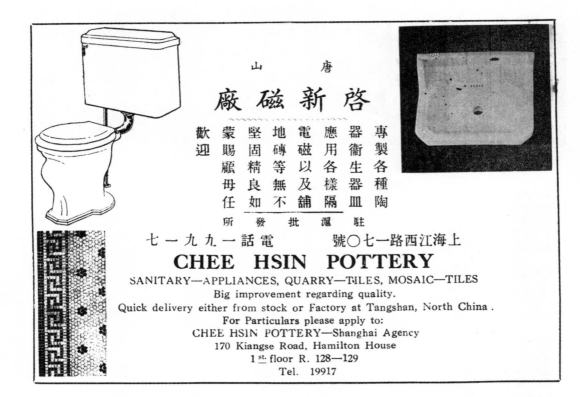

網球場之新設備
公勤鐵廠網籬題詞
珊網新翻
孔祥熙
網球場圍籬圖案之一
GATE
NET POST
NET
DISTANCE VARIABLE FROM 120' TO 125'
DIAGRAM TENNIS COURT ENCLOSURE
網球場圍籬（全圍式）
網球場圍籬圖案之二
NET POST
NET
DISTANCE VARIABLE
DIAGRAM TENNIS COURT BACK STOPS
網球場圍籬（背面式）
上圖背面式圍籬，係專爲網球場而設計者。尚有半圍式一種，中部騰空，取離卦之象，亦有圍砌四周2/3，兩旁僅放出入道者。
球場網籬之標準高度通普爲十英尺。四角鋼管柱，用2½"—3"直徑。中間鋼管柱，用2"或1½"直徑。每隔十呎，埋種一根。柱用水泥築脚，非常牢靠。
總廠楊樹浦臨青路六十六號
電話五〇二一四 五〇一六七
網籬
網球時令 弗忘世界
公勤鐵廠製品之一種

永遠驅除白蟻爲患

君之居屋木器等，治之以「阿脫拉司A」護木水後，則白蟻及一切蠹木害蟲，均不能侵蝕爲患。無論土產或外洋輸入之木材。經該水浸潤或塗刷後。均可使害蟲絕跡。並與鑄鐵無異，而竟使蟻類無棲留之餘地。且「阿脫拉司A」，係毫無氣味者。價格之便宜。使用之便利。在在使君避免損失危險于極經濟之間。其受益爲何如耶。請即日來函索閱關於敍述此品種種利益之說明書可也。

阿脫拉司A防腐劑有限公司獨家製造

愛立士　康德　英格蘭

中國經理處　孔士洋行　上海四川路一一〇號

裝聽：分一加侖及五加侖兩種

水質濃厚　十分經濟

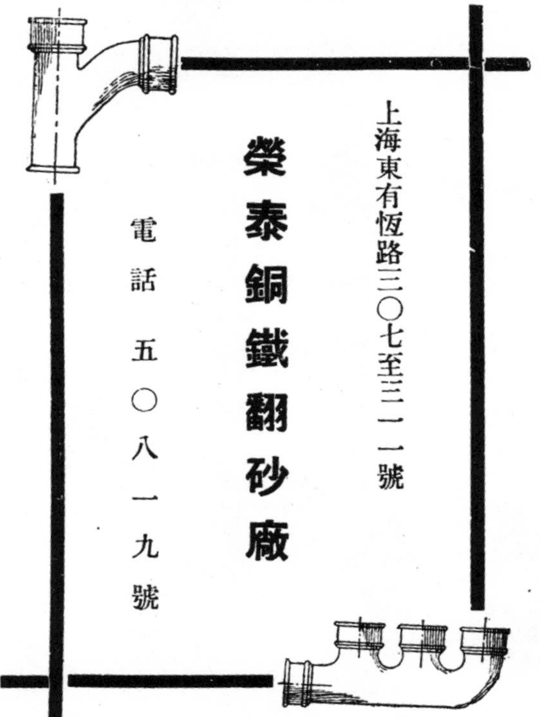

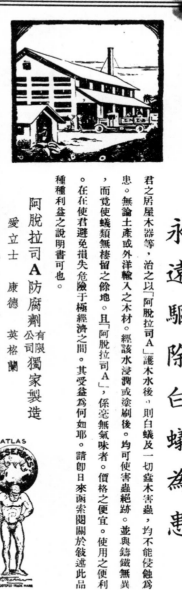

仁昌營造廠

本廠專門營造銀行公寓堆棧住宅學校以及其他大小工程無不工作迅捷經驗宏富

本期刊登之新華一村各種房屋均爲本廠承修工程誠實可靠如蒙　委託承造無任歡迎

廠址　同孚路基安坊一〇四號

電話　三五三八九號

長城機製磚瓦
股份有限公司
註冊商標
TRADE MARK
貨價比普通磚廉
貨品較任何機器磚高
總公司 製造廠 騰越路一四四號 電話五一一七九
事務所 牛莊路七四二號 電話九〇九八〇
出品
堅韌硬磚
輕硬空心磚
瀉水瓦片
如蒙垂詢價格及索閱貨樣請電話通知即當送奉
証明
壓力、吸水量、耐久性
均經上海工部局
詳細化驗負責証明
成績超越一切磚瓦
合作五金股份有限公司出品
優點
精確 美觀 堅固 價廉
出品
門鎖 抽屜鎖 拉手 文具 鉸鏈
CMC TRADE MARK 註冊商標
K.T.C.M.C. L TRADE MARK 註冊商標
MARCH
製造廠
總務處 上海塘山路七九六
發行所 上海牛莊路七四二
電報掛號 九六〇二
電話 九〇九八〇

本廠磚瓦用機器製造出品精良為吾國空前未有

馬牌 紅瓦 青瓦
龍牌 紅瓦 青瓦
三星 火磚
壽字 火磚
C. B. C. 火磚
C.B.C.A.1. 火磚
斧頭式 火磚
木梳式 火磚
大小 灣磚
紅白 火泥

瑞和磚瓦廠

凡火車、輪船、水泥、紗廠、麵粉、餅乾、電燈、兵工、造幣、造酸等廠。需要各式鍋爐火磚。均可照樣定製。火力高強。物質堅固。早經著稱于世。且用本廠以上各種三星等火磚做銀行銀庫及高大房屋牆壁火爐者。不可勝數。

本廠附設坩堝部供給玻璃搪磁琺瑯等熔化之用

事務所：上海南京路福建路三〇五弄一四號
電話九〇九九二
電報掛號有無線〇一九七

製造廠：上海小沙渡路一四五七號
電話三四九三二號

開山磚瓦股份有限公司
發行所上海九江路二百十號
電話一九九二五
廠址宜興湯渡鎮
出品項目
各色琉璃瓦
西班牙瓦
紅缸磚
以及火磚，釉面或平面
面磚，釉面短磚地磚等
樣品及價目單 函索卽寄
We Manufacture:--
Lui-Li Roofing Tile,
Spanish Roofing Tile,
Facing Bricks & Quarry Tile, in colours.
Glazed or unglazed Tile.
Samples and prices supplied on request.
CATHAY TILE WORKS LTD.
Office: 210 Kiukiang Road,
Telephone 19925
Factory:-
I-Hsing, Kiangsu

中華郵政特准掛號認爲新聞紙類
內政部登記證警字第二五五四號

英商吉星洋行

建築上用之

各種油漆及凡立水

偉大之建築。內部之壯觀。仰油漆之裝璜者。十居其九。惟欲求良佳成績。則須採用適當油漆。此點建築界恆視爲極重要之問題。

敝行爲世界最大油漆製造廠。凡建築上所用之油漆，磁漆，水牆粉，木光油，凡立水，以及各種理想中之新式油漆。莫不經驗宏富。研究精到。可稱並世無匹。凡此種種材料。分爲次第等級。便於選擇。價格低廉。無論數量多寡。承蒙通知。立即發奉。請察下列種種用法！

刷法　流法　浸法　滾法　噴法　乾法

敝行之研究化驗室。嘗爲建築界解決種種特別油漆問題。不一而足。此種隨事應付之能力。隨時可以爲君服務。請即將君之困難問題寄至下列地址。以便研究奉覆也。

英商吉星洋行油漆服務部

上海四川路三二〇號　電話一九一五四〇

香港——上海——天津

中國近代建築史料匯編（第一輯）

建築月刊

第三卷　第七期

建築月刊

THE BUILDER

VOL. 3 NO. 7 第三卷 第七期

〇二九三一

大中機製磚瓦股份有限公司

製造廠　浦東南匯縣下沙鎮

本公司因鑒於建築事業日新月異材料選擇尤關重要特聘專門技師購置德國最新式機器精製各種青紅磚瓦及空心磚等品質堅韌色澤鮮明自應銷以來已蒙各界推爲上乘樂予採購茲略舉一二以資參攷其他惠顧諸君因限於篇幅不克一一備載諸希鑒諒是幸

大中磚瓦公司附啟

曾經購用敝公司出品各戶台銜列后：

本埠

國立上海商學院	西體育會路	陸根記承造
博德運絨線廠	定海路	創新承造
海港驗疫所	吳淞	陶記承造
正廣和汽水廠	培開爾路	方瑞記承造
百老匯大廈	百老匯路	新仁記承造
錦興大廈	河南路	新森泰承造
雷斯德工藝學院	熙華德路	久泰錦記承造
揚子飯店	雲南路	潘榮記承造
申新第九廠	東京路	協盛承造
南成都路工部局	南成都路	新蓀記承造
四行儲蓄會	靜安寺路	馥記承造
工部局巡捕房	平涼路	新蓀記承造
國立中央實驗館	兆豐花園	和興公司承造
鹽業銀行	北京路	趙新泰承造
南京飯店	山西路	新金記祥號承造
開成造酸公司	軍工路	王錦記承造
四海銀行	北京路	惠記興承造
麵粉交易所	民國路	元和興記承造
業廣公司	歐嘉路	陳馨記承造
法救堂	勞神父路	吳仁記承造
七層公寓	霞飛路	吳仁記承造

外埠

中央政治學校	南京	大昌公司
太古堆棧	廈門	嗬蘭治港公司
中國銀行	青島	錦生記承造
中央飯店	南京	新金記承造
金陵大學	南京	利源建築公司承造
航空學校	杭州	新金記康號承造

所出各品儲有大批現貨以備各界採用如蒙定製各色異樣磚瓦亦可照辦備有樣品如蒙索閱即當送奉

駐滬批發所

英租界牛莊路德興里四號　電話九〇三一一

DAH CHUNG TILE & BRICK MAN'F WORKS.

Sales Dept. 4 Tuh Shing Lee, Newchwang Road, Shanghai.

TELEPHONE 90311.

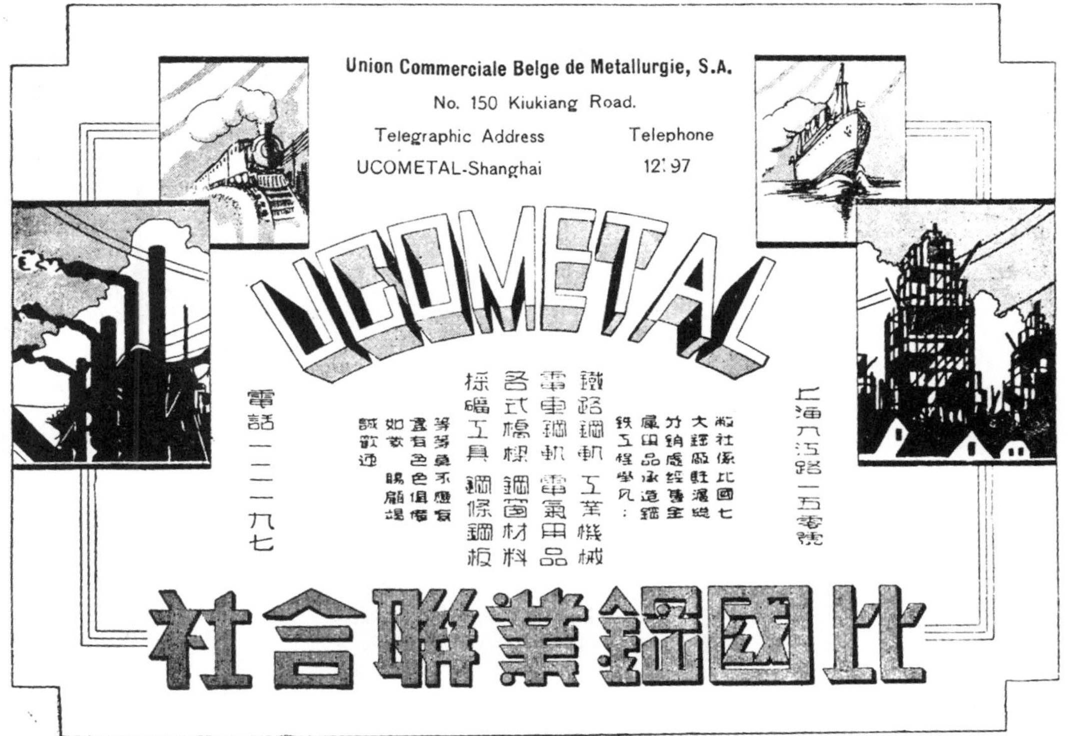

Union Commerciale Belge de Metallurgie, S.A.
No. 150 Kiukiang Road.
Telegraphic Address
UCOMETAL-Shanghai
Telephone
12197
UCOMETAL
敝社係比國七大鋼廠駐滬總分銷處經售全廠出品承造鋼鐵工程舉凡：
鐵路鋼軌　工業機械
電車鋼軌　電氣用品
各式樁樑　鋼窗材料
採礦工具　鋼條鋼板
等等無不應有盡有色色俱備
如蒙　賜顧
誠歡迎
電話一二二九七
上海九江路一五〇號
比國鋼業聯合社

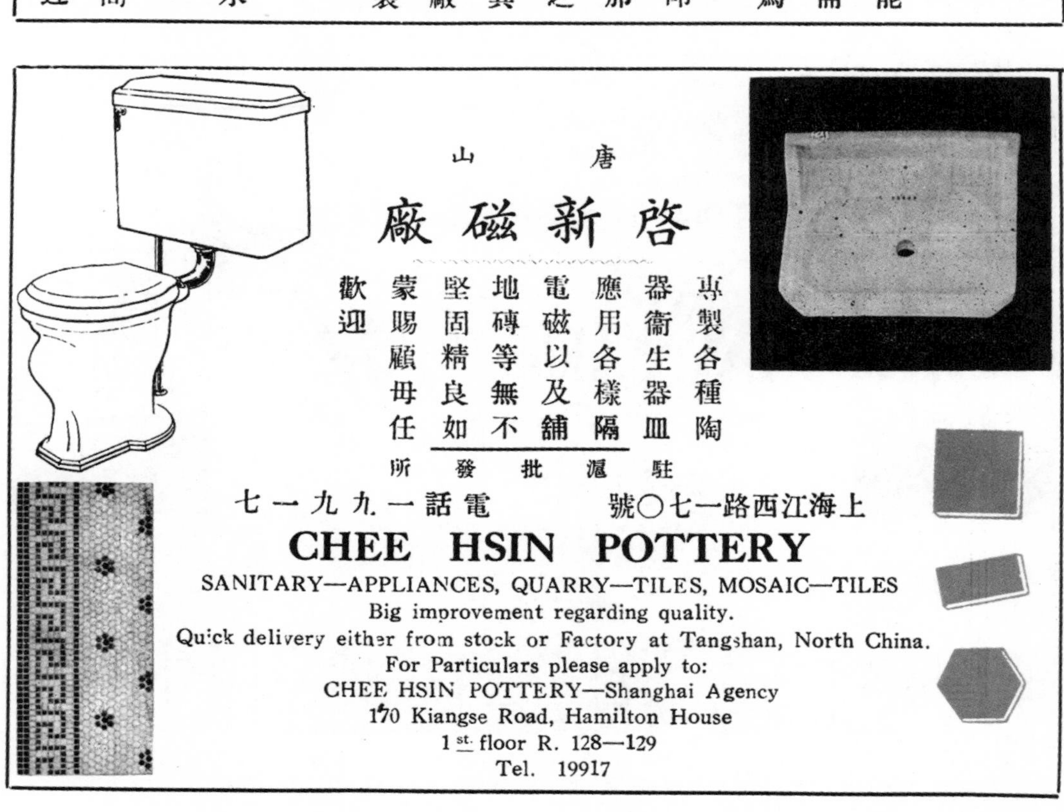

唐山
啓新磁廠
專製各種陶器衛生器皿應用各樣隔電磁以及舖地磚等無不堅固精良如蒙賜顧毋任歡迎
駐滬批發所
上海江西路一七〇號
電話一九九一七
CHEE HSIN POTTERY
SANITARY—APPLIANCES, QUARRY—TILES, MOSAIC—TILES
Big improvement regarding quality.
Quick delivery either from stock or Factory at Tangshan, North China.
For Particulars please apply to:
CHEE HSIN POTTERY—Shanghai Agency
170 Kiangse Road, Hamilton House
1st floor R. 128—129
Tel. 19917

ELGIN AVENUE BRITISH CONCESSION
TIENTSIN
SURFACED WITH K.M.A. PAVING BRICKS

新仁記營造廠

總賬房　愛文義路一四二三號　電話三〇五三一

事務所　江西路一七〇號二樓二五八號　電話一〇八八九

二十層百老滙大厦

本廠承造工程一斑

沙遜大樓　南京路

漢彌爾登大廈　江西路

都城飯店　江西路

SIN JIN KEE CONSTRUCTION COMPANY

Head Office: 1423 Avenue Road. Tel. 30531

Town Office: Hamilton House, Room No.258, 170 Kiangse Road. Tel. 10889

馥記營造廠

總事務所
一七三三六
電話 一七三三七
上海四川路三三號
電報掛號 一五二七

總廠
分事務所
南昌勵志社
南京馥記大樓
陶園新村
上海戈登路三五五號

分廠
重慶新街口
河南重慶九江
廣州杭州青島
南京貴溪鎮江
鄧伯淮陰劉調
等處

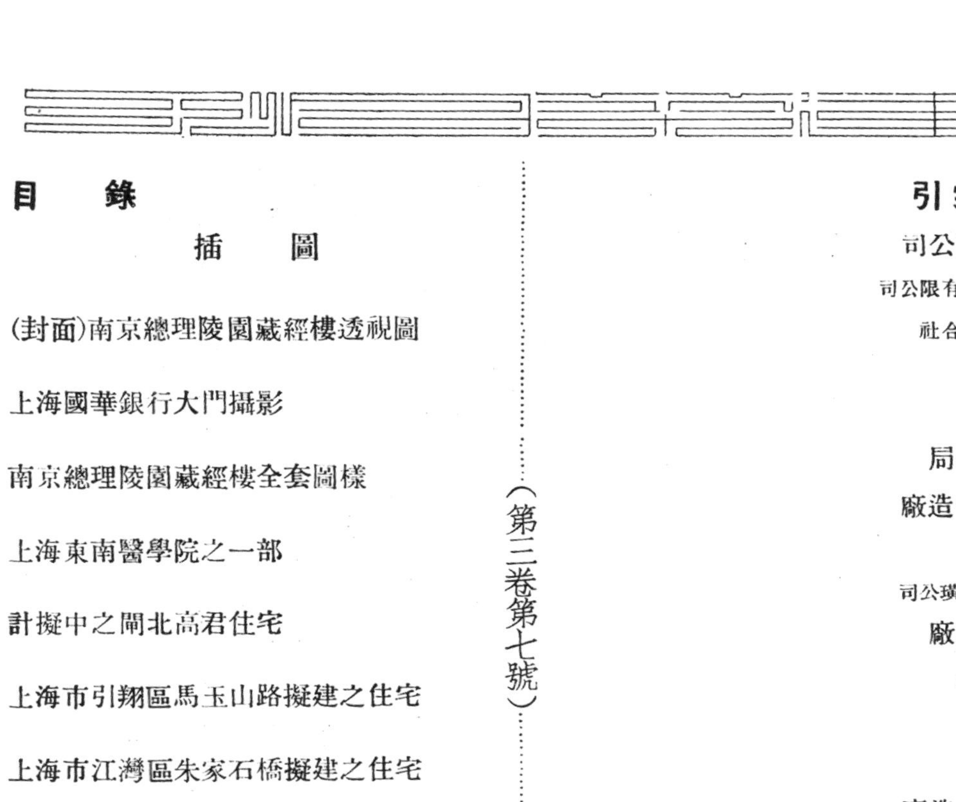

目錄

插圖

論著

(第三卷第七號)

廣告索引

上海市建築協會鳴謝啟事

本會茲承

仁昌營造廠應興華委員特助營業成數萬分之五計銀元一百〇三元正

昌升建築公司孫維明委員 賀敬第委員 姜錫年會員特助營業成數萬分之五計銀元六元九角三分正

除己掣奉收據外特此彙誌如右以鳴謝忱

中華民國二十四年九月　日

上海市建築協會服務部啟事

查本部自設立以來，承受建築月刊讀者及各界諮詢工程問題，或請求代索樣本樣品者，日必數起；本部亦本服務之旨，竭其能力所及，免費解答及代索，如命辦理，以謀讀者及各界之便利。惟近查多數來函，每不鑒諒本部辦事手續，一紙信箋，附題數十。所詢內容，或範圍綦廣，漫無限制　或擬題奧邃，未便解答；或索取樣品，寄遞困難。未附郵資，尚屬其次，而解答代辦，輾轉需時，事務進行，備受影響。茲爲略示限制起見，特訂辦法數則，即日實行，幸希垂諒是荷。

(一)詢問具有專門性之建築及工程問題，每題應附郵資二十分，多則類推，惟以十題爲限。

(二)詢問各題，本部有選擇答覆之權。審閱不合，除扣去復函寄費外，原件及郵資一併退還。

(三)請求代索樣本或樣品，應預計原件重量，附足回件寄費。如不能照辦，除扣去復函寄費外，所餘郵資一併退還。

(四)來函須將問題內容或樣品種類等，及詳細住址，應用墨筆或鋼筆繕寫清楚。否則如有誤投遺失，概不負責。

上海國華銀行大門

黑白影社王玨攝

THE ENTRANCE GATE OF THE CHINA STATE BANK, SHANGHAI.

Photo by Mr. Wang Chiue

發起組織建築學術演講會簡約

物競天擇，不進則退，此爲演化之原則，不移之至理也。竊以建築一道，集美術與科學之大成，對於人類居住之舒適，安全，經濟，美觀諸點，關繫至切。他若一國文化之演進，覘諸建築事業之發展程度如何，如觀光斯土，必先訪尋名勝建築，足爲此言之明證也。我國自鼎革以還，全國上下咸有百務更新，欣欣向榮之概。年來因內憂外患，交相煎迫，雖處境艱困，未能長足邁進，然責人恕已，不自振作，要亦爲難謀進展之故也。吾人鑑諸既往，自應糾正錯誤，策勵來玆。爰擬集合同志專家，切磋琢磨，共啓新猷，庶幾中國建築得有復興之象，爲世所重。玆依據本會會章職務項第十一條「舉辦建築方面之研究會與演講會」之規定，發起建築學術演講會，訂定簡約如左：

定名　上海市建築協會建築學術演講會

宗旨　討論建築學術發表研究心得

會址　辦事處：南京路大陸商場六樓上海市建築協會。演講廳：南京路大陸商場七樓正誼社

組織　演講會推委員十五人擔任演講事務委員之推選凡屬建築協會之會員或其他建築專家等均得推選爲委員委員中互推常務三人三人中更推一人爲主席辦事人員如書記紀錄幹事等均由建築協會辦事人員兼任

聽講　凡屬建築協會會員及附設正基建築工業補習學校學生均得聽講其他有關建築學術團體及私人等均可前來聽講惟於事前須向上海市建築協會辦事處索取入座證

講期　擬於十月六日起每星期舉行一次本年度內共講十二次講畢並得舉行餘興如宴會茶會舞蹈遊藝等其秩序臨時由委員會酌定之

時間　演講時間分兩種：（一）下午一時起講至一時三刻止（二）下午八時起講至九時止前者適宜於主講人在星期六或星期日無暇參加者得於一星期中任何一日於上午辦公完畢後十二時半至正誼社略息進膳後稍息至一時開講講畢約一時三刻尚離下午辦公時間十五分鐘用作路上時間則至辦公處正值二時此辦法爲主講人與聽講人時間經濟之辦法後者行於演講之前有宴會講能舉行餘興者

講題　主講人之講題及講辭之須由中文譯英文或英文譯中文者或講辭中插有圖表圖樣者最遲應於規定講期之一星期前將上述講題講辭圖表圖樣等件逕送辦事處

公佈　演講後講辭之警惕可取者擇要或全部轉送各日報發表另於本會出版之建築月刊登載詳細講辭及圖表等

預定講期

十月六日下午七時起
十月十五日下午一時起
十月二十二日下午一時起
十月二十九日下午一時起
十一月三日下午七時起
十一月十二日下午一時起
十一月十九日下午一時起
十一月二十六日下午一時起
十二月一日下午七時起
十二月十日下午一時起
十二月十七日下午一時起
十二月二十四日下午一時起
十二月三十一日下午七時起

給獎　迨演講會十二次之講演完畢後暫告結束凡會主講者由會敬致謝狀及金質紀念章以留紀念

總理陵園藏經楼

南京總理陵園藏經樓，位於陵園辦事處之右。屋高三層，採純中國式建築式樣。骨幹全用鋼筋混凝土澆製。梁棟斗拱，亦均用鋼筋混凝土，而外施彩繪。樓之下層中央大廳，用爲講堂。兩傍則爲靜室。室外走廊，環繞四週，梯分東西兩座。拾級登樓，則爲書庫，研究室，閱覽室，管理室等。再上一層，全係書庫；在下層與二樓之間，尚有夾樓一層。樓之中空四邊，係靜室，僕室與盥洗室等。該樓地處陵園，風景宜人，置身其間，誠塵氛盡滌，俗慮俱消矣！

該樓造價約計四十萬元。本年二月開工，期於明年八月底竣工。設計承造及供給建築材料者爲：

設計繪圖者：盧樹森建築師
承　造　者：建業營造廠
瑪　賽　克：上海益中福記瓷電公司
琉　璃　瓦：北平琉璃廠與上海開山磚瓦公司
鋼　　　窗：上海中國銅鐵工廠
牆　　　磚：南京金城磚瓦公司

南京總理陵園藏經樓

盧樹森建築師設計

建業營造廠承造

(透視圖見本期封面)

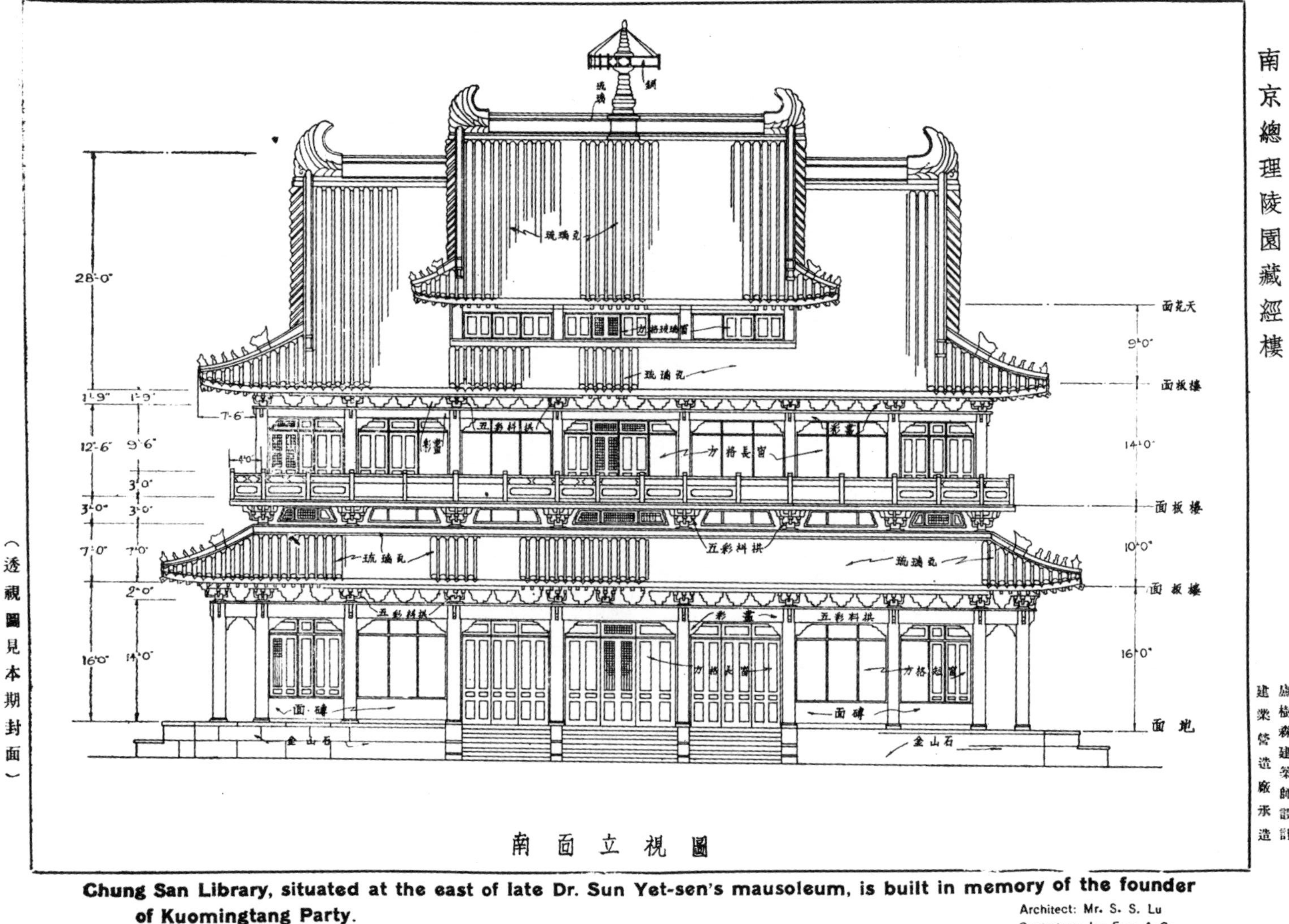

南面立視圖

Chung San Library, situated at the east of late Dr. Sun Yet-sen's mausoleum, is built in memory of the founder of Kuomingtang Party.

Architect: Mr. S. S. Lu

Contrators: Jay Ease & Co.

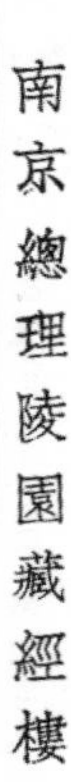

南京總理陵園藏經樓

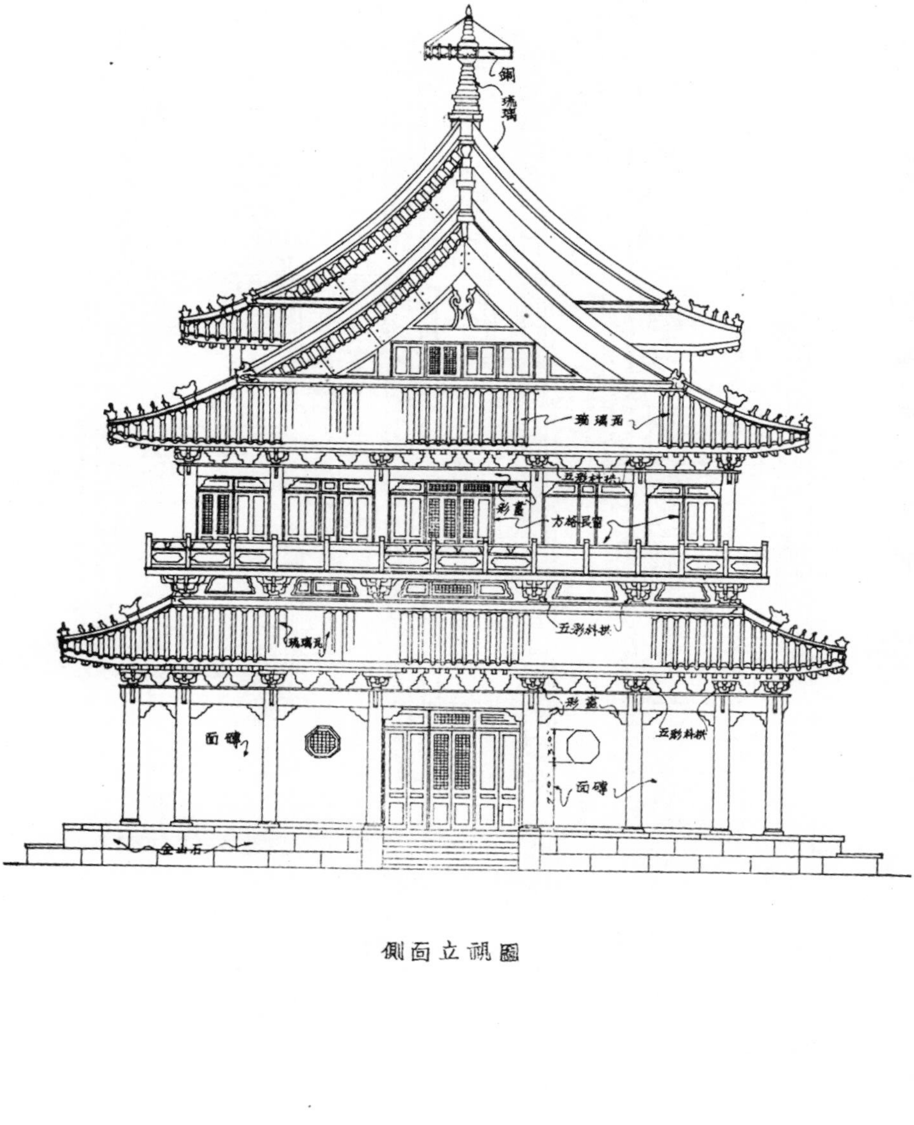

側面立視圖

Chung San Library, Nanking. Side Elevation.

南京總理陵園藏經樓

縱剖面圖

Chung San Library, Nanking. Section.

南京總理陵園藏經樓

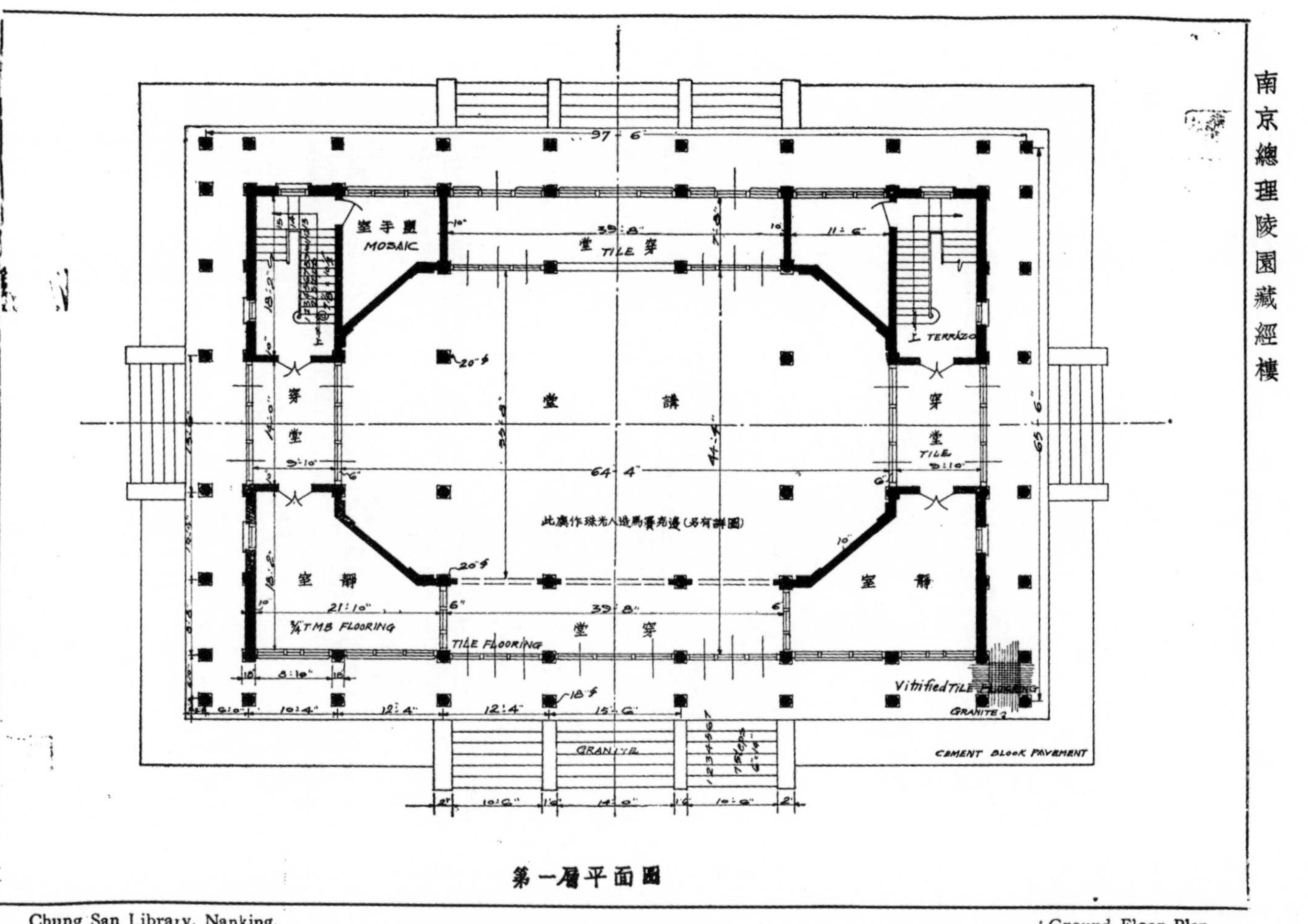

第一層平面圖

Chung San Library, Nanking.

Ground Floor Plan.

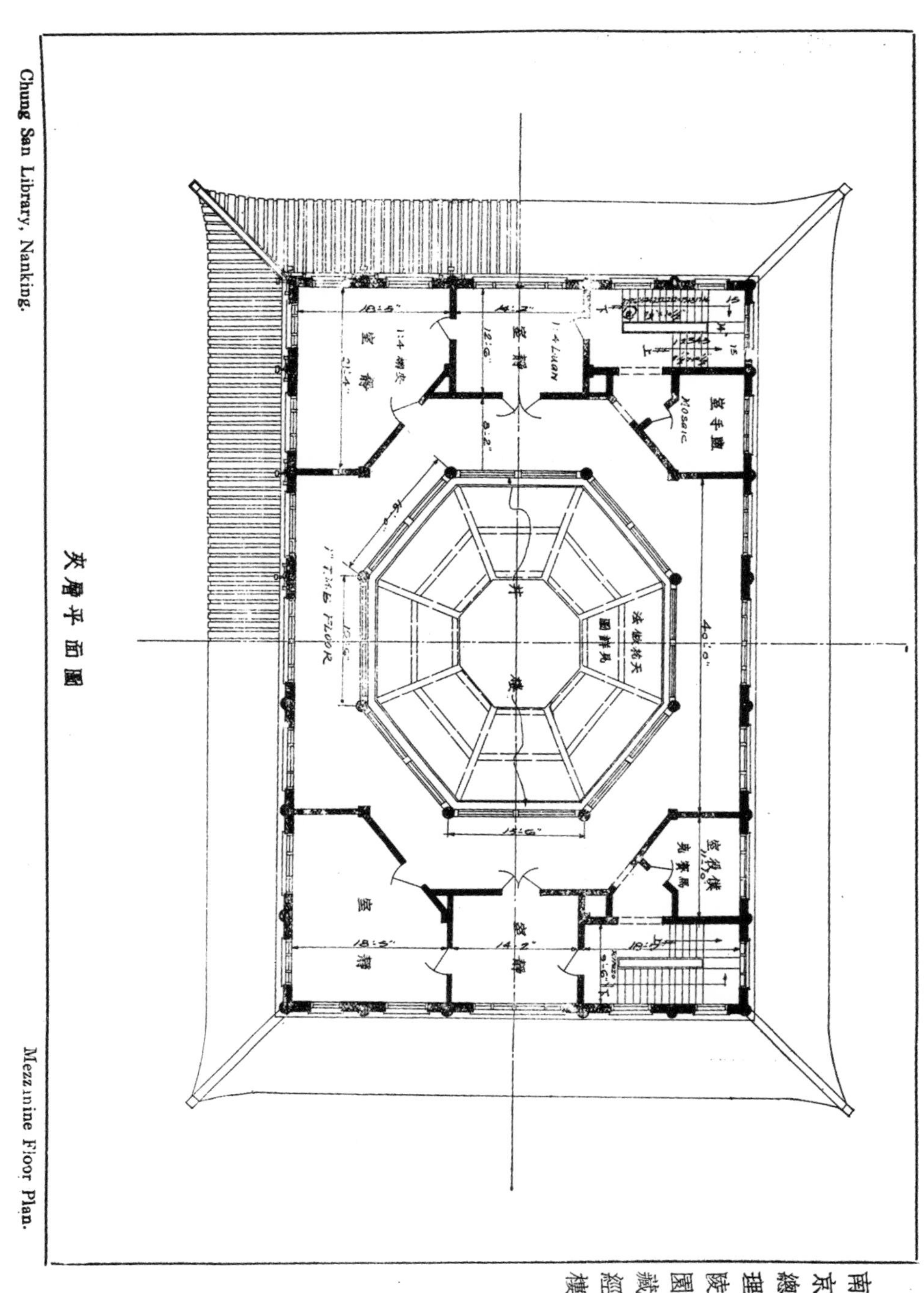

Chung San Library, Nanking.

夾層平面圖

Mezzanine Floor Plan.

南京總理陵園藏經樓

南京總理陵園藏經樓

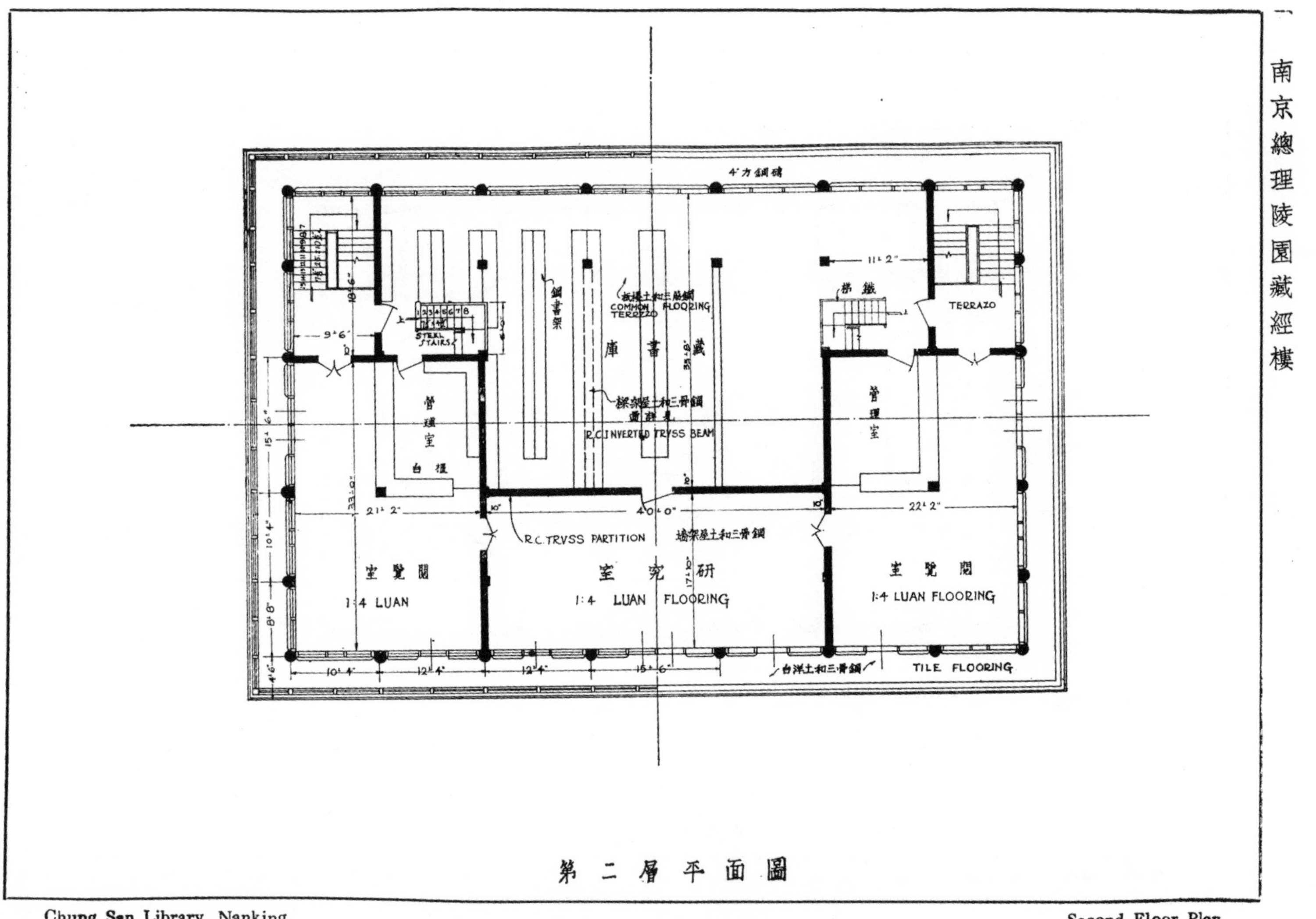

第二層平面圖

Chung San Library, Nanking. Second Floor Plan.

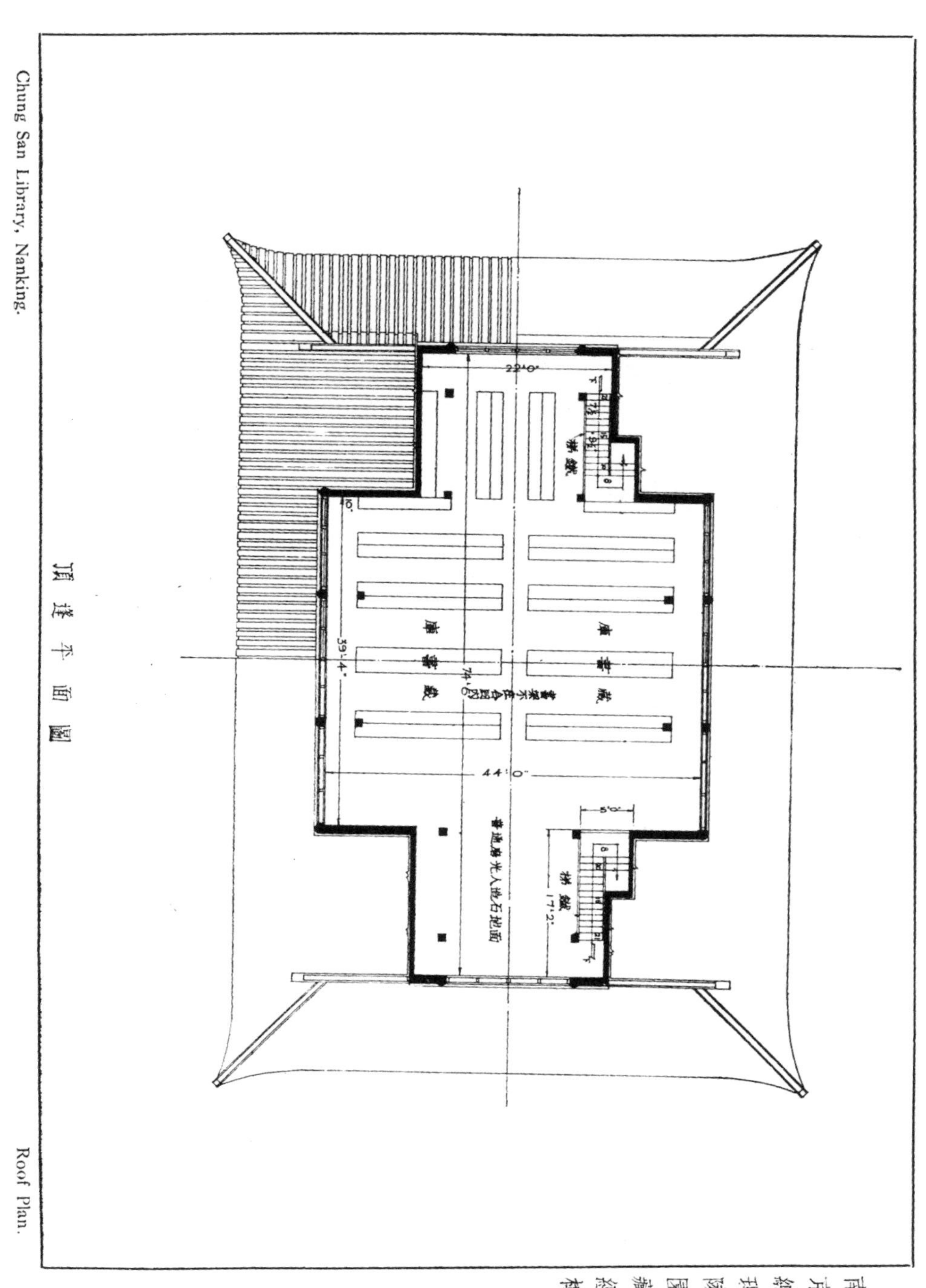

Chung San Library, Nanking.
頂層平面圖
Roof Plan.

南京總理陵園藏經樓

上海東南醫學院之壹部一禮堂

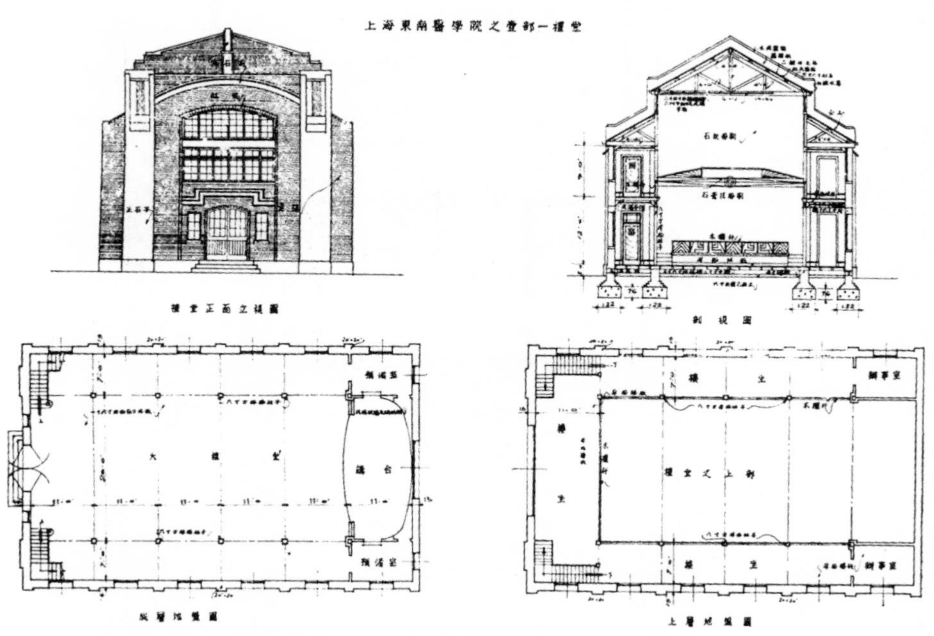

禮堂正面立視圖

剖視圖

底層平面圖

上層平面圖

The New Auditorium of South Eastern Medical College, Shanghai.

Mr. Z. F. Wong, Architect.

汪成坊建築師設計

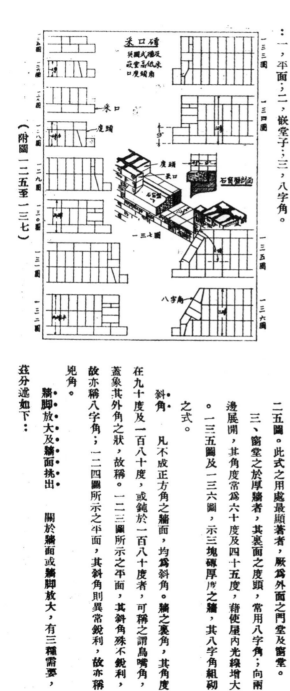

營造學（六）

杜彥耿

第二章

第二節　甎作工程（續）

度頭　門堂或窗堂旁直立之角，名謂度頭，度頭有三種方式：一，平面；二，嵌堂子；三，八字角。

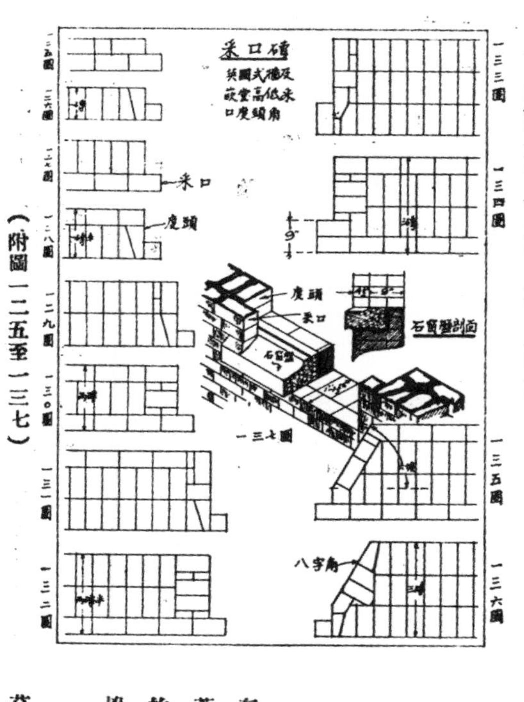

（附圖一二五至一三七）

一、平面度頭，如裏面門堂兩邊者。

（見一三八圖）

二、嵌堂子者，其度頭非如平面度頭之祇有一面，而有高低縫之兩面，如一二五圖。此式之用處最顯著者，厥爲外面之門堂及窗堂。

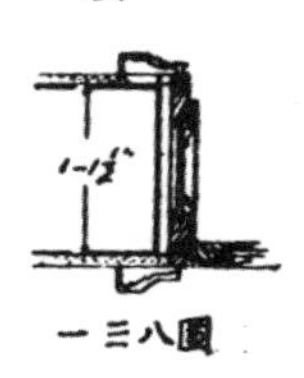

一三八圖

三、窗堂之於厚牆者，其裏面之度頭，常用八字角；向兩邊展開，其角度常爲六十度及四十五度，藉使屋內光線增大。一三五圖及一三六圖，示三塊磚厚度之牆，其八字角組砌之式。

斜角　凡不成正方角之牆面，均爲斜角。牆之裏角，其角度在九十度及一百八十度，或鈍於一百八十度者，可稱之謂鳥嘴角，蓋象其外角之狀，故稱。一二三圖所示之平面，其斜角殊不銳利，故亦稱八字角；一二四圖所示之平面，其斜角則異常銳利，故亦稱兒角。

牆脚放大及牆面挑出　關於牆面或牆脚放大，有三種需要，玆分述如下：

一、將牆脚之面積放大，藉以擔任上面壓下之巨量，轉傳於面積更大之地基上，而使牆之基礎穩固。

二、將牆面之一部挑放向外凸出，藉供屋棟及擱柵等之擱置。

三、因建築物之觀瞻，及湊合建築式樣之條件，遂有台口線及束腰線等之自牆面凸出。

綜上三點，故牆脚或牆面之放寬，自有其必要性在。然挑出之甎工，亦有兩個條件：

一、牆脚之依着牆身逐皮向外推放，藉固牆之基礎者，此段向牆身以外推放之牆，謂之『大方脚』。更有自牆面挑出之甎工，以資擱置梁棟擱柵等者，謂之『挑頭』。是項推放或挑出之甎工，其推放或挑出每皮至多不得超過全甎之四分之一，俾甎之重心附着於牆者，多於挑出部份，而無向外傾翻之勢。

二、凡係推放之甎工，除確有不得已者外，均應頂甎砌實；亦使甎之附着於牆者多過於挑出部份耳。

大方脚 大方脚，在牆之根際，其厚度較牆身爲寬厚，任受牆之壓力；壓力更由大方脚轉傳至基礎及地面。其基礎係灰漿三和土，混凝土或鋼筋混凝土者，基礎之寬深厚與力量，足資擔受牆身及大方脚傳來之壓力，再轉傳於面積較大之地面；而使地面不致擔任過分之抗力。並能使過於鬆脆之地土，藉基礎之構築而跨越之，蓋並不影響上面大料等壓下之重量。

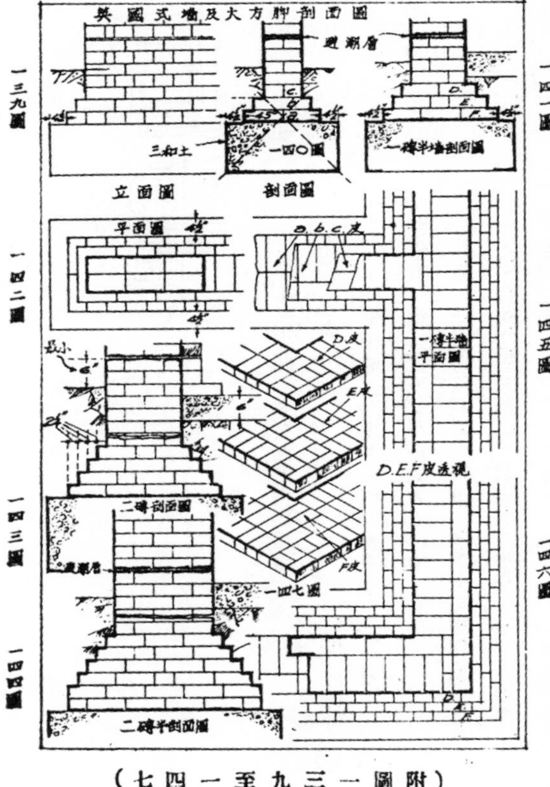

（附圖一三九至一四七）

在底基之上，從事砌牆，其第一皮大方脚之闊度，照例依正牆身之厚度加倍。如正牆身爲一塊磚厚者，其大方脚應需二塊磚厚，以後逐皮上收，每皮雙面各收全甎四分之一，收至正牆身爲定。牆之厚者，其大方脚須兩皮一收。如一四四圖。

大方脚之組砌，最妥均用頂甎；然或因組砌關係，間須砌走甎者，則以砌於牆之中心爲是。

圖一三九至一四四，示大方脚之正面、剖面及平面，自一塊磚厚之牆以至二塊磚厚者。

一四四至一四七圖，示一塊半甎厚之牆，其大方脚組砌方式之平面圖與透視圖。

挑頭 有時因須擱置重料，故須將牆挑出放闊，而成挑頭。挑頭之組砌，係自牆面挑出一皮或多皮，其凸出之度，須以能接任重量及地位爲準。

挑頭之於牆身，必須黏合堅實。蓋挑頭將牆之中央重心移向牆邊，自以予牆之側面以極重之壓擠；此因離心力之關係，一邊已感壓擠，而另一面壓力減少，且有拉力；其拉力之力量，須視其對面之壓力如何耳！因之牆身遂亦減少其堅固之程度。挑頭之離心距，係自挑頭自牆面凸出之中心，至牆之中心，是爲離心距。設該項載重量輕微而係沿行牆身平均發展者，則因離心力之破壞亦微，自可不必計及。例如挑頭之支持普通擱柵等是。

若遇分量之重壓集中一處，如支持承重梁棟等者，則牆身與挑頭之壓力結合重心，不可移出牆身或磚墩厚度中間三分之一之距離，以免在另一面發生拉力之危險，見一四八圖。

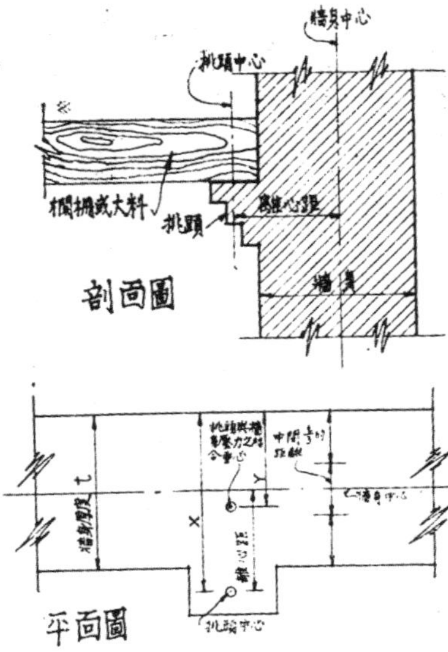

剖面圖

平面圖

（附圖一四八）

台口線 甎砌之台口線，與挑頭相仿；設磚之長爲九寸，則其挑出部份，決不能超過九寸。然充全磚之長度，尚不適合台口線之典型，而符建築規律者，故有用顏色與磚相同之石或大塊方磚，以代普通之磚，間亦有用鐵器者，斯皆屬諸過去及內地偏僻之處，因缺乏水泥，尚能應用；否則已成陳跡矣。惟本篇所述，係爲甎作工程，應注重於甎作台口線之逐條述說，自不計及陳舊與否也。第一四九圖，示甎工台口線與石質蠹頭。

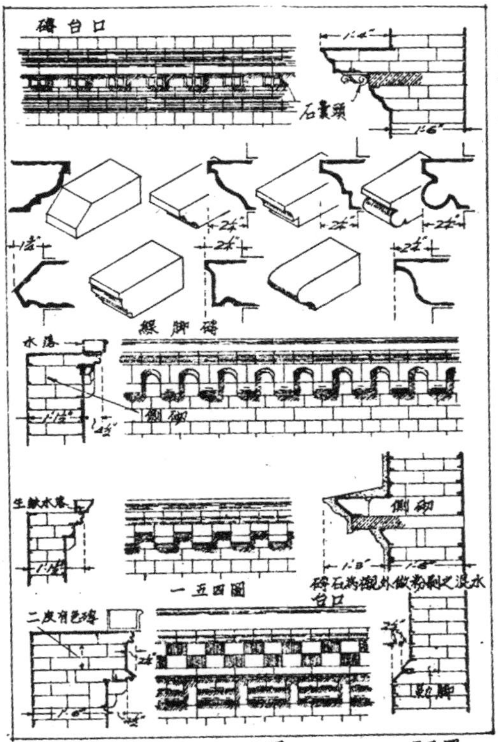

一四九圖 一五〇圖 一五一圖 一五二圖 一五三圖 一五四圖 一五五圖 一五六圖 一五七圖 一五八圖

（附圖一四九至一五八）

第一五五圖示甎砌台口外施粉刷者。台口線之用石突出者，往往卽作爲滴水線。凡甎砌之台口線，最適於哥德式建築典型，蓋因其常用線脚之變化，而將甎挑出者，如第一五一至一五七圖。台口線之有用甎側砌者，並不妨礙，可依照須側砌之必要，覓行側砌之。

勒脚　勒脚者，在牆之根際自牆面突出之部份，藉增牆根之堅固，並保護牆根之受損。如一五八圖。

束腰線　束腰線係指牆之臥行甎層，自牆面挑出，並有線脚者；其地位普通在勒脚與台口之間，形如一帶。

避潮層　室內外牆壁，每以發現潮濕之弊，其原因有三：

一、潮氣自地下升起，貫透牆垣，故牆之下脚每有潮濕發現。

二、潮濕之從牆面直透而入者。

三、潮濕之從上面壓頂淌下者。

潮濕之從牆根透起，以致自地板面起之一段牆上，發生纖細毛斑花痕，既不雅觀，又礙衛生，更有使建築物受蝕，發生影響之廣。防止潮氣上升，應於牆之下根，設置避潮材料。避潮層之設置，係屬橫置，亦有縱橫兼置者，所以防潮氣之自上下逼入或從外透進也。

關於避潮材料，普通計有五種，分述如下：

一、薄石板片二張，用水泥灰沙窩設。

二、澆松香柏油，卽厚瀝青一層。

三、一皮釉面磁磚。

四、青鉛皮一層。

五、瀝青製之油毛毡，或稱牛毛毡。

質佳之石板片，（按：石板可用舖蓋屋面，亦卽學童寫字之石板。）潮氣不能透越。石板片之用作避潮層者，應用水泥窩置，並須設二層石板片，俾潮氣不能自接縫處透起。此項石板，不獨用於牆脚避潮層，兼可包於牆外，以避雨水之滲透牆垣，而致室中牆壁有潮濕之慽。

松香柏油有平面與垂直面兩種澆置方法。平面者，應依照牆之寬度全澆燒熔之松香柏油，約半寸厚。垂直面者，應於砌牆時，先留夾縫，以便牆壁砌至相當高度時，將熱熔之松香柏油澆入夾縫。牆垣留置夾縫之法，係用木板一塊，於砌牆時置距離裏牆面半塊磚之間，每砌三皮磚，將板向上拽起，則置板之處，自成槽隙，俾澆柏油。然或因此法太覺煩複，可將正牆身完全砌覓，卽於壁間澆黏松香柏油；或更黏牛毛毡，松香柏油後、復砌單壁一道，俾將柏油或柏油牛毛毡夾制。

釉面磁磚，厚自二寸至三寸，中留空洞，自以此磚不僅用作避潮，並可作爲出風洞。甎之長度與其他牆磚同。

青鉛可平舖牆脚，與豎直包於牆內及牆顛壓頂石下，其接縫之處，用錫焊合。青鉛應置於離外牆面四寸二分，亦卽半塊磚之地位，然或有恐青鉛受空氣中二養化炭及灰沙中石灰之作用，卽變成鹽基炭化物；但此種作用，必須經過頗多之時間，故對於用青鉛作避潮層或避水層，事實上無甚影響。

牛毛毡避潮層，厚自一分至二分，闊與牆身之寬度同。此項材料，鋪置牆下，手續最為便捷，接搭亦極便利，更因材料之質地柔韌，倘加以彎曲，可無碎裂之弊。以故與其他避潮材料相較，以牛毛毡最為勝任，因之用者亦特夥。

上述之五項避潮層，係指牆脚之下，牆面及壓頂石下者。然屋中內部任何一室，其在最低窪處者，須做避潮及避水工事，應將全部面積，做六寸厚混凝土或鋼筋混凝土；但此混凝土必須佳者。於必要時，更須加避水漿或其他禦水材料，藉制水與潮氣之上升。

避潮層之地位，最好置於泥皮線以上六寸，最多不過一尺；任何一處牆脚下，都應鋪置之。設置避潮層，磚作工人每易遺忘，故事先必須注意。再者，凡係木作工程之木料，均應置於避潮層之上。地板如與地面離空者，則牆上應有出風洞或空心磚之留置，俾地板底與地面間空氣流通，如一六五圖。

木甑甎地之鋪於混凝土底基上者，應用松香柏油窩之，藉防潮濕之自地下上透，以致木甑甎受潮而地板面凸起不平。

（附圖一五九至一六八）

地板面如有低於地平面者，則應分置避潮層二皮。第一皮設於地平面以上六寸；另一皮設於地板底沿油木之下。其上下兩皮避潮層之中間一段牆垣，在縱的方面，自亦應有防潮之設置，如一六六圖。或將牆之外面或離外牆面四寸半間，包以避潮濕之材料。或如一六七圖於牆中留二寸半寬之空縫。又如一六八圖於牆外另砌禦墻牆，而使中間離空；此法於牆之本身，不受任何妨礙；但後述兩法，因所留夾縫太小，復無通風與出清垃圾之便利。

地板面之低於地平面甚深者，則外牆成為禦堵牆，故所受推逼之力甚巨。如欲解除不必砌極堅厚之牆，以資堵禦者，則可於牆外另築禦堵牆一道，更須築成弓形；而禦堵牆與正牆之間，須有充分地位，以便清掃與出水之設置。其禦堵牆與正牆間之空間，非獨便於清掃及出水，並可資正牆開闢窗戶，則地窖中自有光線透入與空氣流暢。如一六九及一七〇圖。

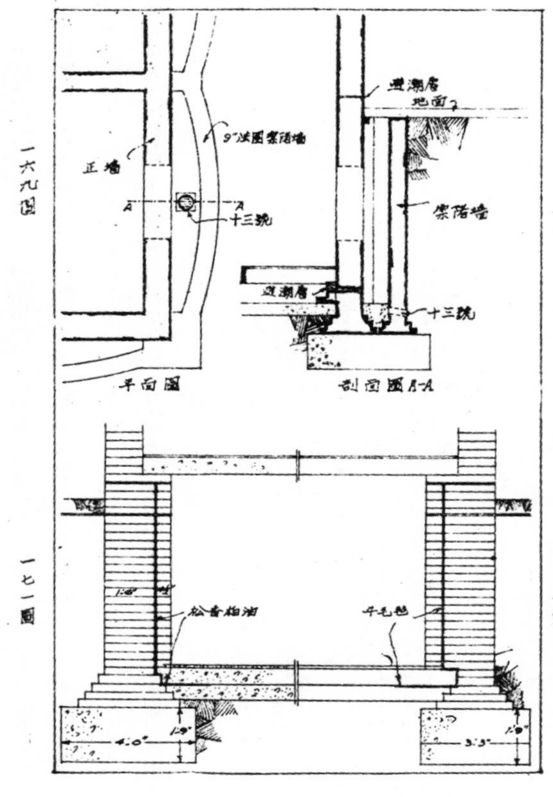

（附圖一六九至一七二）

地窖之牆壁滲水，而地下亦有水湧起者，則此地窖之搆築，有如水箱，應於牆外預掘一井，深過地窖；於是地下潛水奔流井中，遂用抽水機不斷將井水抽乾，則地窖之牆與地面，亦便乾燥。地窖地面應做鋼筋混凝土。其混凝土中所用石子，應以瓜子片或礫頭砂為妥；水泥之成分，亦須豐富，中間並須和以避水漿或其他禦水材料。一俟鋼筋水泥之地基乾固，將地窖四週牆縫開深刷清。遂於離牆半寸或六分處，加築單壁。其單壁應從地砌起三皮，所有半寸或六分之夾縫，應先置一木板，迨單壁砌至三皮，則將此板拽起，夾縫中灌澆燒熔之松香柏油，待澆滿後，再如前法疊砌三皮，將板取出，澆以柏油，由是遞砌至水線以上或地平面齊。若因灌澆柏油與單壁，僅能三皮一砌，因手續麻煩不便者，則可將地窖牆壁刷清使乾後，將牛毛毡用燒熔之松香柏油黏貼牆上，然後再築單壁，將牛毛毡夾制中間，免被水力自牆外湧進將牛毛毡攻破。

（待續）

建築師公費之規定（續）

朗琴

下列各款係由測量師學會制定，而經皇家建築師學會採用者。

第九條　圖樣之核定與工程進行中之視察

建築之估價滿二萬鎊者，收公費一厘；二萬鎊以上者，餘數收公費半厘。（公費最少三鎊）

第十條　(甲)水準測量，備置圖樣，撥地築路，築溝，及工程進行時之監督。

代爲擘劃發展計劃，其公費視產業之性質及式樣而不同。道路建築之繪製圖樣，撰擬說明書，呈請核准，代領執照，及監督築路及溝渠工程之進行，其公費依照所費五釐計算之。

注意：工程若不進行，公費減半收取。

(乙)土地測量及備置圖樣與地圖

公費視工作之簡繁而酌定之。

第十一條　估計材料與已完成工程之估値

注意：下列公費標準，須參照測量師學會所頒佈之「綱要」(Principles)閱讀之。

下列第一項(甲)款估計材料之公費標準，係概括一切，均可適用。此係根據暫時的計數，非通常所謂丈量也。

各種不同之丈量與估值，以及工程結束時賬單之開列，係爲另一職務，公費俱詳第一項之(乙)款。

一．總額合同：建築工程

若行使丈量員之職務，則

(甲)丈量並編製材料計算表者

子．基本標準

工程估價値一萬鎊者，收公費二厘半。

工程估價在一萬鎊以上者，餘數收費二厘。

丑．改造工程

如係改造工程，依照(子)項規定，增加半厘。

寅．概言

在接受全部工程之標賬後，公費應卽根據此數計算。若未接受標賬，則擇投標中之最低標準，爲計算公費之標準。若未接得標賬，則根據原來之材料計算表，估計全部工程之合理的造價，以爲計算公費之標準。

在計算應付公費時，若有欠賬及改裝之賬，均應加入。但除實在需要取消之工程外，其因改裝而取消者，不得列入。

材料計算表之印刷費，並不包括上述標準

之內，所需費用，應另計算，給付印刷者。

(乙)計算及編製合同中之更動各節，包括估價，及與承攬人訂定造價等

添作工程，取公費二厘半；

取消工程，就取消之造價，取費一厘半，

需要整理而非屬專門技術者，免予取費。

(丙)編製材料計算表，或估算合同中之修飾者。

依照前項規定，加取公費二厘。

(丁)估計材料計算表者。

取公費半厘。

(戊)備置並估算材料約計表

根據估定材料價格，以半厘收取公費。或依照時間計算之。

(己)工程進行中之測量，紀錄及請領執照等

將每次之估值，取費半厘。或依照時間計算之。

(庚)地址之紀錄，改造或修理工程說明書之撰擬，及其監工。(若係需要者)

計其所費，取公費七厘半，或依照時間計算之。

注意：建築材料如係由業主供給，所取公費應以估定價格或實在價格爲準。

二•契約合同：建築工程

準備、估值，及訂立合同價格

視工作時間之久長，酌取公費。

丈量及編製價格表，包括估值及訂立合同等：

視總值取費二厘半

上述百分計算，僅應用於全部丈量，及房屋之估值，或全屋整個之造價。若係分期進行，逐次估值者，加取公費半厘。

注意：建築材料如係由業主供給，所取公費應以估定價格或實在價格爲準。

三•最初價格合同

在加賬利益中計核最初價格，及結算工程之末期造價者：

除必需丈量另有訂定之費率外，酌收公費一厘二五。

第十二條 終身享用，專利，租借等產權之估值

估值一千鎊者，取公費一分；

估值九千鎊者，取公費五厘；

九千鎊以上，餘數取公費二厘半。

注意：在估計抵押價值時，若得押入者之同意，而未預墊款項，則照上述取值三分之一，最低公費五鎊。

第十三條 在合嚮產業或强迫獲得之產業：

甲•參與案內之估值者(必要時之談判包括在內)

依照下表規定之數，增加三分之一取費。

乙•其他估值者，提供證據者，依照下表收取公費。

數額	取費	數額	取費	數額	取費	數額	取費
鎊		鎊					
100	5	2,400	25	5,600	41	8,800	57
200	7	2,600	26	5,800	42	9,000	58
300	9	2,800	27	6,000	43	9,200	59
400	11	3,000	28	6,200	44	9,400	60
500	13	3,200	29	6,400	45	9,600	61
600	14	3,400	30	6,600	46	9,800	62
700	15	3,600	31	6,800	47	10,000	63
800	16	3,800	32	7,000	48	11,000	68
900	17	4,000	33	7,200	49	12,000	73
1,000	18	4,200	34	7,400	50	14,000	83
1,200	19	4,400	35	7,600	51	16,000	93
1,400	20	4,600	36	7,800	52	18,000	103
1,600	21	4,800	37	8,000	53	20,000	113
1,800	22	5,000	38	8,200	54		
2,000	23	5,200	39	8,400	55		
2,200	24	5,400	40	8,600	56		

當測量員商議重復工程時，此項工程費用，在計算公費時，應合併計算，所有改善費用亦同。

注意：此項名為賴氏標準，不能應用於仲裁人或公正人及地役權。

第十四條 終身享用不動產及專利不動產之出售，與房地產之出租。

商訂私人出賣契約或介紹買主：

先三百鎊以五厘計算；

次四千七百鎊以二厘半計算；

餘數以一厘半計算。

第十五條 購入之促成

購入之促成，取出售公費之半數。（關於價格之顧問，均包括在內）

注意：若產業不僅一處，應另加費。若有成交，則另估值算取公費。

注意 吾人須特別注意者，即上項收取公費標準，並不包括投機式之房屋建築而以十所房屋為最低限度者，亦非主管工務當局及公用當局之取費標準。所有投機式房屋建築取費標準，另由皇家建築師學會理事會，於一九三三年六月十二日核准，公佈於同年七月八日之會刊。本地主管工務當局及公用局之特別取費標準，亦刊佈於同年八月五日之會刊。

（完）

計算鋼骨水泥改用度量衡新制法

王　成　熹

我國度量衡制度，自古迄今，漫無標準，使人民無所適從。及民國成立，積極設法改進，加以整頓。現在國府明令公佈之標準制，爲一種頗合科學化之制度，吾人自當一律遵守應用。但回顧工程界，因一般沿習，與建築材料，以及多數學生所習科本編制等關係，仍多用英美制者，故作者以嘗試的心理，作成是篇，貢獻於工程界同志，作爲設計計算時之一助，藉此亦所以示提倡新制之至意也！

茲將設計時之重要公式，根據上海市工務局規定，舉例如下；

1：2：4水泥壓力：—	40公斤/平方公分
鋼骨壓力	十五倍水泥壓力
鋼骨引力	1250公斤/平方公分
水泥與鋼骨之黏合力 有竹節者：—	7公斤/平方公分
水泥與鋼骨之黏合力 無竹節者：—	5.5公斤/平方公分
剪力 有鋼骨設備者：—	10公斤/平方公分
剪力 無鋼骨設備者：—	4公斤/平方公分

關於梁者，

$$k=\frac{n}{n+r}=\frac{15}{15+\frac{1250}{40}}=.324324\cdots\cdots$$

式中n爲鋼骨彈性率與水泥彈性率之比，r爲鋼骨引力與水泥壓力之比。

$$p=\frac{n}{2r(n+r)}=\frac{15}{2\times31.25\times(15+31.25)}=\frac{15}{62.5\times46.25}$$

$$=.0051891\cdots\cdots$$

$$j=1-\frac{k}{3}=1-\frac{.324}{3}=1-.108\cdots\cdots=.891\cdots\cdots$$

$$M=\tfrac{1}{2}f_ckjbd^2=pbd^2f_sj=Kbd^2$$

$\therefore K=\tfrac{1}{2}f_ckj$ 或 $pf_sj=.0051892\times1250\times.892=5.787$ 公斤/平方公分

例題，　設今有支持於磚牆上之鋼骨水泥梁，其跨度爲4公尺，每公尺載重1500公斤，試計算之，

每公尺總載重＝外來載重＝1500公斤

假定梁身本重＝　400公斤

1900公斤

$$M=\frac{wl^2}{8}=\frac{1900\times4^2}{8}=3800\text{公尺公斤}=380,000\text{公分公斤}$$

假定 $\left\{\begin{array}{l}\text{梁寬}=30\text{公分}\\\text{梁高}=50\text{公分}\end{array}\right\}K=\frac{380,000}{30\times50^2}=5.067$

此數未曾超過K之規定數5.787故頗合格。

$p=\frac{K}{f_sj}=\frac{5.067}{1250\times.892}=.00454$ 亦未曾超過規定之數

$A_s=30\times50\times.00454=6.81$ 方公分

由表二乙檢得3根1.588公分或即16公厘之方鋼骨，其面積爲7.465方公分故已足

總剪力＝1900×7＝3800公斤

單位剪力＝$\frac{3800}{30\times.892\times50}$＝2.84公斤/平方公分

由圖表五用6公厘鋼環先自左邊在梁高50公分橫線上向右至總剪力4000公斤之斜線相交處讀下其中距爲13.2公分，故可用13公分中距，以資便利。

表一至表三均爲計算水泥板及梁時，鋼骨面積求得後，檢查鋼骨之中距或根數之用。

表四爲計算前檢查各項常數之用。

圖表五及六爲剪力求得後查鋼環之大小及中距之用。

其餘用於柱及柱基等之表解，當於下期續登也。

表一：—鋼骨之面積，周圍長，及重量

直徑或邊長		圓			方		
吋	公分	面積 (平方公分)	周圍 (公分)	每公尺長重量 (公斤)	面積 (平方公分)	周圍 (公分)	每公尺長重量 (公斤)
¼	.635	.3167	1.995	.253	.4032	2.540	.312
5/16	.794	.4951	2.394	.387	.6304	3.176	.491
3/8	.953	.7133	2.994	.565	.9082	3.812	.714
7/16	1.111	.9694	3.490	.759	1.2343	4.444	.967
½	1.270	1.2668	3.990	.997	1.6129	5.080	1.265
9/16	1.429	1.6038	4.489	1.265	2.0420	5.716	1.607
5/8	1.588	1.9806	4.989	1.548	2.5217	6.352	1.979
11/16	1.746	2.3943	5.485	1.875	3.0485	6.984	2.396
¾	1.905	2.8502	5.985	2.232	3.6290	7.620	2.842
13/16	2.064	3.3459	6.484	2.619	4.2601	8.256	3.348
7/8	2.223	3.8812	6.984	3.036	4.9417	8.892	3.869
15/16	2.381	4.4526	7.480	3.497	5.6692	9.524	4.449
1	2.540	5.0671	7.980	3.973	6.4516	10.160	5.059
1 1/8	2.858	6.4153	8.979	5.029	8.1682	11.432	6.398
1 ¼	3.175	7.9173	9.975	6.205	10.0806	12.700	7.901
1 3/8	3.493	9.5827	10.974	7.514	12.2010	13.972	9.568

表二甲：—數根圓鋼骨合成之面積

直徑		鋼骨之根數										
吋	公分	2	3	4	5	6	7	8	9	10	11	12
¼	.635	.633	.950	1.267	1.584	1.900	2.217	2.534	2.850	3.167	3.484	3.800
3/8	.953	1.427	2.140	2.853	3.567	4.280	4.993	5.706	6.420	7.133	7.846	8.560
½	1.270	2.534	3.800	5.067	6.334	7.601	8.868	10.134	11.401	12.668	13.935	15.202
5/8	1.588	3.961	5.942	7.922	9.903	11.884	13.864	15.845	17.825	19.806	21.787	23.767
¾	1.905	5.700	8.551	11.401	14.251	17.101	19.951	22.802	25.652	28.502	31.352	34.202
7/8	2.223	7.762	11.644	15.525	19.406	23.287	27.168	31.050	34.931	38.812	42.693	46.574
1	2.540	10.134	15.201	20.268	25.336	30.403	35.470	40.537	45.604	50.671	55.738	60.805
1⅛	2.858	12.831	19.246	25.661	32.077	38.492	44.907	51.322	57.738	64.153	70.568	76.984
1¼	3.175	15.835	23.752	31.670	39.587	47.504	55.421	63.338	71.256	79.173	87.090	95.008

表二乙:—數根方鋼骨合成之面積

邊長 吋	邊長 公分	鋼骨之根數 2	3	4	5	6	7	8	9	10	11	12
1/4	.635	.806	1.210	1.613	2.016	2.419	2.822	3.223	3.629	4.03	4.44	4.84
3/8	.953	1.816	2.725	3.633	4.541	5.450	6.357	7.266	8.174	9.03	9.99	10.89
1/2	1.270	3.226	4.839	6.452	8.065	9.677	11.290	12.903	14.516	16.13	17.74	19.35
5/8	1.588	5.043	7.565	10.087	12.609	15.130	17.652	20.174	22.695	25.22	27.74	30.26
3/4	1.905	7.258	10.887	14.516	18.145	21.774	25.403	29.032	32.661	36.29	39.92	43.55
7/8	2.223	9.883	14.825	19.767	24.709	29.650	34.592	39.534	44.475	49.42	54.36	59.30
1	2.540	12.903	19.355	25.806	32.258	38.710	45.161	51.613	58.064	64.52	70.97	77.42
1 1/8	2.858	16.356	24.505	32.673	40.841	49.009	57.177	65.346	73.514	81.68	89.85	98.02
1 1/4	3.175	20.161	30.242	40.322	50.403	60.484	70.564	80.645	90.725	100.81	110.89	120.97

表三:—樓板中每公尺內鋼骨之面積及中距

中距 (分公)	方鋼骨 .635公分 1/4吋	.953公分 3/8吋	1.270公分 1/2吋	1.588公分 5/8吋	1.905公分 3/4吋	圓鋼骨 1.270公分 1/2吋	1.588公分 5/8吋	1.905公分 3/4吋	2.223公分 7/8吋	2.54公分 1吋
7.50	4.222	9.508	16.886	26.401	37.993	21.501	33.618	48.375	65.877	86.005
8.75	3.616	8.153	14.430	22.638	32.420	18.437	28.826	41.479	56.487	73.746
10.00	3.167	7.133	12.668	19.806	28.502	16.130	25.220	36.290	49.420	64.520
11.25	2.815	6.341	11.256	17.608	25.338	14.340	22.421	32.262	43.934	57.358
12.50	2.534	5.706	10.134	15.845	22.802	12.904	20.176	29.032	39.536	51.616
13.75	2.303	5.186	9.210	14.399	20.721	11.727	18.335	26.333	35.928	46.906
15.00	2.112	4.758	8.450	13.211	19.011	10.759	16.822	24.205	32.963	43.035
16.25	1.948	4.387	7.791	12.181	17.529	9.920	15.510	22.318	30.393	39.680
17.50	1.808	4.073	7.233	11.309	16.275	9.210	14.401	20.722	28.219	36.841
18.75	1.688	3.802	6.752	10.557	15.192	8.597	13.442	19.343	26.341	34.389
20.00	1.583	3.567	6.334	9.903	14.251	8.065	12.610	18.145	24.710	32.260
2.125	1.492	3.360	5.967	9.329	13.424	7.597	11.879	17.093	23.277	30.389
22.50	1.406	3.167	5.625	8.794	12.655	7.162	11.198	16.113	21.942	28.647
23.75	1.330	2.996	5.321	8.319	11.971	6.775	10.592	15.242	20.756	27.098
25.00	1.267	2.853	5.067	7.922	11.401	6.452	10.088	14.516	19.768	25.808
26.25	1.207	2.718	4.827	7.546	10.859	6.146	9.609	13.826	18.829	24.582
27.50	1.150	2.589	4.598	7.190	10.346	5.855	9.155	13.173	17.939	23.421
28.75	1.102	2.482	4.408	6.892	9.919	5.613	8.777	12.629	17.198	22.453
30.00	1.055	2.375	4.218	6.595	9.491	5.371	8.398	12.085	16.457	21.485

表四：一 計算鋼骨水泥梁及樓板時之：

$k=\frac{n}{n+r}$　　$j=1-\frac{k}{3}$　　$P=\frac{n}{2r(n+r)}$　　$K=\frac{1}{2}f_c kj$或$pf_s j$

單位應力 公斤/平方公分		n=12				n=15			
鋼骨	水泥	k	j	P	K	k	j	P	K
840	35	0.333	0.839	.00696	5.181	0.385	0.872	.00802	5.874
	38	0.352	0.884	.00796	5.906	0.404	0.865	.00914	6.540
	40	0.364	0.879	.00867	6.450	0.417	0.861	.00993	7.181
	45	0.391	0.870	.01047	7.654	0.446	0.851	.01195	8.540
	50	0.417	0.861	.01241	8.976	0.472	0.843	.01404	9.937
	55	0.440	0.843	.01440	10.200	0.495	0.835	.01621	11.366
980	35	0.300	0.900	.00536	4.725	0.349	0.884	.00623	5.399
	38	0.318	0.894	.00617	5.402	0.368	0.877	.00713	6.132
	40	0.328	0.891	.00669	5.845	0.387	0.871	.00790	7.042
	45	0.355	0.882	.00815	7.045	0.408	0.864	.00937	7.932
	50	0.387	0.871	.00987	8.427	0.434	0.855	.01107	7.063
	55	0.402	0.866	.01128	9.574	0.458	0.847	.01717	10.668
1120	35	0.270	0.910	.00422	4.300	0.319	0.894	.00497	4.991
	38	0.289	0.907	.00490	4.980	0.337	0.888	.00572	5.686
	40	0.300	0.900	.00535	5.400	0.349	0.884	.00623	6.170
	45	0.325	0.892	.00653	6.523	0.376	0.875	.00755	7.403
	50	0.349	0.884	.00779	7.713	0.401	0.866	.00895	8.682
	55	0.371	0.876	.00911	8.937	0.424	0.859	.01041	10.016
1190	35	0.261	0.913	.00384	4.170	0.306	0.897	.00450	4.803
	38	0.277	0.903	.00442	4.779	0.324	0.892	.00526	5.491
	40	0.287	0.904	.00482	5.189	0.335	0.888	.00563	6.250
	45	0.312	0.896	.00590	6.290	0.362	0.879	.00706	7.159
	50	0.335	0.888	.00704	7.437	0.387	0.871	.00814	8.427
	55	0.357	0.881	.00825	8.649	0.409	0.864	.00945	9.718
1250	35	0.252	0.916	.00353	4.040	0.296	0.901	.00414	4.667
	38	0.267	0.911	.00406	4.622	0.313	0.896	.00476	5.329
	40	0.278	0.907	.00444	5.043	0.324	0.892	.00519	5.780
	45	0.302	0.899	.00544	6.109	0.351	0.883	.00632	6.973
	50	0.324	0.892	.00648	7.325	0.375	0.875	.00750	8.203
	55	0.346	0.885	.00761	8.421	0.398	0.867	.00876	9.489
1400	35	0.231	0.923	.00289	3.731	0.273	0.901	.00366	4.305
	38	0.246	0.918	.00334	4.291	0.289	0.907	.00392	4.980
	40	0.256	0.913	.00366	4.675	0.300	0.900	.00429	5.400
	45	0.278	0.907	.00447	5.673	0.325	0.892	.00522	6.523
	50	0.300	0.900	.00539	6.750	0.349	0.884	.00645	7.713
	55	0.320	0.893	.00629	7.858	0.371	0.876	.00718	9.034

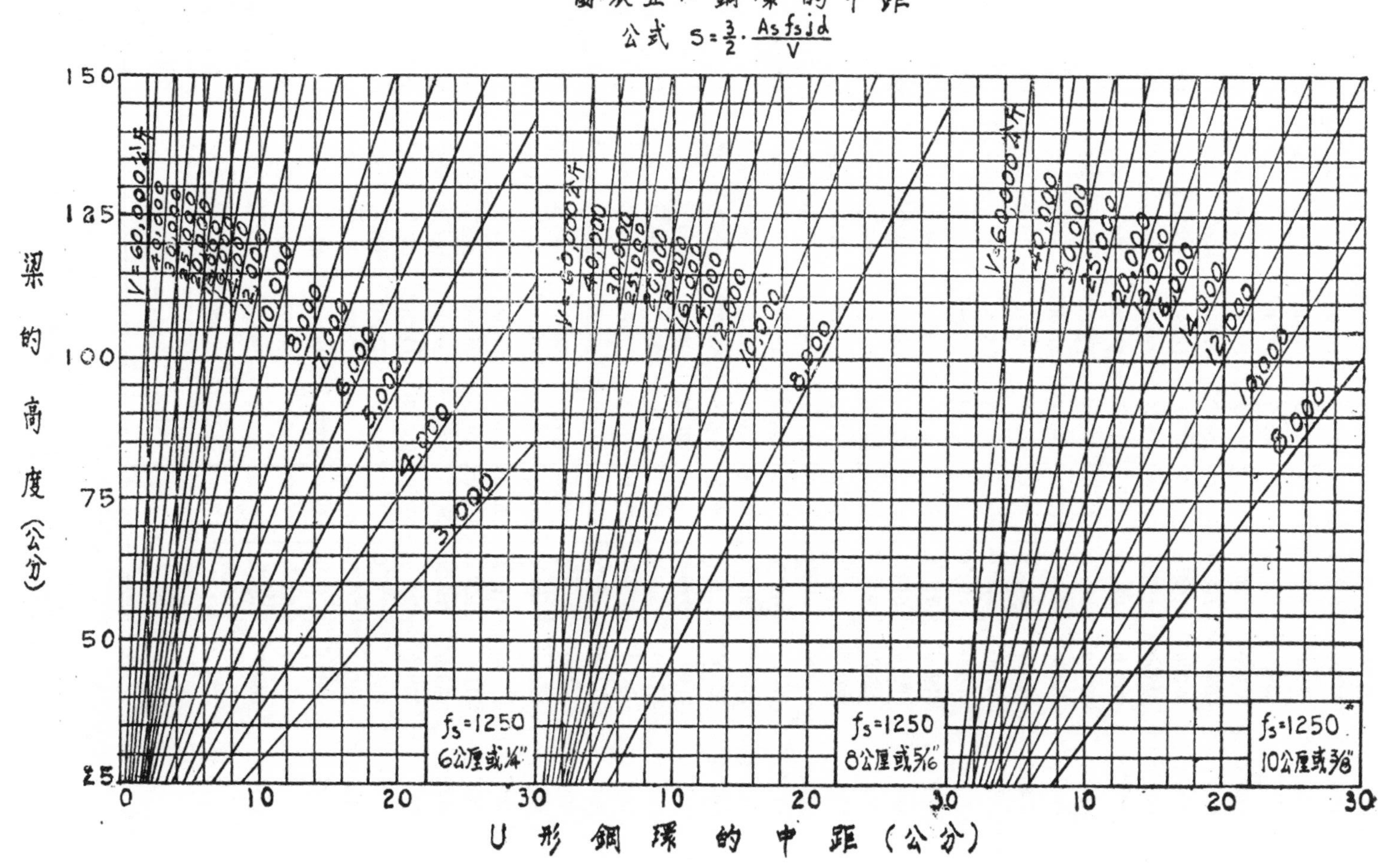

圖表五：- 鋼環的中距
公式 $S=\frac{3}{2}\cdot\frac{A_s f_s j d}{V}$
梁的高度(公分)
U形鋼環的中距(公分)
V=60,000公斤
40,000
30,000
25,000
20,000
18,000
16,000
14,000
12,000
10,000
8,000
7,000
6,000
5,000
4,000
3,000
f_s=1250 6公厘或1/4"
f_s=1250 8公厘或5/16"
f_s=1250 10公厘或3/8"

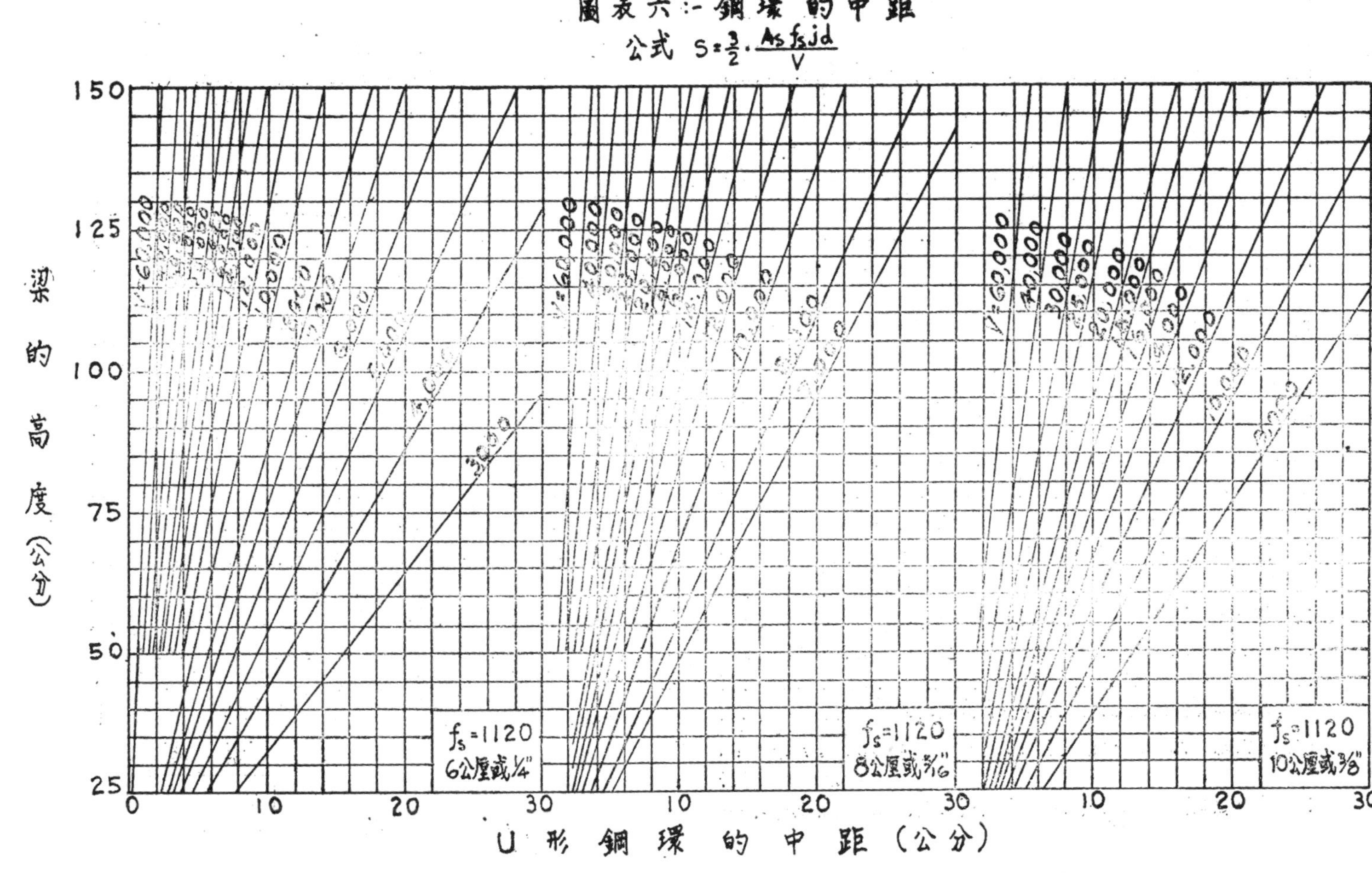

圖表六：鋼環的中距
公式 S=3/2·As fs jd / V
梁的高度(公分)
25
50
75
100
125
150
U形鋼環的中距(公分)
0
10
20
30
V=60,000
40,000
30,000
25,000
20,000
15,000
12,000
10,000
8000
fs=1120 6公厘或1/4"
fs=1120 8公厘或5/16"
fs=1120 10公厘或3/8"

建築史（一）

杜彥耿譯

總綱

建築學之源始

一、建築學之定義 建築學係集房屋之構築，穩固，與適用之專門技術而成，但美觀與堂皇實亦佔建築中之重要地位。試更詳析之，若房屋平面之支配，外表之軒敞，牆垣與屋面之組合，窗戶門戶等之地位，與其光線之適度，雕刻之富麗與其形式等，集合而成堅固，合用與美觀之建築；是爲建築學。

二、建築學之來歷 建築學之源始，實與其他學術同樣不可深考，蓋已隨早期世界史湮沒無聞矣！但可斷言無疑者，卽古人架屋居住，原爲保護己身，抗禦野獸與遮蔽風雨之計也。迨後文明漸進，對於建築物各部之勻配稱適等，遂加注意研究；而建築之成爲學術，亦卽萌芽於斯。迨後文化日益昌明，物質漸趨繁榮，故建築學亦隨之俱進，在歷史上斑斑可考之建築史，顯示各地不同之習俗，文明之程度等，予吾人以參考之史實也。

三、國際間之風格 研究建築史者，多依文明古國之偉大建築物，爲研究之根據。其典章式樣雕飾等，在在均可表演各該國家之特點。此一如各個國家自有其不同之語言文字，因之每一國家之建築，亦有其特殊之風格也。

四、原始人建築之遺蹟 多數原始人建築物之遺蹟，可於下列數端發見之：

（一） 獨立之柱石

（二） 一塊大石板或石台面，架於其他豎立之石上。

（三） 石坊。如英格蘭之Stonehenge與Avebury。

（四） 土坟，如丹麥國之Tumuli。

（五） 用粗石叠成之棚舍，形如蜂房及地下之地窖。

此外如石室與石築廟宇，歐洲多處湖中所發現太古沉沒之木屋；此種木屋係構築於木樁之上，而高出水面者，於此可以推知初民之住居建築矣。

五、時代之失傳 吾人所引爲憾事者，爲自穴居時代推至最初之原人時代。其歷史已無查考，故不知該時期文化之進度若何，依此程度，而啓尼羅河畔建築藝術之曙光。稽考業已發見之最早建築物，推算古埃及之建築智能，美術，文化等，已較此最早之建築物，更早昌盛矣。更甚者，彼時已在用木材建築紀念屋宇，以替代其先人之用石料建築矣。

六、建築型式之傳統性 歷史上關於建築型範之變遷，均依時代之變化而發生影響。試觀各國間之建築，各自有其特殊之異點，而自然表現其建築各種不同典型之風格。此因其先人求適合各該處所之氣候，與其各自之特性，自然流露，遺傳後世。三因採用材料之關係，亦易發生各種不同之建築作風。然各國間之建築，自不能固守各自之典式而不破者，如有因被人征服而改易者，有因闢作殖民地以及商業關係而變異者。

七、建築因氣候關係而不同 各國間因氣候之不同，故亦各異其建築作風，已如上述。例如熱帶區域，欲求室內陰涼，故用小窗。低矮屋面或平屋面，並使屋檐或台口向外突出特甚，以資掩蔽房屋之不受日中强烈日光之過晒。其在溫帶地域者，屋面之構造，以斜坡度者較平屋面者爲多，而窗戶亦大，以求室內充分之光線。若處境寒帶之冰國，感受陽光極微，故房屋屋頂之坡度特巨，藉使雨雪易於瀉脫，而窗戶亦大。

八、建築因材料關係而不同 在盛產堅硬花崗石之處，其建築上石工之琢磨，必單純化。反之，如產軟石之區，石工之雕鑿，自必細緻，建築圖案亦趨美化；此可於出產大理石之區域證明之。若其地不產石料而須向遠地採辦，如不便者，卽以煉甎代之，此亦自然之趨向也。他如地處森林，則其地之建築，多以木材爲主要作料矣。

九、建築典型之分別

每一國之建築典型，雖各不同，而在歷史上藝術上各佔一席地位。然試加區別，則不越乎四大範圍，或更簡分之，則祇拱圈式，棟樑式，或拱圈與棟樑兩者之混合耳。

甲•棟樑式　亦卽以橫架構建者，如埃及與希臘建築是。

乙•圓拱式　如羅馬建築是。

丙•尖拱式　如哥德式建築之行於各國者。

丁•棟樑與圓拱混合式　如文藝復興時代各國所採之文藝復興式建築是。

埃及建築

埃及之地理歷史與社會小誌

十、地理

埃及爲建築學術發源之地，亦爲文化發軔最早之古國也。其國處於狹隘之山凹，位在非洲之東北，爲歐洲通亞之門戶。全國境地形如衣帶，其最狹處不及一英里，闊處平均亦不滿十英里。其國境南自第一大瀑布起，迤北迄最寬闊處止，長七百英里之終點，名三角洲。三角洲者，尼羅河出地中海之叉口也。該地氣候終年無雨，而此山凹之能成一豐饒之地者，蓋藉尼羅河灌漑之利也。故尼羅河自非洲高原上流，挾其富源，直趨下流，以抵平原，因之河流兩傍遂成富庶之區矣。

因東有阿剌伯沙漠，與西有利濱沙漠爲之屏障，故無東西兩邊界域，亦無外勢侵迫之危機。更藉尼羅河之便利，國內交通，暢達無阻。其在地勢上更居優越地位者，既濱紅海之勝，復扼地中海之咽喉，地勢之宜，得天獨厚。尤足述者，該地氣候，終年如一，故物產豐盛，民稱富裕。遂使古埃及文化鼎盛，而成一獨立之民族。

十一、地質及植物

埃及之地質殊爲單純。其平原係淤土積成，其地叢山既多，石料遂富，如北部之石灰石，南部之花崗石與閃長石，中部之砂石是。

埃及產木殊少。蓋其國中不務植林，惟果樹則有棕櫚，無花果，荆毯花等。水中植物則有荷花，與製紙之草等。

十四、宗教

埃及人之宗敎觀念，具有神異之色彩，可以下述諸語證明之：『彼之生也，惟藉靈氣，處天地之獨尊而不傳嗣者也』。彼輩除認天神生存在世之思想外，更崇拜多神，其尤特異者，爲崇拜畜類是也。如貓，鱷魚，巨蟒，及牡牛之屬，均在崇拜之列。阿比度(Abydos)地方者，埃及之古市也。其地崇拜奧雪禮斯神（Osiris 係埃及之神，爲下界之主神審判死者之官，Isis 之兄及丈夫，Horus與Anubis之父。）與太陽神之聖地，其參拜儀式，遍傳埃及全境，並傳諸後世。埃及人認人死後轉變爲鬼，而依舊永久存在者也，並名之曰『凱』(Ka)因之人死後須用防腐方法，將肉體保存，以資凱之日後着體歸元。更於死者之墓中，置神采如生之彫像或畫像；蓋因其肉體既已死去，致失其生前之眞相矣。墓中更置供桌，陳列食物飲料等祭品，以供死者靈魂之需。埃及人因有此種奇突之信仰，故其屍體用香料殮之，使乾，復建堅固坟墓，陳置祭祀物品，並供主持家務之神像於墓中，以佑死者。

十五、歷史

與埃及之坟墓並爲世人所注意者，埃及之歷史是也。在紀元前三世紀，有僧名馬尼査(Manetho)寫其國之歷史。依據馬尼查所編之史實，列埃及君主爲三十朝代，殊足引起後人之疑惑，雖無確實證據，但亦有不少可資信仰者。關於古埃及之歷史，可從其古代之草簡所記之文字參考之。然欲求正確之古代史蹟，現在一般學者尙在爭辯，迄未明白也。

開創埃及君主之制，始自彌尼斯(Menes)，於極早時期，在齊斯(This)成立爲埃及第一代君主。據馬尼查載此彌尼斯時代，計二五三三年，繼之者第二代爲齊耐脫(Thinite)時代計三〇二年。第三代爲孟斐斯(Memphis)，計當國二一四年。關於上述諸代之確實時期，實無從查考，埃及史實之有確實考證者，始於第四代之雪斐羅。(Sheferu)

十六• 卽如歐門(Erman)謂紀元前二八三〇年，勞合生敎授（Rawlinson）謂紀元前二五〇〇年，其文明程度既已達到相當可觀之地位，而其象形文字亦已發明矣。其時尤有數處金字塔之建設，對於美術及雕刻，已有極大之進展，舒適之木造或石造房屋，亦已實現。在第四代中之三個君主，尤致力於金字塔之建造，如果夫（Khufu）或稱芝浦（Cheops）。第二個君主之建大金字塔於相近孟斐斯者，名曰奇士（Gezeh）。蕭斐臘或芝弗林（Shafra or Chephreu）之建造第二金字塔及人面獅身之神廟。而此人面獅身之神獅巨大雕刻工作，或係在奇士地方施之者。孟加拉或梅賽拿斯（ Mankaura or Mycerinus）爲建造第三金字塔之君主。

十七。　關於埃及在政治上及歷史上特殊重要時期之年表，列如下表：

古帝國時期：

第四與第五時代約自紀元前二八三〇年

第六時代約自紀元前二五三〇年

中帝國時期：

第十二時代約自紀元前二一三〇年

第十三時代約自紀元前一九三〇年

新帝國時期：

第十八時代約在紀元前一五三〇年至一三二〇年

第十九時代約在紀元前一三二〇年至一一八〇年

第二十時代約在紀元前一一八〇年至一〇五〇年

第五時代之第七個君主，繼續建築金字塔及坟墓。然其規模隘小，較諸第四時代所建者雖與比擬矣。

在第六朝代，其中央政府已遷至阿比度斯（Abydos）此朝爲完成奇士之第三大金字塔者。此後經過極長之黑暗時期，故不明每一君主之爲誰屬，蓋因其時之紊亂狀態，有以致之，遂致紀念物與房屋之建築物極少。繼之即爲外族之侵凌，而主埃及，該族似係Hittities，時爲中帝國時期。

十八。　創造第十八朝代之君主驅退入主之外族，而恢復埃及人之統治。定都於齊比斯（Thebes）此一時代是爲新帝國時代。在此時代於齊比斯建築偉大之造像二座，並在羅克沙宮　（Luxor）　建造阿門神廟。繼之者即十九朝代之西蒂第一（Seti I）建造大柱廳於卡內克（Karnak），同時並造多處廟宇，及開始鑄通尼羅河與紅海之運河工程。

西蒂之子名萊米沙第二（Ramesu II），係一英明之人主。在其執政時、有多處巨大建築與大工程之建設。完成未竟之運河工程，以鑄通尼羅河與紅海者，及萊米沙第二之坟廟，三座城鎮，齊比斯廟及海羅波利斯廟（Heliopolis）之修理。並於埃及國境之東建築長城，以資防禦。此等偉大之工程與其他埃及之大建設，同樣係由戰時之俘虜與徵集之工役與奴隸等，逼使工作者。

萊米沙第三爲第二十朝之君主，建一偉大之廟於米田納脫愛埠，（Medinet-Abu）並鼓勵貿易。迨將帝業傳與其子，遂中落不振，大權傍墮，爲僧侶所操縱。迨至晚年，卒遭愛西亞平（Ethiopians）之侵略。

十九。　埃及獨立史之末葉，祇有第二十六朝之君主薩麥推克第一（Psymatik I）。因得里俾王奇斯（Gyges, King of Lybia）之助，而得恢復樹權，時爲紀元前六五五年也。在此君主執政之時，即繼承萊米沙第二之志，而復興建築。如齊比斯與米田納脫愛埠之廟宇恢復舊觀也，在賽斯，斐來及海羅波利斯（Sais, Philal, Heliopolis）等處之大建築也。迨薩麥推克第三爲此朝之末代君主，被波斯人敗於披羅西姆（Pelusium）時，爲紀元前五二七年，而埃及遂開作波斯之一省區矣！

自亞歷山大逝世後，埃及復落他里牧（Ptolemy）之手，而君埃及，並於紀元前三〇六年加冕焉。他里牧之一朝，約有三百年，至克麗華派脫拉王后。后生於紀元前六十九年，歿於紀元前三十年，爲埃及當代之絕世美人也。其死係引毒蛇自盡者，死後其國遂淪爲羅馬帝國之殖民地矣！

（待續）

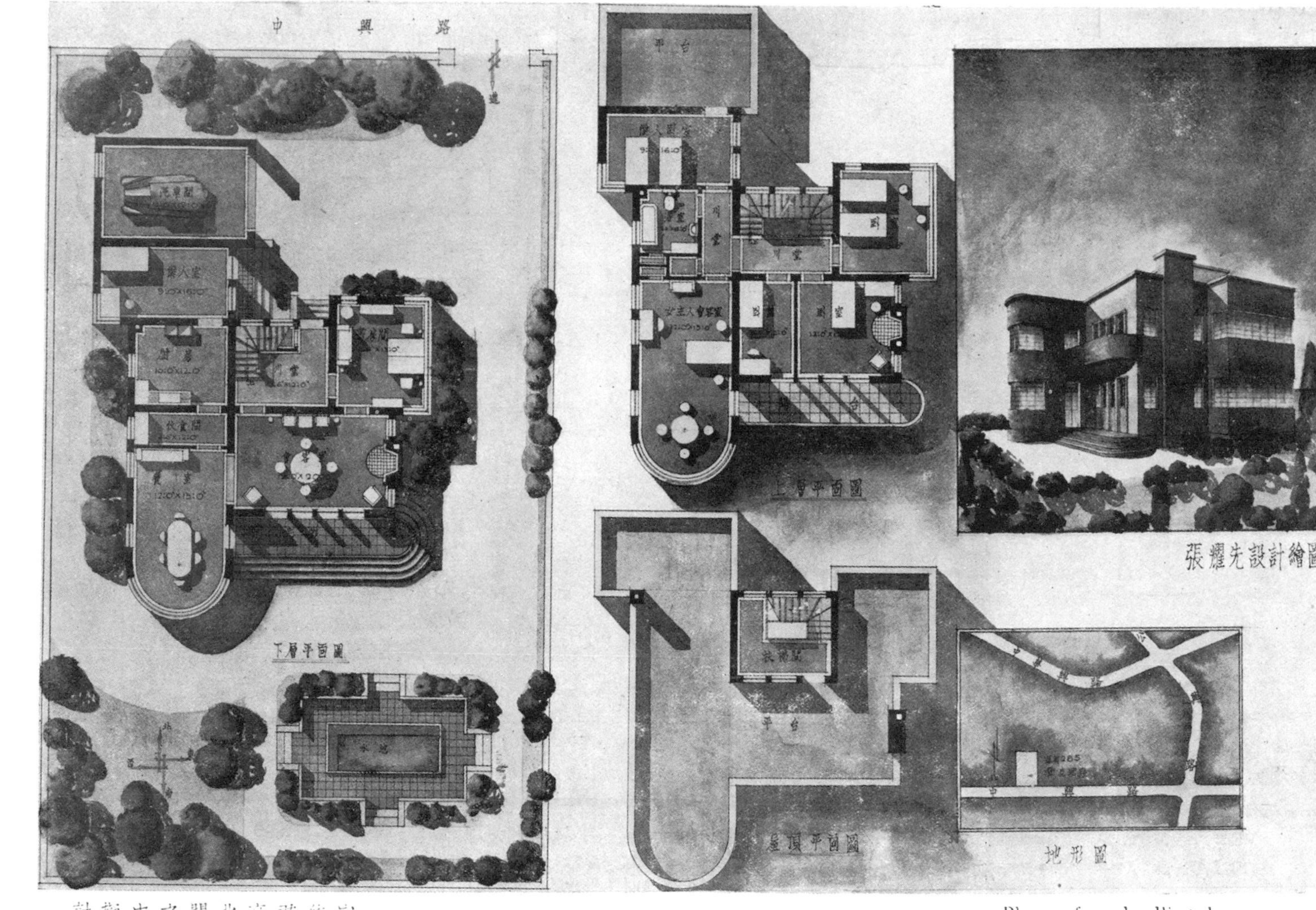

計擬中之閘北高君住宅

張耀先設計繪圖

Plans of a dwelling house.

Mr. Z. K. Day's House. Designed by Service Dept., S. B. A.

〔圖三四—三五頁〕該住宅擬建於上海市引翔區馬玉山路，因地形狹長，故横面展寬。全屋建築費，至多限五千元。屋雖不大，然在起居室中，亦足容三桌筵席。書房，餐室，汽車間，無不應有盡有。並有臥室四個：最大者作爲主母臥室，其旁則爲主人臥室，小房間用爲小兒臥室，尚有一間可備作親友下榻之需。

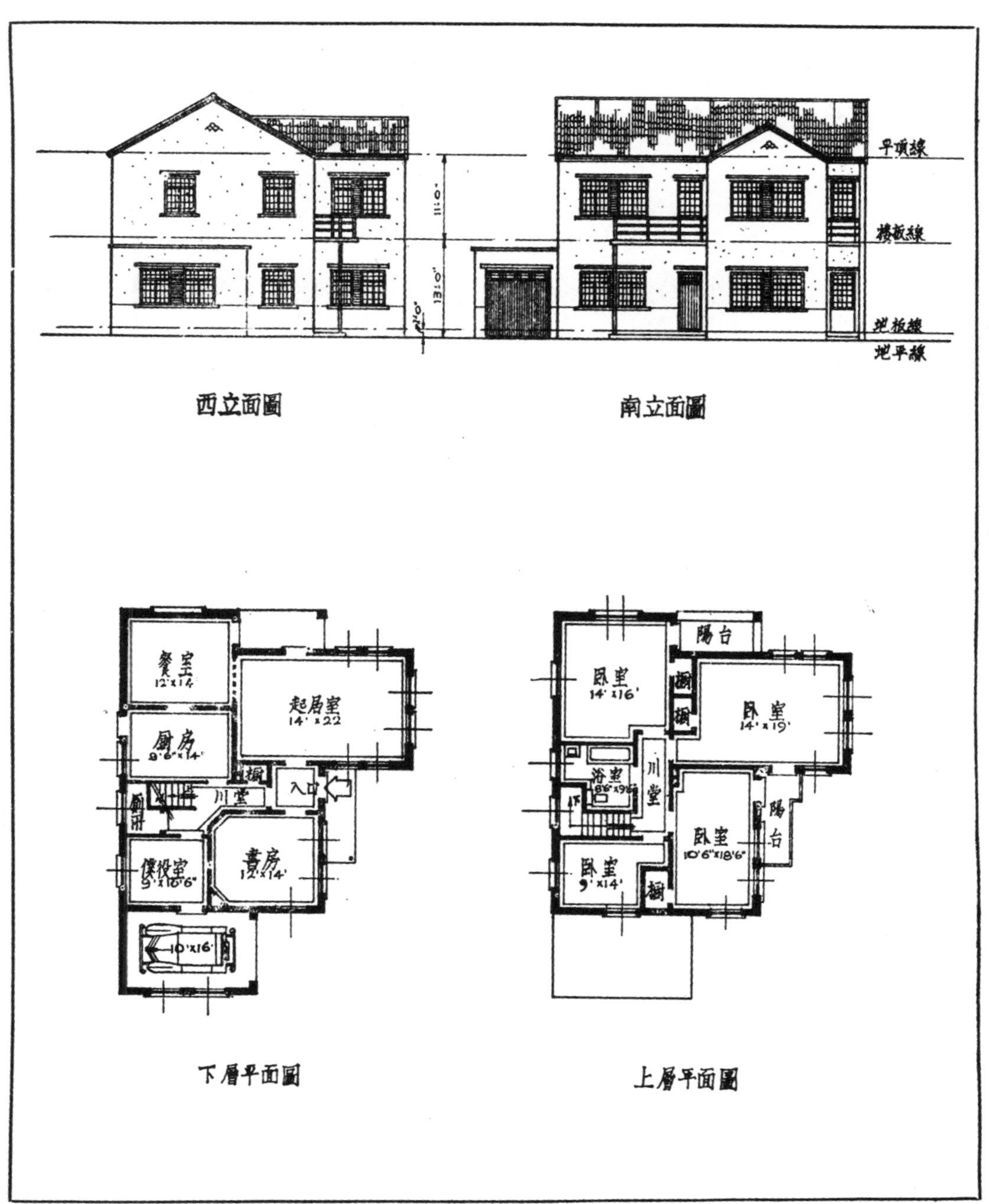

平頂線
樓板線
地板線
地平線
11'-0"
13'-0"
西立面圖
南立面圖
餐室
12'x14'
起居室
14'x22'
廚房
9'6"x14'
廁所
川堂
入口
僕役室
9'x10'6"
書房
12'x14'
10'x16'
下層平面圖
陽台
臥室
14'x16'
臥室
14'x19'
浴室
8'6"x9'6"
川堂
臥室
10'6"x18'6"
陽台
臥室
9'x14'
上層平面圖

Mr. N. S. Zee's Resi .ence.　　Designed by Service Dept., S. B. A.

〔圖三六—四二頁〕此屋擬建築於上海江灣區朱家石橋，處境清幽，不染塵囂，蓋城市與鄉村接壤之區也。屋雖不廣，但足容一個中等家庭之居住，尤適合於國人之習慣，蓋中國家庭每有陳舊傢俱雜物，不願棄去，故該屋下層貯藏室特多，而僕人亦可闢貯藏室之一部爲臥室。尤須注意者，卽僕室佈置特潔，與浴室之設置，力重衛生；蓋僕人感染疾病，頗易影響主人健康也。

廚房中烹庖菜蔬，自有不耐之氣味，散奔各室，殊礙嗅覺。故此處用伙食房隔絕之，使廚房與餐室分開。會客室與餐室面臨花園，置身其間，倍感愉快。書房之寬舒，與房外花木之扶疏，更增讀書興趣者也。

陽台一端，上蓋屋瓦，可供消夏納涼，或陰雨天氣涼晒衣服之需。更有貴重皮毛，不便晒於烈日下者，亦可藉此掩護。無遮蓋之一端，夏夜納涼，更感涼爽；冬令日浴，有益身心。當春光明媚之時，置足台口，賞覽景色，心曠神怡，直忘尚在塵寰間也。

考諸國人心理，每喜將衣箱藏於臥室。然室中存放衣箱，旣損美觀，又不清潔。故於正房中依牆築衣櫥一排，則衣箱可以安放櫥中。浴室比較稍大，因屋主人欲於室中置沙發一隻，擬於浴罷休息者。全屋中無一壁爐，僅於牆間留有烟囱，預備裝接火爐。室中取暖，除火爐外，更有電氣設備，俾用電熱。

此屋所需材料，完全用普通貨，如水料之用三號青放；木料之用普通洋松，故造價亦廉，總計水電一切在內，約需洋一萬一千元。

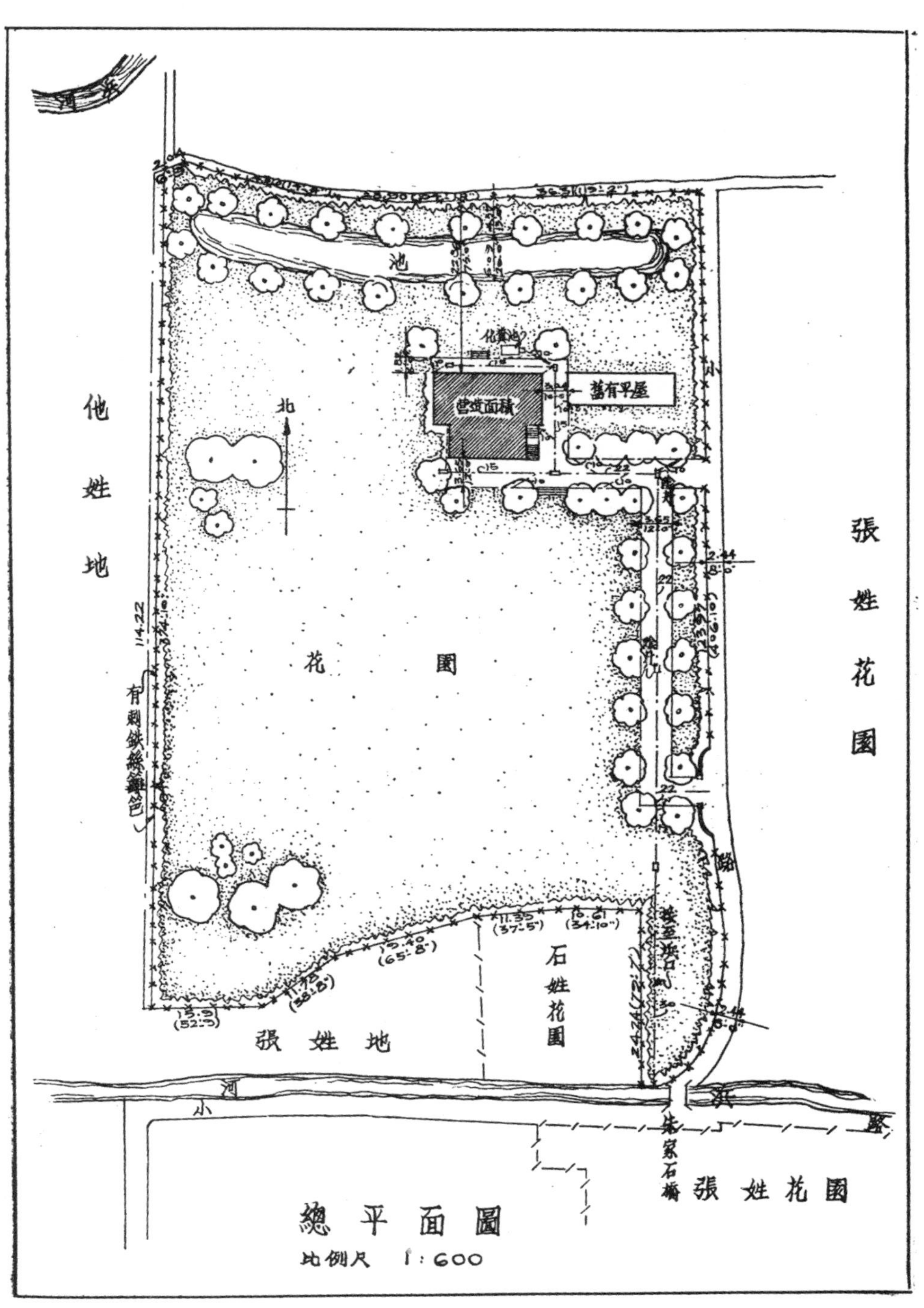

池
舊有平屋
北
他姓地
張姓花園
花園
有刺鐵絲籬笆
石姓花園
張姓地
小河
張家石橋
張姓花園
總平面圖
比例尺 1:600

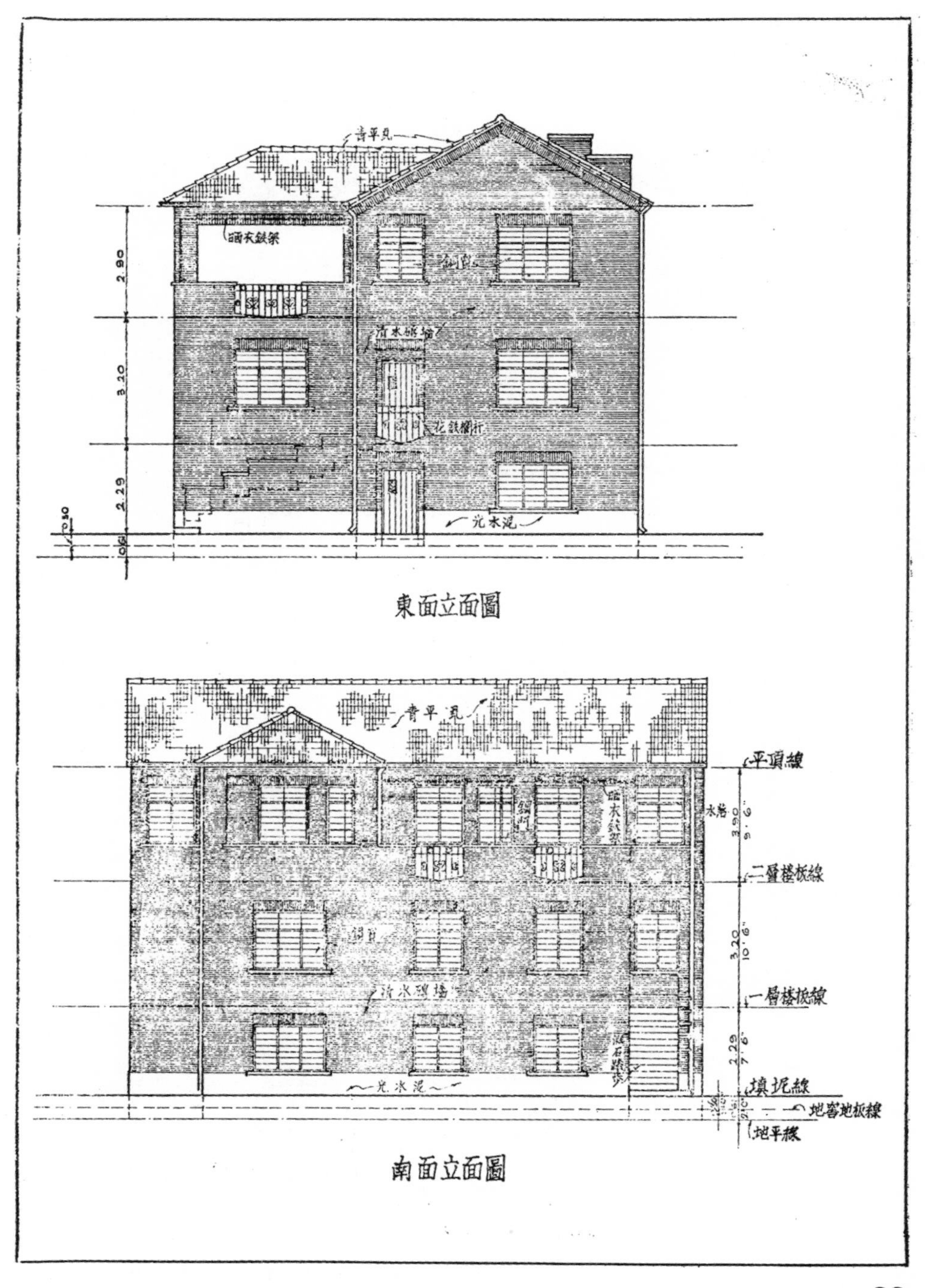
青平瓦
晒衣鐵架
清水磚墻
花鐵欄杆
光水泥
2.90
3.20
2.29
平頂線
二層樓板線
一層樓板線
填泥線
地窖地板線
地平線

東面立面圖

南面立面圖

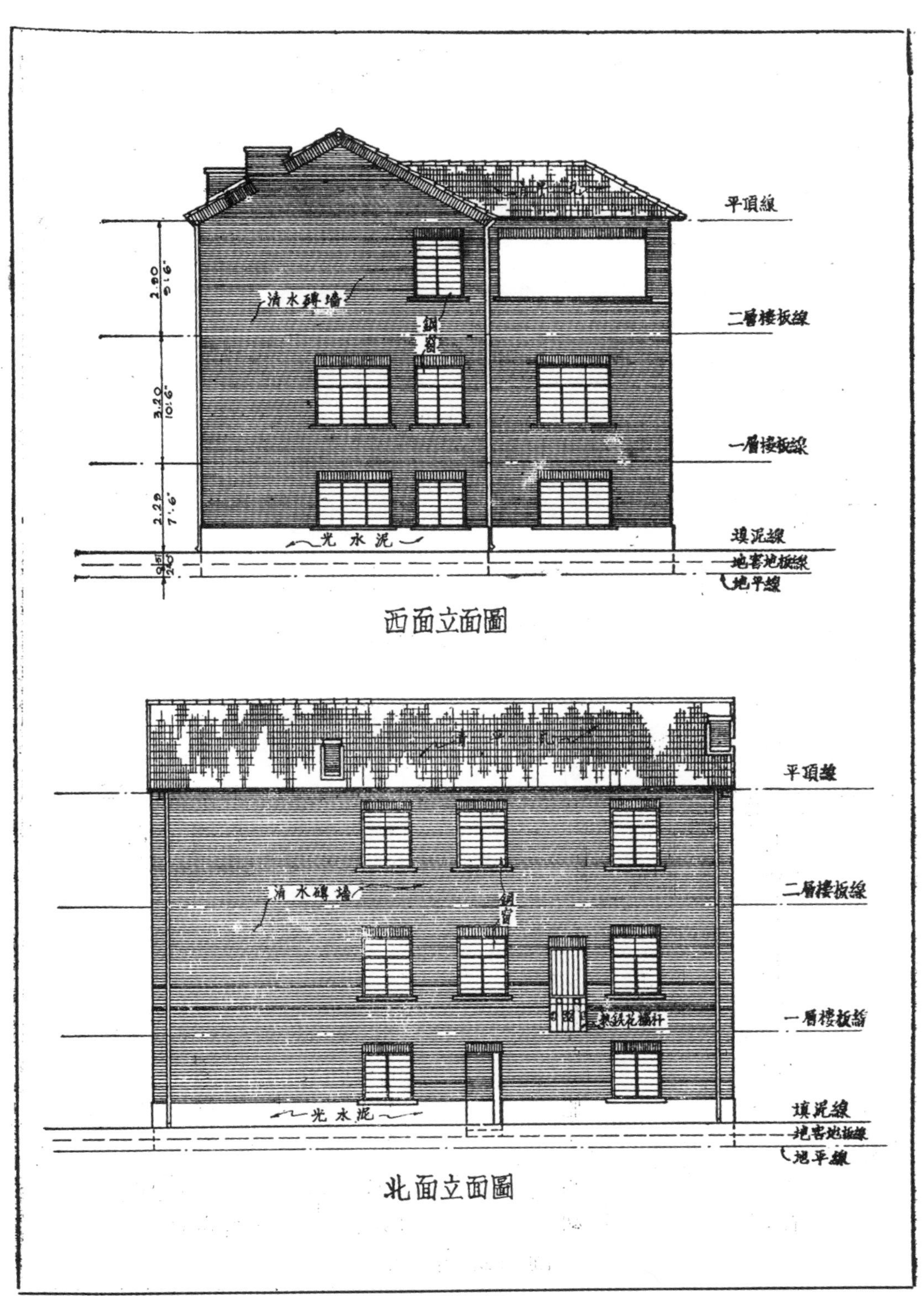

西面立面圖

北面立面圖

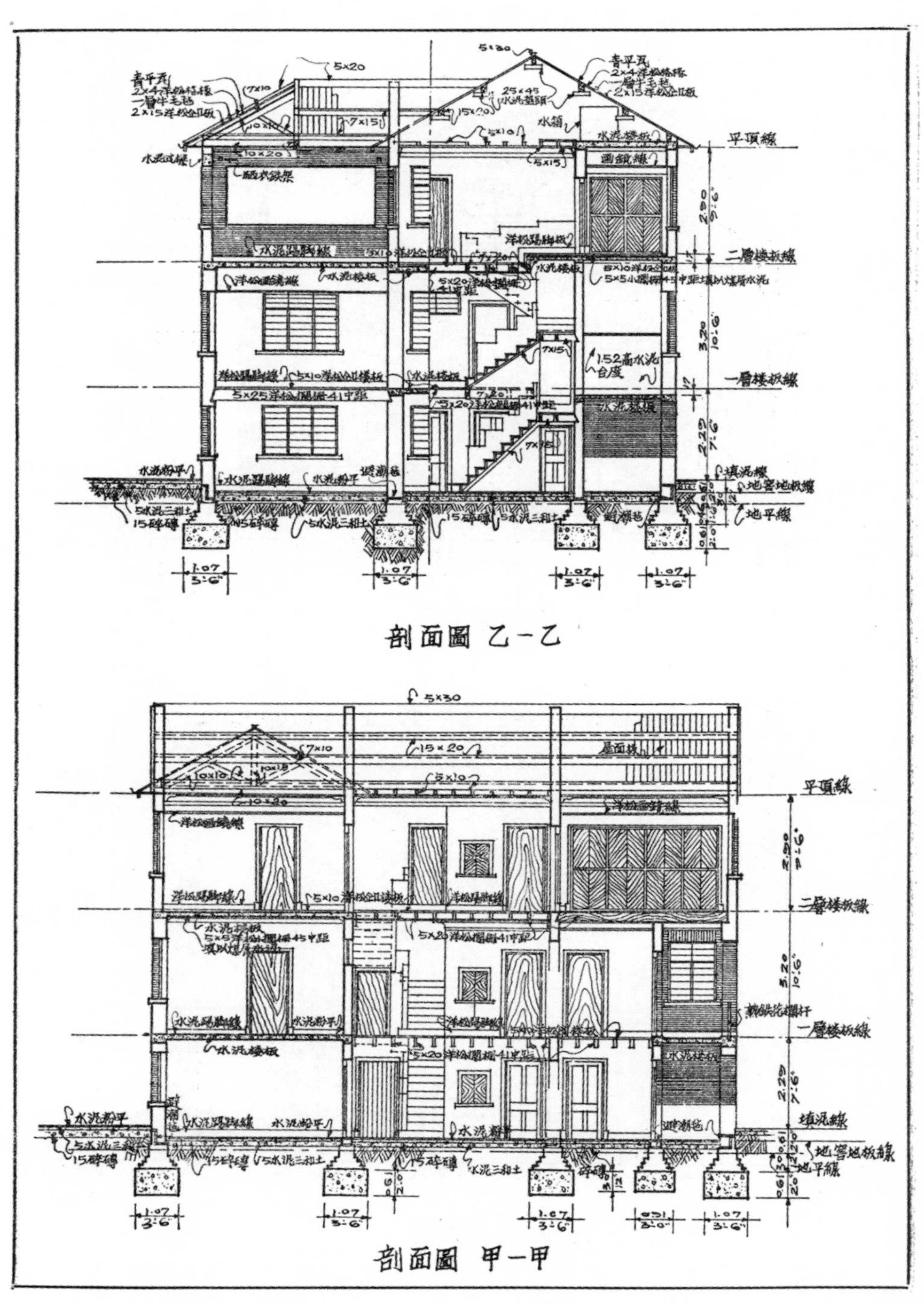
剖面圖 乙一乙
剖面圖 甲一甲

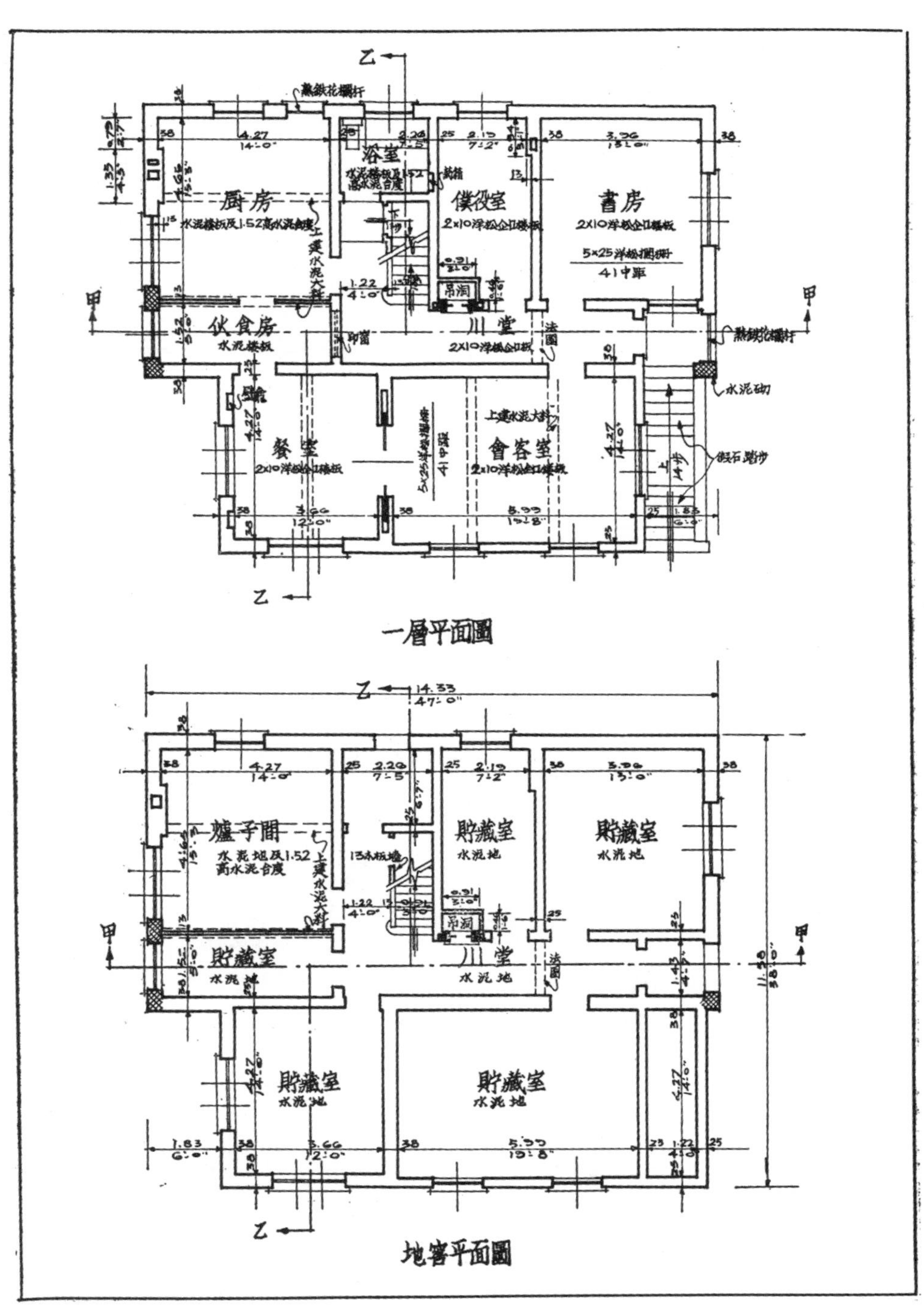
熟鐵花欄杆
浴室
厨房
水泥樓板及1.52高水泥台度
僕役室
2×10洋松企口樓板
書房
2×10洋松企口樓板
5×25洋松擱柵
41中距
吊洞
伙食房
水泥樓板
川堂
2×10洋松企口樓板
熟鐵花欄杆
水泥砌
餐室
2×10洋松企口樓板
會客室
2×10洋松企口樓板
上建水泥大料
假石踏步
一層平面圖
爐子間
水泥地及1.52高水泥台度
貯藏室
水泥地
貯藏室
水泥地
貯藏室
水泥地
川堂
水泥地
貯藏室
水泥地
貯藏室
水泥地
地窖平面圖

一層平面圖

地窖平面圖

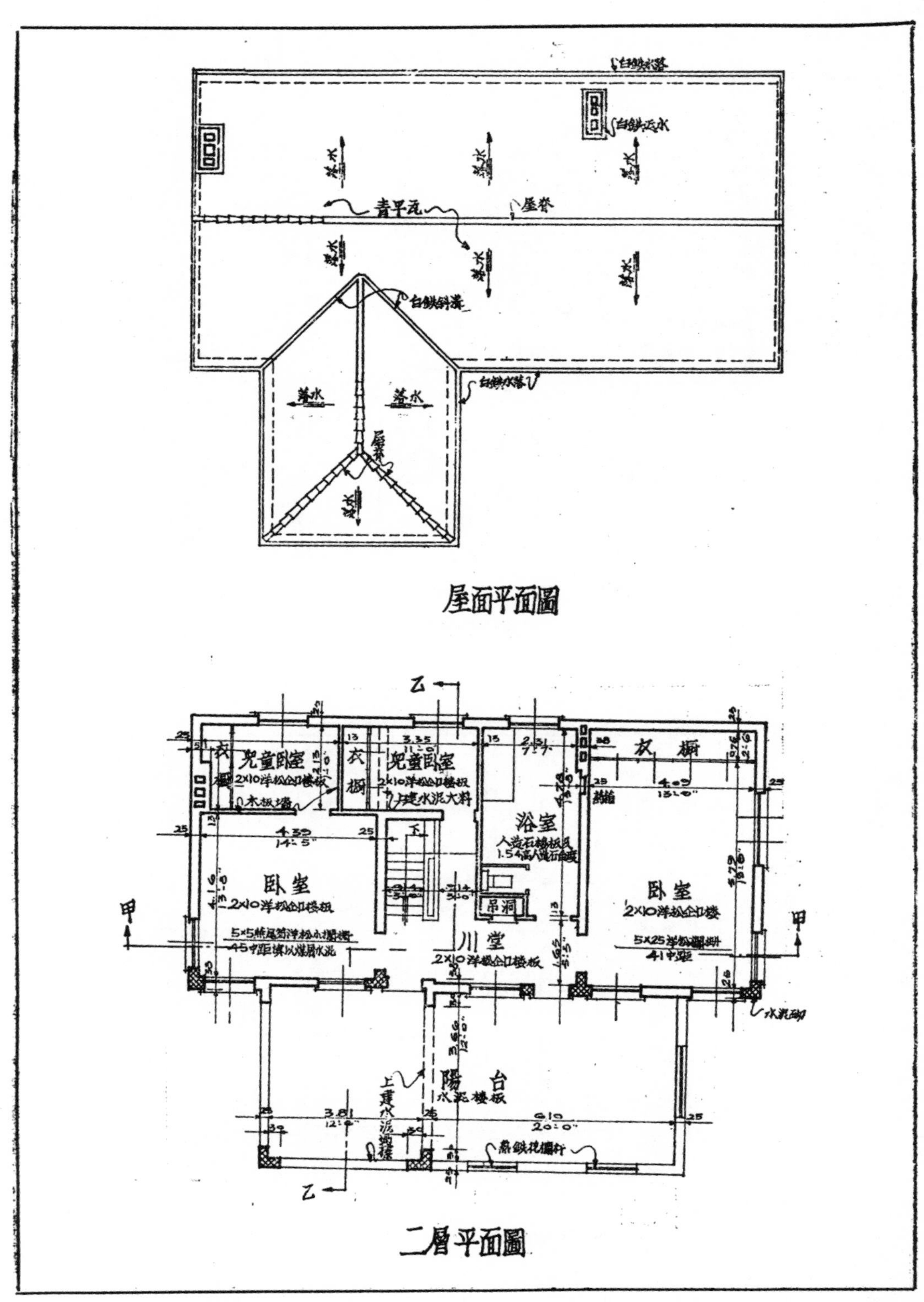
白鐵水落
白鐵泛水
落水
青平瓦
屋脊
白鐵斜溝
屋面平面圖
兒童臥室
衣櫥
臥室
浴室
川堂
陽台
水泥樓板
吊洞
水泥砌
熟鐵花欄杆
二層平面圖

浙贛・湘贛・閩贛三路加緊完成全線工程

浙贛鐵路局對於建築浙贛・湘贛・閩贛等三線工程，刻正積極進行。浙贛線南玉段已將次第完成，約在十一月間實行通車。南萍段測量工作將於月內完竣，明春即可修築土方。惟各項工程浩大，需款甚鉅，該局爲加緊完成全路起見，決續發公債三千萬元，以便從速完成。茲將建築浙贛・湘贛・閩贛等線詳情，分誌如次：

浙贛線

浙贛線由杭州達玉山，再啣接玉萍路，需二十個小時可達南昌。南玉段於去年五月間測量完竣，六月初興工建築，開始修築土方工程，及鋪軌等工作，甚爲迅速。上玉段已於七月底完竣，九月一日正式通車。該局本定於雙十節舉行南玉段全路通車典禮，嗣因受水災影響，梁家渡貴溪橋樑材料均被沖毀，損失數目達二十餘萬元，現正在滬購置材料，運贛應用，貴溪大橋須一月後始可完竣。故該段改定十一月初舉行正式通車典禮。聞上玉段通車後，鋪軌工程仍續向西進展，現已抵達珍珠橋，九月初上橫段即可通車，直達橫峯。至於下貴段現亦積極進行鋪軌工作，約在八月底完成，九月間即可通車。聞南玉段將來擬分設十八個站，計沙溪，靈溪，上饒(現已通車)，楓嶺頭，橫峯，弋陽，河潭埠，貴溪，鷹潭，鄧家埠，來鄉，下埠集，進賢，溫家洲，梁家渡，蓮塘，南昌南站，南昌北站等。

湘贛線

湘贛線係由南昌經高安瀏陽等地，十餘小時可達長沙。築築費約在二千五百萬以上，准於年內興工，開始測量。決定自南昌起，輕過中正橋、沿贛湘線直達萍鄉。於六月初派定測量隊兩隊，出發測量，分段工作，第一隊由南昌出發，赴新喻等地測量，已於本月初測量完竣。第二隊，由省赴萍鄉至醴陵，擔任測量工作，約在本月底可告結束。全段測量事宜，現已次第完竣，明春即可興工，修築路基及土方，約在二十五年終，南萍路可全線通車。惟南萍路之樟樹鎮江而遂濶，建築橋梁工程甚大，特派員組織贛江大橋鑽探隊，前往鑽探，該隊已於日前乘車出發，至樟樹附近工作。

閩贛線

閩贛線由福州直達上饒，啣接南玉段，需十餘小時可達南昌，建築費約在二千萬元，因經費浩大，一時無法籌措，乃商定向全國經委會請求補助一千五百萬，其餘五百萬則由兩省政府設法籌措，一俟決定，即行建築。現已組織勘查隊，出發將路線勘定，將來浙贛，湘贛，閩贛三線完成後，各路線均可聯運。

上海市中心區鐵路全部完成

上海市市政府爲謀繁榮市中心區，並便利交通計，特與鐵道部合作，建築淞滬路通至該區支線，由市政府代徵供給民地，鐵道部負責材料。自經兩路局開始興建後，工程進行，殊爲迅速，現已全部完成。該項鐵路，係由江灣站附近第六五公里築起，直達三民路，計塡土四千二百立方公尺，建造木橋兩座，站屋及月台各一座。土方及木橋兩項工程，係由昌記及蔡林記兩營造廠分別承辦。目下所有聯軌等一切工程，均已完畢，全路可以通車，僅待請示局長後，試車而已。至正式通車售票，當在十月一日。

粵漢路工程概況

粵漢鐵路起自武漢大江南岸之徐家棚，迄廣東廣州市，全長一零九六公里。清光緒二十四年，由粵湘鄂三省士紳建議興築，當將全線劃作三段：㈠廣韶段，由廣州至韶州，計長二百二十三公里。㈡株韶段，由株洲至韶州，計長四百五十六公里。㈢湘鄂段，由徐家棚至株洲，計長四百十七公里。廣韶段於民四年通車；湘鄂段，於七年通車，而中間之株韶一段，則以款絀中止，致粵漢全路迄未貫通。

限期通車

民十八年鐵道部成立，積極謀粵漢路之完成，設株韶段工程局於廣州。翌年卽開始興築，二十二年六月，韶州之樂昌一段通車，計長五十一公里。是年秋，遷工程局於衡州，將未完成之株洲至樂昌一段，計程四百零五公里，分南北中三段，同時興工。全部分六個工程總段，二十一個工程分段，統限二十五年年底通車。

工程偉大

本段工程，困難極多，而以湘鄂兩省交界處之高嶺深壑，石質嶙峋，施工尤爲不易。他如株樂間則有不可避免之大隧道十六座，全長凡二千二百零三公尺。橋梁最大者，南段有新岩下，碓碇中，省界風吹口，燕塘，五大拱橋，全長計五百六十八公尺。北端有淥河，洣河，耒河三橋，全長爲一千一百七十九公尺。工程亦極偉大。今舖軌工程，已開始進行，預計至二十四年年底南段自樂昌起可舖至湘粵省界，北段自株洲起可舖至衡州，中段自衡州起可舖至郴州。循是以往，則二十五年年底通車之說，不難如期實現也。

貫通南北

按粵漢路爲我國貫通南北之幹線，在交通上極佔重要之位置，他日全路通車，由北平至廣州，需時不足四晝夜，比諸以前取道天津乘輪船前往者，可減少時間一半以上。自川赴粵，以前須乘輪船取道上海，旅程至少需十五日，改乘火車，則可減省時間至三分之二，交通形勢，自當爲之一變。

隴海路寶咸段工程積極進行

鐵部對隴海路西展寶雞工程，積極進行。該段材料，年底可全部運輸，寶雞西咸段通車後，卽向西舖設工程，路局爲便利指揮工程計，決遷西安，月內在陝招標建局址。年底或可遷移。

川省積極進行築路

川省公路，除川黔已通車外，川陝川甘川滇川鄂川康五線，統限明年四月前全部完成。茲將各路近狀列下：(一)川陝路——已派測量隊分七段勘測，材料工具已陸續由渝起運，沿線電話線正安設中，九月初全線動工，十一月八日前通車。(二)川甘路——由郝油至甘境碧口段，長二百餘公里，現正測量中。(三)川康路——雅安至康定段，已派贛測量隊實測。雅安至瀘定段，擬由經委會測量隊担任。亦定十一月底通車。(四)川鄂路——由渠縣經梁山大足至萬縣，及由萬縣至鄂境利川各段，均已勘定，並派隊前往補充實測。(五)川滇川湘——各路均在計劃進行中，並積極整理已成各路。現全省路長三千餘公里。

鄂積極建築公路

鄂省公路，年來以清匪關係，經當局督促興修，並撥專款助成其事，故迭有進展。截至現在止，全省已完成公路，有三千三百零七公里，內中包含縣道六百二十二公里，其餘正在興修中者，有八百一十一公里，計劃興修者，有一千零二十五公里。茲分誌如次：

鄂東 (甲)興築中者：㊀黃梅省界至廣濟，五十五公里。㊁浠水至李家集，一百一十九公里。㊂麻城至孔子河，四十七公里。㊃滕家堡至羅田，七十公里。(乙)計劃中者：㊀浠水至英山，五十四公里。㊁田家鎮至浠水，五十五公里。㊂松子關至滕家堡，二十公里。㊃麻城至省界，一百二十七公里，㊄黃梅至十池口，五十二公里。

鄂南 (甲)興築中者：㊀陽新至省界，五十公里。(正在測量中)，㊁辛潭舖至崇陽，九十七公里(現已通車)。㊂崇陽至通城省界，七十公里(已通車)。㊃咸甯至通山，五十公里(測量中)。(乙)計劃中者：㊀新堤至崇陽，一百一十公里。㊁通山至省界，二十八公里。㊂通城至省界，二十六公里。

鄂西 (甲)興築中者：㊀巴東至恩施，二百零五公里(月底通車)。(乙)計劃中者：㊀恩水至利川，一百二十九公里。㊁新堤至河市，一百八十公里。

鄂北 (甲)計劃中者：㊀石裝街至房縣，一百零四公里。㊁房縣至竹山，一百公里㊂竹山至竹谿，二十五公里。㊃孟家樓至者河口(尚在設計中)。

武漢 (甲)興築中者：㊀倉子埠至陽邏，二十四公里。㊁石家巷至諶家磯，十九公里。(乙)計劃中者：㊀油坊嶺至葛店，十三公里(上列武漢各路係交通路)。以上總計全省正在興修公路八百一十一公里，計劃興修中公路一千零二十五公里。

贛閩公路大部已完工

贛閩公路由南昌至福州，大部完工。其中有閩之建陽邵武順昌間路面，尚在興築，九月完工後，全部即可通車。

最近陝省公路調查

陝西自十九年以後，各種建設事業，均呈突飛猛晉之象；尤以公路交通之設施，在中央暨地方合作，推動異常迅速。預擬計劃，於本年底均可次第完成。現將陝境各主要公路幹線及修築近況縷述如次：

西蘭公路

自西安起經咸陽，醴泉，乾縣，永壽，邠縣，長武，達甘肅境內之涇川，平涼，隆德，靜甯，會甯，定西，榆中，止於蘭州，長七百二十公里，為陝甘兩省交通之大道。二十三年春經委會西北辦事處成立，定決撥款一百八十萬元，從事澈底改修，為急於通車計，並將工程分為二期進行。第一期為救濟工程，即為補修路面及架設橋樑涵洞等。第二期為治本工程，即於救濟工程完竣後，路面舖以碎石，以免雨水冲毀。第一期救濟工程，本可於本月底完全通車，惟因涇川大橋於上月大雨時，冲毀橋墩五座，西安至咸陽間路基亦因灃河決口冲毀甚鉅，交通斷絕月餘，刻雖加緊趕修，但是項工程浩大，如進行順利本年內始可修復。至第二期舖石工程，將俟工款有無着落而定，刻尚無興工準備。

西漢公路

亦係國道之一。由經委會與陝建廳合修。自西安起咸陽，興平，武功，扶風，岐山，鳳翔，折而南經寶雞，鳳縣，留壩，褒城，以達南鄭，共長七百二十華里。經委會於上年十一月派工程師測竣後，因天寒地凍，於本年二月間開始興工，工款預定一百五十萬元。西安至寶雞一段，原有西寶汽車路可通，無需修築；實際動工者爲寶雞以南各段。寶雞至南鄭共分三段進行，第一段爲寶雞至鳳縣，第二段鳳縣至留壩，第三段，留壩至南鄭。現第一段路基工程業已完成，工務所已移至鳳縣。第二三段土方共五十萬公方正加緊趕修中，於九月內可完竣。西漢公路現正開始轟山炸石工程，工務所已通告暫停交通，以免危險。行旅改行西漢盩厔舊道通行。

漢寧公路

蔣委員長爲便利川陝交通起見，迭令限期完成西漢公路外，並令修築南鄭至甯羌之線，以便與川公路啣接聯絡。陝建廳奉令後，即派員前往測量路線，並與經委會商定補助石工及橋樑等公費。該路由南鄭起中經沔縣以達甯羌，全長一百四十公里，工款預定八十六萬。南鄭至沔縣一段四十公里，已由三十八軍兵工築竣通車。沔縣至甯羌一段，本月底完成。同時川公路局之測量隊現亦測至閬中，蒼溪以北，川陝公路於本年底定可啣接聯絡。

漢白公路

由南鄭起經西鄉，石泉，漢陰，安康，洵陽以達陝鄂交界之白河，全長一千餘華里。蔣委員長前令陝鄂兩省協修，陝省擔任北爲南鄭至安康一段，鄂省爲白海至安康一段。陝建廳爲工程進行便利計，將南鄭至安康分三段修築；第一段南鄭至西鄉，第二段西鄉至石泉，第三段石泉至安康，工款預定一百五十萬元。

西荆公路

爲京陝幹線之一段，自西安起經藍田，商縣，商南，以達豫陝鄂交界之荆紫關，全長約三百公里，工款預定一百四十五萬元。分兩大段修築，第一段由西安至商縣，第二段商縣至荆紫關。西商段今春測竣，分三小段修築，西安至上石泉爲第一段，上石泉至黑龍口第二段，黑龍口至商縣第三段。第一段已於五月四日開工，第二三段亦於六月間開工，均可於本月底完竣。全路橋樑以壩河維河兩橋爲最鉅，已招標修築。

原慶公路

爲通隴東及甯夏幹線，自三原起經淳化，栒邑，達甘肅境內之正甯，甯縣，止於慶陽，全長四百餘里。於今春即已開始測量，惟因陝甘邊境一帶地方不靖，散匪滋擾，測量工作，數告停頓，現僅測至甘邊，正甯以北，無法施測，將來擬與甘當局會測，並商討協修辦法。現陝建廳擬先將陝境內者早日動工，三原至淳化縣通潤鎮之一段，最短期內，即可開工修築。

咸榆公路

此路爲通陝北及蒙邊要道，自咸陽起經三原，耀縣，同官，宜君，中部，洛川，鄜縣，甘泉，膚施，延長，延川，清澗，綏德，米脂以達榆林，全長一千四百餘華里，工欵預計二百餘萬元。於二十三年秋開始測量，隨即動工修築。現咸陽至洛川一段，已定下月一日開始通車。

府包公路

以上各路均係官款省辦，府包公路，則別開生面，係商辦性質。該路由府谷起經蒙地之準格爾旗，以達綏遠之包頭。由府谷商人劉治寬集資呈准陝綏兩省府修築，全長四百餘華里，已大致就緒。府谷至準葛爾旗一段業已修竣，準旗以北，地勢平坦，稍加定線修補即可，定下月開始試駛，爲陝綏間交通闢一新紀元。

此外陝省已成公路有：(一)西潼公路，自西安經臨潼，渭南，華縣，華陰，達潼關，長二百八十華里。(二)西朝公路，自西安，經咸陽，涇陽，三原，富平，蒲城，大荔，至朝邑，長四百廿華里。(三)西盩公路，自西安至盩厔，長一百五十華里。(四)西藍公路，西安至藍田長八十里。(五)鳳虢公路，鳳翔至虢鎮長六十里。(六)西南公路，西安至南五台長五十里。(七)鳳隴公路，鳳翔至隴縣長一百六十里。(八)原渭公路，三原至渭南長一百三十里。(九)岐虢公路，岐山至虢鎮長六十里。

粵省籌劃
開闢黃埔商埠

黃埔開闢商埠一事，在民十四五六年，省港罷工時，爲全盛時代，進行甚爲積極。直至最近開埠消息，歸於沉寂。此事雖交由廣東治河委員會負責辦理，惟進行甚慢，蓋因經費困難之故。茲將開闢黃埔，最近進行狀况列下：查開闢黃埔商港，最大工程爲建碼頭貨倉，闢馬路，及其他建設等費，統計需款二千餘萬，始克完成。當局早已擬定官民合辦辦法，招人投資，徒以初時辦理不善，虧空股本，故國人均轉觀望。且年來社會不景，農村破產，投資更覺困難。自土地登記處成立後，即判令劃分爲十六區，辦理登記，登記各業主所有權，及面積若干，以便將來發還產價。現時已登了八區，其餘八區本年底至遲明年二月以前可辦理竣事，登記畢開始測量，確定地界，豎立碑石，分別段數，測量畢，首先建碼頭，築貨倉，以便各大輪船到岸埋埗頭有貨倉，存貯貨物。其次則闢馬路，房屋舖門，則招商投建，收回地價若干元，及將來該埠大致完成時，粵路南段，由黃沙建築一支線直達黃埔商埠，俾北江貨物，得直接運抵該埠。關於開闢計劃，已有辦法，經土地登記處草訂詳細計劃，具呈治河委員會核示，查該會前日會議時，將案提出討論，議決交林翼中林雲陔胡毅生三委員，及總工程師何維廉等審查，查其計劃，頗爲完善，惟最難者則爲財政問題，商人投資，既不足靠，即政府亦以財政困難，一時難籌鉅款，是以將來計劃，雖通過後，仍須籌有款項始能進行云。

浙省籌闢
三門灣港埠

浙建廳爲開闢三門灣港埠，決設籌備委員會主持進行。

京市府籌發展
首都中心建設

繁榮首都自經市府擬定整個建設計劃，着重商業住宅，銀行各區私有土地之整理。並飭由工務局促進馬路兩旁房屋建築，確立商業中心。該府以新街口及中正路一帶，交通適中，面積寬廣，特闢劃銀行區，並擴展附近馬路商店游藝場建築，核准京滬各地實業界投資購地，開闢商場，現兩處空地，已限於下年度一律興工建築。其中工程最鉅，爲中央商場，次爲銀行區，各式新廈。茲錄工程進行情況如次：

中央商場

中央商場由中委張靜江，李石曾，曾養甫等多人，發起集資創辦，覓定中正路廣場爲建築基地，建築費預定爲八十一萬元，已開工多日。內部規模宏大，商場，旅館，游藝場，公共花園，設置完善。現建商場舖戶，計一百六十餘間，連同公用一切設備，約需款十五萬元。大華戲院　亦在積極施工，建費約需二十餘萬元，預計本年十一月間竣工，年底前可望開幕。據該場某負責人談：場內旅館房屋建築，悉採最新式，高度達七層，設置電梯，以便旅客升降，他如電氣衛生各項設備，均力求完善，所需建費，甚爲浩大，全部興建成功，預計需費當在百萬元以上。

銀行建築

新街口銀行區，年前經首都建設委員會劃定，通飭本京各銀行依期購領土地，如交通，大陸，中南，國貨，鹽業，聚興誠，浙江興業，上海，通商，郵政儲金滙業總局，均購有基地。已建築新廈者，計交通聚興誠兩行，國貨銀行，即將竣工。其餘各項，亦在分別籌劃興築中。此外該處毗連馬路兩旁空地，及舊有建築亦多在紛紛改造。預計明年六月底前，該處中心建築，可望達到完全竣工之目的云。

本刊所載材料價目，力求正確；惟市價瞬息變動，漲落不一，集稿時與出版時難免出入。讀者如欲知正確之市價者，希隨時來函詢問，本刊當代為探詢詳告。

磚瓦

（一）空心磚

十二寸方十寸六孔 每千洋二百三十元
十二寸方九寸六孔 每千洋二百十元
十二寸方八寸六孔 每千洋一百八十元
十二寸方六寸六孔 每千洋一百三十五元
十二寸方四寸四孔 每千洋九十元
十二寸方三寸三孔 每千洋七十二元
九寸二分方六寸六孔 每千洋七十二元
九寸二分方四寸半三孔 每千洋五十五元
九寸二分方三寸三孔 每千洋四十五元
四寸半方九寸二分四孔 每千洋三十五元
九寸二分四寸半三寸二孔 每千洋二十二元
九寸三分·四寸半·三寸半·二孔 每千洋廿一元
九寸三分·四寸半·二寸·二孔 每千洋廿元

（二）八角式樓板空心磚

十二寸方八寸八角四孔 每千洋二百元
十二寸方六寸八角三孔 每千洋一百五十元
十二寸方四寸八角三孔 每千洋一百元

（三）深淺毛縫空心磚

十二寸方十寸六孔 每千洋二百五十元
十二寸方八寸半六孔 每千洋二百十元
十二寸方八寸六孔 每千洋二百元
十二寸方六寸六孔 每千洋一百五十元
十二寸方四寸四孔 每千洋一百元
十二寸方三寸三孔 每千洋八十元
九寸三分方四寸半三孔 每千洋六十元

（四）實心磚

九寸四寸三分二寸半紅磚 每萬洋一百四十元
八寸半四寸一分二寸半紅磚 每萬洋一百三十二元
十寸·五寸·二寸紅磚 每萬洋一百二十七元
九寸四寸三分二寸紅磚 每萬洋一百〇六元
九寸四寸三分二寸三分紅磚 每萬洋一百廿元
九寸四寸三分二寸三分拉縫紅磚 每萬洋一百八十元

（五）瓦

一號紅平瓦 每千洋六十五元
二號紅平瓦 每千洋六十元
三號紅平瓦 每千洋五十元
一號青平瓦 每千洋七〇元
二號青平瓦 每千洋六十五元
三號青平瓦 每千洋五十五元
（以上統係外力）
西班牙式紅瓦 每千洋五十元
西班牙式青瓦 每千洋五十三元
英國式灣瓦 每千洋四十元
古式元筒青瓦 每千洋六十五元
（以上統係連力）
新三號青放 每萬洋五十三元
新三號老紅放 每萬洋六十三元
以上大中磚瓦公司出品

鋼條

四十尺二分光圓 每噸一一八元
四十尺二分半光圓 每噸一一八元
四十尺三分光圓 每噸一一八元
四十尺三分圓竹節 每噸一一六元
（以上德國或意國貨）
四十尺普通花色 （自四分至一寸方或圓）

	每噸一〇七元
盤圓絲	每市擔四元六角

泥灰石子

象牌水泥	每桶洋六元三角
泰山水泥	每桶洋六元三角五分
馬牌水泥	每桶洋六元五角
拔灰	每擔洋一元二角
黃沙	每噸洋三元
石子	每噸洋三元半

木材

洋松 八尺至卅二尺再長照加	每千尺洋七十四元
一寸洋松	每千尺洋七十六元
寸半洋松	每千尺洋七十七元
洋松二寸光板	每千尺洋六十元
四尺洋松條子	每萬根洋一百四十五元
一寸四寸洋松一號企口板	每千尺洋八十六元
一寸四寸洋松副頭號企口板	每千尺洋七十八元
一寸四寸洋松二號企口板	每千尺洋六十八元
一寸六寸洋松一號企口板	每千尺洋九十六元
一寸六寸洋松副頭號企口板	每千尺洋八十三元
一寸六寸洋松二號企口板	每千尺洋七十三元
一二五四寸洋松一號企口板	每千尺洋一百二十八元
一二五四寸洋松二號企口板	每千尺洋八十八元
一二五六寸洋松一號企口板	每千尺洋一百三十八元
一二五六寸洋松二號企口板	每千尺洋九十三元
柚木(頭號)僧帽牌	每千尺洋五百元
柚木(甲種)龍牌	每千尺洋四百二十元
柚木(乙種)龍牌	每千尺洋四百元
柚木(旗牌)	每千尺洋四百元
柚木(盾牌)	每千尺洋三百六十元
硬木	每千尺洋一百五十元
硬木(火介方)	每千尺洋一百四十元
柳安	每千尺洋一百六十五元
紅板	每千尺洋一百〇五元
抄板	每千尺洋一百三十元
十二尺三寸六八皖松	每千尺洋五十六元
十二尺二寸皖松	每千尺洋五十六元
一二五四寸柳安企口板	每千尺洋一百七十六元
一寸六寸柳安企口板	每千尺洋一百七十六元
一二五四寸企口紅板	每千尺洋一百三十六元
二寸一半建松片	市尺每千尺洋五十三元
九尺四分建松板	市尺每丈洋三元六角
九尺八分建松板	市尺每丈洋六元五角
六尺半五分青山板	市尺每丈洋三元
本松毛板	市尺每塊洋二角二分
本松企口板	市尺每塊洋二角四分
六尺半二分杭松板	市尺每丈洋一元四角
七尺半二分甌松板	市尺每丈洋一元四角
六尺半八分皖松板	市尺每丈洋四元
九尺八分皖松板	市尺每丈洋五元
六尺半五分皖松板	市尺每丈洋三元六角
台松板	市尺每丈洋三元
七尺半四分坦戶板	市尺每丈洋二元二角
七尺半三分坦戶板	市尺每丈洋二元
六尺二分機鋸紅柳板	市尺每丈洋二元一角
六尺三分毛邊紅柳板	市尺每丈洋二元一角
六尺二分俄松板	市尺每丈洋一元八角

六尺半二分俄松板	市尺每丈洋二元
七尺半毛邊二分坦戶板	市尺每丈洋一元四角
六尺半五分機介杭松	市尺每丈洋三元一角
六分一寸俄紅松板	每千尺洋七十八元
一寸二分四寸俄紅松板	每千尺洋七十四元
六分一寸俄白松板	每千尺洋七十六元
一寸二分四寸俄白松板	每千尺洋七十二元
俄紅松方	每千尺洋一百十五元
一寸四寸俄紅白松企口板	每千尺洋七十九元
一寸六寸俄紅白松企口板	每千尺洋七十九元
俄麻栗方	每千洋一百三十元
俄嗆克方	每千洋一百三十元
六分一寸俄黃花松板	每千尺洋七十八元
一寸二分四分俄黃花松板	每千尺洋七十四元
四尺俄條子板	每萬根洋一百二十元

五 金

（一） 釘

美方釘	每桶洋十六元〇九分
平頭釘	每桶洋十六元八角
中國貨元釘	每桶洋六元五角

（二） 牛毛毡

五方紙牛毛毡		每捲洋二元八角
半號牛毛毡	（馬牌）	每捲洋二元八角
一號牛毛毡	（馬牌）	每捲洋三元九角
二號牛毛毡	（馬牌）	每捲洋五元一角
三號牛毛毡	（馬牌）	每捲洋七元

（三） 其 他

鋼絲網	（27″×96″ 2¼lbs.）	每方洋四元
鋼版網	（8″×12″ 六分一寸半眼）	每張洋卅四元
水落鐵	（每根長二十尺）	每千尺五十五元
牆角線	（每根長十二尺）	每千尺九十五元
踏步鐵	（每根長十尺或十二尺）	每千尺五十五元
鉛絲布	（闊三尺長百尺）	每捲二十三元
綠鉛紗	（同　上）	每捲洋十七元
銅絲布	（同　上）	每捲四十元

水木作工價

木　作	（包工連飯）	每工洋六角三分
水　作	（同　上）	每工洋六角
水木作	（點工連飯）	每工洋八角五分

中國唯一之印度式建築物

北平市西效五塔寺，係明成化九年仿印度伽耶寺建造，壘石台五丈，爲我國印度式建築之唯一古蹟。十九年間古物保委會北平分會，曾派人前往調查。此種式樣之寺塔建築，在世界僅有兩處，極爲研究建築及教典者所重視。又查得該塔身四面雕刻，業已損壞多處，特由古物保委會函市府，請飭令公安工務二局，從速實行修理保護辦法，俾得早復舊觀云。

新聲記營造廠

事務所 上海南市陸家浜路民立里九號

本公司承造一切大
小鋼骨水泥房屋工
程各項人員無不經
驗豐富工作認眞如
蒙委託承造或估價
竭誠歡迎

本廠承造
工程一斑

江蘇海門天主堂
上海西摩路沈府住宅
眉州路上海紡織印染公司廠房
上海古拔路郁公館住宅
上海城內金家坊如意里工程

長城機製磚瓦
股份有限公司
註冊商標
TRADE MARK
貨價比普通磚廉
貨品較任何機器磚高
總公司 製造廠 騰越路一四四號 電話五一二一七九
事務所 牛莊路七四二號 電話九〇九八〇
證明
壓力、吸水量、耐久性 均經上海工部局 詳細化驗負責証明 成績超越一切磚瓦
出品
堅韌硬磚 輕硬空心磚 瀉水瓦片
如蒙垂詢價格及索閱貨樣請電話通知即當送奉
合作五金
股份有限公司出品
優點
精確 美觀 堅固 價廉
出品
門鎖 抽屜鎖 拉手 文具 鉸鏈
CMC 商標 註冊 TRADE MARK
K.T.C.M.C. L TRADE MARK 註冊商標
MARCH
製造廠
總務處 上海塘山路七九六
發行所 上海牛莊路七四二
電報掛號九六〇二 電話九〇九八〇

中國人應用中國貨
銀光泡
電燈泡
華德老牌
華德
WHA TEH
光亮
省電
堅固
耐用
精良國貨
華德工廠出品
總廠上海閘北歐陽路

吾人必須根究其來源

吾國製釘工業述要

釘之爲物，種類繁多，圓釘一項，建築必需，用途甚廣，依照實業部中華國貨審查標準，可列入必需品。

舶來洋釘，法國首先用機器製造，其輸入吾國也，亦以法國爲最早，故洋釘又稱法西釘。

吾國機製圓釘之仿製，上海**公勤鐵廠**，實肇其始，慘淡經營，規模粗具，行銷遍及全國，現有釘機壹百拾九座，每年充量產額，可達念萬担，其他如鞋釘，花鐵釘，刺網釘，雙尖釘，屋頂釘，地板釘，以及方釘等，均有出品，凡用戶中有向別處不易購到之各式釘類，或因數量過巨，一時難買現貨者，惟有**公勤廠**常常可以應付裕如，近年來洋釘進口，幾至絕跡，其功誰屬歟！

廠址　上海楊樹浦臨青路

安記營造廠

上海梅白格路祥康里六十九號
電話三五〇五九號

道斐南公寓

本廠最近承造工程之一

The New

DAUPHINE APARTMENT

BUILDING

Route Frelupt, Shanghai

Architects:

A. Leonard, P. Veysseyre,

A. Kruze

Built by:

AN-CHEE CONSTRUCTION CO.

ENGINEERS and CONTRACTORS

Lane No. 97, Mm. 69, Myburgh Road.

Telephone 35059 .... SHANGHAI

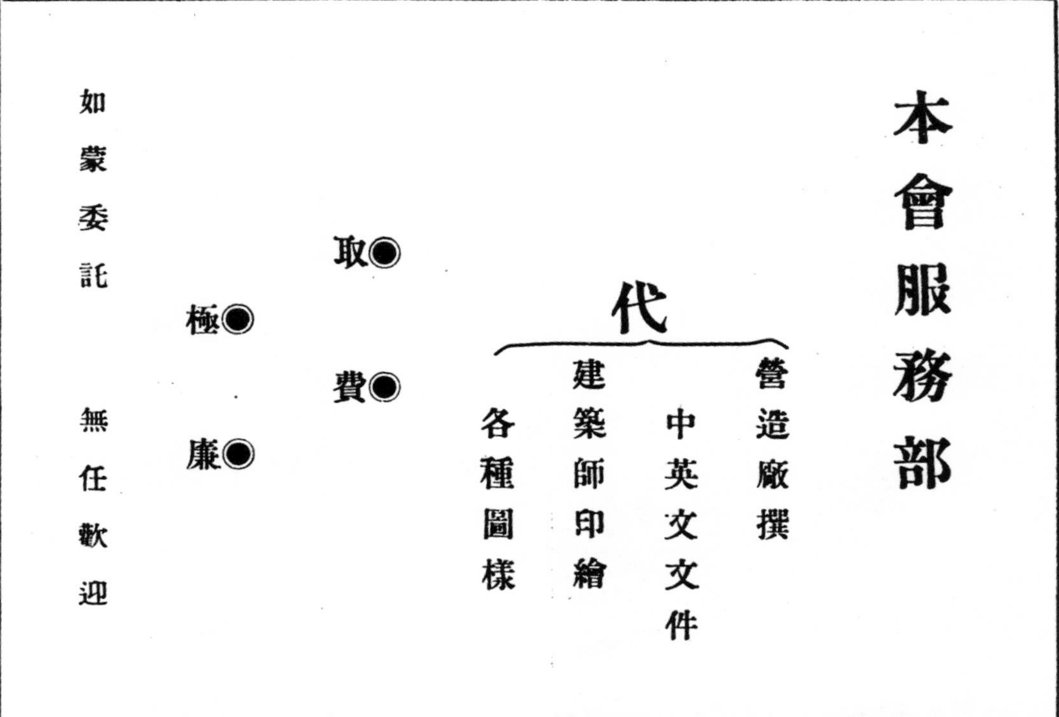

FAR EAST MAGAZINE

An Illustrated Commercial, Industrial & Political Review.

PROGRAMME:

Summer Holidays in the Far East and Engineering.

Motor Cars, Machinery and Engineering.

Chinese Industrial Development.

Christmas Edition & Development of Shanghai.

Subscription in China: $4.40 a Year (Incl. Postage)

Advertising Rates on Application.

Tel. 95197 | 505 Honan Road | P. O. Box 1896

Shanghai.

▲上海愛多亞路麥蘭捕房新屋

上海喇格納路法工部局喇格納小學 →

SING LING KEE & CO.

GENERAL BUILDING CONTRACTORS

Telephone 32784

Lane 153 House 29 Shanhaikwan Road

本廠專門承造一切大小鋼骨水泥工程辦事認眞工作迅捷上圖係本廠最近承造之兩大工程如蒙委託無不竭誠歡迎

上海山海關路懋益里二十九號

電話三二七八四號

建築月刊
THE BUILDER

內政部登記證警字第二五五四號

中華郵政特准掛號認為新聞紙類

第三卷第七號

民國二十四年七月發行

刊務委員會 竺泉通 江長庚 陳松齡 杜彥耿

主編 杜彥耿

廣告 藍克生 (A. O. Lacson)

發行 上海市建築協會 南京路大陸商場六二〇號 電話 九二〇〇九

印刷 新光印書館 上海聖母院路聖達里三一號 電話 七四六三五

定價

每月一冊　全年十二冊

訂購辦法	價目	郵費 本埠	郵費 外埠及日本	郵費 香港澳門	郵費 國外
零售	五角	二分	五分	一角八分	三角
預定全年	五元	二角四分	六角	二元一角六分	三元六角

廣告刊例
Advertising Rates Per Issue

地位 Position	全面 Full Page	半面 Half Page	四分之一 One Quarter
底封面外面 Outside back cover.	七十五元 $75.00		
封面及底面之裏面 Inside front & back cover	六十元 $60.00	三十五元 $35.00	
封面裏面及底面裏面之對面 Opposite of inside front & back cover.	五十元 $50.00	三十元 $30.00	
普通地位 Ordinary page	四十五元 $45.00	三十元 $30.00	二十元 $20.00

小廣告　每期每格　一寸高　洋四元　三寸半闊

Classified Advertisements — $4.00 per column

廣告概用白紙黑墨印刷，倘須彩色，價目另議；鑄版彫刻，費用另加。

Designs, blocks to be charged extra. Advertisements inserted in two or more colors to be charged extra.

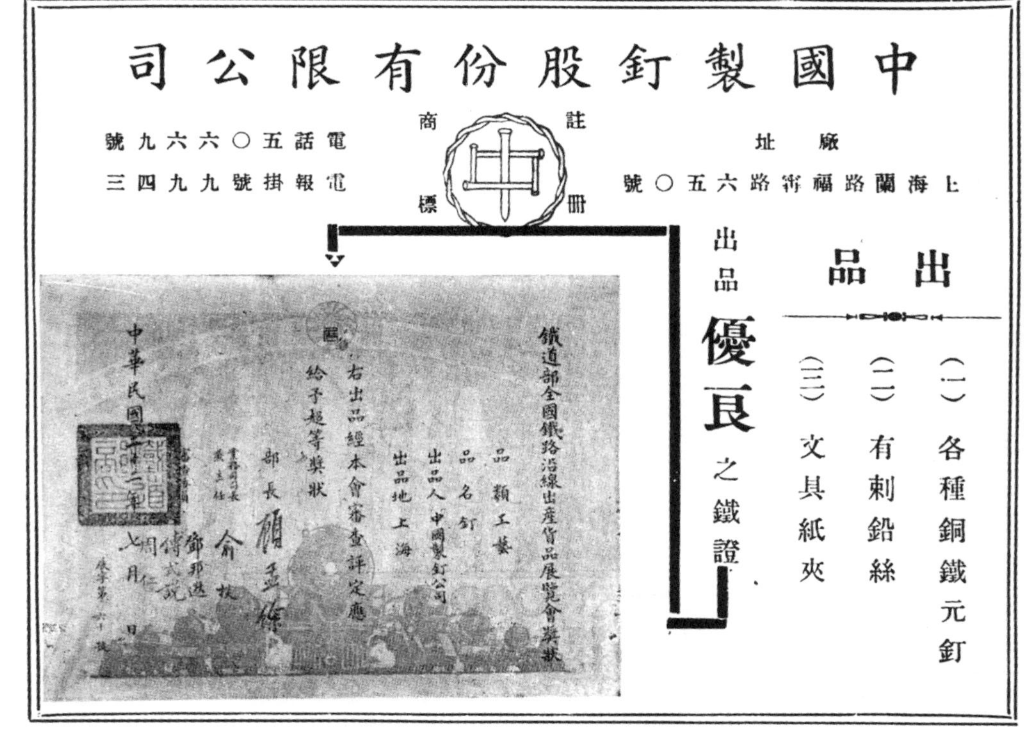

中國近代建築史料匯編（第一輯）

建築月刊

第三卷　第八期

建築月刊
THE BUILDER
VOL.3 NO.8
第三卷第八期

大中機製磚瓦股份有限公司

製造廠浦東南匯縣下沙鎮

本公司因鑒於建築事業日新月異材料選擇尤關重要特聘專門技師購置德國最新式機器精製各種青紅磚瓦及空心磚等品質堅韌色澤鮮明自應銷以來已蒙各界推爲上乘樂予採購茲略舉一二以資參攷其他惠顧諸君因限於篇幅不克一一備載諸希鑒諒是幸

大中磚瓦公司附啟

曾經購用敝公司出品各戶台銜列后：

本埠

國立上海商學院	西體育會路	陸根記承造
博德運絨綫廠	定海路	創新承造
海港驗疫所	吳淞	陶記承造
正廣和汽水廠	培開爾路	方瑞記承造
百老匯大廈	百老匯路	新仁記承造
錦興大廈	河南路	新森泰承造
雷斯德工藝學院	熙華德路	久泰錦記承造
揚子飯店	雲南路	漆榮凱承造
申新第九廠	東京路	協盛承造
南成都路工部局	南成都路	新蓀記承造
四行儲蓄會	靜安寺路	馥記承造
工部局巡捕房	平涼路	新蓀記承造
國立中央實驗館	兆豐花園	和興公司承造
墾業銀行	北京路	趙新泰承造
南京飯店	山西路	新金記祥號承造
開成造酸公司	軍工路	王錦記承造
四海銀行	北京路	惠記興承造
麵粉交易所	民國路	元和興記承造
業廣公司	歐嘉路	陳馨記承造
法藏堂	勞神父路	吳仁記承造
七層公寓	霞飛路	吳仁記承造

外埠

中央政治學校	南京	大昌公司
太古堆棧	廈門	嗬嘣治港公司
中國銀行	青島	錦生記承造
中央飯店	南京	新金記承造
金陵大學	南京	利源建築公司承造
航空學校	杭州	新金記康號承造

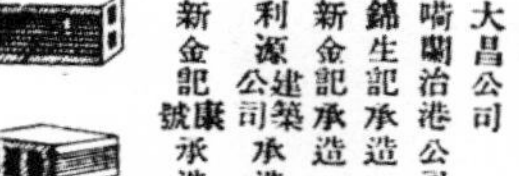

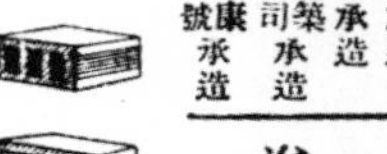

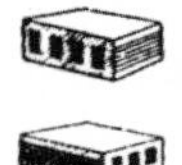

所出各品儲有大批現貨以備各界採用如蒙定製各色異樣磚瓦亦可照辦備有樣品如蒙索閱卽當送奉

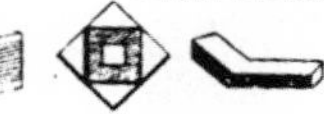

駐滬批發所

英租界牛莊路德興里四號　電話九〇三一一

DAH CHUNG TILE & BRICK MAN'F WORKS.

Sales Dept. 4 Tuh Shing Lee, Newchwang Road, Shanghai.

TELEPHONE 90311

英商開能達有限公司

Callender's Cable & Construction Co., Ltd.

40 Ningpo Road
Shanghai

Tel. 14378, 15365
P. O. Box 777

代客設計承攬

敷設電話及電力線路工程

製造

一應輸電設備材料及建築房屋上所用最上等鉛皮線橡皮線等

經售

英國佛蘭梯 Ferranti 各種方棚電錶電鐘電爐及一切無線電材料

英國福開森潘林 Ferguson & Pallin 各種發電輪電上應用電氣管理開關

英國牛頓來特 Newton & Wright X光器械

最近首都電廠鍋爐間及抽水間所用

最高容量五萬開維愛之電氣管理總開關念壹副

及壹萬叁千捌百伏而脫之叁千開維愛方棚叁具

均由本公司供給

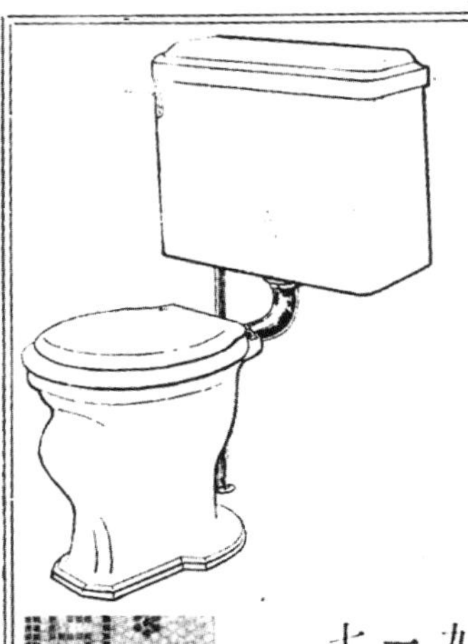

唐山

啓新磁廠

專製各種陶器衛生器皿應用各樣隔電磁以及舖地磚等無不堅固精良如蒙賜顧毋任歡迎

駐滬批發所

上海江西路一七〇號　電話一九九一七

CHEE HSIN POTTERY

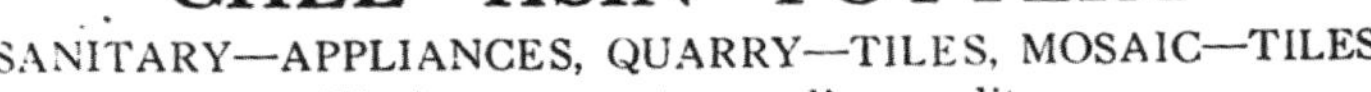

SANITARY—APPLIANCES, QUARRY—TILES, MOSAIC—TILES

Big improvement regarding quality.

Quick delivery either from stock or Factory at Tangshan, North China.

For Particulars please apply to:

CHEE HSIN POTTERY—Shanghai Agency

170 Kiangse Road, Hamilton House

1st floor R. 128—129

Tel. 19917

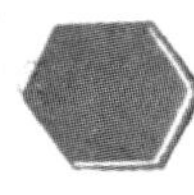

復記木行

總行 上海閘北光復路六二一號
分行 上海南市董家渡南首
電話 四一八二二
二一二一五

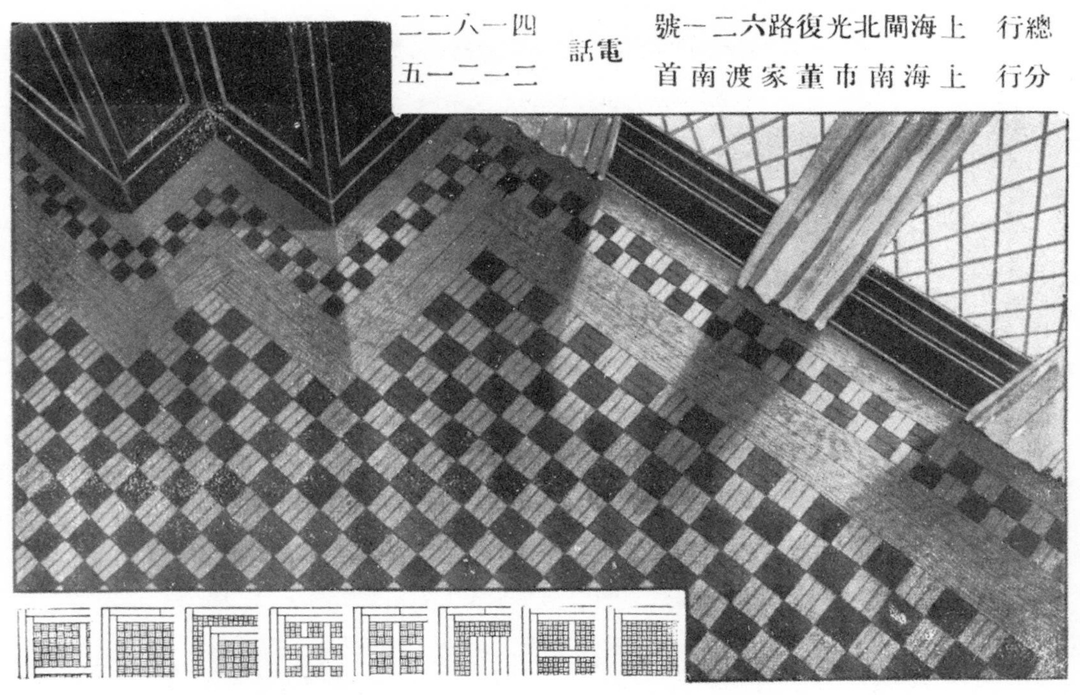

本行專營中外各種建築木材常存大宗美松柳安柚木以及各種硬木

本行地板部 承舖各大建築地板工程專家設計圖案木料保證乾燥 **新出品國產啞克据木地板** 色澤花紋富麗堂皇而質地堅硬耐用遠勝舶來品樣品備索本外埠各愛國主顧倘有委託本行當儘先設計估價務使滿意也

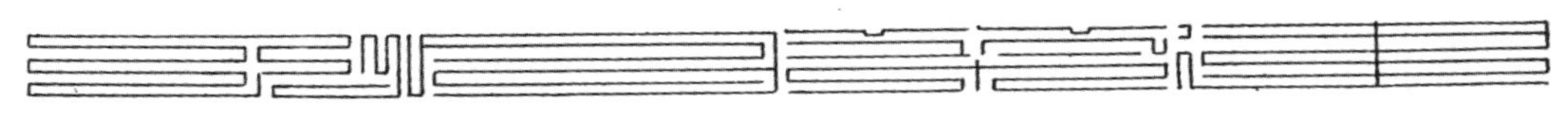

目　　錄

插　　圖

論　　著

(第三卷第八號)

廣告索引

上海市建築協會鳴謝啟事

本會茲承

竺委員泉通交來新仁記營造廠營業成數萬分之五計銀元二十七元六角正

除已擧奉收據外特誌如右以鳴謝忱

中華民國二十四年十月　日

上海市建築協會主辦

建築學術演講會

第一次演講

日期：十一月三日（星期日）下午七時

地點：南京路大陸商場四樓梵皇渡俱樂部

主講：上海市工務局長沈君怡博士

講題：「中國建築界應有之責任」

附告：（一）上海市建築協會會員另有專函通告

（二）歡迎本刊讀者參加聽講券可向本會祕書處索取

ANOUNCEMENT

Notice is hereby given that Messrs. The International Advertising Service Co. has a trial period from Oct. 1, 1935 to Dec. 31, 1935 as our sole agent of advertisements in this magazine.

Editor
N. K. Doo

上海福履理路新建之道斐南公寓

賴安建築師設計

安記營造廠承造

The New Dauphine Apartment Building, Route Frelupt, Shanghai.

Architects: A. Leonard, P. Veysseyre, A. Kruze.

Contractors: An-Chee Construction Co.

中國工程師學會建築材料展覽會記

杜彥耿

中國工程師學會，於十月二十六日，柬邀滬建築工程界參觀建築材料展覽會於市中心區該會新建之材料試驗所；並有黃膺白張公權等之演講，茲錄誌如下；

主席黃伯樵先生首先致辭後，由黃膺白先生演講。略謂余於建築係門外漢，本難置喙。惟覺凡百事業，難逃兩個要件。若講政治，欲求善政者，卽要使人民之負擔輕，而所得之權利大。此言初聞之似覺不近人情，但事實上是要做到此點，才稱善政。比如國家稅收減輕，則一切建設如何能興。惟因減輕人民負擔，猶能大事建設，予人民以極大權利，才算是善政。又如工商貨品，也有同樣的兩個條件。便是貨要美價要廉。說起來價已廉了，貨色當然不能求美；但是必須要價廉物美，才能把吾國落後的工商業挽回過來。不過人們已經估了先着，吾們如何能趕得上去。有人說我們比人家落後的程度，相差要三四十年，有的說一百年，甚有說二百年者，那都不去管他，總是一個落後罷了。

吾國落後的工商業，要想追趕別人，應須另換一個捷徑。否則若依別人的窠臼按步就班的做去，那是雖趕一百年一千年也趕不上去。因為吾們雖在緊趕，他們也在猛進，結果終是程度相差，居在落後之列。故這追上別人的途徑不出兩條：一條是由吾們苦幹猛進，另一條則除非由先進者見吾們落後得可憐，在中途打個瞌睡，好使吾們慢慢的趕上。

要做到良善的政治，價廉物美的貨品，要求民族的生存，要躋吾們於列強同等的地位，惟有勤與儉才能達到這種種目的。勤是大家都知道的，別人早晨八點鐘上工，我們提早在六點鐘上工。別人一天做八小時工作，我們一天做十小時十二小時工作；一個人要做二個人的職務，這便叫做勤。儉是把一個人吃的飯可分作二個人吃，節用國貨，不使金錢往外溢漏，才是道理。惟這事情是要實踐的去做，並不是舉行幾個國貨年，叫那小學生舉手宣誓等便能奏效。曾憶幼年讀書時候，讀到舜授禹位，以其能克勤克儉的原故，初思克勤克儉，對於治國有何好處，到現在才明白勤儉的可貴。除了勤儉之外，人還要有和協的精神，這和協也是不可少的要件。

國人向來是抱守各人自掃門前雪的態度，以致社會間呈着一種冷淡的氣象，這是最可怕的。因為世界上任何事物，都少不了一個熱。故這熱烈的和協，是值得注意的。比如世界上沒有了太陽的熱，便不成世界，人身體上沒有了熱，便變作死人。因之以前不當的觀念，應亟去掉，一反一概不睬不理的主義，而變為干涉主義。對國貨之可用者，予以熱烈和協之提倡；不適者加以指摘，提出改良的主張，做國貨事業者，力有不逮，量力予以協助。如此上下一體，埋頭幹去，奇效自見。試看有一個國家，本來也是落後的，現在既已變成世界上惟一的强國，（說時兩手彎張作成一種雄姿）考其致强之由，也從全國人民克勤克儉，熱烈和協上換來的。

凡是一種力量，必定要集合起來才强，分散了便弱。猶憶成吉思汗的母親，把十只筷子授給她十個兒子，叫每個兒子手裏的一只筷，用力彎折。壯健的大兒，不容說是把筷子折斷了，便是力小的小兒，也把那只筷子折斷。後來她另取十只筷子。用繩縛在一起，再授給她兒子試折。那時不要說小兒子不能折動，就是力壯的大兒也折不斷了。成吉思汗的母親便教訓她的兒子說：要有協和的團結。方免各個被折的危險。他母親數分鐘的訓導，遂使成吉思汗後來成就如是偉業。任何一種事業，一方面固然要求大衆的協助，但是自己也要先求自身的健全，隨後方可求人扶助。例如寺院中大雄殿內，每尊佛前懸一油燈，每只油燈各有他的本位，故諺有燈燈各有本位，光光互相照應；是說各人要照自己的本位做去，隨後才有互相照應的呼應。願國人共勉之，庶幾吾國的復興才有希望。

張公權先生演辭

諸位：我是金融界的人，故祗能站在金融的地位來同諸位談談。現在不景氣的潮流是已激盪了世界各國，因了失業問題遂成嚴重之焦點。挽救之道，如美國則大興公共建築，投資之巨，一時難以數計。其間尤以獎勵住宅建築，如放款建築，分期付款建築等等。此在他國固能挽救一時，蓋因彼國內任何材料都已齊全，故振興建築，金錢不致外溢。然在吾國，則覺反是。若公共機關學校之建設，公路建設，鐵路建設，與水利建設等經費不夠，則向銀行商借。而此類建設，勢必仰給大批外貨，因之巨量金錢，亦隨之外流。一般銀行界深慮國內有限之金額，長此漏溢，必致窮竭。故欲避免金錢漏溢，莫若自製建築材料。

鄙意建築材料工廠之設置，必須要有系統；有統計，有合作，則事業穩定，銀行放款也必隨之而至。工廠得銀行放款，則事業自亦順利。如此互相依賴，偉業可期。惟國貨工廠必須出品要有統計，生產量與銷費量必須吻合，同業間要有協調，不可傾軋。工廠健全，則銀行放款亦安全。

鄙人尤有期望者，如建築師工程師凡遇設計工程，總以能盡厥責，多用國貨，如在必要時，或施强制的推銷，而免金錢外溢。

陸謙受建築師演辭

頃聽黃膺白先生與張公權先生之宏論，深覺言中切要，謹從心長。惟覺現在之建築師工程師採用外貨，實亦有不得已之原因，並非願做推銷外貨之推銷員也。蓋因工廠往往有樣品尚覺不錯，而經大批訂購後，所供之貨若與樣品相較，則有遠遜之弊。況建築師工程師係受定作人之委託，設有不合，易致受嫌，故採用缺乏標準之貨，不無戒心。因望國貨工廠如能出貨一律，更如膺白先生云能使價廉物美，則建築師工程師亦必樂於和協，勉盡提倡國貨之責云。

全國運動會與建築

杜彥耿

此次第六屆全國運動會，在上海舉行，其盛況爲歷屆全運會所不及；雖以前在滬舉行之遠東運動會，亦不若今次之熱烈。推其原因，要爲近年以來國人對於體育漸感重要，而本市所建之運動場體育館及游泳池等，規模雄偉，蔚爲全國體育方面唯一之大建築。更因市中心區自刼後銳意經營，努力建設，他如道途之整潔，秩序之整肅，與夫交通之便利，如火車公共汽車等，咸能直達會場，遂使往觀者趨之若鶩，雙十節開幕之晨，未屆十時，偌大之運動場各台座，即告客滿，徘徊場外，抱向隅之憾者，更不知凡幾。在此市面極度萎頹聲中，有如此之盛況，亦足興奮人心，振作精神矣。

此種盛況，若歸之運動會之本身，竊以爲不然。運動會之在滬舉行，實已數見不鮮。如已往之遠東運動會，各國選手，猛力競逐，其壯觀不亞於今。而前次運動場近在虹口公園與勞神父路棒球場，赴會者反不若今次遠在市中心區舉行之踴躍，而彼時市況之繁盛，更遠勝現在，而反不易號召者，蓋今次之盛會，不得不歸功於建築之一端也！

吳鐵城市長在全運會舉行開幕典禮演講詞中，略謂本市興處境艱困，然得中央協助，努力建設，使體育場之建築有斯成績。雖不能媲美歐西，要亦可謂遠東有數之運動場矣。從可知建築之於體育，實佔有重大之要素，而值得稱許。且建築事業之偉大，實無往而不適，固不獨體育方面然也。若各伶之演劇，應有優美之舞台爲之襯托；辦事處設施，應有充分之光線與適度之氣溫；家庭中尤屬需要安適舒暢之住屋建築等，諸如此類，不勝枚舉。然此次體育場之建築，亦有人加以非議者，謂際茲國難當頭，哀鴻遍野之秋，有此豪舉，失之不當。然倡此說者殊不知興舉建築，亦得調劑工商百政，促進市面繁榮，試觀美國因感失業問題嚴重，遂有公共建築之投資，動輒數萬萬金，略無吝色。工商各界，間接受其惠者，罄竹難數。況上海爲通商要地，中外觀瞻所繫，固不可不有此偉大之設備，以點綴此所謂華洋薈萃之區也。

按上海市體育場佔地三百餘畝，其主要建築凡三：一爲運動場，二爲體育館，三爲游泳池。各項建築圖樣，曾於本刊二卷十一十二期刊登，設計建築者爲董大酉建築師。

運動場爲橢圓形。場之西邊正中爲司令台，上覆鐵架樸蓋藉以避雨。東爲東司令台，上無遮蓋。其他繞於場周之看台，均係梯級式。場之長度連看台在內爲三百三十公尺，寬一百七十五公尺，看台可容觀衆六萬人。看台下爲運動員宿舍，可容選手二千五百人外，尚有餘屋設置商店售票房等之需。

體育館長四十公尺，寬二十三公尺，可排設普通籃球場三處，該館除用作室內運動外，平時尚可供作集會之需，能容座位三千五百及立位一千五百人，其偉大可見一斑。籃球場與健身房外，又有兩邊分別男女更衣室淋浴室。晚間燈光採取高射式，無眩目之弊。

游泳池係露天者，周圍偉大之鋼骨水泥看台，能容觀衆六千餘人。台下設更衣室，淋浴室，休息室，店房及濾水機房等。池長五十公尺，寬二十公尺，最淺處一公尺一公分，最深處三公尺半。池底及池邊舖白色瑪賽克磚，四方舖白磁磚，容水六十萬介侖。其濾水設備能使濁水出池，復變爲清，再返入池循環不已。無需時時更換巨量清水之麻煩。濾水手續，其經過凡五：曰消毒，濾清，入池，流通及出池。池內燈光，設於水面以下之池壁內，使燈光水影打成一色，幻成奇景云。

建築說明書

杜彥耿

擬撰建築說明書，必須具有豐富之經驗與學識，方克臻於完善之境地。惟吾閱今之說明書，大都非失之過簡，卽失之太繁。蓋不善擬撰說明書者，往往書寫重復，以致投標者誤會滋生，而投估高價；或太簡單，而致訟爭以起。是故凡作建築說明書者，應具多年設計繪圖之資格，在建築場所有實地管理工程之經驗，並佐以在學校中所攻得之專科學識，始克勝任愉快。

余嘗見未受高深學問，未經專門學校之薰陶，而善寫建築說明書者；此無他，恃其多年之建築工程經驗耳！是以知專科學校，實不可恃，畢業生仍須經過長時期之實驗，而後足以應付。抑有進者，我言並非對於專科學校，有所攻訐；第因學校中四年之短程，勢不能使學生，遍受各科；而尤以說明書之規訂，僅以建築材料一項而論，已門類繁複，不勝枚舉。再如同一材料中，又有數種等次之分別，故非有深湛之經驗者莫能任也。

建築說明書之參考書，國內尙付闕如。英文本有佛令克凱達所著，與湯姆斯拿蘭重訂增删之營造學一書，於一九一一年至一九一三年在美國紐約出版，凡業建築師者，幾人手一册，惜書中所述，與吾國建築工業現狀各殊。故有拙著營造學一書，逐期在本刊發表，以期集成册秩，供讀者參考。

關於水泥，黃砂，石子及鋼筋等材料，可參閱胡兒祥生所編之「混凝土工程」一書(Concrete Engineer's Handbook by Hool & Johnson.)。他如僅講水泥一項者，美國水泥聯合會，刊有專書贈送，該書將水泥之性質及用途，詳述無遺。吾國雖有水泥廠數處，亦有聯合會之組織；但如上述之刊物，尙無所聞，殊引爲憾。

建築中之纅石與雲石，亦屬主要材料，故規訂建築說明書者，應極明瞭石之品性及質地，及每種石料之價值。參考書英文本有裔治麥理兒之「建築用石，及裝飾用石」，以及「雲石與雲石工」兩書(Stones for Building and Decoration, by George P. Merrill. Marble and Marble Working.)他如林維克之「建築師彫刻師手册」(A Handbook for Architects,Sculptors etc. by W. G. Renwick)，均屬關於石作之善本也。

金屬建築與熟鉄建築工藝，參考書有麒麟所編之 Metal Crafts in Architecture and Wrought Iron in Architecture, by Gerald K. Geerlings。油漆參考書有薩平所編之 The Industrial and Artistic Technology of Paint and Varnish 。上海吉星洋行所刊「油漆」一書，詳列各項油漆之用途與價目，以及每一介侖之漆能蓋若干方數之面積等。茲後中國工程師學會，在上海市中心區有材料試驗所之建立，諒必有各種建築材料試驗之記載書，是亦有裨於建築說明書之規訂者也。

木材之於建築，爲不可或缺之主要材料。現在所用者，大都爲洋松，柳安，硬木，柚木等等；然關於上述木材之等次甚多，僅洋松一項，有「康門」，「茂慶」及「選貨」(Common, Merchant & Select)等分別；內更有頭號二號三號等，故訂說明書時，必須標明某處用某種等次之木材，蓋不能以籠統之洋松一名詞出之；因同爲洋松，其等次價值每千尺有十數元至二三十元之懸別也。美國材料試驗社，美南松木社，美北松木社及國際硬木材料社等，均有社報之刊佈贈送，實予說明書規訂者以極大之臂助。故無論老於擬撰說明書者，抑初學者，均須常讀各種建築材料商之社報，藉助其新智識之增進，而裨益於說明書之釐訂。按吾國建築材料商，尙少此類宣傳品之印送，故學者苦之。本刊容當另闢一欄，以討論建築說明書之各類問題。

道斐南公寓南面立面圖及地窖平面圖

（透視圖見本期封面）

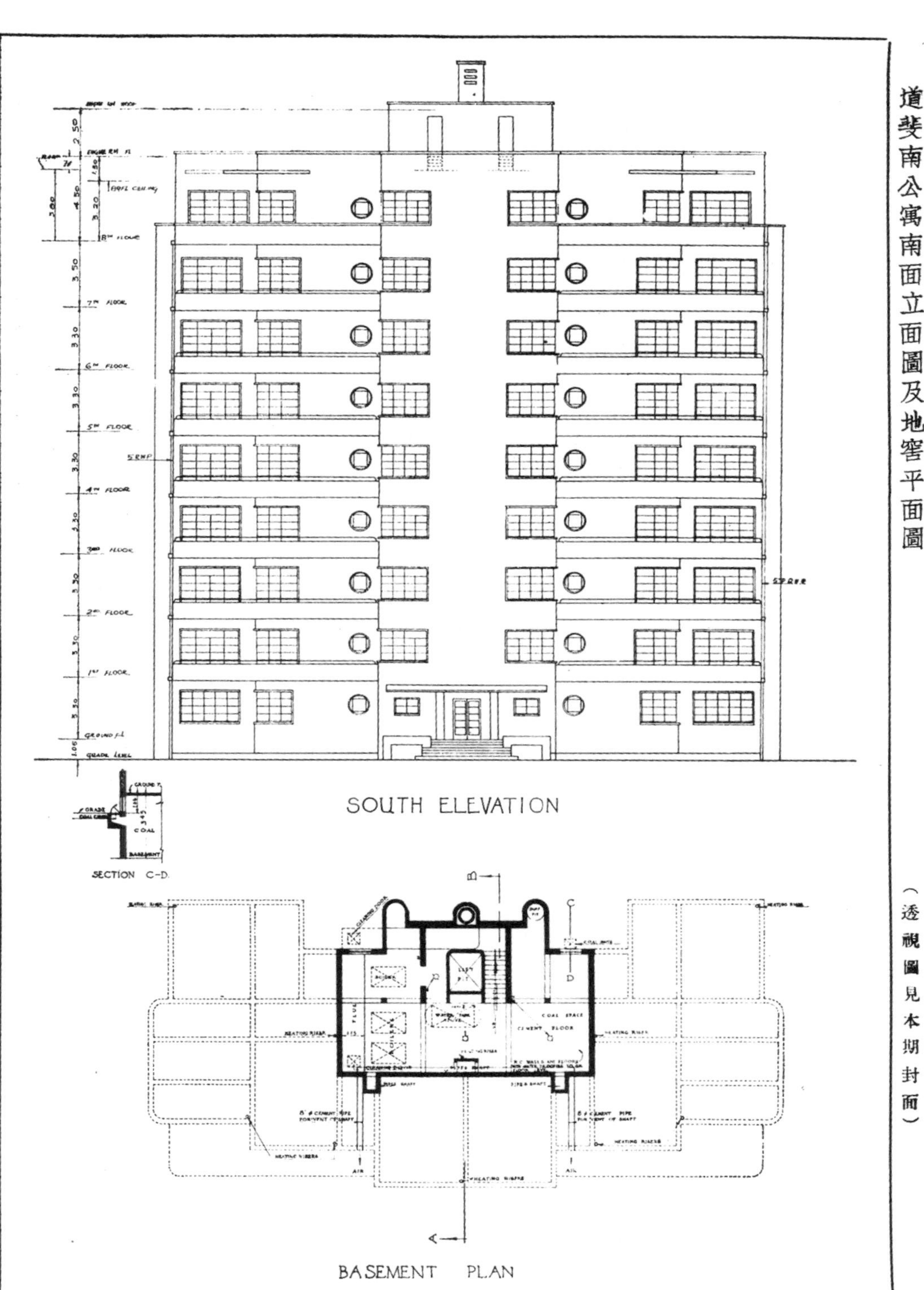

The New Dauphine Apartment Building, Route Frelupt, Shanghai.

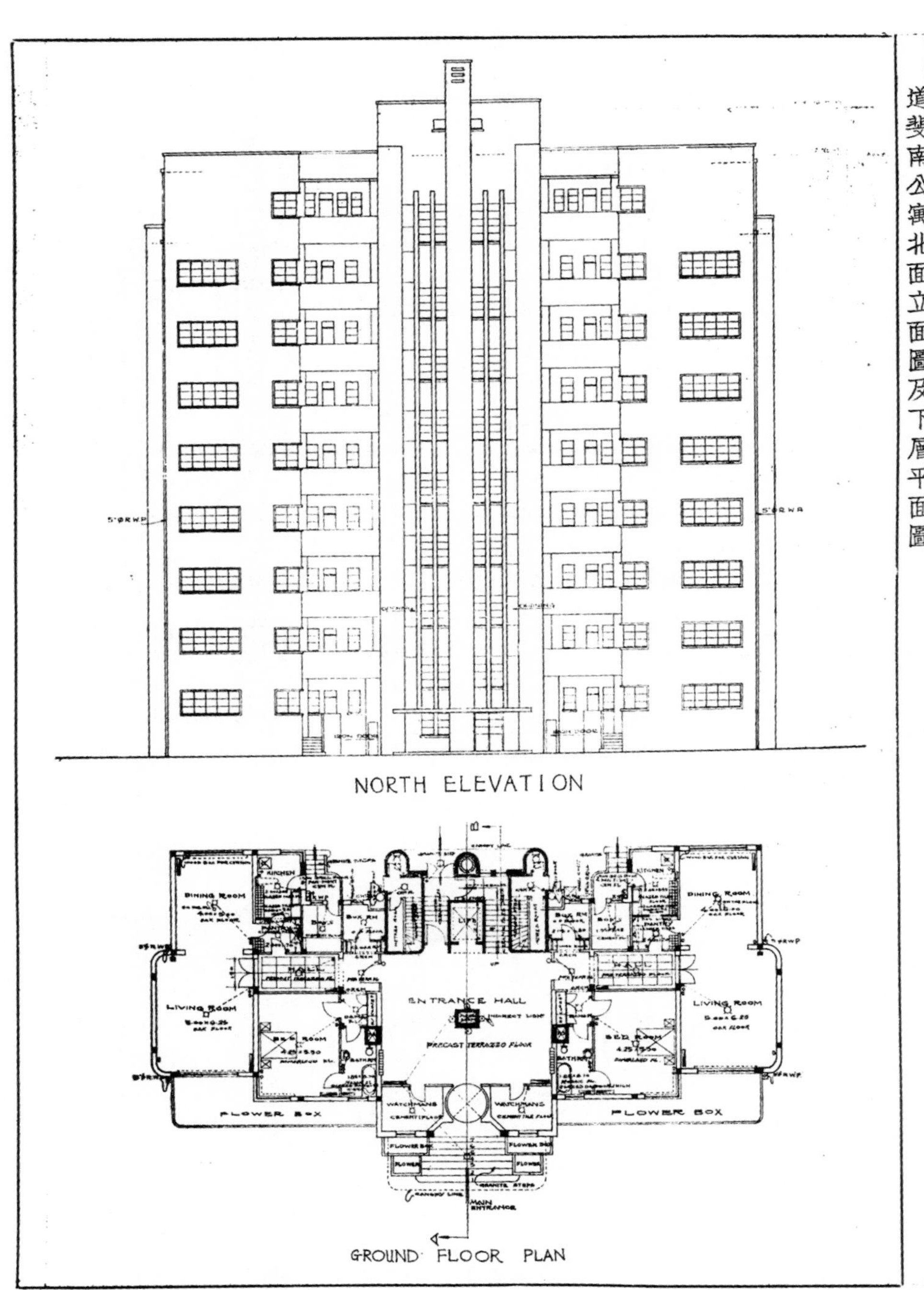

道斐南公寓北面立面圖及下層平面圖

The New Dauphine Apartment Building, Route Frelupt, Shanghai.

道斐南公寓側面圖，剖面圖及二層至八層平面圖

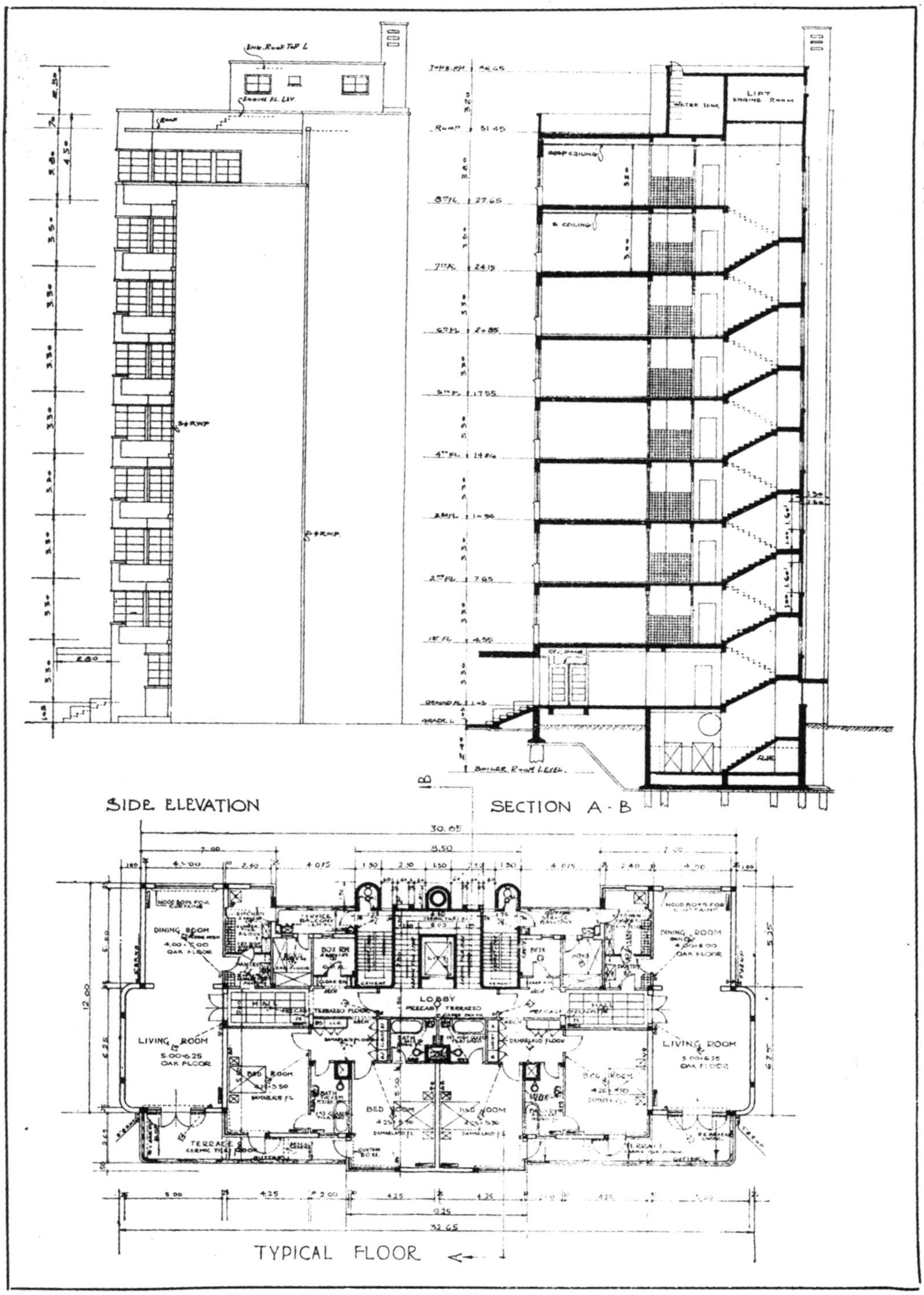

SIDE ELEVATION

SECTION A-B

TYPICAL FLOOR

The New Dauphine Apartment Building, Route Frelupt, Shanghai.

道斐南公寓九層及屋頂平面圖

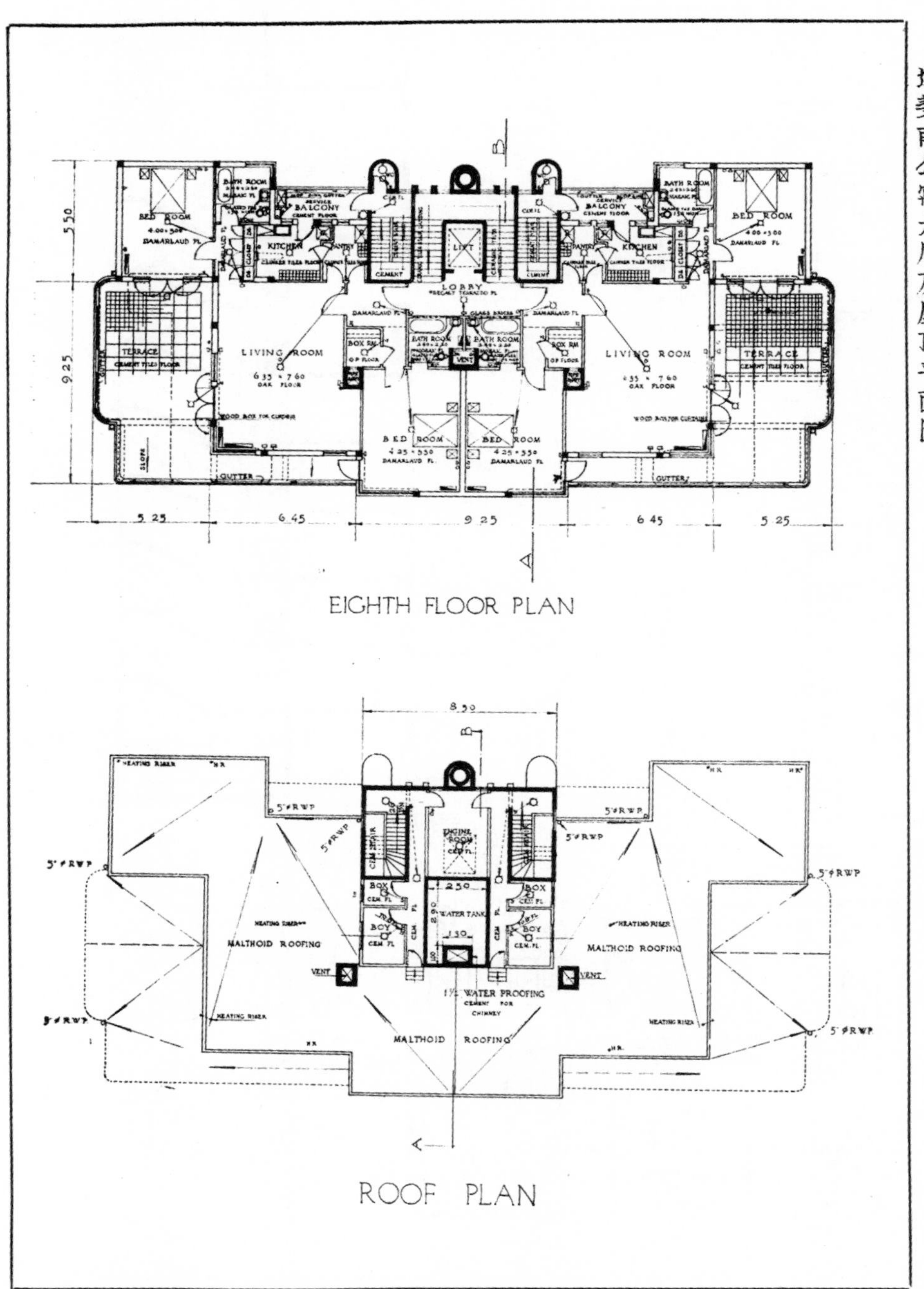

The New Dauphine Apartment Building, Route Frelupt, Shanghai.

鋼窗

黑白影社王明哲攝

Sashes.

Photo by Wang Min-Chieh

欄杆

黑白影社王卓攝

Railing.

Photo by Wang Tso.

The Carver.

Photo by Hu Lan-Sheng

雕刻家

黑白影社 胡瀾生攝

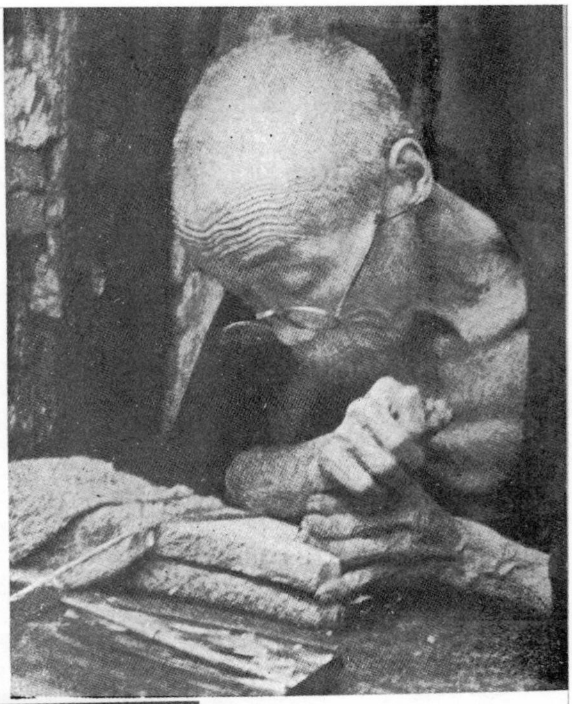

觀音

黑白影社 敖恩洪攝

KWEI-INE
The Chinese Goddess.

Photo by E. H. Au

建築物之典型，爲一般研習建築者所必欲知者。因將各項典式計五十八頁，逐期刊登，以饗讀者。本期刊載之四頁，爲羅馬復興式之柱型及台口等之詳解圖，說明如下：

第一頁　羅馬式之三種柱子，自左至右爲陶立克式，伊華尼式及柯蘭新式。

第二頁　羅馬式台口線及壓頂線等之一種，名德斯金式。

第三頁　羅馬式陶立克柱子之詳圖。

第四頁　羅馬式陶立克台口之詳圖。

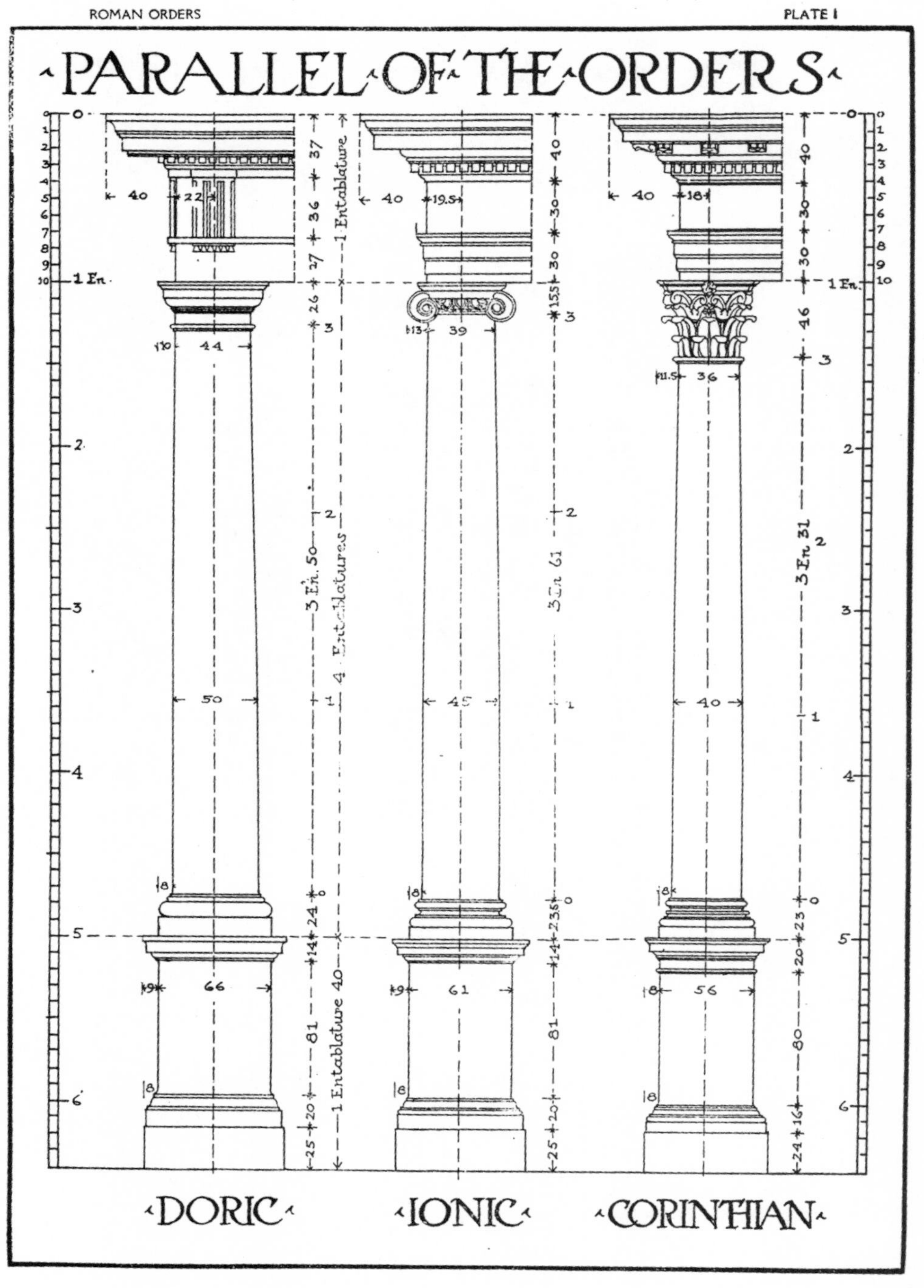
PARALLEL OF THE ORDERS
1 Entablature
4 Entablatures
1 Entablature 40
3 En. 50
3 En 61
3 En 31 2
1 En.
DORIC
IONIC
CORINTHIAN

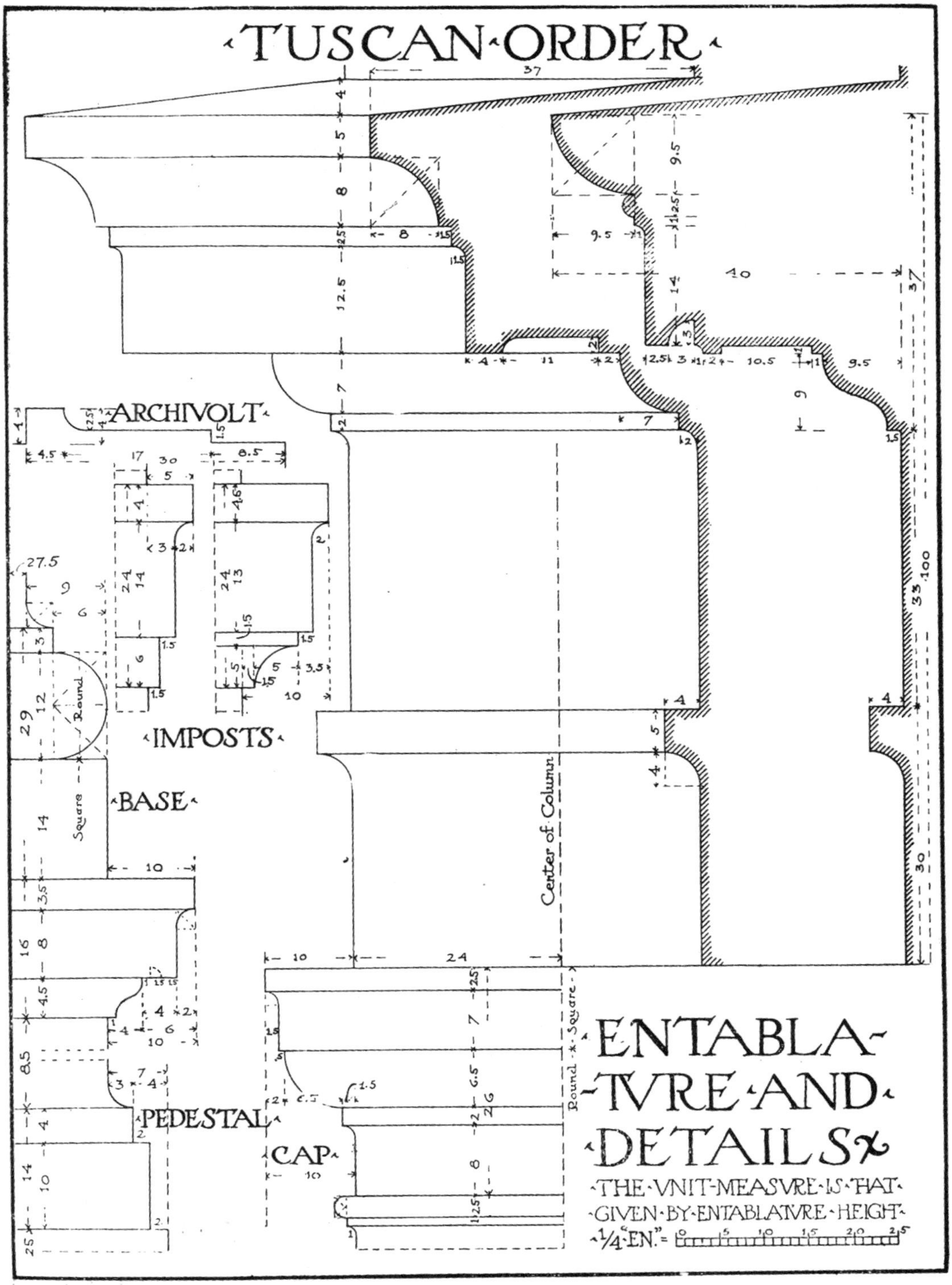

TUSCAN ORDER

ARCHIVOLT

IMPOSTS

BASE

PEDESTAL

CAP

Center of Column

ENTABLATURE AND DETAILS

THE UNIT MEASURE IS THAT GIVEN BY ENTABLATURE HEIGHT

1/4" EN." = 0 5 10 15 20 25

ROMAN ORDERS PLATE III

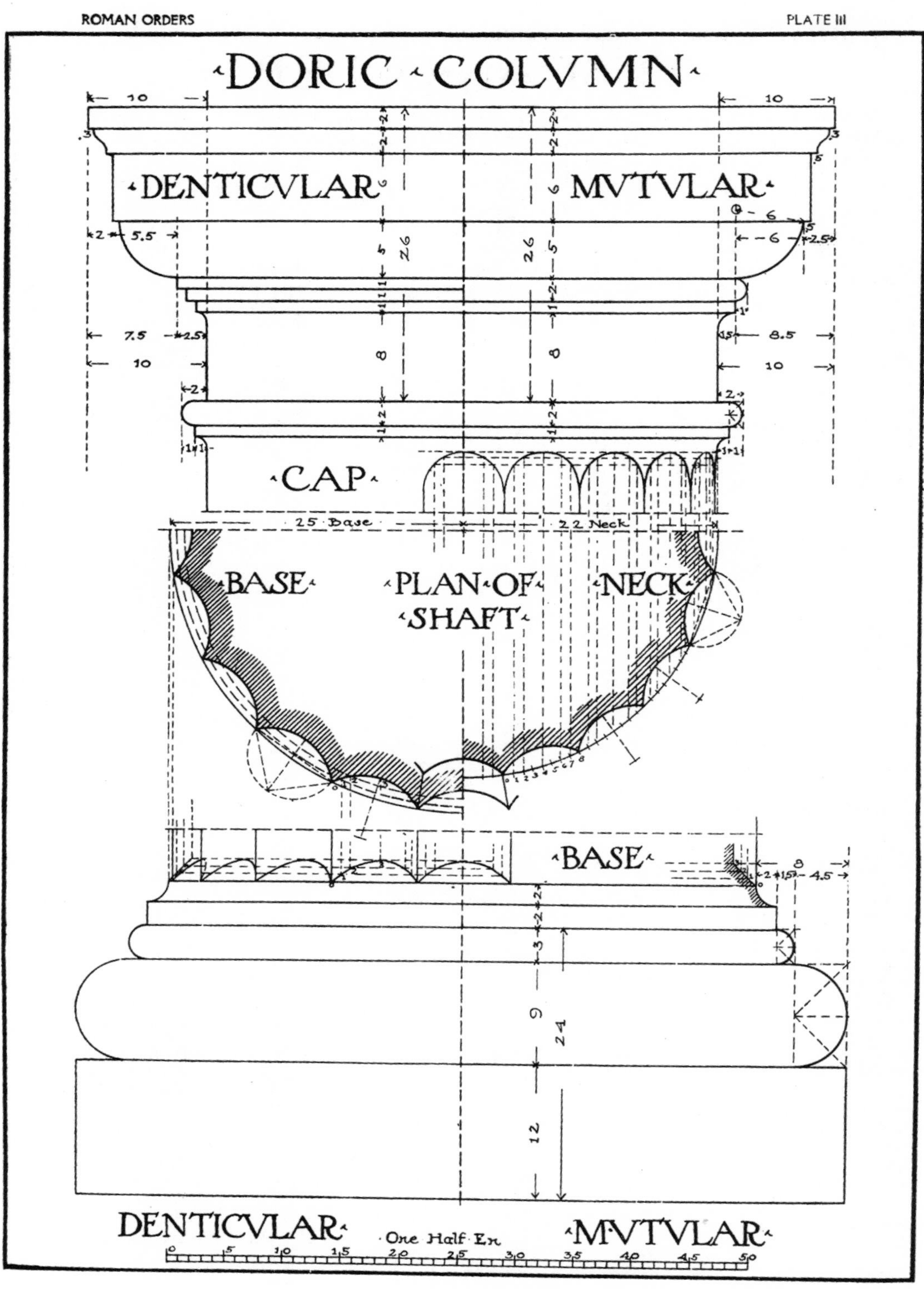

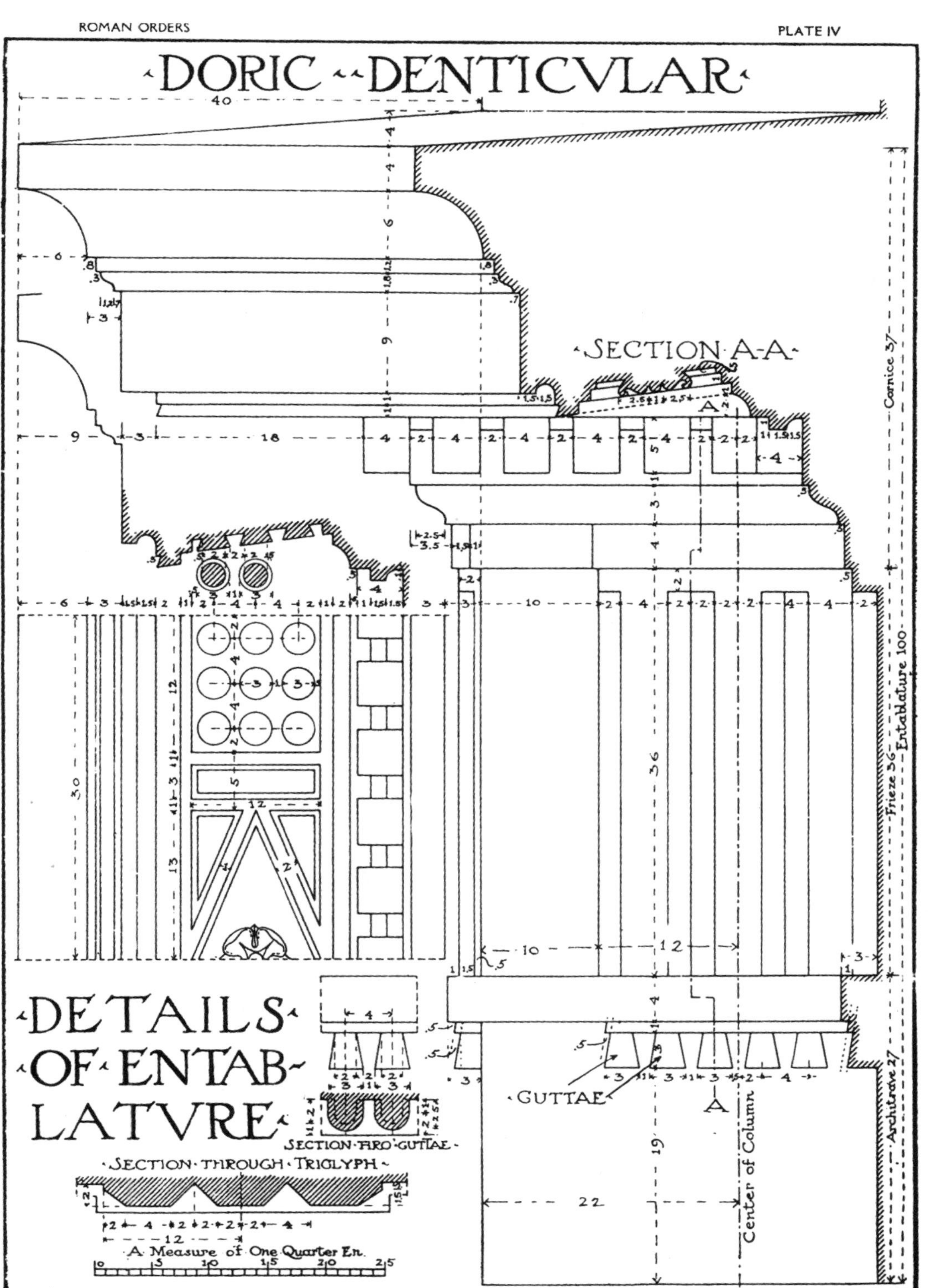
ROMAN ORDERS
PLATE IV
DORIC DENTICVLAR
SECTION A-A
DETAILS OF ENTAB LATVRE
SECTION THRO GUTTAE
SECTION THROUGH TRIGLYPH
GUTTAE
Center of Column
Cornice 37
Frieze 36
Entablature 100
Architrave 27
A Measure of One Quarter En.

Newly Completed Police Station "Poste Mallet", Shanghai.

Architects: A. Leonard, P. Veysseyre, A. Kruze.
Building Contractors: Sing Ling Kee & Co.
Plumbing & Heating: Liou Ling Kee.

最近落成之上海愛多亞路"麥蘭捕房"，位於中滙銀行大厦之側，設計新穎，建築雄偉，與中匯大廈似兩雄並立，而足以媲美也。設計者爲法商賴安建築師，承造者爲新林記營造廠，全部水電暖氣工程則爲麟記工程所承辦云。

建築史（二）

杜彥耿譯

埃及建築之風度

主要之特點

二十、金字塔及柱形建築　埃及人民對於人死後依舊存在之觀念，可於埃及式之藝術作品中尋求之。例如金字塔之構造，實為埃及式建築最早之代表。其建金字塔或紀念墓之要點，是在其形體之巨大，恃久不滅之工程，與雄偉嚴肅之觀感。因此種偉大工程之引誘，遂復引起以後彫鑿石室，構建廟宇及坟墓等之工程。

二十一、　最早之柱形建築，可於埃及之古廟見之。因大廳開間遼闊，故石梁銜接之處，自需柱子或墩子支柱之。在蘭西姆或其他廟宇中之柱子，係立於深厚之甎作基礎者，其深度達十英尺之巨。石作工程之琢鑿，其精粗工細與否，均視屋中之地位而異。有數處之石工，組叠不用灰沙，而藉上面石工之推壓。然大部份之石工接搭處，係用灰沙膠黏者。因牆間極少突出或空戶之工作，故於任何臥置或立置之石工，尖銳之角亦不多覯。要之其銳角之形成也，在於外牆之接疊處，而於其竪直之接縫處，尤多花飾之點綴；而此花飾為一圓形之線脚，是謂圓線。尚有台口一種，其設計甚佳，係於凹線之上，冠一方線，殊為簡潔合式。此種台口大都用以冠蓋牆頂者。於數處破屋斷垣中，曾經發現拱圈工作。因查此種拱圈工作，初未見於偉大之古墓中者，而覺得之於並不重要之殘屋中，深以為異；然不獨此也，即人工與材料之設施，亦有失之不當者也！

埃及建築之模範

坟墓及廟宇

二十二、金字塔　在各種埃及式建築中，有二種型式實佔優越之地位者，為帝皇之坟墓，及各種式樣之廟宇建築。在埃及國境中，共有金字塔六十至七十座。其中三座在奇士(Gizeh)左近，為尼羅河畔最偉大之建築。(見圖一)在此三座之中，最大最古而推為世界上雄偉工程者，允推芝浦斯(Cheops)大金字塔，(見圖二)此塔建於第四朝芝浦斯王之時。王亦與其國中人民同樣

〔附圖一〕奇士之金字塔

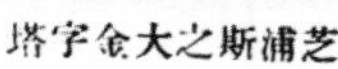

〔附圖二〕芝浦斯之大金字塔

信仰坟墓係爲死者之家室，故須善加佈置，以適死體之安置。更將停放石棺之石室，處於不易爲人覓得之地位焉。

從金字塔外面大門往下斜行（見圖三a）長三一七英尺，高四英尺，闊三英尺半，直下至一未完成之石室，係自石層中鑿出者，位於金字塔正中底下，但此底下之石室，恐係疑室，以愚欲行破壞王陵者。然其真實之陵寢，在塔之正中核心，係由正門取第三圖中a字斜道而入，約距六十二英尺，折向b字之坡道。b字坡道分兩條支線，一條平行至c字石室，係王后停靈之處，位於塔之中央，而其高度與正門口大致相齊。另一支線爲繼續上升之坡道，長一四八英尺，高二十八英尺。在此道之端，經過短促之平行道而至隔室。更越隔室進至王之陵穴，如圖d，係花崗石之石室。室之上面爲平頂。室長三十二英尺，寬十七尺高十九尺。隔室與陵寢均用花崗石舖設。石工極佳，舖砌亦甚謹嚴。

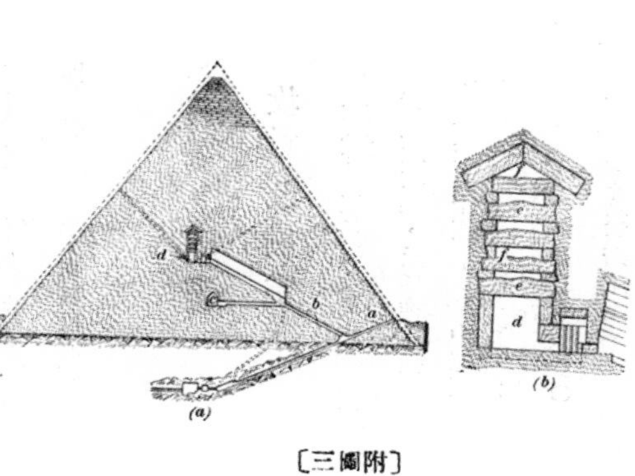

〔附圖三〕

二十三、爲防上面巨大之重量壓下甬道及石室起見，故築堅壁以禦重壓，並架石梁跨越之。如石製平頂之上，架五道橫梁，(見圖e)f係指橫梁間之空隙，如此一梁之上更加一梁，藉以保護平頂及平頂下之石室，而使上面重量分散。

大金字塔原有之尺寸，因年代久遠，故稍有減損。塔之底盤長七六〇英尺，高度自地至頂，計四八〇尺。大門開於北面，計高四十七尺。

第二金字塔與大金字塔比肩。其底盤之面積為四〇七尺。第三座金字塔卽孟加拉(Menkaura)，其面積約及大金字塔之半。

二十四、麥斯他倍斯　其他紀念坟墓之於明斐斯大墓地者，阿剌伯人呼之爲麥斯他倍(Mastabas)，意謂平台及四角形，是曾爲有階級官長之坟墓。其內部佈置，與上文所述者相同，蓋埃及人均具人死後尚存於世之觀念也。麥斯他倍斯之外表，其形一如截去頂尖之金字塔；因外牆之立面向上斜進，而下脚拋出者。普通一直斜上，然間亦有逐層向上收縮，以至平屋面者，麥斯他倍斯係爲埃及第十二朝代時期之建築物。

其他亦有式樣完全各異者。如坟之從石窟中開出，而祗有一室，並無建築藝術之表演者。但於皮尼海山(Beni-Hassan)之石坟中，其出面部份有石柱石梁及石台口等，頗具建築型式者(見圖四)。

〔附圖四〕皮尼海山之石坟

二十五、廟宇　因埃及人民對於美術及科學之別具幹才也，故對廟堂建築，實足稱許。其最早之廟內，闢一長方之室，或稱聖殿，祗許僧侶入內。殿中陳設神桌，並供奉神像。通殿之門，祗有房屋正中一處。

後期之廟宇建築，自較早期爲複雜，如於聖殿周圍，毘接多數小屋，以之存儲供品與物料之用。此外更有一處或數處柱支大廳。大廳之後，闢出楹柱行列之庭院，僧侶及信徒咸集於此。相近中央大門，其兩傍矗立塔形之建築物，謂之拜龍(Pylon)意卽門房。然此門房之義，祗用於截去頂尖金字塔形之門房而言(見圖五)。

〔附圖五〕

一條寬濶之長道，兩邊排列人面獅身之物像，直抵外院。有時亦有祗用一個門坊之建築，以替門房雙面之有塔樓者，名曰拱羅拜龍。

(Propylon) 此等建築，於近期較諸遠期爲多。(見圖六)

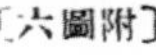

〔附圖六〕

高聳之圍牆，每將整列之廟宇圍繞者。因每代帝皇喜於其先人所造廟宇之前，爲虔敬起見，而添築富麗裔皇之堂屋，與費用浩大之門房及廊廡等。是故圍牆之繞築，遂爲不可少之工程矣。

二十六、愛浦利拿浦利斯梅娜(Apollinopolis Magna)或稱

〔附圖七〕 愛特福廟之外觀

愛特福(Edfou)廟，位於埃及上游。(如圖七及八)雖係他里牧時代

〔附圖八〕 愛特福廟之內景

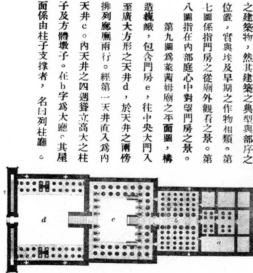

之建築物，然其建築之典型與部序之位置，實與埃及早期之作物相類。第七圖係指門房之從廟外觀看之景。第八圖指在內部庭心中對望門房之景。

第九圖爲萊茜姆廟之平面圖，構造巍峨，包含門房e，往中央大門入至廣大方形之天井d，於天井之兩傍排列廊廡兩行。經第一天井直入爲內天井c。內天井之四週聳立高大之柱子及方體墩子。在b字爲大廳。其屋面係由柱子支撐者，名曰列柱廳。

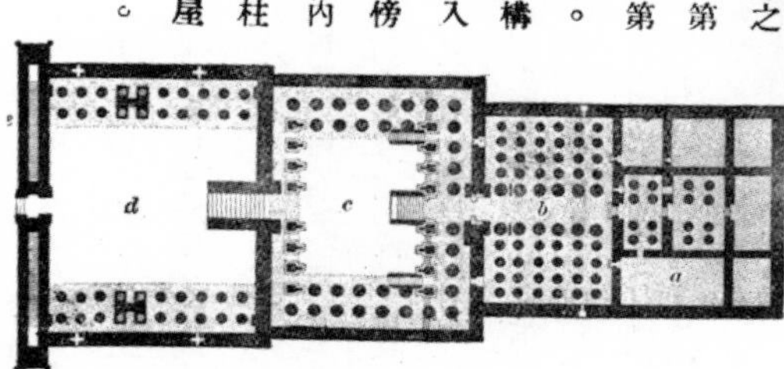

〔附圖九〕 萊茜姆廟之平面圖

(Hypostyle Hall)；此廳與別處相類之廳同樣排列各種大小不同之柱子。在中間部份之柱子，較諸兩傍者特高，而成一高層，名曰氣樓(Clerestory)。氣樓開闢窗戶，俾光線與空氣得以通入中間大廳。廳後係聖殿，殿連各室。室之用途現在尚無確實證明。但廟之建築，係爲帝室之祈祀上蒼，與人民之膜拜帝皇者。蓋因帝皇係半屬僧侶，半屬君主。君主爲上帝派在下界之代表，故此附接聖殿之各室，或即爲帝皇之行宮。

二十七、普通列柱廳之佈置，可於第十圖中見之，極爲明瞭。此爲卡乃克廳(Karnak Hall)之模型。圖中a字指列柱之支托氣樓屋頂，b係橫架柱子頂顛之梁，以之聯接各柱，並担受平屋面c者。其較小之柱子d由e字過梁，牽制進深之大梁f。此大梁f爲托支下層屋面g者。此屋面之低於中央部份者，藉使h窗戶之透光，兼亦適應建築之典式者。故凡重要之廟宇，咸循此制。他如石塘中鑿出之廟宇，亦有多處遵循此式者。

〔附圖十〕卡乃克廳之模型

二十八、華表　埃及式之華表，係由整塊石料鑿成者。四角形，底盤大，向上漸收小。其頂尖形如金字塔，坐於四方之柱頂。此種華表均係成對分立拜龍或門房兩邊。其高度大概比其底盤大約十倍。四面均刻象形文字。第十一圖示一華表之影，高六十八尺。此

〔附圖十一〕海利亞波利斯廟前之華表

華表前曾豎立於海利亞波利斯(Heliopolis)廟前。羅克沙(Luxor)廟前者高七十五尺，但其最高者係在卡乃克(Karnak)地方哈希浦蘇王后之華表，高逾一〇九尺，是爲高於一切華表者。

二十九、人面獅身獸及彫像　人面獅身獸係皇族之象徵，分爲三種：甲，男首獅身者，名Andro Sphinx；乙，羊首獅身者，名Crio Sphinx；丙，鷹首獅身者，名Hieraco Sphinx。在奇士金字塔前之獅身獸。(見圖十二)本爲一男首獅身之彫刻

〔附圖十二〕奇士金字塔前之獅身獸

物。在其兩巨爪之中間，有一小廟，係用獨塊花崗石作成者。獅之全身，除兩前腿用石拚成者外，餘係用一整塊巨石所作成，是可見其工程之蠢大矣。

許多埃及帝皇之彫像，殊爲巨大。例如蘭茜姆王之坐像，高達

〔附圖十三〕敏農王之坐像

六十尺；敏農王像，其高亦達五十三尺。（見圖十三）

埃及房屋之詳解

牆，屋面，柱子及花飾

三十、平面圖　埃及房屋之平面圖，大概均係長方形者。其他在幾何圖上，有圓形或六角形，均在摒棄不用之列。但均用直線之佈置平面圖，而其直線亦有殊不整齊，形成彎曲者，然牆角必屬正方角相對者。其廟宇之佈置，不僅注意外觀之雄偉，並考究內部堂室之神秘化，處身屋中，雖在白日，亦感陰氣森森之恐怖也。加之廟之外部，如獅身獸之排列甬道兩側，偉大高聳之華表，塔狀之門樓，列柱形之廊廡；空氣陰沉，在在使人感到內中如有神秘莫測之恐怖存在也！

三十一、牆垣　花崗石，普通石及煉甎，是爲埃及人用以建築牆垣之主要材料。牆垣之構砌極厚，石之面部，其石工之彫鑿，如甚精巧，而其堆疊接搭，亦頗靈敏。

三十二、屋面　普通屋頂係石板舖成之平屋面。若其面積較大，則屋面係由梁架支托。梁架係花崗石或其他石料，而此石料之梁架，係擱置於牆垣之上者。然若遇必需之處，中間尙有柱子或墩子之支撐也。

三十三、窗櫺門戶　牆間留置之空檔。藉使窗櫺或門戶之開關者。其門或窗之上部，均屬方形，而其建築格式亦甚簡單，除非門頭之上有台口線者，其線脚稍向牆外突出。

三十四、線脚　線脚亦卽爲從牆面突出之線條，以之調劑大塊平面牆面之單調者。於古埃及建築用之極少；有之亦惟外牆角會合處之胖肚線，與台口線之凹檔，上口冠以一條方線。此卽古埃及式建築所用線脚，或已盡於斯矣。

三十五、柱子及其他支托物　柱子或墩子有用獨塊石料，或花崗石鑿成者，例如獅身獸神廟之獨塊大石墩子。其有用多塊石料拚成之柱子或墩子，其石塊並不整齊，以備粉刷，而使視之如一整塊之石柱。將一四方平面之墩子，欲使之成一美觀之埃及式柱子者，其手續係將四角鑿去而成八角形，再由八角形鑿成十六角形，而使筋肋微起，成凹圓形。柱子頂端冠一方塊石頂，如陶立克式柱頂之帽盤。埃及式之柱子，大別之有下列數種：

甲、方墩子或柱子；

乙、多角柱，平面或同圓形；

丙，甕頂形柱子；

丁、蓮花瓣頂柱子；

戊、鐘鼎形柱子；

巳、神像帽盤柱子。

綜此數種柱子，其甲種柱子之垂直面，每有象形文字之刻載。乙種柱子有施油漆或施花飾者。丙種柱子如圖十四a字，即爲此柱之標本。然此亦有三種分別：其最古者如在俾尼海山(Beni Hassan)，包含四根莖幹，背肋形圓，上面脛部係用帶形線脚束縛。在雷倍林斯(Labyrinth)查席姆斯第三(Thothmes III)廳前者柱含八個幹莖，而背肋鋒銳。胖肚形之柱根，飾以葉瓣。在近期時代，柱子之身段祗一圓形，幹莖並無節肋者。

三十六、蓮花帽盤柱子之身幹，如圖十五b字，普通係光面，或施花飾，或刻文字，亦有如以衆柱集於一處之形者。古時柱之身幹下脚成凹形，以啣柱子之坐盤。但在他里牧之時期，胖肚形之柱幹，極少發見。圍繞愛特福(Edfou)廟第一天井之柱子，自底下坐盤聳起。其柱身之頂巔收句，用方形之帶線相叠

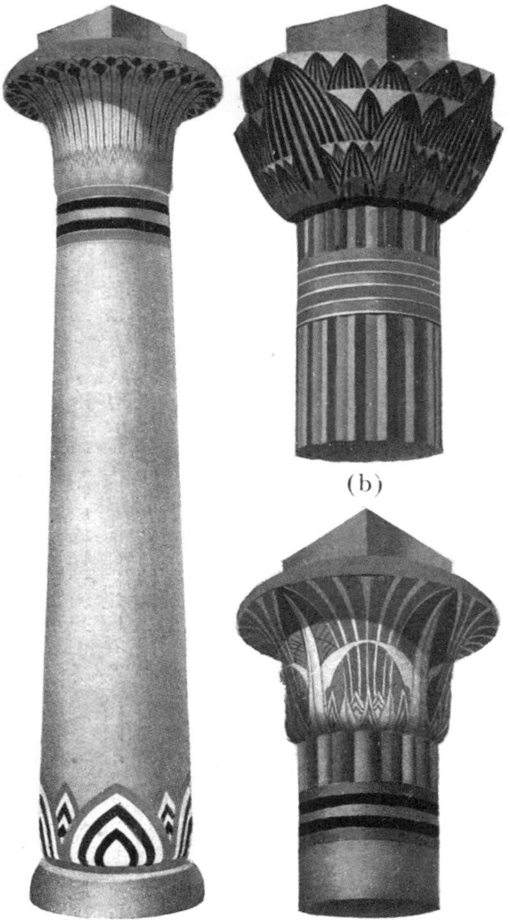

(a)

(b)

(c)

〔附圖十五〕

(a)

(b)

〔附圖十四〕

。蓮花柱子之項上，均戴一方盤，花帽頭係用蓮瓣或紙草叠成，如圖十五b字。

三十七、圖十四b及十五a均係鐘形花帽頭之柱子。其應加以注意者，此種花帽頭之來源，其形式實脫胎於棕櫚及紙草，而蓮花狀之花帽頭，倣效蓮瓣之堆叠。在他里牧時代，此花帽頭花葉層叠，其形猶如花籃也。

神像花帽頭之柱子，已行於早代。迨他里牧時期，又復盛行。

〔附圖十六〕 但第勒之海香廟

第十六圖係在但第勒 (Denderah) 海香廟 (Hathor) 之一部份。圖十六及十七柱子之柱身，與蓮花花帽頭之柱子身幹相同，無其他特殊獨立之式別。帽頭分成兩截方盤，其在上面之一塊，於四邊各刻拜龍，亦即進廟之大門；而在下面之一塊，於四面刻海查 (Hathor) 之首；

〔附圖十七〕

海查者，埃及之愛神也。帽盤下四方之墩子，於其面部彫刻亞雪禮斯 (Osiris) 之像，或帝皇之像，而倣照亞雪禮斯者。

三十八、關於上述各項埃及式柱子，並無一定確切之尺寸。故無論花帽頭或柱子幹身，其尺度之勻配，無如希臘式或羅馬式之有一定高度及圓徑之規則者。花帽頭之大小與柱身之高低尺寸，全憑建築師或營造者視其建築上之需要而定。更如柱子與柱子中間之距離，其差雜非僅因房屋之不同而異，雖在同一室中或廳中，其排列之柱子亦有差異者。埃及之柱子，其體積甚大，例如在卡乃克之多柱廳，其柱子之花帽頭係蓮花式，而柱子之身幹有十一尺及十二尺對徑之巨。

三十九、花飾　埃及最早之廟宇，初無象形文字及彫刻之設施，亦不能臆斷其文明之程度。迨第四朝時實啓埃及文明之曙光。其美術與建築技術，亦發軔於斯。此後則重要建築之牆面，墩子及柱子均加精緻之彫刻。更後在他里牧治理之時，復有各種裝璜及修飾矣。

四十、　埃及藝術之基礎，實得之於自然物，尤以植物為其

〔附圖十八〕

。如(a)荷花(如圖十八)，係一種生於水面之美麗花朵，王尙取此

〔附圖十九〕

花以供天神者。(b)紙草(如圖十九)，爲光而細長之草莖，自根際生起，埃及人用之以製紙者。及(c)係一種棕櫚樹。更有用生物爲美術之基點者，如甲蟲，蛇，鳥，毛羽及翼膀等之形狀，取作藝術之典型，而用之於裝飾圖案。

花飾圖案之特殊盛行者，爲一中間一圓塊，而左右兩翼伸展者

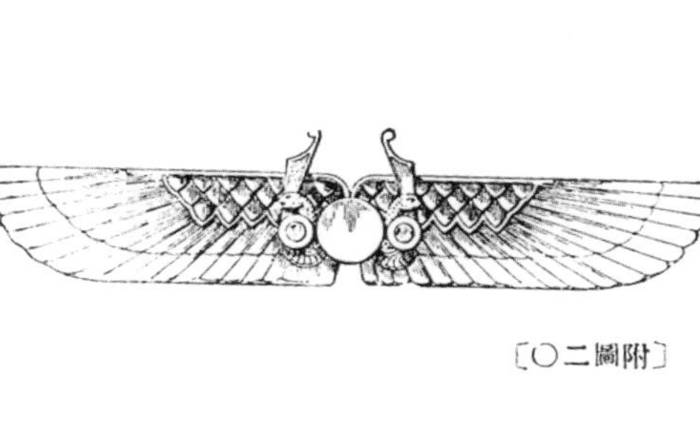

〔附圖二〇〕

，(如圖二十)中間圓塊，以代表日球；佐以兩蛇，而翅遂從玆開展者，是爲太陽活動之象徵，甲蟲飾(如圖二十一)係一有翼之甲蟲

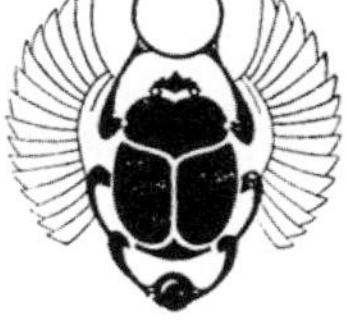

〔附圖二十一〕

，前足捧一圓球，而後足捧一小球，以象徵旭日之漸升。其他花飾亦有任意採取者(如圖二十二)。

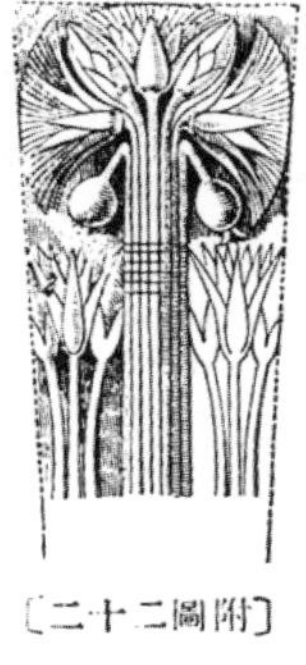

〔附圖二十二〕

四十一、牆及平頂之裝飾　象形文字及圖案之載於史籍而重現於牆飾者，可於埃及公私諸墓見之。私人之墓壁，有將一生事業刻諸壁上者，比比皆是。間亦有人與神之關係之圖案，刻於廟牆者。其最特殊者，如王之於神，埃及人民視一代君主猶天授之者，故王之任何殘暴動作，咸認爲天意如此，不敢違抗阻撓。更將其行動刻於壁垣者，如被殺者之行刑狀態也，提壺灌酒也，激怒之情態也等等，在在均足表現其美術之深刻化。

平頂有漆深色者，並綴以五角之黃星。在他里牧時代，有繞黃道帶於平頂，以象天文。迨希臘之形式傳入，遂有天文學與本有之象天星斗混合平頂。

四十二、　任何彫刻或油漆之花飾(如圖二十二)，係常因襲陳法而設置者。若係雕刻，則在古時雕刻頗深(如圖二十三)，但於後代其彫刻之施於牆面，較諸古代尤深，而形物均凸起於牆面者(

如圖二十四）

尚有牆面雕飾，襲取荷花紙草及其他植物爲藍本（如圖二十五）。圖中之a及b，係爲浪波形之鑲邊飾。f及g爲荷花，cde及h均係普通幾何畫之用作飾物之圖案者。

埃及人對於設色之藝術，亦精純美觀。若以同樣之圖案加以顏色，則尤顯耀奪目矣（如圖二十六）。此圖案中之花草藍本，均已於以前各節詳述之。惟薔薇形花飾圖案，前

〔附圖二十三〕

〔附圖二十四〕

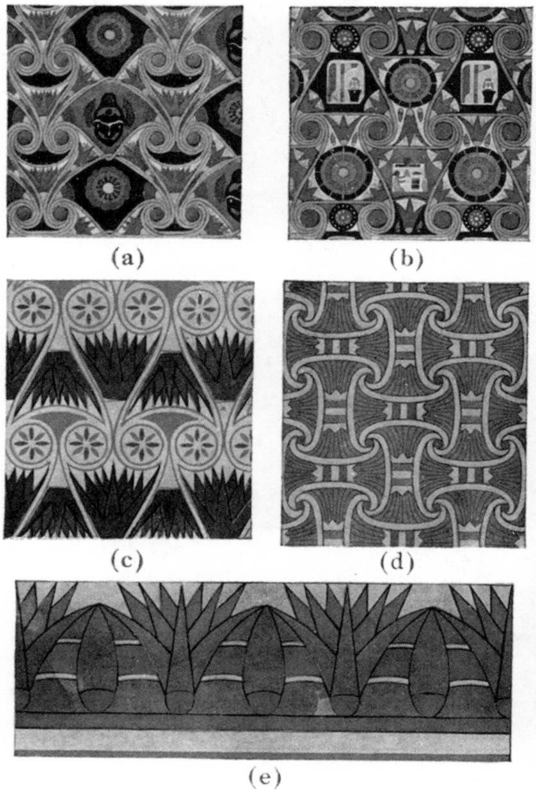

(a) (b) (c) (d) (e)

〔附圖二十六〕

(a) (b) (c) (d) (e) (f) (g) (h)

〔附圖二十五〕

節尙未提及（如圖二十七）a至c爲埃及花飾圖案中垣用之者。然此

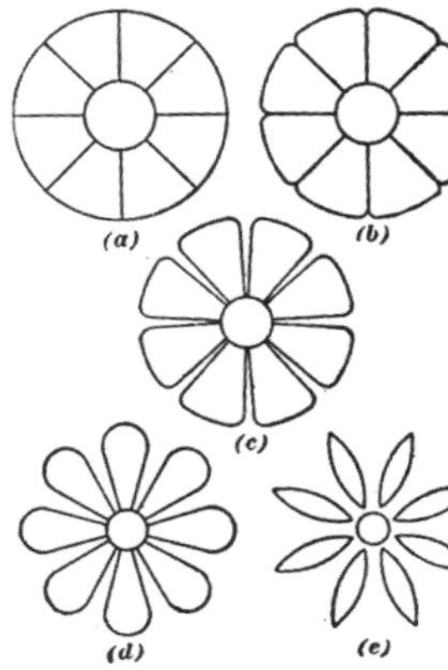

〔附圖二十七〕

案之圖形，恐埃及人採之於延命菊(Daisy)者。

四十二、　埃及花飾圖案，除上面所述者外，尙有菱形一種。亦爲主要圖案之一。他如幾何圖畫等，均係施於牆飾者。埃及人於牆面施飾油畫，往往有以歷史宗教作背景者。如圖二十八所示，

〔附圖二十八〕

爲其宗教重要儀式之一斑。此種牆飾可名之爲油畫與牆飾彙施者。埃及人初於牆面彫刻形物，迨完竣後復施油畫於上者也。

（本文埃及部份完）

補遺

上期本文脫落第十二，十三兩段，今補錄如下：

十二、藝術科學及手藝　埃及爲文明之先進者，亦爲人類之第一導師，故其美術文化及科學，在在值得後人贊賞者也。彼輩對於美術之智能與手工之技巧，尤爲超特，於埃及紀念塔及坟墓牆上所刻之彫像等觀之，咸各弈弈如生。從可知若輩技藝之超神入化巧奪天工也。自雕像壁飾觀之，更可推知埃及當時之社會狀況。有數幅關於各種農作之圖案，如犂田播種及收穫等，更有製植葡萄與採收葡萄之石刻等，其他又如美術及手工藝，其手工藝如描寫油漆之施工，雕刻，建築，石工，木工，陶工，鐵工，製革，紡織，玻璃，燒磁及金工等等，是皆精心摹繪，描寫逼眞之美術品也。

十三、政體　埃及政體爲絕對之君主專制。其君主操恃無上之權威，而其君權擬係天授者，斯可於其墓中壁畫窺其大概。人民崇戴君主，若太陽之神爲民族之首領，軍隊之將帥，審判之主宰，立法之樞紐，而君主之任何意志，政府各級機關自當奉行唯謹者也。其權位之次於君主者爲僧人。僧人爲國中博學多能之士，而居於領導之地位，故凡美術與科學均爲若輩所把恃，因之僧人亦卽爲律師，醫生，彫刻師，建築師，及編訂國史之大師也。統領軍隊之長官爲世襲職，而軍隊之組織，其間亦有僧人與軍官混合組織者。長官有封疆食邑之區，故長官於其被封區域內有統治之權，並得徵兵徵役，驅使操作公共建築等工程之權也。

人造石牆飾

漸

用人造石卽磨石子水泥(Terrazzo)來舖地，是極尋常的；但用作牆飾，則實不多見。有之惟美國紐傑賽州電話公司新屋川堂內牆上的一大塊畫壁。

華葛君(Mr. Walker)曾召致名畫家福勞傑爾(Alfred E. Floegel)，願出重價託爲代擬人造石壁飾的圖案多種。結果在數種圖案中，選用如左圖(見第一圖)所云者。福君的圖案係用彩色所繪，圖案的尺寸係依照所需壁飾的大小，交付製造人造石者依樣精製。(製成後之影見第三圖)承製人造石者爲台爾脫古兄弟公司(Del Turco Brothers)。

川堂牆壁係用粉紅色雲石舖砌。下座係古色，地面灰色。此一方壁飾的環境已如上述，所以顏色的配置，務使能與傍邊與地面的色調相和諧，實屬是一件煞費苦心的事。

第一圖　人造石壁飾圖案

第二圖

圖示水泥粉成之模型，以之澆製人造石者。其圖說意義之說明，詳見四，五，六圖。

第三圖　完成後之人造石壁飾

地球上陸地部份為生黃，海洋部份為深紅。而代表電話精神之人像為乳油色背襯綠灰色，電話線與柱子係將背襯分格者，亦為深紅色。上面的雲彩，係由深紅色漸變粉紅色，烘托中間金黃色的寶星。

第四圖

圖示火災恐慌時使用電話之情狀

中間的分隔線與地面所用者，同樣係為銅條。惟地面銅條的厚度大都半分，至厚一分。但此則有厚二分，竟有厚半寸者。其法將銅條彎曲加焊，以適合圖案中的弧形。人造石的材料，係用雲石石子與顏色水泥混拌粉製，隨後磨光。

因了這次用人造石作壁飾的成功，遂知尚有更可發展的可能，其主要點是在覓取各種顏色的雲石耳！

第五圖

圖示地震恐慌時使用電話之情狀

第六圖

圖示病時使用電話之情狀

（七）

杜彥耿

第二章

第二節　甎作工程（續）

防止潮濕從外牆面透進　防止潮濕從外牆面透進之法有三，曰：粉以水泥，蓋釘石板片，或砌空心牆。

粉水泥　露於外面之外牆面，如欲防止潮濕之透進牆垣，而致室內發生潮潤者，可粉二塗水泥。水泥之成份，應以一份靑水泥，與二份清潔而有銳角之黃沙爲妥。

蓋釘石板片　外牆面因欲避水而蓋釘石板片或瓦片者，其材料應與蓋於屋頂者同。先用木條子釘於牆中之木甎甎或木椿上，每一石片或瓦片用釘二枚釘於木條。用此方法，則牆面與石片或瓦片之中間，自必留有空隙，因之熱炎或冷氣不能直逼室中。故凡石片或瓦片後之牆垣，祇需單薄之木筋磚牆或單壁可矣。

空心牆　空心牆之築砌，普通外層之牆祇半塊磚之厚度，中間留二寸半至三寸之孔衖。孔衖之後爲實牆；而實牆與外層薄牆用鐵器鈎搭，如圖一七三。此項鐵器，應加彎曲，俾免雨水由茲沿入內牆。鐵鈎之設置每間三尺，置放一個；而高低則每高十八寸，設置一皮。如是則在每一方碼中，有二個鐵鈎，同圖中之用鋼絲鈎牽內外兩牆，其設置之法與上同。木裝修如外面門窗，其上帽頭須用靑鉛包釘。兩牆間之留空衖，係防潮濕之由外牆引入內牆者；爲應使衖中之溫度平均，故於牆之上下須留置出風洞，以資調節空氣；而出風洞應用生鐵鐵柵，柵上有孔，孔之大小以小鼠或其他小動物不能竄入爲適度。

鐵鈎搭

（附圖一七三）

防上潮濕之由上流下　將避潮層蓋於牆頂之上，或直接置於壓頂石之下。蓋於牆頂上者，如圖一六一。壓頂石兩邊挑出牆外，至少二寸；而壓頂石挑口之下端鑿有滴水綫者，凡雨水滴下不及於牆，故如欲用避潮層，則蓋於壓頂石之上面。避潮層之置於壓頂石下者，如圖一六〇，將兩塊石板片或瓦片用水泥舖窩，石片應較牆闊每邊突出約二寸至二寸半，俾雨水向外滴去，不致沿流牆身。再考究之甎作工程，其牆頂之六皮甎工，全用水泥砌者。

法圈　法圈或稱拱圈，係以榫狀之甎塊，互相擠軋而依用之集合體也。法圈之形如弓背而支於兩邊圈脚者，此種法圈係砌於空堂之上，俾擔受空堂上之重量，而轉傳之兩旁圈脚後牆身。構築法圈之主要點，分述如下：

一、圈脚或墩子不因法圈之推撐力而動搖，確能擔受重量及强力之控制。

二、法圈之弧形，應使適度，則其剖面上所受之擠力重心，不致偏出中央三分之一，庶無發生拉力之危險。圈拱受有平均分布重量時，則其彎曲線應爲拋物線形；但此拋物線形之曲度，須依照載重量之分別而異。因之凡一圈拱，應用計算之方式以求得適切之弧形曲度。如因計算方式之麻煩不便，而事實上亦難將每一拱圈逐加推算時，故莫如用簡捷方法，以求適度之圈拱弧線曲度；法以圈脚對圈脚間之跨度八分之一，是爲圈心之高，故圈脚山頭常成六十度左右之角度，是爲最適當之曲度。

三、圈拱之剖面面積，務使之能抵拒互相擠軋力之消長，而臻於安全。例如單塊磚厚——或稱十寸厚之牆垣，其圈拱之厚度，固不能超過牆之厚度；故欲增厚圈之强力時，應將圈面增高之。

四、圈拱之灰縫線，均應與圈拱弧形切線成直角形。如一七四圖。

術語　關於法圈上之術語如下：

圈磚或圈石　凡磚與石之形體，上闊而下狹，用以叠砌法圈者，均謂之圈甎或圈石。

圈脚　法圈最末或最下之一塊甎或石，是謂圈脚。

山頭　甎或石之起自墩子，成坡斜形，而負第一塊圈脚磚或石之起砌者，謂之山頭。

老虎牌　法圈最中心向外凸出之甎或石，是謂老虎牌。其形體猶如人家門上釘以鎮壓風水之虎頭形牌，故有是名。其有平面不凸出者，謂之圈頂甎或圈頂石。

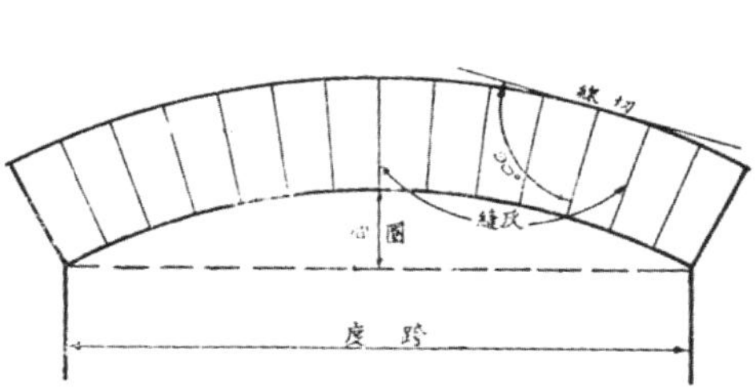

(附圖一七四)

圈底　法圈之底面謂圈底。

圈頂　法圈之上部弧形線謂圈頂。

聯環圈　一排聯環之法圈，由墩子或柱子支起，担任上部重量之壓制者，曰聯環圈，如一七五圖。

墩子　支住聯環法圈而位於外邊或中間之支柱（如一七五圖），謂之墩子。英文名稱，外邊與中間之墩子各異；外邊者曰 Abutment，中間者曰 Pier。惟在吾國建築界中，素無此種分別，均稱墩子。或曰，中間與外邊之墩子，名稱相同，頗易混淆，應擬立新名，以示區別。茲姑以 Abutment 之在房屋建築者，曰『邊墩子』；而在橋工者，曰『橋座』。Pier之於房屋建築者，曰『墩子』；在橋工者，曰『橋墩』。

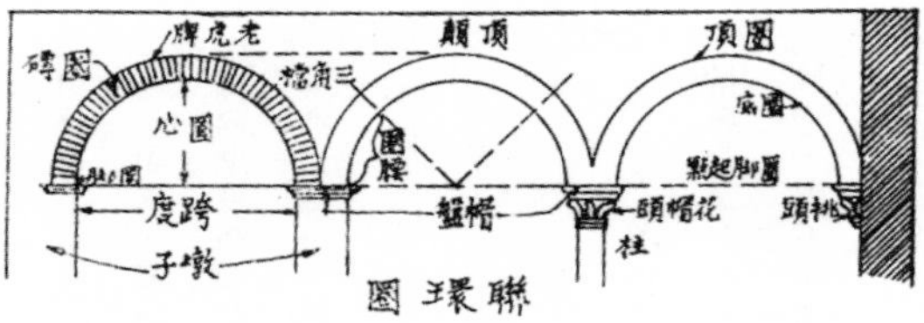

花帽頭 在柱子頂端之一節，雕鑿花飾或形成線脚者，曰花帽頭。見一七五圖。

帽盤 在花帽頭上之方盤，用以蓋壓花帽頭，一面任法圈或過梁之擱置，如一七五圖。

挑頭 連環圈最末一個法圈之圈脚，有時適遇橫過之大牆，致無地位設置柱子或墩子，而圈脚亦不能砌進牆去；蓋既不美觀，又不能對向外擠力予以抗衡；故勢須於牆面挑出挑頭，以資擱置圈脚之用。如一七五圖。

聯環圈

（附圖一七五）

圈脚起點 在法圈弧形之起點處，見圈拱之立面圖。

跨度 圈脚與圈脚之中間平行距離。

頂巔 法圈圈頂之最高點。

圈心 自圈脚以至圈底最高點間之垂直距離，如一七五圖。

圈腰 自圈脚以至圈頂之腰段以下稱圈腰。圈腰，甎作工人稱之謂『七寸頭』。

三角檔 兩法圈相接處之三角面，例如兩圈相接之尖點，以至圈頂線平之一塊三角面，如一七五圖。

圈甎皮數 圈甎之鑲砌，依照法圈之弧形者。然每一法圈之甎，其高度與式別，自各不同。如一七六圖所示者爲兩滾甎式法圈，一七七圖爲滾甎與豎直甎間砌者，而一七八圖所示則爲兩滾甎圈頂上加蓋一皮輔磚者。

一七六圖 兩滾磚式

一七七圖 牽制皮

一七八圖 輔磚式

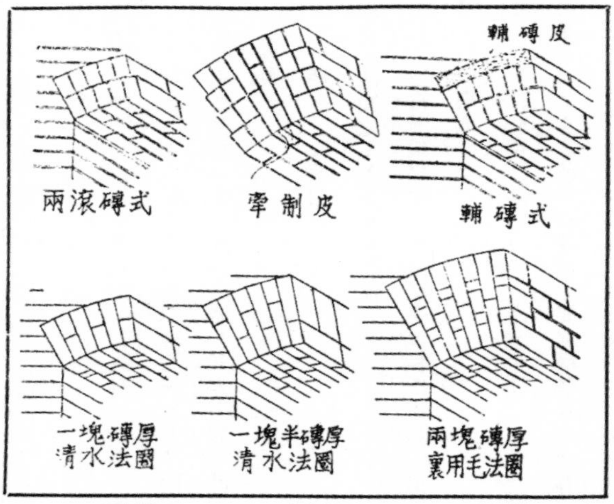

一七九圖 一塊磚厚清水法圈

一八〇圖 一塊半磚厚清水法圈

一八一圖 兩塊磚厚裏用毛法圈

（待續）

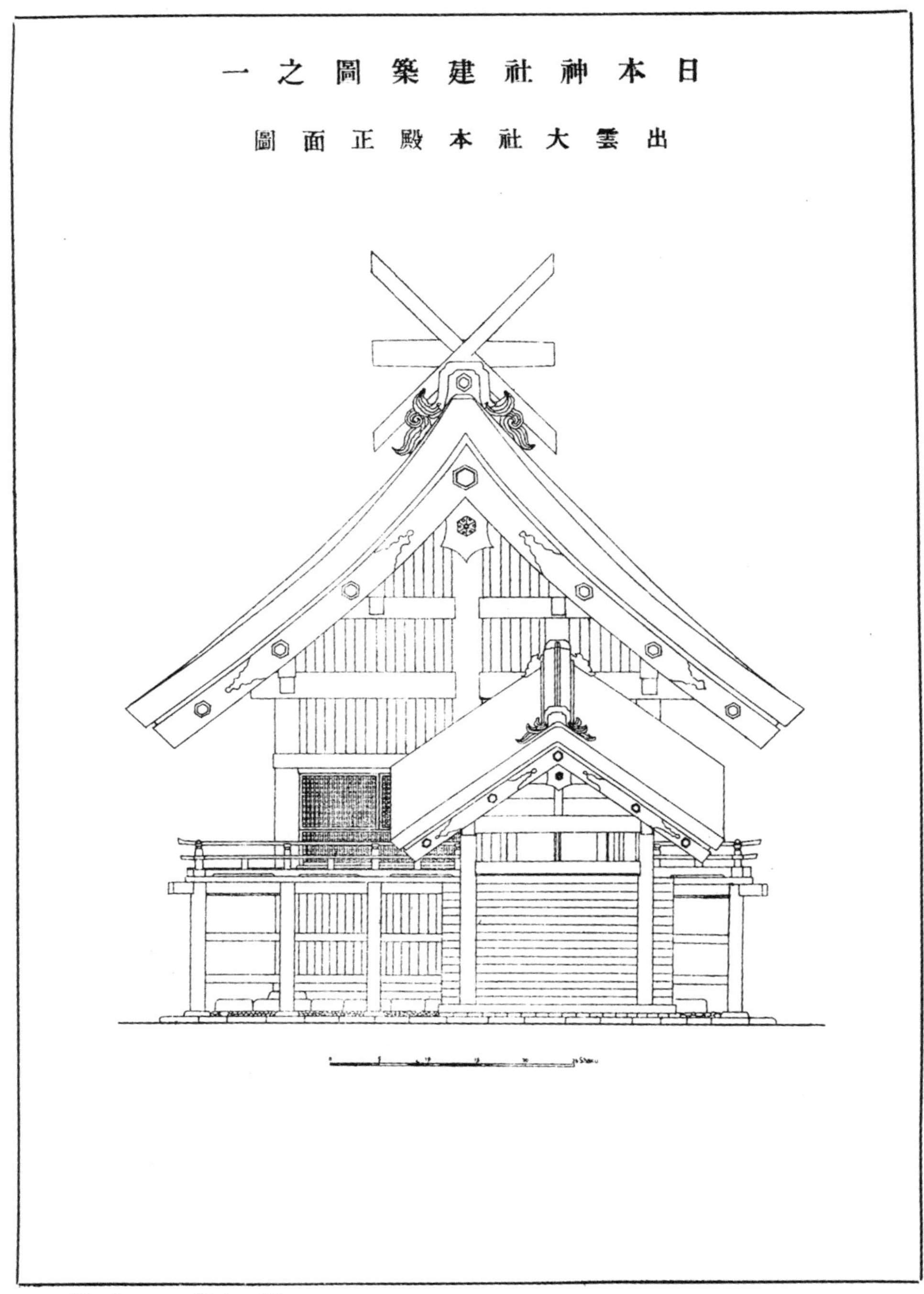

日本神社建築圖之一
出雲大社本殿正面圖

The Japanese Shrine (1)

The Japanese Shrine (II)

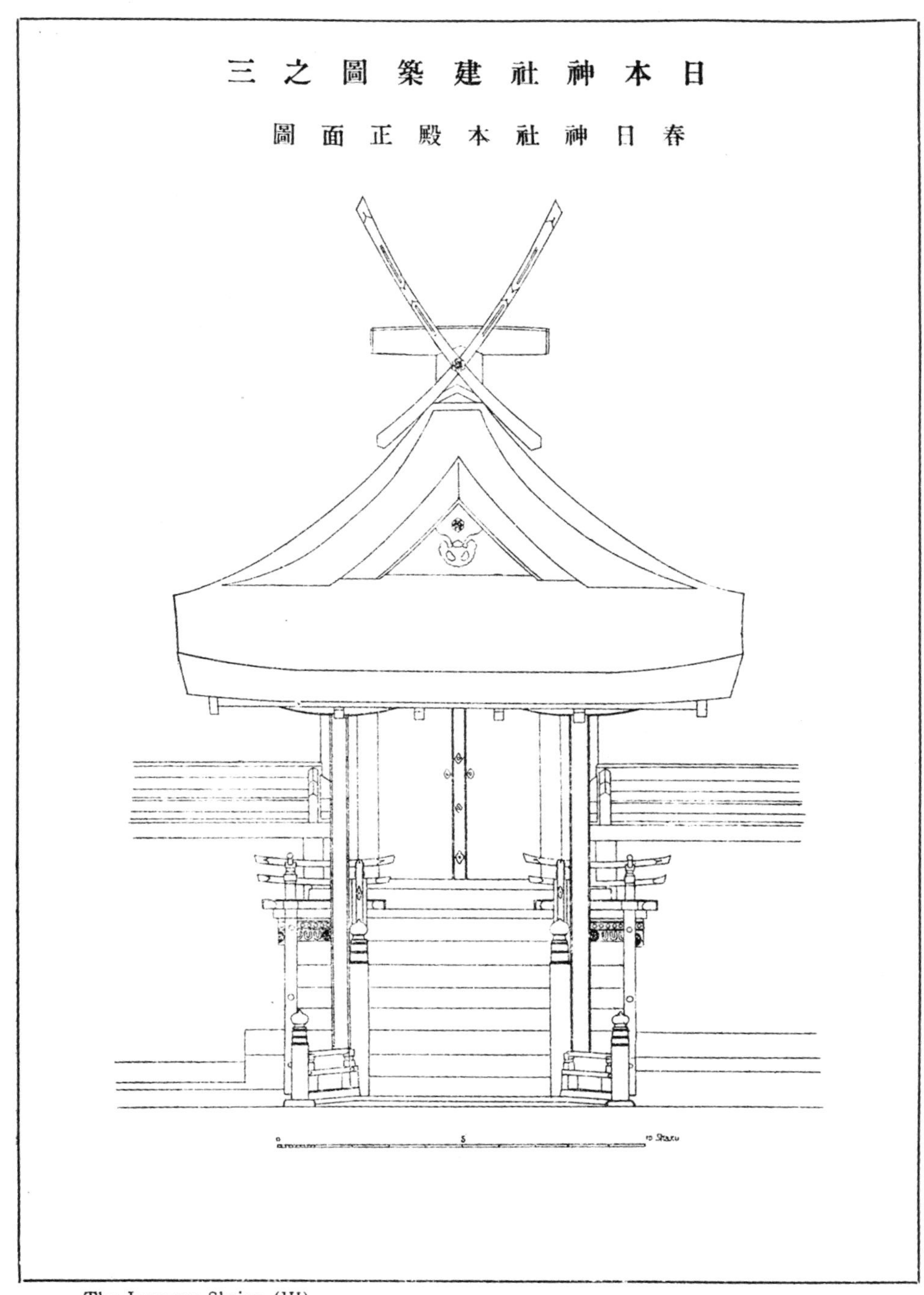

The Japanese Shrine (III)

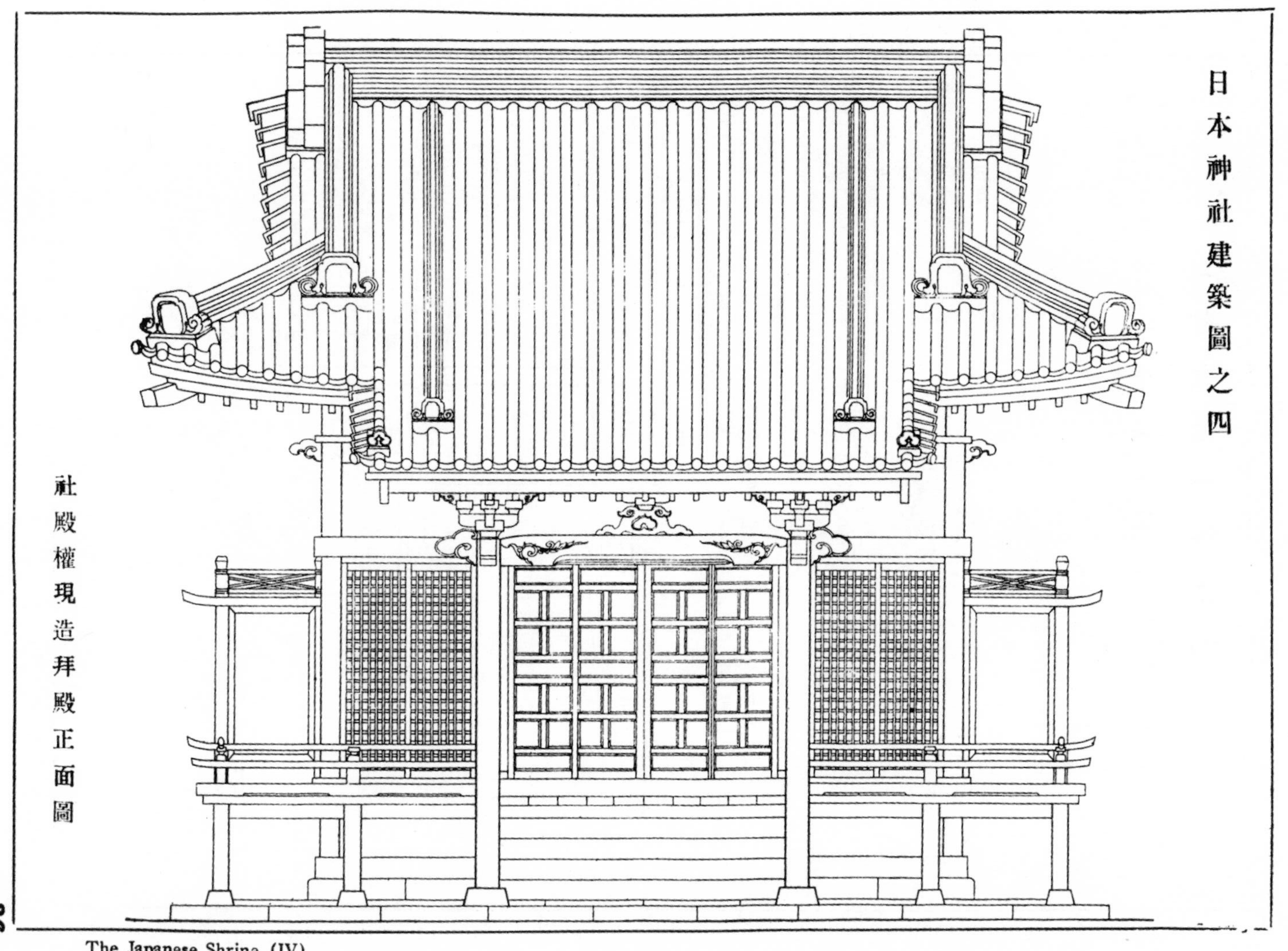

日本神社建築圖之四

社殿權現造拜殿正面圖

The Japanese Shrine (IV)

A Spanish style house with Chinese Reception Hall in the front.

Designed by C. S. Liu

西班牙式住宅，中置客廳，採中國式畫棟雕飾，盡富麗堂皇的能事。這所中西合璧的住宅，讀者也有這胃口去建造一所麼！

設計者劉家聲

蒼老的樹下 駛着一輛新式汽車、伴襯出一所摩登建築物。人生的享用，應當如此，但願人們都向着這目標趕去！

設計者劉家聲

A Modern Residence.

Designed by C. S. Liu

鐵門

黑白影社 王明哲攝

Iron Gate　　Photo by Wang Min-Chieh

Highway Construction
Photo by Loo Foo

江西南昌之建設公路忙

黑白影社 盧馥攝

鄉村建築

黑白影社 張景瑛攝

Rural Construction
Photo by C. T. Chang

錢塘江大橋工程近況

杭州錢塘江橋自開工以來，其最近進展情形，撮要紀之如次：

㈠正橋部份，橋墩計十五座，位置均在江中，為全部工程中之最艱巨者，前由康益公司承包。興工以來，至本年五月間，靠北岸第一墩，及靠南岸第十四十五兩墩，均已築成鋼板椿圍堰，並分別在圍堰內建築沉箱及預備打基椿工作。第二號至第十三號橋墩沉箱，亦開始在南岸工場製造；詎因六月間，雨水過多，上游山洪暴發，橋址一帶水位激漲，江流甚速，江底被刷深二丈餘，致將第十四十五兩號圍堰冲陷，江底鋼板椿，大半被流沙覆沒；經設法打撈，因工作困難，尚未完全取出。至於靠北岸第一墩工事進行，尚屬順利，鋼筋混凝土墩牆，現已築成一節，壓氣機件及氣管等，亦經安裝完畢。現預備用壓氣法將在沉箱內挖土下沉。第二至第十三號橋墩之鋼筋混土沉箱，在上游南岸沉箱工場製造，業已造成三具，現正在建築臨時碼頭軌道，伸出江面，準備用起重機將沉箱吊起，放入江中，駛至各橋墩適當地點放下，然後再灌壓氣入內，挖土下沉。此項沉箱每具重六百餘噸，以之吊起駛放江中，實非易事。此種艱巨工程，在中國尚屬初次試辦。

㈡北岸引橋由東亞工程公司承包。該部份橋墩大小凡十座，形式不一，基礎深淺亦各有不同，故建築基礎方法，亦因之而異。有祇用開掘法，將基礎直接建築於岩石層上者；有須打木椿長自五十呎至九十呎始達石層者；又有用開口沉箱法挖土下沉五六十呎以達石層者。現均次第開工，有數墩已完正，預備上層鋼筋混凝土工作，亦有正在打椿挖土者，工作頗為緊張。

㈢南岸引橋由新亨營造廠承包。此部份工程，比北岸引橋基礎工作，較為繁難，橋墩雖有五座，但地基不良，岩石層甚深，故須先打長至一百呎之木椿，始能建築基礎。靠江岸兩座，因基礎甚深，挖掘不易，故須先打鋼板椿圍堰，又因地質係鐵板沙鋼板椿不易打入，現用射水機以助打椿工作。南岸一帶，打椿機，起重機，員工宿舍以及一切材料工具，星羅棋布，與上游正橋沉箱工場遙遙相對。益以運料船隻麕集，江濱浙贛鐵路亦以此為尾閭，形成一種新工業區模樣。

㈣正橋鋼梁由道門朗公司承辦，現正在英國製造。引橋鋼料，由西門子洋行承辦，在德國製造，其第一批均已在來華途中。

本市市中心區工務建設近況

本市自市中心區開闢後，各種建築物，均次第與建。惟該區地勢較低，每有建設，須先填土，是以填土工程甚鉅，約計一萬餘立方公尺。二次領地及市府職員領地共一千餘畝，可排三十公分至九十公分總溝，共計長一萬七千餘公尺。通路方面，除新開政均東路外，其餘各路已逐步改進，以期日臻完善，如市光路，市興路，民北路，民府路等均先後改舖煤屑，及砂石路面。至於翔殷路自水電路至公安局市中心區分局一段，原係灌柏油路面，寬度則自四公尺至六公尺不等，更以日久失修，損壞殊甚，經路面用冷柏油拓寬至九公尺，旁築水泥側石，整理人行道，路面平廣，煥然一新。所有公共建築方面，除運動場游泳池體育館小學校等工程，業已全部完竣外。圖書館博物館市立學院等，不久亦將先後完工。

浙十里荒山測量現已完竣

浙建廳開鑿十里荒山，工程積極進行，現因農民秋收正值忙碌之期，公路決於農事稍閒之冬令趕築完成，以利交通。至水利工程，日來測量業告竣事，鑿井開塘挖渠等，即須動工。原有之測量隊，已由水利局調往衢縣擔任測量吾平堰工程。

粵當局計劃建設瓊崖環海鐵路

粵省軍政當局，爲發展瓊崖實業，鞏固海防，特擬興築瓊崖環海鐵路，以貫通全瓊交通，及建築海口碼頭，以便上下客貨，經令飭瓊崖實業局長朱赤霓擬具計劃呈復察核。茲查關於此項鐵路建設計劃，業由該局長會同荷蘭治港公司工程師在地時妥爲擬具，呈請總部省府核辦。該計劃內容，認定海口港碼頭與環海鐵路之建築，必須同時並進，同爲不可分離之部份。因該地之海運交通，當以海口碼頭爲其樞紐，聯貫內地，當以環海鐵路爲其總幹，使之與各屬公路貫通啣接。環海鐵路之建築，擬分爲三期辦理云。

浙贛路南玉段通橫峯

浙贛路南玉段九月二十四日已由上饒通橫峯，惟現僅開工程車，未開客車。

平漢鐵路七年計劃

平漢鐵路爲溝通南北重要幹線，在國內各路中向居首位。顧近十餘年來，迭受軍事影響，軌道失修，車輛缺乏，收入短絀，負債日增。路況已瀕危境，整理不容再延。經該局詳細研究，擬定「七年計劃」。計劃內容，分爲工務，機務，車務，財務四項，茲將工務計劃批露如後：

該路鋼軌枕木泰半磨損朽敗，橋樑屢經軍事炸燬，行車速率，常受限制，安全尤屬可慮。茲擬分年抽換枕木五十萬根，購置鋼軌五千五百餘噸，各站岔道亟須改造抽換。擬購第十號轉轍器七十件，岔道枕木七十付，以資應用。全路橋樑除新樂馮村大橋亟須改建外，其餘按形勢緩急，分爲五個時期辦理：㈠漢口至信陽，㈡信陽至郾城，㈢郾城至黃河南岸，㈣石家莊北平，㈤黃河北岸至石家莊。其間黃河鐵橋，久逾保險期限，每年一值水季，河流湍急，橋基即岌岌可危，誠屬該路嚴重問題。其重要設計，爲新橋之地址，跨度之長短，橋礅之式樣，鋼梁之種類，均經多數專家，詳加研究。

積極建設中之蘇省公路網鳥瞰

近兩年來，蘇省公路建設，積極猛進，比較任何建設爲優。茲將已經完成之公路，及正擬興築之公路，分誌於後：

錫滬路

錫滬路自無錫起，經常熟，太倉嘉定而達上海，約長一百三十公里。其無錫至常熟一段，即爲七省公路宜興常熟線之錫常段，常熟以次，則爲京滬幹線之常滬段。當其同時施工，故併稱錫滬路。該路所經區域，河流縱橫，橋樑特多，工程異常艱鉅。自去年四月中開工以來，經積極進行，橋涵路面各項工程，已於本年七月中全部完成。

蘇常路

該路為常熟嘉興線之一段，北起常熟，南迄蘇州，與已成之蘇嘉段相接，長凡三十九公里強。該路亦於去年四月中開工，工程亦以橋樑為多。現各項工程，已於六月底，全部完成。

蘇滬路

蘇滬路自蘇州起，經唯亭，正儀，崑山，夏駕橋，安亭，黃渡，至南翔與錫滬路相接，長七十三公里有零。自夏駕橋至南翔一段，由上海市工務局擔任建築。自夏駕河西迄蘇州，則由建廳辦理。於本年二月中，開始勘測，並籌備一切，至三月初，路基橋涵同時開工，至五月底，完成土路通車，當即繼續舖築煤屑路面，亦已於七月初完成，至滬段則里程較短，五月中即已告成。

揚浦路

揚浦路由揚州經儀徵，六合，而至浦口，全長九十六公里。其中揚州至六合一段，原名六揚路，現因六合至浦口間一段，亦已接通，故併稱揚浦路六揚段。於二十二年十二月開始勘測，旋即分別由沿線各縣徵工修築路基，並由工程處修建橋樑涵洞，均早經完竣。惟滁運兩河，以航運關係，建築平轉式活動橋樑，當將運河一座先行修建，現在橋墩橋座，以及固定部份之橋面，均已完成，惟活動部份，以近日運河水漲，無法工作，一俟水落，即將繼續動工，至滁河一座，現因經費關係，故設船渡，亦已完成。至六浦段，前因浦鎮有橋樑一座，未經築成，全段未能通行，現亦經工程處補築，並將路基修整完竣。現在該路自揚州運河西岸起至浦鎮，已先後通車。

六滁路

該路由六合經大營集入皖，與津浦鐵路交會於滁州，蘇省境內一段，長約二十二公里。於去年春間開始籌備，至七月中橋涵各項工程，先後開工，早經完竣。至路基工程，因農忙關係，直至本年春間，始行由縣政府征工興築，現亦大致完成。

蘇木路

蘇木路為江陰，蘇州支線之一段，一端起於蘇州，一端止於木瀆，計長約十二公里。係由商人投資興築，惟工程仍由建廳主辦，於去年十月開工，現已全部完成。

崇陳路

崇陳路，起自崇明縣治，經浜鎮，新開河，北堡，向化至陳家鎮，計長四十三公里。歷年經該縣陸續興築，前已通車至向化，自向化至陳家鎮，亦於去年由縣政府計劃辦理，因經費關係，分為兩步施工。第一步修築及涵洞，第二步修築橋樑，均已先後完成。惟路面工費艱窘，暫未興築。

揚靖路

揚靖路自揚州起，經仙女廟，口岸，泰興，而達靖江，長約一百零三公里。為浦口啟東線之一段。去年即有興築計劃，故七月間組隊勘測，當年即令飭沿線各縣徵築路基，一方面由建廳設立工程處負責進行。該路揚州至仙女廟間，有大橋四座，長度均在一百公尺以上，最大者萬福橋，長達四百五十六公尺，均經詳細計劃。現在大橋工程，以及其他普通橋樑涵洞等，均已開工。至路基工程，靖江縣內業已完成，泰興境內亦將竣工，江都段進行較緩，僅及四分之一。

青滬路

青滬路自青浦經崧澤村，趙巷，方家窰而達上海，長約二十三公里。橋涵土基，前已完成。嗣有該縣商人，組織青滬長途汽車公司，投資興築路面，經建廳核准，當即由縣政府組設工程事務所，負責進行。現路面工程，業由廳方核定，承包人即可簽訂合同，開工興築。

松泗路

松泗路自松江至泗涇鎮，長約十二公里有半。橋樑涵洞，業於去年完成，本年乃繼續路基修整，並添設水管四十道，現路基水管兩項，業已竣工。路面材料，亦已運齊，正在積極舖築中。

豫省建築
洛潼公路近況

豫建設廳修築之洛潼公路，自今春興工以來，積極進行，茲悉其近況如下：㈠洛甯段，自洛陽至洛甯，路綫共長八八•〇公里，路寬七•五公尺，土基已全部完成，計土方二〇〇•〇〇〇•〇公方。橋樑涵洞工程，除沙亭河原係木橋，現因平時無水，改建爲塊石爬河便道外，計磚墩木面，及木墩木面橋梁十七座，均已完成，合計長度八一二•〇公尺，磚墩木面箱式涵洞計八十道，亦於本年七月間修築竣工。㈡閿潼段，自閿鄉至潼關，路綫共長四〇•〇公里，路寬七•五公尺，全部路基土方一一四•五八五•〇公方，已經完成。全路橋梁二座，共計長度五〇•四公尺，已完成一八•八公尺一座。尚有一座，亦已完成百分之四十。磚墩木面箱式涵洞七座，及洋灰水管十道，已全部完竣。㈢甯盧段，自洛甯至盧氏，路綫共長七五•五公里，路寬六•五公尺，已成土基約百分之十，計土方數一三〇〇〇公方，橋梁涵洞工程，尚在設計中。全路石方，業已招標，由大興公司承包開鑿，計包價一三七•四三•三四元。洛甯至長水一段，橋涵石堤工程，業已由振豫公司承包，計價二七三五四•四六元。㈣盧閿段，自盧氏至閿鄉，路綫共長九七•五公里，路寬六•五公尺，全部土方業已完成，計共一•五五〇•〇〇〇•〇公方。石方工程由大興公司承包，計包價一五三•七三〇•三四元，開工後迄今，已開鑿石方一七八〇〇〇公方，總便管十七座，包價三〇七一〇•六五元，三合土水管包價一七六四四•〇九元，均爲合興成建築公司承造。鋼筋洋灰混雜凝土涵洞四十餘座，由義通建築公司承造，計包價八一七五四•二七元。以上三項工程，均爲最近招標，現已分別開工。

閩西各公路
年底可完成

閩省公路網，除閩南各幹線均已完成，閩東因有特殊情形尚未興築外，當局現在推進之築路工作厥爲閩西閩北二線：

•閩北• 之延平浦城至一線，因有軍事關係，去年即已完成通車。沙永一段，亦於六月底完成。現在正趕築中，爲延平經過順昌將樂邵武接至贛邊一線，由四十五師兵工担任建築，九月底亦可竣工。

•閩西• 方面，龍汀一線，自龍巖至朋口一段，去年攻汀之際，雖草草通車；惟朋口至長汀間，因松毛嶺工程甚鉅，以致延限。查該段路線，坡路甚峻。應大加掘低，而路面之下，大部又皆爲岩石，此次開工，迄今已有半月之久，每日工作人數在三百名以上，以現在工程估計，約需一月後方能通車。何田之木橋，前被水冲損，現亦重修，其橋身加長，橋基亦增高，在水漲時，可免再有傾倒之虞。至巖峯段早經興築，現路基已大部完成；惟橋樑涵洞石方，因限於財力，多未動工。此次建廳長陳體誠特向南洋鉅商胡文虎商借五萬元，爲完成閩西公路專欵後，各段工作又復緊張，据該路工程處人員云：十月底可以行車。至杭峯段刻亦積極測量中，大約本年底閩西各段公路工程，可全部完成。

漢甯公路測竣

漢甯公路自建廳委定黃度慈爲總工程師後，對於工務進行卽積極擬具實施計劃。現漢甯公路全線業經朱隊長宗鑫率領工程人員測量竣事，工程進行路線刻已決定。至全線工程預算最低限度當在九十五萬元左右，計全路石工共三十萬方，每方二元計算，亦須六十萬元。全路土工須十萬元，橋工五處，每橋以五萬元計，亦須二十萬元。其餘工程人員辦理公費約需萬餘元，共計已在九十萬元以上。原計劃之工程預算八十萬元恐不敷分配，況上項預算完全以此次實測結果爲準則。全線工程現決定分兩大段卽動工修築云。

晉全省公路建築情形

山西物產豐富。煤鐵而外，如晉南之麥棉，雁北之皮毛，均堪爲地方輸出物品。人民天然富源，徒以交通阻塞，運輸不便，以致剩餘物產，無法暢銷，而輸入各貨價值昂貴，現在農村經濟枯竭，人民生計艱窮，原因固多，而交通不便，實爲其最大主因。故省政十年建設計劃案規定，人民義務服役修路標準，由省縣村同時進行修築。蓋以交通關係重要，非如此辦理，難期費用省而成功速也。茲將本省歷年修築情形，分誌於下：

㈠省路以往修築情形，民國九年黃河以北各省同被旱災，本省災情尤重，因利用工賑及兵工修築太原至大同，太原至運城，平定至遼縣，太原至軍渡，各汽車路共長二千一百十二里。以後繼續進展，截至十八年止，復先後完成者，有侯馬至河津，運城至風陵渡，祁縣白圭鎮至晉城，忻縣至五台河邊村，汾陽至平遙，介林至汾陽等汽車路共長一千五百三十八里。現在已成各路，共有三千六百五十里。此後未再增築。㈡省路管理情形，本省各段汽車路完成後，於民國十一年七月，共劃爲十二段，計晉南四段，晉北三段，晉西二段，白晉二段，平遼一段，每段設一段長，辦理修路及收捐事宜。二十一年五月，爲整理各省汽車路便利商人見起，將已成各汽車路包歸專商專利行駛，取消各段段長，改組汽路臨時管理委員會專司修路之責。至二十二年復將管理委員取消，另設汽路管理局接辦修路事宜，歸建設廳管轄。至修路費用原預算十六萬元，至二十一年度按七成扣發實領十一萬二千元，因本省環境皆山，已成汽路多係依山修築，每屆夏秋兩季，山洪之暴發不時，汽路之損壞頻仍，工程浩繁，需款極多，前項修理費，撙節開支，僅足敷用。㈢省路現在擬修情形，本省汽車營業，晉南較爲發達，共有客貨汽車二百四十七輛，每年營業收入，約有七十餘萬元，佔全省汽車營業收入二分之一。自同蒲鐵路通車後，客貨多改由鐵路，該路汽車營業，日見銷減，現在已有一落千丈之勢。現正計劃修築晉城至曲沃，及黎城東陽關至臨汾兩汽車路，藉資救濟。再晉西現因防務吃緊，爲便利軍運起見，擬將岢嵐至山蔭岱岳鎮及五寨三岔鎮至河曲之汽路，提前修築，現亦從事勘測，一俟計劃完畢，卽照進行。此外擬修省路，尙有一萬餘里。

本刊所載材料價目，力求正確；惟市價瞬息變動，漲落不一，集稿時與出版時難免出入。讀者如欲知正確之市價者，希隨時來函詢問，本刊當代爲探詢詳告。

磚瓦

（一）空心磚

十二寸方十寸六孔　每千洋二百三十元
十二寸方九寸六孔　每千洋二百十元
十二寸方八寸六孔　每千洋一百八十元
十二寸方六寸六孔　每千洋一百三十五元
十二寸方四寸四孔　每千洋九十元
十二寸方三寸三孔　每千洋七十二元
九寸二分方六寸六孔　每千洋七十二元
九寸二分方四寸半三孔　每千洋五十五元
九寸二分方三寸三孔　每千洋四十五元
四寸半方九寸二分四孔　每千洋三十五元
九寸二分四寸半三寸二孔　每千洋二十二元
九寸三分・四寸半・二寸半・二孔　每千洋廿一元
九寸三分・四寸半・二寸・二孔　每千洋廿元

（二）八角式樓板空心磚

十二寸方八寸八角四孔　每千洋二百元
十二寸方六寸八角三孔　每千洋一百五十元
十二寸方四寸八角三孔　每千洋一百元

（三）深淺毛縫空心磚

十二寸方十寸六孔　每千洋二百五十元
十二寸方八寸半六孔　每千洋二百十元
十二寸方八寸六孔　每千洋二百元
十二寸方六寸六孔　每千洋一百五十元
十二寸方四寸四孔　每千洋一百元
十二寸方三寸三孔　每千洋八十元
九寸三分方四寸半三孔　每千洋六十元

（四）實心磚

九寸四寸三分二寸半紅磚　每萬洋一百四十元
八寸半四寸一分二寸半紅磚　每萬洋一百三十三元
十寸・五寸・二寸紅磚　每萬洋一百二十七元
九寸四寸三分二寸紅磚　每萬洋一百〇六元
九寸四寸三分二寸三分紅磚　每萬洋一百廿元
九寸四寸三分二寸三分拉縫紅磚　每萬洋一百八十元

（五）瓦

一號紅平瓦　每千洋六十五元
二號紅平瓦　每千洋六十元
三號紅平瓦　每千洋五十元
一號青平瓦　每千洋七〇元
二號青平瓦　每千洋六十五元
三號青平瓦　每千洋五十五元
西班牙式紅瓦　每千洋五十元
西班牙式青瓦　每千洋五十三元
英國式灣瓦　每千洋四十元
古式元筒青瓦　每千洋六十五元

（以上統係外力）

（以上統係連力）

新三號青放　每萬洋五十三元
新三號老紅放　每萬洋六十三元

以上大中磚瓦公司出品

・輕硬空心磚

		每塊重量
十二寸方十二寸四孔	每千洋二八八元	卅六磅
十二寸方十寸四孔	每千洋二三六元	廿六磅
十二寸方八寸二孔	每千洋一七七元	十九磅半
十二寸方六寸二孔	每千洋一三三元	十七磅
十二寸方四寸二孔	每千洋八十九元	十四磅

十二寸方三寸二孔	每千洋七十元	十三磅半
九寸三分方八寸二孔	每千洋九十三元	十二磅
九寸三分方六寸二孔	每千洋七十元	九磅半
九寸三分方四寸半三孔	每千洋五十四元	八磅二五
九寸三分方三寸二孔	每千洋五十元	七磅二五

硬磚

二寸二分四寸五分九寸半	每萬洋一〇五元	六磅
二寸二分四寸一分八寸半	每萬洋八十五元	四磅半

以上長城磚瓦公司出品

鋼條

四十尺二分光圓	每噸一一八元
四十尺二分半光圓	每噸一一八元
四十尺三分光圓	每噸一一八元
四十尺三分圓竹節	每噸一一六元
(以上德國或意國貨)	
四十尺普通花色	每噸一〇七元
(自四分至一寸方或圓)	
盤圓絲	每市擔四元六角

泥灰石子

象牌水泥	每桶洋六元三角
泰山水泥	每桶洋六元三角五分
馬牌水泥	每桶洋六元五角
拔灰	每擔洋一元二角
黃沙	每噸洋三元
石子	每噸洋三元半

木材

洋松 八尺至卅二尺再長照加	每千尺洋七十八元
一寸洋松	每千尺洋八十元
寸半洋松	每千尺洋八十一元
洋松二寸光板	每千尺洋六十四元
四尺洋松條子	每萬根洋一百四十五元
一寸四寸洋松一號企口板	每千尺洋九十元
一寸四寸洋松副頭號企口板	每千尺洋八十二元
一寸四寸洋松二號企口板	每千尺洋七十二元
一寸六寸洋松一號企口板	每千尺洋一百元
一寸六寸洋松副頭號企口板	每千尺洋八十七元
一寸六寸洋松二號企口板	每千尺洋七十七元
一二五四寸洋松一號企口板	每千尺洋一百三十二元
一二五四寸洋松二號企口板	每千尺洋九十二元
一二五六寸洋松一號企口板	每千尺洋一百四十二元
一二五六寸洋松二號企口板	每千尺洋九十七元
柚木(頭號)僧帽牌	每千尺洋五百元
柚木(甲種)龍牌	每千尺洋四百二十元
柚木(乙種)龍牌	每千尺洋四百元
柚木(旗牌)	每千尺洋四百元
柚木(盾牌)	每千尺洋三百六十元
硬木	每千尺洋一百五十元
硬木(火介方)	每千尺洋一百四十元
柳安	每千尺洋一百六十五元
紅板	每千尺洋一百十元
抄板	每千尺洋一百三十五元
十二尺三寸六八皖松	每千尺洋五十六元
十二尺二寸皖松	每千尺洋五十六元
一二五四寸柳安企口板	每千尺洋一百七十六元
一寸六寸柳安企口板	每千尺洋一百七十六元
一二五四寸企口紅板	每千尺洋一百三十六元
二寸一半建松片	市尺每千尺洋五十三元
九尺四分建松板	市尺每丈洋三元六角
九尺八分建松板	市尺每丈洋六元五角
六尺半五分青山板	市尺每丈洋三元

本松毛板	市尺每塊洋二角二分
本松企口板	市尺每塊洋二角四分
六尺半二分杭松板	市尺每丈洋一元四角
七尺半二分甌松板	市尺每丈洋一元四角
六尺半八分皖松板	市尺每丈洋四元
九尺八分皖松板	市尺每丈洋五元
六尺半五分皖松板	市尺每丈洋三元六角
台松板	市尺每丈洋三元
七尺半四分坦戶板	市尺每丈洋二元二角
七尺半三分坦戶板	市尺每丈洋二元
六尺二分機鋸紅柳板	市尺每丈洋二元一角
六尺三分毛邊紅柳板	市尺每丈洋二元一角
六尺二分俄松板	市尺每丈洋一元八角
六尺半二分俄松板	市尺每丈洋二元
七尺半毛邊二分坦戶板	市尺每丈洋一元四角
六尺半五分機介杭松	市尺每丈洋三元一角
六分一寸俄紅松板	每千尺洋七十八元
一寸二分四寸俄紅松板	每千尺洋七十四元
六分一寸俄白松板	每千尺洋七十六元
一寸二分四寸俄白松板	每千尺洋七十二元
俄紅松方	每千尺洋一百十五元
一寸四寸俄紅白松企口板	每千尺洋七十九元
一寸六寸俄紅白松企口板	每千尺洋七十九元
俄麻栗方	每千洋一百三十元
俄啞克方	每千洋一百三十元
六分一寸俄黃花松板	每千尺洋七十八元
一寸二分四寸俄黃花松板	每千尺洋七十四元
四尺俄條子板	每萬根洋一百三十元

五　金

（一）釘

美方釘	每桶洋十六元〇九分
平頭釘	每桶洋十六元八角
中國貨元釘	每桶洋六元五角

（二）牛毛毡

五方紙牛毛毡	每捲洋二元八角
半號牛毛毡（馬牌）	每捲洋二元八角
一號牛毛毡（馬牌）	每捲洋三元九角
二號牛毛毡（馬牌）	每捲洋五元一角
三號牛毛毡（馬牌）	每捲洋七元

（三）其他

鋼絲網	（27"×96" 2¼lbs.）	每方洋四元
鋼版網	（8"×12" 六分一寸半眼）	每張洋卅四元
水落鐵	（每根長二十尺）	每千尺五十五元
牆角線	（每根長十二尺）	每千尺九十五元
踏步鐵	（每根長十尺或十二尺）	每千尺五十五元
鉛絲布	（闊三尺長百尺）	每捲二十三元
綠鉛紗	（同　上）	每捲洋十七元
銅絲布	（同　上）	每捲四十元

水木作工價

木作	（包工連飯）	每工洋六角三分
水作	（同　上）	每工洋六角
水木作	（點工連飯）	每工洋八角五分

中華郵政特准掛號認為新聞紙類

建築月刊
THE BUILDER

內政部登記證警字第二五五四號

廣告刊例
Advertising Rates Per Issue

地位 Position	全面 Full Page	半面 Half Page	四分之一 One Quarter
底封面外面 Outside back cover.	七十五元 $75.00		
封面及底面之裏面 Inside front & back cover	六十元 $60.00	三十五元 $35.00	
封面裏面及底面裏面之對面 Opposite of inside front & back cover.	五十元 $50.00	三十元 $30.00	
普通地位 Ordinary page	四十五元 $45.00	三十元 $30.00	二十元 $20.00

小廣告 每期每格一寸高三寸半闊洋四元

Classified Advertisements - $4.00 per column

廣告概用白紙黑墨印刷，倘須彩色，價目另議；鑄版彫刻，費用另加。

Designs, blocks to be charged extra. Advertisements inserted in two or more colors to be charged extra.

第三卷 第八號

民國二十四年八月發行

刊務委員會 竺泉通 江長庚 陳松齡

主編 杜彥耿

廣告 藍克生 (A. O. Lacson)

發行 上海市建築協會 南京路大陸商場六二〇號 電話 九二〇〇九號

印刷 新光印書館 上海聖母院路聖達里三一號 電話 七四六三五號

定價

每月一冊 全年十二冊

訂購辦法	價目	郵費 本埠	郵費 外埠及日本	郵費 香港澳門	郵費 國外
零售	五角	二分	五分	一角八分	三角
預定全年	五元	二角四分	六角	二元一角六分	三元六角

New French Police Station "Poste Mallet"

本廠最近承建工程之一

上海愛多亞路麥蘭捕房新屋

SING LING KEE & CO.

GENERAL BUILDING CONTRACTORS

Telephone 32784

Lane 153 House 29 Shanhaikwan Road

本廠承造一切大小鋼骨水泥工程以及橋梁碼頭堆棧銀行等無不辦事認眞工作迅捷如蒙委託竭誠歡迎

上海山海關路懋益里二十九號

電話三二七八四號

開山磚瓦股份有限公司

發行所 上海九江路二百十號 電話一九九二五號

廠址 宜興湯渡鎮畫溪鄉

出品項目

各色琉璃瓦，西班牙瓦，紅缸磚，以及火磚，釉面或無釉面，面磚，釉面短磚，地磚等。所有出品，均儲大批存貨，以備各界採用，如蒙定製各色異樣，亦可照辦。

樣品及價目單函索即寄

曾經購用敝公司出品各戶台銜列后

本埠

主名	地址	營造廠
唐有王先生住宅	觀音堂路	新昌泰承造
杜月笙先生住宅	杜美路	朱森記承造
陳霆銳大律師住宅	安和寺路	泰來承造
陳靈湘先生住宅	愚園路	久記承造
徐懋昌先生住宅	同孚路	怡鴻記承造
瑞昌鄧先生住宅	曲家橋	自建
陳炳謙先生住宅	海格路	趙茂記承造
麥璧先生住宅	虹橋路	薛雲記承造
湯再如先生住宅	憶定盤路	順興泰承造
峻嶺寄廬	邁爾西愛路	友聯承造
華業大廈	西摩路	潘榮記承造
懿德公寓	地豐路	新合記承造
花園邨	呂班路	新仁記承造
永樂邨	憶定盤路	浚順記承造
泳泉坊	愚園路	久記承造
業廣公司	虹橋路	陳馨記承造
曹氏墓道	曹河涇	自建
中央礦儀館	戈登路	三征承造
光華大學	大西路	六合公司承造
嚴安學堂	福煦路	三興承造
安迪生燈泡廠	勞勃生路	趙茂記承造

外埠

主名	地址	營造廠
西安隴海鐵路西安府車站	西安府	南京復興公司承造
實業部農學研究院	南京	泰來營造廠承造
國府藏經樓	南京	建業營造廠承造
中央政治學校	南京	大昌建築公司承造
陳樹人先生住宅	南京	陸根記營造廠承造
蔣廣昌先生住宅	杭州	大昌建築公司承造
席裕昌大律師住宅	蘇州	王衍記營造廠承造

雖一物之微

吾人必須根究其來源

吾國製釘工業述要

釘之爲物，種類繁多，圓釘一項，建築必需，用途甚廣，依照實業部中華國貨審查標準，可列入必需品。舶來洋釘，法國首先用機器製造，其輸入吾國也，亦以法國爲最早，故洋釘又稱法西釘。

吾國機製圓釘之仿製，上海**公勤鐵廠**，實肇其始，慘淡經營，規模粗具，行銷遍及全國，現有釘機壹百拾九座，每年充量産額，可達念萬担，其他如鞋釘，花鐵釘，刺網釘，雙尖釘，屋頂釘，地板釘，以及方釘等，均有出品，凡用戶中有向別處不易購到之各式釘類，或因數量過巨，一時難買現貨者，惟有**公勤廠**常常可以應付裕如，近年來洋釘進口，幾至絕跡，其功誰屬歟！

廠址　上海楊樹浦臨青路

The Robert Dollar Co.

Wholesale Importers of Oregon Pine Lumber, Piling and Philippine Lauan.

美商

大來洋行

本行專售大宗洋松椿木及
菲律濱柳安烘乾企口板等

各種裝修如門窗等以及考究器具請
貴主顧須要認明大來洋行獨家經理
之菲律濱柳安有I.L.CO.標記者爲最優
美並請勿貪價廉而採購其他不合用
之劣貨統希
貴主顧注意爲荷

大來洋行木部謹啓

馥記營造廠

總事務所
電話 一七七三三六
一七七三三七
上海四川路三三三號
電報掛號一五二七

分事務所
南昌勵志社
南京馥記大樓
陶園新村

總廠
上海戈登路三五五號

分廠
重慶新街口
河南重慶九江
廣州杭州青島
南京貴溪鎮江
部伯進陰劉調
等處

長城機製磚瓦
股份有限公司
註冊商標
TRADE MARK
貨價比普通磚廉
貨品較任何機器磚高
總公司 製造廠 騰越路一四四號 電話五一二七九
事務所 牛莊路七四二號 電話九〇九八〇
證明
壓力、吸水量、耐久性
均經上海工部局
詳細化驗負責証明
成績超越一切磚瓦
出品
堅韌硬磚
輕硬空心磚
瀉水瓦片
如蒙垂詢價格及索閱貨樣請電話通知即當送奉
合作五金
股份有限公司出品
優點
精確 美觀 堅固 價廉
出品
門鎖 插銷 抽屜鎖 拉手 文具 鉸鏈
CMC
註冊商標
TRADE MARK
K.T.O.H.C.
TRADE MARK
註冊商標
MARCH
製造廠
總務處
營業所 上海牛莊路七四二
電話九〇九八〇
電報掛號六九〇二

建業營造廠

JAY EASE & CO.

GENERAL BUILDING CONTRACTORS

本廠承造之南京總理陵園藏經樓

本廠最近承造工程之一覽

- 英工部局西人監牢A/B……上海華德路
- 英工部局西人監牢R/D……上海華德路
- 招商局鋼骨水泥貨棧一二三號……廣州
- 宋漢章先生住宅……上海金神父路
- 中央大學農學院……南京
- 新住宅區闌園合作社第一部工程……南京
- 張治中先生住宅……南京
- 中國銀行經理住宅……南京
- 總理陵園藏經樓……南京
- 西北農林專科學校大樓……陝西武功
- 中國旅行社西京招待所……西京

總事務所 上海九江路一一三號 電話 一四八八四號 電報掛號二一四四號

分廠 南京 西安 廣州 電報掛號二一四四號

英商吉星洋行油漆服務部

上海四川路三二〇號　電話一九五四〇

香港——上海——天津

中國近代建築史料匯編（第一輯）

建築月刊 第三卷

第九第十期合刊

建築月刊 第三卷 第九第十期合刊

建築月刊

THE BUILDER

VOL. 3. NOS.9 &10 第三卷 第九十期 合刊

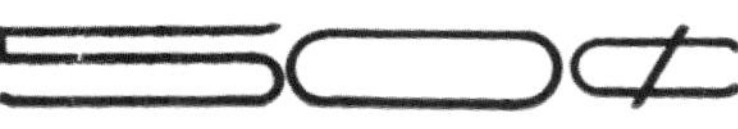

〇三〇七七

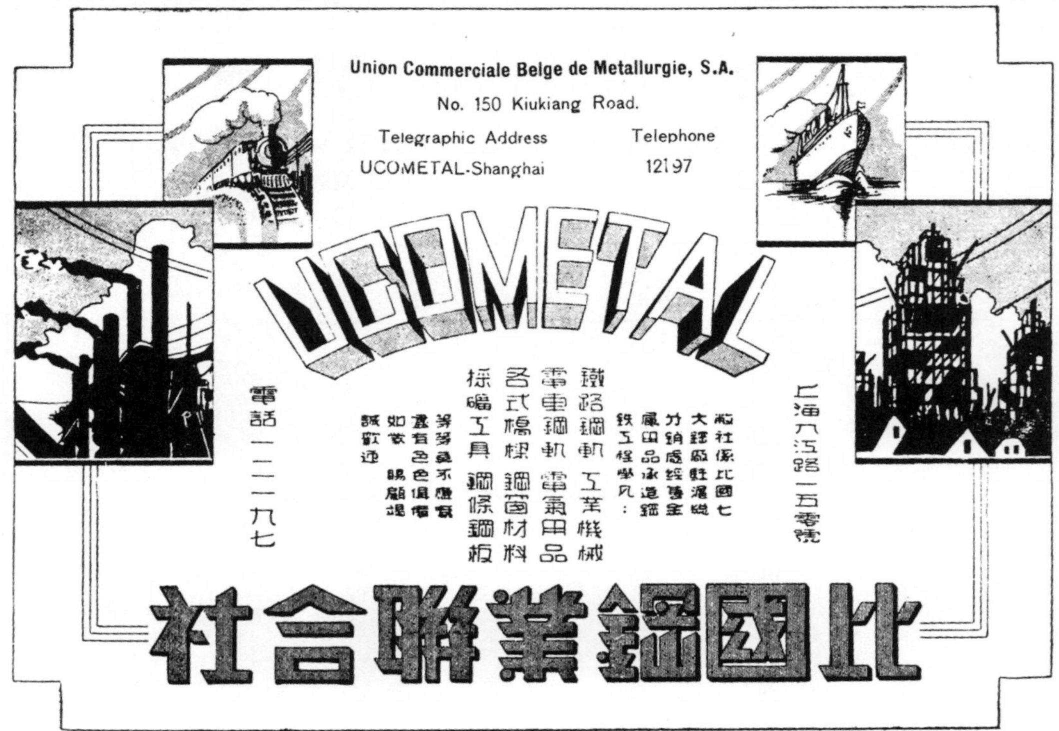

Union Commerciale Belge de Metallurgie, S.A.
No. 150 Kiukiang Road.
Telegraphic Address
UCOMETAL-Shanghai
Telephone
12197
UCOMETAL
上海九江路一五零號
敝社係比國七大鋼廠駐滬總分銷處經售全屬出品承造鋼鐵工程舉凡：
鐵路鋼軌 工業機械
電車鋼軌 電氣用品
各式橋樑 鋼窗材料
採礦工具 鋼條鋼板
等等無不應有盡有色色俱備如蒙賜顧誠歡迎
電話一二一九七
比國鋼業聯合社

〇三〇八〇

ELGIN AVENUE BRITISH CONCESSION
TIENTSIN
SURFACED WITH K.M.A. PAVING BRICKS

欲求街道整潔美觀惟有用

開灤路磚

價廉物美，經久耐用，平滑乾燥

A Modern City needs

K. M. A Paving Brick

Rigidity & Flexibility

Dense, Tough, Durable, low maintenance

The Kailan Mining Administration

3rd Floor.
H. & S. Bank Building.
12 The Bund, entrance Foochow Road.

Telephone 11070, 11078 & 11079 (3 lines)
Direct Telephone to Sales Dept. 17776.
Direct Telephone to Agent's Private Office 19304.

Sin Jin Kee
Construction
Company

本公司承造一切大小鋼骨水泥房屋工程各項人員無不經驗豐富工作認真如蒙委託承造或估價竭誠歡迎

本廠承造工程一斑

沙遜大樓　南京路

漢彌爾登大廈　江西路

都城飯店　江西路

新仁記營造廠

總賬房　愛文義路一四二三號　電話三〇五三一

事務所　江西路一七〇號二樓二五()號　電話一〇()()九

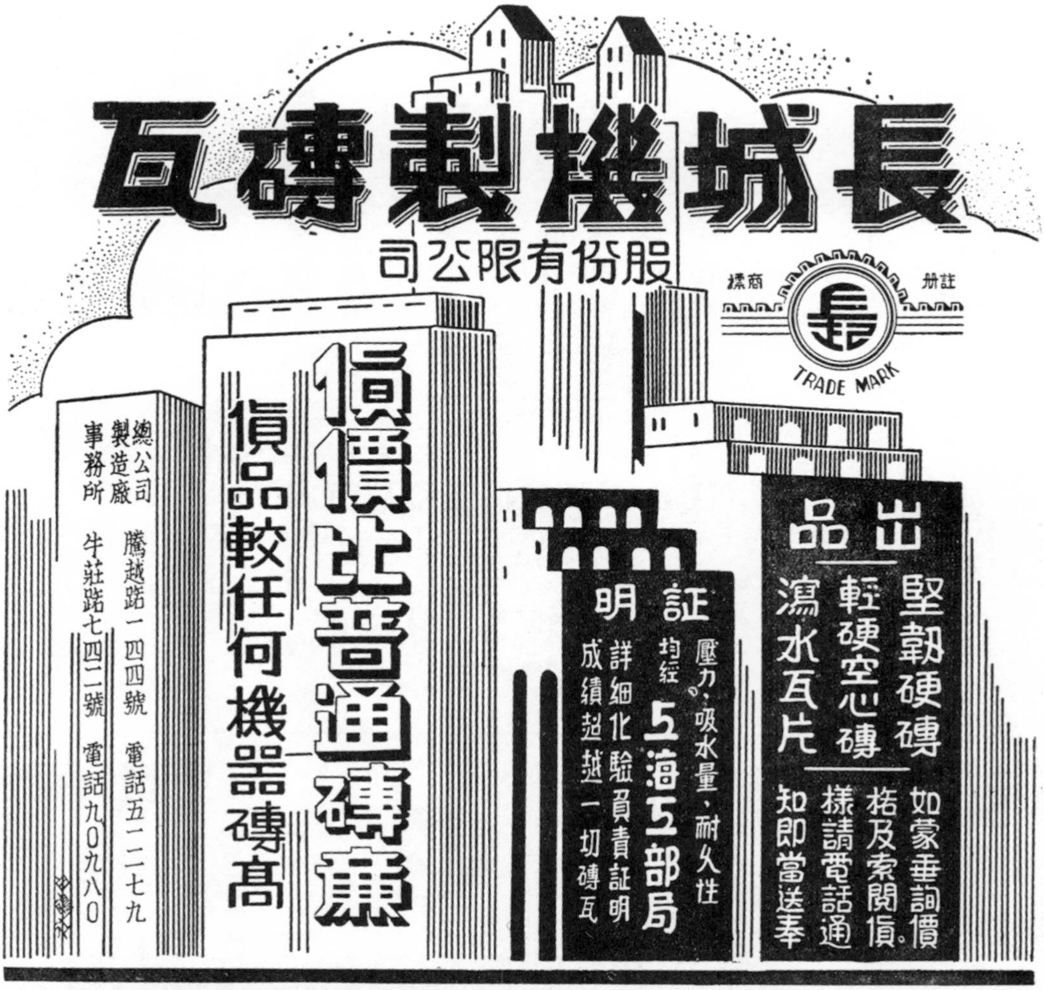

註冊商標
CMC
TRADE MARK
K.T.C.M.C.
L
TRADE MARK
註冊商標
MARCH
製造廠 江蘇嘉定縣合作路
總務處 上海塘山路七九六
發行所 上海牛莊路七四二
電報掛號九六〇二 電話九〇九八〇

利源建築公司

LEE YUEN & CO.

GENERAL BUILDING CONTRACTORS

280 Peking Road------------------------------------Phone: 17770

資本充足

工作精美

建築界先進

二十年經驗

最近落成之PICARDIE公寓大廈

由本公司承造

專營新式偉大工程

解決一切建築問題

地址：北京路二八〇號…………………電話一七七七〇

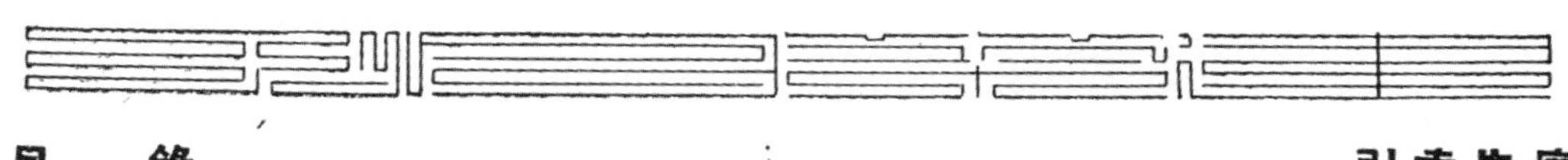

目錄

插圖

論著

(第三卷第九十號合刊)

廣告索引

上海市建築協會

建築月刊部緊要啓事

本刊茲為符合每卷規定期數起見決於本年度內出版合訂本兩次即第三卷九十期合訂為一册及十一十二期合訂為一册俾成全帙內容除力求充實外售價每册國幣五角並不加價凡預定本刊諸君均照全年十二册之數分別補足特此聲明諸希 諒鑒

掙扎風雲中之和平神

黑白影社　盧毓攝

THE CENOTAPH　　Photo by Mr. Loo Yoh

『中國建築界應有之責任』

十一月三日下午七時，本會恭請上海市工務局長　沈君怡博士演講，題爲「中國建築界應有之責任」。主席本會常委陳松齡先生，略謂舉辦建築學術演講會，在本會會章早經規定，遲至今日始得實現。我人感覺建築界之從業人員　因終日忙於職務，故尋求知識研究學術之機會實感太少。竊以學識爲事業之原動力，缺之資金；尚可設法籌措，缺乏學力，實難應付；若臨渴掘井，亦爲事實所不許。且時代不息前進，一切事業亦隨之變化；我人欲適合環境，應付變化，非有新時代的學識去解決不可。且知識之根苗，日在滋苗，固守一隅，抱持僻見，決難與時俱進，獲得事業上之成功。本會舉辦演講會，其目的卽在敦請建築先進，工程專家，對於建築學術多多予以指教，藉此並啓發研究的興趣，對於新的知識有正確之認識。今承　沈局長蒞會演講，謹代本會全體會員表示謝意云。

繼由　沈局長演講，畧謂承邀演講，固辭不獲。初請杜彥耿先生擬題，爲「黃河水利問題」。鄙人嘗以水利問題，與建築關係尚少，故更定爲「中國建築界應有之責任」，祇以鄙人爲工程師，對於建築學術頗少研究，所幸此爲第一次演講，且把這次所講的當做開場白，作爲一種楔子。

吾國從前所謂士農工商，國之四維，這是任何人所知道的。但處今之世，在士農工商的頭上，都得加上一個國字，成爲國士國農國工國商。這是說士要有士的節氣。讀書人通常稱士，但儘有很多人參加於不利國家的政治運動，此卽不能稱爲國士，僅能稱士。農爲農夫，國農者，試觀糧食每年進口數額，至堪驚人。爲國農者，便應有抵制之策，設法改進種子，增加生產，以調整國內的需要。此外國工國商，均可依此類推，不以私人着想，而以國家的福利爲前題。

從事建築者爲工，然則大家都要勉勵做國工。建築界在工商界佔着極重要的地位，故應具世界的眼光，國家的觀念。在建築上尤應盡量採用國貨，藉塞漏巵，以盡國工國商的責任。並須要養成服務的道德，顧全公衆的利益。建築師爲業主設計房屋，力求經濟實用，不論私人公家，均應撙節，但此非卽指偷工減料之謂也。政府之公帑，取自民衆，點滴累積，遂成巨額。近時口號有建設廉潔的政府，這便是在說政府應怎樣廉隅自矢地去使用取自民衆的汗血金錢。但好的政府須以好的社會爲基礎，若整個社會並不健全，欲求健全的政府，實不可能。所以吾人應反觀自己，責人先責己，各級均能反省改過，則國勢之强盛，不難指日可待了！

曾文正公在「原才」一篇文字裏曾說，「風俗之厚薄奚自乎？自乎一二人之心之所嚮而已」。此一二人並不專指上級人員。如工場的領班，努力工作，朝氣盎然，此卽爲一二人；無論在何方面以身作則，在一環境內便成養成良好的風氣。這工場裏的一二人，祇要他能心之所嚮，便有移風轉俗的能力。再如以巨石投池，池中之水受其波盪，水波便濺得很大，但總不能波及全池。這好比最高當局一二人的振作，他的感動力雖然大，但終不能波及整個的社會。故我們不如以小石各處抛投，使任何邊僻之區，都能波及，這便是說用各個力量去感動社會，改造社會，他的力量自屬可觀了！故建築界中之建築師工程師營造商材料商等，都應盡力在他的一部份範圍內，做着改良風氣的倡導者。

他如建築之關於發揚本國文化精神，建築之須求經濟，建築之與國防等，均屬不可忽略。例如建築物之不宜密集，以避敵機的轟炸，與易於散播毒瓦斯的吹襲等；這都是建築界亟須討論的問題。從知建築界所負的責任實甚重大，社會對他期望亦切。希望建築界能好自爲之，庶幾達到國工國商的目的！

英國皇家建築師學會總會新會所

英國皇家建築師學會，近建總會新會所，設計之精密，實無切當之辭足以形容之。建築圖樣係於一九三二年間公開競選而得，全部設計，長濶合度，高低適宜，壯嚴偉大，不同凡響。獲獎圖樣，實使評判員目眩傑構，不暇擊節，所謂大匠之門無棄材，甄錄之作，宜其震驚寰宇，為建築界發一曙光也。全屋計分四層，每層有一擱層。底層為會議廳，擱層有進門穿堂與辦事室等，二樓為主要接待室，擱層有委員室與會員室。四樓有圖書館，專藏期刊及館員辦事室；擱層則有理事室等。茲為求明晰起見，特分部述之如下：

穿堂

穿堂之面積雖僅30'×28'，但其設計似有神幻莫測之概，蓋吾人置身其間，但覺其地位綽然有餘，固不嫌其狹隘不當也。牆上彫刻歷任會長姓名及獲皇家金質獎章者之姓氏，以資點飾，並留紀念。牆面用Perrycot石灰石磨光。附牆有兩椅，舖以緋紅色之皮，既可休息，又和色調。天花板之粉刷極為單純，光線之配置頗稱合宜。穿堂向左為電梯，右則為詢問處，以備來賓之諮詢也。

總梯階

總梯階向上通至各層，向下則為會議廳。每一步階，設計精美，令人戀棧。梯階為全部建築之中心，一如人身之脊髓，神經之中樞，盤旋曲折，直上圖書館，下經會議廳，而入於發熱室。梯之四大鋼質支柱，使梯階連續不斷，增加美觀，並使整個建築之部份更為分明。

紀念堂

新建築內之主要部份，厥為佛勞倫思紀念堂(Henry Florence Memorial Hall)，係為紀念該會前副會長佛氏者。此堂之設計，專供接待，讌會，展覽，考試，舞蹈等而用，典麗喬皇，自可想見。置身其間，徒覺建築師，彫刻師，及技藝專家等合力佈置，功績至偉。牆之北面及南面開闢巨大窗戶，使陽光得以深入內部。東面有强水雕鏤花紋之巨大玻窗，使西面牆上所懸之簾幙，相互映輝。由此紀念堂，可盤旋樓梯，入至較小之接待室。此室亦可用以為較小之展覽室，故牆上完全舖砌輭木，地板係為柚木，圍以大理石。此室之鑲接等工程，極為精細，煞費心思者也。

由大門入口，下走數步，即為底層，有會議室在焉。

會議室

是室係紀念茄維斯氏(Henry Jarvis)者。茄氏係為該會會員，曾捐多金，以助該會。由大步梯直下至廣大之遊廊，則好華德爵士(Lord Howard)所安置之基石在焉。會議室有兩門，內可容三百五十人，但必要時可增添一百五十位置。牆上繪有大壁畫，圖中象徵該會之活躍。室內對於音學方面特別注意。天花板係用白硬灰粉，聲光均可返射，然光線係間接照射，以護眼目，此外如演講員休息室及廁所太平門等均備。

委員室

委員室位於大樓梯之上之主要夾層內、中央主要一室，名為韋伯委員室，(Aston Webb Committee Room)係紀念韋白爵士者。室內一切佈置，由韋氏子女捐贈。此室較層內其他各室略高，佈置亦十分精美。韋氏之像即懸於南面牆上。此層之南端，為會員室，光線充足，裝飾精美。有一長窗，面臨洋臺，可眺視偉馬街(Weymouth Street)。

在新廈之四樓，有圖書館在焉。此館規模宏大，藏書四萬卷，並有圖樣數千幅。藏書室書架之搆置，於必要時在建築上可不更動，增加書籍百分之四十。圖書館之佈置，將重要中心，集於一處。館內之分配頗為簡單，為一總書庫，借書室，查閱目錄室，及期刊與圖樣室等。大門入口之對面，為一辦公桌。辦事員得以主持全室事宜，而編目之抽屜，則隱藏於牆內。書架均屬鋼製，塗以琺瑯。架之設計投出，形成壁龕，下則閱書報之檯椅在焉。期刊閱覽室，則可不必經過主要之圖書室，而由電梯或樓梯直上。該會會刊之編輯室，則附設於圖書館之北，地位亦頗寬敞。

理事室

最後為理事室，在屋之最上層。此室木工雕刻之精，實屬罕見。室之兩端掛以簾帷，並吸音器等，平光之天花板，使台口內之光線及聲波，均得反射。當吾人自底層升至最高層，不論電梯或樓梯，所見者均為悅目之設計，壯嚴之金屬工程，灰粉模型，及使人注意之時計及指路牌等，均覺其一事一物之佈置，無不和諧平勻，匠心獨造者也。

英國皇家建築師學會總會新會所概觀

THE NEW HEADQUARTERS OF THE R. I. B. A., PORTLAND PLACE, W. General View.

英國皇家建築師學會總會新會所二樓穿堂攝影

THE NEW HEADQUARTERS OF THE R. I. B. A., PORTLAND PLACE, W.

Staircase Hall, First Floor.

英國皇家建築師學會總會新會所

理事室

THE COUNCIL CHAMBER

圖書館

THE LIBRARY

THE NEW HEADQUARTERS OF THE R. I. B. A., PORTLAND PLACE, W.

英國皇家建築師學會總會新會所

休憩室與會議室中間之台度雕飾

Partition Between Foyer And Meeting Room, Showing Decorative Panel.

演講壇之近景

View of Rostrum.

THE NEW HEADQUARTERS OF THE R. I. B. A., PORTLAND PLACE, W.

英國皇家建築師學會總會新會所

接待室

Reception Room.

佛勞倫思紀念堂

Henry L. Florence Memorial Hall.

THE NEW HEADQUARTERS OF THE R. I. B. A., PORTLAND PLACE, W.

英國皇家建築師學會總會新會所

佛勞倫思紀念堂內之台度雕飾

THE NEW HEADQUARTERS OF THE R. I. B. A., PORTLAND PLACE, W.

Decorative Panel in Henry L. Florence Memorial Hall.

英國皇家建築師學會總會新會所

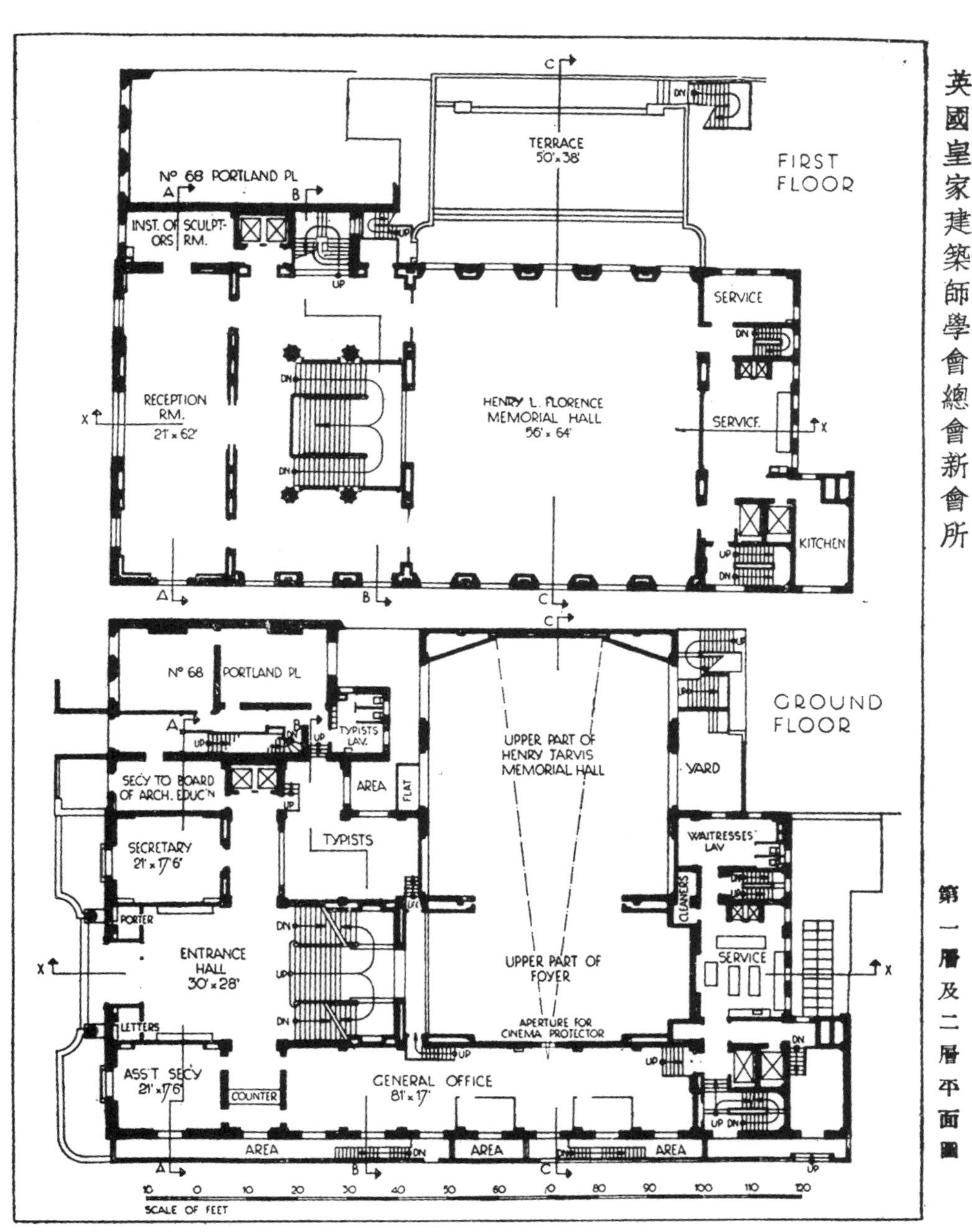

第一層及二層平面圖

THE NEW HEADQUARTERS OF THE R. I. B. A., PORTLAND PLACE, W.

英國皇家建築師學會總會新會所

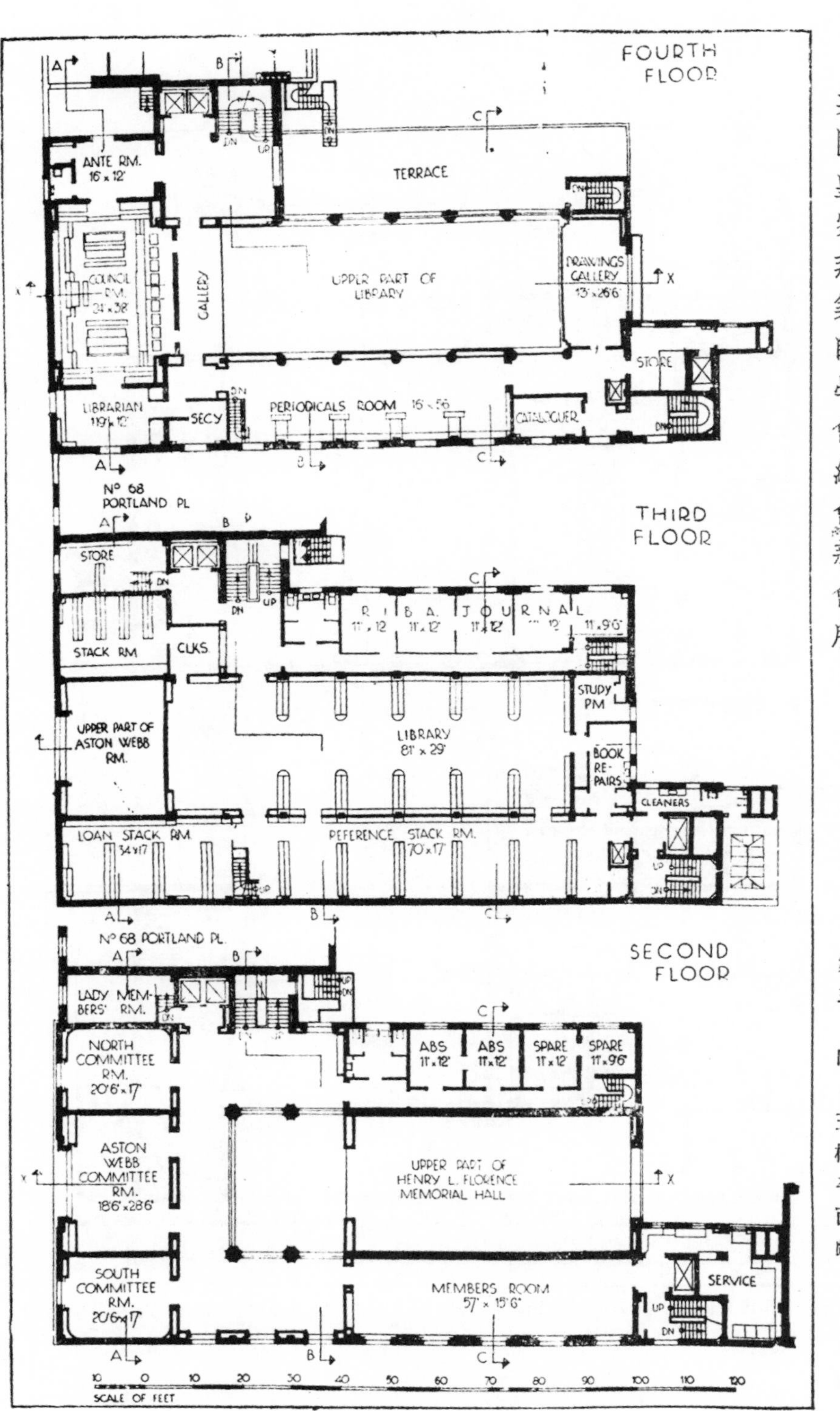

THE NEW HEADQUARTERS OF THE R. I. B. A., PORTLAND PLACE, W.

第三，四，五樓平面圖

英國皇家建築師學會總會新會所

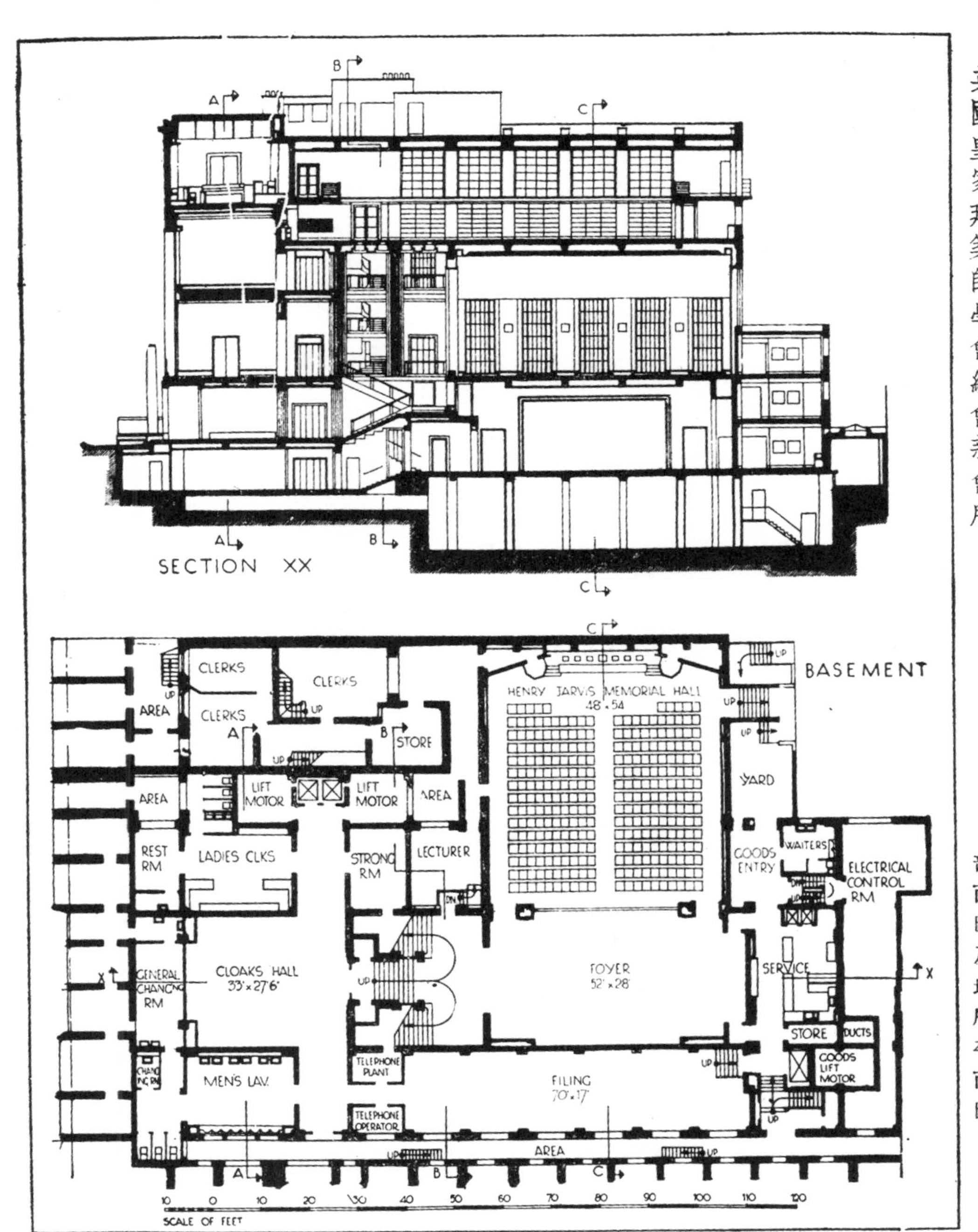

剖面圖及地層平面圖

THE NEW HEADQUARTERS OF THE R. I. B. A., PORTLAND PLACE, W.

設計建築圖樣，全部小樣尚覺不甚費事，而於建築物每一部份之詳圖（或稱大樣），實不易措手。蓋因一線之差，即失協調，遂使一部份建築物陷於未臻美善之境，可不愼歟！本刊有鑒及此，故有詳圖之輯，以供讀者參攷。

第五頁　陶立克式台口詳圖（遺失）

第六頁　陶立克式柱子及壓頂線詳圖

第七頁　陶立克式台口及花帽頭詳圖

第八頁　斑爛亭氏（註一）陶立克式台口詳圖

第九頁　維拿拉氏（註二）圓餅陶立克式台口詳圖

［註一］斑爛亭（*Palladio*），係意大利之建築師及著作家，生於一五一八年，歿於一五八〇年。

［註二］維拿拉（*VigNola*），意大利建築師，生於一五〇七年，歿於一五七三年。

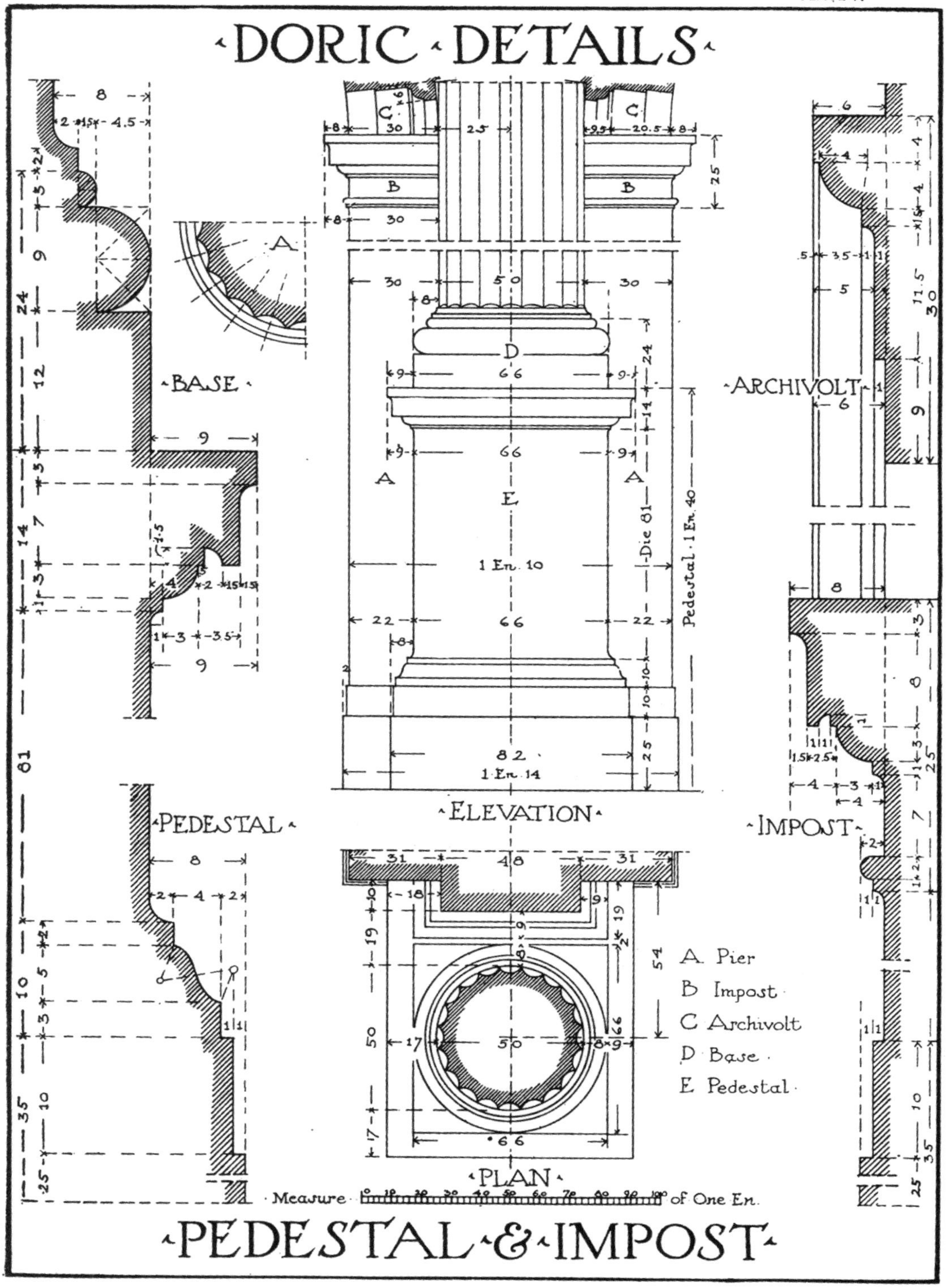

DORIC DETAILS

BASE

ARCHIVOLT

PEDESTAL

ELEVATION

IMPOST

PLAN

A Pier
B Impost
C Archivolt
D Base
E Pedestal

Measure 0 10 20 30 40 50 60 70 80 90 100 of One En.

PEDESTAL & IMPOST

·ROMAN·DORIC·ORDER·
1 M
·PEDESTAL·&·BASE·
0 3 6 9 1M. 2M.
·IMPOST·
·PLAN·OF·CAP·
·IMPOST·

ROMAN ORDERS　　PLATE VIII

ROMAN ORDERS PLATE IX

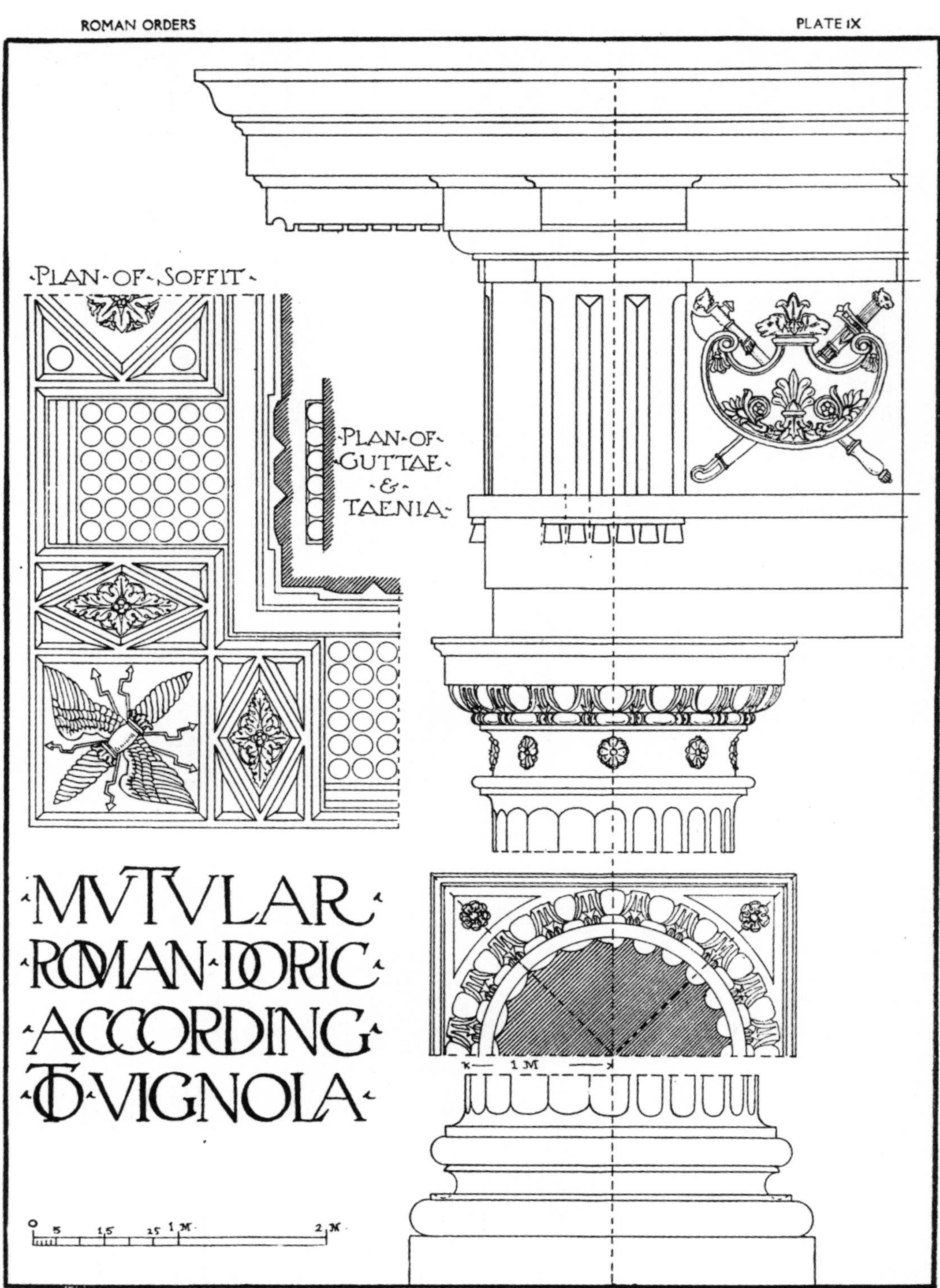

計算特種連架

林 同 棪

Analysis of Miscellaneous Frames　　By T. Y. Lin

第一節　緒　論

用動率分配法計算連架，每可避免聯立方程式。但如連架之交點能左右或上下動移者，其動移之數量與所生之動率，勢須另用聯立方程以解之。例如第一圖之連架，A,B兩點動移之數量，均為未知數，(因不計直接應力所生之變形，故A_1,A_2之動移與A同；B_1,B_2與B同；而A,B均無上下之動移)故須用二次聯立方程以解之。第二圖亦然(C點之動移數量，可由A,B兩點之動移算

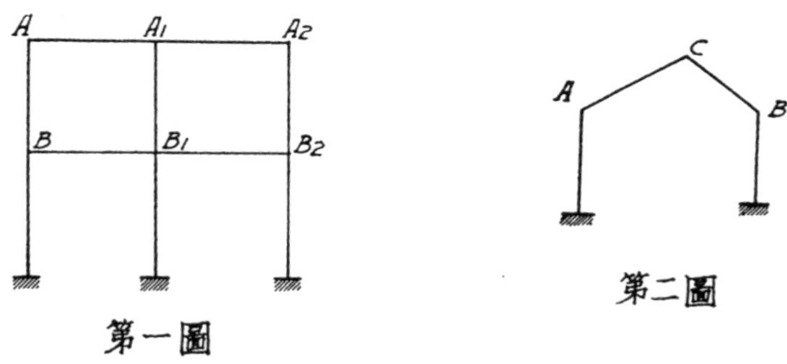

第一圖　　第二圖

出；故只有兩未知數)。第三圖為四次聯立方程(A之左右動移，B, C, D, 之上下動移)。第四圖為三次，(A之上下動移，B,C之左右動移)。餘類推。

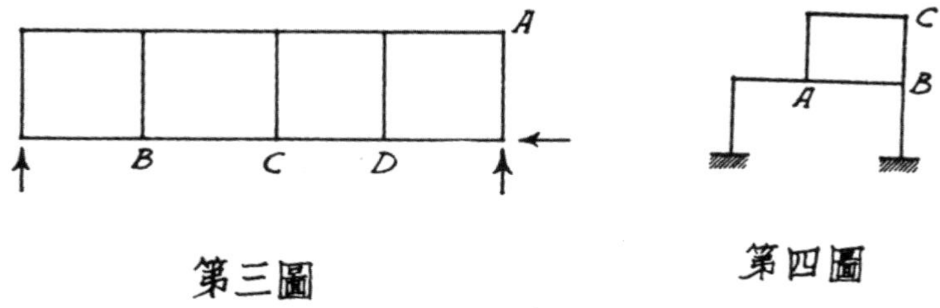

第三圖　　第四圖

解決此種聯立方程之方法有三。第一法先令每點單獨發生撓度＝1(或其他相當變形亦可)而求各桿端動率並各點之外力。然後在每種載重情形之下，用聯立方程算出每點之撓度，而得各桿端動率。(例如建築月刊二卷七期，"用克勞氏法計算樓架"之第一種手續)。

第二法之初步，與第一法同；即先使每點單獨發生撓度，而求各桿端動率並各點之外力。此後再用聯立方程，以算出每點外力＝1之各點撓度以及各桿端動率。此後無論任何外力，均可用尋法加法算出，無須再解聯立方程矣。(例如"連拱計算法"之能氏第二種手續，建築月刊三卷一

期，第四五頁）。

第三法係用連續近似之手續，將動率之分配與外力之改變，互換進行，如Cross and Morgan "Continuous Frames of Reinforced Concrete"，第二二九頁。或再簡化之，如"用克勞氏法計算樓架"之第二種手續。

本文舉例將第一，二法說明之如下。

第二節　桿件兩端相對撓度之圖解法

設連架ABCD如第五圖（各桿件之長度均不變），B點發生撓度BB'，求B與C及C與D之相對撓度C'C"及CC'。

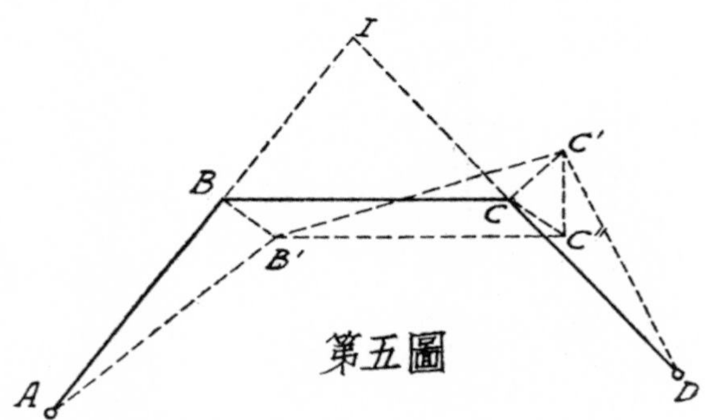

第五圖

作下列各線：　BB'⊥AB

B'C"//BC

C'C"//BB'

C"C'⊥B'C"

CC'⊥CD

延長AB及DC相遇於I點

因三角形CC'C"之各邊與三角形ICB之各相對邊成垂直，故兩三角形相似，

∴ CC"：C'C"：CC'＝BI：BC：IC

故如設AB兩端之相對撓度為BI，則BC之兩端相對撓度為BC，而CD之兩端相對撓度為CI。

第三節　例一

設連架如第六圖。用直接動率分配法求其R, Km, Cm，如第七圖。（參閱建築月刊二卷九期

"直接動率分配法"），用下列各公式：

$$R=\frac{\Sigma Km+K}{K}$$

$$Km=K\left(1-\frac{1}{4R}\right)$$

$$Cm=C\left(\frac{R-1}{R-\frac{1}{4}}\right)$$

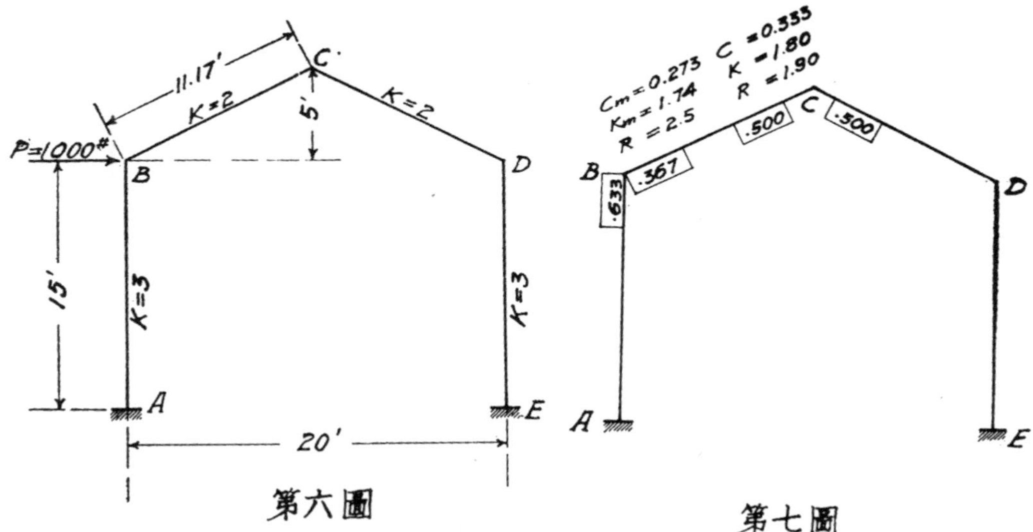

第六圖　第七圖

本連架之兩半相同，故只須求其一半，

桿件BC，B端之$R=\frac{3+2}{2}=2.5$

C端之$Km=2\left(1-\frac{1}{4\times 2.5}\right)=1.80$

$Cm=\frac{1}{2}\left(\frac{2.5-1}{2.5-.25}\right)=0.333$

C端之$R=\frac{1.8+2}{2}=1.9$

B端之$Km=2\left(1-\frac{1}{4\times 1.9}\right)=1.74$

$Cm=\frac{1}{2}\left(\frac{1.9-1}{1.9-.25}\right)=0.273$

桿件CD與CB相同。BA之B端K=3，故其分配動率時之係數為$\frac{3}{2+1.74}=0.633$；而BC之B端為0.367。

設本連架在B點受外力P=1000，求各桿端動率。

第一步先設B,D兩點均向右發生等相撓度；而AB,DE之定端動率各為—1000，(BC,CD之定端動率等於零)。用直接力率分配法分配之如第八圖，而得其桿端動率。再求B,D兩點之外來力量，如第九圖

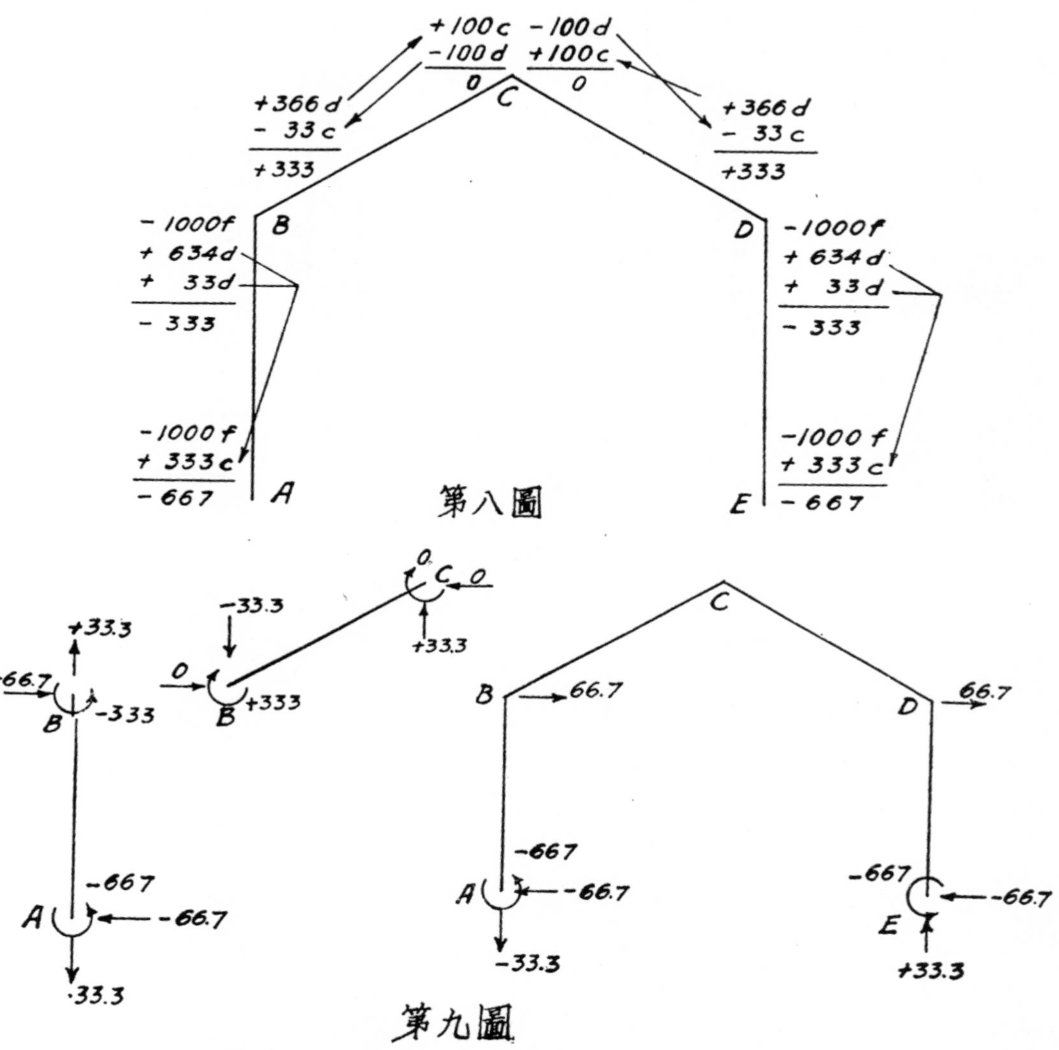

第八圖

第九圖

第二步設B點向右，D點向左發生相等撓度而AB之定端動率為—1000，DE為+1000。則BC之定端動率為

$$1000\frac{2.234\times2\div11.17}{1\times3\div15}=2000$$

蓋每桿件兩端相對撓度D所生之定端動率，

$$F\backsim\frac{DK}{L}\text{，}\qquad F_1\frac{D_2\times K_2\div L_2}{D_1\times K_1\div L_1}=F_2\text{，}$$

而BC相對撓度為AB之2.234倍也，(在第十圖，C點只有上下之動移，故可作水平線CI使成BIC

三角形如第五圖為者)。用直接動率分配法算出各桿端動率如第十一圖。再求各外力如第十二圖。

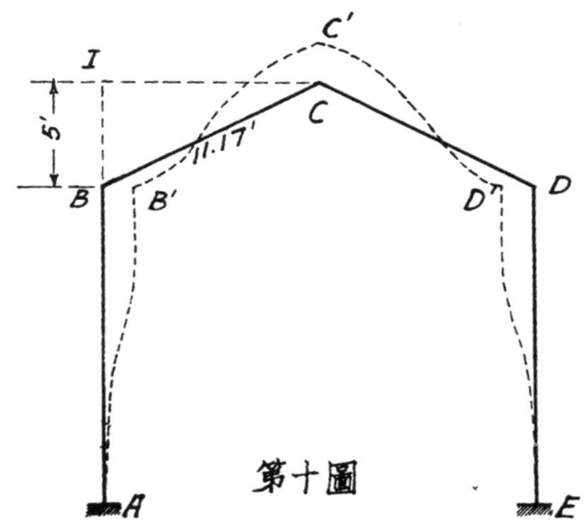

第十圖

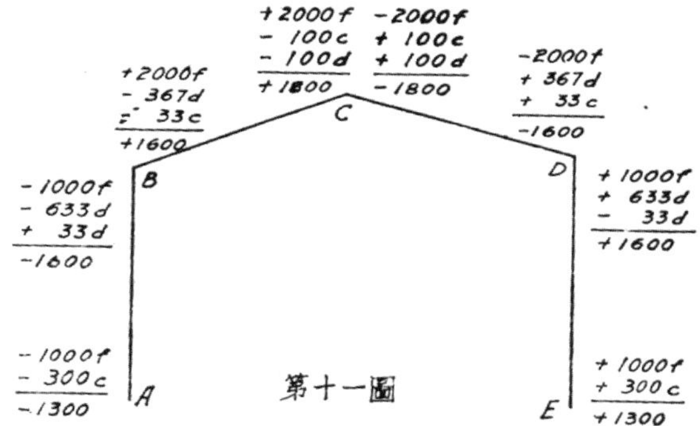

第十一圖

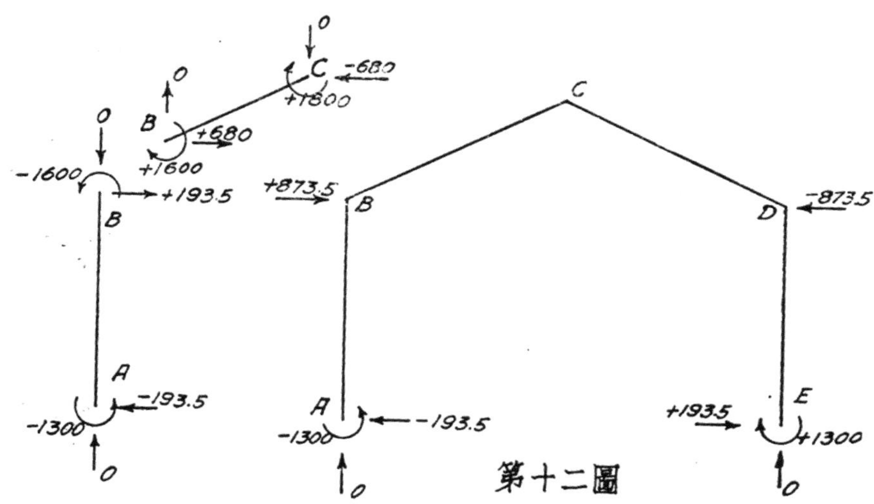

第十二圖

第三步將第九圖乘以$\frac{500}{66.7}$，則B,D兩點之外力當為500；將第十二圖乘以$\frac{500}{873.5}$，則B,D兩點之外力當為＋500及—500，將所乘之結果相加，則B點之外為＋1000而D點之外力為零；各桿端動率，當如第十三圖。(本例如設B點動移而D不動，則第一，二兩步可簡化為一)

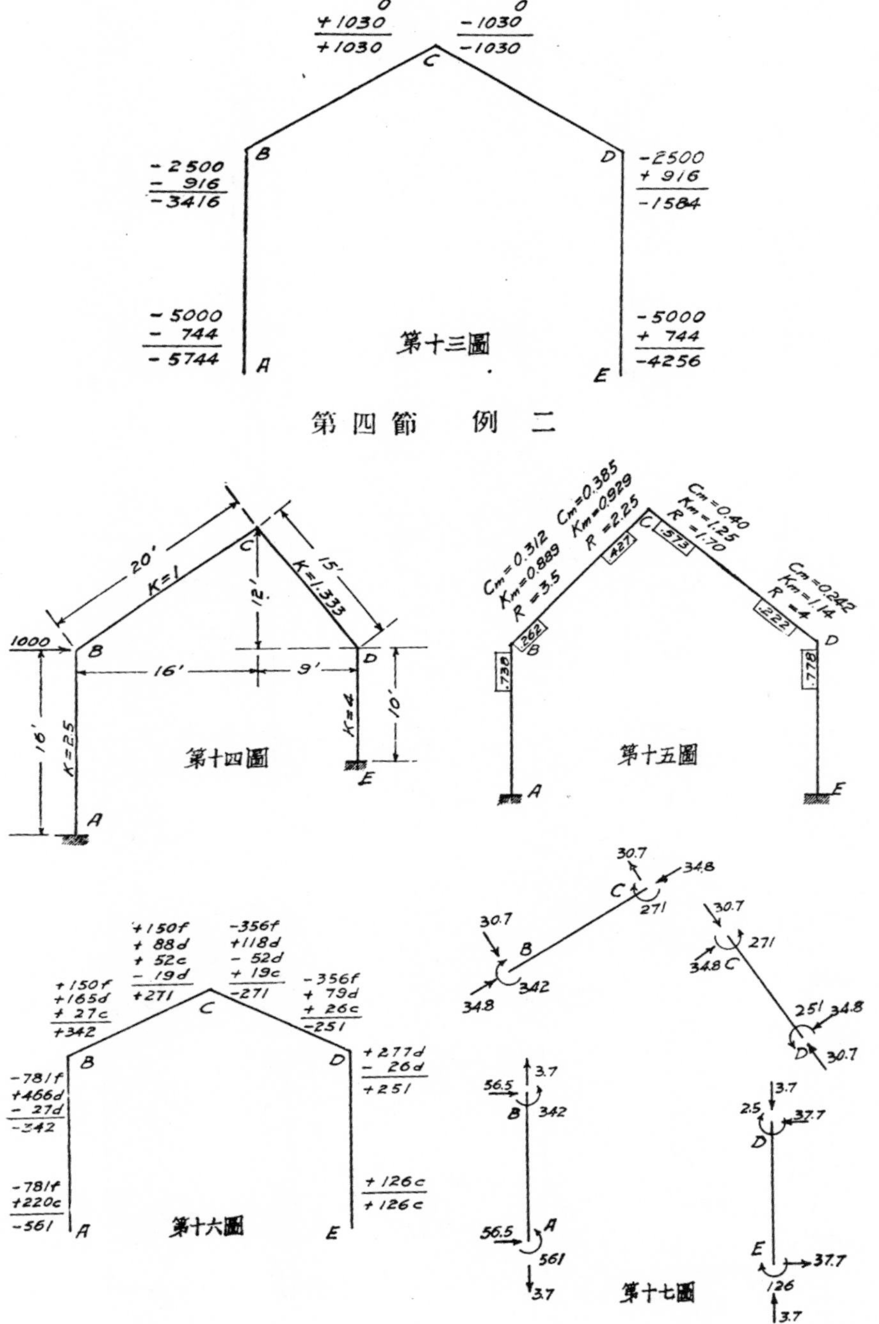

第十三圖

第四節 例二

第十四圖

第十五圖

第十六圖

第十七圖

設連架如第十四圖，在B點加以水平力=1000，求其各桿端動率。

第一步，用直接力率分配法求各K_m，C_m如第十五圖。設D點無動移，而B點向右動移使AB發生定端動率

$$= \frac{D}{L}K = \frac{5000}{16}2.5 = 781$$

用第二節之法，可求出BC之"D"爲3000，CD爲4000；故其定端動率爲，

$$BC, \quad \frac{3000}{20}\,1 = 150$$

$$CD, \quad \frac{4000}{15}\,1.333 = 356$$

分配之如第十六圖。求各桿件及全架之外力如第十七，十八圖。

再設B點無動移，而D點向右動移使DE發生定端動率

$$\frac{D}{L}K = \frac{5000}{10}\,4 = 2000,$$

此時BC,CD之定端動率仍如前。分配之如第十九圖。求各桿件及全架之外力如第二十，二十一圖。

第二步。如B點之外力爲1000，而D點無外力，則兩點之動移數量D_A,D_B可由下列聯立方程式算出，

$$102.7D_A - 83.9D_B = 1000$$
$$83.9D_A - 267.4D_B = 0$$
$$\therefore D_B = 4.11,$$
$$D_A = 13.10$$

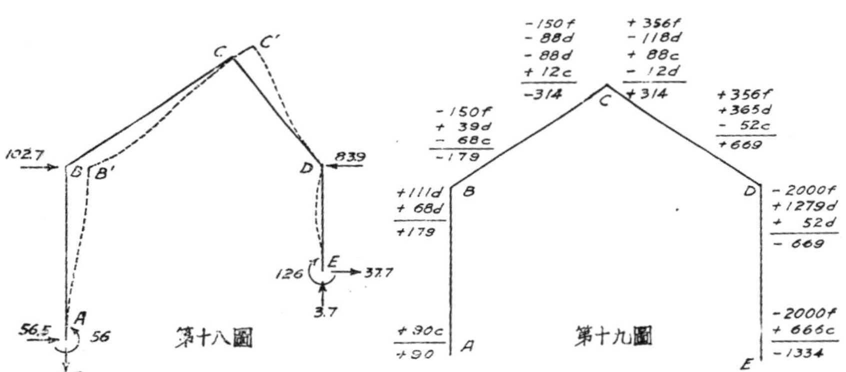

第十八圖　　第十九圖

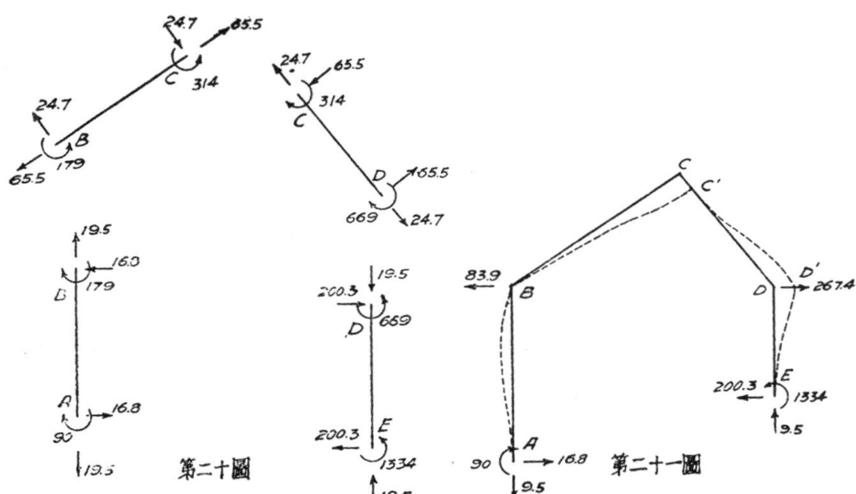

第二十圖　　第二十一圖

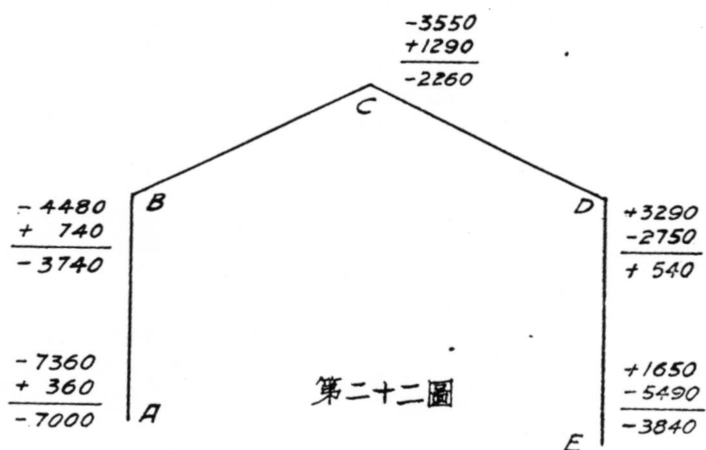

第二十二圖

將第十八圖乘以13.10，第二十一圖乘以4.11。加之可得第二十二圖，卽B點受力1000時之各桿端動率。

第五節　柱架相似論

以上所舉兩例，乃以表示應用動率分配法於特種連架之步驟。然卽上列而言，此並非最簡之法。惟熟於動率分配法者，當不難應用之。

茲將第四節之例用柱架相似論(Column Analogy, Bulletin No. 215, Engineering Experiment Station, University of Illinois)之方法計算之如下：

將各桿件分寫如第一行(參看附表)。第二行爲各桿件之長度L，第三行其惰動率I；第四行

$$a=\frac{L}{IE}=\frac{L}{I}$$ 。

設X軸通過B,D兩點，Y軸過C點，垂直於X軸，如第二十三圖。將各"a"之重心點之x,y寫於第五，八兩行，算出ax,ay，如六，九兩行。再算ax^2,ay^2 如七，十兩行；並求各"a" 在其中點之

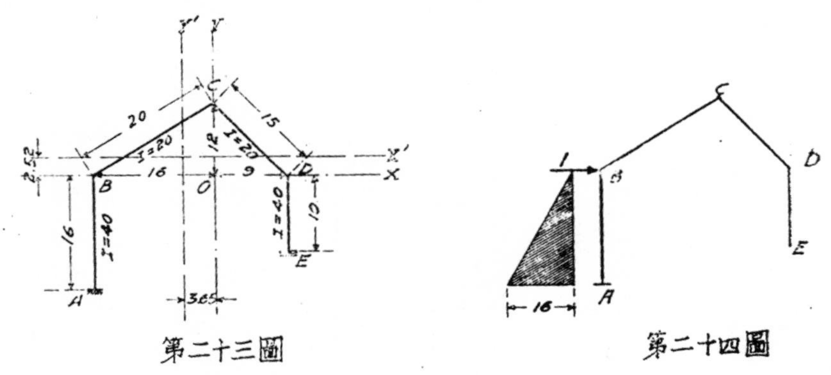

第二十三圖　　第二十四圖

1	2	3	4	5	6	7	8	9	10	11	12	13	14
桿 件	L	l	a	X	ax	ax^2+ix	y	ay	ay^2+iy	$axy+iy$	P	Mx	My
AB	16	40	0.40	—16	—6.4	102.4 0	−8	—3.2	25.6 8.55	+51.2 0	3.2	−51.2 0	—25.6 — 8.5
BC	20	20	1.00	−8	—8.0	64.0 21.33	+6	+6.0	36.0 12.0	—48.0 +16.0	0	0	0
CD	15	20	0.75	+4.5	+3.375	15.2 5.05	+6	+4.5	27.0 9.0	+20.2 — 6.8	0	0	0
DE	10	40	0.25	+9	+2.25	20.25 0	—5	−1.25	6.25 2.08	—11.25 0	0	0	0
Σ			2.40	—3.65	—8.77	228.23 32.00	+2.52	+6.05	126.48 15.25	+21.35 —22.10	3.2	−51.2 —11.7	—34.1 + 8.1
改至X¹	Y¹ 兩軸					196.23 16.95			111.23 9.58	+43.45		−39.5 −16.5	—42.2 — 8.8
						179.28			101.65			—23.0	—33.4

惰動率ix，iy；寫之於ax^2,ay^2之下。再算各axy及ixy (Products of inertia) 如第十一行。

求四，六，七，九，十，十一，各行之各總數。"a"之總重心點之x,y當爲

$$x_1 = \frac{\Sigma ax}{\Sigma a} = \frac{-8.77}{2.40} = -3.65$$

$$y_1 = \frac{\Sigma ay}{\Sigma a} = \frac{6.05}{2.40} = +2.52$$

通過此重心點作X^1,Y',兩軸如圖，求$\Sigma(ax'^2+ix)$，$\Sigma(ay'^2+iy)$，$\Sigma(ax'y'+ixy)$等，例如，

$$\Sigma(ax^2+ix) = \Sigma(ax^2+ix) - ax_1{}^2$$

$$= 228.23 - 2.40 \times 3.65^2$$

$$= 228.23 - 32.00$$

$$= 196.23$$

再求出，

$$196.23 - \frac{43.45^2}{111.23} = 196.23 - 16.95$$

$$= 179.28$$

$$111.23 - \frac{43.45^2}{196.25} = 111.23 - 9.58$$

$$= 101.65$$

設在B點加以水平力=1，可求各點之動率如下。先假設E點無支座，則只AB受動率如第二十四圖。A點之動率爲16，第十二行之P爲，

$$\frac{\frac{MAL}{2}}{IE} = \frac{MAa}{2} = \frac{16 \times 0.4}{2} = 3.2$$

第十三，十四行之Mx，My爲

$$3.2 \times -16 = -51.2$$

$$3.2 \times -8 = -25.6$$

又在AB重心點之My爲

$$3.2 \times \frac{-16}{6} = -8.5$$

將Mx・My改至X^1，Y^1如下：

$$-51.2-(3.2\times3.65)=-51.2-(-11.7)$$
$$=-39.5$$
$$-34.1-(3.2\times2.52)=-42.2$$

再求出

$$-39.5-\left(-42.2\frac{43.45}{111.23}\right)=-39.5-(-16.5)$$
$$=-23.0$$
$$-42.2-\left(-39.5\frac{43.45}{196.23}\right)=-42.2-(-8.8)$$
$$=-33.4$$

由以上各數可得因E點固定支座所生之動率，

$$Mi=\frac{3.2}{2.4}+\frac{-23.0}{179.28}x^1+\frac{-33.4}{101.65}y'$$
$$=1.33-0.1282x^1-0.329y^1$$

點	x	y	x'	y	Mi	原有之動率 m	眞正動率
A	—16	—16	—12.35	—18.52	+9.01	+16.00	+6.99
B	—16	0	—12.35	—2.52	+3.75	○	—3.75
C	0	12	+3.65	+9.48	—2.26	○	+2.26
D	+9	0	+12.65	—2.52	+0.54	○	—0.54
E	+9	—10	+12.65	—12.52	+3.83	○	—3.83

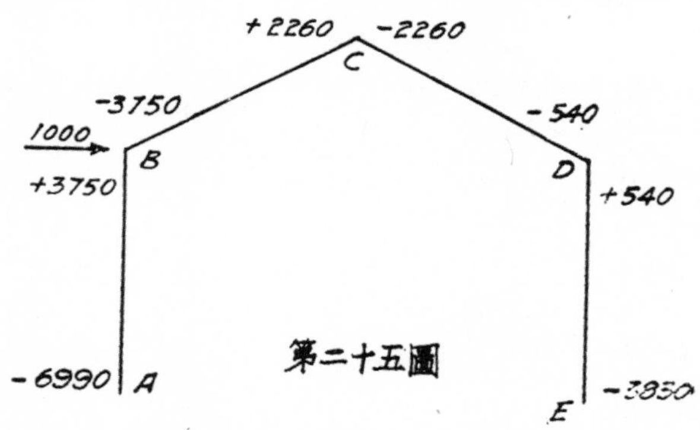

第二十五圖

所以B點受力1000，各桿端動率當如第二十五圖，其得數與第二十二圖相同。

第六節　結　論

以上係將較簡之特種連架，舉例說明，以示應用之步驟。讀者如能明其原理，則第三，四，兩圖之連架，均可如法算出。

變惰動率之桿件，除兩端之K,C不同，及定端動率略較難算外（參閱建築月刊二卷二期，“桿件各性質C,K,F,之計算法”），其他方法，一概相同。因剪力或伸縮所生之動率，亦可如法求之。

讀者如欲以克勞氏法或簡化克勞氏法(參閱建築月刊二卷六期第九頁)代替本文所用之直接動率分配法，亦無不可。要在明瞭其原理，則變化自無窮矣。

建築與燈光

現代建築師對於燈光之觀點已不專在於其實用矣。今日之建築師將燈光視爲建築上之一種要素，彼以燈光作爲建築之重要部份。此種建築化燈光卽爲中和燈泡公司出品之亞司令及飛利浦新式長管形燈泡。各處裝用此種燈泡者，如旅館，銀行，酒樓，戲院等等，爲數頗多；對於直線形之燈光，均非常滿意。以現代戶內設備而言，該公司亞司令及飛利浦方長管形燈泡實爲一種空前之改革，因直線形之燈光裝於現代木器上，匹配無比，例如：世界最大郵船諾曼底（Normandie）號完全裝置此種新式長管形燈泡。

家庭照明祇需應用若干長管形燈泡卽能獲得最佳之效果，尤如用火紅色者，具有現代化裝飾之特點。此種燈泡可作爲字形之特殊照明，又可作爲最有效之宣傳工具，因各種宣傳文字均可繕寫於燈泡上，且字跡極易洗淨，故隨時可以更換之。此種燈泡更宜作爲戶外照明之用，如酒吧，旅館，店舖等等均可藉此而得最佳之裝飾。各種顏色，均不透水；泡面平滑，絕無染塵之虞。

亞司令及飛利浦長管形燈泡有下列各種式樣：

- 直形圓管　一公尺及半公尺長
- 直形方管　半公尺長
- 曲形（八隻合一圓圈）
- 曲形（四隻合一圓圈）

其種類有白奶及磨砂玻璃或噴漆成紅，黃，火紅，綠，藍等等顏色。此種燈泡可直接與電路接合，祇須用特殊之燈頭而已，且無需燈罩；故於經濟上亦頗可取也。

世界建築史（三）

杜彥耿 譯

西部亞細亞之建築

巴比侖及亞西利亞

地理，歷史及社會

四十四、地理 在太格利斯與猶罘臘次（Tigris and Euphrates）兩河之間（如圖二十九），有一長形之山凹，爲久無人煙之荒蕪區域，南鄰阿剌伯北部之沙漠，北屏米田羣山（Median mountains），而結鄰波斯之西鄙。雖然，此漫無人跡之棄地，殊不知其在古代，卽爲世界文明之中心，及各地人士薈萃之區之米索帕達密故都也。至今尙有古代城市之遺跡存留，可資探攷。

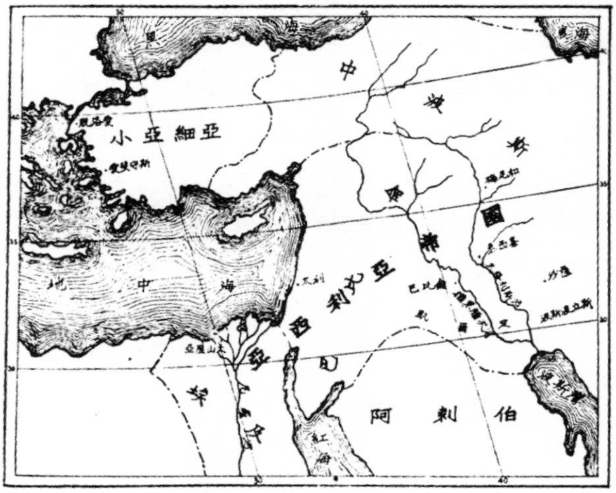

〔附圖二十九〕

四十五、地質 地之南部，係由太格利斯與猶罘臘次兩河所挾持，而其平原之形成，實由於兩河自亞米尼亞（Armenian）高原通至波斯灣帶下浮泛於水中之泥，及細土沉澱累積而成之陸地。間復導闢運河，藉以灌溉，故遂成爲繁殖肥沃之平原矣。

四十六，歷史 有亞開特（Akkads）族者，爲佔居米索帕達密最早之開化民族。此族似係黃種或蒙古種，故與亞西利亞及其他閃族，無血統上之關係。此亞開特或稱凱爾定族（Chaldean），遂於此建立大巴比侖帝國，而展佈其文明矣。

凱爾定族者，具發明之天才，與愛好美術之種族也。故於古代文化之開展，自有其不可磨滅之史蹟。彼等建造城市，發明楔形文字，創造宗教與科學及美術之傳播等。關於巴比侖最初在大江下流創立帝室者，究係何人，至今尙少知者。但當第二朝時（紀元前一九三六至一五六八年），太格利斯河上游，有國名亞西利亞，係自巴比侖遷來者；若輩攜其知識，美術及習慣，蒞此新址，獨立自成一區域，以後逐漸成爲强大帝國，建都於太格利斯河畔之亞蘇爾

(Asshur)地方，是為亞西利亞之第一都會。後為梅尼和(Nineveh)所佔。

四十七、紀元前十四世紀時，亞西利亞起而抵抗巴比侖，且覆滅之，而另組閃族之國家於巴比侖故都米索帕達密。遂總攬兩大江之富庶而有之。關於巴比侖與亞西利亞兩族鬥爭之歷史，互延數世紀之長。惟亞西利亞常為有國者，而巴比侖則常為叛逆。後經巴比侖與米田(Media)訂立同盟之條約，聯合雄師，遂握亞西利亞而有天下，復立巴比侖帝國，時為紀元前六二五年。

拿巴泊來薩(Nabopolassar)者，巴比侖第十代之君主也，曾佐米田之賽格塞爾斯(Cyaxares)，傾覆亞西利亞而有西部亞西利亞數省，猶罘臘次山門，敍利亞，福尼細及巴拉士丁。(Syria, Phoenicia and Palestine) 迨拿巴泊來薩之尼普却尼豺(Nebuchadnezzar)接位，造成巴比侖帝國之鼎盛時代；但於紀元前五五五年納婆納海(Nabunahid)君主時，巴比侖被大波斯之雪羅斯(Cyrus of Great Persia)攻敗，並擄其君，王儲倍爾欵豺(Belshazzar)率軍抗禦，戰死城陷。從茲巴比侖遂淪為波斯之一部落；昔日繁榮之區，而今成為瓦礫場所，而騁鶩一時之巴比侖帝國，至是亦惟隨太格利斯與猶罘臘次兩大江之濁水，滾滾流向波斯灣去，與紀元前六〇八年燬滅之梅尼和，同遭荒蕪湮沒，徒留歷史上之陳蹟，可不悲已！時在紀元前五三八年。

四十八、約在梅尼和燬滅後之二百年，當波斯稱霸西亞之時，太子雪羅斯(Cyrus)叛其長兄亞達克射克斯(Artaxerxes)，思竊帝位，乃召集兵馬，隊中有希臘軍一萬三千人；不幸為政府軍擊敗於巴比侖左近，此時附和之希臘軍，祇剩一萬，退至猶克新(Euxine)，為歷史上有名之一萬敗軍。

愛克斯脳豐(Xenophon)者，希臘軍中之儒將也。愛曾將其經歷，詳為紀載。自謂一日為波斯軍追逼，與其少數隊伍，逃至太格利斯河畔；彼等於此發現湮沒已久之古城名拉利薩(Larissa)。此城係圓形，週圍七英里，城高百英尺。越一日，行軍至處，又發現一荒蕪之城堡，名米斯闢拉(Mespila)。此兩廢墟，均為以前亞西利亞之重鎮，凱利及梅尼和(Kaleh & Nineveh)也，此等名城，不料於燬滅二百年後，已湮沒無聞矣。

四十九、溯自愛克斯脳豐之敗軍，曾踐此殘墟外，中間經越數世紀，迄無人跡重履其地；一任低矮之土阜，累累之荒城，與夫荊棘叢生之宮殿與廟宇，屹立大地，幾成為荒涼凄絕之死域。迨十九世紀之曙光初啟，遂將巴比侖殘墟，開始作初度之搜掘；由是梅尼和與其他亞西利亞古城，亦相繼發掘。發掘之結果，遂使吾人獲得古代文化啓發最早地之藝術，文字，法律，宗教及習俗等，咸有詳實之認識焉。

五十、巴比侖之荒墟在海拉(Hillah)區者，面積殊大，於猶罘臘次河東岸，有土阜三長條，舉凡重要房屋，均在其間；而在江北度為古時密羅塔(Tower of Belus)之遺址。該塔曾經尼倍却尼豺(Nebuchadnezzar)重建者，蓋江之南即為帝皇之宮室也。三長條土阜中之第三土阜，係最古者，是為最初之宮殿，其歷史之遙遠，幾與巴比侖同，名亞姆陵(Amran)。猶罘臘次河之對岸，為白爾斯門羅特(Birs-Mimrud)，係與濮雪柏(Borsippa)地方之七星廟，爲同樣性質之廟宇建築，亦爲尼倍却尼豺時代復興建築之一也。

考榮傑克及尼皮宇納斯(Koyunjik and Nebbi-Yunus) 土阜，爲梅尼和之商業市區，亦爲亞西利亞最繁盛之區域，散內啓來白(Sennacherib) 在考榮傑克之宮邸，建築富麗，廳殿與臥室之壁間，均有雕刻石版之陳飾。其他殘墟中，如考爾薩倍特與門羅特(Khorsabad and Nimrud)兩處宮殿壁間，滿舖雕刻石版，上錄營此屋者之生活與執政之詳情，成爲巴比侖與亞西利亞歷史上極有價值之一頁紀載。

自緜此種奇蹟發現，始將久已湮沒之古國文化，獲得切實之致證；然此尙不足稱道，殊不知於考榮傑克土阜亞休賓義匹爾(Asshurbainpal) 宮中之覓得，更予人以不可思議之愉快；蓋舉凡關於國史之記載，私人之文書，與科學，教育及宗教等等，無不在搜獲中也。

在茲名貴之亞西利亞宮中，有同樣大小之兩室焉，其構造與配置之別緻，其一如藏書樓，另一則如倉庫，內貯國家檔案，帝室大量古玩，書籍，紀錄等，共有一萬件之多。其中有紀事之甎，甎面刻載楔形文字，爲古時亞開特族(Akkad)之紀載也。關於此種靡足珍貴之無價寶藏，試分別言之：如宗教，算學，科學及天文學等，又如巴比侖與亞西利亞每代帝皇，均有造像與紀事，刻諸壁間。他如地理，畜牧，與許多文字組織及字典。關於公私文件，如帝皇之法令，外藩之報告，賣契與抵押契及借款契約等文件。

五十二、宗教

巴比侖與亞西利亞兩國之宗教，大致完全相同；惟巴比侖信仰多神。亞蘇爾(Asshur) 爲亞西利亞之國神，爲該國無上之神聖；雖太陽神，月神，星神，不能取而代之。在巴比侖尙有地方神，如城隍土地等神，均爲人民所信仰者。間或雜有崇仰卜占星宿等神者。此兩國咸屬暴君之政；一代君主，無不認爲一時代產生之神主，故非特獨攬一國政治軍事之權威，兼握宗教之神權於一身矣。

五十三、商業

藉天富之聰敏，技藝與科學，米索帕達密特産優美之地毯。巴比侖之刺繡，亦殊工細，曾博得各國之贊許與盛譽。桌與椅之式樣美觀，工作精巧。尙有施工於雕刻，其雕刻之圖案如獅爪等，至今依然沿用。無論硬石與軟石，米索帕達密人，均能用以雕鐫精美之圖章。而其淺浮之雕刻，有採石膏或玄武石以爲材料者。彼等更嫺玻璃與燒磁之工藝，故有花磁甎及磁器等出品。巴比侖與亞西利亞兩族之刺繡，金屬製造物，手飾及象牙雕刻等，在工藝上，均爲臻於上乘之作品，而毫無瑕疵可責也。

（待續）

建築說明書補遺

石灰・水泥・與灰粉・

朗琴

撰擬說明書者對於建築工程所需各種材料，自當具有概括之常識；如材料之來源，製造之方法，及其最適宜之用途等。次要者即爲磚與石，此爲磚石工程之所由構築，亦爲膠黏兩物體之質料，作爲粗糙磚石牆垣之內外層者也

最初磚石工程，僅係堆砌牆垣，不着水分，亦不用灰沙。迨後磚石用粘土起砌，即近時邊僻落後之區，亦仍使用此法者也。第一次使用膠黏兩物體之質料爲石灰。此爲鈣之養化物，普通名之爲「快燥石灰」(Quicklime)。此係熱石灰之炭酸鹽而成，將鉛粉，雲石，石灰石等之不潔成份未超過百分之十者，以華氏八百度之高熱度，燒至朱赤色時，炭酸氣盡除，由炭化鈣變成養化鈣。除上述材料外，美國先期居民，並常以蠔殼製造石灰，此則爲純粹之炭化鈣矣。

熱度對於快燥石灰並無若何影響，但經極高熱度後，能使水分與石灰緊密化合，而將養化鈣變爲水化鈣，成爲一種黏質白漿矣。石灰經水化合後，即作灰沙之用。或待冷後，用爲粉刷材料。灰沙吸收炭酸氣後，其質即硬。普通名之爲炭酸，源於空氣，而歸宿於石灰之炭酸鹽。但如何或何時及何地發見石灰，未經人知，後經偶然將石灰石燒至相當熱度後，即變成快燥石灰，產生攙水石灰(Slaked Lime)，知其具有膠黏及聯合性者也。

以石灰爲粉刷材料，在文化史中佔時極早，吾人固知米索帕達密亞(Mesopotamia)在紀元前三千年及三千五百年前，早已使用之也。根據漢林教授(Prof. Hamlin)之說，膠黏式之建築源於亞西利亞(Assyrians)與凱爾定(Chaldean)之居民，由此可知其實爲初次使用石灰以爲膠合材料者也。自此遠古，以迄近今，石灰在灰沙，粉灰，與清水灰粉中，無不用作膠合之材料者也。

水化之石灰係爲鈣之水化物，將新鮮之快燥石灰和以水份，適度而止，使其不可成爲水漿。結果則成爲乾塊之粉團，不受空氣之影響焉。水化之石灰較快燥石灰爲優之點，因其不需在工程地攙水化合，而可延長一星期或較久之時間，直接與沙拌合，配合水份，即可應用矣。且和水於石灰，工人無需技巧，均能爲之；至於水化之石灰，既用科學方法拌成，其質料自可一律。灰沙之使用爲時已久，各種工程均可圓滿應用，但因石灰係爲不含水之成份，遇水即不能堅硬。故地下層及極度潮濕之處不能使用石灰也。再因石灰經空氣吸收炭養化物而堅硬，故在築砌極厚度之牆垣時，不宜使用灰沙，蓋因空氣不能穿越，將石灰養化也。將一定成份之漿質或水化石灰，和於水泥之中，可以增加在沙之膠黏聯合之力。且因平淨細膩之故，使灰沙較純水泥易於流播，便利工作。且石灰和入水泥後，能使水份不致透入灰沙，因其能填塞空隙，且使灰沙更爲緊密也。

石灰用爲粉刷之材料，最少已有四千年，甚或過之。在埃及，米索帕達密亞，與傍貝(Pompeii)等處斷瓦殘垣中，均可發見粉灰之

痕跡。自今日言之，粉灰(Plaster)似專指建築物內牆之粉刷而言，外牆之粉刷則統稱之爲清水灰粉(Stucco)。此名初用之於裝飾粉灰之工程而言，如羅馬與文藝復興時代之"Stucco duro"是。此可保證而言者，即日後雖經過百年，石灰將永爲唯一之粉刷材料也。所引以爲缺憾者，僅在使用時必須攙水堆積；適合天時，始能應用。此則在現時迅速完成建築工程之方法時，實屬延時佔地，而有考慮之必要者，而其堅性又不若石膏粉灰之速者也。

粉灰在有種建築工程中，實爲唯一之有用材料。最著者爲教堂，戲院講堂等，因其具有吸收聲浪之功，而石膏粉灰因堅硬過甚，易生回聲，故對建築上之音波，影響殊大也。

清水灰粉使用之悠久，與石灰粉相同。此蓋將建築物內外層之粗糙牆面，先塗以石灰粉，自昔如此，相沿成習。此殆普天之下，難免其例，實際上各國無有不用石灰者也。至於清水灰粉之持久性與耐風雨剝蝕之特性，祇須吾人一顧英國老式塗以清水灰粉之屋，有塗於亞克條板上者，歷三四十年，亦經久不壞。混凝土亦有攙入少量水化之石灰，以謀改進者，據美國當局負責者之報告，若和合適當，並未減低混凝土之堅性。因其性質平淨膠黏，故使混凝土更爲黏密，易於工作。更能使混合物緊合不致分散，所有隙漏無空不入，故可使潮濕不致透過。且因混凝土中之粒塊經潤滑後，在槽中流動自如，絕少阻礙。惟關於混凝土之歷水槽而下，吾人有不得已於言者，即見大量之水泥，嘗從槽中潑溢而出，或黏附於槽中者。

水硬膠灰(hydraulic lime)由石灰石而產生，而石灰石含有百分之十至二十之粘土質者也。此與一般石灰同樣燃燒，亦用水和化，但所不同者則遇水始硬而已。水硬膠灰在英國絕無製造，但在水泥之製造未完美以前，僅進口少許而已，初名塔兒石灰(Lime of Tiel)，因大部在法國之塔兒與雪梨(Scilly)製造也。此處所以對水硬膠灰特別提及者，蓋其與水泥有關，而下文將加述及者也。

就我人所知，最初之水泥實爲羅馬之帕查蘭娜(Puzzuolana)，亦稱帕查蘭(Puzzolan)。據今所知，此實非科學化之水泥，但爲和水之石灰與火山之灰燼，而使灰沙遇水變硬而已。此種製造水泥之法雖未失傳，但已忽略，蓋所以不能行於西歐與英倫者，因火山之灰燼，實無固定之供給也。最初英國之磚石工程，堆砌之磚瓦有時和以灰沙，使其水化。英國最初之水化水泥(hydraulic cement)，係就海濱所得之黏質石灰石小塊燃燒而成，名爲羅馬水泥，但與羅馬之帕查蘭娜則不同。此種水泥質料惡劣，自經發見青水泥(Portland cement)之成功後，材料之供給亦受限制。現用水泥之製造，係將固定成份之石灰之炭酸鹽與黏土拌合，用火燒成灰燼，然後磨成粉末即得。此法係於一八二四年由約克州(Yorkshire)之製磚匠阿斯匹定(Joseph Aspdin)所發明。阿氏在試驗時，係以舖路之碎石，和以磚瓦牆所用之粘土，而於磚窰中燒之。所謂波蘭水泥(Port'and Cemeut)取名之由來，非因製造地在波蘭，或原料之成份取自該處，實因其酷似波蘭石也。而用途最廣之石灰石，係採自地望州(Devonshire)附近之波蘭島者也。

最初水泥之製造，純用手工，不習科學方法，故至一八四三年，倫敦尚未使用水泥。迨一八四五年，華德氏父子(J. B. White and Sons)專用改良方法，從事製造水泥，在商業上始告成功。華氏之水泥，初次入於美國，時在一八六五年。其用途以工程方面爲多，迨後漸被德貨水泥所淘汰，蓋因其製造精良，遠勝華氏出品。德貨把持美國市場，至二十世紀初美貨水泥亦臻完美，於是德貨始告絕跡焉！美國最初製造水泥者，為一八七四年本薛凡尼州之賽樂氏(David O. Saylor)雖未完全成功，但實則日後此業趨於成就之基礎。現則美國水泥之品質，已佔全球第一，此蓋因製造方法既屬科學化，而出品復經久試驗，精益求精，此則美國材料試驗會 (American Society for the Testing of Materials) 實有助其成者也。

水泥在建築工業中，實為不可少之品。無此則混凝土無以形成，無混凝土則不能建造現代之房屋矣。當磚石工程沾受大量潮氣，欲在築砌之時，必須使用化水灰沙，而青水泥實為唯一之化水水泥也。在事實上言，近二十五年水泥用途之演進，已較前倍蓰矣。最顯著之進步，為一種白水泥，此實為真正之水泥，與灰色水泥不同之點，在其所用之石灰石與粘土，與所燃燒之煤絕無鐵之鹽質除此之外，對於窰火之息滅，亦有種種秘密方法，以增加出品之白色也。

白水泥因無鐵質之養化物，故不著色，可用於築砌石灰石，大理石及花崗石等。此為清水灰粉之絕好材料，若需彩色，頗為著染，使極美觀。在美國現若列舉清水泥，可不必指定任何牌號，祇須該水泥曾經美國材料試驗會加以試驗者，即可合於標準。昔時採用水泥舉加牌號者，實因品質各異，不合標準化也。

水泥界最近之出品，名名「勒彌尼」水泥(Lumnite Cement)。此亦為水硬膠灰，主要之原料為鐵礬土(bauxite)或鋁鑛等。此種水泥在澆置時不若普通水泥之速，但一經澆置，其硬頗速，在二十四小時內即全部堅硬，普通者須為時二十八小時始硬也。查此項水泥之發明，不得不歸功於前次之世界大戰。時法國工程師鑒於建造炮台底基，求其速硬，故屢經試驗，發明此種水泥，本日一經澆置，次日即可應用。在美國往往有混凝土樁一經澆置，在二十六小時後撤去者。又如混凝土之橋，在築成後四十八小時行駛火車或裝載貨物之運輸汽車者。因此種水泥在數小時內能凝結變硬，故可避免凍裂之虞。且因堅硬頗速，故生一種熱力之化學作用，藉以抵抗凍結。但此種水泥不能在世間普遍採用者，實因鐵礬土之產量極少，此種水泥之代價，實較尋常者昂貴三倍也！惟有種急迫之工程，因節省時間所得，實足償付此種水泥之代價也。在一八二三年間，紐約歐爾斯脫州(Ulster County)之羅珊台鄉(Rosendale)因尚未發見現在所用之青水泥，而採用天然水泥為建築材料者，如第一次用於地拉威(Delaware)與赫德生(Hudson)運河是。此種天然水泥之製造，係取自石灰石之含有百分之二十至四十之粘土者。石灰石在華氏一千度高熱度下，煅之成灰，研成粉末即是。此雖因地而得羅珊台水泥，但美國各地製者極多，在一八九六年間，天然水泥之製造廠，各地有六十處之多。但原料之來源，半數產於歐爾斯脫州，其餘來自喔海喔河印第那(Indiana)州等處者。此種天然水泥質料殊異，有者置放極速，是為其顯然之缺點。但亦有將此種水泥用於重要工程者，最著者為勃羅克林橋(Brooklyn Bridge)之近道；然清水泥之品質究屬高其一等，故該項天然水泥終無立足之地也。

美國現在市上有水泥名「磚塊水泥」者，此種水泥既非天然水泥之燃燒含有黏土之岩石而得，而具有一定之公式與經過嚴格之實驗，以保證出品之一致性者；亦非天然水泥之混合固定成份之水化水泥者。據云此種不同之水泥較普通靑水泥爲肥沃，在拌和時不用石灰，故拌和之工作簡單，堆砌之費用亦省。此種水泥試用之結果，據聞尙稱滿意，一經澆置，堅硬頗速。採用此種水泥之較大建築，爲紐約之平衡大廈(Equitable Building) 羅斯福旅社(Roosevelt Hotel)，及紐約泰晤士報添建房屋等；在費城有佛蘭克林旅社等。除此特種水泥之外，尙有渣滓水泥(Slag Cement)，此亦列爲帕查蘭水泥之一種，係研磨爐煤之渣與水化石灰而成，或於煤渣尙熱時，用水淋濕，然後和以小量之水化石灰，再行研磨亦可。美國現時製造渣滓水泥之廠家，全國僅一二家，採用者雖屬不廣，但用以築砌石灰石等，實頗合宜，蓋其並不染污者也。現有將此種水泥用於水閘，貯水池中之溢水道等，平均約以一袋渣滓水泥和於四袋清水泥，蓋以其避水也。

其他特種水泥爲「拉發其」水泥(Lafarge Cement)，製造於法國之塔兒。(上海立興洋行經理)(Tiel)此爲水化石灰煅成灰燼時之副產品。此亦爲絕無玷染之水泥，與清水泥有同樣之堅力，多數用於築砌石灰石，花崗石，大理石等。美國第一次採用拉發其水泥者，爲一八八二年亨德君(Richard Movvis Hunt)用於建築約克鎭(Yorktown)之戰爭紀念碑者。

吾人今知灰粉爲石膏之產物。石膏岩之自然形式，爲石灰之水化硫酸鹽。此種岩石研成粉末後，煅於華氏三百六十度之低熱度下，如是則原有百分之八十之潮氣，得以烘乾。此種煅成粉末之出品，世均稱爲巴黎灰粉。(Plaster of Paris)。煅成之石膏，與水有極大之化合力，因結晶之故，故砌置極速。此種灰粉可分數等 爲塑型灰粉(moulding Plaster)用以粉刷裝飾，及台口線等者；範鑄灰粉(Casting Plaster)，用以範鑄，彫刻等之用；試樣灰粉(Ganging Plaster)，係和以石灰油灰，或水化石灰等。用以粉刷或塗白者。此均爲煅成粉末之灰粉，所不同者僅爲砌置之時間耳。有所謂硬牆灰粉者(Hard wall Plaster)，亦由煅灰之石膏製成，另和以障礙物(retarder)，其質略爲樹膠之類，無此則煅灰之石膏不易在牆面流佈也。

第一次使用煅成之石膏，不得而知；但據美國當局者言，埃及人民曾加採用，此或可能，吾人均知英國在十八世紀亦經採用，而埃及之採用較英國早若干年，則不得而知矣。巴黎灰粉在建築中固有各種用途，但在初亦僅用以爲裝飾及試樣之用。此種石膏灰粉亦可用於內部之大理石工程，避火夾板之石膏瓦及地磚等。塗牆石膏前曾盛行一時，因其拌合較易，工作便利，故頗宜用於巨大之建築工程。因較石灰灰粉爲硬，故用於展露之硬性工程，更爲適合也。

金氏水泥，亦爲特種水泥之一種，係一八三八年英國倫敦之金氏(R. W. Keene) 所發明，並取得專利權，於一八八七年開始製造。此種水泥亦製自石膏灰粉，但在煅成粉末時，其所需之熱度較一般灰粉爲高。少量之潮氣既經驅除，使其受接觸作用而分解之，大都係用强烈性之明礬，然後再行燃燒。此爲英國最初之製造方法。至於金氏水泥之優點，則其不受潮濕之影響，若再煅煉，亦不受損。經舖澆後，其質堅如大理石，可以磨光。金氏水泥大都用於硬灰粉之工程，及範鑄等工程，一如灰粉也。

(譯自美國築夫雜誌)

計算鋼骨水泥改用度量衡新制法

（續三卷七期）

王　成　熹

表七至表九爲正方形，圓形，或八角形鋼骨水泥柱之抵力，表中數值係根據公式：

抵力$=f_c[A+(n-1)A_s]$所算出，

式中：

f_c ＝水泥之安全抵壓力

A＝水泥柱之有效剖面面積，卽在鋼箍以內之面積（普通八角形柱其鋼箍亦紮成圓形，故計算其抵力時亦與圓形柱相同）

n＝鋼骨與水泥彈性率之比

A_s ＝豎直鋼骨之剖面面積

該式適用於柱之載重絕無偏向者，卽載重均佈於柱之剖面上，而無彎轉量之發生，表中第一豎項爲柱之有效邊長或直徑，卽柱中豎直鋼骨中心至中心之距離，第二，三，四各項卽柱之抵力，以公斤爲單位，第五項爲根據第六項 p 之値而得。

表十爲計算正方形柱基時彎轉量之常數，係由公式，

彎轉量＝$\frac{(b-a)^2(2b+a)}{24b^2}$×總載重＝常數×總載重而得式中，

b＝正方形柱基一邊之闊

a＝正方形柱之一邊之闊

p＝柱身之總載重

例如題：—26公分×26公分之水泥柱，其總載重爲14,000公斤，規定基地泥土載重爲8000公斤/平方公尺，試計算該柱柱基之彎轉量。

解：—　柱身總載重＝14000公斤

10％柱基重＝ 1400公斤

15400公斤

基地上載重面積＝$\frac{15400}{8000}$＝1.925方公尺可用1.40公尺×1.40公尺之正方形柱基其面積爲1.96方公尺，較求出者大.035方公尺，故已甚安全。再由表十中第一豎項（卽柱邊闊26公分之一項）中，至柱基邊闊1.40公尺之橫項相交處，其値爲8.45，以之與柱身總載重相乘卽得彎轉量，如下式：

柱基之彎轉量＝常數×柱身總載重

＝8.45×14000＝118300公分公斤

表七：一　方，圓，及八角形鋼骨水泥柱之抵力

n = 15

d	f_c = 40公斤/平方公分		f_c = 45公斤/平方公分		f_c = 50公斤/平方公分		應用鋼骨面積		$p=\frac{A_s}{A}$
	方 抵力(公斤)	圓 抵力(斤公)	方 抵力(公斤)	圓 抵力(公斤)	方 抵力(公斤)	圓 抵力(公斤)	方 平方公分	圓 平方公分	
	14,470	11,606	16,620	13,057	18,468	14,500	3.24	2.55	0.010
	15,680	12,318	17,641	13,857	19,602	15,397	4.86	3.82	0.015
	16,590	13,029	18,662	14,657	20,736	16,286	6.48	5.09	0.020
18	17,496	13,740	19,683	15,458	21,870	17,175	8.10	6.36	0.025
	18,400	14,457	20,703	16,260	23,004	18,071	9.72	7.64	0.030
	20,217	15,885	22,744	17,870	25,272	19,856	12.96	10.19	0.040
	22,032	17,307	24,786	19,471	27,540	21,634	16.20	12.73	0.050
	18,240	14,324	20,520	16,115	22,800	17,906	4.00	3.14	0.010
	19,360	15,204	21,780	17,104	24,200	19,005	6.00	4.71	0.015
	20,480	16,083	23,040	18,093	25,600	20,104	8.00	6.28	0.020
20	21,600	16,962	24,300	19,082	27,000	21,203	10.00	7.85	0.025
	22,720	17,841	25,560	20,071	28,400	22,302	12.00	9.42	0.030
	24,960	19,605	28,080	22,056	31,200	24,507	16.00	12.57	0.040
	27,200	21,364	30,600	24,034	34,000	26,705	20.00	15.71	0.050
	24,122	18,726	27,137	21,112	30,153	23,458	5.29	4.12	0.010
	25,606	19,914	28,807	22,403	32,008	24,893	7.94	6.17	0.015
	27,084	21,063	30,470	23,701	33,856	26,335	10.58	8.23	0.020
23	28,566	22,221	32,136	24,999	35,707	27,777	13.23	10.29	0.025
	30,047	23,369	33,803	26,290	37,559	29,212	15.87	12.34	0.030
	33,009	25,676	37,136	28,886	41,262	32,096	21.16	16.46	0.040
	35,972	27,978	40,468	31,475	44,965	34,973	26.45	20.57	0.050
	28,500	22,384	32,063	25,182	35,625	27,980	6.25	4.91	0.010
	30,253	23,762	34,034	26,732	37,816	29,702	9.38	7.37	0.015
	32,500	25,134	36,000	28,276	40,000	31,417	12.50	9.82	0.020
25	33.753	26,512	33,753	29,826	42,191	33,139	15.63	12.28	0.025
	35,500	27,884	39,938	31,369	44,375	34,854	18.75	14.73	0.030
	39,000	30,623	43,875	34,462	48,750	38,291	25.00	19.64	0.040
	42,500	33,379	47,813	37,552	53,125	41,724	31.25	24.55	0.050
	35,750	28,080	40,219	31,590	44,688	35,100	7.84	6.16	0.010
	37,946	29,804	42,689	33,530	47,432	37,255	11.76	9.24	0.015
	40,141	31,529	45,158	35,470	50,176	39,411	15.68	12.32	0.020
28	42,336	33,254	47,628	37,411	52,920	41,567	19.60	15.40	0.025
	44,531	34,979	50,098	39,351	55,664	43,723	23.52	18.48	0.030
	48,922	38,428	55,037	43,232	61,152	48,035	31.36	24.64	0.040
	53,312	41,872	59,976	47,106	66,640	52,340	39.20	30.79	0.050
	41,040	32,234	46,170	36,263	51,300	40,292	9.00	7.07	0.010
	43,560	34,216	49,005	38,493	54,450	42,770	13.50	10.61	0.015
	46,080	36,193	51,840	40,717	57,600	45,241	18.00	14.14	0.020
30	48,600	38,175	54,675	42,947	60,750	47,719	22.50	17.68	0.025
	51,120	40,152	57,510	45,171	63,900	50,290	27.00	21.21	0.030
	56,160	44,111	63,180	49,625	70,200	55,139	36.00	28.28	0.040
	61,200	48,070	68,850	54,078	76,500	60,088	45.00	35.35	0.050
	49,658	39,002	55,866	43,877	62,073	48,752	10.89	8.55	0.010
	52,710	41,397	59,300	46,571	65,888	51,746	16.34	12.83	0.015
	55,757	43,788	62,726	49,262	69,696	54,735	21.78	17.10	0.020
33	58,809	46,185	66,160	51,958	73,511	57,731	27.23	21.38	0.025
	61,855	48,582	69,587	54,654	77,319	60,727	32.67	25.66	0.030
	67,954	53,370	76,448	60,041	84,942	66,712	43.56	34.21	0.040
	74,052	58,163	83,309	65,434	92,565	72,704	54.45	42.77	0.050
	55,860	43,872	62,843	49,356	69,825	54,840	12.25	9.62	0.010
	59,293	46,565	66.704	52,386	74,116	58,206	18.38	14.43	0.015
	62,720	49,259	70,560	55,416	78,400	61,573	24.50	19.24	0.020
35	66,153	51,952	74,422	58,446	82,691	64,940	30.63	24.05	0.025
	69,580	54,646	78,278	61,477	86,975	68,307	36.75	28.86	0.030
	76,440	60,033	85,995	67,537	95,550	75,041	49.00	38.48	0.040
	83,300	65,426	93,712	73,604	104,125	81,782	61.25	48.11	0.050

表八：一 方，圓，及八角形鋼骨水泥柱之抵力

n ＝ 15

d	f_c ＝40公斤/平方公分		f_c ＝45公斤/平方公分		f_c ＝50公斤/平方公分		應用鋼骨面積		$p=\frac{A_s}{A}$
	方 抵力(公斤)	圓 抵力(公斤)	方 抵力(公斤)	圓 抵力(公斤)	方 抵力(公斤)	圓 抵力(公斤)	方 平方公分	圓 平方公分	
	65,846	51,714	74,077	58,179	82,308	64,643	14.44	11.34	0.010
	69,890	54,890	78,625	61,751	87,362	68,612	21.66	17.01	0.015
	73,932	58,065	83,174	65,323	92,416	72,581	28.88	22.68	0.020
38	77,976	61,800	87,723	69,525	97,470	77,250	36.10	28.35	0.025
	82,019	64.415	92,271	72,467	102,524	80,519	43.32	34.02	0.030
	90,105	70,766	101,368	19,611	112,632	88,457	57.76	45.36	0.040
	98,192	77,122	110,466	86,762	122,740	96,402	72.20	56.71	0.050
	72,960	57,294	82,080	64,467	91,200	71,631	16.00	12.57	0.010
	77,440	60,821	87,120	68,424	96,800	76,027	24.00	18.85	0.015
	81,920	64,338	92,160	72,380	102,400	80,423	32.00	25.13	0.020
40	86,400	67,860	97,200	76,343	108,000	84,826	40.00	31.42	0.025
	90.880	71,377	102,240	80,299	113,600	89,222	48.00	37.70	0.030
	99,840	78,416	112,320	88,218	124,800	98,021	64.00	50.27	0.040
	108,800	85,450	122,400	96,131	136,000	106,813	80.00	62.83	0.050
	84,314	66,219	94,853	24,496	105,393	82,774	18.49	14.52	0.010
	89,394	70,284	100,681	79,070	111,868	87,856	27.74	21.78	0.015
	94,668	74,350	106,502	83,644	118,336	92,938	36.98	29.04	0.020
43	99,848	78,421	112,329	88,224	124,811	98,027	46.23	36.31	0.025
	105,023	82,487	118,151	92,798	131,279	103,109	55.47	43.57	0.030
	110,203	90,618	123,978	101,945	137,754	113,273	64.72	58.09	0.040
	125,732	98,749	141,448	111,093	157,165	123,437	92.45	72.61	0.050
	96,489	75,783	108,550	85,256	120,612	94,729	21.16	16.62	0.010
	101,414	80,437	115,216	90,491	128,018	100,546	31.74	24.93	0.015
	108,339	85,090	121,881	95,727	135,424	106,363	42.32	33.24	0.020
46	114,264	89,744	128,548	100,962	142,830	112,180	52.90	41.55	0.025
	120,172	94,398	135,194	106,197	150,216	127,997	63.48	49.86	0.030
	132,038	103,705	148,543	116,668	165,048	129,631	84.64	66.84	0.040
	143,888	113,012	161,874	127,138	179,860	141,265	105.80	83.10	0.050
	105,062	77,958	118,195	87,703	131,328	97,448	23.04	17.10	0.010
	111,513	82,740	125,452	93,083	139,392	103,426	34.56	25.64	0.015
	117,964	87,528	132,710	98,469	147,456	109,411	46.08	34.19	0.020
48	124,416	92,316	139,968	103,856	155,520	115,396	57.60	42.74	0.025
	130,867	93,104	147,225	109,242	163,584	121,381	69.12	51.29	0.030
	143,769	106,675	161,740	120,009	179,712	133,344	92.16	68.38	0.040
	156,672	116,251	176,256	130,782	195,840	145,314	115.20	85.48	0.050
	114,000	89,538	128,250	100,730	142,500	111,923	25.00	19.64	0.010
	121,000	95,032	136,125	106,911	151,250	118,790	37.50	29.45	0.015
	128,000	100,531	144,000	113,097	160,000	125,664	50.00	39.27	0.020
50	135,000	106,030	151,875	119,284	168,750	132,538	62.50	49.09	0.025
	142,000	111,529	159,750	125,470	177,500	139,412	75.00	58.91	0.030
	156,000	122,522	175,500	137,837	195,000	153,153	100.00	78.54	0.040
	170,000	133,520	191,250	150,210	212,500	166,901	125.00	98.18	0.050
	128,130	100,601	144,146	113,176	160,163	125,751	28.09	22.06	0.010
	135,958	106,783	152,953	120,131	169,948	133,479	42.14	33.10	0.015
	143,820	112,966	161,798	127,086	179,776	141,207	56.18	44.14	0.020
53	151,688	119,148	170,649	134,041	189,611	148,935	70.23	55.18	0.025
	159,551	125,330	179,485	140,997	199,439	156,663	84.27	66.22	0.030
	175,281	137,684	197,191	154,894	219,102	172,105	112.36	88.28	0.040
	191,012	150,021	214,888	168,774	238,765	187,526	140.45	110.31	0.050
	137,940	108,339	155,182	121,881	172,425	135,424	30.25	23.76	0.010
	146,412	114,992	164,714	129,366	183,016	143,740	45.38	35.64	0.015
	154,880	121,644	174,240	136,850	193,600	152,056	60.50	47.52	0.020
55	163,352	128,297	183,771	144,334	204,191	160,372	75.63	59.40	0.025
	171,820	134,950	193,297	151,819	214,775	168,688	90.75	71.28	0.030
	188,760	148,250	189,855	166,781	235,950	185,313	121.00	95.03	0.040
	205,700	161,556	231,412	181,750	257,125	201,945	151.25	118.79	0.050

表九：一 方,圓,及八角形綱骨水泥柱之抵力

n = 15

d	f_c =40公斤/平方公分 方 抵力(公斤)	f_c =40公斤/平方公分 圓 抵力(公斤)	f_c =45公斤/平方公分 方 抵力(公斤)	f_c =45公斤/平方公分 圓 抵力(公斤)	f_c =50公斤/平方公分 方 抵力(公斤)	f_c =50公斤/平方公分 圓 抵力(公斤)	應用鋼骨面積 方 平方公分	應用鋼骨面積 圓 平方公分	$p=\frac{A_s}{A}$
	153,398	120,478	172,573	140,386	191,748	150,598	33.64	26.42	0.010
	162,817	127,876	162,817	143,860	203,522	159,845	50.46	39.63	0.015
	172,236	135,274	193,766	152,183	215,296	169,093	67.28	52.84	0.020
58	181,656	142,671	204,363	160,505	227,070	178,339	84.10	66.05	0.025
	191,075	150,069	214,959	168,827	238,844	187,586	100.92	79.26	0.030
	209,913	164,864	236,152	185,472	262,392	206,080	134.56	105.68	0.040
	228,752	179,659	257,346	202,117	285,940	224,574	168.20	132.10	0.050
	164,160	128,928	184,680	145,044	205,200	161,161	36.00	28.27	0.010
	174,240	136,847	196,020	153,953	217,800	171,059	54.00	42.41	0.015
	184,320	144,765	207,360	162,861	230,400	180,957	72.00	56.55	0.020
60	194,400	152,688	218,700	171,774	243,000	190,860	90.00	70.69	0.025
	204,480	160,596	230,040	180,671	255,600	200,746	108.00	84.82	0.030
	224,640	176,433	252,720	198,487	280,800	220,542	144.00	113.10	0.040
	244,800	188,271	275,400	211,805	306,000	235,339	180.00	141.37	0.050
	180,986	142,145	203,600	159,913	226,233	177,681	39.69	31.17	0.010
	192,102	150,875	216,115	169,735	240,128	188,594	59.54	46.76	0.015
	203,212	159,606	228,614	179,556	254,016	199,507	79.38	62.35	0.020
63	214,328	168,330	241,119	189,372	267,911	210,413	99.23	77.93	0.025
	225,439	177,061	253,619	199,193	281,799	221,326	119.07	93.52	0.030
	247,665	196,916	278,623	221,530	309,582	246,145	158.76	124.69	0.040
	269,892	211,971	303,628	238,468	337,365	264,964	198.45	155.86	0.060
	198,633	156,005	223,462	175,506	248,292	185,007	43.56	34.21	0.010
	210,830	165,581	237,184	186,279	263,538	206,977	65.34	51.31	0.015
	223,027	175,163	250,905	197,058	278,784	218,954	87.12	68.42	0.020
66	235,304	184,744	264,717	207,827	294,130	230,931	108.90	85.53	0.025
	259,420	194,326	278,348	218,617	309,276	242,908	130.68	102.64	0.030
	271,814	213,484	305,791	240,169	339,768	266,855	174.24	136.85	0.040
	296,208	232,641	333,234	261,721	370,260	290,802	217.80	171.06	0.050
	210,854	165,577	237,211	186,274	263,568	206,971	46.24	36.31	0.010
	215,801	175,746	242,776	197,715	269,752	219,683	69.36	54.47	0.015
	236,748	185,910	266,342	209,149	295,936	232,388	92.48	72.62	0.020
68	249,696	196,080	280,908	220,590	312,120	245,100	115.60	90.78	0.025
	262,643	206,244	295,473	232,024	328,304	257,805	138.72	108.93	0.030
	275,590	226,578	310,039	254,900	344,488	283,222	161.84	145.24	0.040
	314,432	246,911	353,736	277,775	393,040	308,639	231.20	181.55	0.050
	229,869	186,138	258,603	209,405	287,337	232,673	50.41	39.59	0.010
	243,987	191,620	274,485	215,573	304,984	239,526	75.62	59.38	0.015
	258,099	202,708	290,361	228,047	322,624	253,386	100.82	79.18	0.020
71	272,216	213,796	306,243	240,521	340,271	267,246	126.03	98.98	0.025
	286,328	224,884	322,119	252,995	357,911	281,106	151.23	118.78	0.030
	314,558	247,055	353,878	277,937	393,198	308,819	201.64	158.37	0.040
	342,788	269,215	385,636	302,878	428,485	336,532	252.06	197.96	0.050
	243,002	190,852	273,377	214,708	303,753	238,565	53.29	41.85	0.010
	257,926	202,572	290,167	227,894	322,408	253,216	79.94	62.78	0.015
	275,364	214,293	309,785	241,080	344,206	267,867	106.58	83.71	0.020
73	287,768	226,014	323,739	254,266	359,711	282,518	133.23	104.64	0.025
	302,687	237,729	340,523	267,445	378,359	297,162	159.87	125.56	0.030
	332,529	261,171	374,095	293,817	415,662	326,464	213.16	167.42	0.040
	362,372	284,607	407,668	320,183	452,965	355,759	266.45	209.27	0.050
	263,385	206,860	296,308	232,717	329,232	258,575	57.76	45.36	0.010
	279,558	219,566	314,503	247,012	349,448	274,458	86.64	68.05	0.015
	295,731	232,267	332,697	261,301	369,664	290,334	115.52	90.73	0.020
76	311,904	244,934	350,892	275,551	389,880	306,168	144.40	113.35	0.025
	328,076	257,641	369,086	289,846	410,096	322,051	173.28	136.04	0.030
	360,422	283,042	405,475	318,423	450,528	353,803	321.04	181.40	0.040
	392,768	308,478	441,864	347,037	490,960	385,592	288.80	226.82	0.050

表十：一 正方形柱基彎轉量之常數

彎轉量＝常數×總重

	柱邊闊（公分）	26	31	36	41	46	51	56	61	66	71	76
柱基一邊之闊（公尺）	.60	1.95	1.46									
	.70	2.73	2.21	1.73	1.29							
	.80	3.53	3.00	2.47	2.00	1.55	1.16					
	.90	4.32	3.75	3.22	2.72	2.24	1.80	1.40	1.04			
	1.00	5.16	4.58	4.03	3.50	3.00	2.51	2.07	1.66	1.28	0.95	
	1.10	5.98	5.40	4.83	4.28	3.75	3.25	2.77	2.32	1.90	1.52	1.18
	1.20	6.80	6.21	5.63	5.07	4.53	4.01	3.51	3.03	2.58	2.16	1.77
	1.30	7.63	7.03	6.45	5.88	5.32	4.79	4.27	3.77	3.29	2.84	2.42
	1.40	8.45	7.86	7.27	6.69	6.12	5.57	5.04	4.52	4.03	3.55	3.10
	1.50	9.30	8.68	8.09	7.52	6.93	6.37	5.83	5.30	4.78	4.29	3.81
	1.60	10.11	9.51	8.91	8.32	7.74	7.17	6.62	6.08	5.55	5.04	4.55
	1.70	10.94	10.34	9.73	9.14	8.56	7.98	7.42	6.87	6.33	5.81	5.30
	1.80	11.77	11.17	10.56	9.96	9.37	8.80	8.23	7.67	7.09	6.59	6.06
	1.90	12.60	12.00	11.40	10.79	10.19	9.61	9.04	8.47	7.92	7.37	6.84
	2.00	13.44	12.82	12.22	11.61	11.02	10.43	9.85	9.28	8.72	8.16	7.62
	2.10	14.27	23.65	13.04	12.44	11.84	11.25	10.70	10.09	9.52	8.96	8.41
	2.20	15.10	14.47	13.90	13.30	12.70	12.07	11.50	10.90	10.33	9.78	9.21
	2.30	15.93	15.32	14.70	14.10	13.50	12.90	12.30	11.72	11.17	10.60	10.01
	2.40	16.74	16.15	15.53	15.00	14.31	13.72	13.13	12.54	12.00	11.39	10.82
	2.50	17.60	16.98	16.36	15.75	15.15	14.55	13.95	13.36	12.78	12.20	11.63
	2.60	18.43	17.81	17.20	16.59	15.98	15.37	14.78	14.19	13.60	13.01	12.44
	2.70	19.26	18.64	18.03	17.42	16.81	16.20	15.60	15.00	14.42	13.83	13.25
	2.80	20.09	19.47	18.86	18.24	17.63	17.03	16.42	15.83	15.23	14.65	14.07
	2.90	20.93	20.31	19.69	19.07	18.46	17.86	17.25	16.65	16.06	15.47	14.88
	3.00	21.76	21.14	20.52	19.91	19.30	18.68	18.08	17.48	16.88	16.29	15.70

新村建設

新近上海賓樂安路因了一個日本水兵被人鎗殺，遂致謠言蠭起，人心惶惶，大有一二八前夕恐慌的模樣；因此住在閘北和北四川路等處的人，都感覺不安，莫不遷地為良，避向彼等認為安全的地方去住。官廳方面雖是闢謠和拘捕造謠滋事的人，但是搬家的依然絡繹於途，甚至在午夜以後及微雨濛濛中，搬場汽車，卡車，小車，黃包車，都裝滿着箱籠，不斷的由閘北一帶向南搬移。

在這情形之下，就有人批評這次因謠言而發生的搬場行動，斥為庸人自擾。也有人說：這次的搬場，是因懲於一二八事件的變起倉卒，以致不及遷避，身罹浩刼者，不知凡幾。因此身為家長的，便得權衡輕重，假若這次謠言幸而不成為事實，則搬場所費究屬有限，萬一固持鎮靜，發生事變，那就無以對一家老小。況且家中婦女大半膽怯，見了人家搬場，自己心中不由也要害怕起來。故對此次搬家，祇能予以同情與憫惻，嗟嘆人民在亂世的不幸吧了。

讀墨子：『見染絲者而嘆曰：染於蒼則蒼，染於黃則黃。』因而感到這次的搬家，小部份固然由於謠言的蠱惑，大部份却是被流行的搬家病菌傳染着，所以便大搬特搬。譬如在一個里衖裏，祇要有幾家聽信謠言，便行搬家，其餘的本很鎮定，臨了見人家在那裏搬動，自己不免也疑慮起來，更經不起家人的一陣催促，便決意搬家了。如此越搬越多，迨市府派警阻止時，却已十室九空。所以謠言尚不足畏，那傳染才是可怕。

因為傳染性的重要，所以擇隣最為主要。可是居住在囂市裏的人們，根本談不到此；試觀里弄中的孩子，混在一起，良莠不齊，天資聰穎的孩子，易染惡習。若關在家裏，勢所不能，兒童本來應當有空曠的場地給他們玩，現在反把他們囿於弄中，這囂市已是把他們應享的大自然剝削去了，如何再關在家裏呢！這是關於孩子方面的缺點。尚有大人方面的是：鎮日聚集鄰里中人打牌閒逛，把家事都交付傭人，是很普遍的現象。在這樣的環境裏，養成了一輩習氣奢侈澆薄的人，他們的靈魂，在這不知不覺的中間早都消失了，剩下的祇是一具軀殼。所以現在最重要的工作，是挽救靈魂；欲挽救靈魂，必先與不良的環境隔絕，創造一個新的天地。

新天地者何？曰，建設新村。這裏所謂新村，並不是像銀行或地產商投資在市區較遠的地方，劃出一片田地，建造起許多火辣辣的洋房、招人購買，並訂定分期付款辦法的那種新村。也不是什麼村呀，邨呀，出租給人居住的那種里弄房屋。更不是頂着建設新村的名目，在鄉區裏購進一片土地，計劃成了各種建築圖樣，叫人去選擇任何一種房屋，預先繳付定洋或先付造價百分之幾定造住宅，造成之後完全付清，或分期拔付。但結果定戶方面的錢是收了，建築也着手進行了，終至承攬建築者收不到款，而宣告停頓。定戶到期欲住新屋，但房屋祇有一個牆框，框上架着一個屋頂的那種新村。

說文村本作邨，音豚，屯聚之意也。俗讀『此尊切』，又變字為村。又辭源：樸野者謂之村。如此說來人在樸野裏屯聚起來，便形成村落了。這便是村的定義。因此在囂市裏屯聚着的里弄，名之曰村或鄙，實在不相稱。所以現在棄摩市中不稱的鄙，而來談樸野的鄙能。吾國以農立國，所以農村到處散處在原野裏。這農村二字叫起來多麼響亮，試聽現在有一輩士大夫不是在高聲喊着往農村去的口號嗎？故我也套着這句口號，喊起向村野去建設新村！

異議的人說：農村裏的生活，不是極苦的麼？加之近年來農村的破產，以致每年有成千累萬的農民向着都市裏奔走謀生。因此一般人喊到農村去的口號，全是空談，有誰眞的去實行呢？但天下的事，沒有絕對的是，也沒有絕對的非。當然，鄉村有鄉村的苦處，但也有鄉村的樂處。城市中的表面，雖則異常的歡樂，但精神上所受的痛苦，非常的深刻呢！何況我所說的建設新村，唯一的目標是救濟靈魂，我們不但要捨鄉村中的苦，取鄉村中的樂、且要把村內與村外隔成一個世外桃源，住在這村裏的人，祇有快樂，沒有痛苦。

所以我希望負有改進人類居住責任的建築界，把目光轉移，向建設新村的大道邁進，來盡謀取人類居住幸福的使命。

吾國度量衡古制攷

自南京實業部與教育部徵詢全國各學術團體對於統一度量衡名稱之意見後，各團體之主張，分成三類：曰，贊成法定名稱者；曰，贊成中國物理學會所提單位名稱者；曰，其他。因攷査吾國度量衡古制，始見於書經：舜典曰『歲二月東巡守，至於岱宗。柴，望秩于山川。肆覲東后，協時月，正日，同律度量衡。』按巡守者，天子適諸候也，亦卽巡所守也。歲二月，當巡守之年二月也。岱宗卽泰山；柴，燔柴以祀天；望，望秩以祀山川。秩者，其牲幣祝號之次第。如五嶽視三公，四瀆視諸候，其餘視伯子男。東后，東方之諸候。時，謂四時。月，謂月之大小。日，謂之甲乙。諸候之國，其有不齊者，則協而正之。律，謂十二律，卽黃鍾，大簇，姑洗，甤賓，夷則，無射，大呂，夾鍾，仲呂，林鍾，南呂，應鍾是也。六爲律，六爲呂，凡十二管，皆徑三分有奇，空圍九分。而黃鍾之長九寸，大呂以下律呂相間，以次而短。至應鍾而極矣。以之制樂而節聲音，則長者聲下，短者聲高，下者則重濁而舒遲，上者則長輕清而剽疾，以之審度長度短，則九十分黃鍾之長，一爲一分，十分爲寸，十寸爲尺，十尺爲丈，十丈爲引，以之審量而量多少。則黃鍾之管其容子穀秬黍中者，一千二百以爲龠，十龠爲合，十合爲升，十升爲斗，十斗爲斛，以之平衡而權輕重。則黃鍾之龠，所容一千二百黍，其重十二銖，兩龠則二十四銖爲兩，十六兩爲斤、三十斤爲鈞，四鈞爲石。

營造學（八）

杜彥耿

第二章

第二節　甎作工程（續）

蘭蕊圈　圈拱之用滾甎組砌而間雜以豎直甎者，如一七七圖。使用此種法圈之主旨，爲使圈甎之互擠力，愈形平均分散耳。

輔甎　一皮平砌之蓋甎，加於圈頂之上者，如一七八圖。

〔附圖一八二至一八五〕

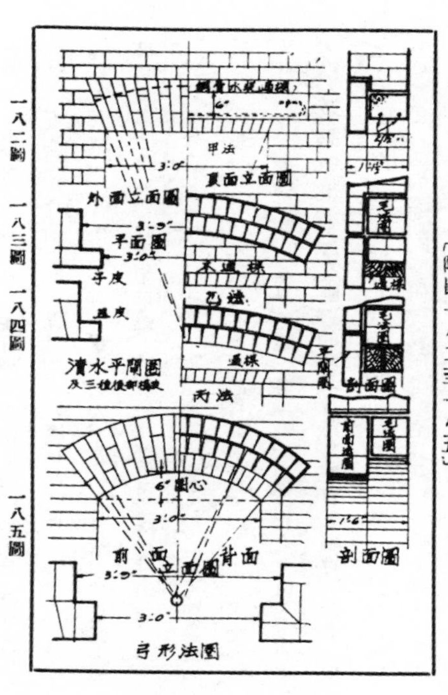

此項輔甎，普通與圈面相平；亦有自圈面外突，並施與圈甎各殊之線脚或顏色。其自圈面突出之作用，藉使雨水自挑出之甎口滴落，不致沿及圈面。

拱圈之分類　圈可分爲兩種，即清水法圈與毛法圈是。

毛法圈　一八二至一八五各圖之法圈，係均用未經刮刨，使厚薄均勻，上闊下狹之楔狀整列之毛甎所砌，故曰毛法圈。因甎之形爲長方，故將灰縫作成楔狀。毛法圈之甎，均係側砌，無立砌者；除非蘭蕊式法圈．滾甎間以立砌之豎直甎。關於毛法圈之使用，其目的全以構建之故，觀瞻方面，則並不注重也。其他如毛法圈襯於清水法圈之後，及砌於過梁之上者。毛法圈之築砌　有用圈架子者，或用圈心板者，或於過梁之上先砌圈心者。

千斤法圈　亦係毛法圈之一種，砌於牆壁火爐之前，火坑肚與千斤擱柵之間，俾資支托火坑底者。容後於樓板類中詳述之。

倒法圈　拱圈之形體倒置，藉資屋頂及樓板之重量分佈於牆間各個墩子上；而墩子之底盤，亦即坐於倒圈之圈根上，而使重量

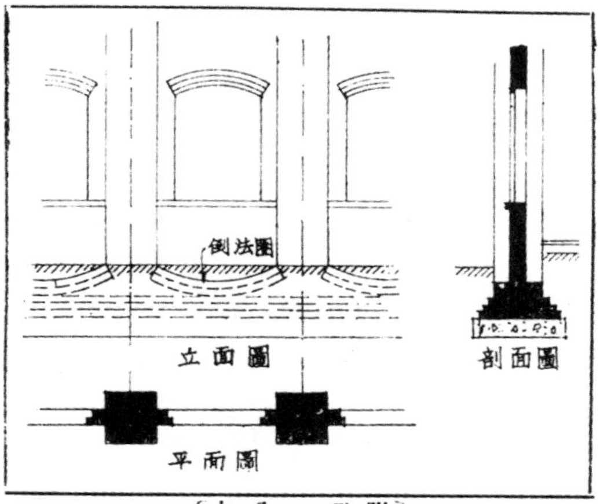

〔附圖一八六〕

平均分傳至房屋底礎。如倒圈受均佈重時，其山頭之坡度，應為六十度，而兩個山頭之引長線之相交點，即為該倒圈弧形之中心。（見一八六圖）

清水法圈　法圈之圈甎，做成一定尺寸或形狀者。其方法有二，即「斬」與「刨」是也。（見一八二及一八五圖）

法圈之種類　法圈者，弧形之甎工也。法圈之弧形體，或高或低，式類頗多。如圖一八七至二〇一所示之半圓形，高脚形，尖頂形，相對弧線尖頂形，二中心尖形，三個中心，四個中心，S形，龐爾式，三瓣葉形，蹄鐵形，以及意大利之佛尼斯式及福露蘭頂等等法圈之弧度求法。除意大利之佛尼斯式及福露蘭頂式外，其餘各種法圈之圖示弧度畫法，讀者當不難明瞭，但佛尼斯式法圈則較為複雜。其弧形求法，可參閱下節說明。

佛尼斯法圈　圈底之弧度，普通均為對稱圓形，但間或雜以他種弧形。其圓頂弧形之求法及步驟如下：

（甲）圈底弧形既得，乃決定圈脚處之厚度。

（乙）自圈底之圈脚點引一直線，至圈底之頂巔。

（丙）自圈頂之圈脚點引一直線，與B線平行。

（丁）在C線之對分點，引一線與C線垂直；其與圈脚線相交點，即圈頂弧形之中心。

從可知法圈弧形外線之組成，共有中心四個，此種法圈以清水圈為多。故其圈甎頭灰縫應與圈頂有同樣之弧形。（如一九三圖）

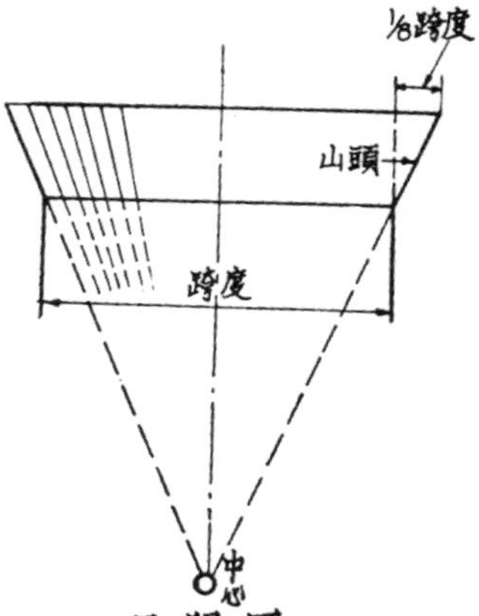

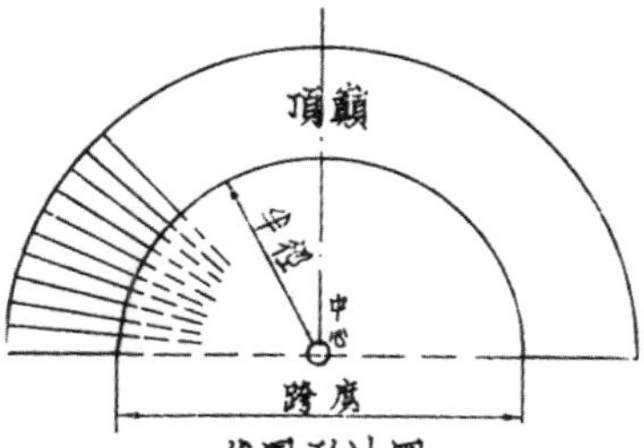

半圓形法圈

〔附圖一八八〕

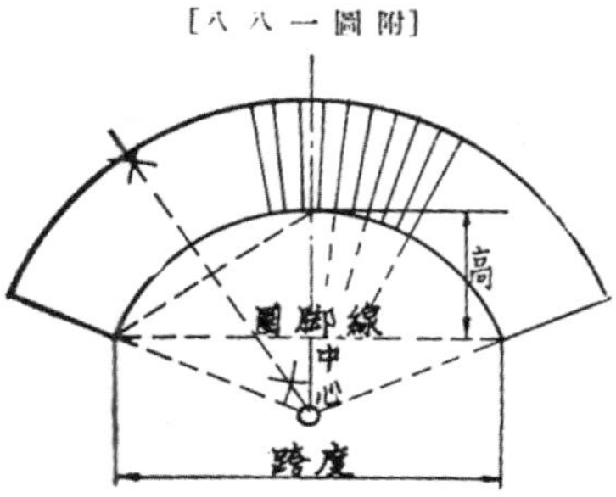

平闇圈

〔附圖一八七〕

弓形法圈

〔附圖一八九〕

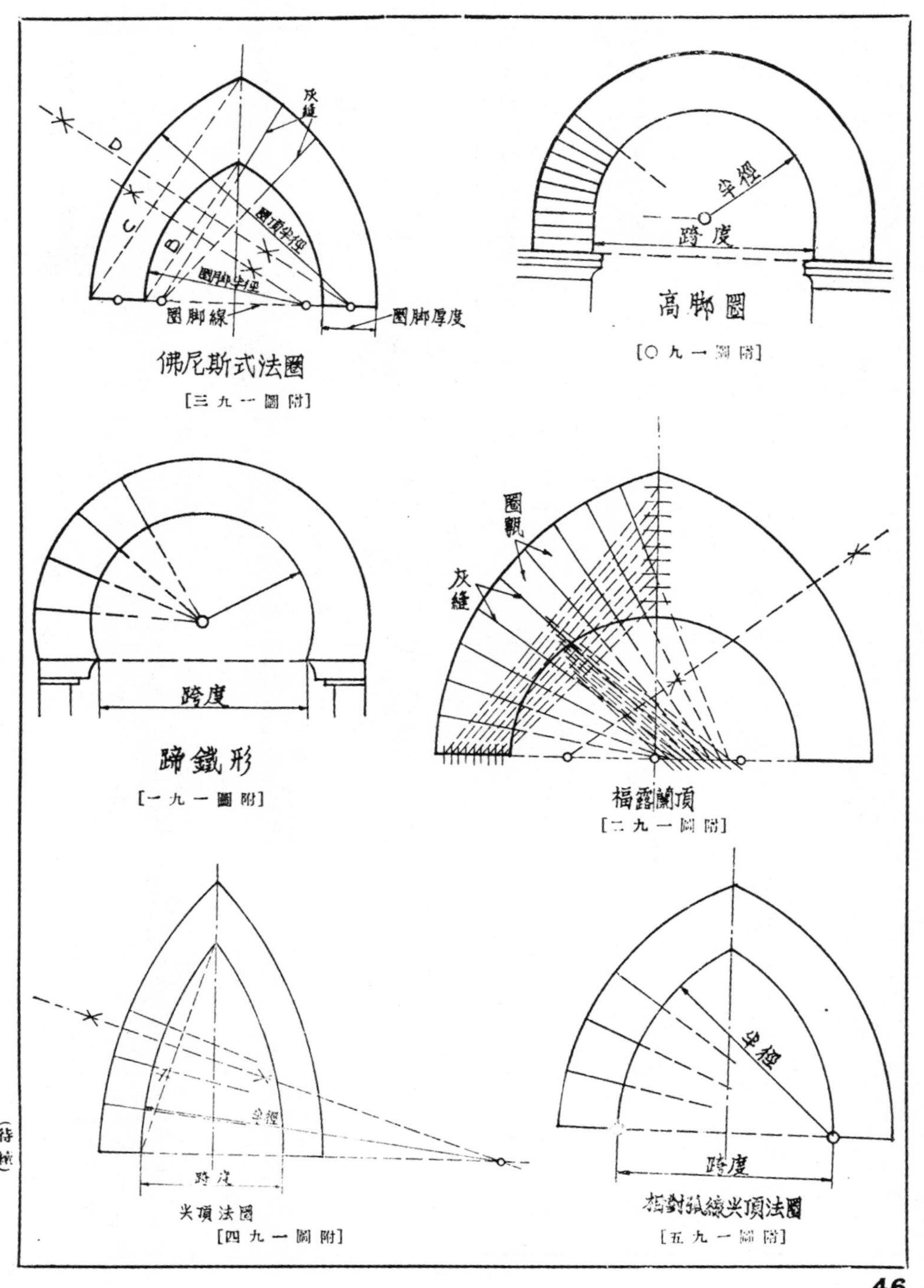

佛尼斯式法圈

[附圖一九三]

高脚圈

[附圖一九〇]

蹄鐵形

[附圖一九一]

福露蘭頂

[附圖一九二]

尖頂法圈

[附圖一九四]

拓對弧綫尖頂法圈

[附圖一九五]

（待續）

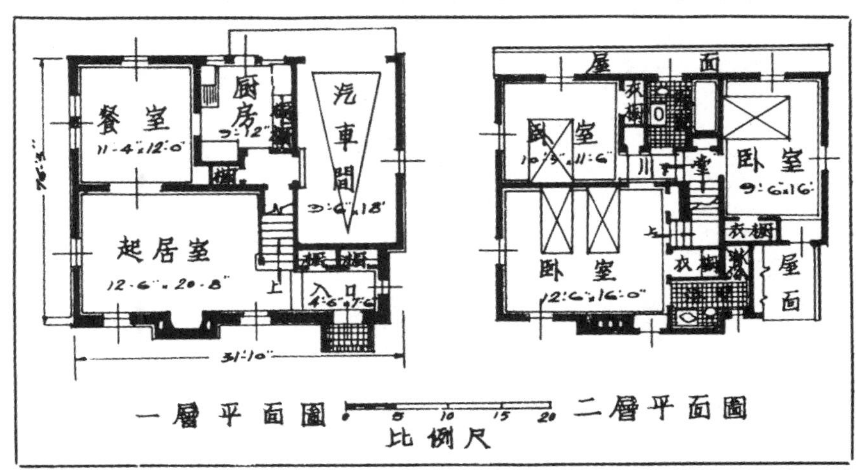

汽車間形成了房屋的一部份，地板的舖置是十分合式與講究。起居室，扶梯及穿堂的設計均盡善盡美，雖覺地位寬敞，却不處處浪廢。房屋的面積雖僅26'3" × 31'10"，但也備置着三所臥室與二處浴室。

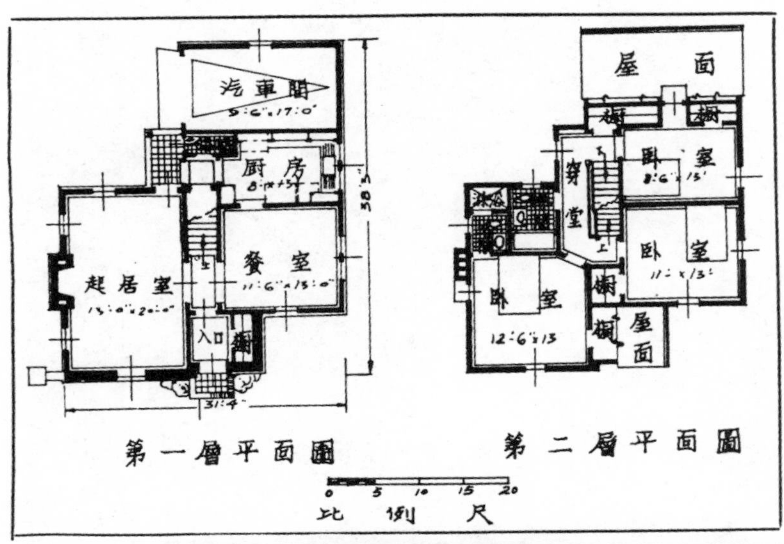

這所房屋是普通石料，石棉瓦，與清水灰粉組成的。廣大的起居室。三面有窗，光線極爲充足。洗盥室隔離廚房，亦是很好的一種現象。

傢具與裝飾

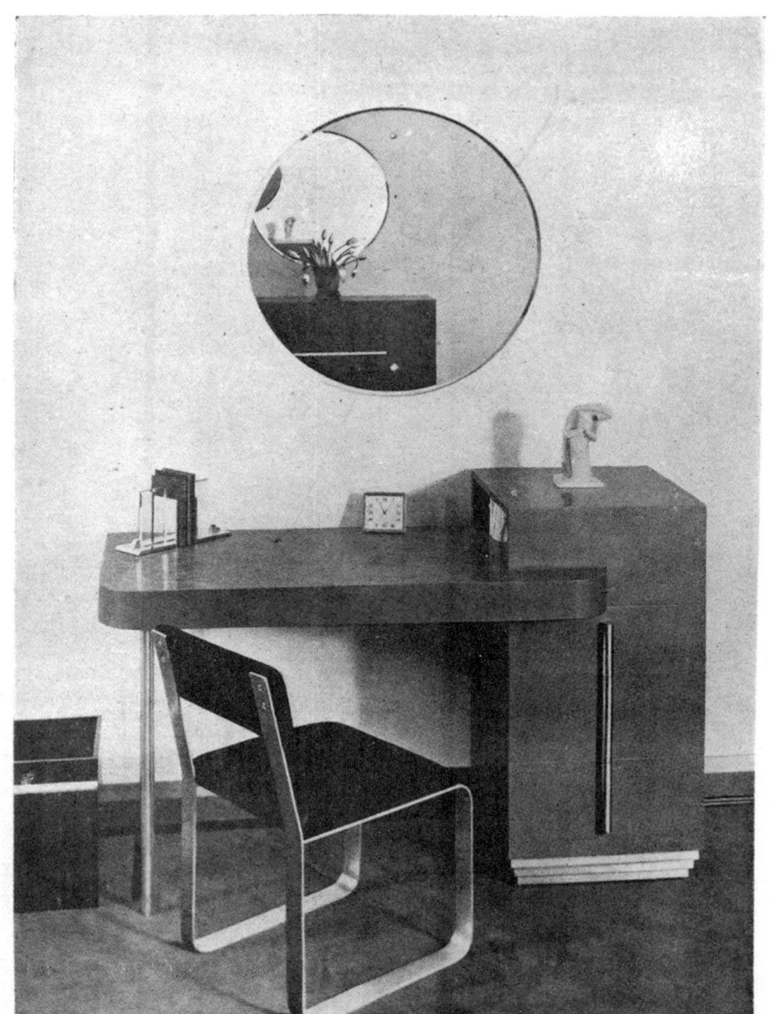

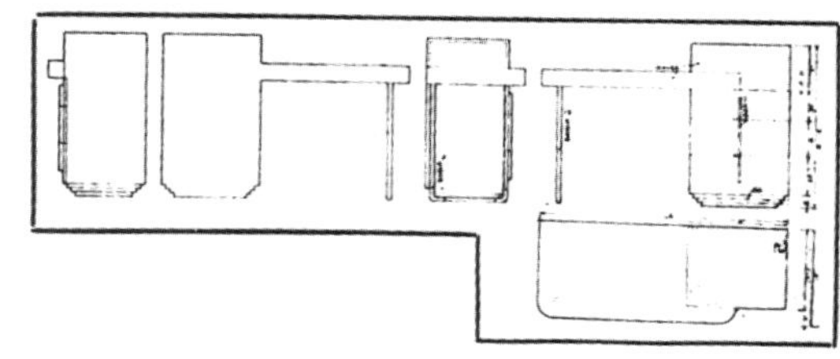

此室內之桌而以 Harewood 製成，抽屜拉手爲一長條式，漆以玫瑰色，桌底噴以銀漆，用克羅咪桿支柱桌之右面，爲最時新最簡單之傢俱也。

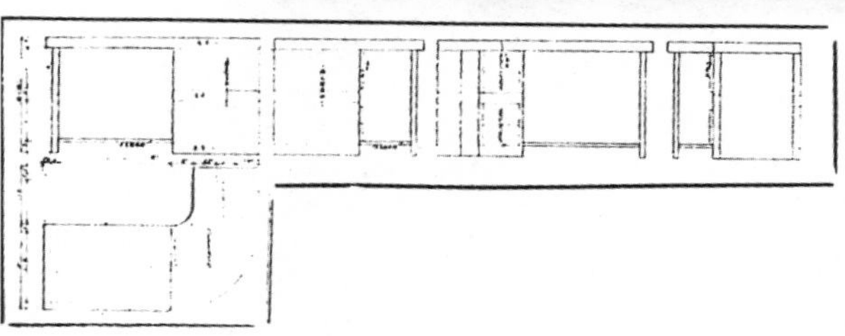

此為辦公室內部之佈置．牆用柚木鑲製．寫字台亦係柚木．桌之上中下圍以烏木闌條．顏色顯著．莊嚴美觀．為寫字台最佳之設計也．

中國之建設

積極進展中之 錢塘江大橋工程

杭州的錢塘江大橋，自去歲歲尾興工以來，幾乎成了人們街談巷議的資料：當然這一方面是由於該橋地位的重要，另一方面却是由於工程的浩大和艱難。年來進展情形如何，人們是都似乎頗感興趣的。

氣壓沉箱

錢塘江底，年前曾於每一橋墩處做過一個鑽洞，發現淤泥細沙甚厚，石層傾斜，自北而南，有低達吳淞零點下一百五六十呎者，最高處也在五十呎左右，所以正橋橋墩的設計，極饒趣味。在北岸附近，石層較高，橋墩自可擱置於石層上，十五座橋墩的靠北六座就是這麼設計的。南岸石層低下，那九座要是同樣建築的話，則非徒工作困難，費用也太不經濟了。於是設計略變，將來僅使橋墩深入江底冲刷線下十餘呎，而承之以九十呎到一百呎的木樁。這些木樁脚抵石層，自然也就沒有下沉的危險了；不過這十五座橋墩却有一種共同的大工程，那就是現正工作中的氣壓沉箱。

橋梁基礎的工作，在江水不深，石層很淺的地方，我們可以在橋墩處起建圍堰，採用普通開掘，就地澆築的方法。即使石層較低的話，如果流沙甚少，我們還可以在圍堰內澆築開口沉箱，隨挖隨沉；可是錢塘江底泥沙既厚，流沙又多，普通開掘，則泥水上滲，施工上是極其危險的。所以該橋橋墩的底脚，都採用氣壓沉箱法。

構造情形

氣壓沉箱的構造形狀，頗像一隻沒有蓋的大衣箱，把牠反轉來蓋在江底，上承橢圓柱，下抵石層或樁頂，長五十八呎，寬三十七呎，高二十呎，全部用鐵筋混凝土築成。箱裏留有高約七呎的空隙，箱頂備有進出的窟隆，施工的時候，—就是說沉箱在準確的墩處，掘土下沉時—箱裏日夜不息地打進適當高度的氣壓，一方面阻止泥水的滲入，一方面又可以避免沉箱的猛突下陷，工人們就在這樣的氣壓裏掘土取出，掘到相當的深度時，把氣壓逐漸降低一次，沉箱也就因自身的重量逐漸下沉一次。這麼循環進行，一直到石層或樁頂為止。但在掘土下沉的期間，隨時要澆築箱上墩柱，使之高出水面，因為墩柱的空心，連接箱頂的窟隆，就是進出沉箱和施用氣壓的孔道。至於氣壓的高度，則視沉箱下沉的深度而異，要能抵制箱外的水力，自然是越深越高。

靠岸橋墩，因為河底較高，水深不到二十呎，沉箱是就地澆築的。先用鋼板樁築成了圓圍堰一圈，纔將堰內之水抽乾，稍去浮土，本質之後，即起建沉箱，沉箱之上澆築墩柱，墩柱的空心裏裝着鐵氣管，下連箱頂的窟隆，上接變氣櫃，人們由此進出，氣壓和掘取的泥沙也由此進出，墩柱加高，柱裏的鐵管也可以接長，變氣櫃隨着裝高，沉箱下沉的工作在兩個月前已經開始進行。起初是開門下挖，七天後始用氣壓，那時不過較大氣壓高出四磅，（大氣壓是十四●七磅）每天掘出泥沙約二英方，平均每天下沉二三寸不等，以後沉箱逐漸深入，氣壓也就逐漸加高。兩月來氣壓已經加高到三十多磅了。現在每天掘出泥沙約十英方，平均每天可以下沉六七寸，沉箱已深入江底，墩柱也有十餘尺高出水面，全部下沉幾及二十五呎了。

氣壓來源

至於氣壓的來源則發自氣壓機，康益洋行在北岸作場已經裝有新氣壓機三座，氣壓即由鋼管輸入沉箱，鋼管是由岸上緣便橋接到橋墩的。

所謂便橋者，並不是新橋旁邊有過一座小橋了，那是臨時建築物，為了輸送材料是方便，他們擬自南北兩岸陸續接造便橋，直達江心各墩處，這便橋也就是一件不小的工程。

在高度的氣壓裏工作，自然是非常吃力的，而且工作時間不能過久，否則就是點傷害身體。可是，在這種情形下還是唯一的方法，我們希望以後能研究出另一種法子，完全不需要人工的工作。

贛省興建翠微峯紀念塔

贛省府撥五千元，建甯都翠微峯紀念塔一座，紀念二十二年與匪鏖戰之死難民衆。

浙贛鐵路最大橋樑告成

浙贛鐵路，在南昌梁家渡地方有一千七百英尺鋼橋一座，上通鐵路軌道二條，公路路線二條，為中國第一鐵路與公路合併橋樑，完全由中國工程師設計及建築，於上年十一月間動工，刻已完全竣工。一俟該路鋪軌完竣，即可駛行列車。該橋造價為八十六萬餘元，承包者為上海大昌建築公司，以各墩座挖掘極深關係，在本年江西大水期內，該公司與路局工程師，曾經過各種工程上特殊困難，始底於成。大橋工程完全為國人自造者，當以此橋為嚆矢云。

粵漢鐵路定明年底全線通車

粵漢鐵路為溝通南北之一大路線，自前清光緒二十四年開始修築，全線共長一千〇九十六公里。由廣州至韶州一段為二百二十三公里，已於民國四年通車。由武昌徐家潮至湘省之株州一段為四百一十七公里，亦於民國七年通車，中間由株州至韶州一段，長四百五十六公里，以工艱款鉅，停頓多年，迄民國十八年中央決定以庚款作該路建築費，乃成立株韶段工程局於廣州，先築韶州至樂昌之一段，計五十公里，十九年開工至二十二年六月完成通車，是年九月工程局由粵遷移湘省衡陽，積極工事計劃，旋至南北中三段，同時進行，原限四年完成，旋奉令縮短半年，限民國二十五年年底完成通車。

劃段施工

工程局為施工便利計，復劃為七個總段：第一總段自韶州至樂昌五十公里（已完成通車），第二總段自樂昌至羅家渡四十六公里有奇，（已完成），第三總段自羅家渡至水頭洞六十六公里有奇，第四總段自水頭洞至高亭市五十九公里有奇（正在趕修），第五總段自高亭市至觀音橋七十五公里（完成三分之二），第六總段自觀音橋至豐塘六十七公里有奇（完成三分之一），第七總段自豐塘至株州九十公里（完成十分之八九），總計全部工程約完成百分之七十六。

鋪軌情形

南段自樂昌向北展鋪，中段自衡州境耒河南岸向南鋪設，北段自株州向南鋪設，因淥河橋尚未完工，越淥河向南展鋪，計南段自樂昌向北本年九月已鋪達坪石。預計明年八月底展鋪至湘粵省界與中段接軌。中段自耒河南向本年八月中旬到達耒陽預計明年二月到達郴州，八月與南段接軌，北段自株州南向，已於本年到達淥口。再由淥口南進，本月底可達石灣衡山，預計明年六月可達耒河北岸與中段接軌。

橋樑隧道

全線經過淥洣耒三支流建築鋼橋三座，長度均在三四公尺以上。又有五大拱橋，計新岩下橋六拱長一百九十公尺，碓礅冲橋三拱一百〇五公尺，省界橋三拱長一百〇五公尺，鳳吹口橋三拱，長八十八公尺，燕塘橋二拱，長七十五公尺。所以工程內均已完十分之六七。又南段有隧道十七個，最長者四百餘公尺，最短者四十六公尺，現均已完工。

積極建設中之皖省公路最近狀況

皖省中南部各幹路早經先後完成通車，且與毗連之蘇浙贛等省互相連貫。皖北方面亦完成三千餘公里，惟尚未加鋪石子路面，故每遇陰雨，即不能行車，各縣間之支路，有已完成者，有正在興築者，有查勘計劃者，工作進行，甚為緊張。最近建設廳統計全省各公路印製成表，其情形如次：

全部工程完成各路

全部工程完成鋪有石子路面之公路，多在皖南中一帶：計為京蕪路，皖段五四公里。蕪屯路二七〇公里。宜長路皖段七五公里，京建路皖段三七公里。屯淳路皖段三七公里。杭徽路皖段六一公里。安合路安舒段一二八公里。殷屯路青屯段二一〇公里。屯景路屯祁段七〇公里，屯景路祁葉段二〇公里。上述各路，均已先後通車。其中除京蕪路皖段，杭徽路皖段，係由商人組織公司，承租行車營業外，餘均由省公路局自行派員辦理行車事宜。

土路通車多在皖北

土路通車，各路多在皖北方面：計為安合路舒合段，高潛支線潛太，合巢，合六，烏巢，六葉，六霍，舒霍，霍諸，青獨，六石，石流，山毛，桃三，滁和，來滁，泗固，臨正，靈宿，懷鳳，渦鳳，阜鳳，蒙太，阜鯛，阜方，阜油，濉阜，阜地，宿阜，臨方，臨艾，臨周，霍葉，滁定鳳永路皖段，太河路皖段，歸六路皖段，蚌鹿路皖段，宿永路皖段，阜固路皖段，店睢路皖段，正固路皖段，阜周路皖段，殷屯路殷貴段，屯景路葉惟段，省殷舒六，東松，其中餘與豫境啣接外多屬縣與縣鎮與鎮間之支路，共長三千九百一十三公里。

未完工及勘測各路

正在修築尚未完工之路為公景路至石段，滁六路皖段共計一百四十六公里。曾經勘測各路為廣蔣，明蔣，滁浦路皖段，蕪青，太宿，方立路皖段，諸廬路皖段，立南，葉立，巢劉，青九，屯婺路皖段，太羅路皖段，共計八百四十四公里，內有太宿路自太湖至宿松為京川幹線一段，已由建廳派員會同全國經濟委員會工程師勘定路線。蕪青路自蕪湖經南陵至青陽為本省聯絡路線，東接京蕪，西連省殷屯，可自安慶直達首都，滬杭及屯景諸地，已由公路局派員勘定路線。

現正查勘計劃與修

現正查勘計劃興修之各路，多在江北岸各縣境內，蓋以本省大江以北，交通向稱不便，現在各處幹線，既告完成，支路實有積極興修之必要，已經決定者為來盱路和縣，至江邊路，采石至江邊路，東梁山聯絡路線，自江邊大信河口經大信鎮下渡口，至大橋鎮啣接，京蕪公路西梁山聯絡綫，自西梁山村莊綠江岸經白渡橋三板橋至和縣啣接京陝幹線，白渡橋至裕溪鎮公路，自白渡橋經前劉村至裕溪。以上各路，業經建廳派員分別查勘，里程尚未確定，一俟勘報核定，即行測修。

湘省境內

修築公路之統計

浙省修築公路，十有餘年，茲當局已將截至昨十月份止，各年所完成之路，列表統計，用錄於次：㈠民國十一年至十七年完成京黔幹線：湘潭至邵陽三百里，完成洛韶幹線，長沙至湘潭八十七里，衡陽至郴縣二百五十五里九三，（共三百四十二里九三）完成省道線，常德至桃源六十一里，醴陵至皇岡嶺六十二里三（共一百二十三里三）。㈡十八年完成京黔幹線：邵陽至桃花坪九十一里五，完成洛韶幹線，長沙至甯鄉七十六里七二，完成省道線，皇岡嶺至攸縣七十八里〇四。㈢十九年完成洛韶幹線：湘潭至衡陽二百三十六里八三，萍鄉至德山二三八里三（共四五七里一三）完成滬桂幹線，衡陽至泉湖五七里二。㈣二十年完成京黔幹線，五十四里七，完成新黃支線，黃華市至瞿家墈十一里六。㈤二十一年完成滬桂幹線，郴縣至宜章八八里五二，完成滬桂幹線，泉湖至洪橋三十八里，完成新黃支線，瞿家墈至高橋四十九里二，完成省道線，攸縣至巴集五十一里一一。㈥二十二年完成省道線，茱花坪至安仁五十二里二二，巴集至茶陵一三里一二，（共六十五里三四）㈦二十三年完成京黔幹線，永安市至驛邊東峯一百三十七里四，完成洛韶幹線，宜章至粵邊小塘一十六里，常德至澧縣一百四十里八六，（共一五六里八六）滬桂幹線，完成茶陵至贛邊界化隴六十九里六六，完成新黃支線，高橋至平江九十六里，完成省道線，澧縣至津市一九里五八，魯塘坳至永興三十五里，（共五四里五八）㈧二十四年，完成京黔幹線，桃花坪至洞口九十五里九五，完成洛韶幹線，澧縣至鄂邊東岳廟，五十八里六六，完成滬桂幹線，洪橋至桂邊栗山舖二百五十七里四八，完成湘黔線，德山至黔邊鮎魚舖七百九十八里五七。完成省道線，茶陵至浣溪墟五十五里九，耒陽至安仁一百一十六里一六，平江至贛邊龍門一百四十六里三五，總計完成三千九百四十六里〇九云。

本刊所載材料價目，力求正確；惟市價瞬息變動，漲落不一，集稿時與出版時難免出入。讀者如欲知正確之市價者，希隨時來函詢問，本刊當代為探詢詳告。

磚 瓦

（一） 空心磚

十二寸方十寸六孔 每千洋二百三十元
十二寸方九寸六孔 每千洋二百十元
十二寸方八寸六孔 每千洋一百八十元
十二寸方六寸六孔 每千洋一百三十五元
十二寸方四寸四孔 每千洋九十元
十二寸方三寸三孔 每千洋七十二元
九寸二分方六寸六孔 每千洋七十二元
九寸二分方四寸半三孔 每千洋五十五元
九寸二分方三寸三孔 每千洋四十五元
四寸半方九寸二分四孔 每千洋三十五元
九寸二分四寸半三寸二孔 每千洋二十二元
九寸二分•四寸半•二寸半•二孔 每千洋廿一元
九寸二分•四寸半•二寸•二孔 每千洋廿元

（二）八角式樓板空心磚

十二寸方八寸八角四孔 每千洋二百元
十二寸方六寸八角三孔 每千洋一百五十元
十二寸方四寸八角三孔 每千洋一百元

（三） 深淺毛縫空心磚

十二寸方十寸六孔 每千洋二百五十元
十二寸方八寸半六孔 每千洋二百十元
十二寸方八寸六孔 每千洋二百元
十二寸方六寸六孔 每千洋一百五十元
十二寸方四寸四孔 每千洋一百元
十二寸方三寸三孔 每千洋八十元
九寸三分方四寸半三孔 每千洋六十元

（四） 實心磚

九寸四寸三分二寸半紅磚 每萬洋一百四十元
八寸半四寸一分二寸半紅磚 每萬洋一百二十三元
十寸•五寸•二寸紅磚 每萬洋一百二十七元
九寸四寸三分二寸紅磚 每萬洋一百〇六元
九寸四寸三分二寸三分紅磚 每萬洋一百廿元
九寸四寸三分二寸二分拉縫紅磚 每萬洋一百八十元

（五） 瓦

一號紅平瓦 每千洋六十五元
二號紅平瓦 每千洋六十元
三號紅平瓦 每千洋五十元
一號青平瓦 每千洋七〇元
二號青平瓦 每千洋六十五元
三號青平瓦 每千洋五十五元
西班牙式紅瓦 每千洋五十元
西班牙式青瓦 每千洋五十三元
英國式灣瓦 每千洋四十元
古式元筒青瓦 每千洋六十五元

（以上統係外力）

新三號青放 每萬洋五十三元
新三號老紅放 每萬洋六十三元

（以上統係連力）

以上大中磚瓦公司出品

輕硬空心磚

		每塊重量
十二寸方十二寸四孔	每千洋二八六元	卅六磅
十二寸方十寸四孔	每千洋二三六元	廿六磅
十二寸方八寸二孔	每千洋一七七元	十九磅半
十二寸方六寸二孔	每千洋一三三元	十七磅
十二寸方四寸二孔	每千洋八十九元	十四磅

54

十二寸方三寸二孔	每千洋七十元	十三磅半
九寸二分方八寸二孔	每千洋九十三元	十二磅
九寸二分方六寸二孔	每千洋七十元	九磅半
九寸二分方四寸半二孔	每千洋五十四元	八磅二五
九寸二分方三寸二孔	每千洋五十元	七磅二五

硬磚

二寸二分四寸五分九寸半	每萬洋一〇五元	六磅
二寸二分四寸一分八寸半	每萬洋八十五元	四磅半

以上長城磚瓦公司出品

鋼條

四十尺四分普通花色	每噸一四〇元
四十尺五分普通花色	每噸一二六元
四十尺六分普通花色	每噸一三二元
四十尺七分普通花色	每噸一三六元
四十尺一寸普通花色	每噸一三六元
盤圓絲	每市擔六元六角

泥灰石子

象牌水泥	每桶洋六元三角
泰山水泥	每桶洋五元七角
馬牌水泥	每桶洋六元五角
拔灰	每擔洋一元二角
黃沙	每噸洋三元
石子	每噸洋三元半

木材

洋松八尺至卅二尺再長照加	每千尺洋九十五元
一寸洋松	每千尺洋九十七元
寸半洋松	每千尺洋九十八元
洋松二寸光板	每千尺洋八十一元
四尺洋松條子	每萬根洋一百六十元
一寸四寸洋松一號企口板	每千尺洋一百〇五元
一寸四寸洋松副頭號企口板	每千尺洋九十五元
一寸四寸洋松二號企口板	每千尺洋八十五元
一寸六寸洋松一號企口板	每千尺洋一百十五元
一寸六寸洋松副頭號企口板	每千尺洋一百元
一寸六寸洋松二號企口板	每千尺洋九十元
一二五四寸洋松一號企口板	每千尺洋一百五十元
一二五四寸洋松二號企口板	每千尺洋無市
一二五六寸洋松一號企口板	每千尺洋一百六十元
一二五六寸洋松二號企口板	每千尺洋無市
柚木(頭號)僧帽牌	每千尺洋六百元
柚木(甲種)龍牌	每千尺洋五百三十元
柚木(乙種)龍牌	每千尺洋五百元
柚木(旗牌)	每千尺洋五百三十元
柚木(盾牌)	每千尺洋四百八十元
硬木	每千尺洋一百六十元
硬木(火介方)	每千尺洋一百五十五元
柳安	每千尺洋一百八十元
紅板	每千尺洋一百三十五元
抄板	每千尺洋一百五十五元
十二尺六寸三八皖松	每千尺洋五十六元
十二尺二寸皖松	每千尺洋五十六元
一二五四寸柳安企口板	每千尺洋一百八十五元
一寸六寸柳安企口板	每千尺洋一百八十五元
一二五四寸企口紅板	每千尺洋一百四十六元
二寸一寸半建松片	市尺每千尺洋五十二元
九尺四分建松板	市尺每丈洋三元六角
九尺八分建松板	市尺每丈洋六元五角
六尺半五分青山板	市尺每丈洋三元

本松毛板	市尺每塊洋二角四分
本松企口板	市尺每塊洋二角六分
六尺半二分杭松板	市尺每丈洋一元七角
七尺半二分甌松板	市尺每丈洋一元七角
六尺半八分皖松板	市尺每丈洋四元二角
九尺八分皖松板	市尺每丈洋五元二角
六尺半五分皖松板	市尺每丈洋三元六角
台松板	市尺每丈洋三元
七尺半四分坦戶板	市尺每丈洋二元二角
七尺半三分坦戶板	市尺每丈洋二元
六尺二分機鋸紅柳板	市尺每丈洋三元三角
六尺三分毛邊紅柳板	市尺每丈洋三元三角
六尺二分俄松板	市尺每丈洋二元
六尺半二分俄松板	市尺每丈洋二元二角
七尺半毛邊二分坦戶板	市尺每丈洋一元四角
六尺半五分機介杭松	市尺每丈洋三元三角
白松方	每千尺洋九十元
紅松方	每千尺洋一百十元
麻栗方	每千洋一百三十元
啞克方	每千洋一百三十元

五金

（一）釘

美方釘	每桶洋二十元〇九分
平頭釘	每桶洋二十元八角
中國貨元釘	每桶洋六元五角

（二）牛毛毡

五方紙牛毛毡	每捲洋二元八角
半號牛毛毡（馬牌）	每捲洋二元八角
一號牛毛毡（馬牌）	每捲洋三元九角
二號牛毛毡（馬牌）	每捲洋五元一角
三號牛毛毡（馬牌）	每捲洋七元

（三）其他

鋼絲網（27″×96″ 2¼lbs.）	每方洋四元
鋼版網（8″×12″ 六分一寸半眼）	每張洋卅四元
水落鐵（每根長二十尺）	每千尺五十五元
牆角線（每根長十二尺）	每千尺九十五元
踏步鐵（每根長十尺或十二尺）	每千尺五十五元
鉛絲布（闊三尺長百尺）	每捲二十三元
綠鉛紗（同上）	每捲洋十七元
銅絲布（同上）	每捲四十元

水木作工價

木作（包工連飯）	每工洋六角三分
水作（同上）	每工洋六角
水木作（點工連飯）	每工洋八角五分

中華郵政特准掛號認為新聞紙類

建築月刊 THE BUILDER

內政部登記證警字第二五五四號

廣告刊例 Advertising Rates Per Issue

地位 Position	全面 Full Page	半面 Half Page	四分之一 One Quarter
底封面外面 Outside back cover.	七十五元 $75.00		
封面及底面之裏面 Inside front & back cover	六十元 $60.00	三十五元 $35.00	
封面裏面及底面裏面之對面 Opposite of inside front & back cover.	五十元 $50.00	三十元 $30.00	
普通地位 Ordinary page	四十五元 $45.00	三十元 $30.00	二十元 $20.00
小廣告 Classified Advertisements	每期每格三寸半闊一寸高洋四元 — $4.00 per column		

廣告概用白紙黑墨印刷，倘須彩色，價目另議；鑄版彫刻，費用另加。

Designs, blocks to be charged extra.
Advertisements inserted in two or more colors to be charged extra.

第三卷第九號

民國二十四年九月發行

刊務委員會 竺泉通 江長庚 陳松齡

主編 杜彥耿

廣告 藍克生 (A. O. Lacson)

發行 上海市建築協會 南京路大陸商場六二〇號 電話 九二〇〇九

印刷 新光印書館 上海聖母院路聖達里三一號 電話 七四六三五

定價

每月一冊 全年十二冊

訂購辦法	價目	郵費 本埠	郵費 外埠及日本	郵費 香港澳門	郵費 國外
零售	五角	二分	五分	一角八分	三角
預定全年	五元	二角四分	六角	二元一角六分	三元六角

THE NEW MUNICIPAL LABORATORY BUILDING
ROUTE PERE ROBERT, SHANGHAI
上海金神父路樹本路角法工部局化驗房
本廠最近承造工程之一
安記營造廠
AN-CHEE CONSTRUCTION CO
ENGINEERS & CONTRACTORS
OFFICE: LANE NO. 97 Mm 69, MYBURGH RD.
TELEPHONE 35059 SHANGHAI
上海梅白格路祥康里六九號
電話三一五零五九

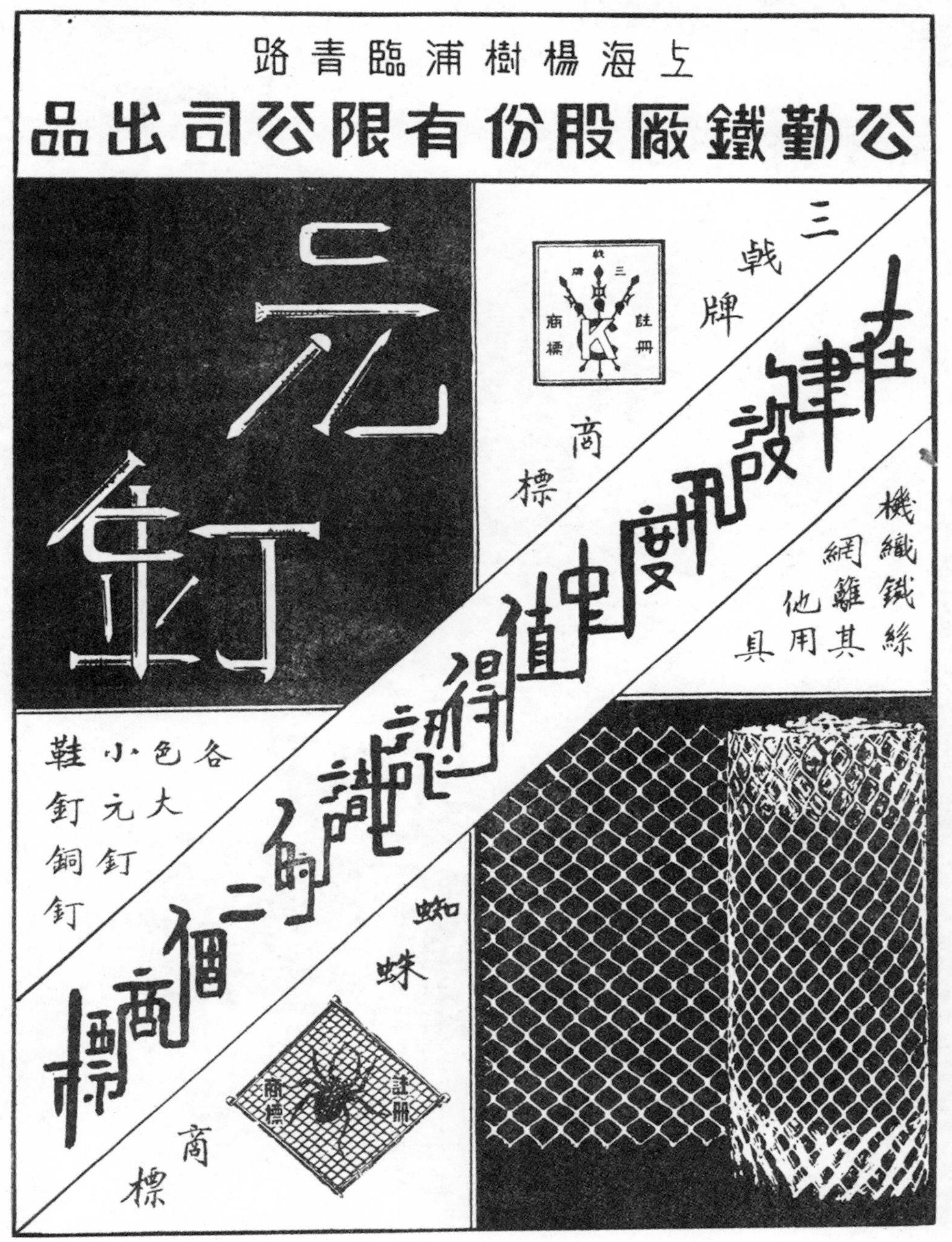
上海楊樹浦臨青路
公勤鐵廠股份有限公司出品
元釘
三戟牌
商標
註冊
商標
在建設國度中值得認識的二個商標
機織鐵絲網籬其他用具
各色大小元釘鞋釘銅釘
蜘蛛
商標
註冊
商標

VOH KEE
CONSTRUCTION
COMPANY
四行儲蓄會

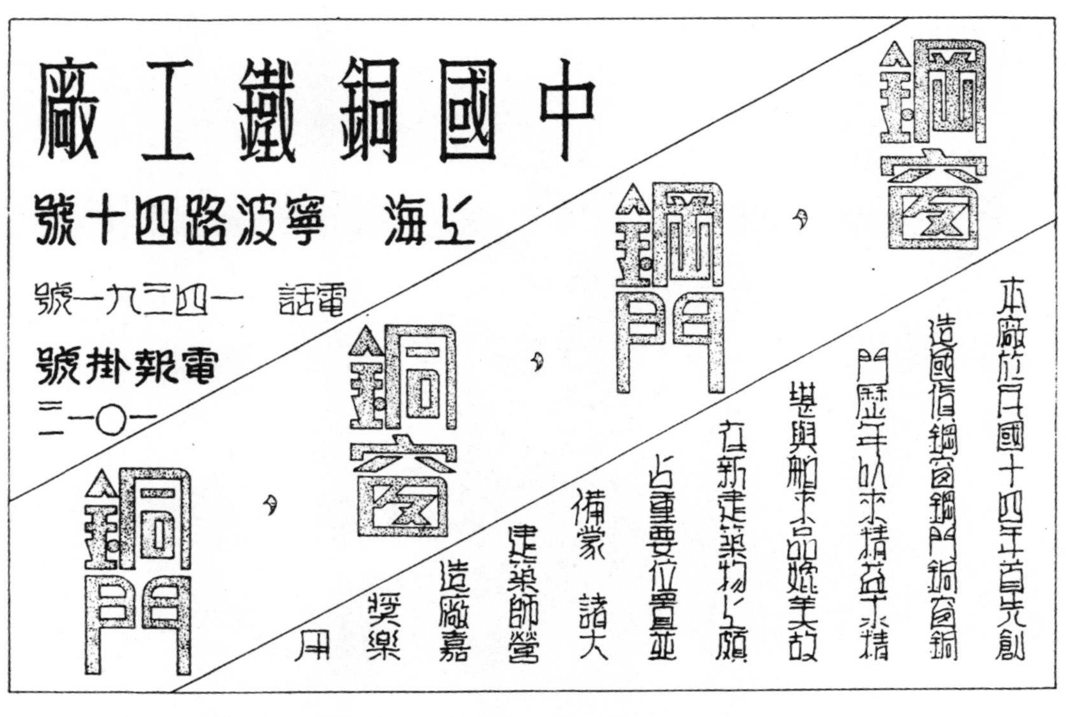

中國鋼鐵工廠
上海寧波路四十號
電話 一四三九一號
電報掛號 一〇一二
鋼窗
鋼門
鋼窗
鋼門
本廠於民國十四年首先創造國貨鋼窗鋼門鋼窗鋼門歷年以來精益求精堪與舶來品媲美故在新建築物上頗占重要位置並備蒙 諸大建築師營造廠嘉獎樂用

中國人應用中國貨
電燈泡
財政部批准免重徵
銀光泡
實業部特准專利
華德老牌
華德
WHATEH
堅固
耐用
光亮
省電
精良國貨
華德工廠出品
總廠上海閘北歐陽路

「高而富」鋼質散熱器
俗名水汀
十大利益
價格便宜
體積極小
質地頗輕
保不結凍
設計衛生
保免生銹
易於傳熱
永無破裂
易於裝置
式樣美觀
GOLF RADIATOR
獨家經理 寶隆洋行
廣東路十七號 電話一五〇五五
本行並經理進口木材，鋼料及其他進口貨品
外埠分行
漢口 青島 大連
威海衛 哈爾濱

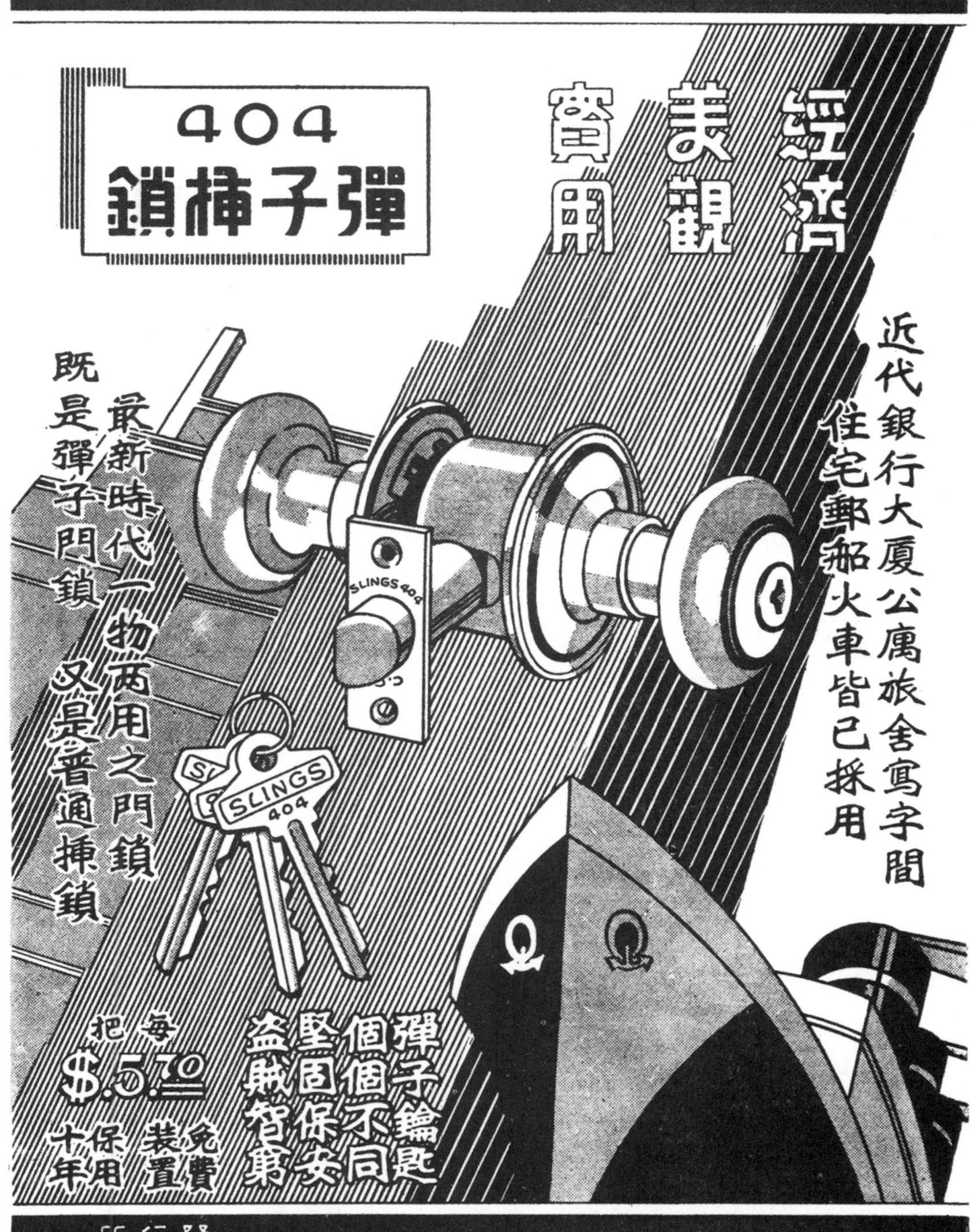
404
彈子插鎖
經濟
美觀
實用
近代銀行大廈公寓旅舍寫字間
住宅郵船火車皆已採用
最新時代一物兩用之門鎖
既是彈子門鎖
又是普通插鎖
SLINGS 404
SLINGS 404
每把
$5.70
免費裝置
保用十年
彈子鑰匙
個個不同
堅固保安
盜賊智窮
康元製罐廠股份有限公司出品
發行所
廣東路二四七號
電話 一七八九四

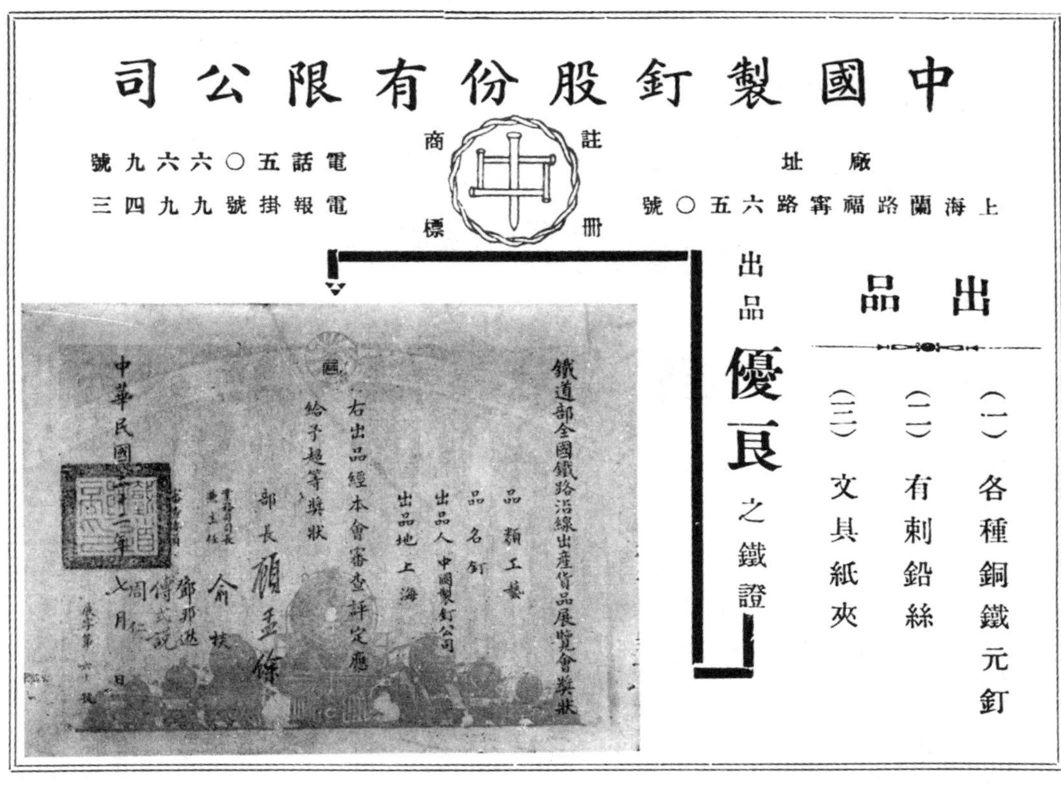

上海大美地板總事務所

The American Floor Construction Company

139 Avenue Edward VII, Tel. 85526

敝行為擴充營業起見於廿四年五月一日起凡顧客承蒙賜造敝行之地板由應得特別利益如下列

(一)本公司承舖之地板敝行應負貳年之內修理分文不取

(二)本公司承造之地板貳年之內如有發生重做電力磨砂分文不取（惟美術打蠟不在此例）

(三)本公司承造地板均用乾貨如有査出未乾過可將全部地板充公以保信用

(四)本公司承造地板限定日期如有發生誤期等情敝行愿賠償相當之罰金或每天大洋五拾元計算決不失信以資迅速可靠

(五)本公司承造地板價目特別公道貨物上等美質

地板專家 陳潤生謹啓

本公司承造各大廈樓地板工程略舉下列

(一)	國華銀行大廈	北京路
(二)	墾業銀行大廈	北京路
(三)	大陸銀行大廈	九江路
(四)	中央衛生醫院	南京
(五)	中央飛機場	杭州
(六)	廣東銀行	甯波路
(七)	漢彌爾登大廈	江西路
(八)	蔣委員長住宅	賈爾業愛路
	四明銀行	
(九)	滬副行長住宅	福煦路
(十)	匯中飯店	南京路
(十一)	袁公館	李梅路
(十二)	大華跳舞廳	愛多亞路
(十三)	大光明影戲院	靜安寺路
(十四)	聖愛娜舞廳	斜橋路
(十五)	上海總會	黃浦路
(十六)	斜橋總會	靜安寺路
(十七)	劉公館	青海路
(十八)	百樂門舞廳	愚園路
(十九)	范文照住宅	趙主教路
(二十)	中國實業新村	愚園路
(廿一)	基泰朱彬建築師住宅	惇信路
(廿二)	新大都會舞廳	戈登路
	其餘工程不克細載	

總事務所 上海愛多亞路一三九號 電話八五五二六

中國近代建築史料匯編（第一輯）

建築月刊 第三卷

第十一第十二期合刊

建築月刊

THE BUILDER

第三卷第十一，十二號合刊

VOL. 3, NOS. 11 & 12

ew Laboratory-building For College of Agriculture, National University of Chekiang, Hangchow.

杭州國立浙江大學農學院實驗室新屋

馥記營造廠
承造之國立浙江大學農學院實驗館新屋

總事務所 電話 一七三三六 一七三三七
上海四川路三三號
電報掛號一五二七

分事務所 南昌勵志社
南京 馥記大樓
陶園新村

總廠 上海戈登路三五五號

分廠 重慶新街口
河南 重慶 九江
廣州 杭州 青島
南京 貴溪 鎮江
邵伯 淮陰 劉澗 **等處**

第一二堆棧 上海閘北廣林街
上海浦東慶寧寺

分事務所分廠電報掛號七四五〇

本廠承造各埠建築達數十處都千萬餘金畧舉如下備資參考

本埠工程

公和祥碼頭及棧房……浦東
交通大學工程館……徐家匯
四行念二層大樓……跑馬廳
西式住宅市房……梅白格路
儉德儲蓄會……福生路
上海牛皮廠……白利南路
[illegible]泰興碼頭……浦東董家渡
公和祥碼頭……兆豐路
寶隆醫院……白克路
公共宿舍……聖母院路
七層公寓……國富門路
七層公寓……海格路
中華碼頭……浦東周家渡
[illegible]公館……亞爾培路
大新百貨公司……南京路

外埠工程

總理陵墓第三部工程……南京
陣亡將士公墓全部……南京
財政部辦公處……南京
中山紀念堂……廣州
外部長官邸……南京
新村合作社……南京
美領事署……廈門
中國銀行……南京
海軍船塢……青島
浙江大學……杭州
導淮船閘……邵伯—淮陰—劉澗
航空學校……南昌
兵工分廠……鞏縣
美豐銀行……重慶
浙贛路貴溪橋……貴溪
中正橋……南昌

VOH KEE
CONSTRUCTION CO

K. M. A. CLINKERS

A Brick That Will Last For Centuries.

SUITABLE FOR HEAVY FOUNDATION WORKS, DOCK BUILDING, BRIDGES, BUILDINGS & FLOORING.

RECENT TESTS

Compression Strength: 7715 lbs. per square inch. Absorption: 1.54%

開灤"克令夠"缸磚

磚質堅韌，經歷百年，完好如初。

此磚最適宜承受重量於樁基，建築船塢，橋梁及房屋地板等工程。

最近試驗成績

每平方寸壓力僅七七一五磅

吸收水份僅百分之一•五四

FACING TILES

右圖係示粗紋面磚混合淡黃或金黃之色彩，非爲磚料質地之表現也。

This is a very near representation in Colour of our mixed Buff or Gold colours, but they do not represent the texture of our rough face brick.

開灤礦務局

上海外灘十二號　　電話一一〇七〇，一一〇七八，一一〇七九

THE KAILAN MINING ADMINISTRATION

3rd Floor,
H. & S. Bank Building,
12 The Bund, entrance Foochow Road.

Telephone 11070, 11078 & 11079 (3 lines)
Direct Telephone to Sales Dept. 17776.
Direct Telephone to Agent's Private Office 19304.

開山磚瓦股份有限公司

發行所　上海九江路二百十號　電話一九九二五號

廠址　宜興湯渡鎮畫溪鄉

出品項目

各色琉璃瓦，西班牙瓦，紅缸磚，以及火磚，釉面或無釉面，面磚，釉面短磚，地磚等。所有出品，均儲大批存貨，以備各界採用，如蒙定製各色異樣，亦可照辦。

樣品及價目單函索即寄

曾經購敝公司出品各戶台銜列后

本埠

主名	地址	營造廠
唐有壬先生住宅	觀音堂路	新昌泰承造
杜月笙先生住宅	杜美路	朱森記承造
陳霆銳大律師住宅	安和寺路	泰來承造
陳楚湘先生住宅	愚園路	久記承造
徐懋昌先生住宅	同孚路	怡鴻記承造
瑞昌鄧先生住宅	曲家橋	自建
陳炳謙先生住宅	海格路	趙茂記承造
參璧先生住宅	虹橋路	薛雲記承造
湯再如先生住宅	憶定盤路	順興泰承造
峻嶺寄廬	邁爾西愛路	友聯承造
華業大廈	西摩路	潘榮記承造
懿德公寓	地豐路	新合記承造
花園邨	呂班路	新仁記承造
永樂邨	憶定盤路	凌順記承造
泳泉坊	愚園路	久記承造
業廣公司	虹橋路	陳馨記承造
曹氏墓道	曹河涇	自建
中央殯儀館	戈登路	三益承造
光華大學	大西路	六合公司承造
嚴安學堂	福煦路	三興承造
安迪生燈泡廠	勞勃生路	趙茂記承造

外埠

主名	地址	營造廠
西安隴海鐵路西安府車站	西安府	南京復興公司承造
實業部農學研究院	南京	泰來營造廠承造
國府藏經樓	南京	建業營造廠承造
中央政治學校	南京	大昌建築公司承造
陳樹人先生住宅	南京	陸根記營造廠承造
蔣廣昌先生住宅	杭州	大昌建築公司承造
席裕昌大律師住宅	蘇州	王銜記營造廠承造

ISTEG

"益斯得"（ISTEG）鋼之性質：—

本鋼並非混合鋼加熱鋼或高拉力鋼本鋼係用兩根軟性鋼冷絞而成

"益斯得"（ISTEG）鋼之優點：—

1. 降伏限及安全抵抗力均可增加百分之五十。
2. 重量可省百分之三十三。
3. 冷絞時發現劣質之鋼條即行剔去。
4. 與混凝土黏着力增加百分之二十五。

如用於混凝土建築較普通鋼條省料而堅固

如須詳情請即詢問 **道門朗公司** 上海外灘二十六號 電話一二九八〇 電報"Dorman"

美炎洋行

河南路五〇五號 電話九四八五八號

本行經理中國通用牌汽帶德國赫脫爐子及其他各種建築材料價廉物美牢固可靠承賜估價不另取費

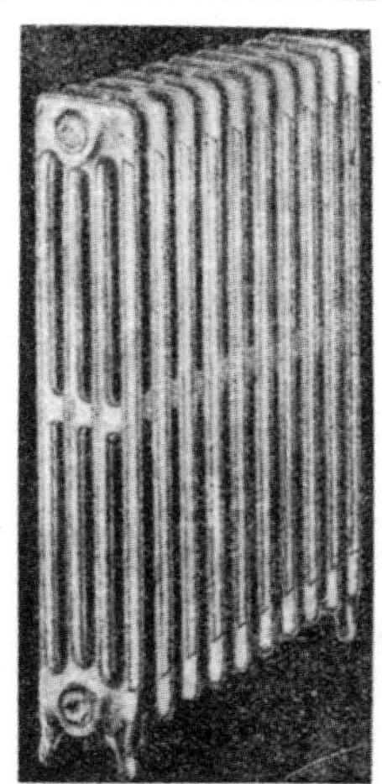

HART BOILERS
GENERAL RADIATORS
BUILDING MATERIALS

Estimates free. For Particulars, please apply to:-

SOLE AGENTS

GENERAL RADIATOR COMPANY

Tel. 94858 Room 407,505 Honan Road.

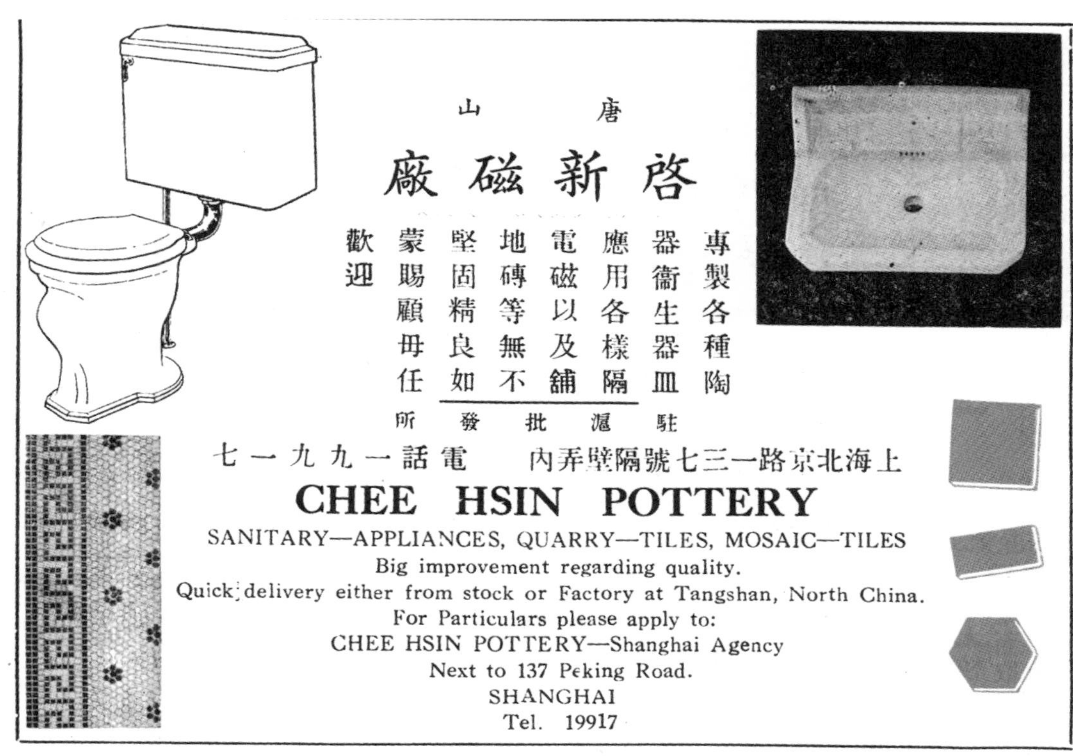
唐山
啓新磁廠
專製各種陶器衛生器皿應用各樣隔電磁以及舖地磚等無不堅固精良如蒙賜顧毋任歡迎
駐滬批發所
上海北京路一三七號隔壁弄內 電話一九九一七
CHEE HSIN POTTERY
SANITARY—APPLIANCES, QUARRY—TILES, MOSAIC—TILES
Big improvement regarding quality.
Quick delivery either from stock or Factory at Tangshan, North China.
For Particulars please apply to:
CHEE HSIN POTTERY—Shanghai Agency
Next to 137 Peking Road.
SHANGHAI
Tel. 19917

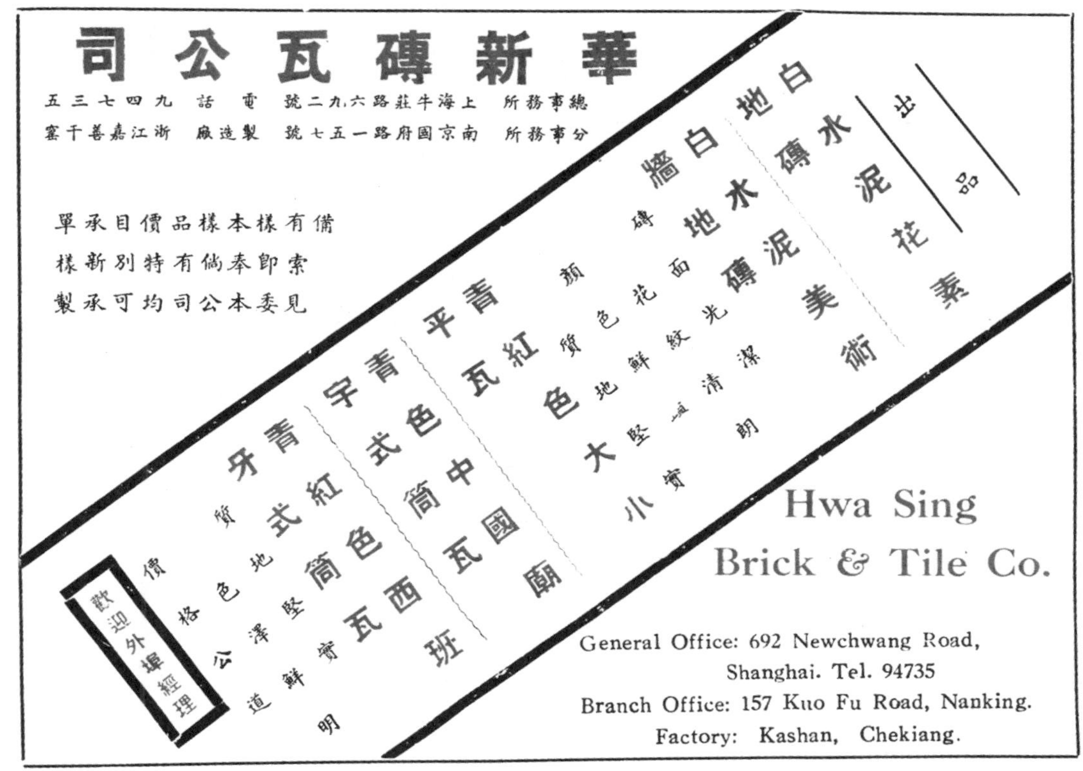
華新磚瓦公司
總事務所 上海牛莊路六九二號 電話 九四七三五
分事務所 南京國府路一五七號 製造廠 浙江嘉善干窰
備有樣本樣品價目承單
索即奉倘有特別新樣
見委本公司均可承製
出品
歡迎外埠經理
Hwa Sing
Brick & Tile Co.
General Office: 692 Newchwang Road,
Shanghai. Tel. 94735
Branch Office: 157 Kuo Fu Road, Nanking.
Factory: Kashan, Chekiang.

上海市建築協會附設
私立正基建築工業補習學校招生

民國十九年秋創立　○　上海市教育局登記

宗旨　利用業餘時間進修建築工程學識（授課時間下午七時至九時）

編制　參酌學制設初級高級兩部每部各三年修業年限共六年

招考　本屆招考初級一二三年級及高級一二年級（高級三年級照章並不招考）

各級投考程度爲

初級一年級　高級小學畢業或具同等學力者

初級二年級　初級中學肄業或具同等學力者

初級三年級　初級中學畢業或具同等學力者

高級一年級　高級中學工科肄業或具同等學力者

高級二年級　高級中學工科畢業或具同等學力者

報名　即日起每日上午九時至下午五時親至（一）牯嶺路本校或（二）南京路大陸商場六樓六二〇號上海市建築協會內本校辦事處塡寫報名單隨付手續費一元（錄取與否概不發還）領取應考証憑証於指定日期入場應試

考科　各級入學試驗之科目　（初一）英文・算術　（初二）英文・代數　（初三）英文・三角（高一）英文・解析幾何　（高二）微積分・應用力學

考期　二月九日（星期日）上午九時起在牯嶺路本校舉行

校址　牯嶺路派克路口第一六八號

附告　（一）凡在高級小學畢業執有證書者准予免試編入初級一年級肄業投考其他各級必須經過入學試驗

（二）本校章程可向牯嶺路本校或大陸商場上海市建築協會內本校辦事處函索或面取

中華民國二十五年一月　日　校長　湯景賢

建築月刊

目錄

(第三卷第十一十二號合刊)

廣告索引

上海市建築協會建築月刊部啟事（一）

本刊為謀每卷規定期數與月份符合起見，決於本年度內出版合訂本二次，除第三卷九，十期已於上月出版外，第三卷十一，十二期亦合訂為一冊，俾成全帙。內容當力求充實，售價每冊國幣五角，並不加價。凡預定本刊諸君，均照全年十二冊之數，分別補足。特此聲明，諸希　諒鑒。

上海市建築協會建築月刊部啟事（二）

本刊出版，倏逾三載，讀者遍海內外，許為可望之刊物。仝人等未敢妄自菲薄，願秉服務社會之志趣，奮我完成目的之精神，決自第四卷起刷新內容，力求充實，以副讀者雅望。第四卷第一期照例刊行特大號，增加篇幅一倍。文字方面已交到者，有林同棪先生之『近代橋梁工程之演進』，杜彥耿先生之長篇『營造學』及『建築史』等，仍繼續刊登。圖樣方面，將選載滬上最近建造之大建築至少三全套。該期準二十五年一月中出版，售價每冊增至一元，定閱全年者不加。特此預告。

杜彥耿啟事

比因完成建築辭典編務，補充材料起見，闢室另處，俾利工作。辱承友好過訪，未能一一延見，有失迎迓，殊引為憾！現全稿將竣，觀成有期，用佈區區，藉鳴歉悃，並告建築辭典定購諸君。

燈飾　黑白影社 杜鰲攝
THE LAMP　Photo by Mr. Do Ngao

木材與鋼鐵

古健

從「有巢氏」教民以居起，一直到現在，木材在建築上佔有廣大的用途。雖則科學一天一天的在倡明，已發明了不少的替代品；可是，還有許多地方，仍舊需用着木材，在目前木材還不致於沒落，這是為什麽呢？自然，大半為了代價比較他種材料低廉罷了。

誰都知道的，木材的弱點，在於質地的不耐久，很容易腐蝕；不耐火，而且有伸縮性。何況科學界的進步一刻不息地在向前飛馳，替代品的日新月異的發明是必然的事。無疑地，木材的前途，會給其他材料漸漸地侵佔了。

事實已經告訴我們：現代的建築，鋼鐵已是替代了木材的用途；木材在建築上，雖不致完全摒棄不用，可是照這麼下去，木材除了抹油（桐油，固木油之類）可以增加暫時的抵抗力以外，未來的建築上，終有一日木材會絕跡的時候，我預測着。

鋼鐵在現代建築上的用途，的確是再廣泛沒有了。這果然是因了它的質地的堅韌，不易縐折，而且不能給各種蟲菌或水火所侵蝕所致。所以門窗，梁柱筋骨等等，從前都用木材的，現在却都改用鋼鐵了。

其實，在表面上瞧來，木材的代價比鋼鐵低廉；但木材究竟是容易腐蝕的，所以它的耐久性遠不及鋼鐵，因之木材所耗的費用，反不經濟；鋼鐵雖則比較昂貴，但它的耐久性却超越任何材料之上，所以實際上的代價反比較經濟了。

凡是房屋的骨幹，必須具有上列三個條件：

第一，耐久性（當然最重要）。

第二，結構的力量。

第三，接筍的緊密。

關於骨幹，像擱柵，梁，椽，以前是全用木材構成的，可是它的性質，顯然不能勝任愉快。如果用鋼鐵做了房屋的骨幹，對於結構的力量，能分配平衡，接筍的緊密，是任何材料所不能及的；耐久方面，當然不用說强得多了。

不過話又說回來了，木材在建築上，讓它這樣地減落下去嗎？不，我們並不希冀未來的建築，成了鋼鐵的世界，我們必須努力地研究，如何可使木材媲美鋼鐵，達到堅强耐久的目的。

英國班師雷市政廳新廈介紹

英國班師雷市政廳新廈，屋凡四層，高二二〇呎，進深一一〇呎，而臨教堂街（Church-street）。建築之基地，其中心點與現有之世界大戰紀念碑成一軸線形。在教堂街入口處，有廣大之穿堂與梯楷；路之二端，各有輔梯。廳之底層爲會計處與收款員辦事處。總辦公處之面積爲64'×59'，其佈置有高級職員個別辦事室，儲藏室等與之接近。屋之背面有廣場，將來可擴展，底層面積一千七百五十平方尺。二樓爲理事室；面積爲45'×42'佔於二樓之中心，位在大扶梯之後。居中之接待室，面積爲47'×21'6"，由此瞻望教堂街，一覽無遺。另有形式不同之委員室五間，與市長會客室等。本層並有電梯自底層通至廚房間，以備接待室設筵請客之需。委員室係用摺門，以便於必要時相互貫通，增大室位。其餘爲職員辦公室，測量員辦公室及理事休息室等。三樓爲醫官，水利工程師及衞生工程師等辦公室，面積共有二，七五〇平方尺，足供擴充現在辦事室或新闢辦事室之用。至於督學室則設於地下層，以利出入。此層面積極廣，暖氣裝置之總機關等，均設於此。將來並可擴充三千平方尺之地位。而屋之三面及屋後廣場，空曠廣大，使全屋得有良好之空氣與光線。屋面用青石建築，中有鐘樓，高起一五〇呎，矗立街頭，至爲壯觀云。

Barnsley Municipal Building. Detail of Entrance.

英國班師雷市政廳 大門入口

5

Barnsley Municipal Buildings.　　General View of Exterior.

英國班師雷市政廳概觀

Barnsley Municipal Buildings. The Council Chamber.

英國班師雷市政廳理事室

英國班師雷市政廳

接待室

Reception Room

理事室之又一影

The Council Chamber
Barnsley Municipal Buildings.

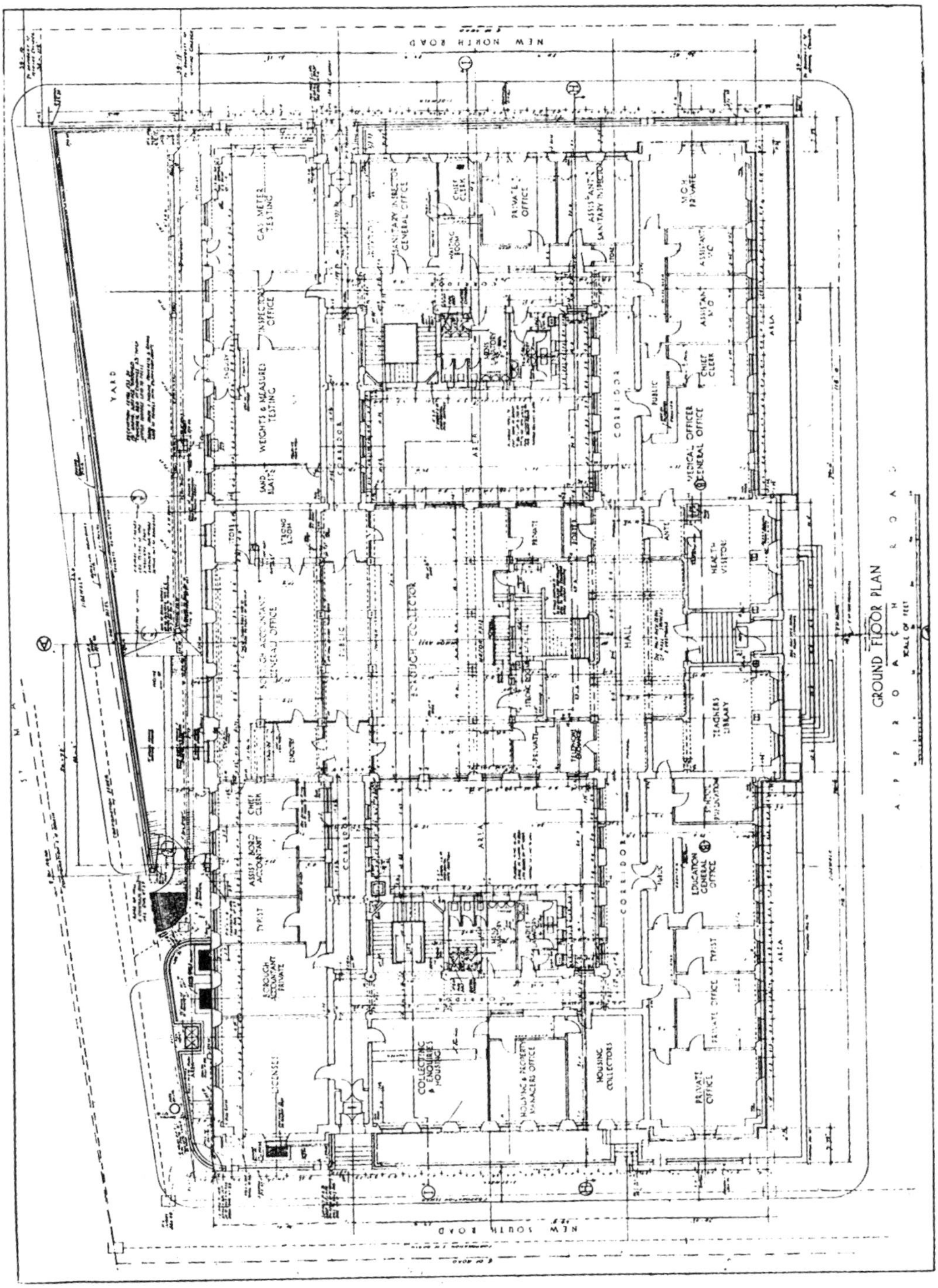

英國班師雷市政廳下層平面圖

Barnsley Municipal Buildings.

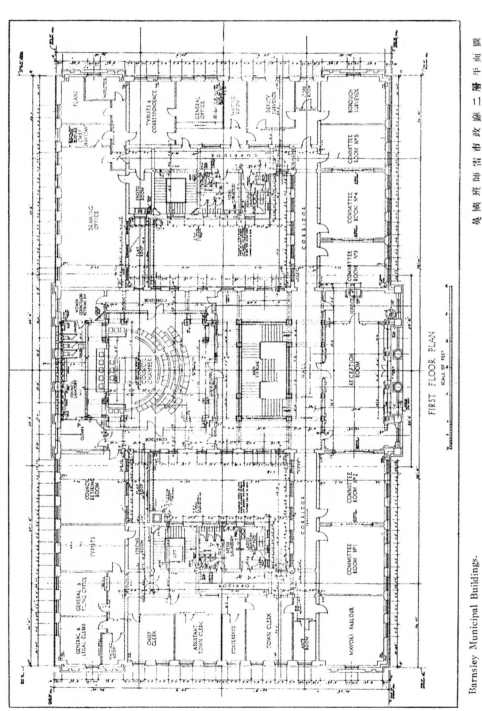

FIRST FLOOR PLAN

英國班師雷市政廳二層平面圖

Barnsley Municipal Buildings.

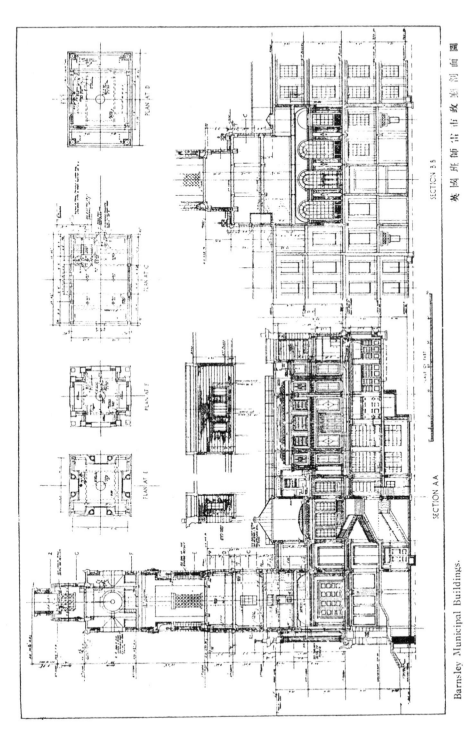

英國班師雷市政廳剖面圖

Barnsley Municipal Buildings.

第十頁　伊華尼式花帽頭之正面，平面及側面圖。

第十二頁　伊華尼式墩子及壓頭綫。

第十三頁　羅馬伊華尼典式。

第十五頁　柯蘭新式花帽頭之詳解圖。

（註）以上十一，十四兩圖，亦已遺失，容後當連同以前之第五頁，一併繪製補刊。

DETAILS OF IONIC CAPITAL

FACE OF CAPITAL

SECTION THROUGH ROLL ON LINE X X

PLAN OF CAPITAL

SIDE OF CAPITAL

Measure of One Half En.

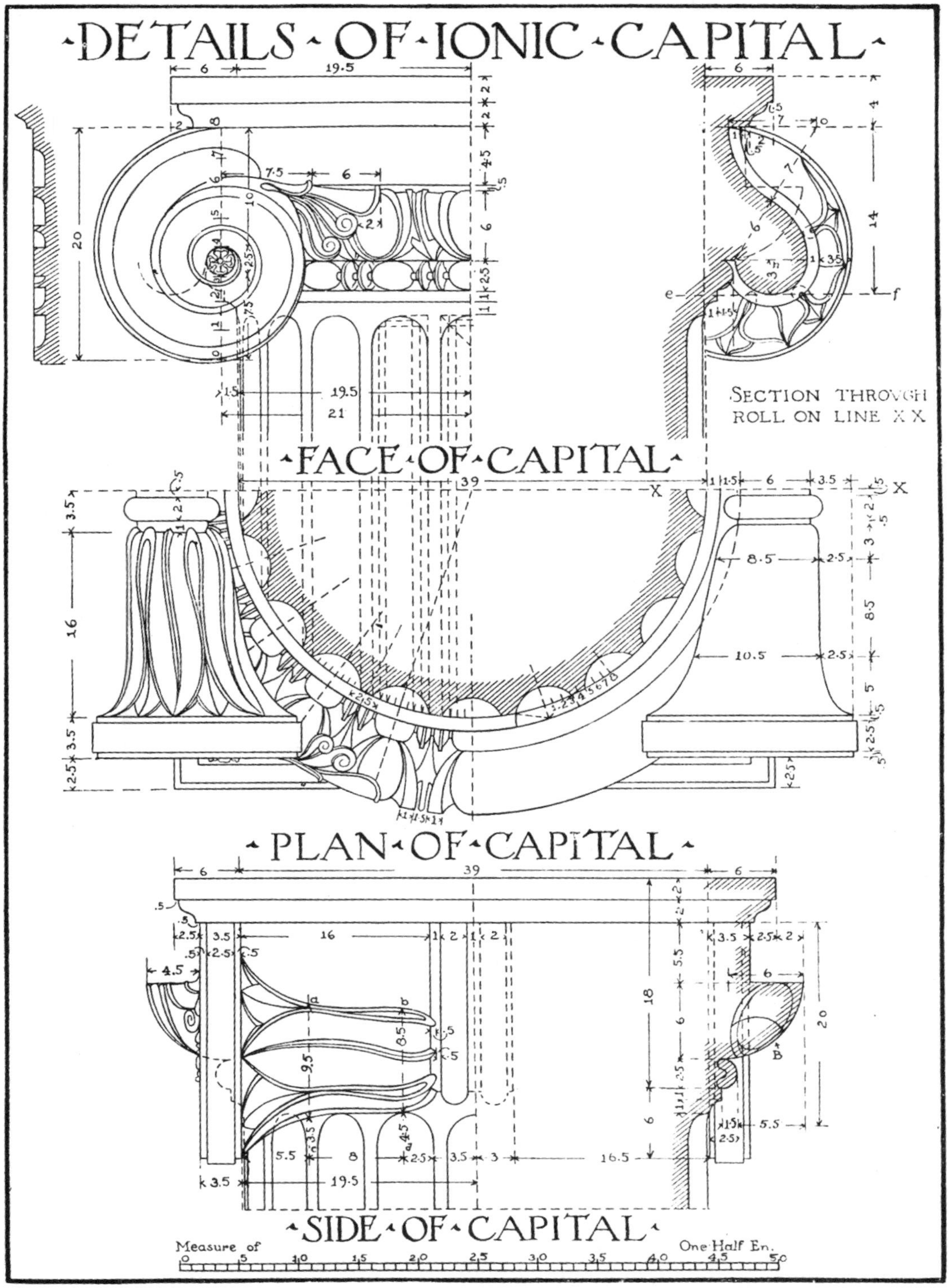

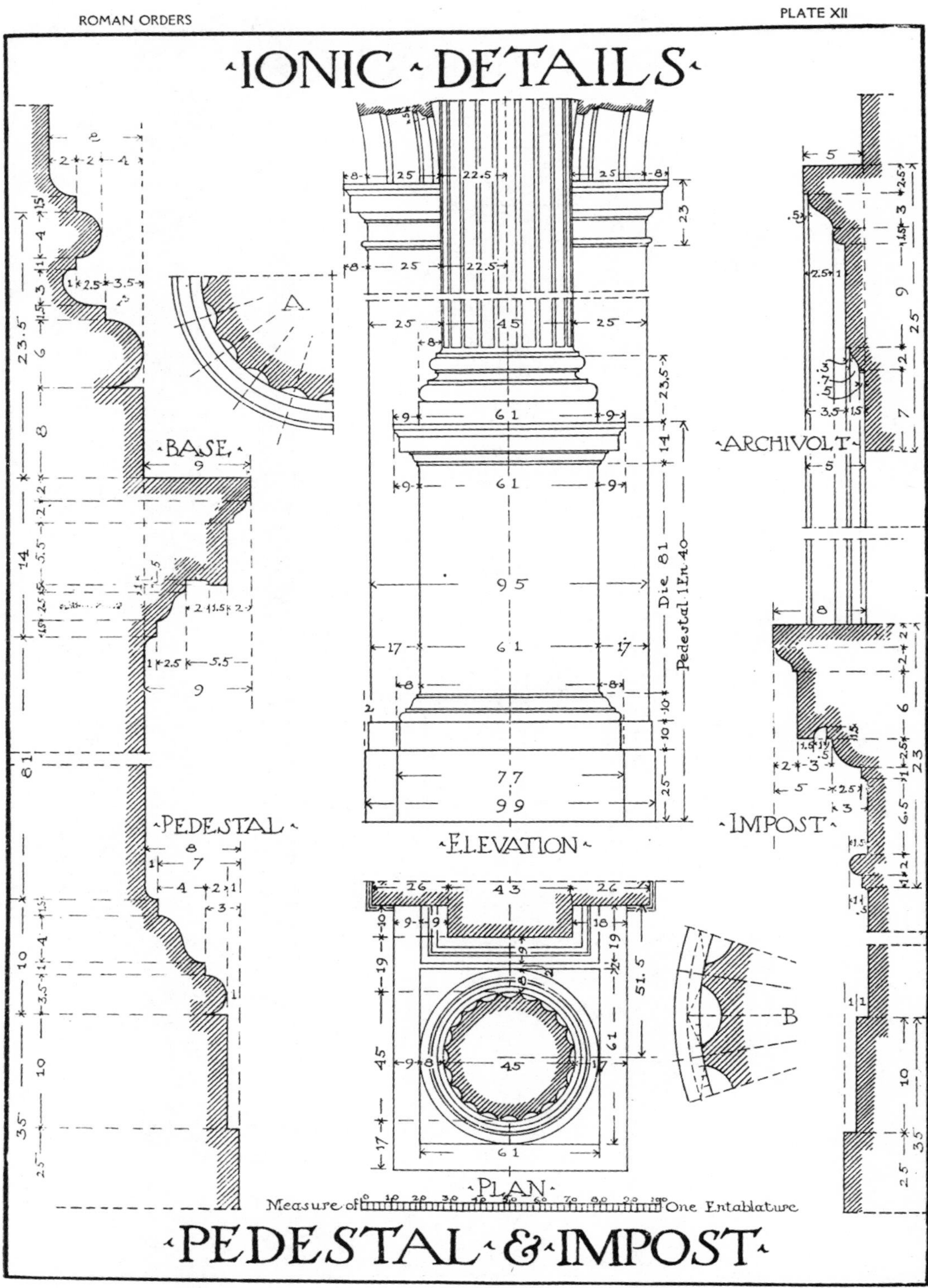

IONIC DETAILS
BASE
PEDESTAL
ELEVATION
ARCHIVOLT
IMPOST
PLAN
A
B
Die 81
Pedestal 1 En 40
Measure of One Entablature
PEDESTAL & IMPOST

ROMAN IONIC ORDER

PLAN CAP

END CAP

IMPOST

0 6 12 18 1M

18 1M

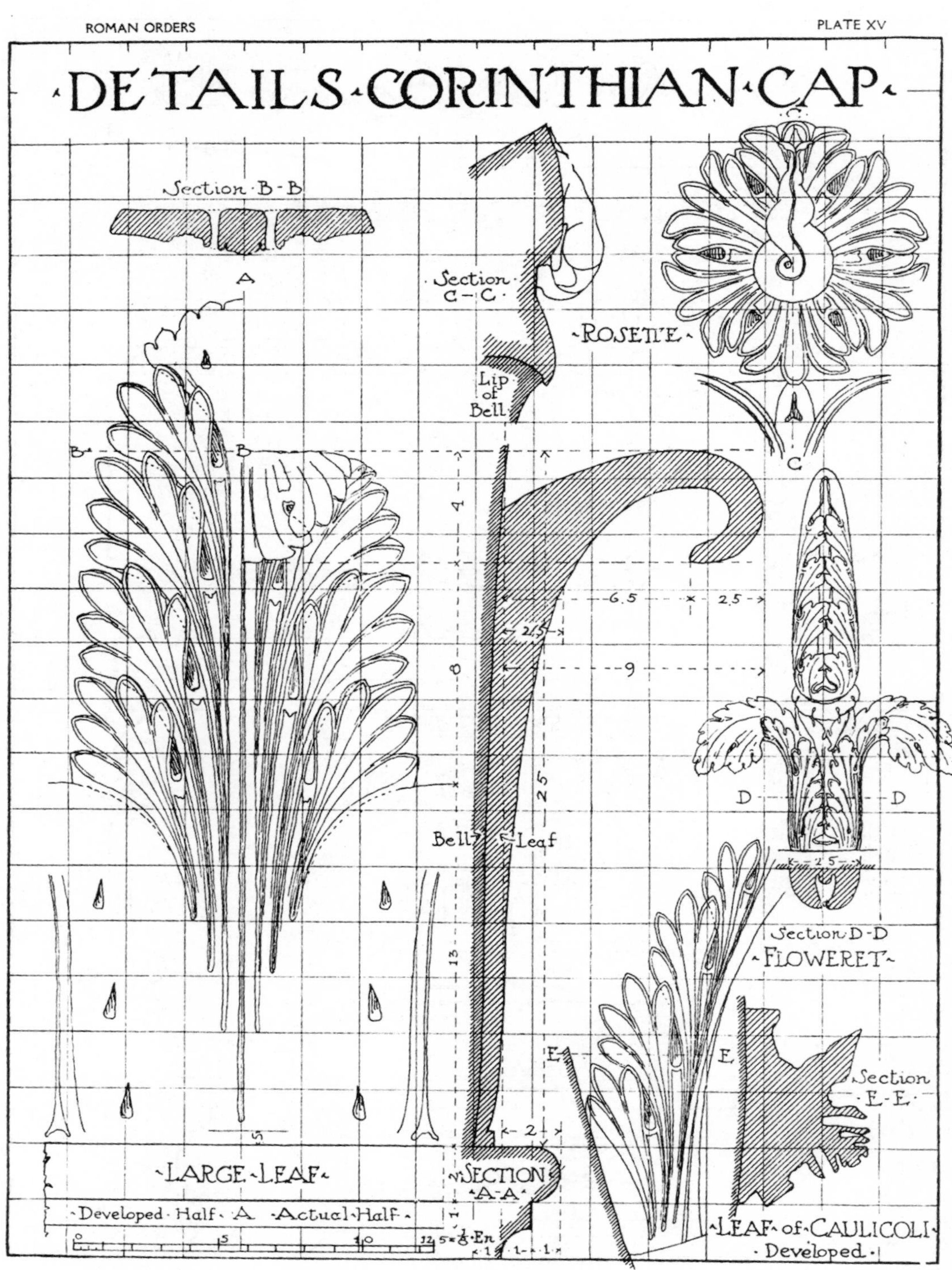

DETAILS CORINTHIAN CAP
Section B-B
A
Section C-C
ROSETTE
Lip of Bell
B
B
C
6.5
2.5
2.5
9
4
8
25
13
D
D
2.5
Bell
Leaf
Section D-D
FLOWERET
E
E
Section E-E
2
LARGE LEAF
SECTION A-A
Developed Half A Actual Half
LEAF of CAULICOLI
Developed

Police Headquarters, Courts and Fire Station, Newcastle-Upon-Tyne.

英國 Newcastle-Upon-Tyne 之巡捕房;法院及救火會聯合辦公廳

總巡捕房大門入口

Headquarters Entrance.

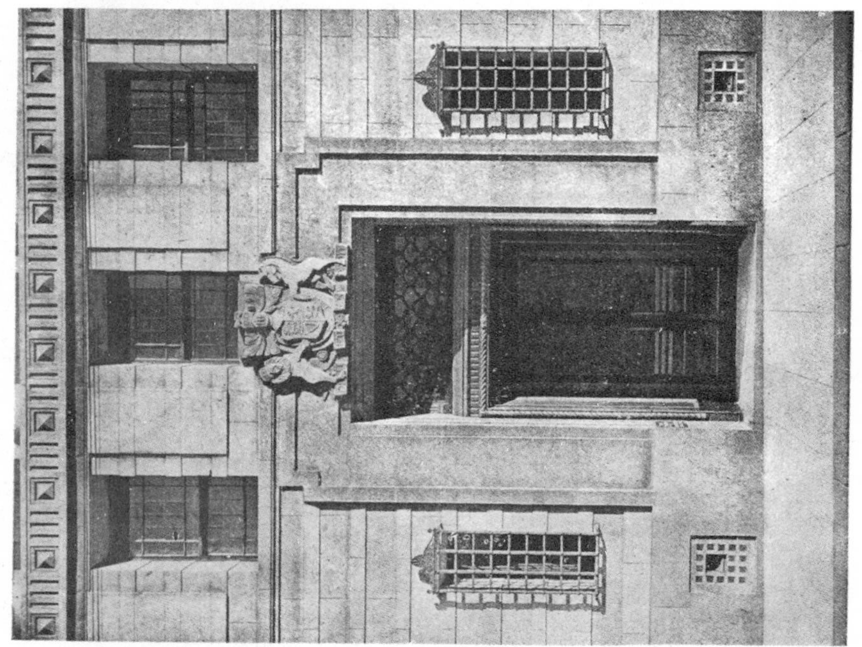

法院大門入口

Court Entrance.

Police Headquarters, Courts and Fire Station, Newcastle-Upon-Tyne.

英國 Newcastle-Upon-Tyne 之總巡捕房,法院及救火會聯合辦公廳

總巡捕房第一法庭

Police Headquarters, Courts and Fire Station, Newcastle-Upon-Tyne. Court No 1, Police Station.

英國 Newcastle-Upon-Tyne 之總巡捕房法院及救火會聯合辦公廳

英國 Newcastle-Upon-Tyne 之總巡捕房，法院及救火會聯合辦公廳

下層平面圖

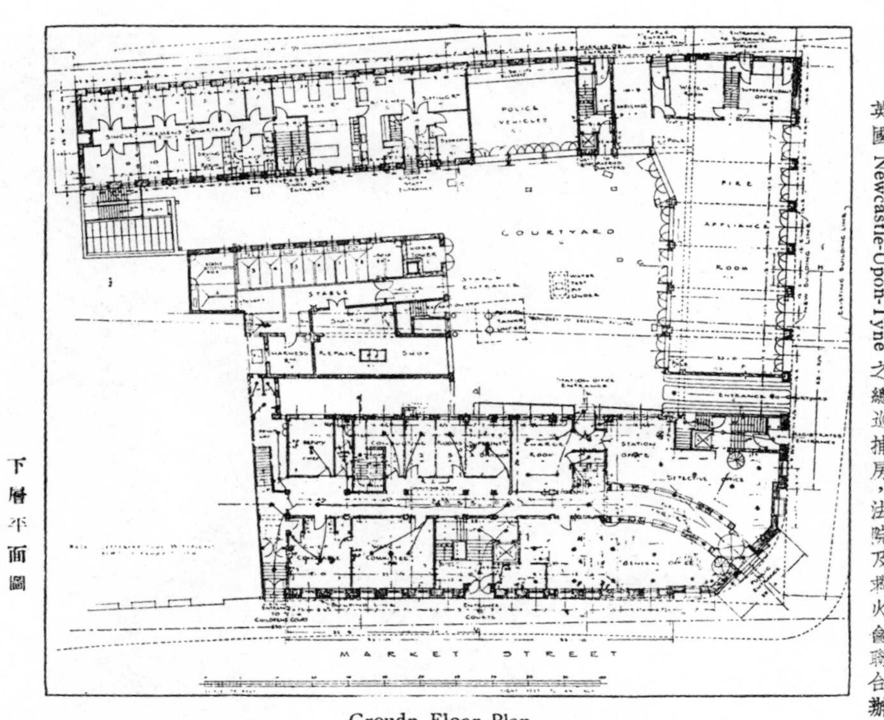

Groudn Floor Plan

地下層平面圖

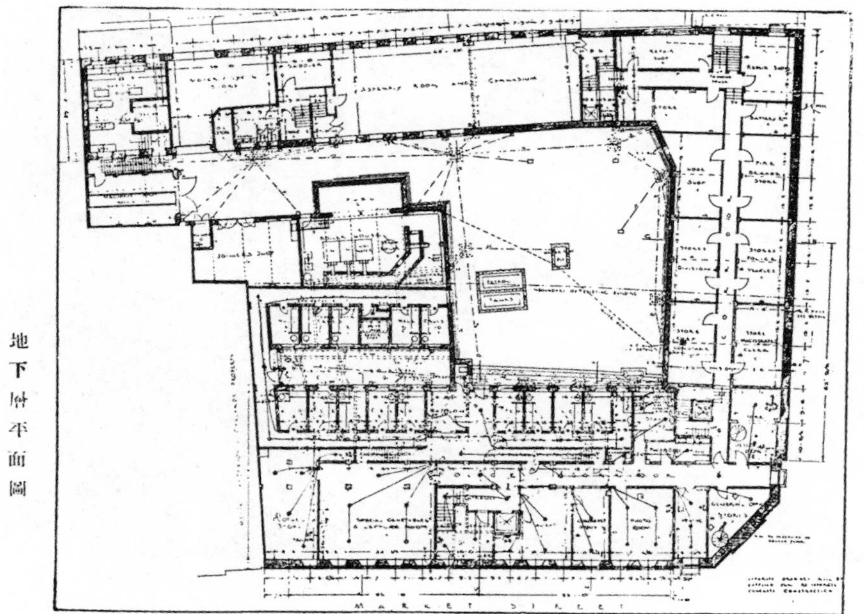

Lower Ground Floor Plan.

Police Headquarters, Courts and Fire Station, Newcastle-Upon-Tyne.

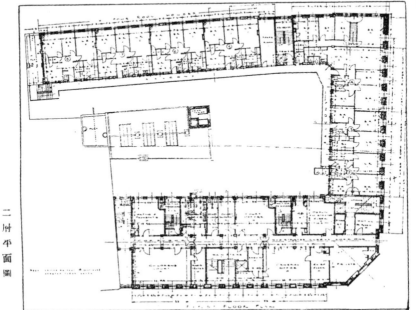

英國 Newcastle-Upon-Tyne 之總巡捕房，法院及救火會聯合辦公廳

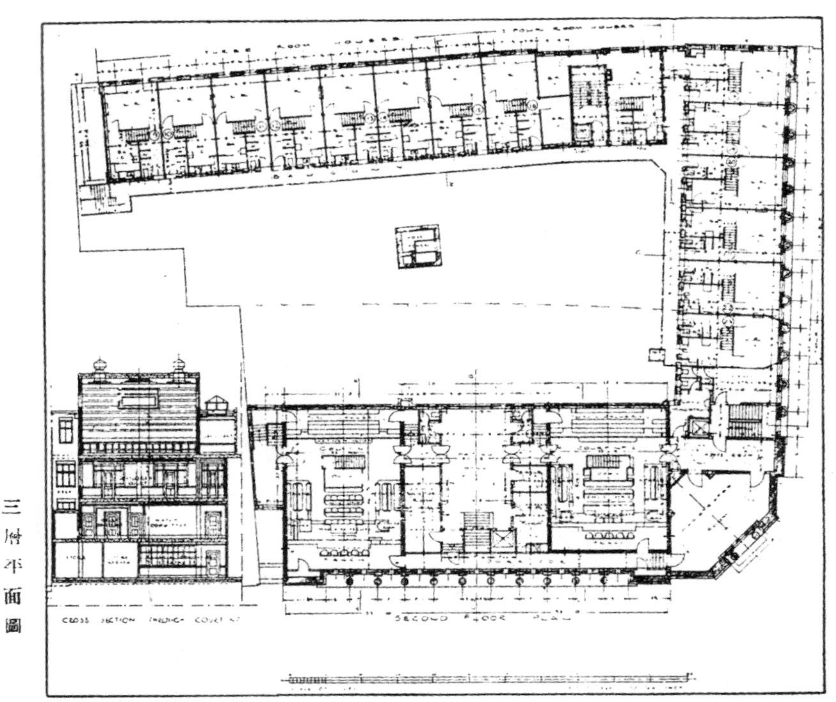

三層平面圖

二層平面圖

FIRST FLOOR PLAN

Police Headquarters, Courts and Fire Station, Newcastle-Upon-Tyne.

營造學

（九）

杜彥耿

第二章

第二節　甎作工程（續）

福露蘭頂式法圈 其圈底之弧形爲半圓形，而其厚度則自圈脚點起，逐漸增厚至頂巔爲止。至於圈頂弧度之求法，則與佛尼斯式完全相同。其灰縫之方向及求法，與佛尼斯式略有不同：法先將圈脚處之厚度及頂巔處之厚度，分爲與灰縫同數之等份，乃將該二處各點循序連以直線，再在各線之對分點，作垂直線以與圈脚線相交之點，與圈頂弧線上灰縫之頂點用直線相連，即該處灰縫之地位。（見一九二圖）

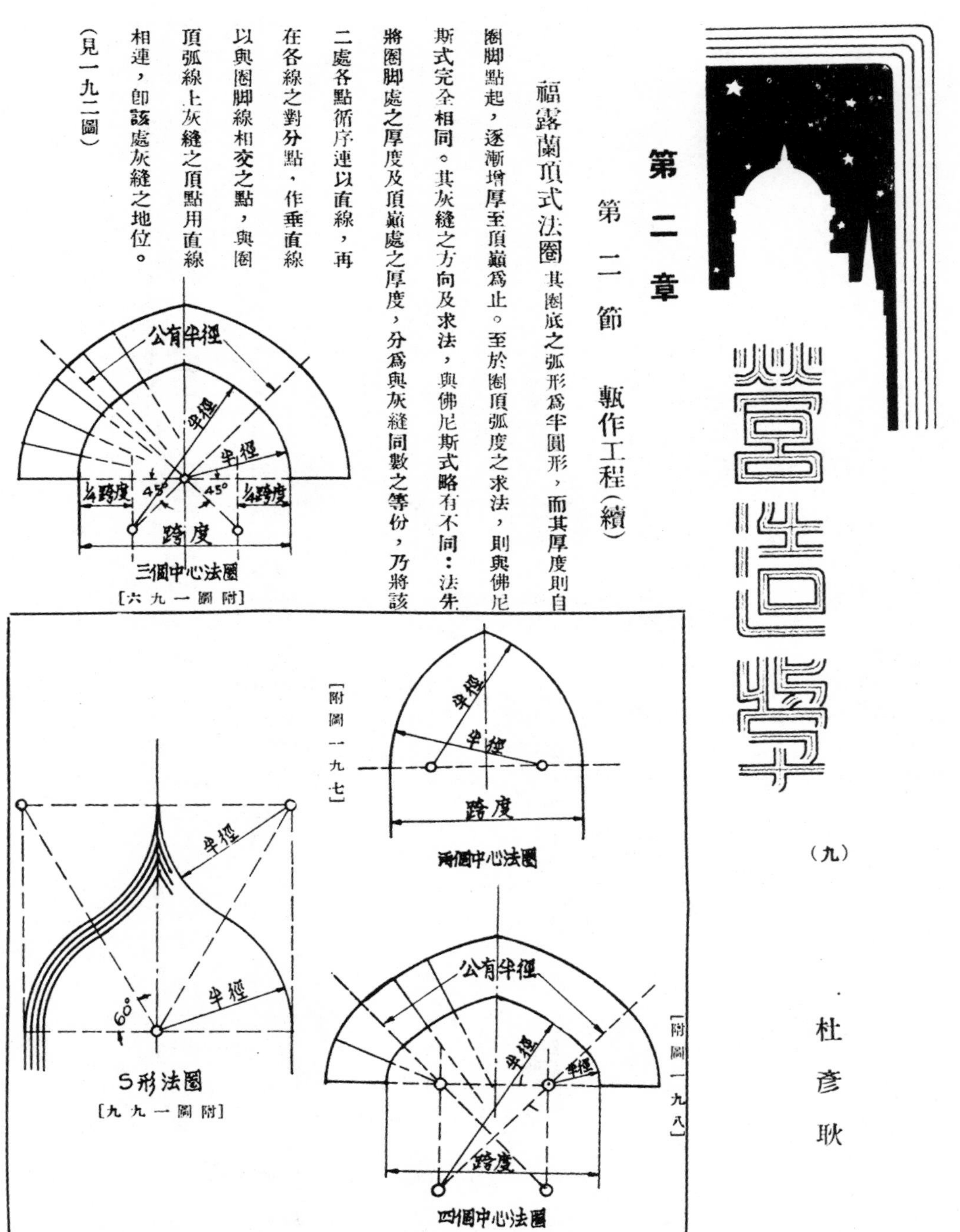

三個中心法圈 [附圖一九六]

兩個中心法圈 [附圖一九七]

S形法圈 [附圖一九九]

四個中心法圈 [附圖一九八]

橢圓形法圈 橢圓形法圈之最準確畫法，莫如用橢圓規；但此種準確之橢圓形，不甚適用於作法圈。蓋法圈之灰縫必須與橢圓形之任何點成垂直線，因此橢圓形法圈之圈顆，將成爲每塊有不同之形狀，同時需要大量楔形套板，故殊不經濟。普通爲簡便計，大都用三個中心之橢圓形（見圖二〇二）；其形狀與橢圓規所畫出者，相差甚微，且楔形套板祇需三個已足，遠不如前法之煩複，故應用亦廣。茲說明其畫法如下：

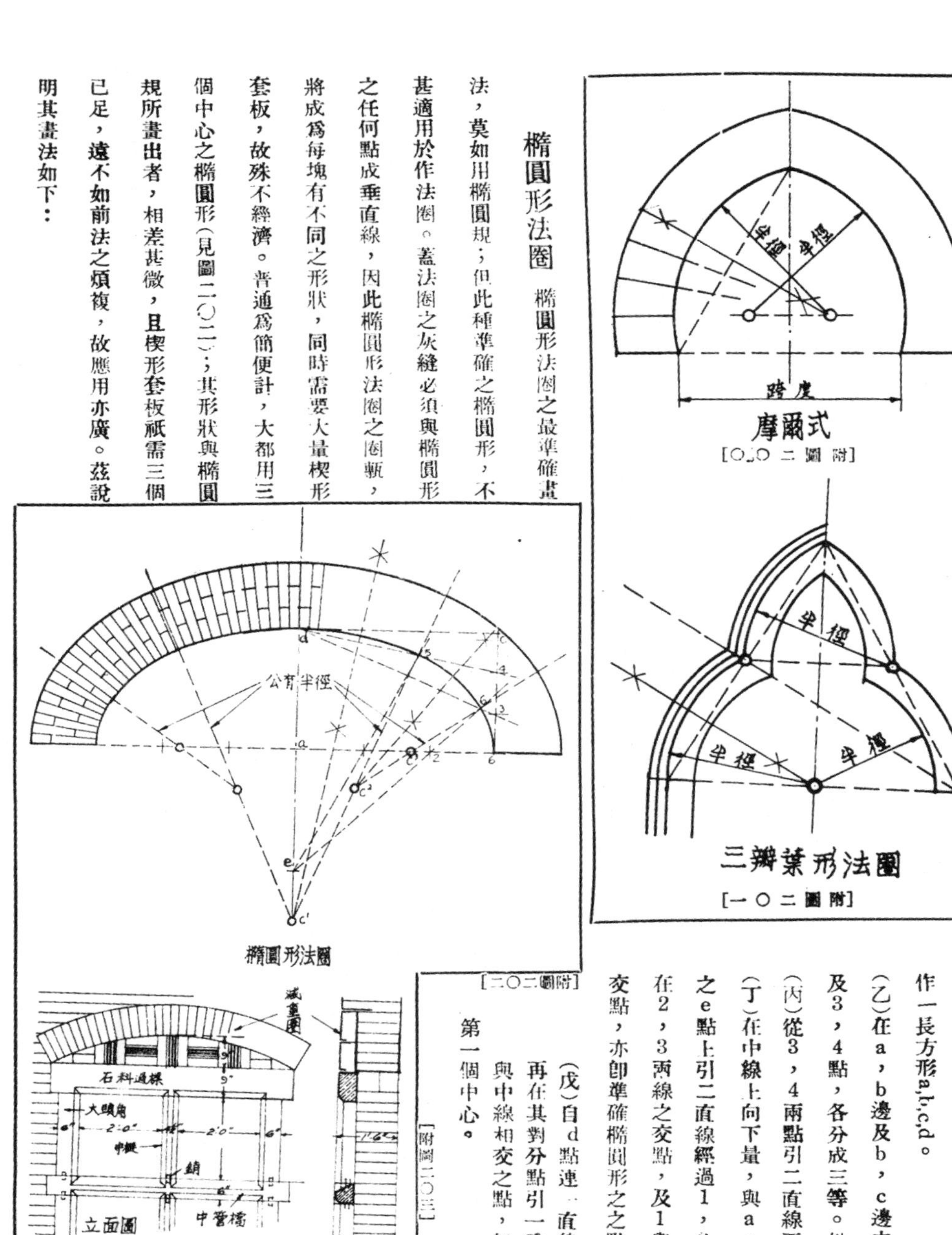

(甲)在法圈之半邊，用半跨度及其圈高作一長方形a,b,c,d。

(乙)在a，b邊及b，c邊之1，2點及3，4點，各分成三等份。

(丙)從3，4兩點引二直線至d點。

(丁)在中線上向下量，與a，d線同距之e點上引二直線經過1，2兩點，其在2，3兩線之交點，及1與4兩線之交點，亦即準確橢圓形之之點。

(戊)自d點連一直線至5點，再在其對分點引一垂直線；其與中線相交之點，即橢圓形之第一個中心。

(巳)c^1及5兩點間之直線，即該橢圓形上d至5及5至6間弧形之第一公有半徑，故第二個中心必在此線上無疑。

(庚)對切5，6兩點間之垂直線，至第一半徑相交處，即橢圓形之第二個中心。

(辛)連c^2及6兩點間之直線，即第二公有半徑。其與圈脚線相交處，即橢圓形之第三中心。

圈甎之形狀，可就該圈甎地位之弧形上，連半徑至其中心即得。

平開圈 此種法圈，須有極準確之圖樣，俾利工作。其圈身之厚度，無甚變化，通常爲圈甎厚度之數倍而已。其圈頂爲一準確之直線，圈底則略呈向上彎形，作爲因本身重量，載重或其他原因而使法圈有向下沉之準備。其彎度大抵法圈每尺跨度，則圈底向上彎一分。山頭之斜度，應與法圈之跨度成正比例，每尺跨度在十二

二〇五圖

二〇四圖 二〇六圖 二〇七圖 二〇八圖 二〇九圖 二一〇圖

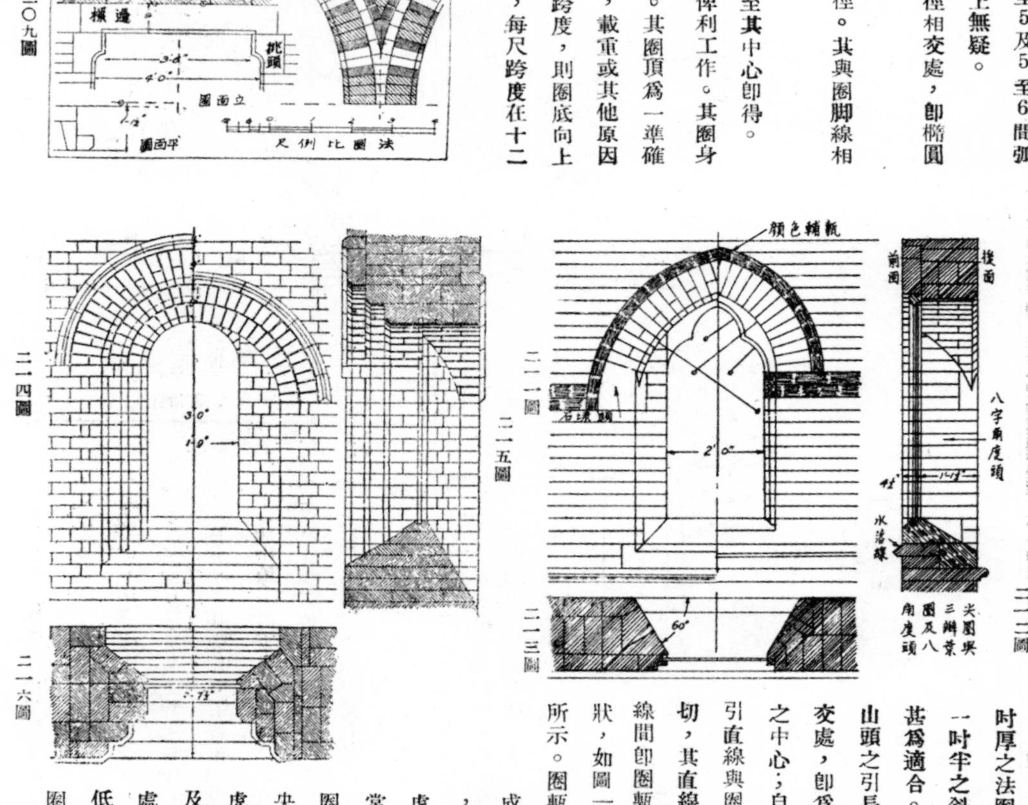

二一一圖 二一二圖 尖圈與三瓣葉圈及八角度頭 二一三圖 二一四圖 二一五圖 二一六圖

吋厚之法圈上用一吋半之斜度，甚爲適合。兩端山頭之引長線相交處，即爲法圈之中心；自中心引直線與圈頂相切，其直線與直線間即圈甎之形狀，如圖一八二所示。圈甎應分成奇數，則老虎牌可常居法圈之中央；老虎牌處及圈脚處之最低一塊圈甎，

應爲竪直甎，故圈甎之數，更應成爲四之倍數加一，如五，九，十三等數。開圈之頭縫應平直。欲求圈身堅固，可將圈甎之兩平面中央稍予鑿去。俟圈砌成，灌以水泥漿，則更堅强。

圖二〇九及二一〇係減重圈加於一條石過梁之上者。減重圈之義，係在石梁上加一法圈，藉減石梁之荷重之意也。圖中所示之圈，乃採用不同顏色之甎，相間砌成花樣。二〇三及二〇九圖示清水減重圈加砌於石梁之上者；其圈脚不必離開石梁之兩端，而於石梁上砌起者，蓋因石質與甎質同爲持久性之材料也。

[附圖二一七及二一八]

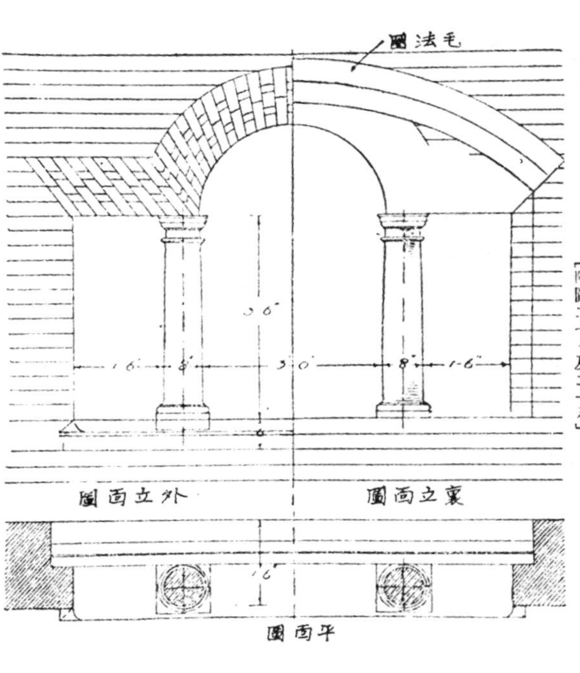

圖二一一至二一三示尖頂圈下又一三瓣葉圈之重叠圈，而窗之裏面兩邊度頭爲八字角式。

因牆之厚度特殊，而以單個圓圈殊覺呆滯，則可用分皮環圈。如圖二一四至二一六。

三連小跨度之法圈　如圖二一七及二一八所示，有時亦稱佛尼斯法圈。係由一個大跨度中置二個柱子或墩子，而分成三個小跨度，其中央跨度之法圈，恆爲半圓形，設該種法圈係用甎砌者，則其圈甎往往成爲同一之形式，二邊圈之灰縫爲不變之角度，大概自五十度至六十度；中央圈甎之灰縫，可由一個中心求得，該中心卽中央法圈圈脚處之不變角度，上引直線向下與法圈中線相交之處。

過梁　過梁係橫置之梁料，跨越方頭空堂而受上面壓下之重量，其效用與法圈相同；惟其用料則較多於法圈。普通木材，鋼鐵，鋼骨水泥及石料，均可用作過梁之材料。

木材過梁　木過梁之最小尺寸，自四吋半闊×三吋起，依跨度之長短，比例增加。通常以毛法圈砌於其上，以助木過梁之不足。而毛法圈與過梁間之空隙，則用甎塡滿；有時木過梁之上端，做成弧形圓心，而法圈亦卽坐於過梁木上。

鋼或鐵過梁　設因空堂之跨度甚大，又以高度之限制，支持物不可過高時，則惟有採用鋼或鐵之過梁。

鋼骨水泥過梁　鋼骨水泥過梁，爲現代最普及之一種，故採用者亦多，以其防火，耐久及堅固之功能，均較他種材料爲優也。其梁身更可預先澆或就地澆製；而尤以預先澆成者更爲經濟，其模型亦可應用數次。且預先澆成之過梁，應用時祇須以之置於空堂之上，牆卽可繼續砌上；不若就地澆成者之須俟其堅硬後方可砌牆於其上。水泥之混合，普通爲一•二•四，卽一分水泥，二分黃沙與四分石子者爲佳。四尺以下之水泥過梁，其厚度可用六吋；牆每厚四吋半用一根半吋之鋼骨；又如牆厚九吋，則應置半吋圓之鋼條二根，六呎以下之跨度，其厚度則用九吋，至鋼骨可與前者相同。其餘如跨度較大時，或遇特別情形時，則其大小，鋼骨及剪力等，均須計算得之。

石料過梁　石料因不堪承受垂直向之載重，故普通三呎以上之空堂上極少應用；除非再砌法圈或楔形石於其上，以分荷其載重，庶不致發生危險。不然，必須有極厚之厚度。（待續）

美國鄉村公路橋梁採用新式木框架之介紹

家聲

在美國喔海喔州，距離雪特奈之北約三里，有一公路橋樑，橫跨甲魚河（Turtle Creek），長度達四十呎。為近代經濟美觀之框架橋樑。

此橋之構造，係採用混合式框架，將框架板與框架間隔，再用螺旋等件結構而成現代新式橋梁。橋之設計殊為堅固；而尤以本身之跨度，用二皮橋梁板擔負大料，再由框架控制大料；故通車後橋梁之本身荷重已見增加。事實上僅略加框架與框架板而已。

該橋建於濶二十二呎之公路上，用四倍安全率可擔承三十噸之重量。測驗時用二十六噸重車輛通過此橋，在橋墩接縫間，毫無陷落之痕跡。

在建築此橋時，係利用舊有橋墩，於三十一日內全部工竣。橋的本重為七萬六千六百三十磅。新舊交替，祇阻礙交通八小時，工作進行之迅捷，無與比擬。

框架之幹件，全擱置於梁上，框架上釘以二十四號鋅，作為避潮層；框架及框架板用避水漿膠合，框架之兩端包以青鉛。全部木料均用防火及防腐材料保護之。

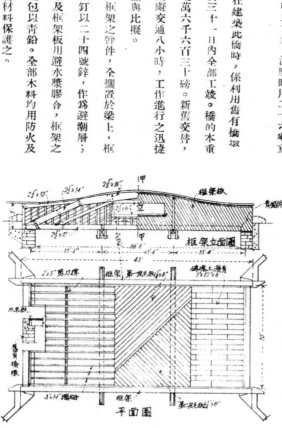

框架立面圖

平面圖

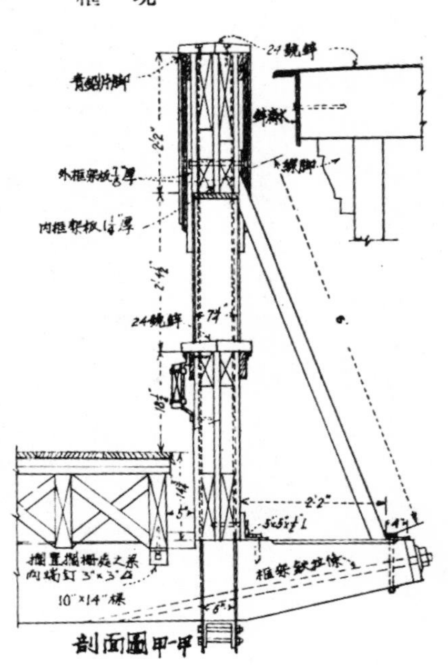

剖面圖甲—甲

燒土 (BURNT CLAY)

—建築說明書補遺—

(上)

袁宗燿

在建築工程中所用各種材料，無有如燃燒黏土而得之出品之具有重要性者，即磚、磁磚、及瓦是。不論自歷史言，及其用途言，三者尤以磚塊最感重要。人類文化甫現曙光，即知製作磚塊；至於何時何地，雖未能詳言，但一般意見，均認磚之製造實源於中國。最近凱爾定(Chaldees)之歐耳 (Ur) 地方，發掘所得，亦有磚塊；而巴比倫在紀元前之第六世紀，不僅能製造極精良之磚塊，且擁磁美觀，宛如現代出品。自此遠古，及於近今，磚之一物，實爲普天下之建築材料也。

羅馬帝國用磚極廣。惟羅馬之磚，實係瓦片。其法係將黏土捶平，曬於地上，然後排列爐邊，用木材燃燒之。磚之形式，平均爲18"×12"×1½"，而其厚度，常僅一吋。在羅馬建築式及哥德式時期，意法德等國建築，採用磚塊極廣；試觀意大利北部，德國，及佛蘭特(Flanders)等處之磚砌禮拜堂及大會堂等，構造之精，實與同時期之石造建築，並垂久遠。西班牙初次重要磚石工程，係出自摩耳(Moors)人之手。如格拉拿大(Granada)，雪維耳(Seville)，及柯度巴(Cordoba)等處之磚造建築，足徵構造之偉大。迨後在哥德式與文藝復興式時期，亦屢有精良之製作。英國在第五世紀時羅馬人撤退之後，以至於十一世紀諾曼人征服該國，其間實已停止使用磚塊。唯一之撒克遜人磚造建築，係用取自早時期建築之羅馬磚塊。第一所純英國式之磚造屋宇，係爲一二〇〇年間愛薩克斯(Essex)之Little Coggeshall地方之一禮拜堂。磚之大小爲12"×6"×1¾"，顯然與早時期之羅馬磚有別。在Tudors主政時代，曾有大量之精良磚造工程，尤以拿福(Norfolk)式福 (Suffolk) 與肯德(Kent)等處爲最；而Hampton Court之建築，由華爾賽(Wolsey)與亨利 (Henry) 兩氏所設計者，更爲當時期之代表作也。在十七十八兩世紀時，精緻之磚砌工程，迭有表見，尤以闊氏(Wren)所設計者爲最著；蓋氏爲唯一磚砌工程專家，如吉爾西醫院(Chelsea Hospital) 等之設計，可表現其成績之一斑也。

美國最初製造磚塊，遠在一六一一年之浮琴尼亞省(Virginia)；迨後麻省(Massachusetts) 於一六二九年亦有製造，但遠溯殖民地時代，已有製造，此固無疑也。美國有多數人士，深信在殖民地時，磚塊已自英國及荷蘭輸入，此亦未必盡然；蓋在殖民地時期，儘有頗多有價值之貨物輸入，需要磚塊，可就當地之黏土倣造。此種傳說，一如殖民地時期之房屋，全由闊氏設計，未免過甚其辭。惟磚塊之製造，初極簡陋草率，逐漸發展，成爲企業，以至於今日之規模，此實足吾人注意者也。

言磚首及黏土。此爲礬土之水化矽酸鹽，雜有各種不純潔之成份，如鐵之養化物，鈣、鎂、鉀、鈉、硫磺等。用以製磚之黏土，可別爲三種，爲面土(Surface clay)，即通常製磚之用者；泥板石(Shale)，經高壓度後幾已變成石片；火泥(Fire clay)，蘊於深地層下，其質一如其名所示，可以抵禦火燄至最高熱度。至於磚之色彩亦可分爲三種，爲紅色，淺黃色，及灰色；要以土中所含之養化鐵，石灰及鎂質之多寡而各別。養化鐵所產生者爲紅色，深褐色，及紫色；石灰質能產生白色；鎂質能產生淡褐色，或黃褐色。若石灰質與養化鐵相混合，則成乳色。鎂與鐵相合則生淺黃色或黃色。土之未含鐵質或鎂質者，燒時則成白色。除土之成份外，燃燒之方法及其熱度，亦足影響磚之色調者也。

面磚色彩之製造，除黏土之成份與其燒法有關外，並藉藝術之方法，以增加其美觀。如磚上之斑點，其法係和錳質於土中，於燃燒時鎔解之。又有"Slips"者，通常用於磁磚，係在未燃燒前潑於綠磚("Green" brick)之上而成；美國紐約城中之浮大白旅館(Vanderbilt Hotel) 所用藍色之磚，即可代表此式之一斑。同地美國汽帶公司之房屋，所用係著名黑色之磚，亦係注綠磚於液體化合物中，燒成黑色。美國某最大面磚製造公司，現正試驗將黏土在未燃燒前，和以彩色，以期產生一種新的色調。近已發現一種新奇之璁玉藍色(Turquoise biue)磚。此磚自問世後，其色彩殊博得一般人之悅愛也。

磚之製造多用手工，近時已較減少，改用機製；但舊式製法，各地仍屬盛行也。其法殊屬簡單，將面土配以水份，拌和勻淨，然後以手揑土，置入木型，旋用棍碾平面上之土，將底板抽去，置於地上或木架上，以待乾後入窰燃燒。近時所用模型，亦有用鐵製或鋼製者。因欲便利碾平泥土，抽去底板起見，在每次揑土入型時，先將木型浸入水中，或舖以黃沙，故有潑水型磚(Slop mould)與沙型磚(Sand mould)之稱。潑水型磚又稱"Water struck"蓋製磚者用以碾平泥土之棍(Striper)，於事前先行浸入水中之故也。在美國麻省及新漢州(New Hampshire)亦稱沙型磚爲"Sand struck"磚者。此種手工製造之磚，燃燒手續亦頗簡單。將磚堆於窰之沿邊，中留隙地，以便將燃料輸入。底有弧形火洞，貫通全窰。窰之沿邊及終端，遍塗膠泥。燃料通常係用木材，燃燒時間約需一星期云。

近五十年來因需要漸增，與經濟情形之衍變，磚之製造亦由手工而至機製，故現時大量之磚，均用機械製造者也。機製之磚，因土質不同與磚之需要種類各異，其方法可別爲三，卽潑水型或沙型，鋼絲截切(Wire cut)與乾壓(Dry press)是也。機械製磚之法，將土取掘備用後，酌視情形，將土露於空中，或卽行製造。若土塊過巨，不便置於烘土鍋中，則先用機碎成需要之大小。烘土鍋有一能轉動而有孔眼之鋼板，上有兩極重之碾動機(Roller)相反碾動。已碎之土既經由孔眼下墮，落於鋼板之上，藉皮帶之力，復墮於固定網眼之篩中，以備選擇。當土經由篩中下墮，自動歸於烘土鍋中，重行碾碎。若係沙型磚，則經篩之土與韌性膠泥相拌合。其法係在預置桶內用槳攪拌，然後用機壓入模型之中，若防泥土與模型黏貼，則用水或用沙灑潑，其法固與舊日手製者略同也。若係鋼絲截切之磚，則將土與硬性膠泥相拌合，用强力之螺旋機，將土壓搾成爲條形，經由鑄有橫切線之磚形鋼模。此種條形之土復經活動之皮帶遞至有小孔之鋼桌上，上懸活動之精良鋼絲，下降時卽將土截切成爲所需要長度闊度之磚塊。乾壓製磚之法係將將乾之土，用高力壓入模型之中，自動移置機前之桌上。綠磚除乾壓者外，大率一離機器，卽搬運車上，輸送至烘乾處所，其地摒除過分之潮濕，以備入窰燃燒。至於乾壓磚則一經離機，因無需烘乾，有直接送至磚窰者。現時之磚，大多均在永久之磚窰燃燒。査磚窰通常可分二種，一爲臨時的，一爲連續的。燃料用煤，有時亦有用油類者。所謂臨時之窰者，在將磚燒就後，卽加撤去，準備另行起砌，作第二次之燃燒。連續之磚窰，一如其名所示，係連續築砌，依序燃燒。又有隧道式磚窰者，其搆築適足通行一避火之運輸車，上置綠磚，隧道內既經燃燒，車自一端漸漸綏行至另一端，迨車既出隧道，磚已燃燒竣工矣。

上述各種燒磚方法，適用於普通之磚與面磚。所謂普通之磚者，根據美國普通磚塊製造商聯合會(Common Brick Manufacturers' Association of America)之規定，係爲非藉特別方法製造之某種磚面。至於面磚則用各種之方法，製造不同之磚面。用以蔽影之面磚，僅藉鋼絲在新鮮之土上，截切成爲精美之平行線或垂直線卽足。除此之外，又有用前述之"Slips"法與"Dips"法者。美國最近又有包金屬磚(Metal Coated Brick)之發明。此種磚塊，須經二度燃燒，第一度燒後，卽將磚面及兩端用紫銅或黃銅或鋁等將其包就，再度燃燒，以期將金屬與磚黏合。此種包有金屬之磚，用以點飾牆垣，自屬美觀，特所費實堪驚人也。面磚之大小平均爲8¼"×4"×2¼"，但市上亦有異於此者，最著者如羅馬磚爲12"×4"×2¼"，腦門磚(Norman)爲12"×4"×2¼"，早期英國磚爲9"×4⅜"×2½"。至於火磚則用火泥製造，係由深地層取掘而得。製造之法，有乾壓與韌膠泥二種；用手工範型，以高熱度燃燒之。此種磚塊多用於爐鍋燃燒室，煙囪，以及其他產生高熱度之處所，以其磚質堅韌難解也。然火磚雖能避强烈之火燄，不能免氣候之剝蝕，故此磚不能用於露外之工程，且對氣候須隨時注意，加以掩護也。

搪磁磚(Enameled Brick) 之製造方法有二，一為英國式，一為蘇格蘭式。其法先行製就輭性膠泥磚，再塗釉藥。此種釉藥係由二養化矽(Silica)，長石(Feldspar)，英國丸泥("Ball Clay")與其他較次要之成份所組合，然後將磚燃燒，使磚之本體與釉藥相黏合。另一法則選擇乾壓磚之精良者，將磚面塗以所特備之磁油，然後再行燃燒，使磁油鎔解，與磚黏合。此兩種製造方法均極美滿，製造者可自由選擇。此磚多用於廚房間牆面，乳酪廠，麵包舖，洗衣舖，梳洗室，以及其他類似之處所等。惟亦有用於庭心，通氣之道，或建築物臨街面之部份，俾得揚播充分之光線。磚之式澤有白色，象牙色，藍色，綠色，玉色，棕色，黑色，斑點淺黃色，及斑點棕色等。至於磚之大小，則英國式約為8⅞"×4⅜"×2⅞"，美國式為8¼"×4"×2⅜"，釉面瓷磚(Porcelain glazed brick)與搪磁磚之製造方法相同，但一則在拌合釉藥時，並無二養化矽，故其色澤呆滯無光。此磚之用途與色彩大小等，均與搪磁磚相同。尚有釉面鹽磚(Salt glazad brick)在燃燒時投岩石鹽數鏟於火中，使磚變成玻璃質。此種之用途與搪磁磚與釉面瓷磚相同，價亦較廉，且極衛生。但不能如搪磁磚之將光線發揚散佈耳。

空心磚之式樣與普通磚相同，雖現有各種空心磁磚起而代之，然現仍有製造與採用者。磚有二孔，四邊鏨有凹口，藉以承受灰泥與灰粉等。此磚能與普通之磚砌合，其功用可以避免潮濕，及隔離冷熱之侵襲。惟有一特點與衆不同者，即空心磚能用為石作工程之背襯，其功用與普通之磚相同，空心瓦則不可能，而空心磚之避潮功能，又與空心瓦相同者也。如美國之支加哥論壇報館之房屋，全以空心磚為石灰石屋面　背襯者。範型磚(Moulded bricks) 在中世紀之初已盛用之，因其所用原料易於處置也。範型之法，將土納入模型即是。此種模型前用木製，現多用鋼製造者。範型磚在英國採用頗廣；美國在殖民地時期之範型磚建築物，今仍有保存者，哈佛大學初期之校舍建築，即係此磚所砌築。又有「試樣」(Gauging)方法者，將輭磚截切成為所需要之環洞石形(Voussoirs) 或其他模形；英國在十七世紀時盛行此種方法，蘭氏 (Wren)所設計之建築，多數有此特殊形式也。彫刻磚衆信源於佛蘭特(Flanders)，現仍留有動人之遺跡，尤以Bruges為最。此法係由Flemish 工人引入英國，在十五十六兩世紀迭有優良之工程，貢獻於世，所用之磚，其料軟如酪乳。迨後在十七十八兩世紀時　營造者起砌軟性磚一如普通之磚，而接縫之處，使用樹脂質之原料，故其精密實不易窺破。且彫刻精細，形成伊華尼式及柯蘭新式花帽頭，垂飾(Swag)，及其他之點綴品等。美國最早彫刻磚工程，當推一八八〇年利查特生氏所主持之哈佛大學四維堂(Sever Hall)。其法係用拉發其(La Farge)水泥灰粉將磚築砌。近年美國仍有頗多精良之雕刻磚工程發見，最足引人注意者，如紐約介克斯俱樂部 (Links Club) 之窗法圈，即可代表其一斑。美國除自行製造大量之磚外，每年尚從荷蘭及比國源源輸入，為數極巨。荷蘭之磚，色彩悅目，質地優良，用作面磚，頗為合式。惟進口之磚因征稅關係，在輸入口岸購買，其價較廉也。

（待續）　（譯自美國筆尖雜誌）

上海公共租界

兩年來之房屋建築進度比較

鋒

年來凡百商業，俱見呆滯，而呈退化，非獨建築事業而然也。下表係民國二十三年與二十四年度，上海公共租界所發之房屋建築執照比較；惟二十三年爲全年十二個月計算，二十四年（即本年）則爲十個月（一月份至十月份）計算者。造價總額爲二十三年二七，六〇〇，三五〇元，廿四年爲一〇，〇六七，〇〇〇元。

房屋類別	二十三年度	二十四年度
中式住宅	二，八〇九所	一，一五八所
西式住宅	二二一所	四七所
旅館	一所	——
公寓	八所	三所
事務院	一五所	一〇所
銀行	九所	二所
西式店房	二三〇所	五〇所
戲院	——	一所
學校	五所	三所
紗廠	四所	二所
工廠	二六所	八所
其他工業建築	一一五所	一一〇所
棧房	一八所	五所
汽車間	二四七所	二四所
其他	六六二所	四九五所
坑所	二〇一所	一〇八所
總計	四，五七一所	二，〇二六所

建築史（四）

杜彥耿 譯

西部亞細亞之建築（續）

西亞細亞建築之特徵

巴比侖與亞西利亞

五十四、巴比侖　巴比侖與亞西利亞兩者間之建築，殊難分別。蓋此兩國同為濱依太格利斯與猶罘臘次兩大江而居之民族也。或可推斷其孰先孰後，則巴比侖自屬早於亞西利亞；而巴比侖之建築法式，初受之於最先奠定凱爾定之黃種人，後復由巴比侖轉授之亞西利亞者也。

巴比侖因地處沼澤，復以常遭泛濫之故，其房屋之搆築，基於面積龐大，人工築成之堤墩上，普通高度為三十尺至六十尺。建築上所用石料極少，或竟無石料者。惟土甎則巴比侖各地，咸用以建造住屋及其他房屋。此項土甎，發明甚早，巴比侖人係學自古時凱爾定族者。其後文化日進，復有煉甎之製造。最初之甎工，祇用土甎疊砌，並無灰沙為之黏貼，後有用紅泥，沙泥及切斷之稻草為灰沙者，其後更進而選用土耳其海鐵（Hit）地方運來之松香柏油膠貼甎工，猶罘臘次大江兩岸之建築，無不採用之，而其堅固之效力亦特著。

立體之牆垣，均用甎工堆砌而成者；間亦有墩子之築砌，自牆面稍向外突，將牆分成許多方格者。此種建築之牆，直至頂上，均舖木板，平屋面，於板上覆蓋數層泥土。若遇跨越之距離遼闊，非一棟木所能擔任其重量時，中間必加支木柱。

五十五、亞西利亞　亞西利亞產石頗富，故其建築亦多以石料為主要材料；雖巴比侖之甎佈，亞西利亞人亦有用石倣製者，如宮殿之牆，殿外之石階，平臺等，均用石料為之。法圈之構造，極為著稱，惟祇用於狹隘之穹隆及甬道門上，未見有用之於重要之地位者。考自淺浮之雕刻物，因知有圓屋頂，石柱，石座，花帽頭及台口等建築；但其實在之建築物，至今猶無所獲。

西亞細亞建築之模範

廟宇及宮殿

五十六、廟宇　凱爾定廟（見圖三十），係有名之層叠式

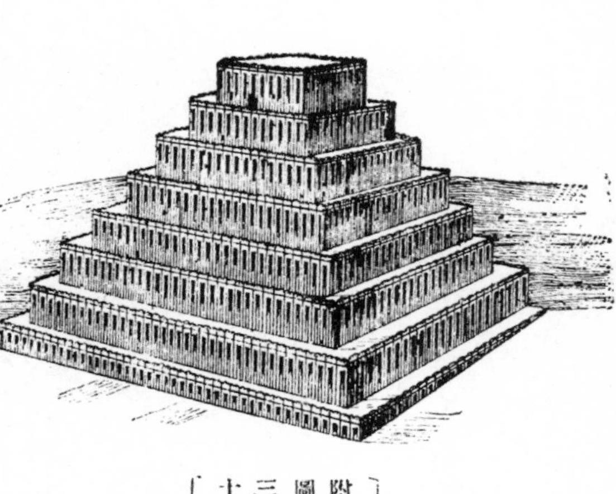

〔附圖三十〕

(Ziggurat)或山峯狀(Mountain Peaks)；其形如四方之臺，層次架疊，每層之面積，較小於下一層；其梯級置於屋外，俾資拾級登達頂巔之神龕，蓋其神殿置於塔之最高層也。

濮雪柏(Borsippa)之七星廟，係尼菩却尼豺所重建者；每層之顏色不同，象徵天上之七星，故曰七星天(The seven stars of heaven)。此座趣味雋永之廟，高一五六尺，四週牆垣高聳，中有一碑，爲尼菩却尼豺所立，敍述舊廟坍圮之狀；蓋因溝渠不洩，輒遂爲雨水所沖潰，而致崩圮。

五十七、宮殿　有多處斷垣殘壁，業已掘得者，並已斷定爲亞西利亞時代之宮殿，中有一座已知爲考薩倍德(Khorsabad)宮邸；現已完全起出，重加整理。按此項宮殿，係築於極大之土甎底礎上，其禦階牆之厚度，有達十英尺之巨。踏步石亦極寬闊，係用黑色玄武石築砌。大門之旁或繞於門頭，有巨大之造像，並有許多人頭像飾。屋內計共三十一室，最大者深三一五尺，廣二〇〇尺。此外復於其旁發現寢室一九八所及天文臺一處，廟宇一座。宮室之牆，全用土甎砌成，牆之厚度自五英尺至十五英尺，窗之大小參差，殊不一致，蓋欲適於長廊光線之射入也，在考薩倍德宮中，最大之窗爲三一六尺×十三尺，而最小者亦八十七尺×二十五尺。窗之開啓，無論其有穹窿旁透入光線，或如汽樓窗之自一層平屋面上之汽窗光線透射中間大廳等者，其下均有雙層柱子或堅厚之牆垣支托之。如在康永傑克 (Konyunjik) 宮之牆厚十五英尺，而在門羅特(Nimrud)即古都之牆則厚二十六英尺。

考薩倍德與門羅特兩宮內，牆間有半柱裝飾，並有片段之線脚，業已尋獲；惟柱子上之花帽頭與柱子下之座盤，則始終未獲。但有疑者，壁間所列之雕刻飾物高八尺至九尺者，所雕建築圖案，明明有柱子，半柱，壓頂，坐盤及台口等，並有一淺浮之雕刻——在牛背上立一柱子，在宮中之窗戶之兩邊，更有伊華尼式之柱子對峙。此種圖案，既已見之於雕刻壁飾，而實體之建築，迄今猶未有所獲也。

平面，牆垣，屋頂及花飾

五十八、平面 巴比侖與亞西利亞房屋之平面，係長方形，其他尚無整個建築之發現；惟有康永傑克宮中雕刻畫上，可以想見尚有各種圓頂建築，築於巨大之四方臺基者。宮中之長廊，及許多次室圍繞中間庭心天井。他如高大之臺基，巴比侖與亞西利亞人用以起建房屋於上者，業於上節詳言之矣。

五十九、牆垣 宮殿建築中之牆垣，至厚且巨；所取之材料，係天然曝乾之土甎，因之其建築物崩圮極速。宮中並有燒磁花甎及雕刻雲石板之牆飾，刻載文字及人物等等。更有各時代之君主造像，背上生翅之人像，關於宗教之儀仗，社會之情形，美術等等，在在均足表示巴比侖及亞西利亞之文化程度者，統於米索帕達密之上下游掘獲。

六十、屋面 坡形屋面之構造，尚無所獲，可資證明。故該地屋面，大都皆平屋面，下有棟木擔重；屋面舖蓋數層厚土，小面積之屋面有用拱圈或籠頂者。

六十一、門窗 高大之門堂，普通上頂係圓形拱圈，然亦有方頂而架過梁木者。窗之式樣，則至今尚無所獲。

六十二、線脚 線脚之種類極少，祇有少數至簡單之線脚，為現在已覓得者。關於上節已述及於壁畫上所見之門頭線，台口線，花帽頭，坐盤等之實體建築物，則尚未獲得。

六十三、花飾 巴比侖因石料昂貴，故習用陶甎，以為室內壁飾。然雕刻精細，舖作謹嚴之白雲石鋈地及顏色磁磚等，曾於亞西利亞古宮中發現重要之庭廡，畫壁高達九尺至十二尺。附圖三十一及三十二。為此項壁飾石板中之二幀；一示其君主殺一雄獅之狀，又一示益士徒拔(Izdubar)手挾一獅之狀。牆之上截部份為粉刷，並施以壁畫或嵌瑪賽甎飾。

〔附圖三十一〕

〔附圖三十二〕

裝飾圖案中之主要取材，須能表示一種象徵為主題，如人背生翅，見圖三十三，立於宮門之兩旁者；立於祭樹之兩邊者，見圖三十四，係從淺浮雕刻摹繪者，圖三十五代表尼斯洛克(Nisrock)神

〔附圖三十三〕

〔附圖三十四〕

像。天然物與其他人像，均爲亞西利亞雕刻師取爲主材。更有其他花飾，如圖三十六亦爲普通習用者。

〔附圖三十五〕

〔附圖三十六〕

六十四、關有凱爾定族之技藝，有一部份如線脚及普通習用之花飾等，正與埃及相同。但巴比侖人及亞西利亞人之取用建築材料，則遠不逮埃及人；如埃及人於尼羅河畔建築之金字塔，固蔚爲世界偉觀之大工程也。故知選擇材料之品質，較諸房屋部序之稱適與否爲重要。但攷巴比侖與亞西利亞人建築結搆，尚稱精密。

（巴比侖與亞西利亞部份完）

專載

中國建築師學會，近爲統一建築工程上之應用文件起見，擬訂保證書，工程合同，及建築章程等，制定發行，用意至善。現已由該會召集全體會員大會，討論此事。本刊茲得該項保證書等原文一份，特附註意見，錄刊如后，以供讀者參閱。

原文　保證書

立保證書人　　今因承包人

與業主　　訂立契約建造

立保證書人願照下列各條保證一切

(一) 保證承包人凡關於該契約內所訂明一切應辦一切工程及事項均能妥實履行得業主及建築師之滿意

(二) 保證承包人凡關於本契約內所訂明一切應行修理及賠償之處均能完全負責，萬一承包人不克負責致業主受有損失時，立保證人願代償還惟以不逾合同內包價總數百分之十爲限。

(三) 自立此保單以後立保證人或其法定代理人或承繼人各應始終盡保證之責至全部契約履行完竣得業主及建築師之滿意爲止。

立保證書人

承　包　人

見　證　人

民國　　年　　月　　日

意見

(一) 條文中「承包人」與「業主」等名稱擬改爲「承攬人」與「定作人」，以符法定。

(二) 原文第一條：「……一切應辦一切工程……」擬改爲「……一切應辦工程……」同條「……得業主及建築師之滿意。」擬改爲「……得業主及建築師合理之滿意。」

(三) 原文第二條：「……立保證人願代償還……」擬改爲「……立保證人應代償還……」

(四) 原文第三條：「……得業主及建築師之滿意爲止。」擬改爲「……得業主及建築師合理之滿意爲止。」

原文　工程合同

本合同於民國　　年　　月　　日由

(以下稱業主)與　　(以下稱承包人)

協議訂立。由雙方同意訂立各條件如下：

(一) 工程契約。本工程契約包括本合同及所附之建築章程，施工說明書，全部圖樣及一應其他文件。

(二) 工程範圍。本工程範圍爲遵守

(以下稱建築師)所計劃之圖樣及施工說明書建造

坐落

計開

（三）工程造價。本工程之全部造價爲國幣　　元元以後工程上如有增減皆按本契約之規定核算增減之

（四）付款方法。業主應照下列分期付款辦法於每期由建築師簽發領欵證書後　　日內付給承包人。

（五）完工期限。本工程應於民國　　年　　月　　日以前全部完工除照契約規定展期外（雨雪不照扣）倘過期一日則承包人願賠償業主因延期而所受之損失每天國幣　　元正如早完工一日則業主願額外賞給承包人每天國幣　　元正

（六）附則　本合同由雙方將所附一應文件詳細閱讀後同意簽訂並承認一經簽字業主承包人保證人或上述各人之代表或其法律承繼人皆應遵守

本合同一式三份由業主承包人各執一份餘一份存建築師處備査

立合同人　業主

見證

承包人

見證

建築師

中華民國　　年　　月　　日

意見

（一）條文中「承包人」與「業主」等名稱，擬改爲「承攬人」與「定作人」以符法定。

（二）原文第三條「工程造價」項擬改爲「本工程之全部造價爲國幣　　元正以後工程上如有增價，皆按各項單價核算增加之。惟減價則應照各項單價數扣除十分之九，其餘十分之一作承攬人開支。」

（三）原文第五條：「……（雨雪不照扣）……」擬改爲「……（氣候劇變及雨雪冰凍不照扣）

（四）本合同應另請規定訂明者三點：

一．因定作人之故而停止工作者，因此所生之一切損失，應由定作人負其責任。

二．押標費應定利率。

三．簽訂合同之圖樣與說明書，應與投標估價時之圖樣與說明書相同；其間如有修改之處，前事須得雙方之同意。

（工程合同已完，原件待續。）

36

A Small Dwelling House. (1)

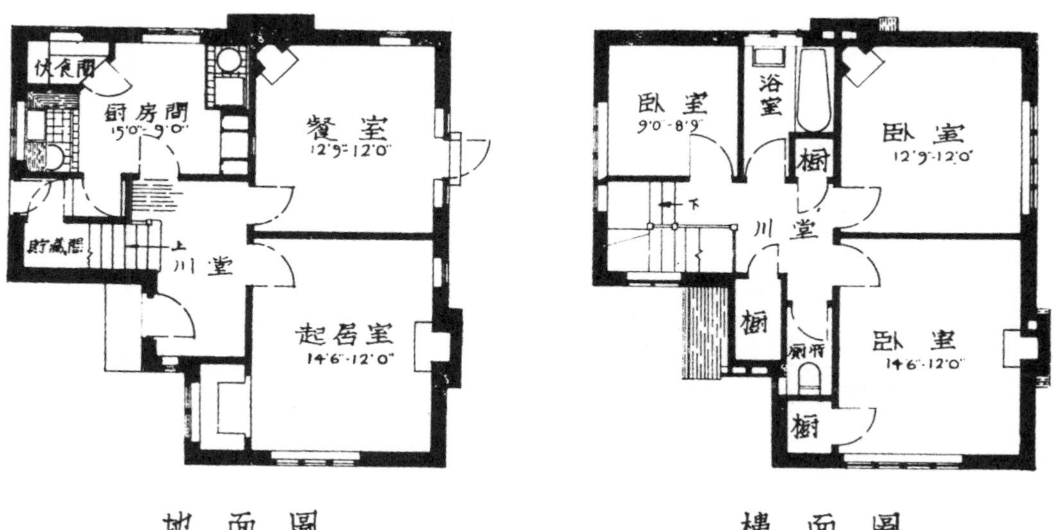

地面圖　　　　樓面圖

小住宅之一

A Small Dwelling House. (2)

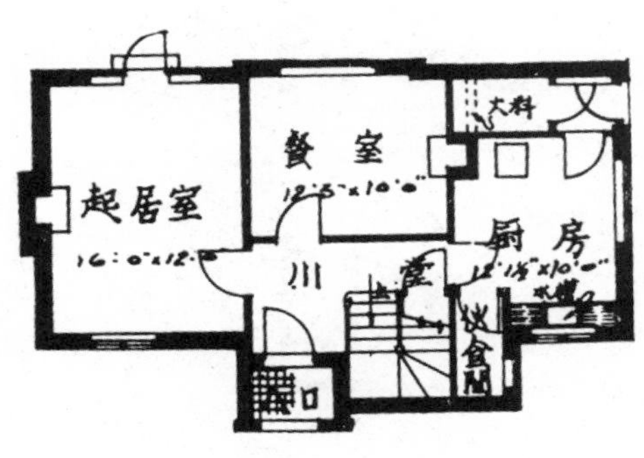

地層平面圖

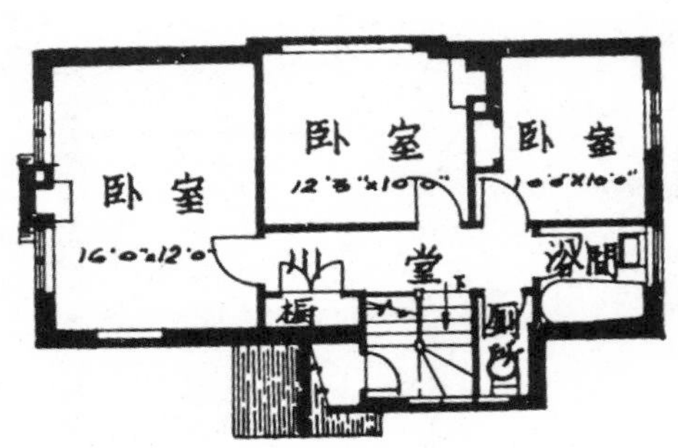

一層平面圖

小住宅之二

A Small Dwelling House. (3)

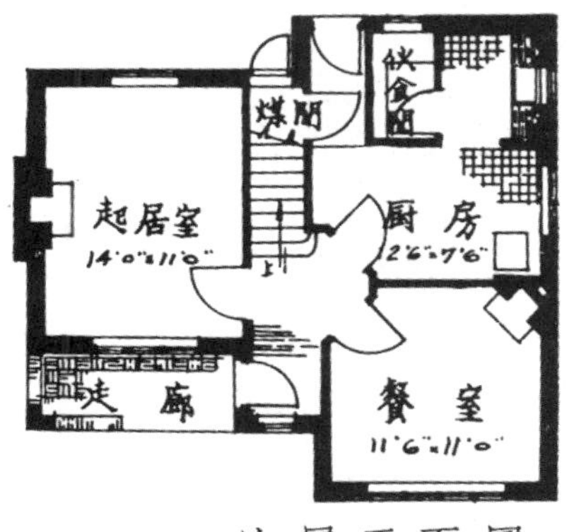

地層平面圖

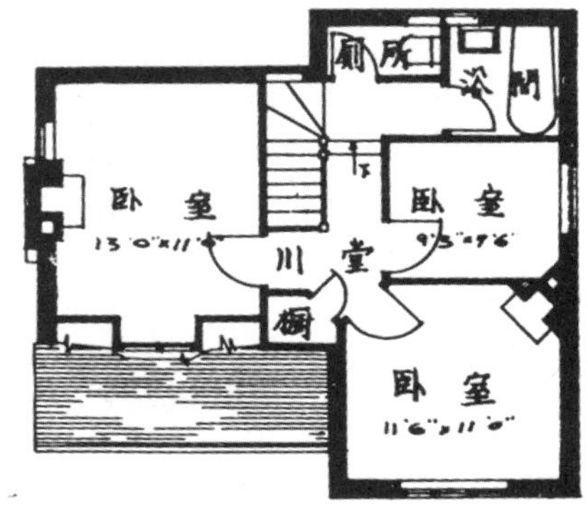

一層平面圖

小住宅之三

A Small Dwelling House. (4)

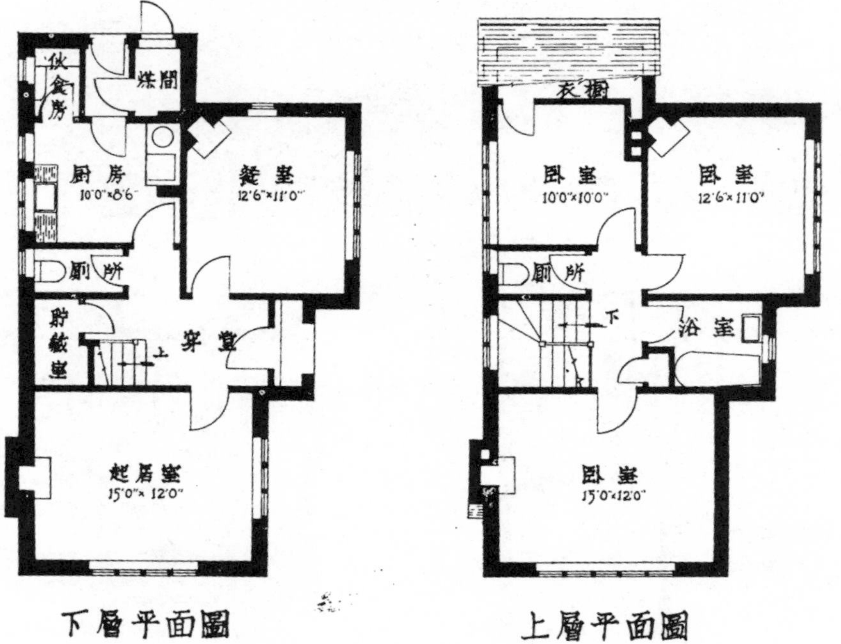

下層平面圖　上層平面圖

小住宅之四

傢具與裝飾

臥室之一角

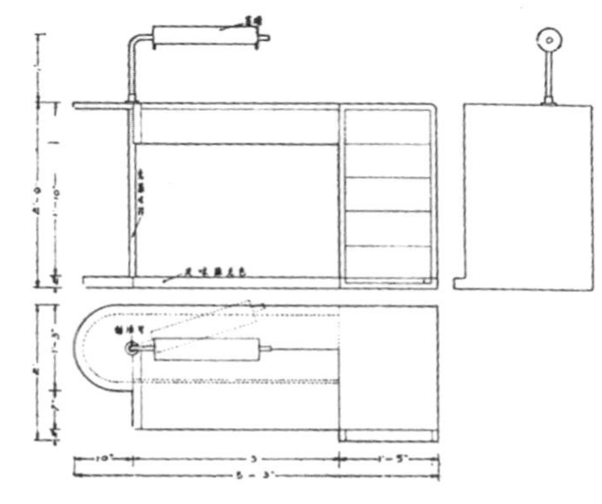

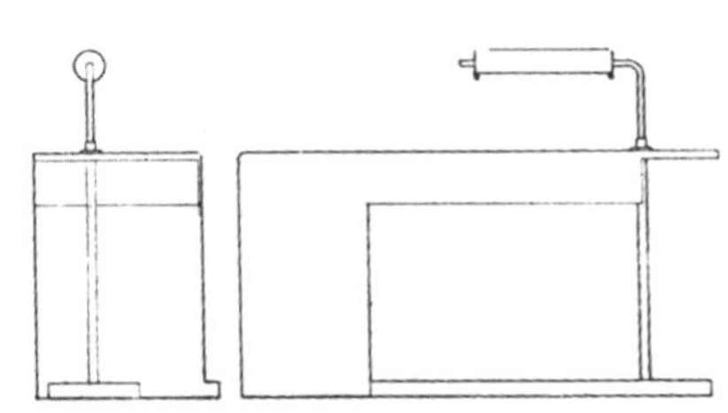

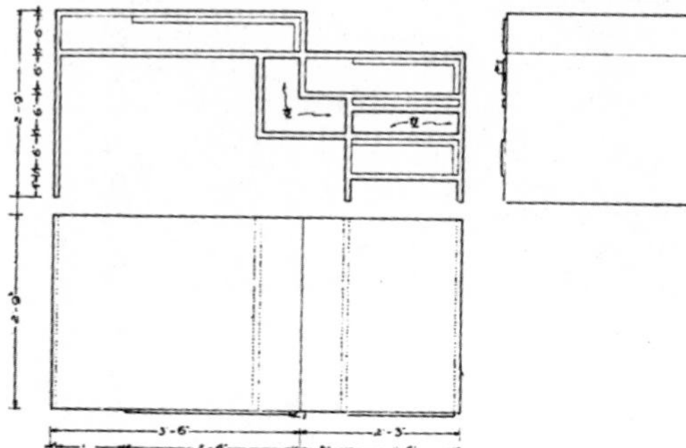

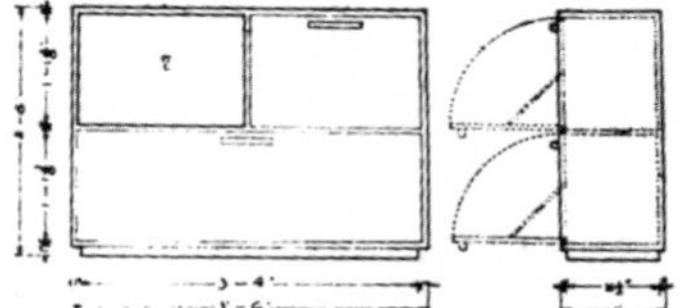

圖中臥室與書室係由兩小室改裝而成。兩室中間之門移去，一窗闢於分牆之間，窗盤係玻璃製，光線自下射入。如此則既可節省地位，又將兩室聯成一體。牆面砌以日本之方格及狹長條片膠合板。平頂係用「綠」與「藍」相混之色調。簾帷亦爲綠藍色相混之塔夫綢及棗紅之織物。室內傢具用核桃木製作，而以棗紅色織物爲飾，洵美觀也。

經會向五全會報告

公路完成二萬餘里

全國經濟委員會昨向五全大會報告該會工作概況，本年度事業進行計劃及經費支配，本年度水利事業方案等，文長三萬餘言，其中對水利，公路，農業等建設及棉業統制蠶絲改良衞生設施等，均作有系統之敍述，足覘吾國年來經濟建設之一斑。茲擇錄公路建設之大要如下：

蘇，浙，皖，贛，鄂，湘，閩，陝，甘等省聯絡公路，其路線長度共有二萬九千餘公里，經本會分期督造，各省努力辦理，截至目前止，連同原可通車各路線，計共完成二萬零一百公里。其正在興築中者約三千八百餘公里，西北公路西蘭路已通車，西漢路亦將正式通車，漢寧公路已在測勘。

閩贛鐵路

將採用東線建築

閩贛鐵路，已在籌築中，省政府為維持省會之繁榮起見，曾電請鐵道部，將路線延長。由南平展至省會。尚未得覆；惟關於路線之採用，前江西鉛山河口鎮商會於六日間預擬閩贛鐵路線三條，電閩請採擇施行，經照錄原電函送浙贛鐵路聯合公司理事會參考，茲准該理事會函覆，以閩贛鐵路線應採取東線。因西線起自橫峯，經河口，鉛山，崇安，建陽，建甌，而達南平。中須經過分水關，坡度高峻，除鑽鑿五公里之隧道外，則無他法，若經營此五公里之隧道，需款須五百萬元，需時須十餘年，殊於時間經濟，兩不相宜。東線則起自上饒，經廣豐，浦城，建甌，而達南平。惟中經鐵嶺一處，須築隧道九百五十公尺，不及一公里，較之西線，其難易奚啻霄壤。再就東西兩線之目前經濟情形而言，則橫峯鉛山不及上饒，崇安不及廣豐，建甌不及浦城等語。閩贛鐵路線，聞已採取東線進行籌築云。

上海市工務局沈局長報告

五年來市中心建設工作

上海市工務局長沈怡，曾於本月三日在市府擴大紀念週，報告五年來市中心區建設工作之檢討。茲錄原文如下：主席，各會同事，上星期五下午，忽然接到秘書處通知說市長叫本席，今天出席市政府擴大紀念週報告。還記得今年春天，本席剛從國外回來的時候，曾經在此報告過一次，依照次序，滿以爲要等到明年春天纔再能輪到，所以很安心的，每次來聽各位處長局長的報告，在事先是一點準備沒有，今天假若是單純的來報告工務局的工作，說馬路造了多少條，溝渠做了多少長，未免太枯燥無味，況且近來因經費的關係，也實在沒有多少新的增加，今天我們既然都是在市中心區，姑且就把以往五年建設市中心的工作，來檢討一下。

五年計劃中完成之建設

市中心區的建設計劃，是在十八年七月間公布的。同時市中心區域建設委員會，也彷彿像蘇俄一樣，擬了個五年計劃，卽建設市中心區域第一期工作計劃大綱，呈准市政府備案。這個計劃的內容，就是將自十九年度起至二十三年度的工作，預先規定，以便逐步推行。在當初草擬計劃的時候，好比窮人點菜，開菜單子，心裏着想將來發了財，一定要點幾只名貴的菜吃吃，大有這種情景，在座諸君，倘有過這種小册子的，不妨囘去重新拿出看看。現在是二十四年十一月了，那個五年計劃，早就滿期；不過中間，因爲經過「一二八」事變，加上本市連年財政困難，所有預定的工作，如期完成的固然是不少，但是沒有實現的，還居多數。現在把已經做到的報告在後面：

公布道路系統 我們都知道道路系統，必須首先確定，然後纔能根據進行一切。市中心區域道路系統，是十九年公布，後來又在二十一年修正過一次。

測定路線與訂立界石 這種工作是很簡單的，祇要根據道路系統，由幾位同事帶着儀器，訂幾塊石頭就成功了。

分區計劃 新的都市，大半均有分區計劃，在市中心裏，也分有行政區，商業區，甲乙兩種住宅區，公園區等等。並且在十九年六月間呈奉市政府提交市政會議通過。但是現在因爲從事建築物，倘不十分踴躍，所以除行政區外，並沒有嚴格執行。

連絡的幹道 幹道市中心區與各處，連絡的幹道，像其美路，黃興路，翔殷路，三民路，五權路，閘殷路等等，都是在二十年十月以前完成的，我們差不多時常走過，不必多說。

建築道路 現在市中心區已成的道路，除土路不計外：計有柏油路十五公里，砂石路十公里，煤屑路十五公里，路面的寬度，是從六公尺到十五公尺。

下水道 我們知道辦市政的對於舖築道路，固然是主要工程，但是建設下水道，也有同等的重要，現在市中心區埋設的溝管，共有四十公里長，他的口徑，從三十公分到九十公分。

行道樹 市中心區的行道樹，截至目前，大約已種了一萬多株。

冷柏油廠 時常聽見人說市中心區的柏油路，夏天既不溶解，落雨天也不很滑，眞是好得非常。其實這個冷柏油，並不是我們發明的，因爲他代價較廉，設廠的費用也輕，所以我們就採用他像租界方面的柏油廠，開辦費聽說要幾十萬塊錢。至於我們的冷柏油廠呢，幾萬塊錢就夠了。而且這筆經費，還是築路費裏面省出來的。可是我們對於材料的研究，却非常仔細，能有今天這樣成績，並不是偶然的。現在冷柏油裏化驗室的設備，恐怕趕得上國內任何一個大學的化驗室吧。

汽泥溝管廠因為築下水道需用大量的溝管，所以我們也設個廠，研究汽泥溝管的製造，不過笑話得很，這個廠祇是幾間洋鐵皮的草棚，然而研究出來的出品，倒也可以當得起價廉物美四個字。

市政府及各局房屋 以上講的都是窮話，現在來說富麗堂皇的了。市政府的新屋，及社會，教育，衞生，土地，工務等五局臨時房屋，都是在念二年雙十節落成的；不過財政公用兩局的房屋，沒有能夠同時建造，可以說是憾事。但是今天有一件事，却使得本席異常高興，就是看見在座各位同事之中，有不少公用局的同事在裏面，我們知道市中心區，又多了一個局了。

公園及運動場 市中心第一公園，是在廿二年完成，運動場是念二年開工，到今年十月裏完成，運動場的建築經費是一百萬元，據很多人說，在遠東方面，很不容易找到同樣第二個。

博物館圖書館市醫院 以上幾個建築，都早已開工，至遲本年年底，都可完成，

虬江碼頭各位同事，倘在公餘之暇，曾經由五權路到黃浦江邊去遊覽過的，一定會發現許多高的木架子，那就是中央銀行正在建築中的虬江碼頭，也就是建設新商港的初步工程。

市中心鐵路 因為京滬滬杭甬兩路局方面的協助，通到市中心區的淞滬鐵路支線，已在今年雙十節通車了。這不過是一個臨時辦法，將來市中心區所需要的鐵路，一定還要擴充改良。

水電及電話 我們住在市中心區的一樣的，有自來水電燈電話，同租界方面，毫無分別，這多是閘北水電公司，同上海電話局的極大努力。

個人方面的意見

以上所說的話，已經把市中心區現在情形報告過了，我們認為滿意了嗎？不，因為去理想方面，固然是太遠，就是在五年計劃裏頭，也祇實現了一小部份。本席以為今後應當切實努力的地方，還是很多，現在姑且把個人的意見，分為消極積極兩方面來說一說。

消極方面第一，要設法完成財政公用兩局的房屋。第二，世界上沒有那一個都市，是不需要市民的，本席在一份德國報紙上，看見一篇遊記，他描寫市中心區說，在田野中走了半天，纔尋着了市政府，行文很妙。所以我們一定要促進和幫助市中心區領地人的建築。第三，市政府曾欠着老百姓三十多萬元收地補償費，在今後的短期中，必須要想法子發清。第四，像圖書館博物館一類的建築，不是有了房屋就算完事，一定要注意內容的充實。第五，對於已有的建設，一定要想個辦法來維持，因為像道路房屋這一類東西，都是靠平日的修養，不然等到壞得很利害，方纔修理，所花的費用，一定很大很不合算。前幾天據建築師的報告：市政府新屋屋頂上，已經長了草，屋簷底下，也做了鳥窠，其他類此的情形，很不在少。講到這裏，不免要有人說，這豈不都是工務局的責任嗎？話是不錯，不過說話的人，恐怕是不知道實際的情形吧。工務局在民國十六年的時候，所轄的道路，是一百五十公里，溝渠一百公里，到念三年度，道路增加到三百十七公里，溝渠增加到二百二十公里，增加的數目，均在一倍或一倍以上；而工務局的經常費呢，在十六年度，是每月五萬一千七百餘元，在二十年度是七萬三千二百元，到本年度減成四萬八千六百元，比二十年度，固然少了三分之一，卽比十六年，也還少了三千多元。試問對於已有的建設，怎樣能夠充分維持修養呢！

積極方面在積極方面：第一，要改良有礙市區發展之路線實現總車站環市鐵路計劃。第二，以虬江碼頭為基礎建築新商港。第三，架設黃浦江橋接通浦東。第四，執行市中心區分區計劃並實行園林區，要是能做到上面所說的那種地步，市中心區的建設，纔有他的經濟基礎；不然至多成為一個住宅區而已。

建築材料價目

本刊所載材料價目，力求正確；惟市價瞬息變動，漲落不一，集稿時與出版時難免出入。讀者如欲知正確之市價者，希隨時來函詢問，本刊當代爲探詢詳告。

磚瓦

(一) 空心磚

十二寸方十寸六孔　每千洋二百三十元
十二寸方九寸六孔　每千洋二百十元
十二寸方八寸六孔　每千洋一百八十元
十二寸方六寸六孔　每千洋一百三十五元
十二寸方四寸四孔　每千洋九十元
十二寸方三寸三孔　每千洋七十二元
九寸二分方六寸六孔　每千洋七十二元
九寸二分方四寸半三孔　每千洋五十五元
九寸二分方三寸三孔　每千洋四十五元
四寸半方九寸二分四孔　每千洋三十五元
九寸二分四寸半三寸二孔　每千洋二十二元
九寸三分・四寸半・三寸半・三孔　每千洋廿一元
九寸三分・四寸半・三寸・三孔　每千洋廿元

(二) 八角式樓板空心磚

十二寸方八寸八角四孔　每千洋二百元
十二寸方六寸八角三孔　每千洋一百五十元
十二寸方四寸八角三孔　每千洋一百元

(三) 深淺毛縫空心磚

十二寸方十寸六孔　每千洋二百五十元
十二寸方八寸半六孔　每千洋二百十元
十二寸方八寸六孔　每千洋二百元
十二寸方六寸六孔　每千洋一百五十元
十二寸方四寸四孔　每千洋一百元
十二寸方三寸三孔　每千洋八十元
九寸三分方四寸半三孔　每千洋六十元

(四) 實心磚

九寸四寸三分二寸半紅磚　每萬洋一百四十元
八寸半四寸一分二寸半紅磚　每萬洋一百三十三元
十寸・五寸・二寸紅磚　每萬洋一百二十七元
九寸四寸三分二寸紅磚　每萬洋一百〇六元
九寸四寸三分二寸三分紅磚　每萬洋一百廿元
九寸四寸三分二寸三分拉縫紅磚　每萬洋一百八十元

(五) 瓦

（以上統係外力）

一號紅平瓦　每千洋六十五元
二號紅平瓦　每千洋六十元
三號紅平瓦　每千洋五十元
一號青平瓦　每千洋七〇元
二號青平瓦　每千洋六十五元
三號青平瓦　每千洋五十五元
西班牙式紅瓦　每千洋五十元
西班牙式青瓦　每千洋五十三元
英國式灣瓦　每千洋四十元
古式元筒青瓦　每千洋六十五元

（以上統係連力）

以上大中磚瓦公司出品

新三號青放　每萬洋五十三元
新三號老紅放　每萬洋六十三元

輕硬空心磚

		每塊重量
十二寸方十二寸四孔	每千洋二八〇元	卅六磅
十二寸方十寸四孔	每千洋二三〇元	廿六磅
十二寸方八寸二孔	每千洋一七〇元	十九磅半
十二寸方六寸二孔	每千洋一三〇元	十七磅
十二寸方四寸二孔	每千洋八十九元	十四磅

十二寸方三寸二孔	每千洋七十元	十三磅半
九寸三分方八寸三孔	每千洋九十三元	十二磅
九寸三分方六寸三孔	每千洋七十元	九磅半
九寸三分方四寸半三孔	每千洋五十四元	八磅三五
九寸三分方三寸二孔	每千洋五十元	七磅三五

硬磚

二寸二分四寸五分九寸半	每萬洋一〇五元	六磅
二寸二分四寸一分八寸半	每萬洋八十五元	四磅半

以上長城磚瓦公司出品

鋼條

四十尺四分普通花色	每噸一四〇元
四十尺五分普通花色	每噸一二六元
四十尺六分普通花色	每噸一三二元
四十尺七分普通花色	每噸一三六元
四十尺一寸普通花色	每噸一三六元
盤圓絲	每市擔六元六角

泥灰石子

象牌水泥	每桶洋六元三角
泰山水泥	每桶洋五元七角
馬牌水泥	每桶洋六元五角
拔灰	每擔洋一元二角
黃沙	每噸洋三元
石子	每噸洋三元半

木材

洋松（八尺至卅二尺再長照加）	每千尺洋九十五元
一寸洋松	每千尺洋九十七元
寸半洋松	每千尺洋九十八元
洋松二寸光板	每千尺洋八十一元
四尺洋松條子	每萬根洋一百六十五元
一寸四寸洋松一號企口板	每千尺洋一百〇五元
一寸四寸洋松副頭號企口板	每千尺洋九十五元
一寸四寸洋松二號企口板	每千尺洋八十五元
一寸六寸洋松一號企口板	每千尺洋一百十五元
一寸六寸洋松副頭號企口板	每千尺洋一百元
一寸六寸洋松二號企口板	每千尺洋九十元
一二五四寸洋松一號企口板	每千尺洋一百五十元
一二五四寸洋松二號企口板	每千尺洋無市
一二五六寸洋松一號企口板	每千尺洋一百六十元
一二五六寸洋松二號企口板	每千尺洋無市
柚木（頭號）僧帽牌	每千尺洋六百元
柚木（甲種）龍牌	每千尺洋五百三十元
柚木（乙種）龍牌	每千尺洋五百元
柚木（旗牌）	每千尺洋五百三十元
柚木（盾牌）	每千尺洋四百八十元
硬木	每千尺洋一百六十元
硬木（火介方）	每千尺洋一百六十五元
柳安	每千尺洋一百八十元
紅板	每千尺洋一百三十五元
抄板	每千尺洋一百六十五元
十二尺三寸六八皖松	每千尺洋五十六元
十二尺二寸皖松	每千尺洋五十六元
一二五四寸柳安企口板	每千尺洋一百八十五元
一寸六寸柳安企口板	每千尺洋一百八十五元
一二五四寸企口紅板	每千尺洋一百四十六元
二寸一寸半建松片	市尺每千尺洋五十二元
九尺四分建松板	市尺每丈洋三元六角
九尺八分建松板	市尺每丈洋六元五角
六尺半五分青山板	市尺每丈洋三元

本松毛板	市尺每塊洋二角四分
本松企口板	市尺每塊洋二角六分
六尺半二分杭松板	市尺每丈洋一元七角
七尺半二分甌松板	市尺每丈洋一元七角
六尺半八分皖松板	市尺每丈洋四元二角
九尺八分皖松板	市尺每丈洋五元二角
六尺半五分皖松板	市尺每丈洋三元六角
台松板	市尺每丈洋三元
七尺半四分坦戶板	市尺每丈洋二元二角
七尺半三分坦戶板	市尺每丈洋二元
六尺二分機鋸紅柳板	市尺每丈洋三元三角
六尺三分毛邊紅柳板	市尺每丈洋三元三角
六尺二分俄松板	市尺每丈洋二元
六尺半二分俄松板	市尺每丈洋二元二角
七尺半毛邊二分坦戶板	市尺每丈洋一元四角
六尺半五分機介杭松	市尺每丈洋三元三角
白松方	每千尺洋九十元
紅松方	每千尺洋一百十元
麻栗方	每千洋一百三十元
啞克方	每千洋一百三十元

五金

（一）釘

美方釘	每桶洋二十元〇九分
平頭釘	每桶洋二十元八角
中國貨元釘	每桶洋六元五角

（二）牛毛毡

五方紙牛毛毡	每捲洋二元八角
半號牛毛毡（馬牌）	每捲洋二元八角
一號牛毛毡（馬牌）	每捲洋三元九角
二號牛毛毡（馬牌）	每捲洋五元一角
三號牛毛毡（馬牌）	每捲洋七元

（三）其他

鋼絲網（27"×96" 2¼lbs.）	每方洋四元
鋼版網（8"×12" 六分一寸半眼）	每張洋卌四元
水落鐵（每根長二十尺）	每千尺五十五元
牆角線（每根長十二尺）	每千尺九十五元
踏步鐵（每根長十尺或十二尺）	每千尺五十五元
鉛絲布（闊三尺長百尺）	每捲二十三元
綠鉛紗（同　上）	每捲洋十七元
銅絲布（同　上）	每捲四十元

水木作工價

木　作（包工連飯）	每工洋六角三分
水　作（同　上）	每工洋六角
水木作（點工連飯）	每工洋八角五分

建築月刊

THE BUILDER

中華郵政特准掛號認為新聞紙類

內政部登記證警字第二五五四號

廣告刊例

Advertising Rates Per Issue

地位 Position	全面 Full Page	半面 Half Page	四分之一 One Quarter
底封面外面 Outside back cover.	七十五元 $75.00		
封面及底面之裏面 Inside front & back cover	六十元 $60.00	三十五元 $35.00	
封面裏面及底面裏面之對面 Opposite of inside front & back cover.	五十元 $50.00	三十元 $30.00	
普通地位 Ordinary page	四十五元 $45.00	三十元 $30.00	二十元 $20.00
小廣告 Classified Advertisements	每期每格 一寸高 三寸半闊 洋四元 - $4.00 per column		

廣告槪用白紙黑墨印刷，倘須彩色，價目另議；鑄版彫刻，費用另加。

Designs, blocks to be charged extra.

Advertisements inserted in two or more colors to be charged extra.

第三卷第十一，十二號合刊

民國二十四年十二月發行

刊務委員會 竺泉通 江長庚 陳松齡

主編 杜彥耿

廣告 藍克生 (A. O. Lacson)

發行 上海市建築協會 南京路大陸商場六二〇號 電話 九二〇〇九

印刷 新光印書館 上海聖母院路聖達里三一號 電話 七四六三五

定價

每月一冊　全年十二冊

訂購辦法		零售	預定全年
價目		五角	五元
郵費	本埠	二分	二角四分
	外埠及日本	五分	六角
	香港澳門	一角八分	二元一角六分
	國外	三角	三元六角

上海滬西虹橋路業已落成之偉大醫院其全部鋼窗鋼門均由本廠承造

虹橋肺病療養院

名建築師奚福泉設計

中國鋼鐵工廠

寧波路四十號　電話一四三九一號

SLOANE·BLABON

司隆百拉彭

印花油毛氈毯

此爲美國名廠之出品。今歸秀登第公司獨家行銷。中國經理則爲敝行。特設一部。專門爲客計劃估價及舖設。備有大宗現貨。花樣顏色。種類甚多。尺寸大小不一。

司隆百拉彭印花油毛氈毯。質細耐久。終年光潔。既省費。又美觀。室內舖用。遠勝毛織地毯。

美商 美和洋行

上海江西路二六一號

本會服務部

代 營造廠撰擬中英文文件
代 建築師印繪各種圖樣

辦事認眞　取費低廉

如蒙委託　無任歡迎

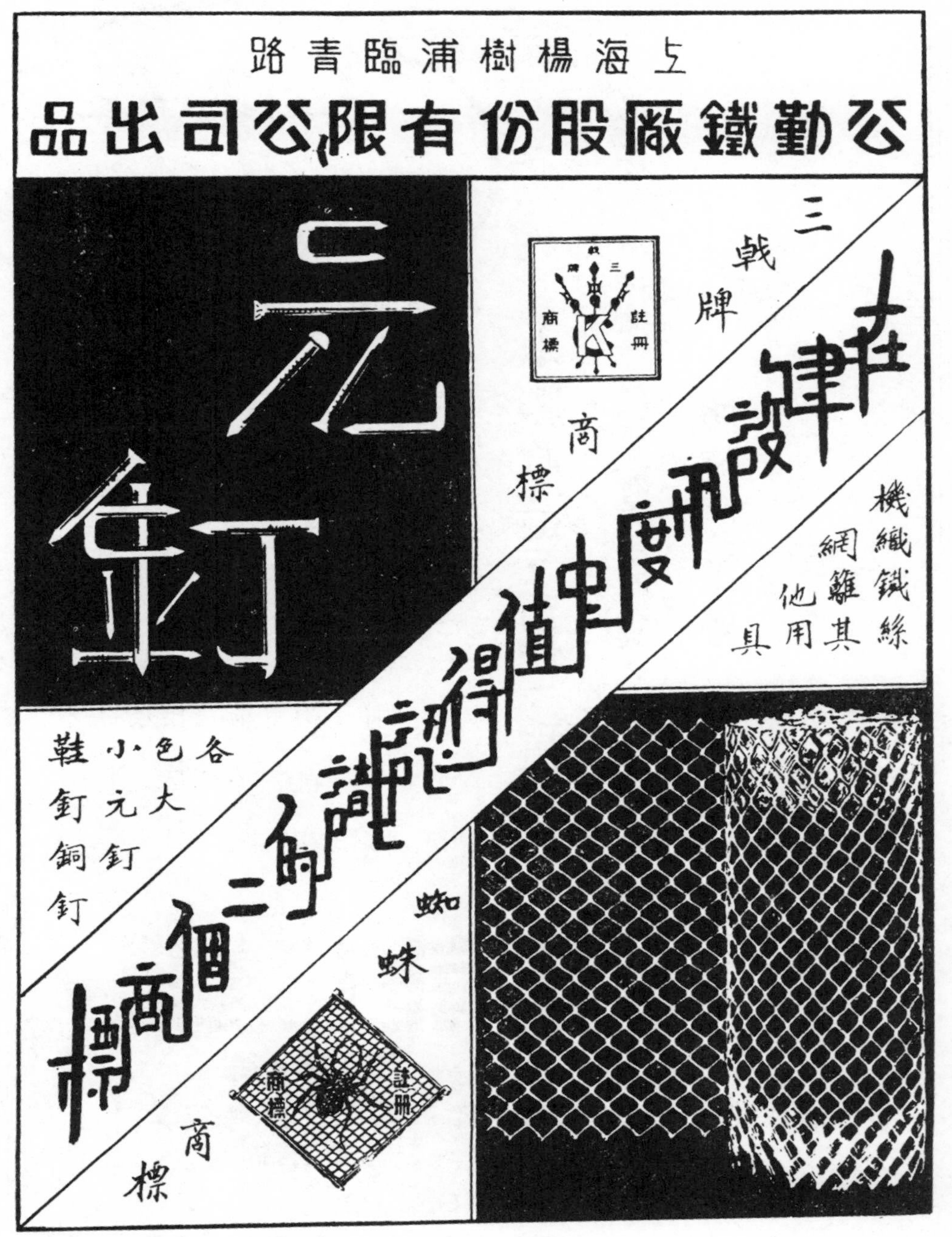
上海楊樹浦臨青路
公勤鐵廠股份有限公司出品
元釘
三戟牌
註冊商標
商標
建設中國值得認識的二個商標
機織鐵絲網籬其他用具
各色大小元釘鞋釘銅釘
蜘蛛
註冊商標
商標

長城機製磚瓦股份有限公司
註册商標
TRADE MARK
價廉比普通磚價
貨品較任何機器磚高
總公司 製造廠 騰越路一四四號 電話五一二七九
事務所 牛莊路七四二號 電話九〇九八〇
出品
堅韌硬磚
輕硬空心磚
瀉水瓦片
如蒙垂詢價格及索閱貨樣請電話通知即當送奉
證明
壓力、吸水量、耐久性均經上海工部局詳細化驗負責証明成績超越一切磚瓦
優點
精確
美觀
堅固
價廉
合作五金股份有限公司出品
出品
門鎖
抽屜鎖
拉手
文具
鐵鏈
註冊商標
CMC
TRADE MARK
L
MARCH
製造廠
總務處
上海塘山路七九六
發行所
上海牛莊路七四二
電話九〇九八〇

THE NEW MUNICIPAL LABORATORY BUILDING
ROUTE PERE ROBERT, SHANGHAI
上海金神父路樹本路角法工部局化驗房
本廠最近承造工程之一
安記營造廠
AN-CHEE CONSTRUCTION CO
ENGINEERS & CONTRACTORS
OFFICE: LANE NO. 97 Mm 69, MYBURGH RD.
TELEPHONE 35059 SHANGHAI
上海梅白格路祥康里六九號
電話三五零五九

公勤鐵廠股份有限公司

上海楊樹浦臨青路

網籬

鐵釘

永光油漆為維持裝璜之金鑰

註冊商標

猴牌　羊牌　熊牌　牛牌　狗牌

註冊名稱

瑪瑙石油漆　瑪瑙顆地板蠟　瑪瑙珠水牆粉

瑪瑙靈[illegible]立水　瑪瓔德乾牆粉

上海

英商永光油漆有限公司出品

總經理

太古公司

電話　八二〇二〇

法租界外灘二十一至二十三號

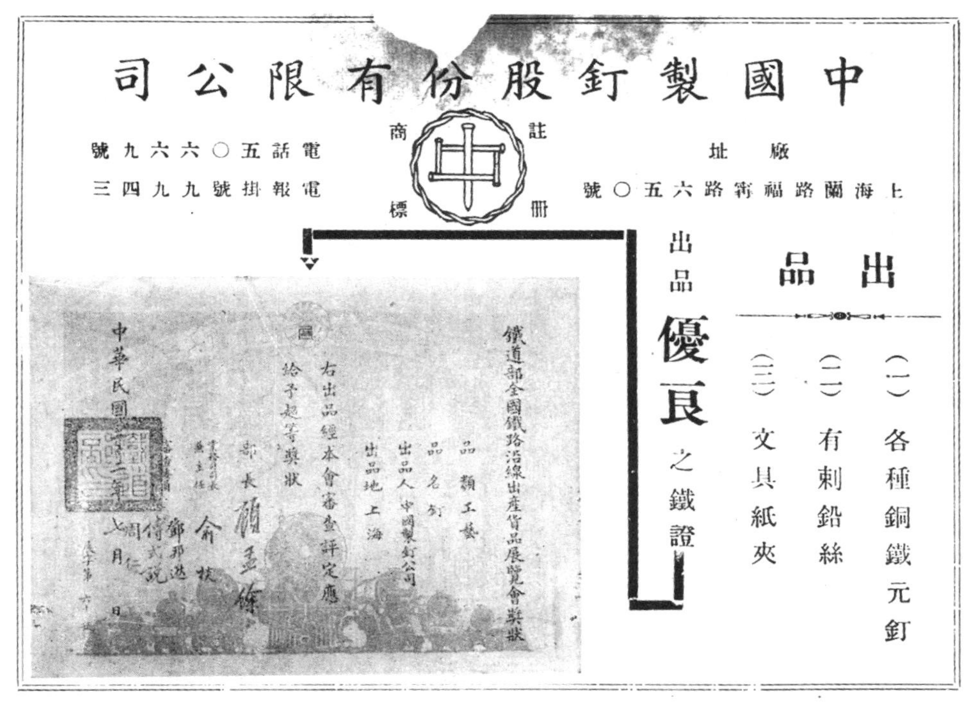
中國製釘股份有限公司
註冊商標
廠址 上海蘭路福寧路六五〇號
電話五〇六九號
電報掛號九九四三
出品
（一）各種鋼鐵元釘
（二）有刺鉛絲
（三）文具紙夾
出品優良之鐵證
鐵道部全國鐵路沿線出產貨品展覽會獎狀
品類 工藝
品名 釘
出品人 中國製釘公司
出品地 上海
右出品經本會審查評定應給予超等獎狀
部長 顧孟餘
中華民國

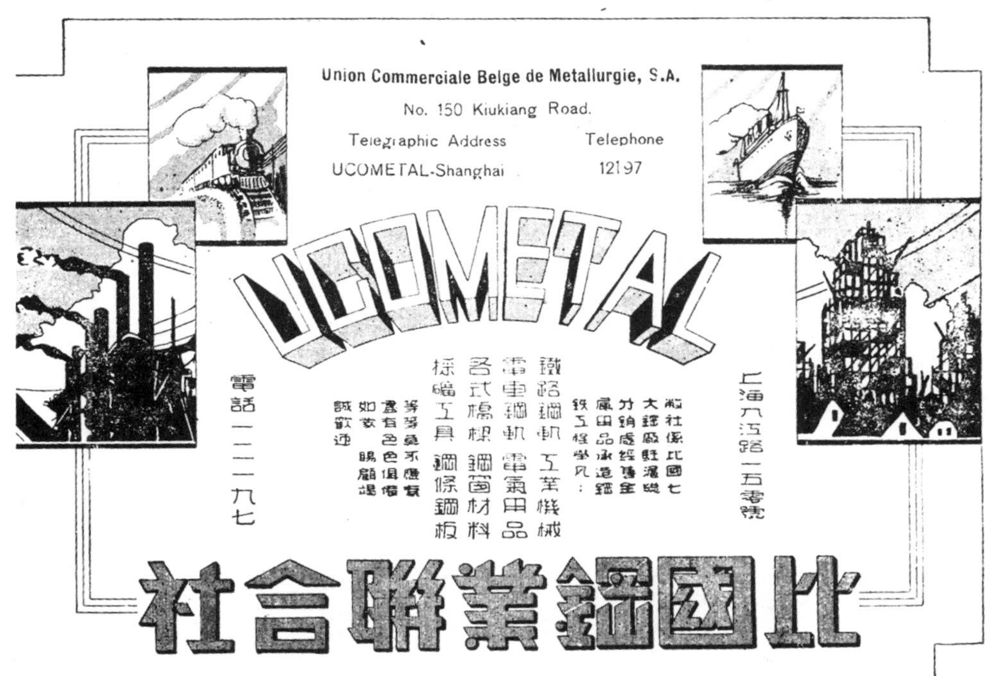
Union Commerciale Belge de Metallurgie, S.A.
No. 150 Kiukiang Road.
Telegraphic Address
UCOMETAL-Shanghai
Telephone
12197
UCOMETAL
電話一二一九七
上海九江路一五〇號
敝社係比國七大鋼廠駐滬總分銷處經售全屬出品承造鋼鐵工程舉凡：
鐵路鋼軌工業機械
電車鋼軌電氣用品
各式橋樑鋼窗材料
採礦工具鋼條鋼板
等等莫不應有盡有色色俱備
如蒙賜顧誠歡迎
比國鋼業聯合社

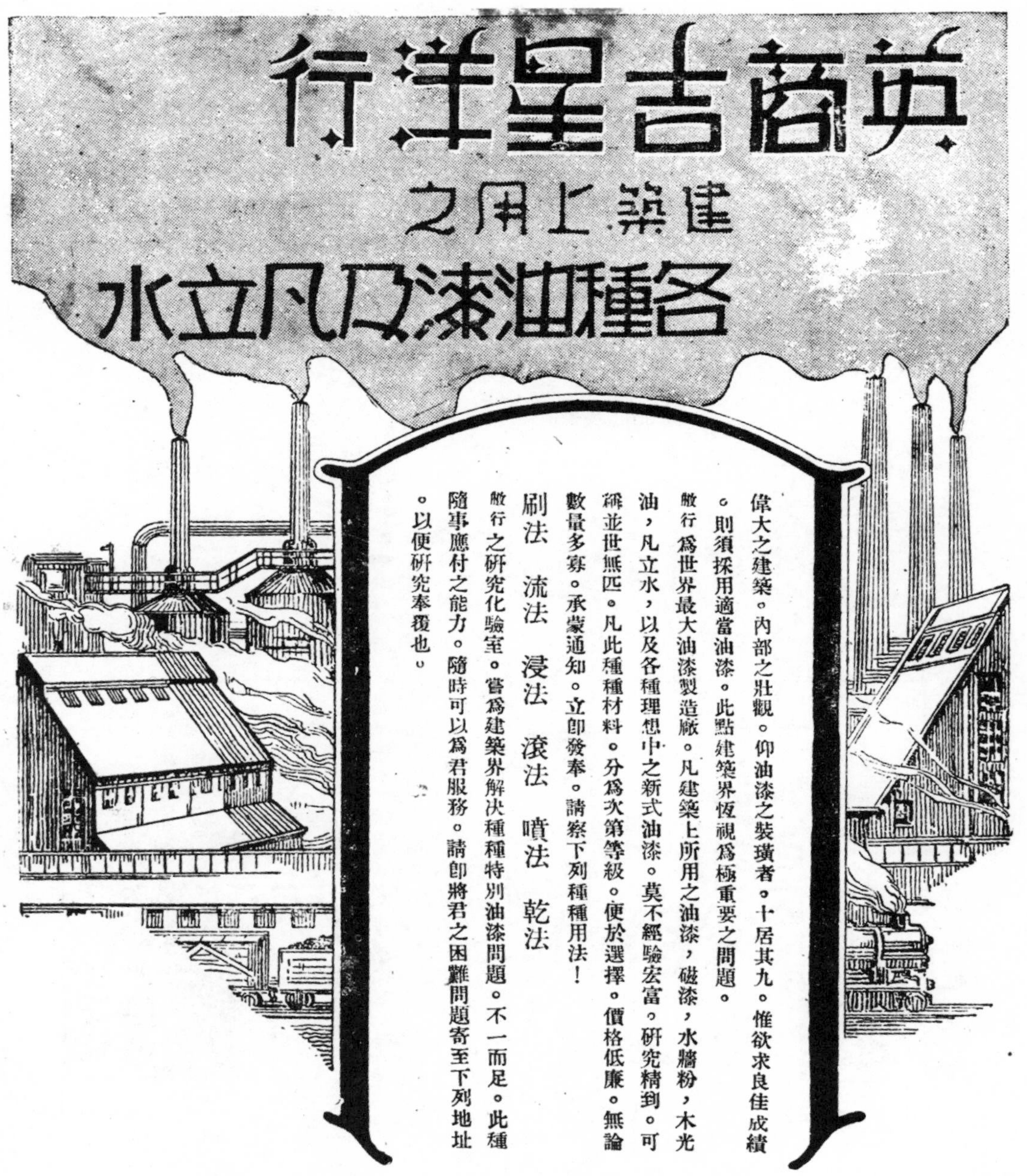

英商吉星洋行油漆服務部

上海四川路三二〇號　電話一九五四〇

香港——上海——天津

中國近代建築史料匯編（第一輯）

建築月刊

第四卷 第一期

建築月刊
二十五年
壹圓
ANNIVERSARY
週紀念特刊
THE BUILDER
1936

陳根記打樁廠

上海北浙江路阿拉白司脫路
源茂里念六號電話四一九七六號

余洪記營造廠承造
中國銀行基礎
打樁工程由本廠承建

CHENG KUAN KEE PILING Co.

Lane 91, House 26, Corner of
Alabaster & North Chekiang Road
Shanghai. Tel. No. 41976.

東方鋼窗廠

總廠上海華德路六〇九號
電話五〇六九〇號
電報掛號七二七七
分廠廣州東山百子路四七號
電話一八〇五七號
電報掛號九三九三

CLEANING HINGE ON SIDE-HUNG VENTILATORS.

標準鋼窗
裝配古銅零件

STANDARD METAL WINDOWS ARE SUPPLIED WITH BRONZE FITTINGS,

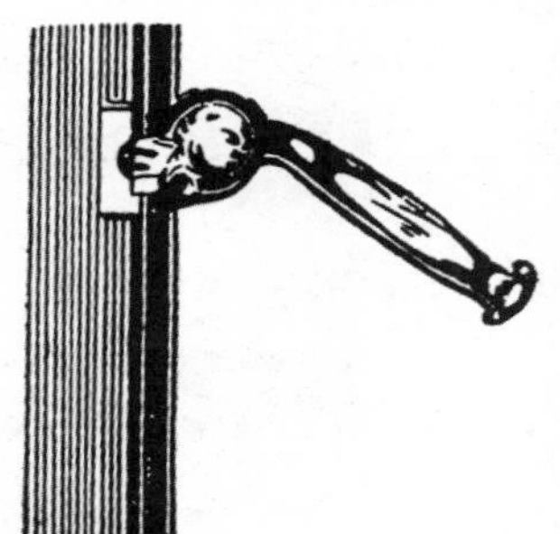

The Handle is made with double-notched nose and engages with a bevelled bronze striking-plate on the fixed frame. Standard Peg stay is used to top hung casement.

HANDLE 執手

Sliding stay is used to side-hung casement.

PEG STAY 撐窗釘套

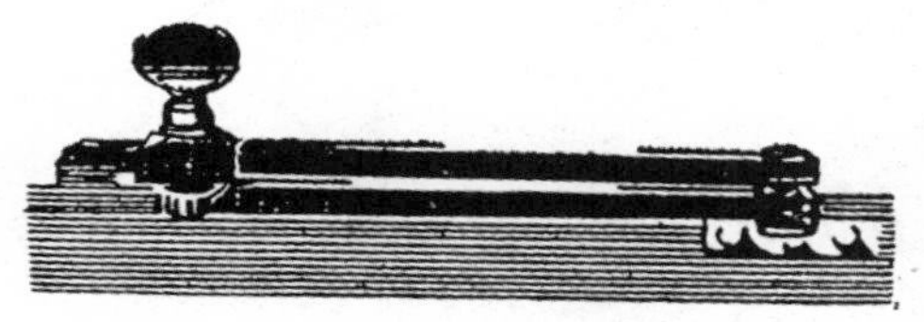

SLIDING STAY 撐窗絲螺

標準鋼窗

STANDARD METAL WINDOWS.

ASIA STEEL SASH CO.

FACTORY:

609 WARD ROAD	47 PAI-TSE ROAD
TEL. NO. 50690	TEL. 18057
SHANGHAI.	CANTON.
CABLE 7277	CABLE 9393

東方鋼窗公司出品

ASIA STEEL SASH Co.

STANDARD PIVOTED WINDOWS.

標準鋼窗

(適用於棧房)

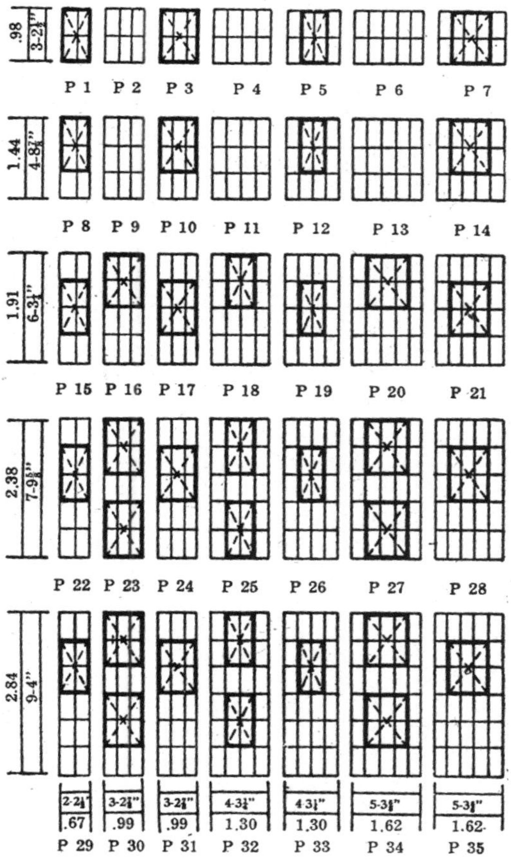

Height	Types
.98 / 3-2¾"	P 1, P 2, P 3, P 4, P 5, P 6, P 7
1.44 / 4-8⅞"	P 8, P 9, P 10, P 11, P 12, P 13, P 14
1.91 / 6-3¼"	P 15, P 16, P 17, P 18, P 19, P 20, P 21
2.38 / 7-9⅝"	P 22, P 23, P 24, P 25, P 26, P 27, P 28
2.84 / 9-4"	P 29, P 30, P 31, P 32, P 33, P 34, P 35

	P 29	P 30	P 31	P 32	P 33	P 34	P 35
Width	2-2¼"	3-2⅜"	3-2⅜"	4-3½"	4-3½"	5-3⅝"	5-3⅝"
	.67	.99	.99	1.30	1.30	1.62	1.62

STANDARD FRENCH DOORS.

標準鋼門

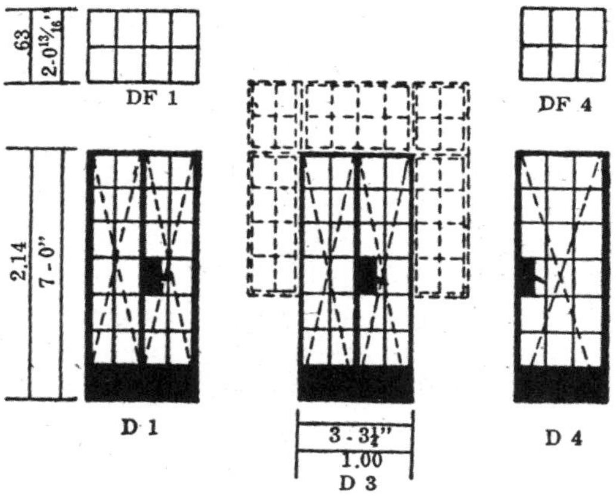

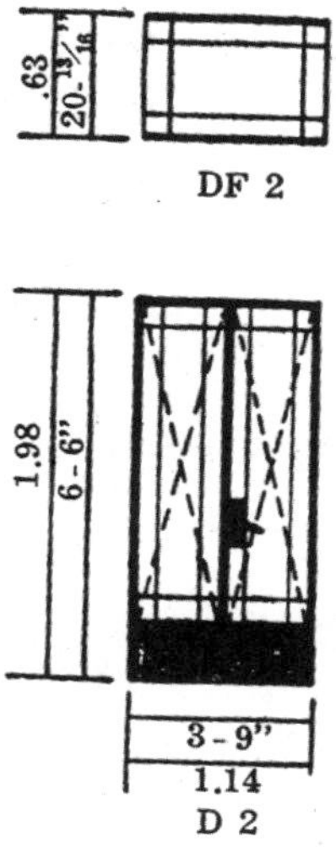

DF 1 — .63 / 2-0¹³⁄₁₆"

DF 4

D 1 — 2.14 / 7-0"

D 3 — 3-3¼" / 1.00

D 4

DF 2 — .63 / 20-¹³⁄₁₆"

DF 5

D 2 — 1.98 / 6-6"; 3-9" / 1.14

D 5 — 2-6" / .76

Standard metal doors are made of 1¼" section. The fixed fanlights shown here are prepared, like the French doors, to be glazed from the outside with putty. For over-all sizes of doors, with fanlights, add quarter of an inch for each metal transome used.

東方鋼窗公司出

Casement Windows

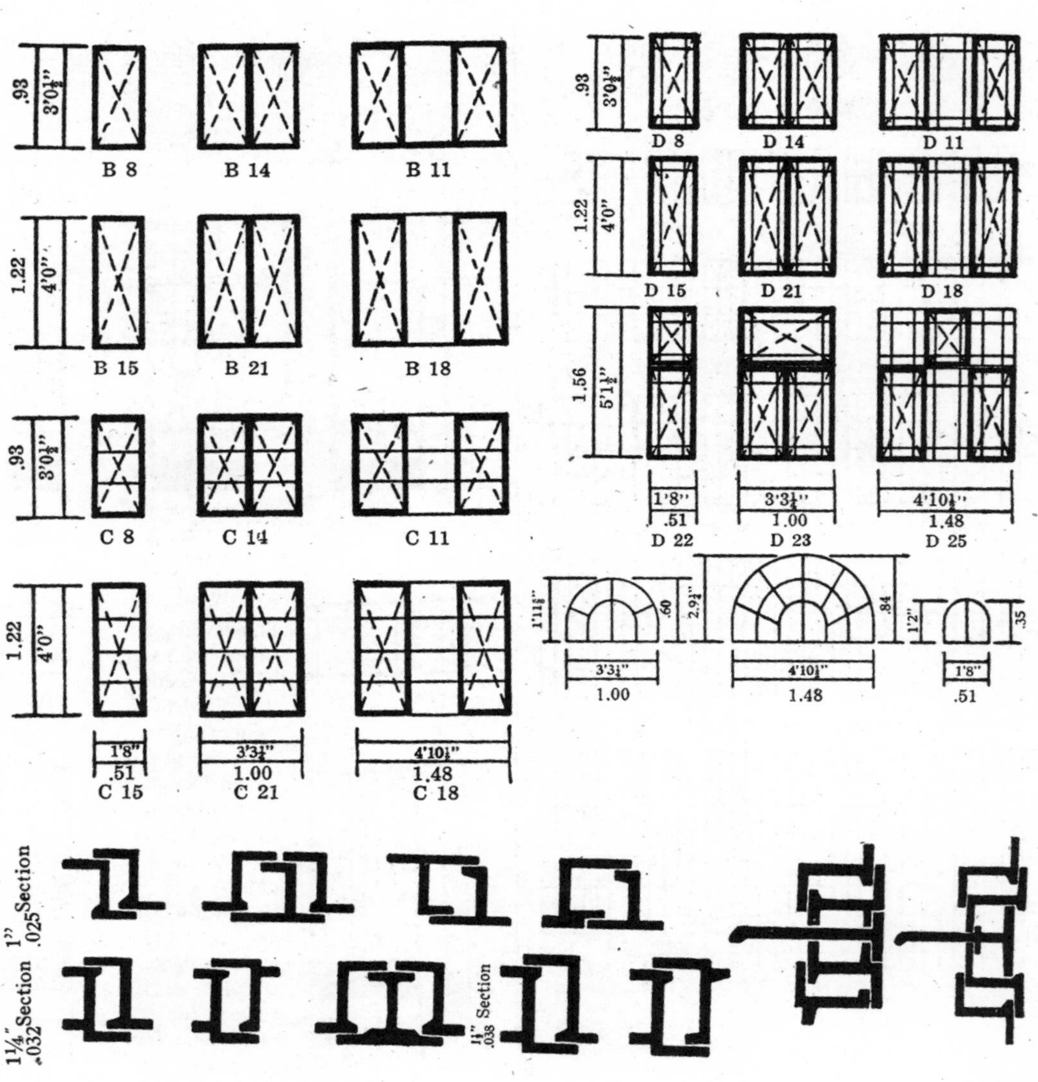

品之標準鋼窗

"Asia" Standard

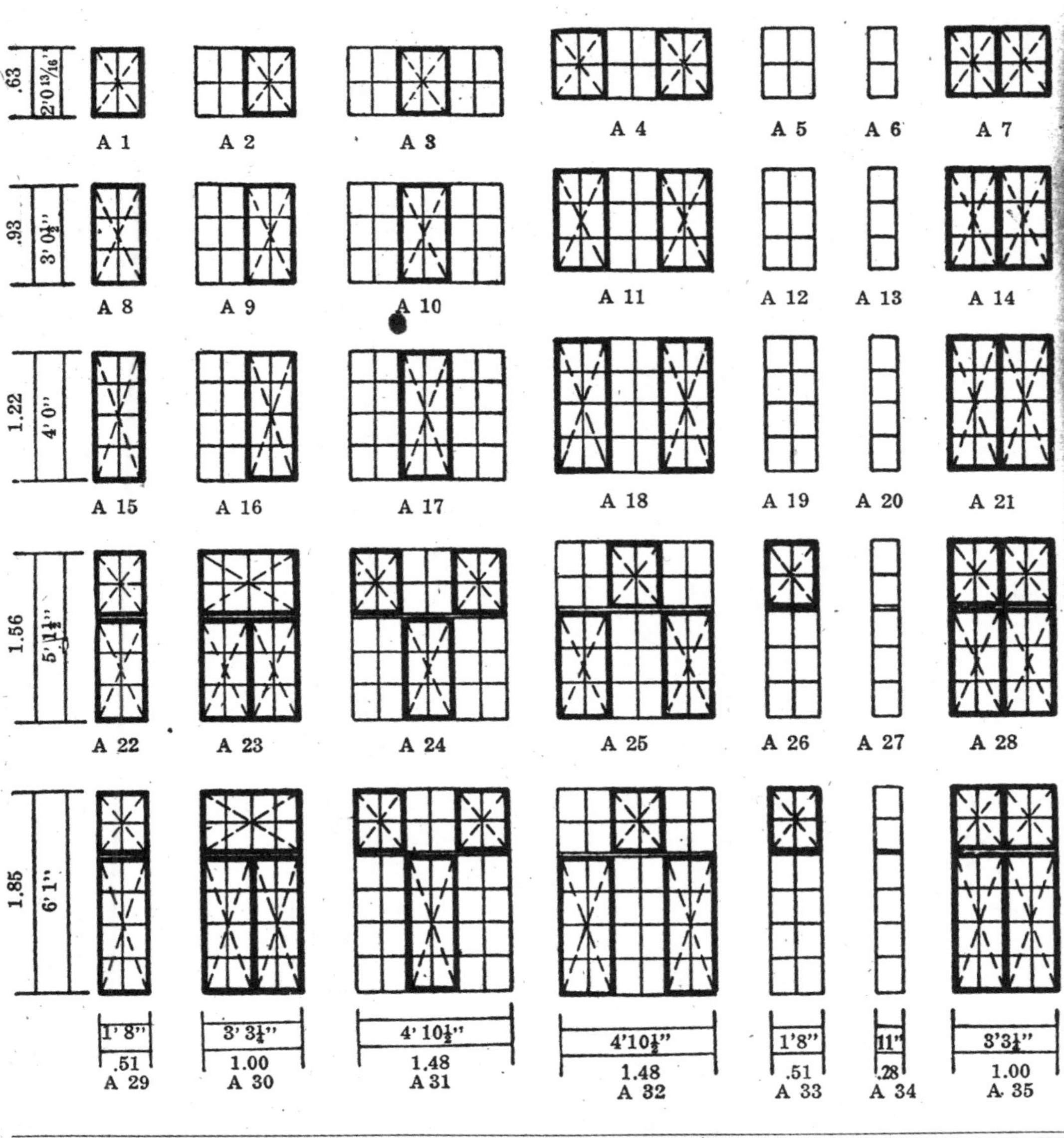

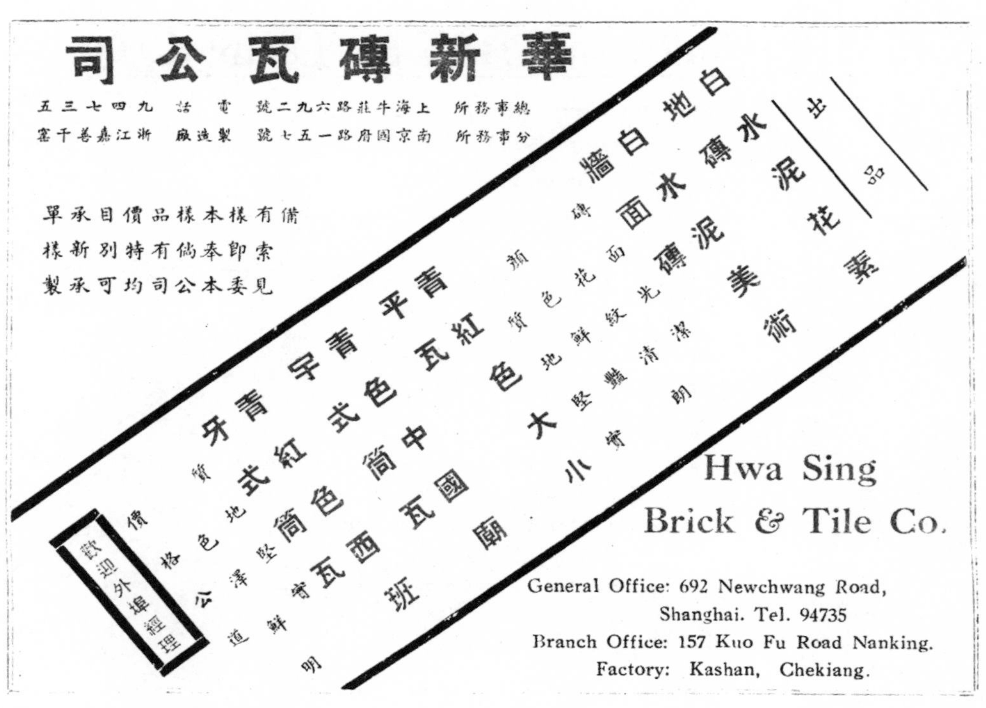
華新磚瓦公司
總事務所 上海牛莊路六九二號 電話 九四七三五
分事務所 南京國府路一五七號 製造廠 浙江嘉善干窰
備有樣本樣品價目承單
索即奉倘有特別新樣
見委本公司均可承製
出品
歡迎外埠經理
Hwa Sing
Brick & Tile Co.
General Office: 692 Newchwang Road,
Shanghai. Tel. 94735
Branch Office: 157 Kuo Fu Road Nanking.
Factory: Kashan, Chekiang.

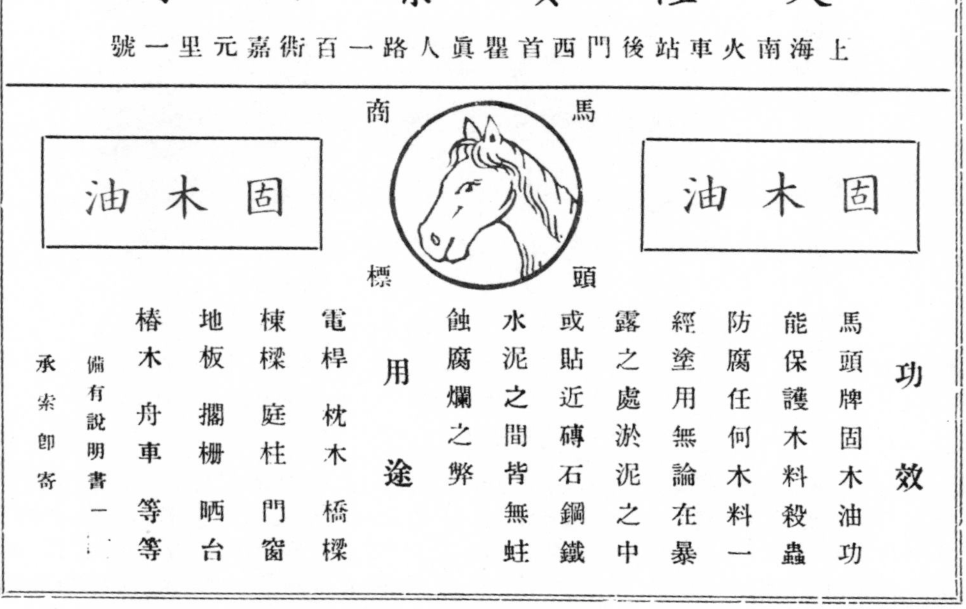
大陸實業公司
上海南火車站後門西首瞿眞人路一百衖嘉元里一號
馬頭商標
固木油
固木油
功效
馬頭牌固木油功能保護木料殺蟲防腐任何木料一經塗用無論在暴露之處淤泥之中或貼近磚石鋼鐵水泥之間皆無蛀蝕腐爛之弊
用途
電桿枕木橋樑
棟樑庭柱門窗
地板擱柵晒台
椿木舟車等等
備有說明書一
承索即寄

本館經售各種：比例尺，計算尺，丁字規，曲線規，三角板，量角器，里數計，透明紙，米厘紙，以及各種繪圖儀器，圓規，劃筆，步弓，螺絲，圖釘，針脚，腊布等，無不

貨品高尚　售價低廉
如蒙惠購　無任歡迎

本館經售之德國 Otto Fennel Sohne經緯儀及水平儀等，種類甚多，堅固耐用，極合於市政工程及道路建設之需要，式既新穎，價更低廉，全國測量界中，無不一致歡迎，餘如求積器，縮圖儀，平板測量器，鋼捲尺，皮捲尺，籐尺，羅盤儀等，一應俱全，備有目錄，承索即奉。

館址　上海四馬路石路東
電話　九一一七六
營業時間　上午九時起　下午七時止

注意：二月一日起至三月十日止春季開學大廉價大贈品

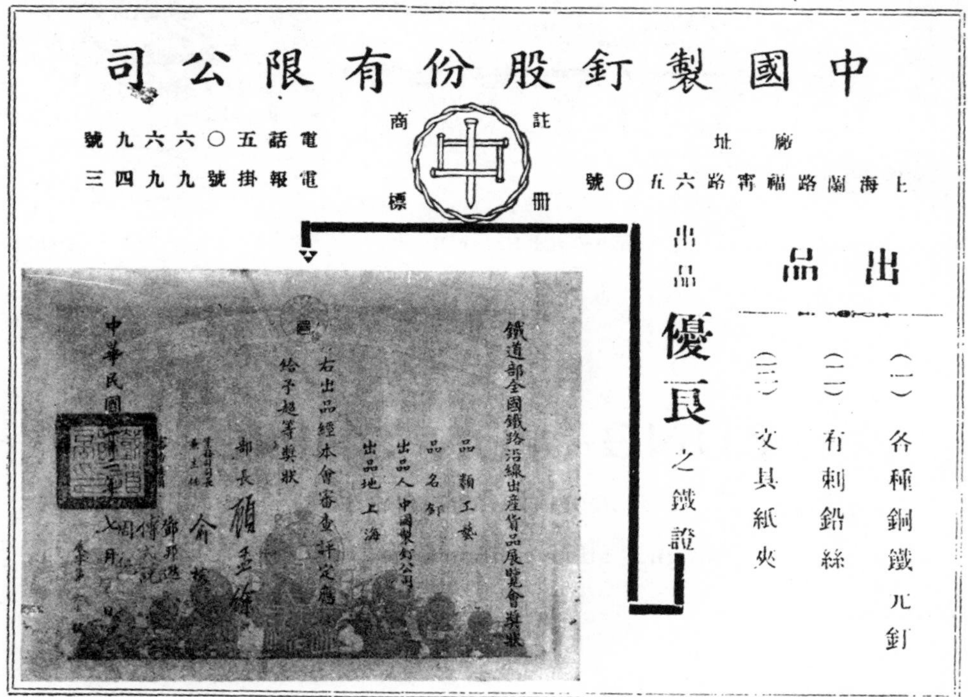

中國製釘股份有限公司
廠址　上海蘭路福寧路六五〇號
電話　五〇六六九號
電報掛號九九四三
註冊　商標
出品
（一）各種銅鐵几釘
（二）有刺鉛絲
（三）文具紙夾
出品優良之鐵證
鐵道部全國鐵路沿線出產貨品展覽會獎狀
品類　工藝
品名　釘
出品人　中國製釘公司
出品地　上海
右出品經本會審查評定應給予超等獎狀
部長　顧孟餘
中華民國
七月

建築月刊

目錄

插圖

譯著

第四卷第一號(三週紀念特大號)

廣告索引

上海市建築協會發行

建築工程師胡宏堯著

『聯樑算式』出版預告

聯樑為鋼筋混凝土工程中應用最廣之問題，計算聯樑各點之力率算式及理論，非學理深奧，手續繁冗，即掛一漏萬，及算式太簡，應用範圍太狹；遇複雜之問題，即無從援用。例如指數法之$M=\frac{1}{8}wl^2$，$M=\frac{1}{12}wl^2$等等算式，只限於等勻佈重，等硬度及各節全荷重等情形之下，若事實有一不符，錯誤立現，根本不可援用矣。

本書係建築工程師胡宏堯君採用最新發明之克勞氏力率分配法，按可能範圍內之荷重組合，一一列成簡式。任何種複雜及困難之問題無不可按式推算；即素乏基本學理之技術人員，亦不難於短期內，明瞭全書演算之法。所需推算時間，不及克勞氏原法十分之一。全書圖表居大半，多為各西書所未見者。所有圖樣，經再三復繪，排印字體亦一再更換，故清晰異常，用八十磅上等道林紙精印，約共三百餘面，6"×9"大小，布面燙金裝釘。復承美國康奈爾大學土木工程碩士王季良先生精心校對，並認為極有價值之參考書。因成本過鉅，不售預約，即將出書。實售國幣五元，外埠酌加郵費。

聯樑算式目錄提要

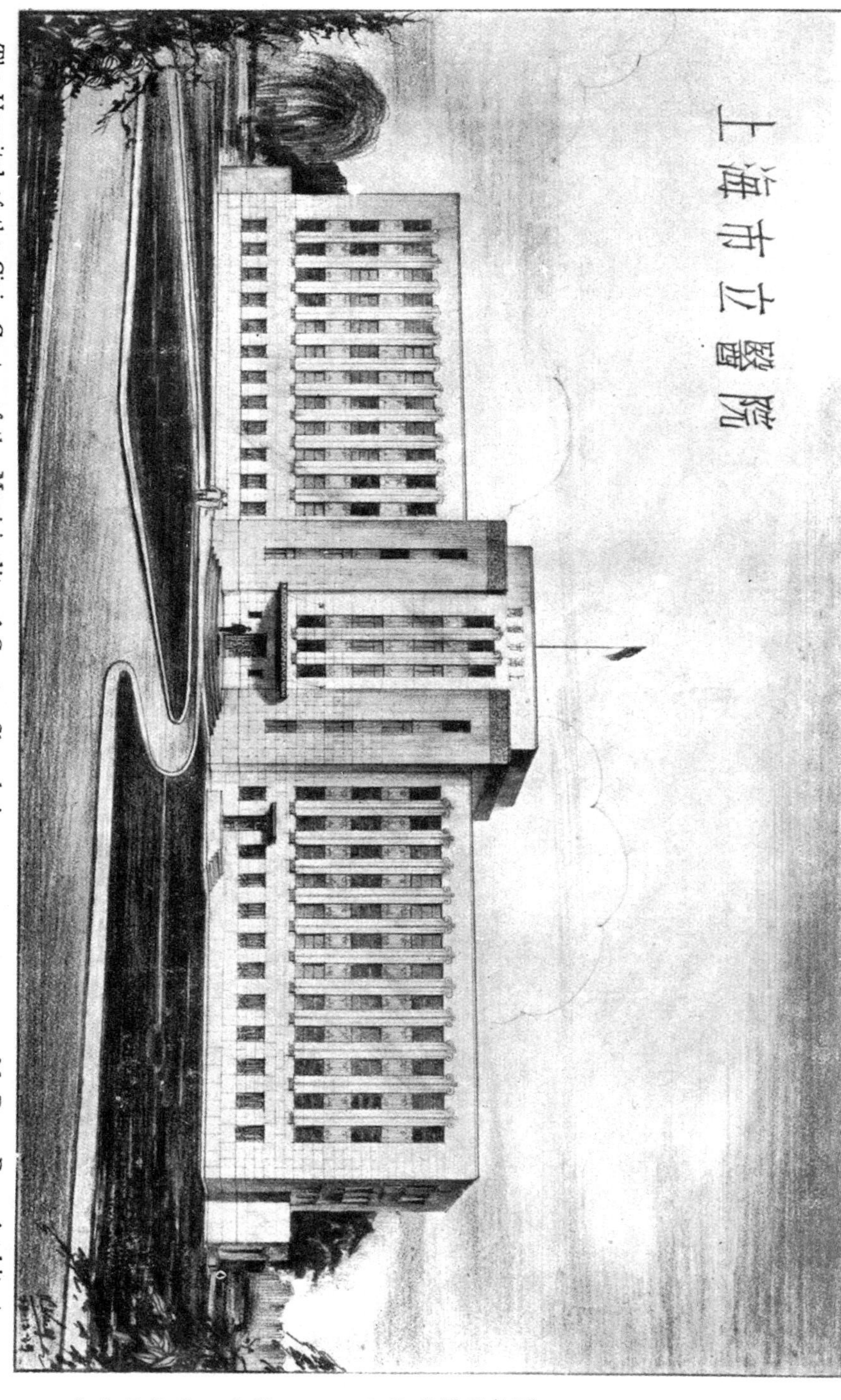

The Hospital of the Civic Centre of the Municipality of Greater Shanghai.

Mr.Dayu Doon,Architect.
Loo Keng Kee, Contractors.

董大酉建築師設計
陸根記營造廠承造

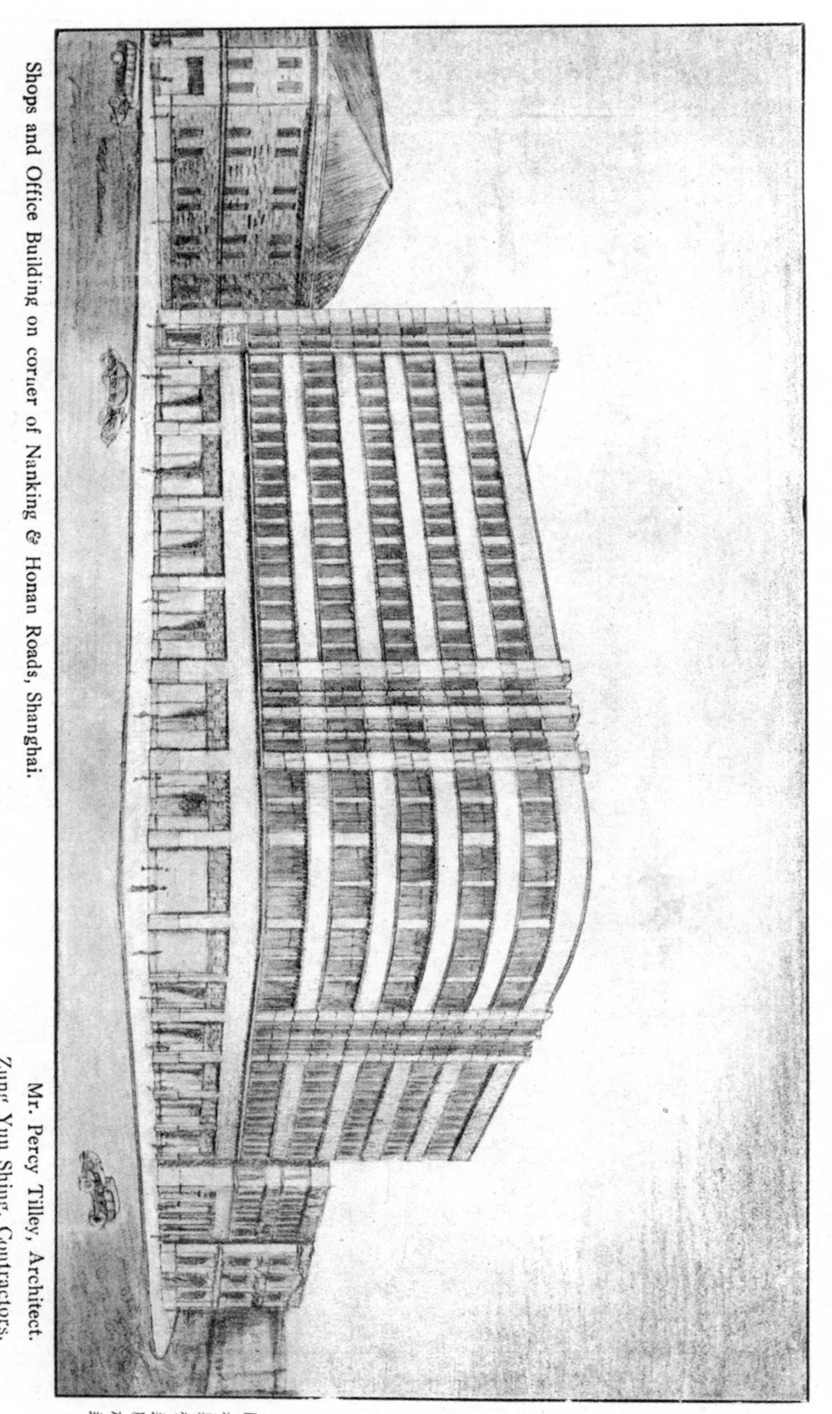

Shops and Office Building on corner of Nanking & Honan Roads, Shanghai.

Mr. Percy Tilley, Architect.
Zung Yun Shing, Contractors.

建築中之上海南京路河南路口六層新廈

鄔利洋行設計
陳永興營造廠承造

2

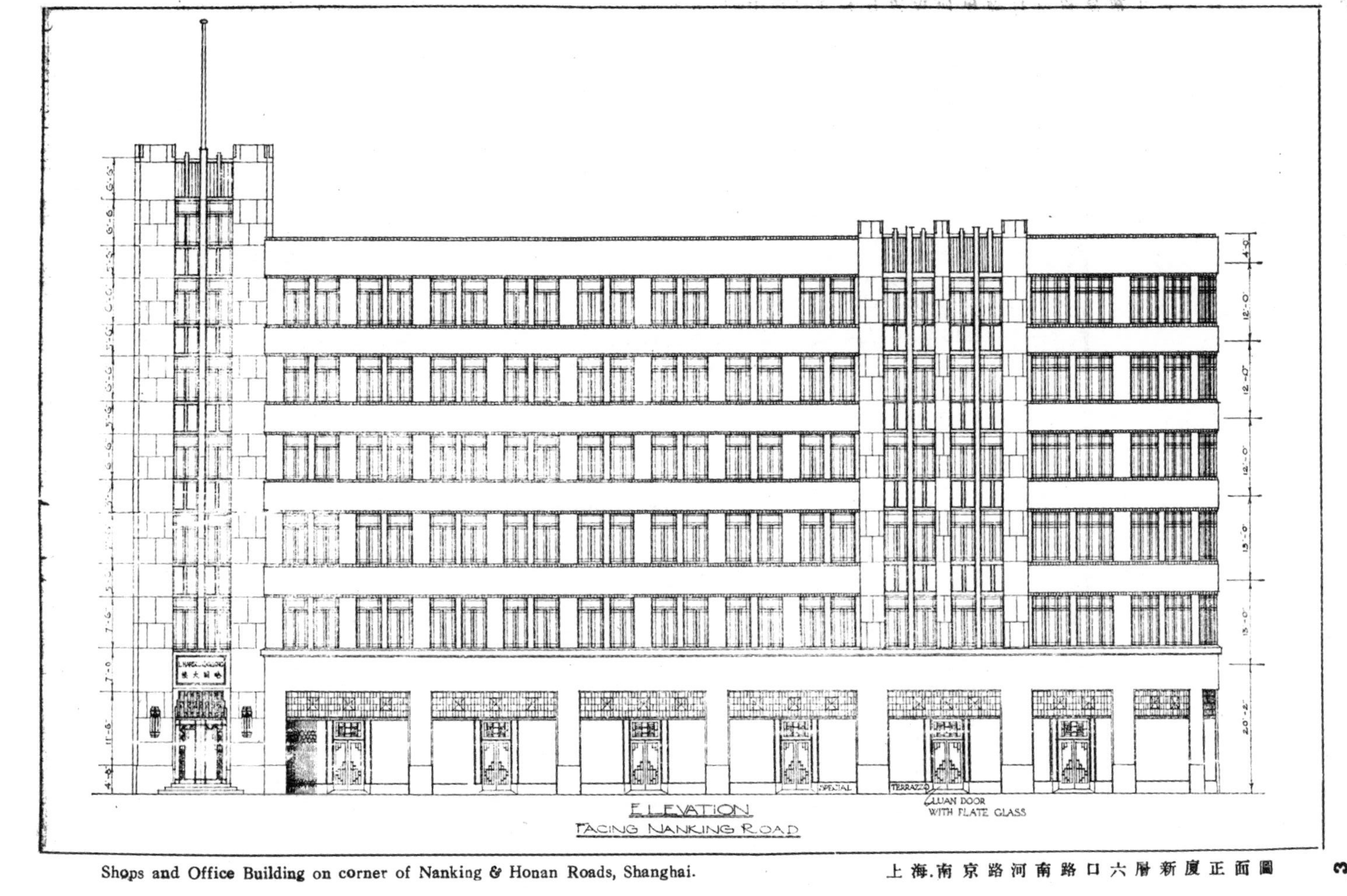

Shops and Office Building on corner of Nanking & Honan Roads, Shanghai.

上海南京路河南路口六層新廈正面圖

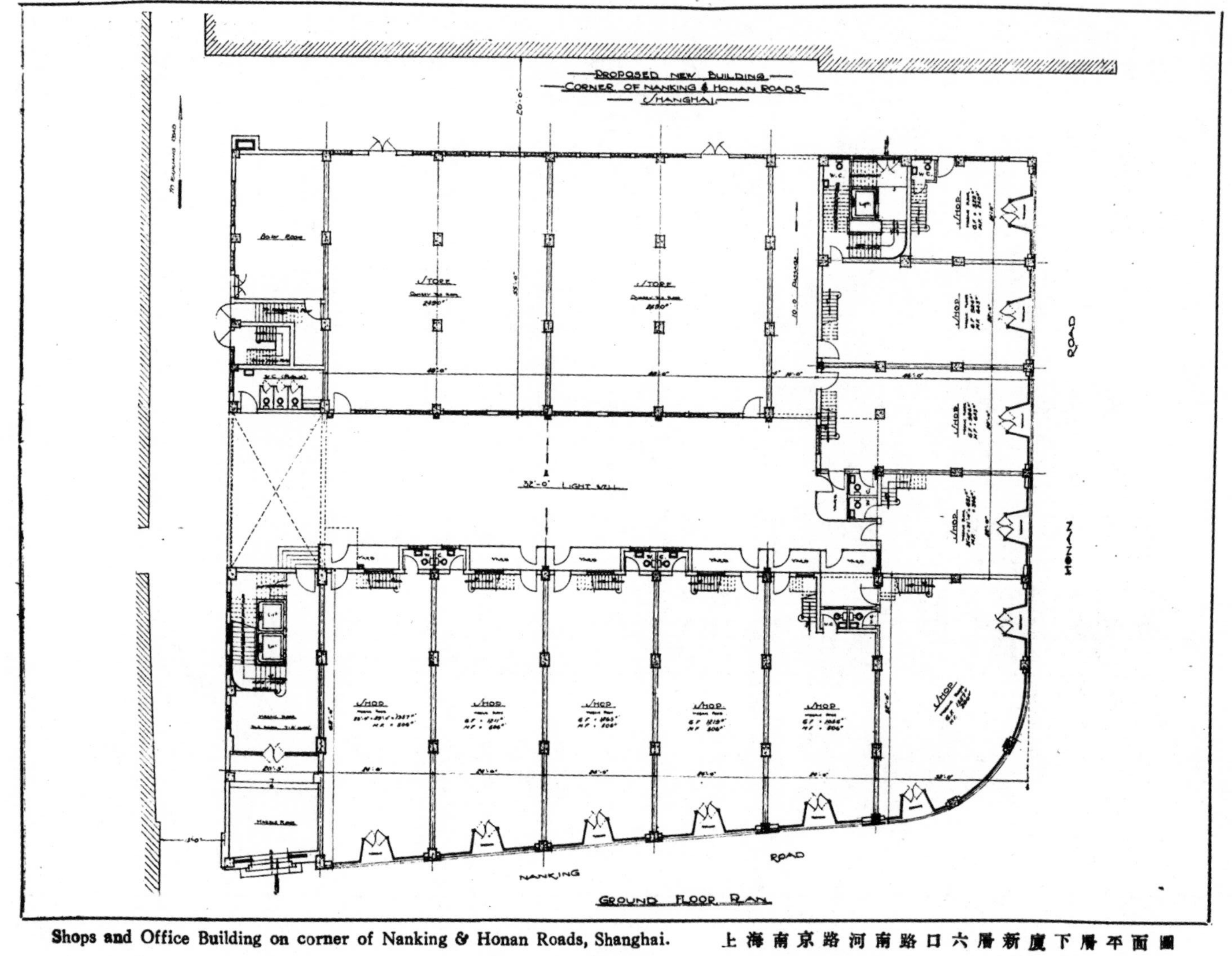

Shops and Office Building on corner of Nanking & Honan Roads, Shanghai. 上海南京路河南路口六層新廈下層平面圖

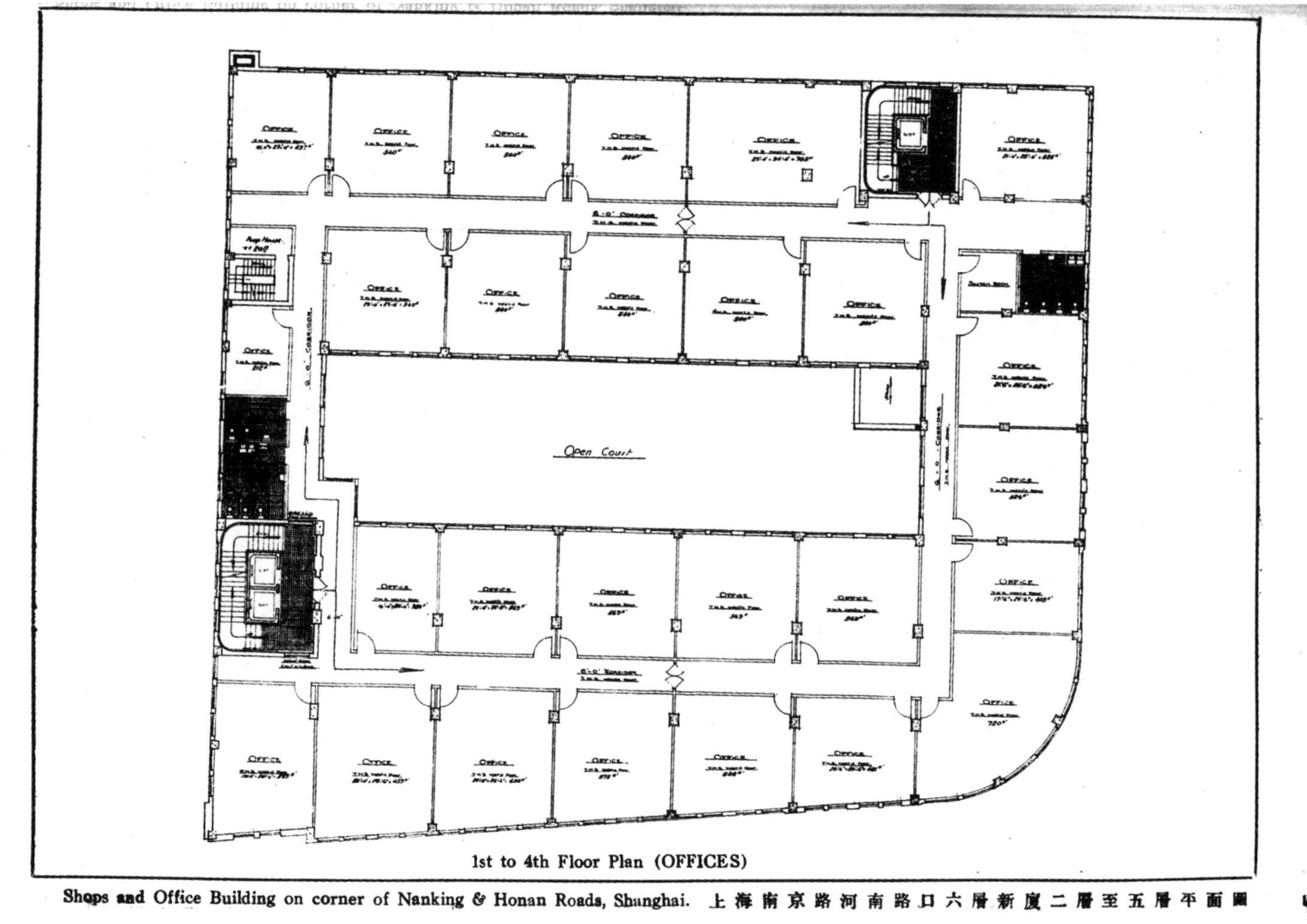

1st to 4th Floor Plan (OFFICES)

Shops and Office Building on corner of Nanking & Honan Roads, Shanghai. 上海南京路河南路口六層新廈二層至五層平面圖

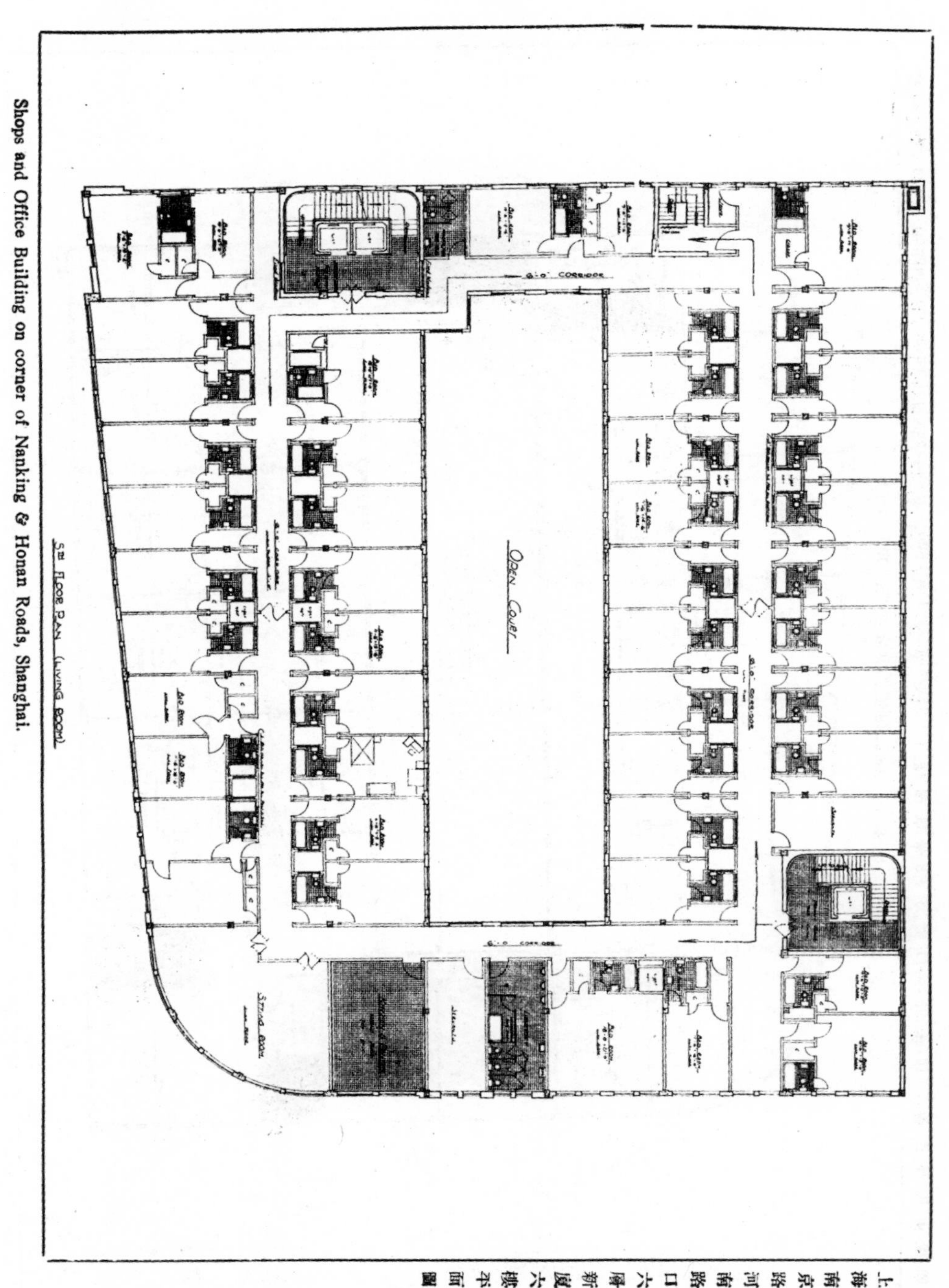

Shops and Office Building on corner of Nanking & Honan Roads, Shanghai.

上海南京路河南路口六層新廈六樓平面圖

6

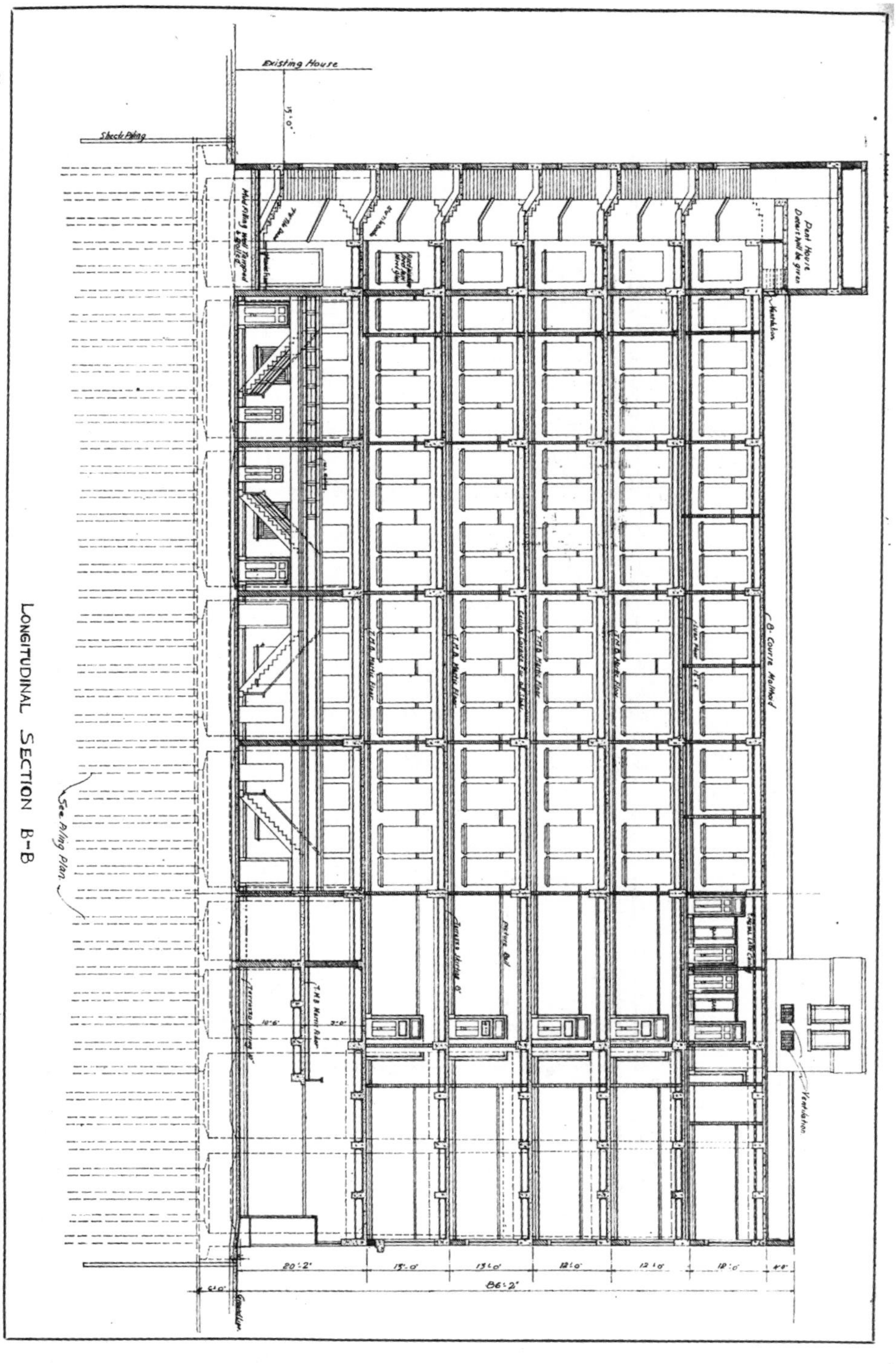

LONGITUDINAL SECTION B-B

Shops and Office Building on corner of Nanking & Honan Roads, Shanghai.

上海南京路河南路口六層新廈剖面圖

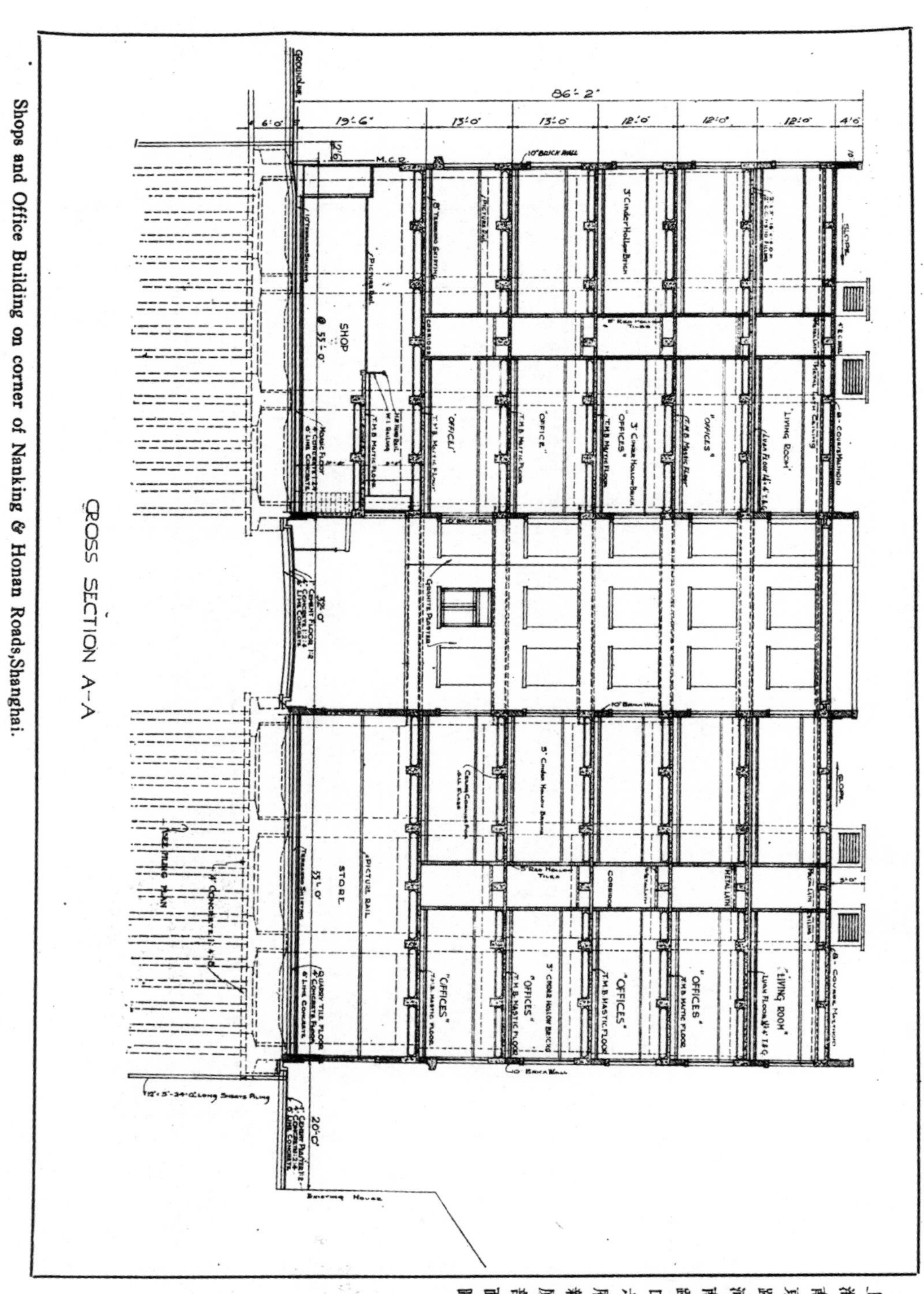

Shops and Office Building on corner of Nanking & Honan Roads, Shanghai.

上海南京路河南路口六層新廈剖面圖

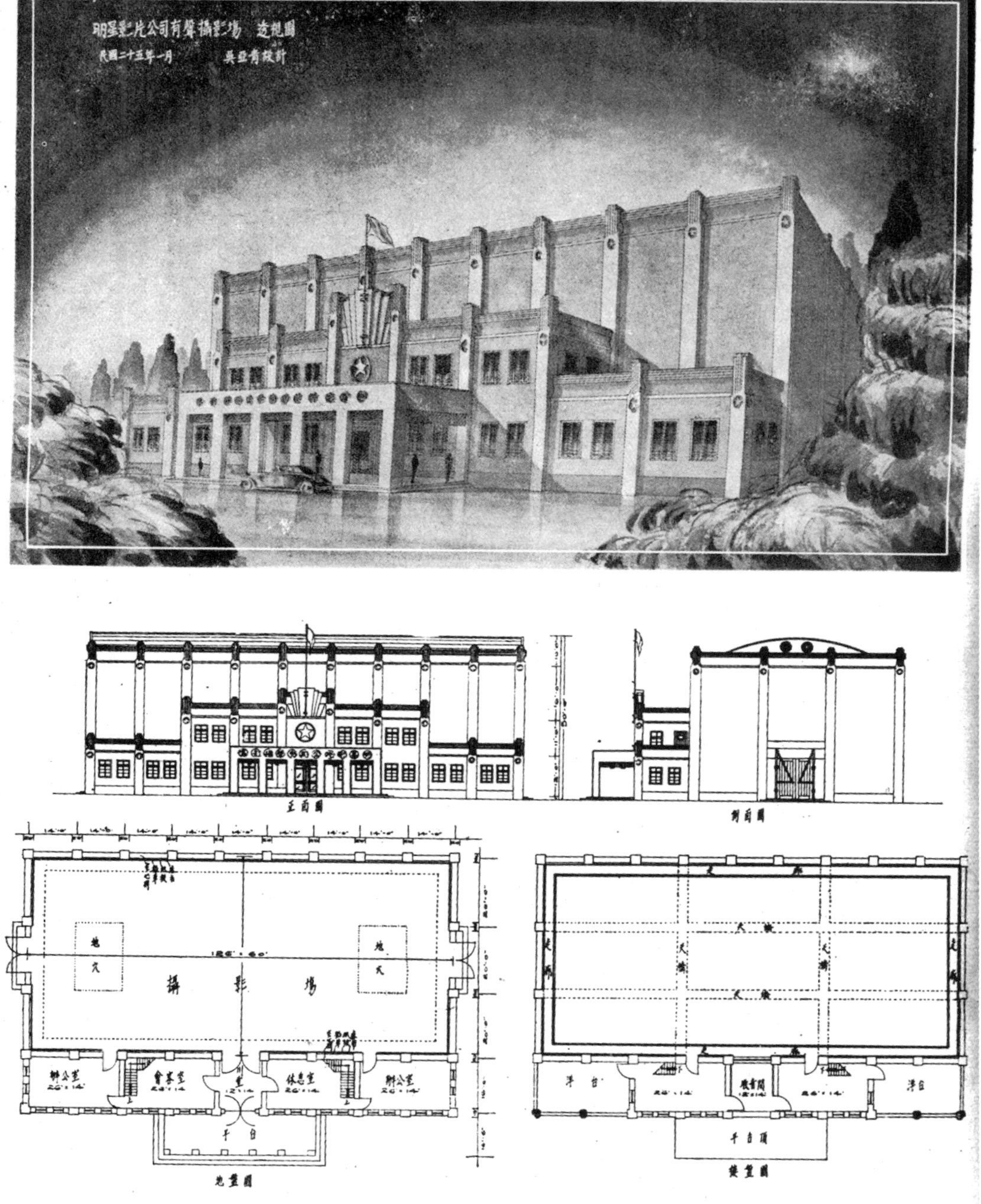

The Sound Recording Studio of the Star Film Co. Designed by Mr. A. T. Wu

明星影片公司有聲攝影場

上海畢勛路俄國神經病醫院新屋　　高爾克洋行設計

俄國神經病醫院之又一圖

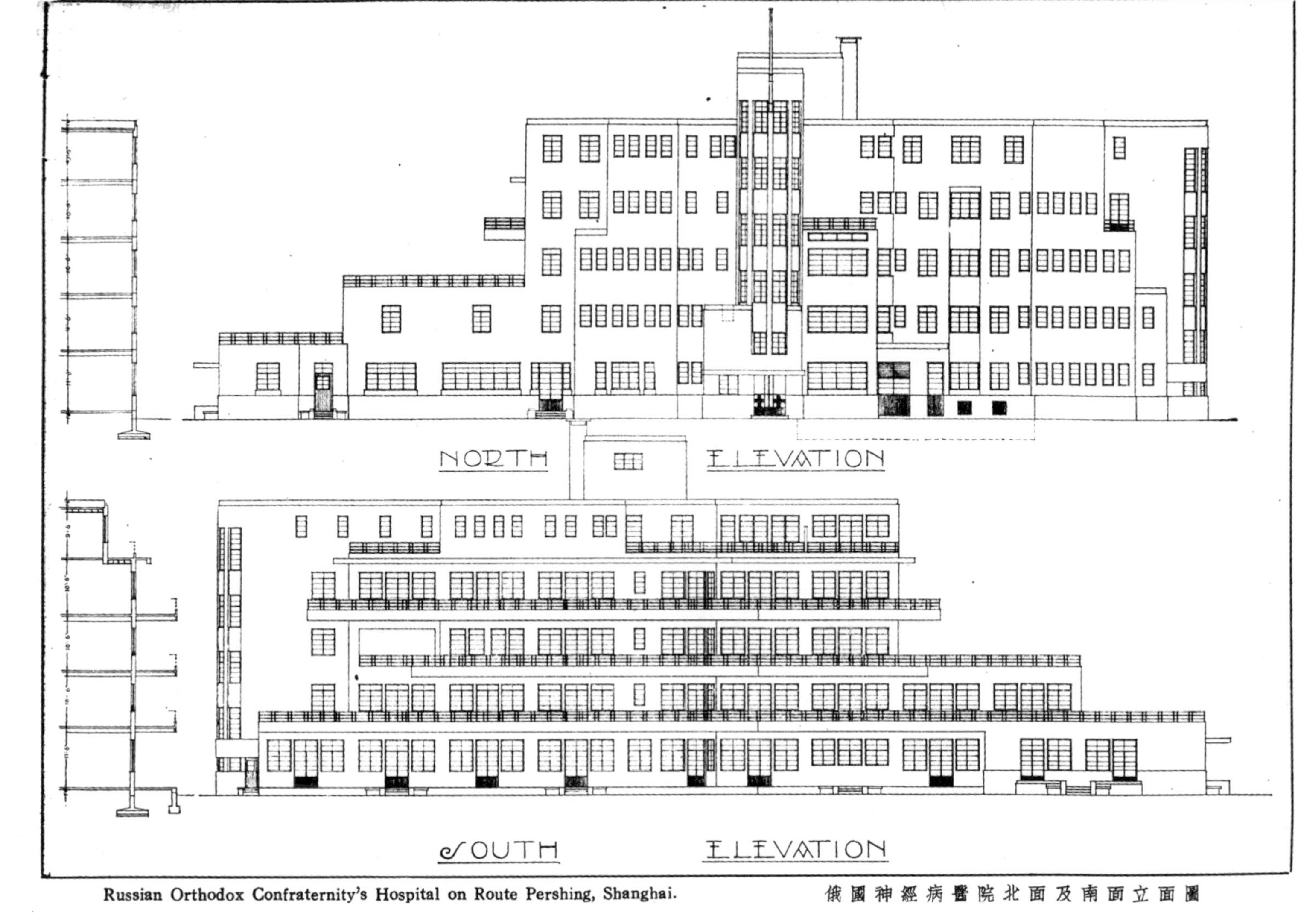

Russian Orthodox Confraternity's Hospital on Route Pershing, Shanghai.

俄國神經病醫院北面及南面立面圖

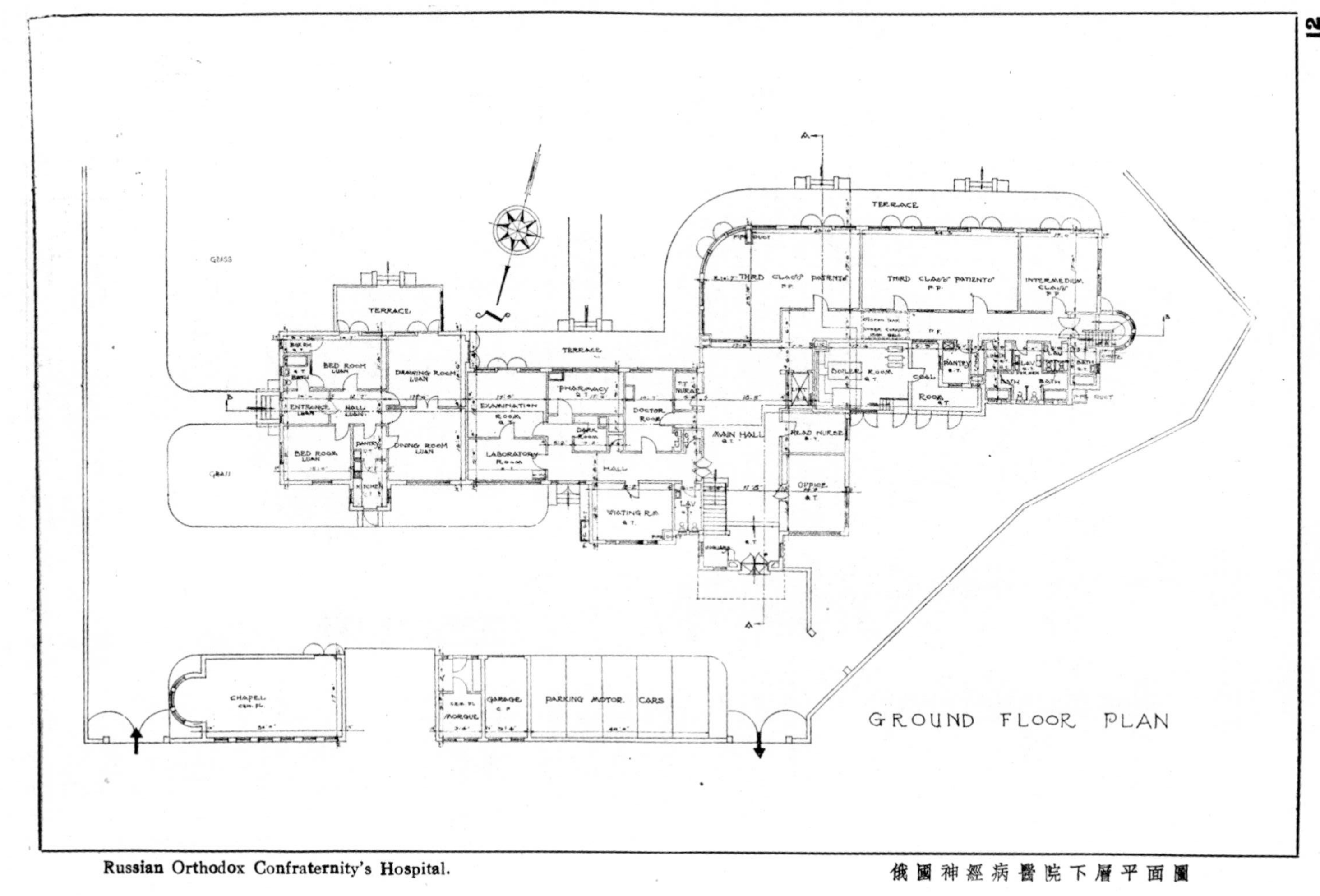

Russian Orthodox Confraternity's Hospital.

俄國神經病醫院下層平面圖

FIRST FLOOR PLAN

Russian Orthodox Confraternity's Hospital.

俄國神經病醫院第二層平面圖

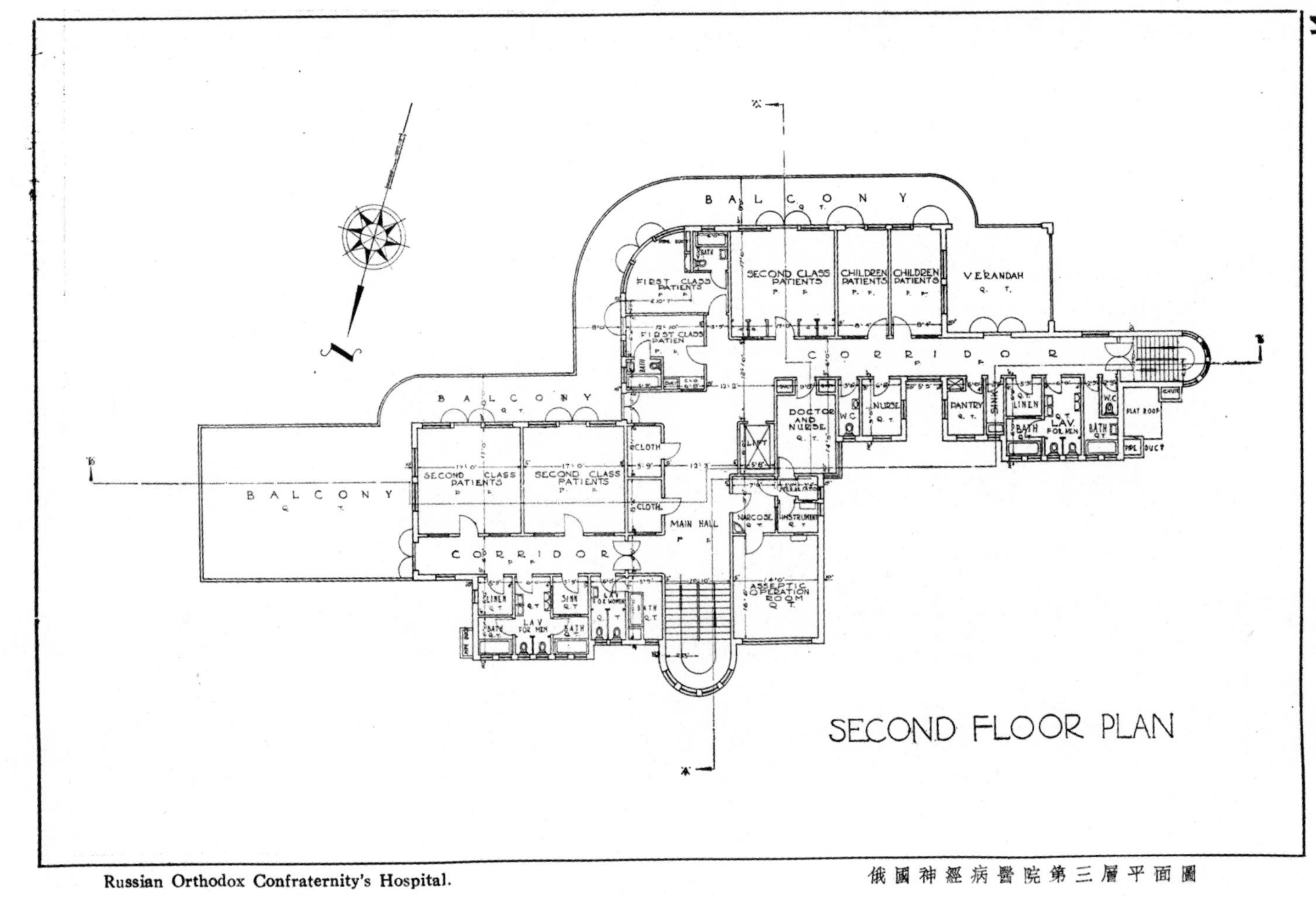

Russian Orthodox Confraternity's Hospital.

俄國神經病醫院第三層平面圖

THIRD FLOOR PLAN

Russian Orthodox Confraternity's Hospital.

俄國神經病醫院第四層平面圖

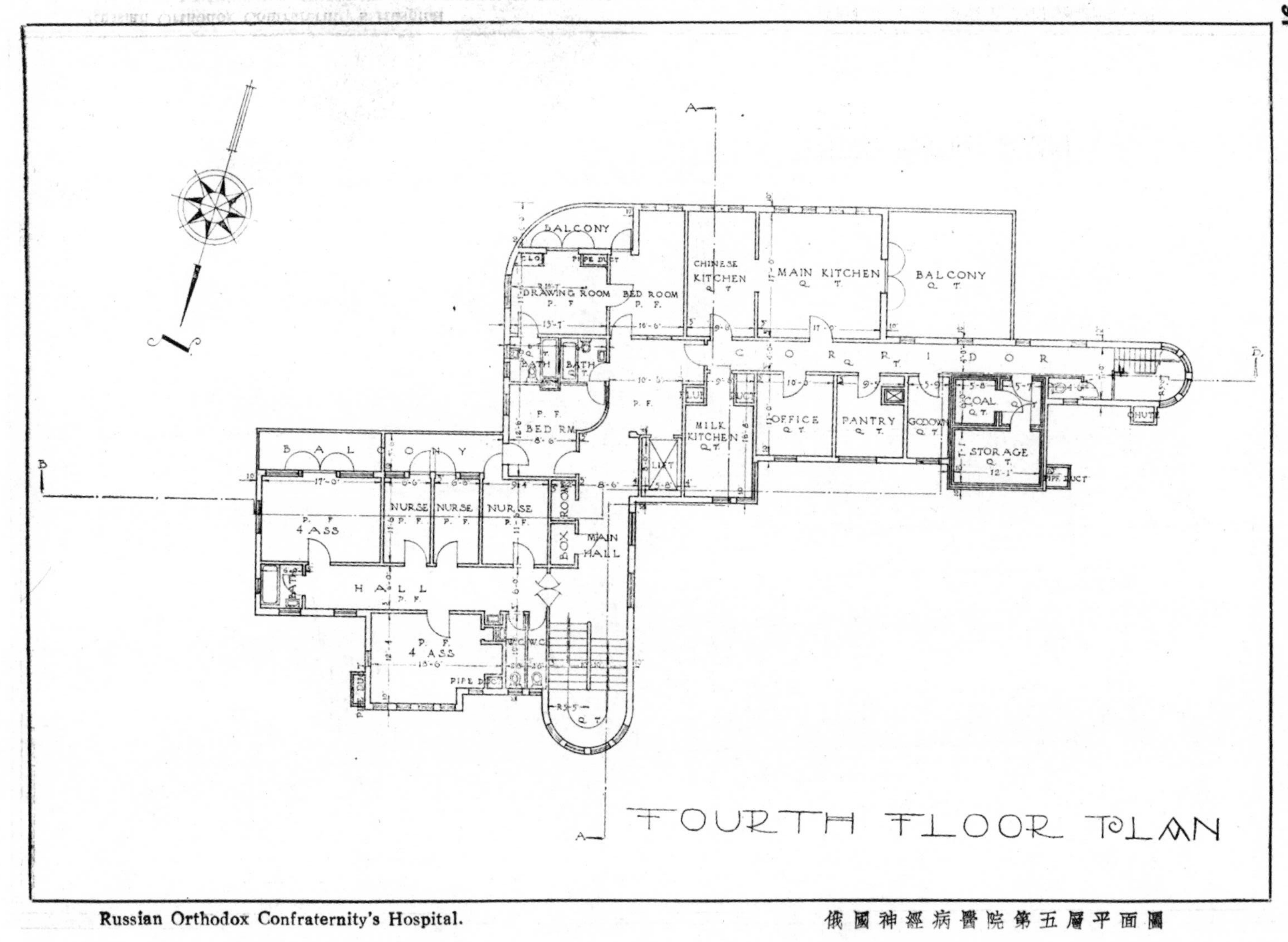

Russian Orthodox Confraternity's Hospital.

俄國神經病醫院第五層平面圖

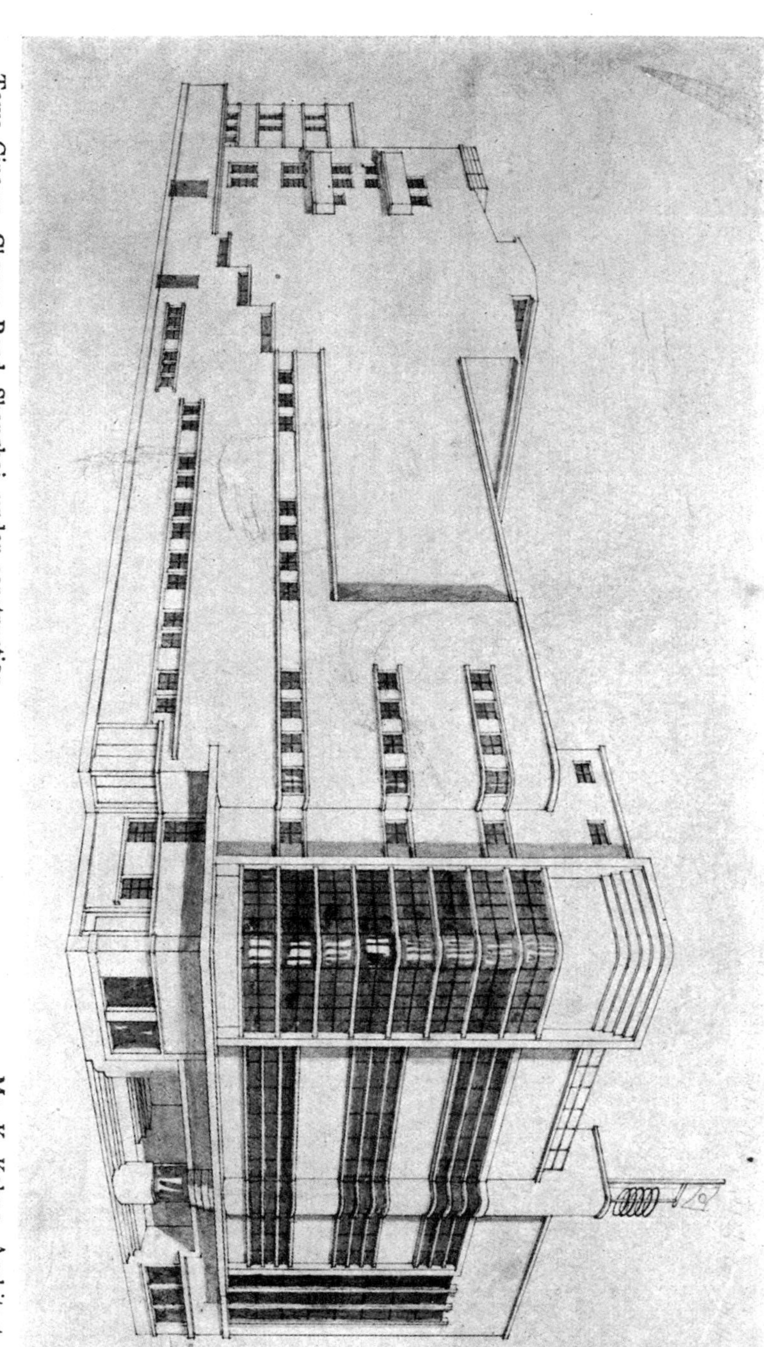

Towa Cinema, Chapoo Road, Shanghai, under construction.

Mr. K. Kohno. Architect.

建築中之上海乍浦路東和影戲院

河野健六建築師設計

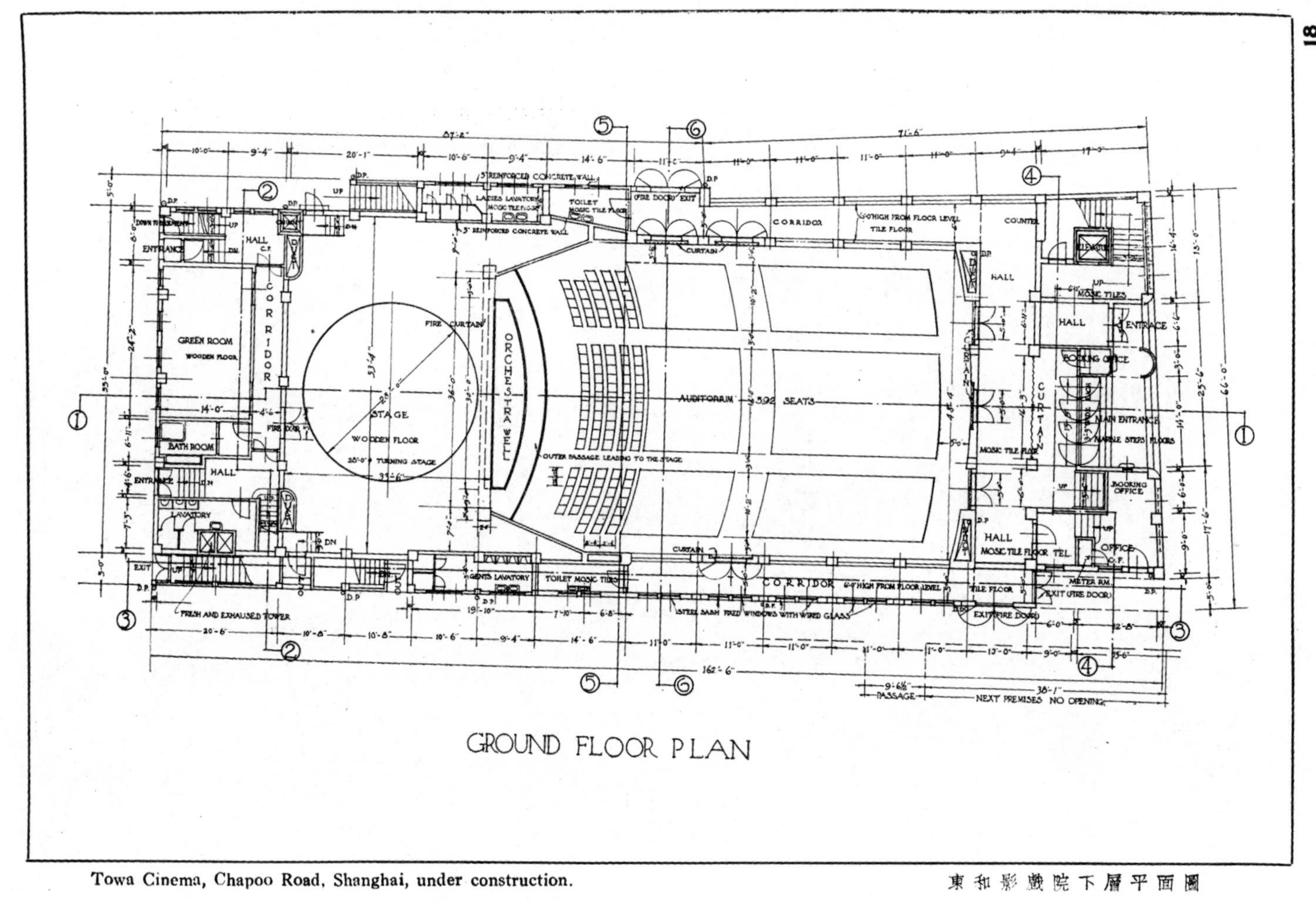

Towa Cinema, Chapoo Road, Shanghai, under construction.

東和影戲院下層平面圖

Mr. Y. S. Doo's Residence on Route Doumer and Henry, Shanghai. The Kien An Co., Architects.

上海杜美路亨利路口杜月笙氏住宅　建安測繪行設計

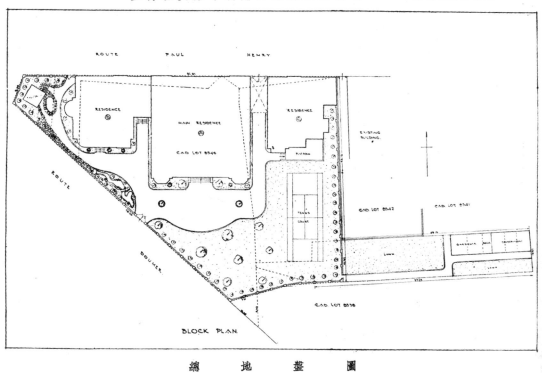

BLOCK PLAN

總地盤圖

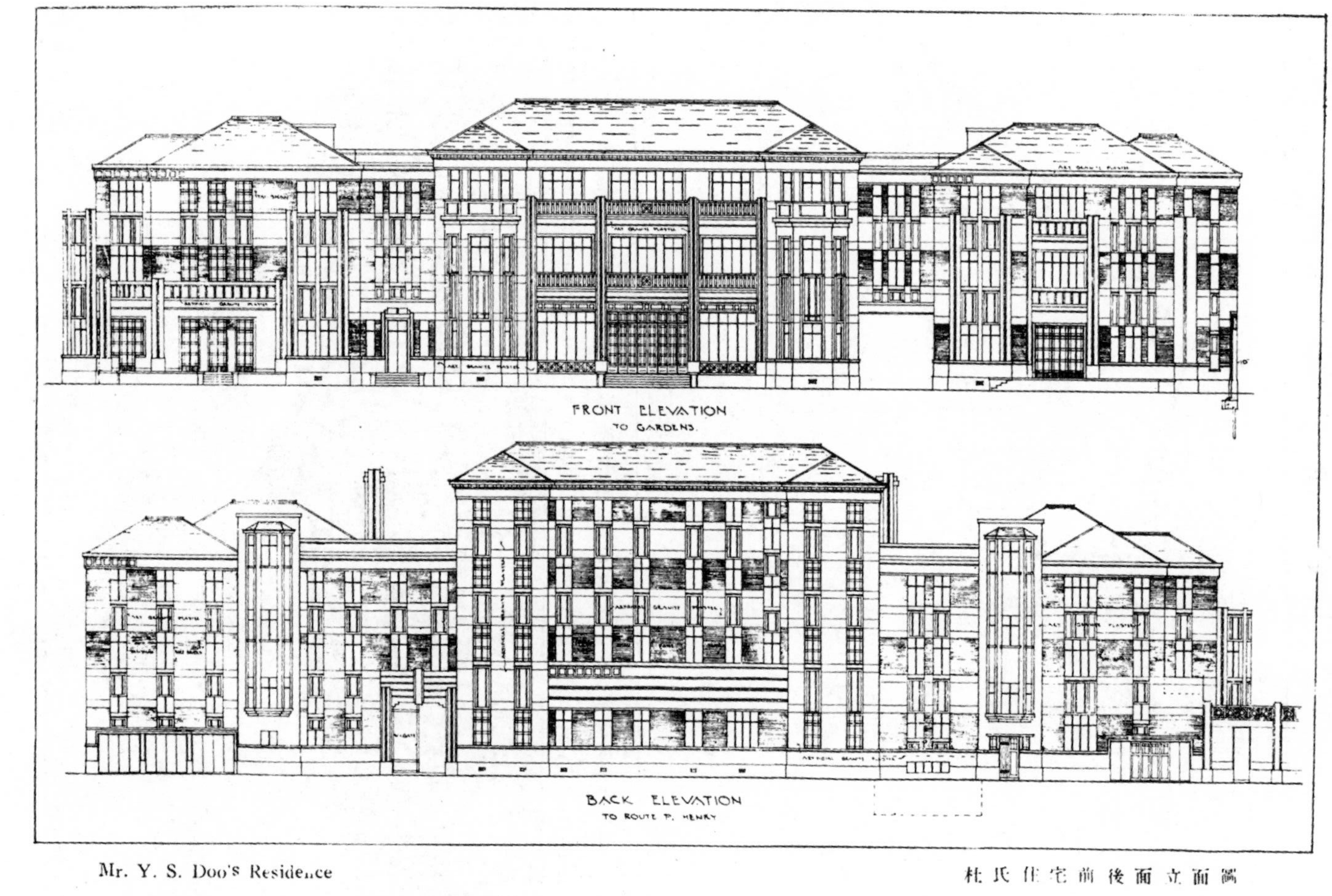

Mr. Y. S. Doo's Residence

杜氏住宅前後面立面圖

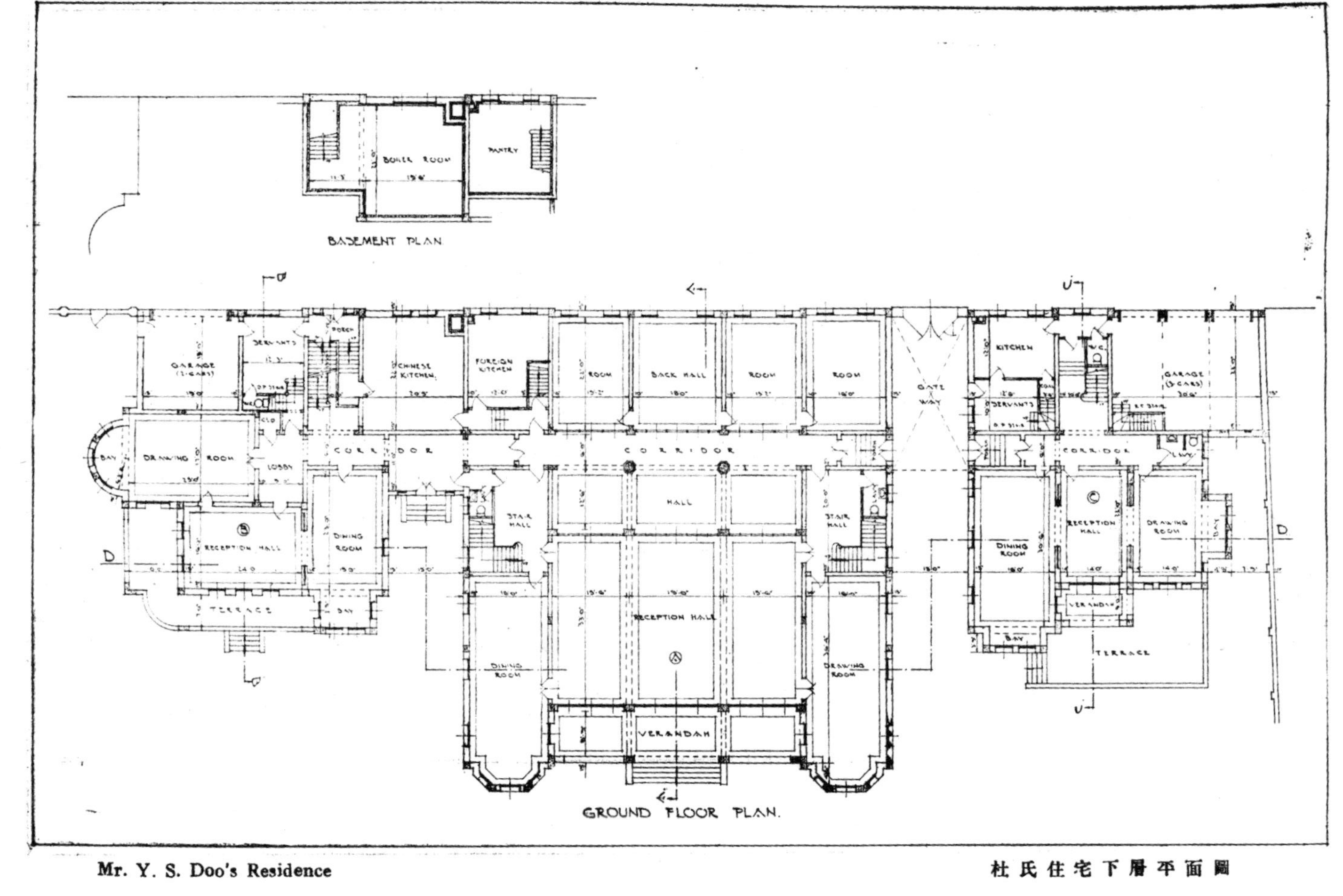

Mr. Y. S. Doo's Residence

杜氏住宅下層平面圖

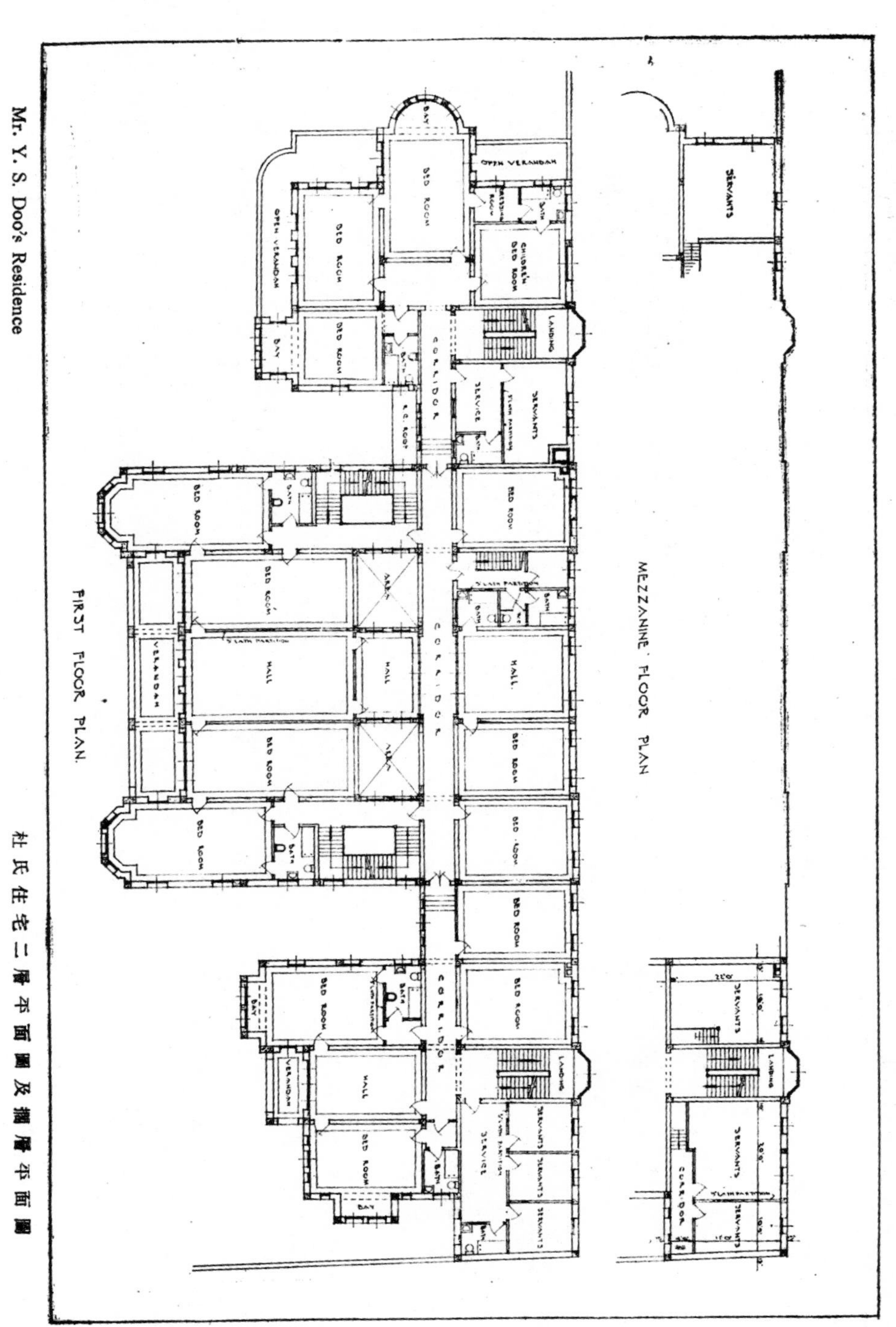

Mr. Y. S. Doo's Residence

杜氏住宅二層平面圖及擱層平面圖

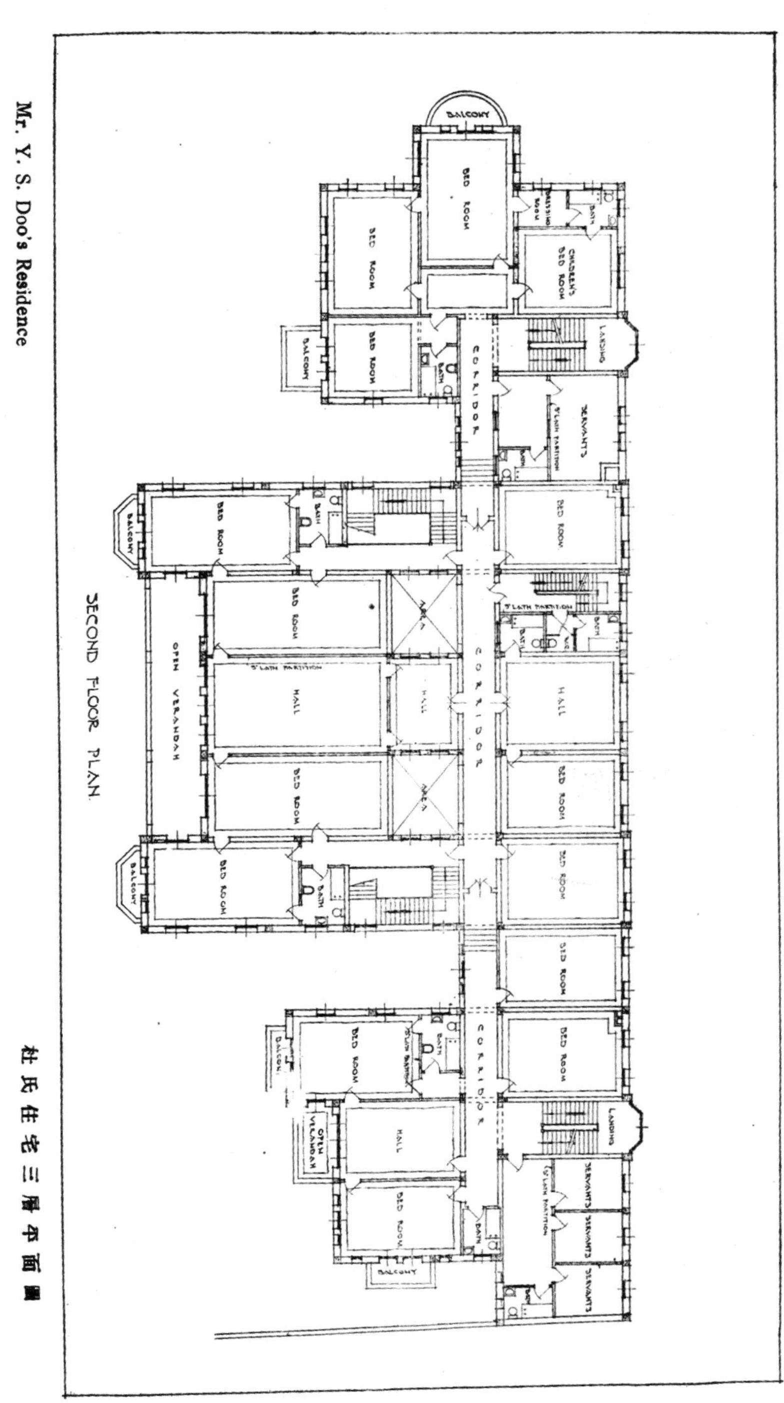

Mr. Y. S. Doo's Residence

杜氏住宅三層平面圖

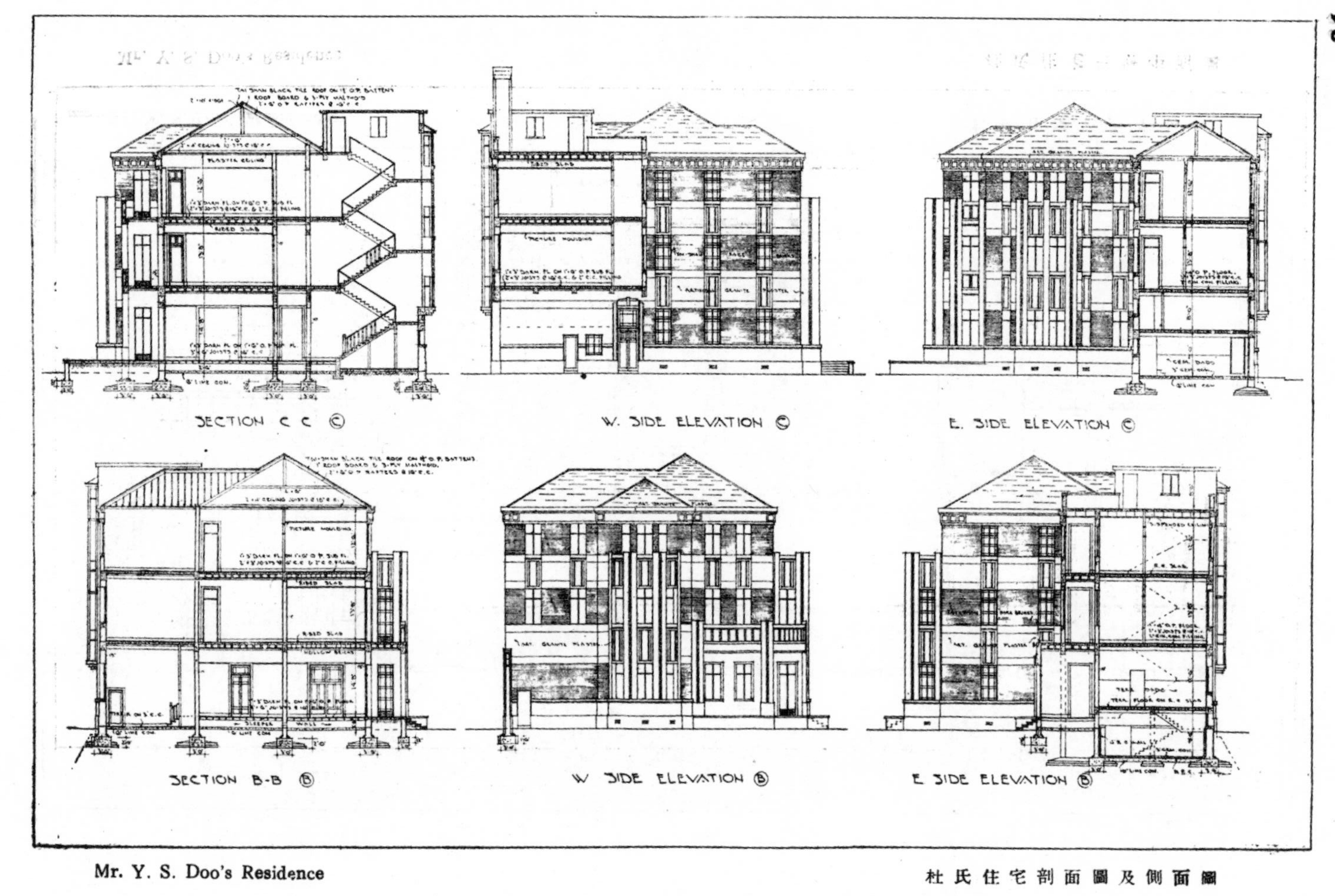

Mr. Y. S. Doo's Residence

杜氏住宅剖面圖及側面圖

Mr. Y. S. Doo's Residence

SECTION A-A

E. SIDE ELEVATION

SECTION D-D

杜氏住宅剖面圖及側面圖

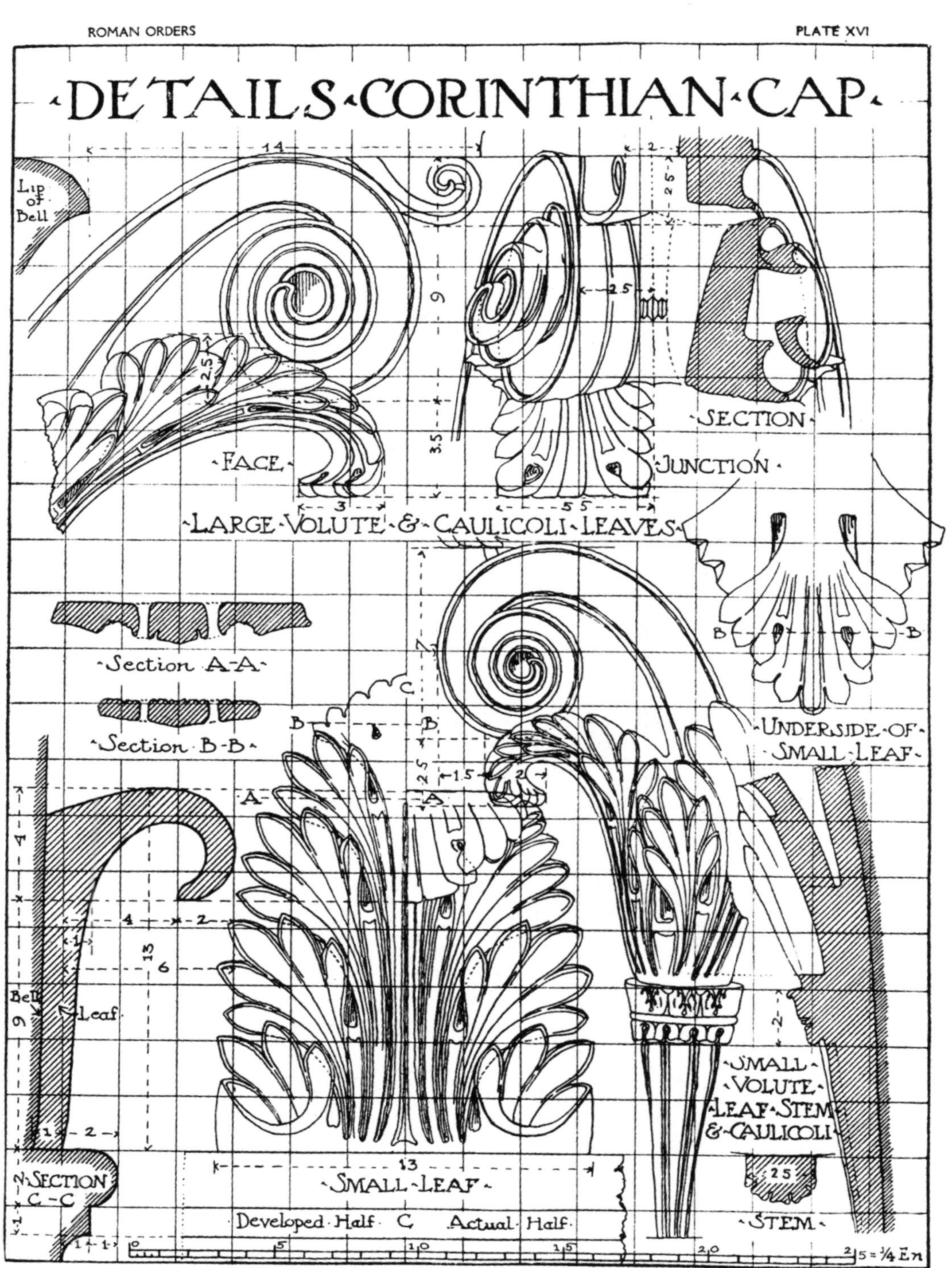
DETAILS CORINTHIAN CAP
Lip of Bell
FACE
SECTION
JUNCTION
LARGE VOLUTE & CAULICOLI LEAVES
Section A-A
Section B-B
UNDERSIDE OF SMALL LEAF
Bell
Leaf
SECTION C-C
SMALL LEAF
Developed Half C Actual Half
SMALL VOLUTE LEAF STEM & CAULICOLI
STEM
25 = 1/4 En

ROMAN ORDERS
PLATE XVII
CORINTHIAN CAPITAL
ONE QUARTER COLUMN | PILASTER PLAN
One Quarter Ft
0 5 10 15 20 25

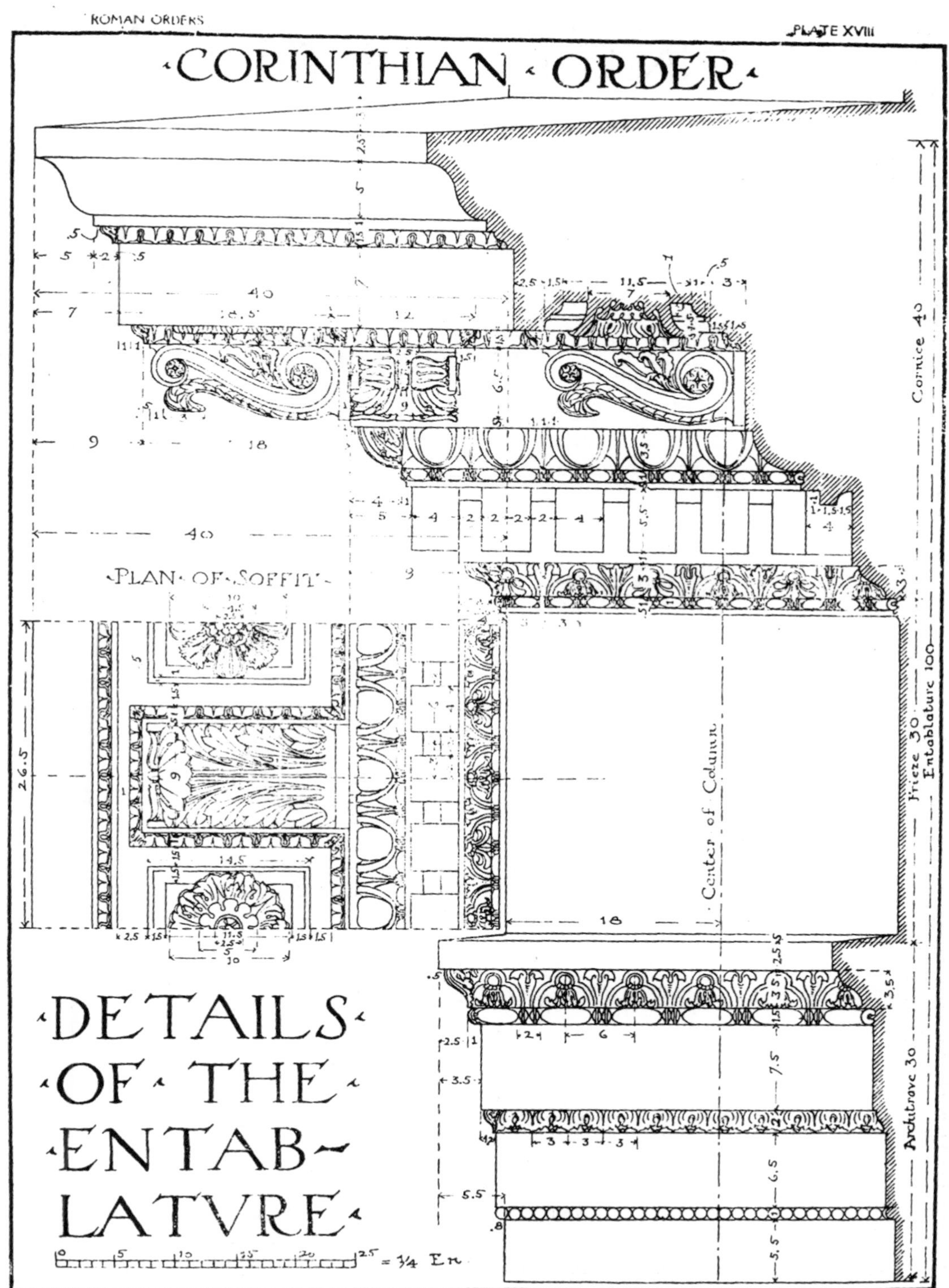
ROMAN ORDERS
PLATE XVIII
CORINTHIAN ORDER
PLAN OF SOFFIT
Center of Column
Cornice 40
Frieze 30
Entablature 100
Architrave 30
DETAILS OF THE ENTABLATVRE
= 1/4 Em

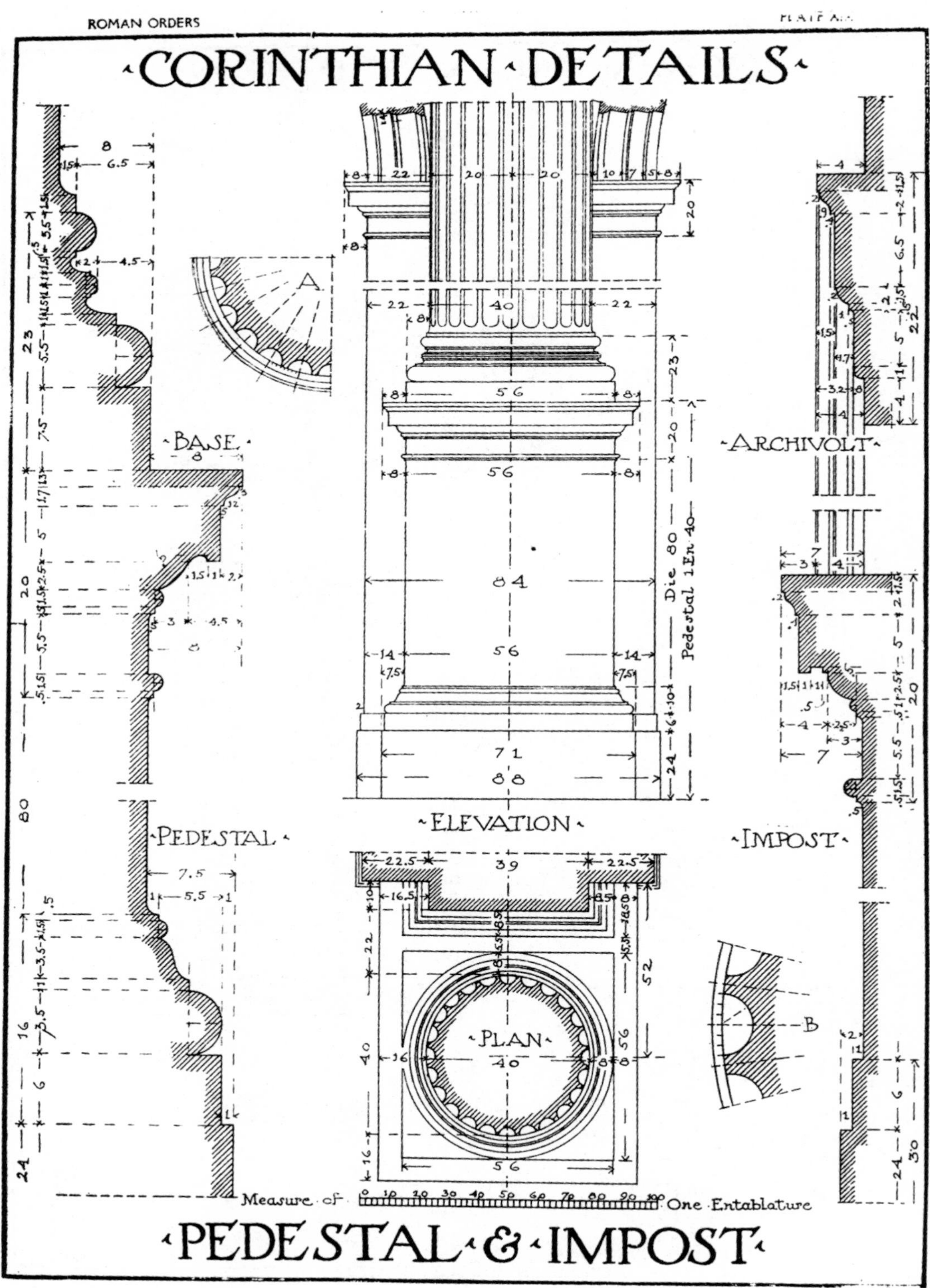
ROMAN ORDERS
CORINTHIAN DETAILS
BASE
ARCHIVOLT
PEDESTAL
ELEVATION
IMPOST
PLAN
Die 80
Pedestal 1En 40
Measure of One Entablature
PEDESTAL & IMPOST

ROMAN ORDERS
PLATE XX
ROMAN CORINTHIAN ORDER
BASE
PEDESTAL
0
1 M
2 M

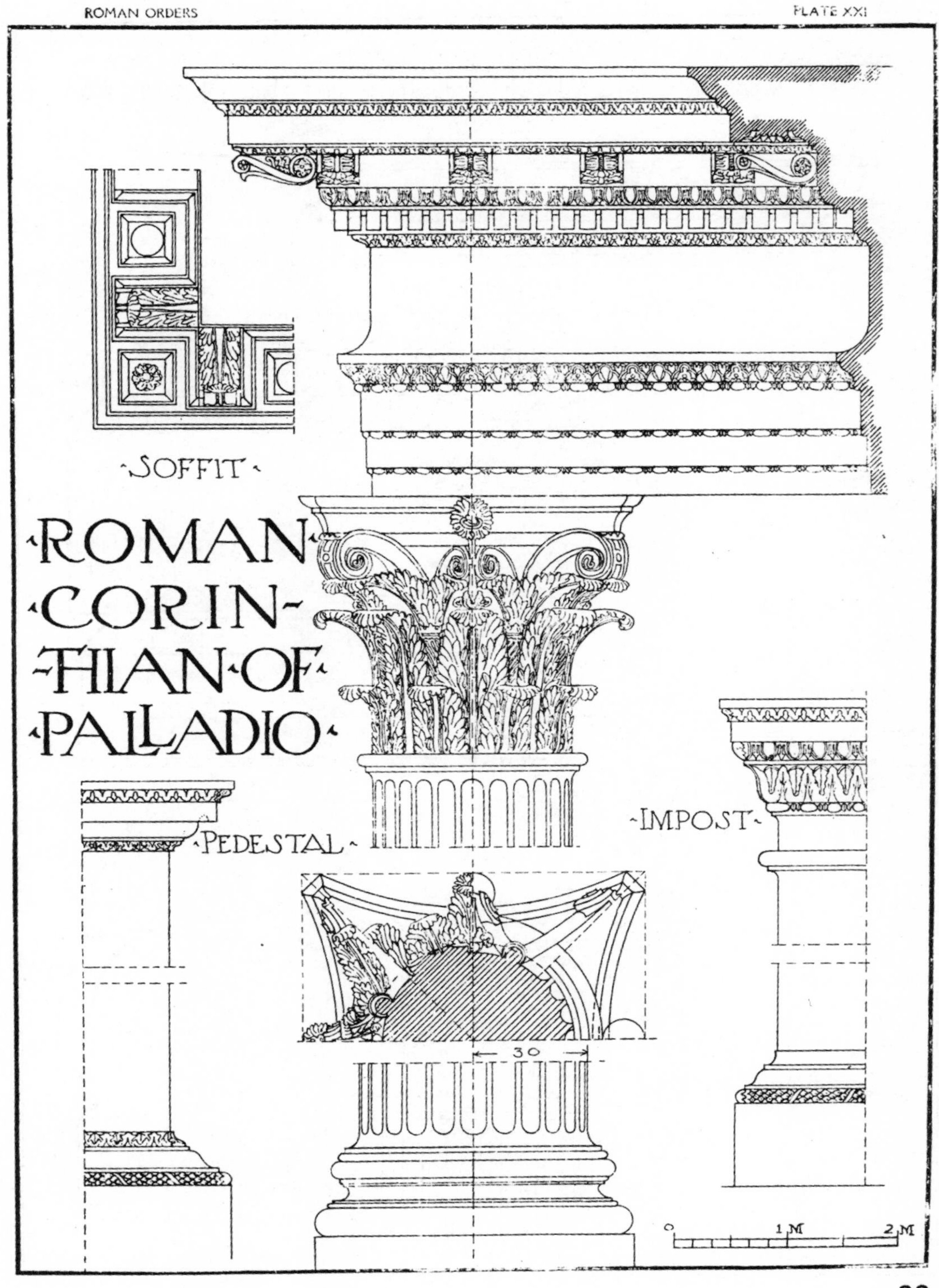
ROMAN ORDERS
PLATE XXI
SOFFIT
ROMAN CORINTHIAN OF PALLADIO
PEDESTAL
IMPOST
30
0
1 M
2 M

San Francisco-Oakland Bay Bridge.正在建築中之三藩市海灣大橋，總長四英里半。中有懸橋兩孔，跨度各2310英尺；及臂橋一孔，跨度1400英尺。基礎深有二百餘尺。建築費六千餘萬美金。

『近代橋梁工程之演進』附圖

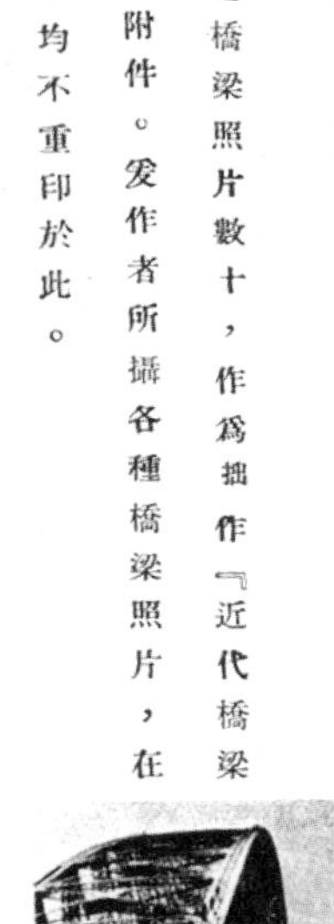

茲擇世界各種著名之橋梁照片數十，作爲拙作『近代橋梁工程之演進』一文之附件。爰作者所攝各種橋梁照片，在本刊陸續發表頗多，均不重印於此。

林同棪謹註

Florianopolis Bridge. 南美巴西國之懸橋，爲 Dr. D. B. Steinman 所設計，頗多新奇之特點。

Quebec Bridge. St. Lawrence河上之臂橋，建築時失敗二次，始克告成。

Carquinez Strait Bridge. 中部之懸梁(Suspended span)係用沙土均重吊上。

Sydney Harbour Bridge. 澳洲之拱橋，跨度1650英尺，稍於遜於Killvan Kull Arch Bridge, 而鋼之總重則過之。

Firth of Forth Bridge 蘇格蘭之臂橋，兩孔各長1700英尺。

Golden Gate Bridge.金門大橋，跨度4200英尺，爲世界之冠。建築費三千餘萬美金。將於本年造成。

Rogue River Bridge.
美國最新拱橋之一

Colorado River Bridge.世界最高之橋梁。
橋底高出水面一千英尺。

Suspended arch with tie rods.
德國臂架拱橋

德國鐵路石拱橋之一，
中孔淨空57公尺。

Metropolis Bridge.
跨度最大之單架橋(Simple truss bridge)

德國鐵路石拱橋之一，每孔
淨空14公尺，高24公尺。總長175公尺。

Sciotoville Bridge跨度最大之連
架橋(Continuous truss bridge)

近代橋梁工程之演進

林　同　棪

第一節　緒　論

古代橋梁至今存在者，當以我國爲最多；其技術與美術方面，亦頗有驚人特點足資參考者。然綜觀歐美近代橋梁工程，日新月異，進步神速，又覺望塵莫及。茲爰述其最近演進，藉觀他國之光，並以引起讀者對於橋梁之興趣。

第二節　材　料

橋梁工程之進步，蓋與材料之改良，關係甚爲密切。自木料，石料，生鐵，熟鐵，而進於鋼料，歷史已有六十年。近者橋梁跨度增加，乃不得不用更强硬鋼料，以資減少呆重，遂得之於鎳鋼(註一)。鎳鋼准許應力，可較尋常鋼料大百分之五十。Manhattan, Queensboro, Quebec, Metropolis等橋均採用之(註二)。然以其料堅，難於工作，且鎳之本質頗貴，而鎳鋼單價亦高，故矽鋼(Silicon steel) 乃繼起而代之。矽鋼准許應力，在鎳鋼與尋常鋼之間，其工作之難易亦如之。然其價格則與尋常鋼相若，故用者日多。如Carquinez, Mt. Hope, Detroit, St. Johns(註三)，George Washington(註四)等大橋是也。

熱煉鋼(Heat-treated steel)之種類甚夥。Carquinez橋之拉力桿件，係用熱煉鋼。Florianopolis橋懸索之熱煉鋼眼桿(Eye-bars)，其准許應力爲尋常鋼之三倍(註五)。George Washington橋之懸索鋼線(註六)係Cold drawn cable wire.彈性限爲150,000※/□″，其准許應力爲82,000※/□″。

(註一)　"Nickel Steel for Bridges" by J. A. L. Waddell, Transactions A. S. C. E. 1909.

(註二)　"Fifty Years of Progress in Bridge Engineering," by D. B. Steinman, 1929, Am- Inst. of Steel Const.

(註三)　同上

(註四)　"George Washington Bridge, Design of Superstructure " by A. Dane, Trans., A. S. C. E. 1933.

(註五)　"The Eyebar Cable Suspension Bridge at Florianopolis, Brazil" by D. B. Steinman Trans. A. S. C. E., 1928

(註六)　同註四。

他如英國之抗力邁大鋼(Chromador steel)，近亦漸用於我國。德國之Baustahl ST 52，其准許應力，見諸德國國有鐵路規範(註七)，用者甚多。又有不銹之鋼，可用於橋梁受水部份。其他合金鋼(Alloy Steel)甚多，各有長短，難於一一細數。

電銲之發達，尤爲橋梁界開一新紀元。不但特宜修補舊橋(註八)，即新橋建造，亦多有用之以省材料者(註九)。

混凝土本僅爲短橋材料，今則配合改良，壓力增加。又有用特種鋼骨排置，其最大壓力可至70,000※/□"(註十)，竟可爲長橋之材料矣(註十一)。

利用石料，砌成拱橋，近復盛行於德國(註十二)。我國內地。交通不便而多良石之處，似可效法焉。

第三節 設 計

橋梁設計，漸趨理想化，科學化。務使橋梁之各部份，其安全率(Factor of safety) 相等；即使所用材料，均發生最大效力，而無虛擲之弊。對於橋梁內部受力情形，分各種方法進行研究，成績頗有可觀。

計算應力之方法，不但漸趨準確，亦且較前便利。如硬架橋 (Rigid frame bridges) 之應力分析(註十三)與橋梁桁架次應力之計算(註十四)，皆前所認爲最難之問題，今可迎刃而解。又如懸橋之設計，前恆不計懸索之撓度，用彈性理論(Elastic Theory)計算加硬桁架(Stiffening truss)之彎曲動率，今則用較準確之撓度理論 (Deflection Theory) 因而得較經濟之設計(註十五)。故華盛

(註七) "Berechnungsgrundlagen fur stahlerne Eisenbahnbrucken" Deutsche Reichsbahn Gesellschaft, 1934

(註八) "加固橋梁電銲法"穉銓，工程，十卷五號

(註九) "Arc Welding Bridges in Great Britain" by Goodeiham, Am. Welding Soc. Ge., July 1933.

(註十) "Concrete Arches for Long-span Construction" by Freysdinet, Civil Eng., Feb. 1932.

(註十一) "161m Span Concrete Arch in France" p. 323, Eng. News-Rec. Sept. 5, 1935

(註十二) "Ingenieurbauten der Deutschen Reichsbahn" Deutsche Reichsbahn Gesellschaft, 1928

(註十三) "硬架式混凝土橋梁"林同棪，建築月刊第二卷五期

(註十四) "用克勞氏法計算次應力"林同棪，建築月刊第二卷五期

(註十五) 參看註五之P.303。

頓大橋(George Washington Bridge)及金門大橋(Golden Gate Bridge)，竟可完全免設加硬桁架，而Florianopolis及Philadelphia等橋之加硬桁架，亦得省去百分二三十之材料。又懸橋之禦風桁架(Wind bracing)用彈性分配法 Elastic Distribution Method 計算，各大橋之鋼料因得大省(註十六)。

橋架內部應力，又多用模形試驗或電照分析photo analysis(註十七)。貝教授變形測量器Beggs Deformeter(註十八)最見風行。貝教授又善作各種大小之模形試驗。憶三藩市海灣橋(San-Fransisco Bay Bridge)未造之先，貝教授曾在加省大學(University of California)作大號模形，以為試驗，其長二十餘公尺焉。

更進一步，則在橋梁各部份作實地量測。如華盛頓橋(George Washington Bridge)之鋼塔，均有作應力之量測(Strain gage measurements)，以與計算相對照(註十九)。關於橋梁所受之衝擊力，亦再加以實地試驗，並以充實理論為後盾(註二十)。

橋梁細件及連接之設計，頗有進步。務期於堅固之中，節省材料而便利工作。惟關於此點，歐美習慣不同，意見不一，亦各有利弊，大有研究之餘地；可於各國標準規範書見之。

橋梁式樣，亦有演進。長跨度懸橋，多不設加硬桁架，前既述之矣。尋常桁架，多用華倫式(Warren truss)以代白式(Pratt truss)。他如韋式(Wichert truss)(註廿一)費式(Vierendeel truss)(註廿二)，一時用者雖少，亦各有所長。連架桁梁(註廿三)及鈑梁(註廿四)(Continuous trusses

---

(註十六) "Suspension Bridges Under the Action of Lateral Forces" by L. S. Moisseiff, Trans. A. S. C. E., 1933.

(註十七) "Photo-elasticity, Short Explanation of Optical Principles Involved" by Evans, Civil Engineering, Oct. 1933. 及"Supplementary Methods of Stress Analysis" by Gilkey, Civil Engineering, Feb., 1932.

(註十八) "Elastic Arch Bridges" Chapter 7, by Mc Cullough.

(註十九) "George Washington Bridge, Design of the Towers" by L. S. Moisseiff, A. S. C. E. Transactions, 1933.

(註二十) "Report of the Bridge Stress Committee" Dept. of Scientific and Industrial Research, London, 1928

(註廿一) The Wichert Truss, by D. B. Steinman, 1932

(註廿二) Continuous Frames of Reinforced Concrete, by H. Cross, 1932, P. 236

(註廿三) Structural Theory, by Sutherland and Bowman, 1932, P. 123

(註廿四) "Economy through Continuity in Girder Beam Bridges" by Sorkin, Eng. News-Rec. Oct. 26, 1933, p496.

and girders)確有較爲經濟之處，用者漸多。橋墩形式，漸趨瘦小。較高橋墩，多用鋼架鋼柱以代混凝土。混凝土之連架瘦柱拱橋(Continuous Arches on Slender Piers)（註廿五）與硬架橋(Rigid Frame Bridge)（註廿六），前所不敢建造者，今則隨地有之。

設計大橋時，必須注意兩首車輛之吸收與遣發之能力。例如華盛頓橋之趨附設計（註廿七），複雜異常，斷非尋常可比。所用分層交叉 Grade Separation不知凡幾。又如紐約之三區橋(Triboro Bridge)，竟因趨附道路容量不足，致減少橋上容量，而影響及全橋之設計（註廿八）。

第四節　基　礎

探鑽橋底爲橋梁設計之先決問題。不知河底地質，則不知橋基之位置與其造法，而橋之上部亦不得定。舊時橋梁工程之失敗，多因不明地質，冒昧進行，迨至錯誤發現，悔之莫及。今以前車爲鑒。每一橋梁建造之先，必詳細探鑽地質，以期減少錯誤，使工程得如計如期完成。去歲美國土木工程學會印發"基礎工程進行步驟"一冊（註廿九），對於此點，即詳加注意。

基礎造法，不一而足；各課本雖多述載。而實際之應用，則困難無比。蓋水之流動，水位之高低，地質之情形，每有出人意外者，於是不得不臨時設法以補救之。幸近代機械設備完全，工程師學識高人，經驗豐富；雖遇困難，亦每可設法渡過。最近美國金門大橋橋墩，計劃變更數四，始克告成（註三十）：即其例也。

三藩市海灣大橋；橋基之最深者至水面下225呎（註卅一），開橋工之新紀元。足見進步之一般。

（註廿五）　參看（註十八）

（註廿六）　參看（註十三）

（註廿七）　"George Washington Bridge, Approaches and Highway Connections," by J. C. Evans, Transactions, A. S. C. E., 1933

（註廿八）　"New York Triboro Bridge", P.177. Aug. 8, 1935, Engineering News-Record.

（註廿九）　"Engineering and Contracting Procedure for Foundations", Manual No. 8, A. S. C. E., 1934

（註三十）　"Battling Storm and Tide in Founding Golden Gate Pier" by R. G. Cone. Engineering News-Record, Aug. 22, 1935

（註卅一）　"A Study of the San Francisco-Oakland Bay Bridge", 1934 Year Book, Oakland Tribune, California.

第五節　架築方法

長橋架築方法，進步最為神速；務使達到敏捷，安全，經濟之目的。例如懸橋鋼索之裝架，其速度之進步，可於下表見之(註卅二)。

橋　　名	每索重量	裝架鋼索所費期間	建橋年份
Brooklyn Br.	900噸	21月	1883
Williamsburg Br.	1106	7	1903
Manhattan Br.	1600	4	1909
Philadelphia Br.	3300	5	1926
George Washington Br.	7100	10	1931(註卅三)

臂橋懸梁(Suspended span)之架法，最初用伸臂方法(Cantilevering)自兩端始，相遇於梁孔之中部。繼有在岸邊裝好，用船駛至橋趾，而後千觔頂舉上者，再進而用沙土均重以吊上，最為省時便利安全(註卅四)。

其他新鮮方法，層出不窮，各以適合其特殊環境(註卅五)。卽脚手架(Falsework)之安裝，亦日有改良焉。

第六節　美術

橋梁之設計，每有不惜多費款項，以求美觀者。如Sydney Harbour Bridge之橋端石柱，(註卅六)所費不貲，而於工程上毫無裨益，頗為工程師所不取。最新理論，務使在經濟之中求美術。故有以簡單為美術，以細小為美術，或以眞實為美術。蓋簡單，細小，眞實三者均與經濟原則不相背馳。例如懸橋之悅目，卽在其輪廓之簡單，懸索之細小，與其傳力表現之眞實。華盛頓大橋橋塔之設計，原擬蓋以花崗石Granite，；迨鋼件建成，衆皆以為可不必蛇足。而此後三藩市各大橋橋塔，皆求美觀於鋼之本身，不更借重於石料矣。

(註卅二)　參看註二

(註卅三)　"George Washington, Bridge: Construction of Superstructure", by M. B. Case, Trans. A. S. C. E., 1933

(註卅四)　參看(註二)

(註卅五)　"Construction Plant and Methods for Erecting Steel Bridges" By A. F. Reichmann, Trans. A. S. C. E', 1933

(註卅六)　"Sydney Harbour Bridge" Dorman Long and Co., 1932

第七節　跨　度

橋梁跨度之增長，可為工程進步之代表。茲分類列表如下．—

	種類	跨度	造成年份	橋名	地點
(1)	懸橋	4200	在建築中	Golden Gate	San Francisco, Calif.
		3500	1932	George Washington	New York
		2310	在建築中	San Francisco Bay	California
		1850	1932	Detroit River	Detroit
		1750	1926	Delaware River	Philadelphia
		1632	1924	Hudson River	Bear Mt., N. Y.
		1600	1904	Williamsburg	New York
		1596	1883	Brooklyn	New York
(2)	臂橋	1800	1917	Quebec	Ontario
		1700	1889	Firth of Forth	Scotland
		1400	在建築中	San Francisco Bay	California
		1182	1909	Queensboro	New York
		1100	1927	Carquinez Strait	California
		1097	1927	Montreal Harbor	Quebec
(3)	拱橋	1675	1932	Kill Van Kull	Staten Island, N. Y.
		1650	1932	Sydney Harbour	Australia
		978	1917	Hell Gate	New York
		840	1898	Niagara River	Niagara Falls.
(4)	連架橋	775	1918	Sciotoville	Ohio
		520	1918	Allegheng River	Bessemer
		516	1921	Ohio River	Cincinnati
(5)	單架橋	720	1917	Metropolis	Illinois

種　類	路度	造成年份	橋名	地點
活動橋，升降式(註卅七)	28	1911	Fratt	Kansas City
芝加哥雙葉開動式	336	1914	Saulte Ste.	Marie
薛澤雙葉開動式	275	1901	Chicago River	Chicago
單葉開動式	260	1918	16th Street	Chicago
旋轉式	521(總長)	1908	Williamette River	Oregon
混凝土硬架式	224		1	Brazil
混凝土拱橋				

第八節　結　論

因材料造法之進步，與夫探鑽設計之加工，橋梁經濟學因而發展。每一大橋興工之先，必作數種以至數十種之設計，藉資比較其利弊與造價。招標之時，常有求數種計劃之標價，以爲取舍之標準。惜投標者對於新奇設計，每以爲有相當危險性，因而提高其標格。故新奇設計，非有顯明之經濟者，頗不易見取。惟長大橋梁，無一不有新異特點，其投標者，亦富有經驗資本之公司，則不畏難於此。

我國橋梁建造，正在萌芽時期。觀夫各公路鐵路之新工，每因橋工發生問題而誤及全路通車。蓋橋梁實爲交通工程中之最難部份。推考其故，不外數端。一爲探鑽之不詳，一爲經驗之缺乏，設計之未善，一爲包工設備之不全，一爲工人訓練之缺乏。又況我國內地運輸困難，加以其他天時人事關係或經濟財政問題，每足以阻其成功。在此種情形下，我國橋梁工程師，更當加倍努力，乃克有濟。

主持橋工者，每因急於橋梁之落成，不與工程師以充分時間與款項，以供其探鑽與研究；工程師亦爲糊塗之設計以應付之。迨至意外發生，包工者既無相當設備以解其困，主持者又難增加橋工之用款。然後幾經奮鬬，猶難有成。而工款之增加，限期之延長，其損失乃不可計。故略述歐美橋工之進步，有志者更作詳細研究，庶可有所得焉。

(註卅七) 關於活動橋之演進，參看"芝加哥之活動橋梁"，林同棪，工程，十卷，四號

營造學

第二章

第二節 甎作工程（續）

甎牆中留置裝釘裝修物 下列數種材料，專夾砌於牆中，俾便裝修等之裝釘者：

煤屑木轆甎 此項煤屑木轆甎，大都砌於牆度頭等處，俾使裝修之易於釘牢。如門頭線度頭板等之裝釘，必須藉能收釘之煤屑甎為之襯托。煤屑甎之優點，不若木材之能收縮，亦不腐爛。

木轆甎 係與砌牆之甎同樣大小之木塊，夾砌於牆中，其效用與煤屑甎同。惟係木質易於收縮與腐爛，是其缺點。

木榫 木榫或稱楔木，用以鎚入甎縫，以便裝修之裝置。如畫鏡線等小件，大者如踢脚板門頭線等，則殊不適用，必須用木轆甎。

木嵌縫 以四寸半闊三分厚之木片，夾砌於牆之灰縫，其地位須在釘裝修之處。按此種薄片，自無須慮及有收縮之虞，故較之留置木榫法為善；惟應於砌牆之時加入之。

灰縫 露於牆面之灰縫，式別頗多。如二一九圖A所示於砌牆時灰沙尚未硬時，用鐵板將灰沙壓平，與牆面平齊。此種灰縫，適用於房屋內部清水牆面，甎口必直。灰縫與甎面相平之益，以其不積塵灰也。

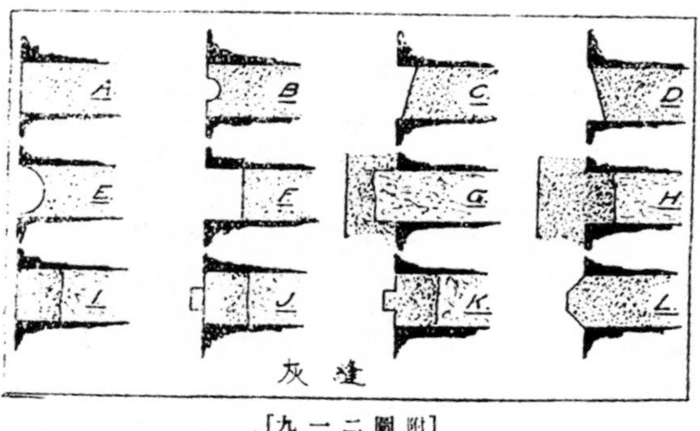

［附圖二一九］

（十）

杜彥耿

平面圓線灰縫 此項灰縫，與上述者相同，見二一九圖B。但中間加一半圓形凹進之圓槽，所以使灰沙更爲結實耳。

瀉板灰縫 將灰沙用洋鐵皮捋成斜形，如二一九圖C。按此項灰縫，易於瀉水，且又美觀；蓋在每一條平直之灰縫上，印有一條日光照晒之影也。亦有將瀉板倒捋，如二一九圖D者；其意旨蓋欲使甎之上口成方角之快口耳。然於數尺之上，目力自必不及；況於冬令時雨雪下降，亦易停滯結凍，是以甎口損傷極速。

凹圓灰縫 二一九圖E，灰沙依甎口上下撐足，惟漸向中間凹進，成凹圓形。是亦灰縫之一種，但用此式者可謂絕無僅有。

方槽灰縫 二一九圖F之方槽灰縫，其主要之點，是欲使灰縫深陷，求日光照晒之影深而悅目。然必須考慮甎質之是否堅實，不畏氣候嚴寒時之凍損甎口。

勾脚灰縫 二一九圖GH爲牆面之做粉刷者，灰縫須捋深或凸出，以資粉刷之勾脚而增加其牢固性。

舊牆重嵌灰縫 舊牆之須重行嵌灰縫者，應先將舊灰沙開去，至少捋深四分至六分，復嵌水泥或其他堅硬之材料，而出面可嵌任何一種灰縫，如方線灰縫，對於舊牆，頗爲適宜。

方線灰縫 二一九圖J之方線灰縫，係包括塡滿捋深之灰縫，出面再用水泥或其他堅硬材料捋出方線。此種式制，厥因灰縫太闊之故，蓋舊牆面之甎口，業已剝落，因將灰縫先用水泥嵌平，並於水泥中加色，俾與原有甎面之顏色相同，然後再於灰縫中心面上捋嵌斬細之紙筋石灰出線。此法祇適用於舊牆之甎口脫落灰縫太大者。若甎口仍屬整齊者，則不適用。

連底方線灰縫 方線之出面，與上節所述之方線灰縫同；惟一則分嵌平灰縫再捋方線兩種手續，而此則灰縫與方線一氣呵成者。如二一九圖K。

三角灰縫 二一九圖L所示之三角灰縫，係石作之灰縫。

舖地 城市中及房屋外面之餘地，不作花園之用者，普通均須用甎石等材料舖之，藉使地面結實，用資行走及瀉水入溝者。磚，石，水泥，柏油，方甎及瑪賽克等，均可作爲甃地之用。甎必經燒煉極堅硬之特製品，方克用作甃地，面部最好施毛，俾步履其上無溜滑之虞。其舖法平側均可。平舖之磚，底下至少須用六寸厚之三和土，再加灰沙或水泥，取甎舖窩　路甎之用側砌者，底下可用如上述之六寸三和土，或卽舖於運平滾堅之泥土上，甎可用黃砂窩舖。所有甎縫，則澆灌灰沙或水泥漿。

石或水泥舖地 用石板舖地，祇將石面鑿平，四面邊口切齊。舖砌之法：先將地面做平，上舖黃砂或篩子篩過之細泥，隨後將石板覆上，鑲口之接縫處，用灰沙鑲嵌。石板覆上，設有不平伏之弊，則用木鎯頭或鐵脚鑻嘴錘平；二二〇圖係示石板甃地之方式。水泥地爲近今最流行者，水泥石板可預先在壳子板內澆製，取其大小均一，以之舖砌街道，接縫整齊，殊爲美觀，毫無零亂參差之弊。驟視之，水泥石板與天然石板無異。再者，水泥石板非特整齊美觀，抑且經濟省事；蓋水泥石板，不如天然石板之須割邊鑿而爲工料俱費也。

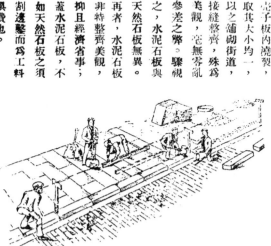

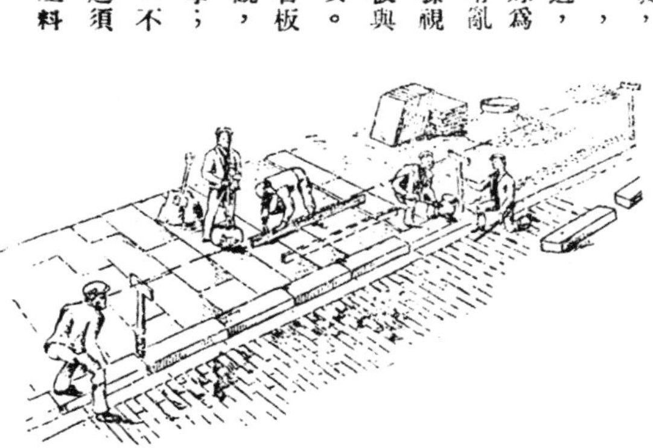

［附圖二二〇］石板甃地之方式

就地澆製水泥地　因求接縫減少，地面堅固，施工便易，故有就地澆製之水泥地。法於地下應預置至少六寸厚之三和土或亂石基礎，壓堅後澆擣水泥於其上；此項水泥，應分塊澆擣，其接縫至多每距六尺。其分塊之主要目的，在日後水泥地面破碎，勢須蔓延，故有分塊之限止，俾修理時單將破碎之一塊鑿去，重行澆製。水泥地之面，應粉一寸厚之細砂，即一分水泥，二分黃砂合成者；中雜以細石屑或鉄砂，俾地面臻於牢固耐久。

柏油石子地　薄柏油與石灰石子混拌舖地，法先以全厚度之半，舖以經過寸半篩眼之柏油石子，舖至中間四分之一之厚度舖六分子，餘面上四分之一舖半寸子，用九刺扒扒平，再以滾機壓平。薄柏油與石子拌混之成分爲十二介侖柏油，與三立方尺石灰石子；薄柏油中應加松香柏油，以增厚薄柏油之濃度。柏油石子之已經平舖地上，未加滾碾之前，可將石砂或絕細之石子，散佈面上，隨後碾滾，俾使細石砂嵌入尚未凝堅之柏油石子中。關於此項柏油石子之適當厚度，可視地面基礎之分別，自二寸半厚以至四寸之厚度。其路基之爲六寸厚之水泥澆擣者，面舖寸半厚之細石子柏油，蓋已足矣。

厚柏油舖地　關於厚柏油舖地之種種程式暨成分等，容於另章詳論之。

方甎地　係以薄塊之甎—大概十二寸方，色分青紅兩種—舖於六寸厚之三和土上，用黃砂舖襯，接縫處以油灰或水泥嵌之。

瑪賽克地　瑪賽克地，應分兩種，即羅馬與佛尼與。兩者之底下，均須做三寸厚之水泥地面，粉細砂爲基礎。

羅馬式瑪賽克，應將約六分長之小塊雲石，嵌入細砂；並可將小塊雲石拚成各種顏色不同之圖案，法先畫成圖案，覓取各種不同顏色之雲石，依圖拚湊而成，膠於圖畫紙上，隨後將圖案紙及膠粘紙上之雲石，一併覆上水泥底礎，嵌進水泥細砂，迨細砂堅硬，將紙着水除去，用砂石將面磨光，並上蠟打光。

佛尼與式者，係將雲石屑任意散佈於細砂之面，用鐵板或圓鐵滾桶澆壓，使之嵌入細砂。此法亦可畫成圖案，以木板依圖割成圖案式樣，覆蓋細砂之上，隨後取顏色不同之雲石屑加入木板空處。磨光及打蠟，與上節所述相同。

若此瑪賽克之置於鋼架與水泥之面，恐鋼鐵有收縮與伸漲之弊，而致瑪賽克地面罅裂者，則瑪賽克可依照鋼架之所在分塊爲之，俾裂縫在鑲邊處，而不致害及中心。然分塊之尺寸，最大不應過十尺。

掘牆溝與小工用之器械　圖二二一爲各種掘牆溝與小工應用之器械；如：(一)山嘴，係開掘硬地之器；(二)板鍫，係挖掘僵泥之器；(三)煤鍫，爲鍫掘鬆泥者；(四)江北板鍫，柄長鍫口銳利，掘軟硬泥均便；(五)木人，係四方形之硬木段，高四尺半，底釘鐵板，上端兩邊釘木握手兩個，中間兩邊亦釘握手，下口四角釘鐵圈四個，用以繫繩。攏三和土時，數人挽繩，兩人分立木人兩旁，執握手起落唱打；(六)小木人，攏少量之基土，及在北方乾燥地土之夯打灰土；法將石灰粉末與泥土拌和，扒下牆溝，分皮用小木人洒水夯打；(七)竹箕，以竹編製，用以舂泥及挑三和土等者；(八)竹籮，亦爲竹編，用以扛運泥土，三和土，黃砂及石子等材料；(九)扛棒；(十)扁擔；(十一)灰漿桶；(十二)扛桶；(十三)料杓；(十四)鐵扒；(十五)拌板；(十六)望平板。

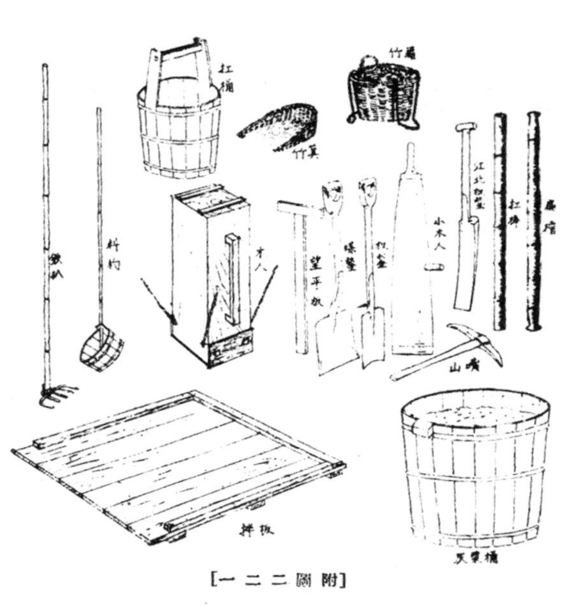

[附圖二二一]

甎作工人用器

築砌牆壁之甎作工人，所用器具如下：二尺長四摺之木尺一根，用以量短距離者；較長之距離，用十尺長之丈杆；更長者用五丈或十丈之皮尺或鋼皮尺。木製之大小兜尺各一；弧形套板；托線板；直尺；水銀平尺；麻線及扦子；泥刀；積水桶；噴桶；洋鐵皮；圓套。見圖二二二。

[附圖二二二]

清水作

老式房屋天井中，窗簷牆上及兩面山牆，繪畫歷史古劇天官賜福等口采畫，用方甎雕刻，或用石灰做成，櫓門頭上之花飾人物，及刨甎，割甎，瑪賽克地甎，磁面牆甎等工作。現在均因省事節費起見，凡全部櫓門頭，清水方甎門面，以及廟宇會館等之屋脊，咸已刪除不用；是清水作一業，在現今建築業中，已不甚重視；僅舖瑪賽克地磚與牆面磁磚之用耳。其所用器具如下：(一)鋸子；(二)鉋；(三)木槌；(四)行鑿；(五)斬斧；(六)鐵扦；(七)砂圓；(八)鉄皮。

第二章

第三節　空心甎

空心甎　甎之形體與實心甎同，係長方形經過燒煉之土塊；不同者，惟中間留有一個或數個空洞；而其性質亦可分別爲二種：

（一）疏孔

（二）堅煉

疏孔空心甎　泥中攙以木屑稻草，或其他易於燃燒之物，妥加混合，經機壓製而成甎坯，待乾透後，進窰燒之。其時攙於土中之木屑稻草或易於燃燒之物，一經强烈之火焰摧燒，則甎自燒成疏孔，輕體。此甎之特點，爲耐火，收釘，易於黏粉；可應用於法圈，分間牆，包柱子，屋面及平頂等。

疏孔空心甎之燒製適度者，試以鎯頭擊之，鏗鏘有聲。若用劣質之泥土，或因材料未曾妥加柔和，或燒煉之不工，則甎質鬆脆，易於碎裂。故甎於未用之前，須先試驗其品質之優劣。甎之用爲樓地板而須擔荷重量者，其外皮至少厚一英寸，兩孔之中間接縫，須厚六分。

疏孔空心甎分間牆　此項空心甎，用作分間牆，最爲適宜；蓋其優點在體量輕鬆，不生蟲蟻，冷熱不侵，中空足以隔絕音響，及潮濕不透。

第二二三圖中各種式樣之疏孔甎，專供分間牆之用，且其體積較諸普通實心甎爲大，故用任何甎作工人築砌，工事亦省。粉刷則可直

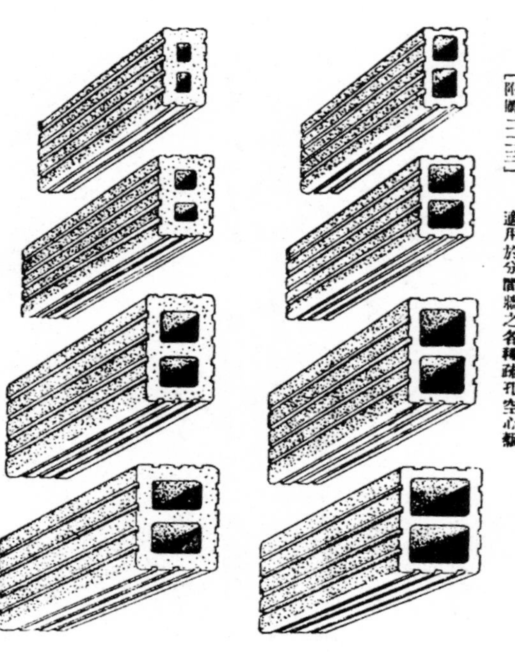

［附圖二二三］　適用於分間牆之各種疏孔空心甎

接粉於空心甎上，甎面有燕尾槽，蓋爲粉刷之轉脚地耳。因此甎之能吃釘，故踢脚板與台度，均可直接釘入甎中。

疏孔空心甎之襯托　因其有耐火之特點，故用以托襯於擔荷壓力之主要牆面之外，以禦火患。如二二四圖。更以中空，故潮濕不傳，熱炎與冷氣亦被阻塞，室中溫度，常覺舒快。空心甎與牆面鑲合之法，用灰沙膠粘，並用平頭釘釘入甎縫。

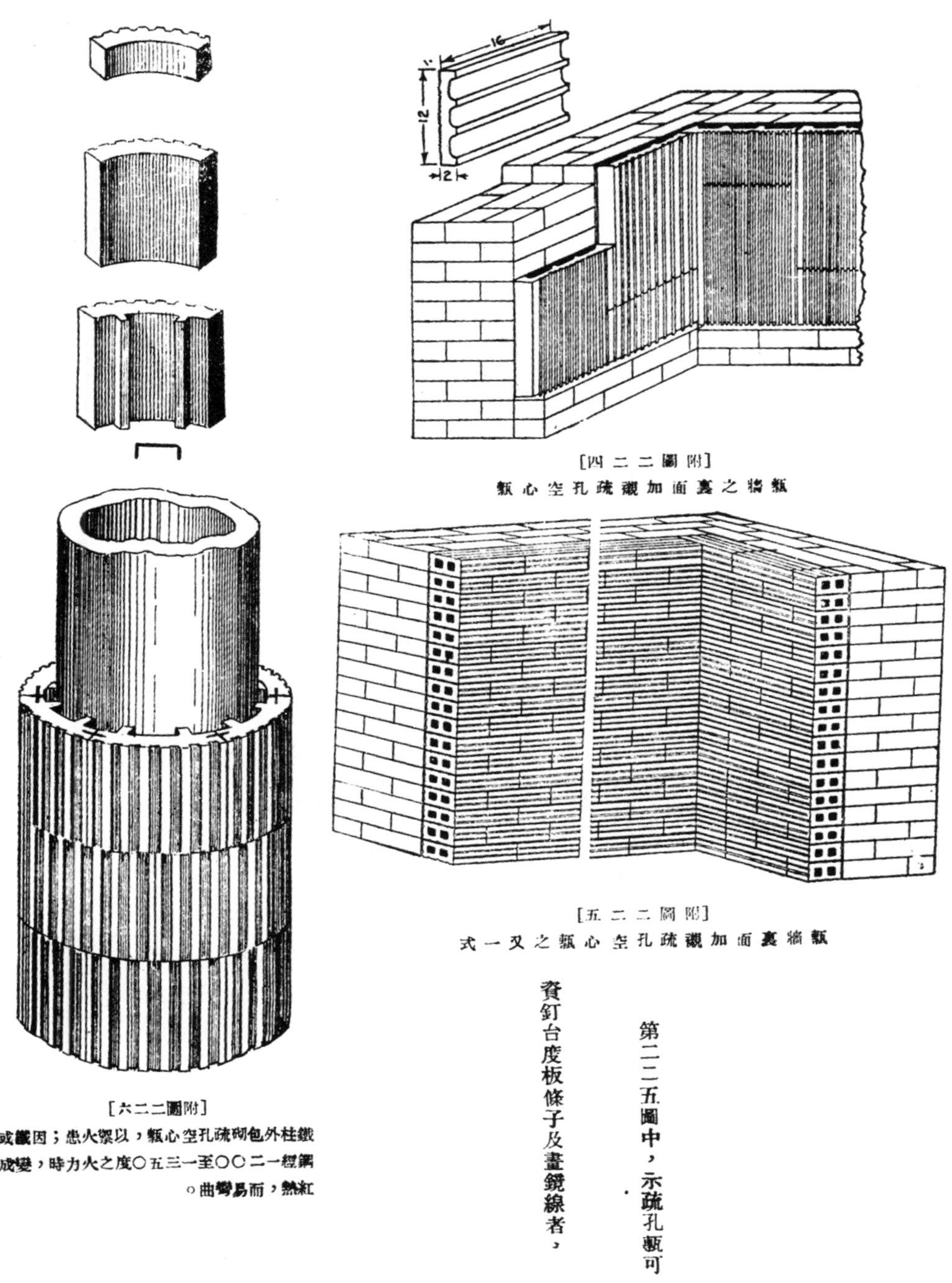

[附圖二二四]
甎牆之裏面加襯疏孔空心甎

[附圖二二五]
甎牆裏面加襯疏孔空心甎之又一式

[附圖二二六]
鐵柱外包砌疏孔空心甎，以禦火患；因鐵或鋼經一二〇〇至一三五〇度之火力時，變成紅熱，而易彎曲。

第二二五圖中，示疏孔甎可資釘台度板條子及畫鏡線者，

疏孔空心甎可資包護鋼梁及木料等　木擱柵及木大料，欲使禦火，則於擱柵底或大料週圍包以空心甎，如二二八圖。係將空心甎用白鐵螺旋釘及鐵華斯釘住；如此即雖擱柵底下置有廚灶，日常舉火煮飯，自可處之泰然。

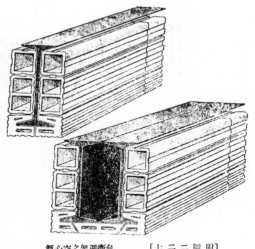

[附圖二二七]　包衛鋼架之空心甎

堅煉空心甎　此甎較之疏孔空心甎，自屬強昂，但易碎裂。甎坯於半濕時用機擠壓而出，故坯胎結實；迨燒煉後，其抵抗壓擠力自強。此項空心甎之堅度，可分下列三種：

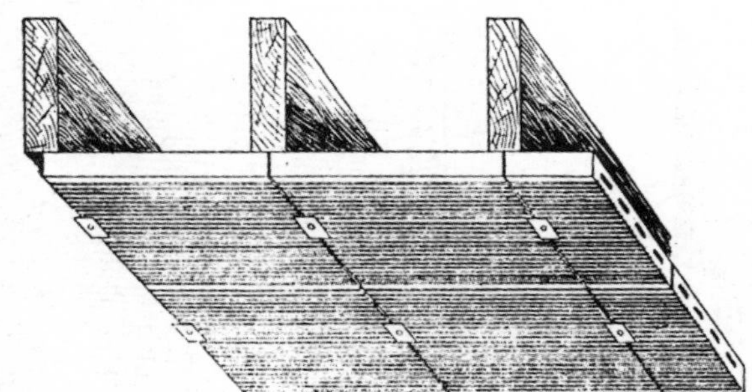

[附圖二二八]
保護木擱柵之空心甎

（一）極爲堅硬，如玻璃性者，吸水量少於百分之八，可用於外牆底脚處，或外無粉刷之甎作工程；其唯一條件，爲不易透進潮濕。

（二）堅硬之程度，較上述爲次，吸水量不過百分之十二，

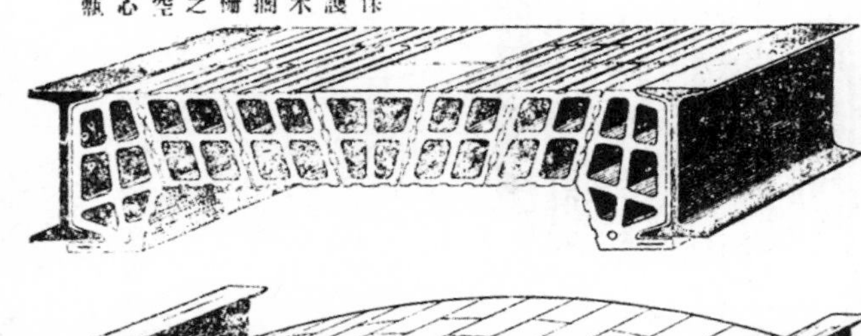

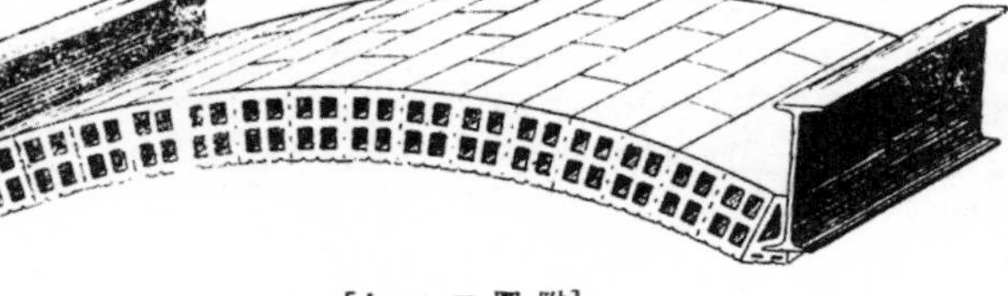

[附圖二二九]
撐於兩鋼架間組成法圈之空心甎，其跨度自十尺至十五尺。

普通可用於外牆，惟須膠黏面甎或做粉刷。

(三)普通者，其吸水量爲過於百分之十二，用物擊之，即能察知其聲之堅純。此甎之功用，爲包護鋼樑等，以禦火患者。

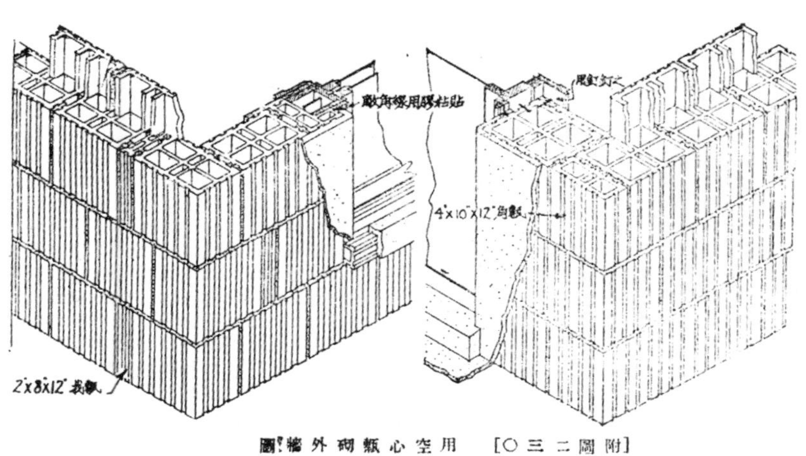

[附圖二三〇] 用空心甎砌外牆圖

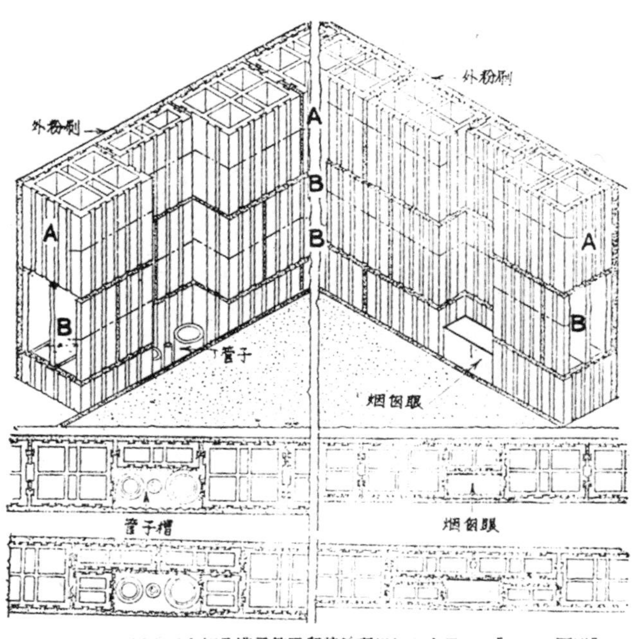

[附圖二三二] 用空心甎組砌外牆留置管子槽及煙囱眼之透視圖及平面圖

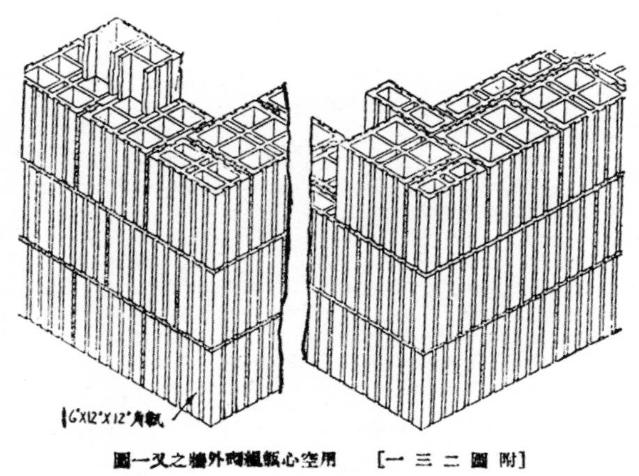

附圖二三一　用空心甎組砌外牆之又一圖

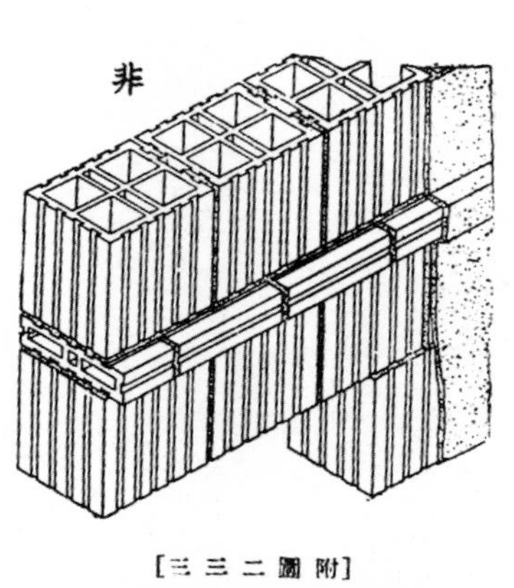

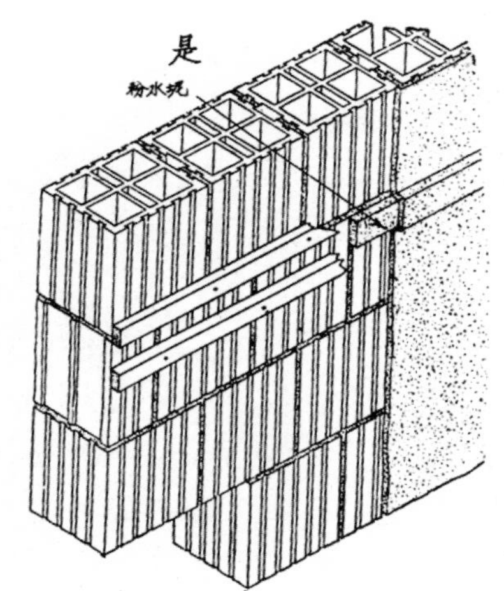

附圖二三三
空心甎外牆挑出束腰線之是與非圖

（待續）

燒土(BURNT CLAY)(下)

——建築章程補遺——

袁宗燿

燒陶磚(Terra cotta)之製造與使用，已有三千年之久；亞西利亞(Assyria)在紀元前十一世紀已經使用，此足爲明證。他如希臘，依曲羅斯干(Etruscans)，羅馬等均加採用，而中國之萬里長城，在紀元前三百年亦已用之。至於燒陶磚發展過程中之最高點，厥爲意大利自十四世紀至十六世紀之時。在此時期該國大部份之建築，如教會，禮拜堂，宮殿，醫院，及其他次要之建築等，多用此磚砌造。該國或可稱爲全世界唯一燒陶磚之代表建築，厥爲吧維亞(Pavia)之Certosa，建於一三九六年。至於英國，在十五世紀時，始用此磚，至十六世紀亨利八世皇朝時，召致意大利之美術家及技藝專家等，提倡採用此磚，不遺餘力，實予以一種新的興奮。自此以至於十七世紀之初期，忽漸消沉，迨至十九世紀之中期，始又興起採用此磚。此後則忽盛忽衰，需要無度矣。

美國採用燒陶磚之史實，雖極簡單，但在建築史中則佔有光榮之一頁。據可靠之記載，紐約在一八五三年有蘭維克君者(James Renwick)，以設計仁慈教會(Grace Church)與聖貝曲大禮拜堂(St. Patrick's Cathedral)著稱，從事製造此磚。繼之者爲一陰溝管製造商，此人曾依照蘭氏之設計，裝飾東亭大廈(Tontine Building)與聖旦尼旅館(St. Denis Hotel現尚存在，但已不再用爲旅館矣。)此後不久，麻省市政廳牢柱(Pilaster)之花帽頭，亦在該省之陰溝管製造廠內塑製者也。波斯頓在七十年前，亦有燒陶磚製造廠之成立。一八七四年所造之波斯頓藝術博物館，卽用該磚砌造。此殆爲該時期最大之燒陶磚工程。一八八三年華盛頓之冰心大廈(Pension Building)，所用淺黃色之燒陶磚壁緣(Frieze)，亦爲該廠所製造。惟前述各種工程，因無已往經驗可憑，故有嘗試性質。迨至一八七七年紐傑賽州Perth Amboy地方之燒陶磚製造廠成立，始基礎鞏固，正式製造，以迄現在，尙仍不輟。在一八七九年時，美國僅有製造一種紅色之燒陶磚；在一八八二年始有淡黃色之出品，同時大西洋燒陶磚製造公司，亦初次製造灰色之磚，而在一八八九年始有白色之磚出現焉。

燒陶磚係用特選之泥製造；此泥含有百分之二十至二十五之火酒(Grog)，係爲地下燃燒之泥質。此泥與火酒相拌成之混合物，將其舂碎，和以水份，在磨機內煅煉，然後流入特備之泥製模型內，式樣則須重行設計，但所需不多，亦可用手製之。燒陶磚之模型，其等級自十三吋至一呎，要視泥土在燃燒時之收縮性而定。陶質層係噴於綠色之陶土("Green" Terra)而成，置於蜂房形之窰中燃燒，其時約需七日至十五日，視磚塊之式樣而定。磚窰用物裹面，俾火燄不致觸及磚塊。磚之外層通常均不上釉藥，其色則有淺黃，灰色，赭色，紅色，棕色，大部份之色係透光者。上釉藥或塗瓷油之磚有光滑而不滲透之面層，色彩繁多，現時幾無限制。無光澤花崗石色(Unglazed Granite Color)係爲有斑點之陶質層，其色一如未磨光之花崗石。至於有光澤花崗石色則爲有斑點之陶質層，其色如已磨光之花崗石。又有多色形 (Polychrome) 之磚，一磚有二色或三色，或上釉藥或無光澤，但混合色則必須塗以釉藥者也。此磚初在十五世紀時有名勞比者 (Luca della Robbia) 所發明。勞氏係Florentine人，爲杜氏(Donatello)與奇氏(Giberti)之學生。至十六世紀，始由其姪安得利(Andrea)與安氏之子喬凡尼 (Giovanni)集其大成。迨喬氏在一五二七年逝世，此種製磚之術，就歐洲而言，全已失傳，中國則於焉興起。後至一六九〇年，北京冬宮 (Winter Palace) 中，始有多色燒陶磚之花園圍牆產生，然中國對於西方藝術之影響，除極少數例外，每被忽視也。

經四百年後，多色燒陶磚製造，重行發見，迄於二十世紀之初年，又復盛行一時。美國之 Madison Square 長老會教堂，卽係此磚所建造。此堂建於一九〇六年，至一九一九年拆卸，改造通常之事務所出租房屋，現則爲經營人壽保險業之百層大廈。但除紐約外，若在其他城市，對此技藝超羣之多式燒陶磚建築，將予以保存，引以爲榮。所幸該屋人字山頭內浜子，(Pediment Panel)現尚存在，附築於首都藝術博物院圖書館之翼室。大門入口亦改建於勃勞克林(Brooklyn)之藝術科學博物館。其他大部份改建於赫德福(Hartford)之赫德福泰晤士報館。故該屋雖未全部毀棄，零星保存，然已往光榮，可謂盡失矣。時至今日，則多色燒陶磚色彩繽紛，應有盡有。如紅色則自淡紅以至於深紅；藍色則自天青藍以至於深靛青色；綠色則自淺色翡翠綠以至於深青果色；黃色則自淡黃以至於深黃堇色；棕色則自淡色至紫棱色，以及淺紫色深紫色等；種類之多，不勝枚舉。他如再度燃燒，亦可塗以金色及銀硃色等，但所費殊屬不貲也。

燒陶磚最新之發展，厥爲現在市上所售機製之磚是。此磚之原料經過蒸氣發動之鋼製鑄模，然後再經烘乾，噴霧，燃燒等手續，一如手製較貴之燒陶磚。然此磚多用於房屋內部之護壁面磚，頗少用於外牆之面磚也。又有所謂結構燒陶磚(Structural terra cotta)者，(係與建築燒陶磚(Architectural terra cotta)有別，故名。)包括空心隔牆磚，板條(Furring)，包柱(Column casing)地板法圈(Floor arches)等具有避火性之建築材料。此種材料係爲現代之產物；而今日建築上所用輕量材料可以避火之空心燒陶磚，亦卽以此爲發軔點也。

空心磚之製造方式有三，爲密實的(Dense)，多孔的(Porous)與半孔的(Semiporous)是。密實之燒陶磚係用火泥拌合陶土或黏性製磚之土，置於模型內，在未燃燒前將其緊壓，然後置於蜂房形之磚窰燃燒。此磚之料，其質堅硬易碎，但避火之功能，遠勝多孔形與半孔形之燒陶磚。多孔燒陶磚係用木屑與純土拌合而成，在高熱度下燃燒之。此磚在燃燒時並不破裂，然後驟以水澆冷之。釘子及螺旋釘之屬，均能深入磚內，其牢固與木材無異。半孔形之磚，其土中約含有二成之煤屑，蓋在燃燒時藉此之助，使磚留有多少之孔隙也。空心磚之四邊均有凹口，以便承受灰粉等膠合材料。現亦有特製一面平滑者，蓋此磚砌於電梯通道等牆面，鮮用灰泥黏合；

試觀現時之電梯式樣，背面與兩邊之牆，吾人均無從瞥見者也。

間隔磚(Partition tiles)之大小，長闊各十二吋，其厚度則二吋，三吋，四吋，五吋，六吋，八吋，十吋，十二吋不等。二吋厚之磚僅用於廁所及其類似之處。三吋厚之磚可間隔至十二呎高；四吋厚之磚可間隔至十六呎高；六吋厚之磚可間隔至二十呎高；至於厚度在六吋以上之磚，已少使用；八吋，十吋，或十二吋厚度之磚，則所僅見矣。若空心磚之隔牆內豎立汽管或水管等，則另有特種之管形磚(Conduit tiles)，以防損及磚身，並可使工作堅固清潔。條子磚(Furring tiles)厚約三吋至四吋，兩邊留有深痕之凹口，以便在工作時分裂之。此種分裂之條子磚必須附砌牆上，不能獨立。又有書形磚(Book tiles)者，厚約三吋，闊十二吋，長則自二呎至三呎不等。此磚較長一端，有舌形及槽線，多用於斜度之屋頂等處。最近空心磚製造業又有兩大發展，一為「承重磚」(Load Bearing tiles)，一為「支持磚」(Back up tiles)。承重磚係用特種之土製造，設計之精，使磚可受極大之載重力；甚或超普通之磚而過之。此磚多用於建築物之外牆，並需塗以清水灰粉者。現該磚製造商並正設法製造此種不滲透之磚，以期露於外表，不需粉刷。至於支持磚一如其名所示，用以支持面磚工程；惟此磚形式雖多，均有一不同之點，即每六皮磚面能向磚內組砌。其他燒陶磚之產物，如陰溝管，鋪地磚，烟囱襯裏等種類繁多，不勝枚舉，皆在近代建築上佔有重要地位，不可缺少者也。

× × × × × × ×

Tile一字，源於盎格羅薩森之Tigel，Tigel又源於Tegula，而Tegule一字係脫胎於Tego，其意係指蓋蔽大地各種材料而言。磚自何時及何地製造，雖不可詳考，但此為最早之文化產物，殆不可諱言；蓋製土者之技藝，歷史首先記載者也。據牛康教授言(Prof. Rexford Newcomb)，自有史載以來，最初之磚為塗有藍釉與綠釉者，製造於紀元前四七〇〇年埃及第一皇朝時代。在薩加拉(Sakkara)金字塔之陵房，建於第三皇朝，其墳背之面，亦緣以藍綠色之磚。而巴比倫及亞西利亞在紀元前第八世紀，亦已能製造搪磁之磚矣。

早期對於陶器一術，發展最廣者，厥為波斯。其國人民在紀元前五五八年賽羅斯大帝(Cyrus the Great)建國時，已開始製造，迄於今日。至其黃金時期，則自第十世紀至十六世紀，其出品可謂精良絕倫，無出其右者也。製磚之術，由波斯傳至敘利西，土耳其，埃及與北非洲等地。迨後吐尼新人(Tunisians)受波斯人民之影響，加意倣造，後漸獨出心裁，自行創製一種式樣。此業賡續至十八世紀時，幾至失傳，迨至法國一八八一年時，始再復興。但今日吐尼新磚在陶業中，仍佔大宗之出品焉。自摩耳人(Moors)將製磚之術由北非洲引入西班牙後，時至今日，西班牙之磚精良美觀，在全球允推獨步；藉此並可追跡陶業在歐洲之發展。意國在十二世紀時，由西班牙輸入製磚法。法國在一三八四年時，有旅法西班牙工匠，製造西式之陶器及磚瓦，雖該兩國在前亦已開始製造相當數量之陶器出品。荷蘭製磚之法，習自西班牙與葡萄牙，可無疑義；而該國在十七十八世紀時，其磚業在全世界可稱巨擘，英國即為其大主顧。英在一六九〇年荷蘭工匠僑居斯丹福州(Staffordshire)時，予磚業以極大之動力，促進其發展，雖英在中古時期亦已開始製造磚瓦也。英之最早磚瓦建築物，殆爲康德白里(Cantebury)之聖沃古斯汀(St. Augustine)寺內一小教堂，其磚當爲十三世紀時之產品；惜現已拆卸。他如著名之威士敏寺一部份建築，所用磚瓦亦係十四十五世紀時之出品。至於美國之製磚業，現尚幼稚；有記載可考者，第一次試製磚瓦，厥爲凱士 (Sammiel Keys) 在匹斯堡(Pittsburgh)所組織之明星製瓦公司。迨嘗試告成，翌年在喔海喔州成立一同樣之製造廠，此兩處卽爲製磚業之嚆矢，自此逐漸發展，現與世界各國並駕齊驅矣。

磚或用手製，或用機製，原料或係天然泥土，或係他種材料，如本地或他國輸入之長石(Feldspars)燧石(Flints)等。此種材料根據所需要之磚塊種類，愼加選擇，將其拌合。製造之法，有塑型(Plastic)與壓土(Dust Pressed)兩種。塑型之法，係將土用水攙和，經由拌土機，使土勻淨一致。然後用手或藉機械將土壓入模型之中。乾後置於燒窰箱(Sagger)內，送至窰中燃燒。壓土法將土磨淨，攙和水份，經由濾清器，使過多之水得以擠除。迨土乾後，將土搗成粉末，然後壓入金屬製之模型內。每方均加檢視，邊沿如若粗糙，分別予以修整，然後置於燒窰箱內，送入窰中燃燒。染色之瓷器及其他類似之磚，均用塑型法製造；透明及半透明磚及其他有光澤之磚，則用壓土法製造。各磚燃燒度數　一次或二次不等。無光澤之磚，一度燃燒後，形成不同程度之玻璃質，色彩及磚面交織等。磚之色彩或選用某種泥土，燃燒後使成特種色彩；或於燃燒時加以某種金屬養化物，如鈷(Cobalt)，鉻(Chromium)及其他金屬。原料之性質與顏色之成份可使某種混合物燒至完全化爲玻璃質；其他則不能，蓋物理作用將使製造之出品，發生損壞也。因此之故，無光澤之磚可依照其色彩燃燒至透明或半透明式。在製造釉面磚時，先將「綠」磚("Green" tile)在華氏二千度以上之高熱度下，初燃於素瓷("Biscuit"卽未上光彩之陶器)窰中。此所產生之素瓷，或用塑型法，或用壓土法，經一度燃燒後，塗以釉油，再置於熱度較前容低之光澤窰(Gloss Kiln)中燃燒，使釉油與瓷融合，發生光澤。釉油係用搗成粉末之燧石，長石，土及流質等所調和而成。鉛與錫亦用以爲釉藥之材料，但不若長石之能受高熱度燃燒。釉面磚均藉各種金屬養化物產生不同之色彩，若和以鋅，在燃燒卽用以區分色彩，沾染主料，鎔解釉藥者也。透光之壓土磚，其色澤有白色，銀灰色，青綠色，淡藍色，深藍色；粉紅色，乳色，及各種花崗石色。半透光之壓土磚，其色有淺黃，虎黃，淡灰，紅色，可可色，黑色，及各種花崗石色。釉面磚可區別爲釉光磚，搪磁磚，及無光澤磚三種。凡白底而塗以無色釉藥者，可歸於釉光磚；凡白底而塗以有光澤之釉藥者，可歸於搪瓷磚；磚之白色或有色而無光彩者，均屬於無光澤磚。

染色之瓷器(Faiences)色彩頗多。大多用浮彫模型製造，線條凸出，以資點綴。礦磚 (Quarry tile) 爲大型機製之磚，其尺寸有6"×6"與9"×9"二種，厚度有六分與一寸二種。威爾許礦磚(Weish Quarries)係用土製，再加重壓者，其色有紅，棕不等。美國礦磚係藉螺旋機用泥板石 (Shale) 製造，色有紅黃兩種；淡黃色者，係泥板石與火泥拌合製成。現時美國市場所售之磚，除自製者外，舶來者有亞洲，北非洲，西班牙，荷蘭及法國等地，實屬五色繽紛，目不暇接。他如波斯，突尼斯，西班牙，及荷蘭等地之古磚，亦不難求之而得也。

人類自有居屋以來，即感屋面瓦之重要。何時及何地初次製造，已不可攷，其地或在小亞細亞，不久即傳至中國，但其時間，至少當在紀元前數百年也。最初所記載之屋面瓦，係在亞林匹亞之海拉廟(Hera Temple)，爲時約在紀元前一千年。其瓦作鍋蓋式，頗似現時所用者。惟圖分頗闊，不若現在之剖斷面爲半圓形者也。早時希臘與衣曲羅里亞(Etruria)之廟宇，其磚係爲平闊之鍋蓋形，邊有凸緣，並有圓錐形之蓋。此種式樣之屋面瓦，即爲希臘批里克令時代(Periclean Age)大理石屋瓦之先聲。中國，高麗，及日本均能製造美觀之屋面瓦，據稱其技藝除希臘及意大利外，舉世實無出其右。美國最盛行之瓦亦爲鍋蓋形者；通稱「教會」瓦("Mission" tile)此瓦在地中海兩岸，北非洲，西班牙，葡萄牙，法國南部，意大利，希臘，及小亞細亞，已使用數百年。迨後葡萄牙人復將此瓦導入西印度，墨西哥，加利福尼亞，及南美之西班牙殖民地；巴西之瓦，則由葡萄牙人引入之。在諾曼台（Normandy）與不列旦尼(Brittany)與英國，幾全使用木棉平瓦（Flat shingle tile）。在英國之南部，屋瓦全用紅色，幾令人不易得見其他色調。薩里斯勃來(Salisbury）地方之屋，其頂有百分之七十五均蓋屋瓦；甘德勃來(Canterbury)之數區禮拜堂，亦復如此。蘇薩克斯(Sussex)之瓦，平均長十吋，闊六吋六分，厚五分；該國他處之磚長約九吋六分，闊約五吋三分，厚約四分。英國除屋瓦外，其南部在十七世紀末與十八世紀初時，居室之牆間懸以屋瓦，頗屬通行；此種屋瓦，其式樣有平面長方形，半圓形，魚鱗形，及Vee形等。

梳包式瓦（Flemish tiles）爲一種互相交接之瓦，行於英國矮而傾斜之屋頂。比國，德國，及瑞典與挪威等國，亦多用之；德國有一部份亦用木棉平瓦者。美國第一次屋瓦之製造，當推加利佛尼亞省之印人，此瓦一如西班牙之鍋蓋式。用手製造，據傳說係就工人之大腿爲模型者。英國殖民地第一次製造屋面瓦，係爲一七三五年木薛凡尼亞省蒙德古美州(Montgomery County)德國僑民所製。白斯爾罕(Bethlehem)之瑪拉維亞人(Moravians)亦於一七四〇年開始製造屋瓦。喔海喔（Ohio）之日耳曼鎮（Germantown），於一八一四年有一果敢之德人，自製木棉瓦以蓋蔽其住屋。同地之Zoarities 教派，亦手製木棉瓦，以供教區居屋之用。此種早期製瓦之實驗嘗試，均拘囿一隅；迨一八八〇年紐約之雪雷同燒陶磚公司(Celadon Terra Cotta Co.)成立，始樹磚瓦製造業之規模。該公司現尚存在，惟已屬於Ludowici-Celadon Co.之一部份，而原有之公司，則歸併於路度惟西磚瓦公司（Ludowici Co.），該公司於一八九三年已在支加哥開始製造磚瓦矣。

屋面瓦在已往數年，在技藝方面言，未能謂爲成功。最通行之式樣，爲S形之交接瓦。他種交接瓦亦有製造，雖甚美觀，惟過於機械化，但在過去二十年來已轉換趨向；現時美國所製之瓦，確甚美觀，無讓於歐洲之古瓦也。

美國近時各地，能製精良之「教會」磚。尚有兩廠能製造極優良之木棉磚，在照片中與英國百年前之木棉磚置於一處，實可亂眞。

除此之外，亦製各種不同之交接磚。屋面瓦或用泥板石製造，或用陶土與泥板石混合製造。色彩除本色外，與前述燒陶磚無異。比國雖進口少許，但需要不多。約二十年前，有巨商第林(Deering)者，與建華廈，因在美國本國不易購得美觀磚瓦，不惜鉅資，遣人至古巴購取大量之屋上舊瓦；當經發見此種屋瓦初在西班牙製造，迨後運銷古巴，因磚上留有西班牙出品標記也。最近紐約又有一巨商，在長島(Long Island)建造私邸，亦派人至諾曼台及不列旦尼搜羅大宗舊瓦，重行蓋用。

本文至此結束，余(原著者自稱)非敢將陶土一業，備述無遺，僅撮其崖略，使初撰建築說明書者，對於此種材料及用途，有概切之常識耳。(譯自美國筆尖雜誌)

誌謝

茲承陳兆坤建築師惠贈大著「實用建築學」共四冊該書搜羅豐富敍理簡明切合實用為工程界不可多得之佳作特此介紹並誌謝意

建築史（五）

杜彥耿譯

波斯建築

總論

地理，歷史及社會

六十五、地理 波斯位於亞細亞高原，東起印度江(R. Indus)，迤邐而西，迄於太格利斯(Tigris)一片大高原之西部，有高中原名伊蘭(Iran)者，爲波斯人之發源地。該處本爲伊蘭族散居之大地，後漸移居於太格利斯與猶罘腊次兩河間之叢山中，於玆分成米田(Media)與波斯兩個帝國，前者佔居西北部份之高原。

波斯初居地曰『法西斯登』(Farsiston)，或卽『法斯』(Fars)；攷其名意，源於派西斯(Parseas)，或卽拜火者(Fire worshippers)之意，由是卽以拜火者之名以名其國，波斯之本土(Persia proper)，其氣候可分爲熱地與冷地兩部。

六十六、地質 屬於熱地之部份，係一帶背山臨海之平原，其闊度約自十英里以至五十英里；地係沙土及黏土間雜者，頗爲貧瘠，更乏淡水水源。但波斯本土之大部份，係在冷地，包括山嶺，平原及狹隘之山凹。

六十七、宗教 波斯之宗教，胚胎於埃及或巴比倫，及紀元前一千年查洛唉斯脫(Zoroaster)所作『Zend-Avesta』一書，至今波斯人仍奉爲聖書者，書內述善惡因果，藉羣力戰退惡魔，其登光明之域；並謂整個世界，支配於兩個强力之下，一爲光明(Ormuzd)，一卽黑暗(Ahriman)。故太陽，火，空氣及水爲光明之象徵；

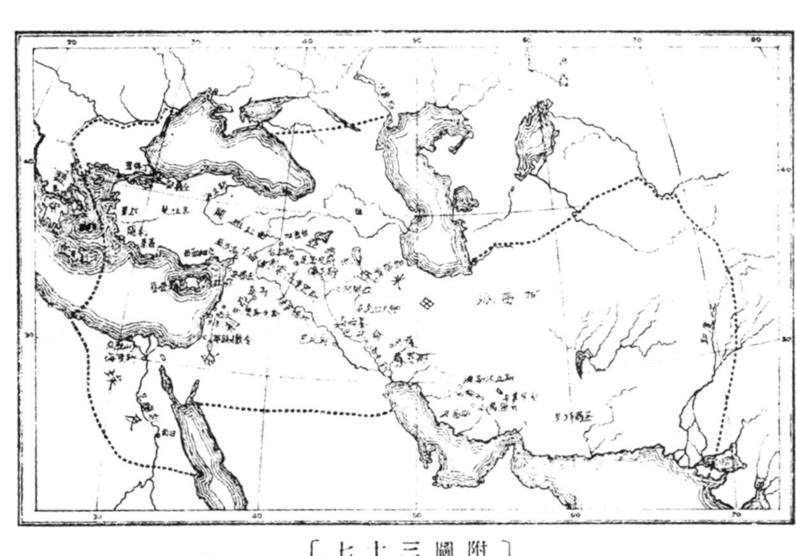

〔附圖三十七〕

沙漠地之旋風，黑夜及寒冷，均爲黑暗之象徵。此種信仰，直至第十七世紀之中葉，波斯人被謨赫默德追逐逃往印度；然其信仰心迄今奉行不衰。故人號爲火之崇拜者，蓋卽波斯人之意也。

六十八、歷史　約於紀元前七世紀中，米田之在西亞細亞，旣佔有優越之地位；而在賽克守爾斯（Cyaxares）掌握國政之時，得巴比倫之助而克復亞西利亞；佔奪猶尼和（Nineveh 上期稱梅尼和，實誤。）遂建立米田帝國。後復被波斯之大賽羅斯(Cyrus the Great)所乘而傾覆之。

米田與波斯，旣同種，又同語言，而起居生活亦同，宗教則大致無異，是以遂組成一個單純國家。米田人在國中，亦握有大權，並得人民之尊敬。由是兩伊蘭族帝國之合併；賽羅斯(Cyrus)不久遂佔領亞細亞之全部高原，太格利斯，猶衆腊次，班拉斯丁(Palestine)，腓尼基(Phoenicia)及小亞細亞。

賽羅斯手創之帝業，保持二百二十八年，卽起希臘與波斯之爭，經過長時期之爭持，勝利卒歸諸亞歷山大大帝，(Alexander the Great)，時在紀元前三三〇年。

波斯建築之風度

主要之特點

六十九、和諧　波斯建築之特點，厥爲整列與相對式。無論其建築之典式及花飾圖案，與希臘類似，波斯房屋之設計爲門對門，窗對窗，柱對柱，且室亦與室相對；而建築中之幾何畫，有時實酷肖希臘之作風。

七十、建築雄偉　波斯宮殿中，有兩個特色之建築物，卽爲盛施雕刻之扶梯，與巨柱楹列之廳堂。因根據巴比倫之習慣，房屋建於臺基上，而於宮室之外，並有紀念物之表誌。

當米田時代，宮中楹柱或墩子，咸用木材；迨波斯獨攬西亞細亞優越之地位後，乃用石柱以代前之木柱；然此項石柱之高度，以與柱之闊圓相比較，似嫌過細；但彼能支持二千餘年之久，而屹立不倒者，由是可見波斯人善用其敏思之一斑。

七十一、不同凡響　波斯人鑒於米索帕達密之建築，取材不固，並視支持爲非重要構築之一部份爲不當；返顧埃及之建築，石柱雄偉，何等宏崇牢固，遂揆此兩因以產生波斯建築。然波斯建築雖治埃及與巴比倫之美藝於一爐；而諦視之，實不能判其做自任何一國，蓋彼蘊有獨立不撓之波斯色彩在也。爰波斯建築實無庸置議，係融合多方面之藝術而成功，自非執一能以之比擬者。

建築典型

宮殿與坟墓

七十二、宮殿　多數波斯古屋，祇剩列柱屹立，無牆垣，無門戶，亦無屋頂；更乏歷史之記載，足資探攷房屋之眞實外表，與內部之構造也。

衣克白太南(Ecbatana)，爲舊時米田之首都也，亦宮殿建築最負盛名之所在也。該項宮殿，爲賽克守爾斯執政時所建，後復由波斯帝王擴展之。洎後在沙薩(Susa)及波斯波立斯(Persepolis)，亦有放建此項建築者。因衣克白太南之柱子用木，後述兩處則用石柱或雲石柱，故知衣克白太南之必先於沙蘇與波斯波立斯也。

在波斯波立斯殘圮之宮中，有宮殿建於直立石砌臺階之上者，其高度自地平起二十英尺或二十英尺以上；梯階自平地昇至臺上，有數處甚爲平坦者，所以備馬匹之便於上下也。其有一處，階闊二十二尺，臺階上之五座宮殿，其建於正中之四座，內包含大羅斯宮(Darius ，在紀元前五二二至四八六年，波斯之國君曾於侵略西闍 Cythia 時，在馬拉松地方Marathon遭受擊敗者。)，柴克斯宮(Xerxes，紀元前五一九至四六五年，波斯之國君，曾統領水陸兩軍，進攻希臘，迨其小部在薩拉馬Salamis被擊潰散，因卽敗退波斯。)，亞塔柴克斯宮(Artazerxes，紀元前四五六至三六二年，波斯之國君曾佔克埃及，並在寇南薩Cunaxa擊敗賽羅斯Cyrus者。)，並有一偉大之列柱廳。

七十三、大羅斯宮 (Palace of Darius) ，高一百三十五尺，長與闊均一百尺，南有梯階兩座，其牆壁，三角檔及欄杆等，均施以淺浮之雕刻。拱衞室設於入門兩旁，後卽大廳，形方，進深五十尺。此廳之屋頂，係用十六根柱子支持；柱子分四行，每行四根；惟現在則僅剩柱子之坐盤，柱子蓋已消失，故無從判其柱子之係石者，抑爲木者。在大廳之後與兩旁，爲大小不一之房間；其最大者四十尺×二十三尺。綜觀此屋之外形，頗類希臘之小型廟宇。

柴克斯宮之形表，與大羅斯宮類似；惟面積特大。亞塔柴克斯宮則以塌圮過甚，殊難窺其廬山眞面矣。

除正式之宮殿外，其臺階中亦有附屋，如巨大之城門，使猛獸守駐之，以及其他以巨柱支撐之廳屋及房間，並有淺浮雕刻等藝術。

七十四、坟墓 賽羅斯(Cyrus)皇陵之在派薩戲台(Pasargadae)者，爲最著名最古遠之坟墓。墓外係小型希臘人字山頭之廟；冠於重重石級臺階之頂。墓後牆間，闢一小門，經狹隘之甬道，達於一長十一尺，高闊約七尺之小室；在此小室中，陳列金棺一具，蓋卽一代英主之歸宿地也，自剩留之柱子推度之，此室本係長方形，四週之廊廡，以列柱圍繞之。此整個之構造，及在廟形坟墓上之線脚，靡不十足表現希臘之色彩者。

其他波斯之王陵，咸於石山上鑿出相當高度，與埃及後數代君主之石葬相倣；但其墓之表面，係爲純粹之波斯建築型式，並具波斯固有之藝術風格者。

建築之詳解

平面，牆垣，屋頂及花飾

七十五、平面 波斯房屋，大都係長方形；並注意於相對之並列者。排列之柱子，其厚度及高度，每根柱子大抵相同；而柱子排列之距離，亦復相同。

七十六、牆垣 牆之厚度，有時極爲堅厚，蓋用整塊之大石壘砌，而以鐵鈎鈎搭者。煉甎普通亦都用之。牆係垂直之立體。埃及之牆壁，下脚拋出，上面斜進，波斯則並不倣用之。

七十七、屋頂 大多數屋頂，均用木材構架，惟間亦有用石板構成者；例如雲石塔（Marble tower），二十四尺方，三十六尺高，建於南克許益羅斯丁（Nakhsh-i-Rustan）地方；塔係用四塊巨石板蓋護屋面，及用鐵搭妥爲鈎繫，而成升底式之屋面。

七十八、門窗堂 門及窗大體與在埃及所見者同，均屬方頭而繞以簡單之門頭線及凹線，或飾之以台口門頭等線脚，門堂之寬度與其高度相比，均屬過狹。

七十九、線脚 線脚極爲簡單，大體係圓線與凹線。

八十、柱子 波斯柱子之建築式，若與埃及或亞西利亞之柱子較之，則完全不同。所有雲石或其他石料之柱子，均係胚胎於彼舊時之木柱子。有數根灰色雲石柱子之在波斯波立斯者，高六十尺，直徑六尺，可以想見其偉大矣。波斯柱頂之花帽頭，有三種或四種，分別之如下：

（甲）半面之牛頭，或半獅半鷹之頭；而其方向則不定者。如三十八圖（a）。

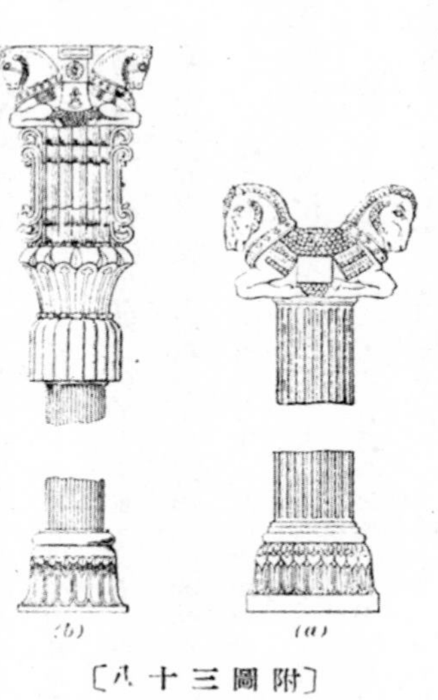

〔附圖三十八〕

（乙）花帽頭之用四個或較多之頭捲成鬈渦及四面出向者。如三十八圖（b）。

（丙）混和之花帽頭，分三節，以荷花之瓣，倒掛之葉，垂直之鬈渦及半個牛頭或半獅半鷹合成者。如三十八圖（d）。

八十一、花飾 波斯花飾之在牆壁，傢具或室內任何處所者，現均無存；有之，惟巨大柱頂之牛頭深雕刻耳。按此種圖形，有兩種分別：一爲完全獸形，一則爲人類之首，鷹之翼與牛之身及足。其他雕刻，有以君主之首，配以獅身或牛身者；而必配列成對，並有羅列成行之衞士，侍臣，手持貢物者等之塑像。花飾中常有埃及之色調，如荷花瓣之於花帽頭，及荷葉垂掛於柱子之坐盤等處。

（波斯部份完）

希臘建築

總論

地理，歷史及社會

八十二、地理 希臘居於巴爾幹半島之南部，見三十九圖，係一小國，其面積之最長處僅二百五十英里，而最闊處亦不過一百八十英里。但其歷史綜錯，實較歐洲任何一國爲特殊。地咸近海，又復多山，濱海優越之區，如海島，海灣等構成天然良好之港口。復經山嶺之分隔，遂形成各個獨立之部份，在各分段中一片平陽

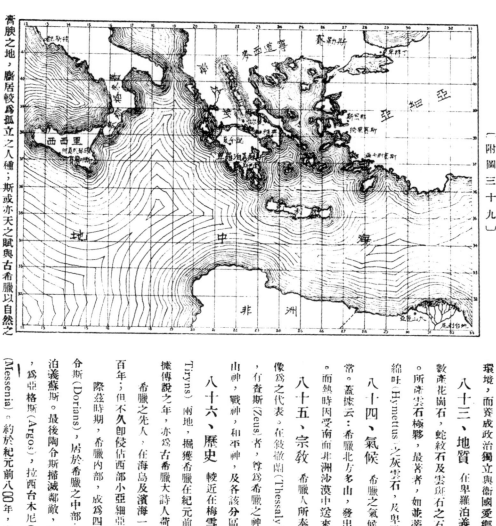

膏腴之地，齊居較爲孤立之人種；斯或亦天之賦與古希臘以自然之

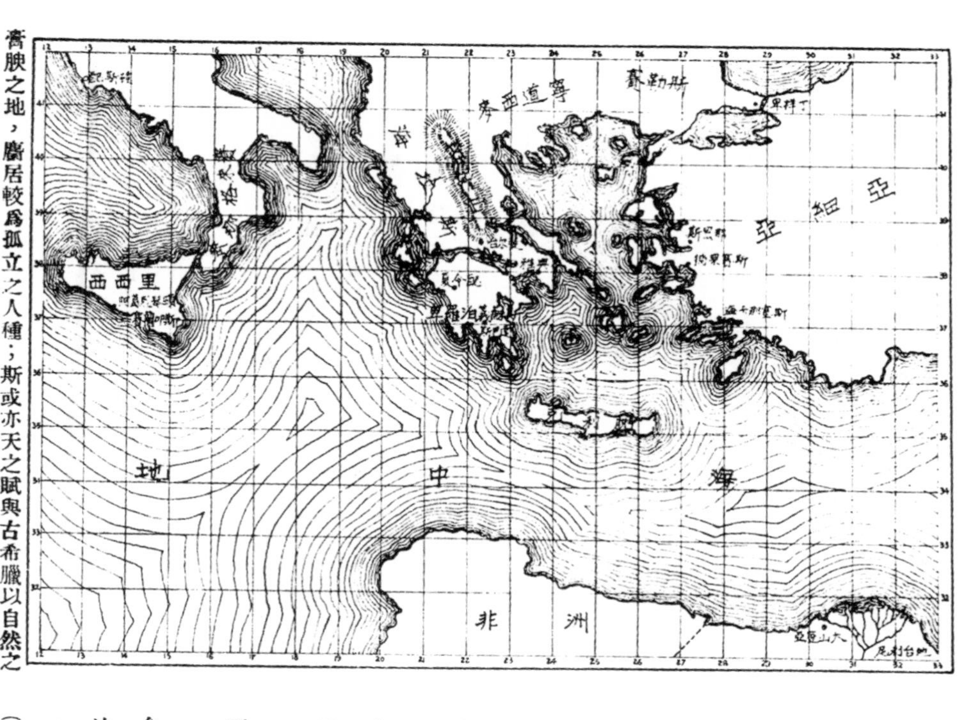

〔附圖三十九〕

環境，而養成政治獨立與衛國愛鄉之堅強精神。

八十三、地質　在卑羅泊義蘇斯(Peloponnesus)地方，有多數產花崗石，蛇紋石及雲斑石之石山；然大多數之山，盛產有灰石。所產雲石極夥，最著者，如莊蒂蓮寇(Pentelicus)之白雲石，海綿吐(Hymettus)之灰雲石，及卑羅泊義蘇斯之綠紅兩色雲石。

八十四、氣候　希臘之氣候，熱時炎灼逼人；冷時則酷寒異常。蓋據云：希臘北方多山，發出冷氣，吹襲各處，以致寒冷特甚。而熱時因受南面非洲沙漠中送來熱風，故酷熱亦異常時。

八十五、宗教　希臘人所奉之教旨，爲自然之偉力；但無造像爲之代表。在鐵撒蘭(Thessaly)之亞介配山(Mount Olympus)，有查斯(Zeus)者，尊爲希臘之神主。此外更崇奉多神，如河神，山神，戰神，和平神，及各該分區之地方神等，何慮千百之數。

八十六、歷史　較近在梅雪南及泰令斯(Mycenae and Tiryns)兩地，掘獲希臘在紀元前之千年文物；而在此時期，係根據傳說之年，亦爲古希臘大詩人荷馬作詩之時代。

希臘之先人，在海島及濱海一帶居留最早者，爲紀元前一千三百年；但不久即侵佔西部小亞細亞。

際茲時期，希臘內部，成爲四分五裂；其中特殊者有二：曰陶令斯(Dorians)，居於希臘之中部，曰亞慶斯(Achaeans)，在卑羅泊義蘇斯。最後陶令斯掃滅鄰敵，擴展國境，而成九府，其主要者，爲亞格斯(Argos)，拉西台木尼(Lacedaemonia)，及米西尼(Messenia)。約於紀元前八〇〇年，陶令屬之雄者，猶自相攻殺，卒爲拉西台木尼戰克亞格斯及米西尼，而佔領卑羅泊義蘇斯三分之二之轄境。

八十七、　當其時，希臘中部之亞帝凱(Attica)，亦漸嶄然露頭角，並在雅典從事民治政制之修革，時爲紀元前五二〇年。自經此鼎革後，復繼以海陸軍之戰勳，屢著功績。如凱爾西(Chalcis)之得取並調遣水師，以助在小亞細亞反抗波斯之希臘人，要求波斯國君允許共同協治之權，遂引起希臘與波斯不能避免之衝突。波斯第一次進攻希臘，即告敗北，時在紀元前四九二年。越二載，波斯國君復統大軍，再度侵略希臘，不幸復爲少數之一萬雅典軍與一千巴拉斯丁軍擊敗於馬拉松。

在紀元前四八〇年，波斯復三度——或即最後一次——攻討其執政柴克斯。當此役也，亞帝凱被佔，雅典亦被焚燬；但少數之希臘軍，猶在謝木斑瓓(Thermopylae) 作殊死戰，以抗波斯王軍之前進。旋復戰勝波斯軍，而於薩拉彌(Salamis)一役，波斯艦隊，幾全遭傾覆，雅典軍遂乘勝於無抵抗下進佔小亞細亞沿海口之希臘城。

八十八、　雅典自經此次獲勝後，遂聯併愛琴(Aegean在希臘與小亞細亞間之島嶼）。及歐洲濱海一帶，除米洛斯及齊來(Melos and Thera)兩處外，以及小亞細亞之希臘區域，無不在其擴大之聯邦治下。由是雅典之富强，大有不可一世之概，且亦爲各種藝術詩詞等發展之黃金時代。而一般倡導藝術者，尤爲當代之大政治家，當衆演講，提倡不遺餘力；故當時之學者藝人，咸薈萃於雅典。而泊龐比拉及派臧(Propylaea an1 Parthenon)兩廟亦建於斯時。愛斯邱羅斯及沙福葛爾斯(Aeschylus ane Sophocles)二氏所編之戲劇，菲達(Phidias)氏獨絕之雕刻藝術等，亦係該時代之產物。因內部意見紛岐，更以互相猜忌之故　遂於紀元前四三一年，在卑羅泊義蘇斯引起戰爭，結果爲斯巴達(Sparta)握雅典之大權而有之，未幾，斯巴達復爲徐勃斯(Thebes)推翻之。希臘自經此次戰爭，國勢稍弱，而被麥西道甯(Macedonians)好戰之君主，斐列浦(Philip)及其子亞歷山大(Alexander the Great)所乘。

八十九、　希臘國勢之昌盛，與商業之發展，實有賴於波斯之侵略。蓋希臘國中，本成羣雄分據之局面，自得波斯之侵入，遂亦破除私見，實行精誠團結；同時亦改弦易轍，一變其愛鄉觀念而爲愛國觀念。迨與波斯停止戰爭，於是在其大帝國境內，無不交通暢達，商業繁盛，突破以前各自爲謀之陋習。當斯時也，希臘之商人，有聯隊相率直抵中亞細亞及印度洋之岸，以貿易者；其大哲及學者，曾游歷古代文明發祥之中心點，如埃及等處者，迨其返國，即將所聞所見，錄著成帙。尚有好探險，喜遊歷之士，並愛其鄉，遂以文化溝通國內及國外殖民地，以及地中海各部。希臘之開拓殖民地也，以其有裨於其人口之過剩；且同時亦欲擴强其在地球上之權威，勢力及財富；並攜其祖國之文明，以與東方文明相融洽。

希臘人民，無論其在何地留居，終不離其優良之社會生活，及其高尚之習慣。雖地方上之紳士，住於城市或鄉村者，咸喜戶外之運動，或在體育館中煅煉其身體。且常趨市場，在交易之談話中，互各交換其個人之思想及見解，故市場亦爲總會之一種。哲學教師之數導其學生，詩人之朗誦其近作詩歌，希臘人民之參與美術展覽及關於美藝新作品之盛會，欣賞之餘，輒加以大聲之贊許，或低聲之羨歎。

希臘建築之風範

主要之點

九十、希臘典型之一斑　由於波斯之戰爭，而引起希臘人亦誠之愛國心，乃羣起謀政治之修革，學術之邁進，以冀鞏固其國本，使之安如磐石。雅典居於特殊之地位，故遂爲各種學術之集中點；而建築學與雕刻藝術在各種學術中，亦爲重要之一部。當代希臘藝術家之偉構，自是値得後人歌頌者；蓋此項建築物，至今雖存留於殘斷塌圯之狀態中，然仍不失巍巍之壯觀者，其文化精神之偉大，亦足稱矣。希臘之於此種精美之柱子搆築，分三種典型，或稱三種式例，卽陶立克，伊華尼及柯蘭新(Doric, Ionic and Corinthian)。

(a)　(b)　(c)

〔附圖四十〕

九十一、　圖四十(a)爲陶立克式，(b)爲伊華尼，(c)爲柯蘭新。陶立克式古意雋然，而其結構之謹嚴莊肅，遠超秀美之觀感。伊華尼式較爲簡單，而配襯均勻。而柯蘭新式則特別注重美觀，試自其花帽頭鬈葉等圖案觀之，自可想見其美妙矣。

綜合柱子結構之各部，名曰典型，或曰式例；此中包含三個主要部份：(a)坐盤(Stylobate or base)，(b)柱子(Column)，(c)台口(Entablature)。圖四十(a)垂直線之括弧，右邊所註 a爲坐盤，b爲柱子，d e f爲台口之主要部份，d 係門頭線(Architrave)，e係壁線(Frieze)，及f係台線(Cornice)。

九十二、　在圖四十(a)中所見之陶立克式柱子，有圓形之柱幹或卽柱子(Shaft)，及c花帽頭（Capital），係以饅形線脚(Echinus)構成，突出柱身之外，而蓋置於柱之頂巔，加於饅形線上之方頂，曰帽盤(Abacus)。

陶立克式柱子其根際無坐盤者，柱身連花帽頭在內，其高度等於柱身對徑之四倍以至六倍；柱幹自底部向上收小，故其外線之上口向內收進，中間略有弧形，是謂凸肚形（Entasis）。壁緣間之方塊裝飾物 g 名排檔（Triglyph），而於排檔兩旁空白 h 爲排框(Metope)，x者示刻於柱幹之槽，名曰指甲凹槽(Flutes)；普通一根柱子有二十條凹槽。第四十圖所示希臘柱子之式例，其坐盤之厚度相同；然因各種柱子根據式例比數之不同，故柱之高度遂亦因以各異。

九十三、　希臘伊華尼式例，見圖四十(b)，其高度略逾柱幹對徑之九倍，卽包括坐盤，柱幹及花帽頭之高度。柱幹雕刻指甲凹槽二十四條，而以e字之筋肋小線脚分間之，柱之中段亦爲凸肚形。坐盤有線脚圍繞，花帽頭則以四個鬈渦及花飾等組成之。台口係以門頭線，壁緣及台口線三者集成；復將整個台口分成五份，而五分之四爲門頭線及壁緣之地位，其餘一份爲台口線。

希臘柯闌新式例，見圖四十(c)，其高度等於柱幹對徑之十倍。花帽頭之高度，等於柱幹對徑一又三分之一高。台口亦係門頭線，壁緣及台口線三者組成。鐘形之花帽頭，四面用兩道反葉，而四角之葉則捲成鬈渦形。

（待續）

讀者呼聲

為吾營造界進一言

康建人

西人嘗謂一國文化程度之高下，可由該國肥皂消費數量之多寡測之；吾則謂一國建築事業之發達與否，亦可以覘出該國經濟之盛衰。緣建築事業乃建設中一主要項目，經濟繁榮，建設自必發達，建設發達，則建築工程自必增多，此蓋極明顯之事理也。

吾國建築事業，過去曾有一相當發達之時期，此係革命成功，全國統一，工商業指數上漲之所致。但近年以來，外受强鄰之侵侮，內因政治之紛擾；而世界商戰激烈，外貨傾銷，美國實行通貨澎漲，白銀外流，加以天災頻仍，農村破產，國民購買力減低，因此工商凋敝，在在顯示不景氣之現象，遂使吾建築營造事業，竟至一蹶不振！其遭遇之惡劣，實為前所未有者也！

處此風雨飄搖之中，吾營造界果坐而待斃乎？抑或更整飭吾陣容，起而奮鬥乎？營造業致敗之原因，雖不無蒙受外界之影響，但揆之事理，其內在的原因，實亦不可忽視！外界之牽連，特一爆發之導火線耳。吾人研治病症，不能不尋源追本，欲求營造界之癥結亦如是；茲分別述之於後：

一、組織之墨守成法　無論何業，其各部組織之健全與否，直接影響於其業務之發展。蓋有嚴密合理化之組織，始能收指臂之効，而減除工料之浪費，職工之舞弊，使工作進行迅速，業務發達自亦可期。反觀吾營造業之組織，渙然如一盤散沙：既無確定之職業，又缺合作之精神，上下工作人員，人自為政。尤以職位流動，雇主雇員之間關係較疏，遂致有廠主在，則聊以塞責，廠主去則散漫之現象立見；羣龍無首，互相觀望，致浪費工料，延遲日期，其意外損失之大，為數不貲！忠實工作人員，雖不能謂為絕無；但一般情形，大都散漫不堪，毫無責任心之可言。營造業內部之雜亂，非一二人所能顧及，而世界進步又與時俱化，吾營造界亦曾深悟墨守成規與故步自封，為吾人莫大之阻礙與缺點乎？

二、錯誤之競爭觀念　處此自由主義之時代，競爭自為不可免之事實；而競爭原係推進社會事業進步之發動機，其結果可使工作求精，價格公道，名譽亦即隨之而俱來，此實係應得之酬報與權利，其理甚為明顯。然競爭須為正當的合理的，即應以本身之事業及名譽作為一種限制。顧吾營造業對此不明，致有乖僻與牽强附會之處。當亟思得標之際，即不顧一切，估算不及血本之價格，或竟出以倒貼之賬額，而業主貪心自必惟便宜是務，即委承造。但建屋非易，非由一磚一瓦，一椽一石，相疊而成，如許勞心勞力之結果，反致賠累，世上果真有若是之愚人乎？於是在可能範圍之內，或不免有偷工減料情事，以冀抵補。諺云：「一分行情一分貨」，以估價之低與偷工減料相平均，業主豈真便宜哉？而整個營造界遂不免『城門失火，殃及池魚』，而蒙不白之冤矣！即或業主精明，監工嚴厲，而事實上承包者亦決無能在成本費下完成之能力。於是工程中輟，領款逃匿，乃層見叠出；但有時此種現象，亦非營造廠之存心不良，乃其競爭觀念之錯誤耳！兩敗俱傷之愚，未有甚於此者！

三、建築承攬契約之不平　營造廠承包工程之承攬，一般情形，直如一賣身契！條件內容，祇從定作人利益着想，於承攬人毫無保障。其不公平處：如限制承攬人資格，須有殷實舖保，及保證金等；而於承攬人造價之支付，並無保障，定作人存款如何，更無從證明。他如條件之苛刻，與不合情理處，尤使吾人束手！在此種契約束縛之下，營造廠祇得如金人緘口，無話可說。一方如主，一方如奴，在工程進行中，言論之自由，更遑論矣。營造廠雖明知其不合，但歷來之情勢如此，不得不然！

四、建築師監工員之不能合作　在工程過程之中，建築師監工員與營造廠之關係至爲密切。以事務之進行而論，建築師與監工員因職權之關係，自得指揮並監督營造廠之工作，冀使進行順利而迅速，達到完滿之目的；既無高下之分，亦非營造廠應無理由的接受其管理也。現今吾國人格高尙之建築師，値得吾人敬仰者，固大有人在，然害羣之馬，實亦未能謂爲必無。按建築師以其理論，以指導營造廠工程；但營造廠從工程中所得之經驗，其實亦可助理論之發展，而未容忽視。然而往往有若干建築師，毫不顧及營造廠有提供之意見，不問合理與窒礙，輒一任己意，實不無濫施職權之嫌，因之遂乏之合作精神；然受損失者，又必歸之於承造者！至於或有醉翁之意不在酒者，則不堪聞問矣。

五、變態之心理　營造廠困格於情勢關係，對業主及建築師等，向抱委曲求全之態度，以冀減少阻礙。日久積深，馴至養成習慣；而類乎自賤之風氣，結果卽不期然而存此種變態心理，實爲莫大之錯誤觀念。蓋無論何人，均有其獨立之人格，乃屬神聖不可侵犯者。且在法理上言，權利義務，相對而立：一方工作，一方卽得予以相當之酬報，必公必平，無慚無愧。何須於正當工作之外，諂媚他人。

此外，營造廠尙有一種普遍之惡習：卽不問自己之能力，將來有無盈餘，而外表之豪華，卽先盡行舖張，揮霍無度，外强中乾；然建築一業，究非致富捷徑，如此不顧實際，徒騖虛聲，則其不失敗也幾希？

綜核上述，積弊已深，實有亟行改進之必要。盲瘤之疾，惟有對症發藥，謹貢一得之愚，望吾營造界勿河漢斯言：

一曰、須嚴訂組織　爲整個營造界前途發展着想，實有拋棄陋習，而以科學合理之目光訂立規程之必要。職權分明，俾各有專責；勵行奬懲，使人人均有上進之機會。抑且組織嚴明，舞弊自少；職責既定，統制自易，於是分工合作，羣力邁進，結果自可事半功倍。

二曰、團結之迫切須要　營造廠各自爲謀，無團結之精神，無庸諱言！有識者未嘗不言團結，而問其能舉團結之實者乎？無有也！優勝劣敗，無團結之實者，終必萎落澌滅，吾營造界之無能脫逃此不景氣之漩渦，此亦一大因也！團結之在今日，爲當前第一急務，已盡人皆知，而團結精神之養成有四：曰、有公共觀念；曰、對外界說之分明；曰、有規則；曰、去忌嫉心。必完備不缺，始能言團結；團結始能生力量。然何人總其成？負此責？則曰：建築協會與各地營造業同業公會是也。指導同業之組織，維護同業之利益，不受外界之傾擠侮慢，以及如何提高智識，使明瞭所處地位；如何以科學方法，改進建築途逕；如何改良國產材料，提倡國貨，均爲協會與公會所應負之偉大工作與使命。但正如上述，力量產自團結，吾願營造廠之已入會者，應以誠意愛護其團體；未入會者，迅謀加入，以增厚其力量。吾尤願協會與公會能充分發揮其功能，盡其責任，而獲得會員之信仰心也！

三曰、對內對外之認識　社會之需要如何，趨向如何，於業務上發生密切關係。營造界應有相當之瞭解，正確之目光，不能毫無觀察力。既不能墨守成規，亦不能好高騖遠，不顧實際，而盲目競爭。不然，時代進步，世事變化，優勝劣敗，情勢使然，必致陷於淘汰之列，無以自拔！至於協會及公會所訂之行規及決議案，都應爲大衆利益着想，而各會員亦應各遵守。例如承包工程契約，可由公會及協會於雙方利益均予顧全之下，訂定標準格式，即有特殊情形，得自添減，惟須以公會及協會所訂定者爲標準，不得違背其主要原則，致不合情理。至於工程進行期內，業主及其所委任之建築師等正當之指示，承造人自應遵從照辦；如其指點悖謬，或違背其契約規定，或侵損我之利益者，則可不必猶豫，即以正當之態度，採取有効之步驟，據理力爭。通達明理之人，對此必易澈悟，即遇稍爲倨傲者，經此折衝，亦知公理所在，不敢輕易侮損。或曰：如此情形，必致影響日後營業，反不如稍爲忍耐，免多枝節之爲愈。殊不知侮損之門一開，自侮然後人侮，對方得寸進尺，終至無法矯正。與其坐受損失，曷若報以正當之對付？固非挑釁行爲也！惟須切記者，吾人當盡力工作，不取巧，不疏忽，務期工程完滿，則其未來之營造業，自得蒸蒸日上，何影響之有耶？

最後余大聲疾呼：今日何日？非二十世紀優勝劣敗適者生存之時期乎？吾營造界現處之地位，非日在風雨飄搖之中乎？今日而欲生存，欲競爭，舍具有實力以奮鬥則不爲功。今後中國建設事業之發展，又正期於吾營造界之努力！吾營造界對此應有深切之認識，幡然覺悟，知昨日之非而勉力自持，團結一致，邁步前進，以担負此偉大使命；庶幾或可因各盡所長，羣策羣力之故，由危崖深淵進而達於平坦大道也！

雅氏地板材料

歐美各國之時代裝飾家，當其承接一房屋時，必先選一合格之地板，以爲牆壁及傢具之背景；其對於地板選擇之重視，更甚於顏色，且耐久及安適，亦爲其所指定。

雅氏軟木總廠，爲美國著名之製造廠。其所出之各種舖地材料，均皆耐久，合宜及經濟；在四五十年前，已爲各界人士所贊許，因其耐久之性質，及不變之顏色，雖長用十五六年，亦始終如一。因此雅氏廠之出品，無論大小房屋(自小住宅之浴室至各式大廈)、均極合宜。

雅氏阿可磚(Armstrong's Accotile)，係用石綿，樹膠，松香，土瀝青及色素，製合而成，爲雅氏出品最廉之一種，用以舖在商號，店舖，辦事處，走廊，陽台及銀行之招待室，最爲合宜。此項材料，近用於滬地者，有三處最大工程，如大新公司六萬四千方呎，成都路巡捕房四萬方呎，及徐家滙學校之小禮堂及走廊等，不勝枚舉。

雅氏橡皮地板，(Armstrong's Rubler Tile)，爲一種最耐久之地板材料，其成分爲橡膠及各種化學原料所製。適用於銀行之招待室，辦事處，走廊及摩登住宅之入口踏步，會客室，步梯及浴室等。

雅氏油地氈(Armstrong's Linoleum)，爲最普遍及銷行最廣之出品。爲軟木，胡蔴子油，樹膠，松香及色素所合製。此種地氈，美國之商號及辦公室，百之九十五均採用之，醫院及學校亦佔多數；良以其經久耐用，花樣繁多，故能銷行最廣。

該廠出品，有平色十六種，雲石紋色十四種，及柳條色十一種，並有凸花等多種，以上各種花色，均可割開，拚成各式花樣，故本外埠建築師，裝飾家，莫不樂於採用。

以上出品，經理者爲上海南京路六十六號吉時洋行建築材料部，電話爲一六八五一至三云。

度量衡定位及換算表

建築工程人員因從業關係，費時於度量衡制之計算，實屬可觀。有時因制度不同，單位殊異，輾轉計算，更感煩瑣。本刊有鑒及此，特輯各制單位，彙錄如下，以備參考。

英制長度表

12吋＝	1呎				
3呎＝	1碼 ＝ 36吋				
5½碼＝	7桿 ＝ 198吋	＝ 16½呎			
40桿＝	1浪 ＝ 7.920吋	＝ 660呎	＝ 220碼		
8浪＝	1哩 ＝ 63,360吋	＝ 5,280呎	＝ 1,760碼	＝ 320桿	
1碼＝	0.0005682哩				

根 脫 練
(Gunter's Chain)

7.92吋	＝	1 令		
100 令	＝	1 鏈	＝ 4桿	＝ 66呎
80 鏈	＝	1 哩		

繩 束

6尺	＝	1 托	120 托	＝	1 東長

英制面積表

144 方吋	＝	1 方呎		
9 方呎	＝	1 方碼	＝	1296 方吋
100 方呎	＝	1 方		

英制地畝表

30¼ 方碼	＝	1 方桿		
40 方桿	＝	1 方路得	＝	1210 方碼
4 方路得	＝	1 英畝	＝	4840 方碼
10 方 鏈	＝	160 方桿		
640 英畝	＝	1 方哩	＝	3097600方碼
102400 方桿	＝	2560 方路得		
		1 英畝	＝	43560 方呎

公制長度表

10	公厘（mm）	＝	1	公分（cm）	＝	0.3937	吋
10	公分（cm）	＝	1	公寸（dm）	＝	3.937	吋
10	公寸	＝	1	公尺（m）	＝	39.37	吋
10	公尺	＝	1	公丈	＝	393.7	吋
10	公丈	＝	1	公秉	＝	328呎 1吋	
10	公秉	＝	1	公里	＝	0.62137哩	

公制面積表

100	方公厘（mm^2）	＝	1	方公分（cm^2）	＝	0.155方吋
100	方公分	＝	1	方公寸	＝	15.5 方吋
100	方公寸	＝	1	方公尺（m^2）	＝	1550 方吋
100	方公尺	＝	1	公畝（a）	＝	119.6方碼
100	公畝	＝	1	公頃（ha）	＝	2.471英畝

公制體積表

1000	立方公厘（mm^3）	＝	1	立方公分（cm^3）	＝	0.061 立方吋
1000	立方公分	＝	1	立方公寸（dm^3）	＝	61.022立方吋
1000	立方公寸	＝	1	之方公尺（m^3）	＝	35.314立方呎

公制與舊制比較表

(一) 長度

1	毫	＝	0.0032	公分	1	尺	＝	0.32	公尺
1	厘	＝	0.032	公分	1	步	＝	1.62	公尺
1	分	＝	0.32	公分	1	丈	＝	3.2	公尺
1	寸	＝	3.2	公尺	1	里	＝	576	公尺

(二) 地積

1	毫	＝	0.006144公畝	1	分	＝	0.6144公畝
1	厘	＝	0.06144 公畝	1	畝	＝	6.144 公畝
1	頃	＝	614.4 公畝				

(三) 容量

1	勺	＝	0.010354公升	1	斗	＝	10.354688公升
1	合	＝	0.103546公升	1	斛	＝	51.77344 公升
1	升	＝	1.035468公升	1	石	＝	103.54688公升

(四) 重量

1	毫	＝	0.003720公分	1	錢	＝	3.7301 公分
1	厘	＝	0.037301公分	1	兩	＝	37.303 公分
1	分	＝	0.37301 公分	1	斤	＝	596.816 公分

專載

中國建築師學會，近爲統一建築工程上之應用文件起見，擬訂保證書，工程合同，及建築章程等，制定發行，用意至善。現已由該會召集全體會員大會，討論此事。本刊前得該項保證書等原文一件，已將保證書及工程合同等原文，並附註意見，錄登上期（三卷十一，十二期）本刊。玆復將建築章程原文，並附具意見，錄刊如下，以窺全豹。

原文　建築章程

第一章　釋義

釋義

一　本工程之契約包括合同，建築章程，施工說明書，圖樣，以及簽訂合同前後所加入之各項附屬文件。各該文件皆須由業主及承包人雙方簽字蓋章。凡遇有遺漏簽字者，應由建築師證明之。

二　圖樣包括本契約所附之施工總圖，及一切隨後陸續所發給之各項詳細分圖。

三　本契約內所謂工作係指人工或材料，或二者而言。

四　分包人係指承包人以外之各項其他包商。凡與業主直接立有契約，訂明承包另一部份之工程者。

五　小包係指與承包人立有契約，按照圖樣說明書承辦本工程內一部份之工作者，與業主無直接契約之關係。凡專供材料而不施工者不能稱爲小包。

六　凡函件或通告無論面交，簽送，或掛號郵寄與對方負責人，均爲本契約內之附屬文件。對方如有異議，應於收到後五日內提出反對理由，否則即作爲默認。

第二章　圖樣及說明書

圖樣與施工說明書

七　圖樣與施工說明書，意在互相說明工程上之一切構造法及材料等等。二者有同等之効力。凡有載明於此而未載明於彼者，均應遵照辦理。設遇二者有不符之處，則由建築師解釋之，得依任何一項爲標準。如有不甚明晰之處，應隨時向建築師詢明。

如遇圖樣及施工說明書均未載明，而爲完成某部份工程所不可缺者，承包人亦應遵建築師之通知辦理，不得藉詞推諉及增加價格。

圖樣上一切尺寸皆以註明之數碼爲準。未註有數碼之處應向建築師詢明，或依詳圖爲標準。凡工程之某部，見於各種縮尺不同之圖樣上者，皆以最詳之分圖爲依歸。

八　詳圖　工程上應有詳細分圖之處，於工作進行時由建築師陸續繪就發給承包人照做。該項詳圖須以簽本契約時之施工總圖爲依據，大略相符。惟於必要時建築師有改良及變更原圖之權。如該項詳細分圖發出後，承包人認爲與原來總樣不相符合，將發生額外工作或材料時，得於五日內提出異議，聲明應加工料。否則該項分圖即認爲與總圖相符，將來承包人不得要求加賬。

承包人於各項詳細分圖需用時，應預先通知建築師早爲預備。建築師接到是項通知後，至遲應於三星期內發給承包人應用。

九　廠樣　爲工程上或分包人之需要起見，建築師得令承包人供給各該需要部份之足尺工廠大樣，由建築師核准或修正後再行進行工作。但該項工廠大樣如與原說明書及圖樣有不符之處，承包人應先行聲明之。否則雖經建築師之核准，仍應由承包人負其責任。

十　圖樣著作權　建築師所發給之圖樣說明書及模型等專爲各該工程之用，其所有權及著作權皆屬之建築師。一俟工程完竣除簽字之一份由各方保存外，其餘一切圖樣說明書及模型等建築師有全數收還之權。各該圖樣等未得建築師之許可，不得移用他處，更不得抄襲或翻印。

十一　建築師供給承包人之圖樣，總圖以三份爲限，詳圖視需要之多寡發給之。

第三章　業主之權益與責任

十二　付款之責任　工程至合同內訂定領款期限時，業主負照章付款之責任。

十三　更改圖樣權　工程進行時業主有通知建築師更改圖樣及說明書或變更施工步驟之權。如該項更改有涉及造價之增減時，悉依第二章第八條辦理之。

十四　代辦材料權　業主得建築師之同意，有代承包人採辦說明書內所指定之材料，供給承包人應用之權。該項材料之價格得於應付款項內直接扣除之。惟該項材料之數量應先得承包人之同意，其價格如契約內訂明材料單價者照該單價核算之，如未訂明單價者應得承包人之同意照市價核算之。

十五　監工員　業主得建築師之同意，得自聘監工員常駐工場督察及指揮工作之進行。

十六　扣留款項權　業主根據第七章第四十九條之規定，有扣留到期款項之權。

十七　停止契約權　業主根據第九章第五十六及五十七條之規定，有停止本契約而自行備料施工或另招他人繼續工程之權。

第四章　建築師之職權

十八　建築師之地位　本契約成立後。建築師即處於公正人之地位。其職務爲根據本契約之範圍，盡力之所及，督促雙方履行本契約至工程完竣爲止。處理一切事務，皆以公正不偏袒之態度出之。

十九　供給詳圖　建築師視工程進行之需要負及時供給各項詳細分圖，及解釋圖樣上與說明書上各種疑問之責任。

二十　督察工程　建築師有督察工程之進行，核准各項材料之是否合用，審查各項工作之是否合法之責任。惟工程自身優劣之責任，仍由承包人負之，建築師不代負責。如業主以為有聘請常駐監工員之必要時，則此常駐監工員須受建築師之指揮，其薪金由業主付給之。

二十一　指揮工匠　建築師有支配工匠，指揮小包及工頭之權，對於工場內工人，無論其為承包人或其小包所雇用，均有直接指揮之權。如某工匠或工頭經建築師認為不能滿意時得令承包人或小包撤換之。

二十二　變更及代定材料　建築師有審核工程上所用一應材料之責任，及按第八章第五十條之規定，臨時變更說明書所指定材料之權。遇有承包人未能採辦或訂購說明書內所指定之材料時，建築師商得業主之同意，得代為訂購之，承包人仍應負一切責任。惟該項材料如契約內訂明材料單價者，其代定之價格不得超過之。如未訂有單價者。應先得承包人之同意。

二十三　工程至領款期限時，建築師負證明該工程之是否到期，及簽發領款憑證之責任。（參觀第七章第四十八條）

二十四　解決爭執　建築師有解決及處理一切關於工程上之疑問與爭執及關於承包人與分包人間，或業主與承包人間一切糾紛之責任。建築師於解決該項疑問或爭執事件時應於最短時期內處理之。

各項疑問爭執，凡有關於設計或構造技術上之問題者，建築師之處理為最後之裁決，無論何方不得再持異議。惟其他非屬於技術之各種爭執及糾紛，無論何方對於建築師之處理認為不滿時，皆有照第十二章各條之規定提出仲裁之可能。

第五章　承包人之責任

二十五　承包人負完全責任　承包人對於本工程應負一切完全責任。在工程未交卸以前，一應已成未成之建築物及材料皆歸承包人負保管之責。不論何種原因而有損壞或遺失時，皆由其負責。

工程上如有差誤或遺漏，無論其為承包人或其小包或其工人之過失所致，皆由承包人負完全責任。

二十六　遵守法律及條例　承包人除應遵守本契約所載明之各項規定外，並應遵守工程所在地一切管理建築之規程，以及火警或衛生規則，警察條例，保險公司章程，與其他一切法律，並應照章向當地官廳呈報承包本工程事宜。如發現本契約之規定有與官廳條例相抵觸處應即書面通知建築師修正之。

二十七　各項執照費捐稅雜費水電裝費　凡因本工程而發生之各項稅捐執照等費用，如營造執照，築籬圍地執照，拆卸執照　接管執照等等皆由承包人負担。

凡工程上一應材料應繳之關稅雜捐，與應用器具之租費運費，以及電費水費電話費接管費接溝費等等，均由承包人負責理楚。惟如水電等項之接費裝費等於工程完竣時業主有繼續使用之必要時，得轉移於業主，由業主償還之。

該工程地基上之原有地租，糧稅，以及非在本工程地基內之他項費用，如築路費，土地受益費，人行道修造費等等，皆由業主自理之。

二十八　承包人於簽訂合同前應至工程地詳細察勘一周，以期明瞭該地形勢。如於簽訂合同後發見該地有特殊情形而使工程上有額外費用時，不得藉口作加價之要求。

二十九　工程障礙物　本工程鄰近如有一切公家或私有之陰溝水管及電話電燈等線桿，凡足以阻礙本工程之進行者，應由承包人商准該管局所公司或私人設法暫時移置，完工後修復原狀並負担一切費用。

保護工程預防危險	三十	承包人於工程進行時對於鄰近房屋或產業應加意防護，如因本工程而使其有損壞及坍塌時承包人應負修理及賠償之責。承包人並應備辦一切預防公衆危險之設備如籬笆路燈記號及急救藥品等，如仍發生大小危險事故均由承包人負責處理。
橋架	三十一	工程進行時承包人應備具穩妥之橋架竹笆等物，以便建築師業主及其監工員等隨時至各處察看工程之用。並應備一相當房屋置有應用器具爲建築師在工塲辦公之用。必要時並應備一臥室爲業主所聘任之監工員住宿之用。在可能範圍之內應裝設電話一具。
模型及照相	三十二	工程之重要部份如建築師以爲有先製模型之必要時，承包人應依其指示及方法製成模型以憑核准。如有需要各項攝影以示工程全部或一部之進行者，亦由承包人負責辦理之。
負責代表	三十三	承包人如自身不能常駐工塲時，應派富有工程經驗之代表，常川駐在工場管理工程進行，全權代表承包人應付建築師之指揮及囑付，該代表如建築師認爲不克勝任或不能滿意時，得令承包人撤換之。
穿鑿挖掘及包糊	三十四	承包人負襄助其他分包人各種工作之義務。倘有必須穿鑿挖掘以湊合其他分包人之各項工作或工程內各部之處，應得建築師同意之後立即辦理。事後並應依建築師指示之方法修補之。承包人或各分包人之工作，如因有過分延遲或錯誤致發生不須有之穿鑿時。則所有該項穿鑿及修補之費用皆由致誤方面負担。如有露出之管子等建築師認爲必須包糊者，皆由承包人照建築師之指示辦理之。
保持清潔	三十五	工程進行時承包人對於工場內一應材料及廢料雜物垃圾等之堆置，應保持整潔之態度，凡不再需要之物應隨時運離。完工之後應將一應除賸雜物等完全出清，並將房屋內外一應門窗地板牆垣玻璃揩拭潔淨。
承包人之担保	三十六	本工程簽訂契約之前如業主認爲必要時，得令承包人供給相當担保以保證其誠意履行本契約內之一切責任，以及因本契約而發生之一切應付款項。該保證之格式或爲經業主認可之殷實商號或个人，或爲現金或有價證券，或產業契據，如係商號及个人担保，應另立保證書，或在本契約內簽章證明。如係現金，證券或契據，應由業主與承包人雙方同意另訂辦法。
工程保證及竣工以後之修理	三十七	契約內所載歷期及末期造價款項之付給，不能爲業主對於該工作完全滿意之憑證。完工一年之內如房屋查有劣工窳料，及走動損壞，伸縮括拆，裂縫，剝落，滲漏等情事發生，經認爲確係工作不良材料欠佳所致者，承包人及其保證人仍負修改及賠償之完全責任。如對於該問題發生爭執時仍適用本章程第十二章之規定。
約束工人	三十八	承包人負約束塲內工人之責任。一切吸烟賭博等惡習皆絕對禁止。如發生大小違法事故及滋鬧械鬥等情，皆由承包人負責。

第六章　人工及材料

人工材料	三十九	除另有規定外，承包人應承辦本工程全部材料人工，以及爲完成本工程所需之一切物品工具。所有材料除另行規定者外皆係新料。遇必要時建築師得令承包人證明各項材料之確實來源，品質，及價格。凡各材料皆應先將樣品送呈建築師核准。將來工場上所用材料皆應與此樣品完全符合。所有人工皆須上等熟練工人。遇有特殊工作時，應聘各該項之專門人才充任之。

工場內材料之堆放應遵建築師之指示或當地官廳之規定辦理，已完工程之任何部份不得過分使之載重以免危險。

劣工窳料 四十 本工程之無論某一部份如查有與圖樣或說明書不相符合處，無論其已否完竣均應拆卸重做。並將所有次料立即運離工場。如因該項折卸而有損壞其他分包人之工作者，亦由承包人負賠償之責。如承包人屢經警告而仍不實行拆卸或將次料運離，則業主得代爲辦理，所有費用由承包人担任，得在未付造價中扣除之。

材料所有權 四十一 除本契約另有規定外，工場上所有材料，無論已否建造成物，無論何人不得擅自運離。一應多餘之各項材料，及工程進行上所需用之橋架頂撑等輔助材料，須至各該項工程完成後方得運離。

材料測驗 四十二 一應材料如對於其力量，成份，性質等有疑問經建築師認爲有施行試驗之必要時，承包人應立卽遵矚將該項材料送往指定或相當機關施行測驗，所有費用歸承包人負担。

查驗工程 四十三 工程之任何部份，不論在預備時期或進行時期，如建築師或當地官廳以爲須加以特別檢驗者，承包人應預備一切及予以種種便利以便該部份之檢驗。所有應行檢驗部份應俟檢驗手續完備方可繼續進行工作，否則如因此而發生拆卸等情皆歸承包人負責。如因特種理由或業主之要求，建築師得令承包人將某部份工程施行第二次檢驗，如查出該項工程確與本契約所規定者相符，則所有檢驗費用，及承包人之損失皆歸業主負担。否則由承包人自理。

材料更改 四十四 本契約所規定之材料設因臨時市面缺貨不能購辦，承攬人以爲有他種材料可以替代應用者，應卽書面通知建築師並附以該替代材料樣品，經建築師審查認爲可用，出有許可證方得代用。所有該項材料與原規定者價格如有差次皆照數核算扣除或加給之。

專利品 四十五 凡工程上所用各項材料如有關於專利品者，則應繳之專利品費用由承包人照付。如因侵佔專利權而發生訴訟等事亦由承包人負責理楚。

第七章　造價及付款

付欵之意義 四十六 業主以契約內訂定之包價按規定之辦法分期撥付給承包人，至付足全部造價爲止。但業主逐期付給承包人之欵項，不能視爲彼時工場內一應材料及已成建築物等之代價。

包價之固定 四十七 契約內規定之總包價包括完成全部建築所需之工料器具開支雜費及承包人之盈餘等等在內，一經簽訂卽爲定案。將來無論工資及材料之變動，金銀匯兌之漲落，國家稅則之更改，雙方均不得藉詞要求增減。說明書內如有對於某部份工作註明須用款若干或單價若干者，祗包括該部工作之材料及人工而言，所有因該部工作而應有之器具開支雜費盈餘等皆應包括於總包價之內。如經證明所用之款不及註明之數則此項餘款應在總包價內扣除。

付款手續 四十八 每屆領欵期限承包人須先具函向建築師報告請求領款，由建築師查核無誤，然後依下列辦法簽發領款憑證，由承包人憑此證向業主領取款項。如契約規定領款數目以所做工程之價値爲比例者，承包人須於先期訂定本工程內各部份之數量與價値造具表冊送呈建築師備案。此各項數量價値之總數，應與包價相符合。遇必要時建築師得要求承包人呈驗他項文件以證明此表冊之無誤。

每屆領款時承包人應於期前十日根據此表冊之類別分析彙報，由建築師核發領款憑證。

如契約內規定領款期限以工程做至某種地步付款若干者，承包人應於屆期時攜備照相證明該步工程之確已完成，連同領款請求書呈建築師查核。由建築師核發領款憑證。

如契約規定僅將材料運至工場即可領款者，則於具呈請求書時建築師得令承包人呈驗購貨發單以憑核定。

建築師簽發領款憑證後業主應於工程合同規定之日期內按數付給承包人。如業主延遲付款，則承包人得要求業主按當地通常或法定利率償還之

扣留付款

四十九 工程已屆領款期限如發現有下列各項情事之一者，則雖已簽發領款憑證，業主或建築師仍得扣留一部或全部之款項，至承包人將該事處理滿意爲止。

（甲）工程有不妥處經建築師通知更改而延不履行者。

（乙）建築師收到任何方面對於承包人因本工程之種種行爲而有所抗議者。

（丙）承包人虧欠各小包或材料款延不付清者。

（丁）承包人有應賠償其他分包人之損失而延未履行者。

（戊）對於未付之款預料其不足以完成全部工程者。

第八章　工程變更及造價增減

變更工程

加賬減賬

五十 本工程進行時，業主有增加，減少，及修改其中任何部份之權。所有一切添加之工程仍當按本章程及工程說明書之規定進行。凡一切工程之變更除由建築師出有修正圖樣者外，皆當以書面出之。凡因是項更改而使造價隨之有所增減時，皆當於該修改工程未進行前按下列各辦法由雙方同意議定之，並由雙方簽訂工程更改證書證明之。

（甲）按契約內所載明之單價按數核算之。

（乙）由承包人將所修改之工程估一價額，經業主承認之。

（丙）按承包人對於該項更改工程之實支工料款加預定之餘利核算之。採用是項辦法時承包人應按指定之格式呈報工料款項以及一切有關之單據以憑核算。

如事先未經議有確數，承包人受業主之通知即行進行工作者，建築師得按上列三項辦法擇最適宜於當時情形者核算價格發給領款憑證，業主即當照付。

如工程進行中業主有臨時口頭囑咐承包人更改工程之任何部份，有業主之自僱監工員或建築師之證明者，亦得以修改工程論。

除上列之各種方式外，凡承包人未經任何方面之通知而自行更改，致有增加工料時，業主概不負責。

拆改工程

五十一 任何工程如已經價契約做就，而業主尚須拆除或更改，承包人應於未拆前通知建築師，並估計損失開具價格由建築師核准。再由雙方簽訂工程更改證書，方可更改。

不能修改工程之減價

五十二 如有所做之工作發現與契約不符或不能使建築師滿意，而經建築師認爲難能修改或補救者，業主可照原訂之價目內酌核

扣減以償業主之損失，由建築師秉公核算，而於包價內扣除之。

五十三 所有一切加賬減賬等糾紛皆應於末期付款前理楚之。除三十七條之規定外雙方皆不得於付末期款後再行提出。

第九章 建築期限及契約中止

完工日期

五十四 完工期限由契約訂定後，除本章第五十五條所規定之展期外，如承包人於期前或過期完工，皆依契約所訂明之賞金或賠償金按數付給或扣除之。

完工日期應以按照本契約規定之全部工程經合法造竣，得建築師之證明為準。在未完工前雖工程之全部或一部由業主預行使用亦不得以完工論。惟如因特殊情形使一部份之工作不得不延緩，而其原由非由於承包人之過失所致者，建築師得酌量情形，保留其延緩之部份而作完工之證明。

接收

業主接得工程完工之證明後應即擇定日期通知承包人及建築師會同到場接收工程。屆期由承包人將工程上一應鑰匙及保管責任點交業主執管，並將本章程第十章六十條所規定之保險單移轉於業主。該項接收手續應於完工後三十日內行之。如業主因故不能於三十日內接收工程，則可商得承包人之同意請其代為保管。保管期內所有開支由業主償還之，一切責任仍由業主自負之。

驗收

如業主對於本工程完工後以為有舉行驗收手續之必要時，得於接收前或接收後通知承包人及建築師舉行之。工程由業主接收以後如再發現不良工作或與本契約不相符合處，仍按第五章三十七條規定辦理。

展期完工

五十五 工程進行時凡遇下列事故因而停工，則完工期限得酌量延長之，皆於事故發生後隨時由承包人具函向建築師報告停工日數及原因，經查核無誤於完工後一總核算之。一切例假皆由承包人於事先預計包括於工程期限內，不另計算。

(甲) 雨工——凡雨雪冰雹皆屬之，晨雨作一日，下午始雨作半日。夏季陣雨乍晴乍雨者不計，屋面做好之後不計。如有疑問以當地正式機關之天文報告作準。

(乙) 冰凍——凡天氣嚴寒至華氏三十度之下卽作為停工論。惟如訂契約時註明施用禦寒建築法者不計。

(丙) 天災——凡地震，雷擊，颶風水災以及其他非人力所能抵禦之變故皆屬之。

(丁) 失火——凡失火延燒除照第十章第五十九條之規定外所有完工日期應由業主及承包人雙方另行議定之。

(戊) 兵災——如戰事發生有使材料不能運輸時作停工論。

(己) 工潮——如屬於團體性之罷工風潮，能運風潮等皆屬之。惟如因承包人自已之措置失當致激成工潮者不論。

(庚) 工程阻礙——如因業主所僱其他分包人之過失，或忽略差誤出於業主或建築師，或因等候公斷等原因致使工程停頓，皆由建築師酌量核定展期日數。

(辛) 工程更改——如受業主之囑咐工程有所變更或增減，除按第八章第五十條之規定增減價格外，並應預先訂定應行增減之日期。如當時未有是項訂明者，皆按價格增減之數目與原訂造價總數及建築期限酌量核算之。

業主之自已施工權

五十六 工程之任何部份如承包人不能切實按照本契約所規定者辦理，經業主或建築師正式警告後三日內仍不予更正，則業主可以自備工料施工或另招他人承包是項工程。所需款項卽在未付給承包人之款項項內除之。惟此項行為，及所扣款項之數目，皆應先得建築師之同意。

五十七　業主停止契約之權　如承包人於工程進行中不能招集足數歷練工人，及一切應用材料，致工程過分延緩，或不能按期付款於各項小包，或有意違背本契約之重要條文，或屢次違反當地法律，經建築師正式警告後三日內仍不能恢復工作及遵守契約與法律辦理；或承包人業已宣告破產；或承包人已將財產及管理權讓予第三者；或已由法院派定清算人清理債務；則業主可以不問承包人有無他項補救辦法，逕行函告承包人停止本契約效力。所有承包人未領款項亦即停止付給。所有未完工程及工程地所有一應材料工具皆由業主自行接管，並用種種方法使工程繼續進行，至完工時一併核算之。如業主用以完工之款及一切因此而發生之額外費用超出尚未付給承包人之分期造價之數，即向承包人或其保人於一個月內如數取償。如較少於未付之分期造價，則所餘之款應由業主於完工六個月後發給承包人。所有業主用以完工之一切款項應詳列簿冊由建築師證明之。

五十八　承包人停止契約之權　如非由於承包人之行爲或過失，當地官廳勒令停工至三个月以上者，或已到領款期限經建築師簽發領款憑證而業主於二十日內不能照付者，承包人得正式通知業主及建築師。如再經七日內仍不能將該項問題解決，則承包人得自由停止工作，或逕行停止本契約效力。所有已做之工程得照所值向業主取償。所有一切因此而所受損失皆憑仲裁決定由業主賠償之。

五十九　業主及承包人無論何時何方，若未得對方之同意，不得將本契約全部或一部份權利讓予第三者。承包人非得業主及建築師之同意更不能將到期或未到期之分期造價抵押予他人。

第十章　災害及保險

六十　火險　工程進行時，工場內一應材料及已做工程，應由承包人向殷實可靠之保險公司投保火險，數目視工程之進行逐漸增加如數保足。保單悉交建築師代爲執管，可以公開檢閱。如遇火災發生即由業主及承包人全向保險公司領取賠款。並由雙方會同建築師核計雙方所受損失之多寡支配之。如承包人不願投保是項火險，則業主可以單獨投保其關於自身有關係部份之火險，保費由承包人負担，權利歸業主享受。如雙方皆未保險而遇火災，則業主所受損失應由承包人賠償之。

六十一　天災及兵災　工程在未交工以前，所做工程及場內一應材料如因颶風，地震，水災以及一應天災而受有損失，如證明確非因承保人保護不周有以致之，則所受損失皆由業主負担。其損失之多寡由業主承包人雙方會同建築師估定計算，惟業主負担之數至多以已付之分期造價爲限。如所受損失超出已付造價時，超出之數由承包人負担。如遇發生戰事恐慌，應由業主及承包人雙方估計所有之價値會同投保兵險。否則如受戰事損失，依照上項天災等一律辦理。如雙方不能同意，則任何方面可以單獨投保，其權利歸投保者單獨享受。

六十二　損害賠償保險　承包人應保有歸於第三者之損害賠償險，以資賠償因本工程而發生對於工人或公衆之一切受傷及死亡之損失。如當地有保護勞工條例則應查照該項條例辦理。保險單於必要時應繳建築師保管。如承包人未保是項保險，則如有損害歸承包人負責。

同時業主亦可投保是項損害賠償險，以資保障其自身之利益。

第十一章　分包人及小包

六十三　承包人與分包人之共同責任　如承包人有使分包人，或分包人有使承包人因本工程而受有損害時，則此項損害由致損者負責向受者料理損清楚。若業主因上項損害而被控，則一切訟事應由致害者代業主料理，如遇敗訴則一切損失歸致損者負擔。

六十四　小包　承包人如欲將本工程內某一大部份工作轉包於專門該項工作之小包，則應先將該小包之名號履歷及轉包工程價值於事先呈報建築師得其同意。建築師因充分理由對於該小包不滿時得拒絕之。

小包所做之工程及其一切行爲，對於業主由承包人完全負責。

本章程內各條文間有涉及小包之處，不能謂業主與小包間已發生契約關係。

六十五　承包人與小包之關係　承包人對於小包無論簽有正式合同與否，應責令其遵守本工程契約之規定，如該部工作係本工程之重要部份則承包人與小包間之合同須先得建築師之同意，並酌量插入下列各條文。

(一)　凡本章程及圖樣說明書之所規定，承包人對於業主應負之責任，小包對於承包人應同樣負責。

(二)　小包如有向承包人要求加賬展期或賠償損失等事皆按本契約之規定辦理。

(三)　凡契約上有規定業主對於承包人之優待條件者，承包人應同樣待遇小包。

(四)　業主每期付款時，承包人應將小包所做工程應得之數同時付給小包。總以小包已做工程及已領款項與承包人對於該項已做工程及已領款項有同等之比例，惟如小包已將其工程做好，而建築師非因該小包之過失而延不簽發領欵證，則承包人仍應將該小包應得之款付給之，不得藉詞推諉。

(五)　工塲如遇火災，有承包人領有賠款者，則小包受有損失時應照公平辦法支配之。

(六)　如遇仲裁時承包人應予小包以出席對質或呈驗證據之機會。如仲裁所爭執之點在小包工程範圍內者，則承包人所舉之仲裁員應得小包之同意。

以上各項雖爲本契約所規定然業主對於小包不負任何責任，並無直接付款予小包及監視承包人付款予小包之義務。

第十二章　仲裁

六十六　仲裁請求　凡業主與承包人間一切因本工程而發生之爭執，及糾紛事項，皆按本契約之規定由建築師負秉公解決及調處之責。惟除對於建築技術上或力學上之問題以建築師之解釋爲最後之決定外，無論大小事件，如業主與承包人雙方或任何一方對於建築師之判斷不能同意時，或對於其他事件發生爭執時，皆有提出請求仲裁之可能。

凡任何方面對於某一事件擬請求仲裁時，應於經建築師解釋調處後，或事件發生後，七日內正式具函通知對方及建築師請求仲裁。凡經雙方或一方提出仲裁請求後，建築師或對方皆當於三日內按下條之規定進行仲裁，絕對無拒絕仲裁之可能。

六十七　仲裁員　仲裁進行係由業主及承包人雙方公請仲裁員一或三人對於該注執事件施以裁決。如仲裁員爲一人時，則此人由雙方同意公請之。如爲三人則先由雙方各請一人，由此二人協定再公請一人。如此二人於十日內不能同意公請第三人時，則此第三人可函請當地主管機關或中國建築師學會指派之。如請求仲裁方面於十日內不能請到仲裁員則失其請求仲裁之權利，如對方於十日內不能請到仲裁員，則由請求仲裁方面呈請當地主管機關或中國建築師學會代派之。

裁決

六十八　仲裁進行時，雙方應將關於該事件之一切證據及文件等供給仲裁員參考以憑裁決。必要時仲裁員並得令雙方對質或至工程地實施查驗。如任何一方不能將所有證據及文件等供給仲裁員，或經仲裁員通知到場時避而不到，則仲裁員可不強求，能逕行裁決之。如仲裁員僅為一人則其裁決即生效力。如係三人則任何二人同意之裁決即生效力。仲裁員之裁決應以書面通知有關係方面，雙方一經接到此項裁決皆應絕對服從，並應避免因此而再生訴訟。如當地法律許可則此項裁決可呈請地方法庭備案以助執行。

如仲裁員以為合於案情之需要，對於勝訴方面並得判予因仲裁而所受之損失，由敗訴方面賠償之。

仲裁費

六十九　仲裁員之公費由仲裁員自定之或於聘請仲裁員時約定之。並由仲裁員自行裁定由雙方分攤或由任何一方負担之。

第十三章　附則

七十　本章程由中國建築師學會於民國廿四年十二月二十日年會議決通過公佈施行、章程內各條文如有未盡善處得由中國建築師學會議決修改之。

七十一　（各工程如因特殊情形有不適用本章程之任何條文，可由業主及承包人雙方同意後添註於本條下）

意見

（一）條文中「承包人」與「業主」等名稱擬改為「承攬人」與「定作人」，以符法定。

（二）原文第六條：「……對方如有異議，應於收到後五日內提出反對理由，否則即作為默認。」擬改為「……對方如有異議，應於收到後五日內答覆，否則即作為默認。」

（三）原文第七條第一項：「……得依任何一項為標準。……」擬改為「得依任何一項為標準，惟以價值相去不遠者為限。……」同條第二項：「……不得藉詞推諉及增加價格。」擬改為「……不得藉詞推諉及增加價格，但以價格不巨而承攬人能接受者為度。」

（四）原文第八條第二項：「……至遲應於三星期內發給承包人應用。」擬改為「……至遲應於三星期內發給承攬人應用。」

（五）原文第十四條擬改為：「定作人得建築師暨承攬人之同意，有代承攬人採辦說明書內所指定之材料及數量，供給承攬人應用之數，該項材料之價格，得於應付款項內直接扣除之。其價格如契約內訂明材料單價者，照該單價核算之，如未訂明單價者，應得承包人之同意照市價核算之。」

（六）原文第十五條：「業主得建築師之同意，得自聘監工員常駐工場督察及指揮工作之進行。」擬改為「定作人得建築師之同意，得自聘監工員常駐工場督察工作之進行。」

（七）原文第二十一條標題擬改「工匠之更換」，條文擬改為「建築師對於工場內工人，無論其為承攬人或其小包所雇用者，如某工匠或某工頭經建築師認為不能滿意時，得通知承攬人撤換之。」

（八）原文第二十四條：「建築師有解決及處理一切關於工程上之疑問與爭執及關於承包人與分包人間，或業主與承包人間一切糾紛之責任。……」擬改為「建築師有解決及處理一切關於工程上之疑問與爭執，及關於定作人與承攬人間一切糾紛之責任。……」

（九）原文第二十五條第一項之末擬加「惟材料之非屬承攬人範圍內者，概不負責。」

（十）原文第二十七條第二項擬改爲：「該工程地基上之原有地租，糧稅，關稅等之於簽約後增加者，以及非在本工程地基內之他項費用，如築路費，土地受益費，人行道修造費等等，皆由業主自理之。」

（十一）原文第二十八條末擬加：「惟地下發生特殊情形而須變更建築計劃；因計劃之變更而價格增減，則由建築師依據單價增減之。」

（十二）原文第三十七條：「……完工一年之內如房屋査有劣工窳料及走動損壞，伸縮括拆，裂縫，滲漏等情事發生……」擬改爲「完工後担保期內如房屋査有劣工窳料，以致走動損壞，伸縮括拆，裂縫，滲漏等情事發生……」。

（十三）原文第四十七條第一項：「……國家稅則之更改……」擬改爲「……除關稅之更改外……」

（十四）原文第四十八條第二項：「……每屆領款時承包人應於期前十日根據此表冊之類別分析彙報……」擬改爲「……每屆領款時承攬人應於期前三日根據此表冊之類別分析彙報……」

（十五）原文第五十五條(甲)款：「……屋面做好之後不計……」擬改爲「……外牆門窗玻璃配好之後不計……」

（十六）原文第五十八條：「……或已到領款期限經建築師簽發領款憑證而業主於二十日內不能照付者……」擬改爲「……或已到領款期限經建築師簽發領款憑證而業主於十日內不能照付者……」

（十七）原文第六十一條第二項末加「兵險保費由定作人負担之。」

（十八）原文第六十三條：「……則此項損害由致損者負責向受者料理清楚……」擬改爲「……則此項損害由致損者負責向受損者料理清楚。……」

（全文完）

附楊錫鏐建築師來函

逕啟者：日前奉大札，對於建築師學會所擬之標準建築章程，蒙賜高見，詳加修正，無任感謝。昨晚（按係十二月二十三日）該會年會時，曾由弟將尊見多項，提出討論。茲將結果詳錄於下，知關錦注，特此奉覆：

（一）「定作人」「承攬人」名義問題，查民法二編二章八節所稱之定作人與承攬人之名義，係指一切情形而言，非專指建築一項，故不得不用一兼括之名稱；而在建築界內依習慣及歷史，皆以業主爲較明瞭而簡單。且如稱爲業主，與法律並無牴觸之處；一旦涉訟法庭，即知此業主即爲法律中之定作人，可毫無疑義。猶之英美法中稱定作人爲Employer（與雇主同）。同時英美建築章程中，均曾稱業主爲 Owner，故似可不必削趾就履也。

（二）二十八條「察勘地勢」，如於簽約後發現地下有特殊情形，而應有增加工作應行加價一層，已照改。

（三）簽訂合同與投標估價之圖說，當然應行相符，似可不必特爲表明，以啓社會忌疑之心。惟爲免除流弊計，曾決議於制定投標規則時，規定投標圖說應俟得標者簽約後再行送還。

（四）合同(三)條單價核算法，貴會主張加賬照算，減賬九折計算，深具充分理由。當初議時衆意大約一致贊成，在章程內確切註明之。惟有某君發言，謂本章程之印行將遍及社會人士，宜於簡略而不宜過於繁瑣，使普通業主不深明詳情者，有懷疑之態云云。致多數會員於表決時否決之，弟个人深以爲憾。或可於將來制定單價表格式時，另列增減二種價目，以爲補救；然亦有待於全體會員之同意始可也。

（五）章程七條之「按例應有之物」一句，原意本爲零星材料或預備材料等等，譬之陰溝說明書上鮮有註明「上覆陰溝眼」者，然承包人當然不能使之露空。水落一項，如未註用鈎鈎牢，當然不能加賬。諸如此類，凡爲完成一項工程而萬不能缺少者，始歸入之。此外額外添出，缺之亦不爲少者，當然不必列入此條內，故以爲不必更改。

（六）二十四條之「承包人與分包人間」數字諒係　執事誤爲小包，請一檢第一章釋義，即可明瞭。

（七）二十五條之材料問題，准照改正。

（八）增加關稅一項，經詳細討論，各會員意見皆互有出入。卒以關稅一項，即使增加，亦屬全部材料之一二種，而又爲該一二種之百分之幾，如與金銀滙兌之漲落相落，不可以道里計。匯兌漲落當然係承包之所負責，則關稅之增減（亦有可能），似亦與之性質相同。且如一經訂定，則將來一有增減之時，因定貨時日之不同，數量之疑問必將發生無數糾紛，故亦照原草案通過。

（九）担保期定爲一年，已爲世界各國之普通習慣。十年前滬上常有包工合同担保至十年二十年者，殊爲不合。且如遇業主之固執者，每每要求長時期之保證，則當時之建築師與承包人必處於爲難之地位，故不若訂定之爲一律也。

（十）五十五條之「屋面蓋好」一句，完全除去，意即完工之前，凡有兩工皆照算。

以上諸條，皆經表決通過。間有與　貴會意見相出之處，則以敝會與　貴會之立場不同，爲公道計，敝會各會員以爲如此爲妥。特行函覆，並祈　鑒原爲幸。此致

上海市建築協會　台鑒

楊錫鏐啓

十二月二十四日

琅記營業工程行

營業概况

上海天潼路二八八號琅記營業工程行，專營暖氣裝置衛生設備及開鑿自流井等工程，開設十有餘年，業務極爲發達。經理王士良君，曾在大學機械工程科畢業，並得實業部工業技師執照，學識經驗，兩俱淵博，服務成績，深得業主及建築師之信仰。最

近政府方面巨大工程，如上海市中心區上海市圖書館，體育館，運動塲，游泳池，與郵政局，實業部，津浦路局大禮堂及南京無線電台，所有衛生設備等工程，均由該行承接，業務發展，可見一斑。該行在王君主持之下，領導得人，宜其日見進展也。

此住宅式樣新穎，質樸堅固，採用綜合之建築材料，更可表見其獨立之特性。

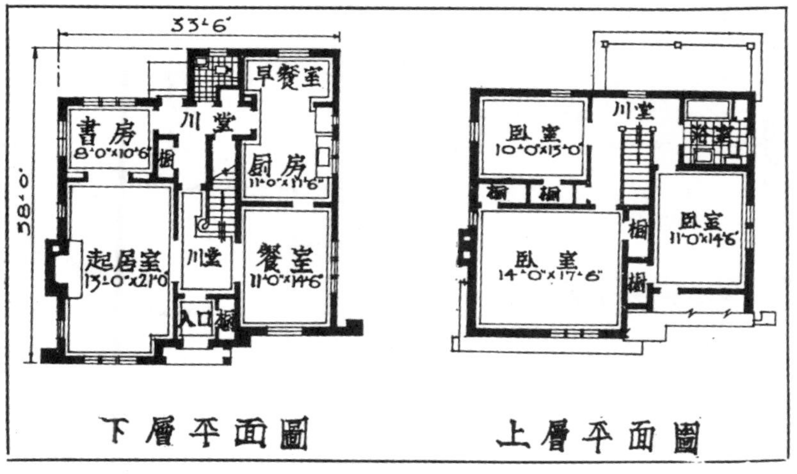

下層平面圖　　上層平面圖

此屋用灰粉及石塊組砌建造。各室佈置得宜，並且調節空氣，晏居其中，身心怡然；觀其式樣，足以覘知建築者之能迎合時代需要也。

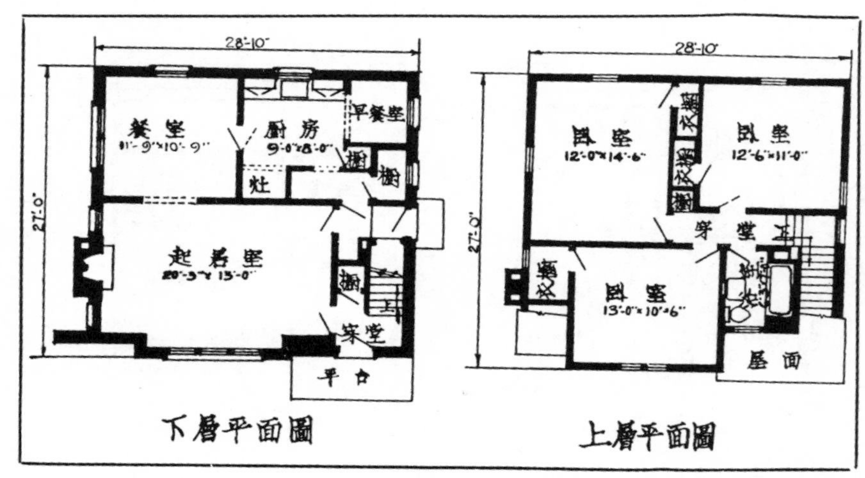

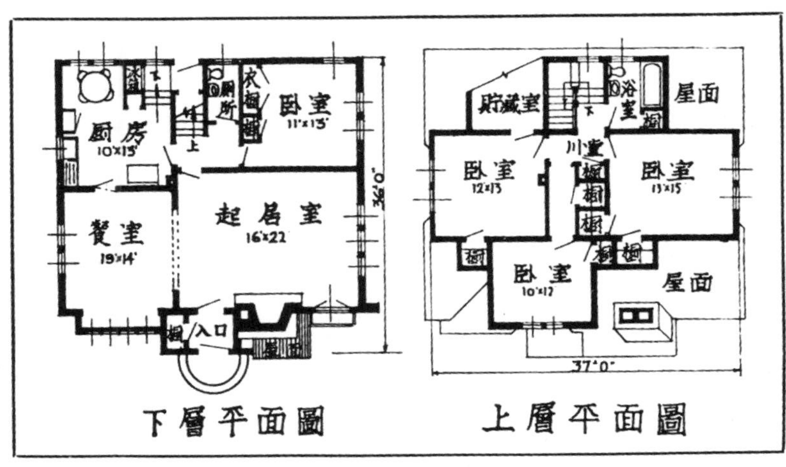

下層平面圖　上層平面圖

此屋山牆斜坡，烟囱高突，式倣英國，頗壯瞻觀。全屋用灰粉磚石建造。樓下有臥室一間，樓上臥室三間，部序井然，允為住宅中之楷範。

此屋內有六室，分配得宜，倍覺匀適。磚塊
接縫處均向外突，充分表現英國式之設計。

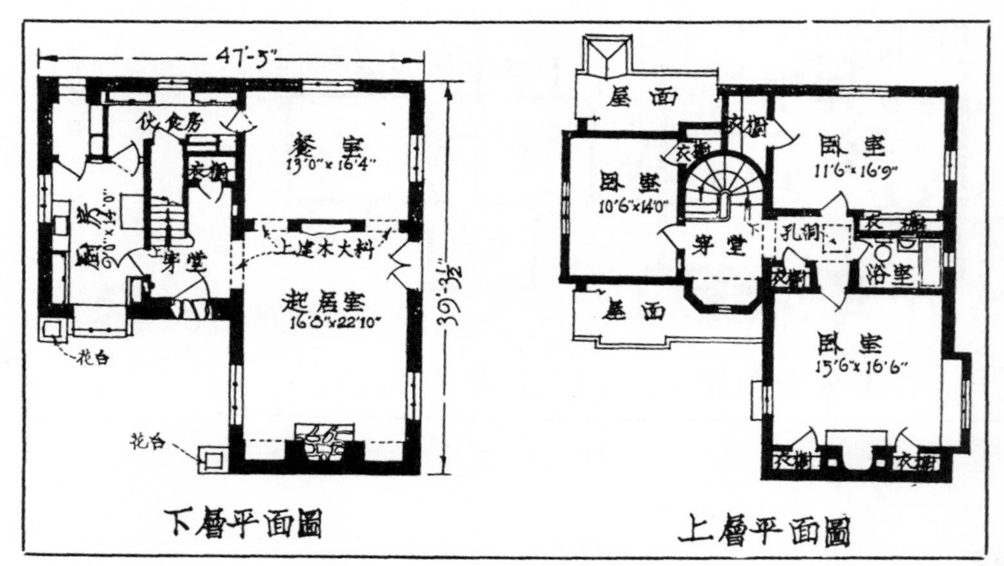

下層平面圖　　上層平面圖

上海之水泥業

（一）導言　水泥爲近代新興之工業，亦爲現代建築工程中三大要素之一。在水泥未發明以前，代用品爲石灰與泥沙調和而成之混合物，俗稱「三合土」，遠不若水泥之堅緻美觀，且用於水閘堤岸等處，每易被水冲潰。自水泥業發明後，世界建築術爲之一新。我國以前水泥，均由外洋輸入。迨至光緒末葉，始有啓新洋灰公司接辦英商開平礦務局附設之水泥廠；嗣後華商水泥公司及中國水泥公司亦相繼成立。惟因事屬初創，出品未精，且產量有限，而同時國內需要日增，故外貨輸入仍旺。迨歐戰突起，歐美無暇東顧，國產水泥業，曾一度勃興；迨歐戰結束，各國東當市場恢復，水泥進口又呈活躍氣象。民十年以後，進口額與年俱增，每年漏巵恆在二百萬兩以上；二十一年後，全國經濟恐慌，日益深刻，本市地產業建築業，更一落千丈，二十三年七月，政府復提高海關進口稅率，進口額乃銳減，惟本年輸入額，較去年同期，又形增加。國產水泥，近年來亦與外貨同陷不景氣中，自最近財部頒布新貨幣政策以來，市面似可趨恢復之途；若地產業能漸呈活躍，則建築業自必隨之發達，水泥業前途，當有轉機也。

（二）沿革　查我國水泥廠，以英商開平礦務局附設之水泥製造廠爲濫觴，時在前清光緒二年（西歷一八七六年），此爲我國境內水泥製造工業之嚆矢。旋以內部管理欠善，出品銷路備受阻滯，致虧損甚鉅，迨光緒卅三年（西歷一九〇七年），該廠無意經營，乃由華商承盤，更名爲啓新洋灰公司●翌年，清政府繼起創設廣東士敏土廠於廣州。宣統二年（西歷一九一〇年），湖北省亦成立大冶水泥廠，嗣以營業失利，遂於民國三年歸併於啓新洋灰公司，改稱華記湖北水泥公司。歐戰爆發後，外洋水泥輸入絕跡，國內水泥業乃漸呈蓬勃氣象。民國九年劉鴻生君等，發起組織上海華商水泥公司於龍華，成立於同年十二月，次年六月，向前農商部註冊，至民國十二年八月開始出貨。繼起者爲南京龍潭之中國水泥公司，成立於民國十年八月，同年十一月註冊，十三年夏出貨；後又收買十二年創設之無錫太湖水泥公司全部機器，並建新廠。十八年，廣東省政府因建築粵漢鐵路，需用大量水泥，乃於廣州附近創設西村士敏土廠。吉林省籌備已告就緒之衆志洋灰公司，因九一八事變而突告中止●嗣後國內新創者，即無所聞。及至最近，聞政府及實業領袖多人，擬在南京組織大規模之水泥公司，並擇定棲霞山爲廠址，定名「江南水泥公司」資本爲二百四十萬元，不日即將興工建築。倘將來國人能一致提攜，則國產水泥，足敷自給，而每年數百萬元之漏巵即可杜塞。

（三）種類及原料　水泥可分三種：㈠天然產水泥，㈡火山頂水泥；㈢帕查蘭水泥。我國水泥廠所產，皆係第三種帕查蘭式，本篇所述製造程序，亦即偏於此式。

至於製造水泥之原料，計有三種：㈠粘土，以不含多分之鐵質及礦質爲佳。查上海公司採用之粘土，係採自松江佘山；中國則採自該廠附近。㈡灰石，以未含鎂或僅含微量者爲宜。上海採用係來自長興陳灣山；中國則就附近採用。㈢石膏，我國各廠所用石膏，多向德國漢堡或墨西哥訂購。查我國湖北應城縣亦有出產石膏，但因來源時告斷絕，致須仰給於外洋。此外如燃料之煤，亦屬重要，各廠需用煤之重量，約合製成品三分之一。廠家所用之煤，多半爲開灤，烈山，中興，及紅奇等處之煤屑。中國及上海二廠因距離煤礦較遠，致運費損失不貲：啓新廠則就近採用，故該項成本較低也。

查上海公司全年約需粘土三萬噸，灰石約十萬餘噸，石膏約二千餘噸；中國公司年需粘土約四萬噸，灰石約十餘萬噸，石膏約四千噸；以上二廠共需燃料每年約八九萬噸。

（四）製造程序　製造水泥可分爲燥濕二法，製時以原料之性質而異。如中國，上海等公司製造，皆採用半濕法。其法俟原料運廠後，將灰石倒入軋石機使碎，粘土則傾入洗濯磨打成泥漿，然後由運送機輸入泥斗，再陸續投入混和機；灰石壓碎後，即入管磨使成細粉，乃輸入灰石斗而達混和機，以某種比例，與泥漿混合攪勻後，如未達預定比例，酌加灰石或泥漿，使合比例。迨經密切混合後，即運至泥漿池，再放入旋轉窰燒之。在泥漿未放入以前，須用煤粉將之高溫，煤係在窰內燃燒，故須磨成細粉，先將碎煤運至乾燥房烘乾，乾後用管磨成細粉，利用疾風吹入窰中，燃燒時，泥漿由窰之後端繼續放入，煤粉則由前端吹進，故泥漿由後端轉至前端時，溫度即逐漸增加，迨至前端溫度最高，泥已成熟後，即由前端小孔落地，然後裝入球磨磨細，同時將磨細之石膏粉送至木斗，由此放入球磨，與熟料配和；俟磨勻後，即成水泥，惟須再將水泥過篩，粗者重磨，細者放入地窰中貯藏，然後送入裝桶機，分別裝入。查啓新公司出品，每袋可盛水泥一百八十七磅半，每桶可裝二袋，計爲三百七十五磅：上海及中國兩公司則專以桶爲單位，每桶容量，約爲二百八十一磅半。

（五）供求情形　據查我國水泥每年銷量約五百餘萬桶，而現有各廠年產約在三百萬桶，不足之數，仰給於香港，安南，德國，俄國及大連小野田水門汀會社及淺野水泥會社，政府有鑒於此，最近乃聯合實業家多人，擬在京組織大規模水泥公司，預料將來我國水泥，當能自給矣。

（六）上海華商各廠現狀　本埠經營水泥事業者，僅有上海華商水泥公司，龍潭中國水泥公司，及啓新洋灰公司三家，（查啓新洋灰公司，製造廠雖在唐山，但因每年在滬營業遠在二家以上，故就調查所得，畧加申述。）三廠均係華商集資創辦，採用機器製造，中國及上海每廠僱用工人，約自二百餘名至四五百名，啓新共有工人千餘名。廠中設備，約可分爲㈠生料磨部，㈡窰房，㈢熟料磨部，㈣燃料磨部，㈤原動力部等五大部。惟中國水泥公司所用石料，係就附近採鑿，故特設置採石部。玆將各廠概況，列表如左：

	上海華商水泥公司	中國水泥公司	啓新洋灰公司
設立年月	成立於民國九年十二月，次年六月，向前農商部註冊，十二年八月開始出貨	成立於民國十年八月，同年十二月註冊，十三年夏開始出貨	成立於清光緒三十三年
製造廠及發行所	上海龍華江鏡廟跟 上海四川路三十三號	江蘇省句容縣龍潭山附近虎山 上海江西路四五二號	河北省豐潤縣唐山鎮 上海北京路八十七號
資本總額	初定一百二十萬元，十七年四月增至一百二十萬五千一百元，二十年四月復增至一百二十三萬八千六百元，廿三年再增至現額二百萬元	初定一百萬元，十七年增至現額二百萬元。	額定一千四百萬元；計分一百四十萬股，每股十元，實收資本爲八百八十萬元，
組織性質	股份有限公司	股份有限公司	股份有限公司
董事	劉鴻生徐新六劉吉生等	榮宗敬陳光甫姚錫丹等	龔仙舟孫章甫陳一甫等
經理	總理劉鴻生，副理華潤泉，營業主任謝培德	姚錫丹	總理袁心武，上海經理陳聘丞，副理劉子樹
商標	象牌	泰山牌	馬牌
每年產量	六十四萬桶	九十萬桶	一百六十萬桶
內部設備	㈠生料磨部，牙關軋石機及生料磨機各一座 ㈡窰房，五十呎長旋窰二座 ㈢熟料磨部，熟料磨一座及全部裝桶機 ㈣燃料磨部，煤粉磨一座 ㈤原動力部，Babcock煱爐四具，氣壓機三具，一五〇〇K.W.交流電機一座，一九六〇H.p.蒸汽透平一座，一〇〇〇H.P柴油引擎一座	㈠牙關軋石機一座，生料磨三座 ㈡四十五呎及六十七呎長旋窰各一座 ㈢熟料磨三座及裝桶機二部 ㈣煤粉磨二座 ㈤Babcock煱爐六具，氣壓機四具，一千基羅瓦特透平發電機二座，七百匹馬力蒸汽機一座	一百呎圓筒旋窰二座，又百五十及二百二十各一座，及他窰共爲七座，磨碎機，熟磨機，裝桶機，煤粉機等共十餘座，六千三百基羅瓦特發電機三座，二萬八千基羅瓦特發電機一座

(七)生產力　據查上海，中國，啓新三廠生產能力，每年可產水泥二百十四萬桶，計上海六十四萬桶，中國九十萬桶，啓新一百六十萬桶。但就以上三廠每年產量觀之，恆在其生產能力之下。茲將各廠最近三年產量列表如左：(每桶合一百七十公斤)

	上海華商水泥公司	中國水泥公司	啓新洋灰公司
廿一年七月至廿二年六月	四四四、九六三桶	六七七、六五〇桶	一、四三三、三五〇桶
廿二年七月至廿三年六月	四三三、六八二桶	七〇三、九三二桶	一、五七七、三五〇桶
廿三年(全年)	九六、三〇二、七三〇公斤	(全年)一〇七、六六五、四六八公斤	(七八兩個月)二四九、三五三桶

至於本年十個月之產量，上海每月平均約五六百萬公斤，中國每月平均約八九百萬公斤，啓新每月平均約一千四五百萬公斤；較之去年，均見減縮。

(八)銷路　上海水泥公司銷路區域，以本埠爲大宗，約佔總銷數百分之七十，他如江浙皖等大商埠約佔百分之三十。中國水泥公司出品，大都行銷於上海，南京，安徽，江西，江蘇，浙江諸大商埠。啓新洋灰公司因全國各大商埠均無分行或經銷處，故其銷售範圍較廣，幾遍及全國。據查該公司上海總批發處每年銷售於江蘇，福建一帶者，約七十萬桶左右，而以本埠爲大宗；天津總事務處每年在河北，河南，山東，山西一帶銷售數量約有五十萬桶；漢口總批發處每年銷於安徽，江西，湖南，湖北方面者，約二十萬桶；奉天總批發處銷於東三省一帶者，年約二十萬桶，但自九一八事變後，東北市塲被奪，而華北方面亦受日貨傾銷影響，銷路漸呈呆滯之象。

至言本年銷售數量，上半年尚稱不惡，下半年起，因市面益呈蕭條，銷路日蹙，故銷量逐月減退。據查上海水泥公司上半年每月平均約銷六百萬公斤，最近三月來每月平均恐不及五百萬公斤。中國水泥公司，上半年每月銷量平均約一千萬公斤，下半年起，每月平均銷量約僅八九百萬公斤。

(九)營業概況　華商各廠營業情形，以民國二十一年最旺，蓋其時本埠建築事業蓬勃，市價堅昂　每桶僅征統稅六角。自二十一年底起，每桶改徵統稅一元二角，成本增高，同時外貨輸入激增，且貶價傾銷，國產水泥銷路頓受阻滯，營業日就式微。迨二十三年七月，政府增高進口稅率(計每百公斤水泥進口稅增至八角三分關金)，外貨輸入突減，國產水泥需要漸殷，時呈供不敷求之象，各廠營業轉好。本年最近數月表，因市面蕭條益甚，各廠營業又趨下游。

水泥賣出，市價劃一。以上三廠，且聯合組織國產水泥營業所於上海四川路三十三號，專司水泥交易事務，並議定市價，各廠皆派職員常川駐所，以便顧客接洽，凡本埠躉批成交，均向營業所或廠中直接訂購，貨款當時結清或分大小月底繳付。至零星購買，則向五金號接洽如欲在外埠設立經理處，可與廠方簽訂合同，惟須有殷實商號之舖保，或繳若干保證金。經理處向公司辦貨，以不超過所繳之保證金爲原則；貨款按月結清，所有關稅運費，概歸經理處自理：公司除給予特別折扣外，並酬以相當佣金。

(十)最近市價　邇來因市態冷落，建築停頓，各廠出品，形成供過於求之勢，市價頻趨下跌。查上海出品之象牌，本年二月間每桶售價尚在七元左右(連統稅在內)，迨最近竟慘跌元餘，現僅售五元七八角之間。

中國之泰山牌，售價與上海相仿，亦一律下跌。

至於啓新之馬牌，目前每桶連統稅在內，售六元六角左右，每袋銷售二元餘，均較前降低。

聞最近各公司鑒於幣制改革後。原料漲價。且外貨來源中斷，故自本月起。每桶水泥漲價一元三角云。

(轉載二十四年十二月十八，十九，二十日申報)

建築材料價目
本刊所載材料價目，力求正確；惟市價瞬息變動，漲落不一，集稿時與出版時難免出入。讀者如欲知正確之市價者，希隨時來函詢問，本刊當代為探詢詳告。

磚瓦

（一）空心磚

十二寸方十寸六孔　每千洋二百三十元
十二寸方九寸六孔　每千洋二百十元
十二寸方八寸六孔　每千洋一百八十元
十二寸方六寸六孔　每千洋一百三十五元
十二寸方四寸四孔　每千洋九十元
十二寸方三寸三孔　每千洋七十二元
九寸二分方六寸六孔　每千洋七十二元
九寸二分方四寸半三孔　每千洋五十五元
九寸二分方三寸三孔　每千洋四十五元
四寸半方九寸二分四孔　每千洋三十五元
九寸二分四寸半三寸二孔　每千洋二十二元
九寸二分·四寸半·二寸半·二孔　每千洋廿一元
九寸二分·四寸半·二寸·二孔　每千洋廿元

（二）八角式樓板空心磚

十二寸方八寸八角四孔　每千洋二百元
十二寸方六寸八角三孔　每千洋一百五十元
十二寸方四寸八角三孔　每千洋一百元

（三）深淺毛縫空心磚

十二寸方十寸六孔　每千洋二百五十元
十二寸方八寸半六孔　每千洋二百十元
十二寸方八寸六孔　每千洋二百元
十二寸方六寸六孔　每千洋一百五十元
十二寸方四寸四孔　每千洋一百元
十二寸方三寸三孔　每千洋八十元
九寸二分方四寸半三孔　每千洋六十元

（四）實心磚

九寸四寸三分二寸半紅磚　每萬洋一百四十元
八寸半四寸一分二寸半紅磚　每萬洋一百三十三元
十寸·五寸·二寸紅磚　每萬洋一百二十七元
九寸四寸三分二寸紅磚　每萬洋一百〇六元
九寸四寸三分二寸三分紅磚　每萬洋一百廿元
九寸四寸三分二寸二分拉縫紅磚　每萬洋一百八十元

（五）瓦

（以上統係外力）

一號紅平瓦　每千洋六十五元
二號紅平瓦　每千洋六十元
三號紅平瓦　每千洋五十元
一號青平瓦　每千洋七〇元
二號青平瓦　每千洋六十五元
三號青平瓦　每千洋五十五元
西班牙式紅瓦　每千洋五十元
西班牙式青瓦　每千洋五十三元
英國式灣瓦　每千洋四十元
古式元筒青瓦　每千洋六十五元

（以上統係連力）

以上大中磚瓦公司出品

新三號青放　每萬洋五十三元
新三號老紅放　每萬洋六十三元

輕硬空心磚

		每塊重量
十二寸方十二寸四孔	每千洋二八八元	卅六磅
十二寸方十寸四孔	每千洋二三六元	廿六磅
十二寸方八寸二孔	每千洋一七七元	十九磅半
十二寸方六寸二孔	每千洋一三三元	十七磅
十二寸方四寸二孔	每千洋八九元	十四磅

貨名	價目	重量
十二寸方三寸二孔	每千洋七十元	十二磅半
九寸三分方八寸二孔	每千洋九十三元	十二磅
九寸三分方六寸二孔	每千洋七十元	九磅半
九寸三分方四寸半二孔	每千洋五十四元	八磅二五
九寸三分方三寸二孔	每千洋五十元	七磅二五

硬磚

貨名	價目	重量
三寸三分四寸五分九寸半	每萬洋一〇五元	六磅
二寸三分四寸一分八寸半	每萬洋八十五元	四磅半

以上長城磚瓦公司出品

鋼條

貨名	價目
四十尺四分普通花色	每噸一四〇元
四十尺五分普通花色	每噸一二六元
四十尺六分普通花色	每噸一三二元
四十尺七分普通花色	每噸一三六元
四十尺一寸普通花色	每噸一三六元
盤圓絲	每市擔六元六角

泥灰石子

貨名		價目
象牌	水泥	每桶洋六元三角
泰山	水泥	每桶洋五元七角
馬牌	水泥	每桶洋六元五角
拔灰		每擔洋一元二角
黃沙		每噸洋三元
石子		每噸洋三元半

木材

貨名	價目
洋松八尺至卅二尺再長照加	每千尺洋九十五元
一寸洋松	每千尺洋九十七元
寸半洋松	每千尺洋九十八元
洋松二寸光板	每千尺洋八十一元
四尺洋松條子	每萬根洋一百六十元
一寸四寸洋松一號企口板	每千尺洋一百〇五元
一寸四寸洋松副頭號企口板	每千尺洋九十五元
一寸四寸洋松二號企口板	每千尺洋八十五元
一寸六寸洋松一號企口板	每千尺洋一百十五元
一寸六寸洋松副頭號企口板	每千尺洋一百元
一寸六寸洋松二號企口板	每千尺洋九十元
一二五四寸洋松一號企口板	每千尺洋一百五十元
一二五四寸洋松二號企口板	每千尺洋無市
一二五六寸洋松一號企口板	每千尺洋一百六十元
一二五六寸洋松二號企口板	每千尺洋無市
柚木(頭號)僧帽牌	每千尺洋六百元
柚木(甲種)龍牌	每千尺洋五百三十元
柚木(乙種)龍牌	每千尺洋五百元
柚木(旗牌)	每千尺洋五百三十元
柚木(盾牌)	每千尺洋四百八十元
硬木	每千尺洋一百六十元
硬木(火介方)	每千尺洋一百五十五元
柳安	每千尺洋一百八十元
紅板	每千尺洋一百三十五元
抄板	每千尺洋一百五十五元
十二尺三寸六八皖松	每千尺洋六十六元
十二尺二寸皖松	每千尺洋五十六元
一二五四寸柳安企口板	每千尺洋一百八十五元
一寸六寸柳安企口板	每千尺洋一百八十五元
一二五四寸企口紅板	每千尺洋一百四十六元
二寸一半建松片	市尺每千尺洋五十二元
九尺四分建松板	市尺每丈洋三元六角
九尺八分建松板	市尺每丈洋六元五角
六尺半五分青山板	市尺每丈洋三元

本松毛板	市尺每塊洋二角四分
本松企口板	市尺每塊洋二角六分
六尺半二分杭松板	市尺每丈洋一元七角
七尺半二分甌松板	市尺每丈洋一元七角
六尺半八分皖松板	市尺每丈洋四元二角
九尺八分皖松板	市尺每丈洋五元二角
六尺半五分皖松板	市尺每丈洋三元六角
台松板	市尺每丈洋三元
七尺半四分坦戶板	市尺每丈洋二元二角
七尺半三分坦戶板	市尺每丈洋二元
六尺二分機鋸紅柳板	市尺每丈洋三元三角
六尺三分毛邊紅柳板	市尺每丈洋三元三角
六尺二分俄松板	市尺每丈洋二元
六尺半二分俄松板	市尺每丈洋二元二角
七尺半毛邊二分坦戶板	市尺每丈洋一元四角
六尺半五分機介杭松	市尺每丈洋三元三角
白松方	每千尺洋九十元
紅松方	每千尺洋一百十元
麻栗方	每千洋一百三十元
啞克方	每千洋一百三十元

五金

（一）釘

美方釘	每桶洋二十元〇九分
平頭釘	每桶洋二十元八角
中國貨元釘	每桶洋六元五角

（二）牛毛毡

五方紙牛毛毡	每捲洋二元八角
半號牛毛毡（馬牌）	每捲洋二元八角
一號牛毛毡（馬牌）	每捲洋三元九角
二號牛毛毡（馬牌）	每捲洋五元一角
三號牛毛毡（馬牌）	每捲洋七元

（三）其他

鋼絲網（27"×96" 2¼lbs.）	每方洋四元
鋼版網（8'×12' 六分一寸半眼）	每張洋卅四元
水落鐵（每根長二十尺）	每千尺五十五元
牆角線（每根長十二尺）	每千尺九十五元
踏步鐵（每根長十尺或十二尺）	每千尺五十五元
鉛絲布（闊三尺長百尺）	每捲二十三元
綠鉛紗（同上）	每捲洋十七元
銅絲布（同上）	每捲四十元

水木作工價

木作（包工連飯）	每工洋六角三分
水作（同上）	每工洋六角
水木作（點工連飯）	每工洋八角五分

中華郵政特准掛號認為新聞紙類

建築月刊 THE BUILDER

內政部登記證警字第二五五四號

廣告刊例
Advertising Rates Per Issue

地位 Position	全面 Full Page	半面 Half Page	四分之一 One Quarter
底封面外面 Outside back cover.	七十五元 $75.00		
封面及底面之裏面 Inside front & back cover	六十元 $60.00	三十五元 $35.00	
封面裏面及底面裏面之對面 Opposite of inside front & back cover.	五十元 $50.00	三十元 $30.00	
普通地位 Ordinary page	四十五元 $45.00	三十元 $30.00	二十元 $20.00

小廣告 每期每格一寸高 三寸半闊洋四元
Classified Advertisements - $4.00 per column

廣告概用白紙黑墨印刷，倘須彩色，價目另議；鑄版彫刻，費用另加。
Designs, blocks to be charged extra.
Advertisements inserted in two or more colors to be charged extra.

(本期特大號另售國幣一元)

第四卷第一號
(三週紀念特大號)

民國二十五年一月發行

刊務委員會 竺泉通 陳松齡 江長庚
主編 杜彥耿
廣告 藍克生 (A. O. Lacson)
發行 上海市建築協會 南京路大陸商場六二〇號 電話九二〇〇九號
印刷 新光印書館 上海聖母院路聖達里三一號 電話七四六三五號

定價
每月一冊 全年十二冊

訂購辦法	價目	郵費 本埠	郵費 外埠及日本	郵費 香港澳門	郵費 國外
零售	五角	二分	五分	一角八分	三角
預定全年	五元	二角四分	六角	二元一角六分	三元六角

（定閱月刊）

茲定閱貴會出版之建築月刊自第　　卷第　　號起至第　　卷第　　號止計國幣　　元　　角　　分外加郵費　　元　　角　　分一併匯上請將月刊按期寄下列地址爲荷此致

上海市建築協會建築月刊發行部

　　　　啓　　年　　月　　日

地址

（更改地址）

啓者前於　　年　　月　　日在

貴會訂閱建築月刊一份執有第　　號定單原寄

　　　　收現因地址遷移請卽改寄

　　　　收爲荷此致

上海市建築協會建築月刊發行部

　　　　啓　　年　　月　　日

（查詢月刊）

啓者前於　　年　　月　　日

訂閱建築月刊一份執有第　　號定單寄

　　　　收茲查第　　卷第　　號

尙未收到祈卽查復爲荷此致

上海市建築協會建築月刊發行部

　　　　啓　　年　　月　　日

上海市建築協會附設
私立正基建築工業補習學校招生

民國十九年秋創立 ○ 上海市教育局登記

宗旨 利用業餘時間進修建築工程學識(授課時間下午七時至九時)

編制 參酌學制設初級高級兩部每部各三年修業年限共六年

招考 本屆招考初級一二三年級及高級一二年級(高級三年級照章並不招考)

各級投考程度爲

初級一年級 高級小學畢業或具同等學力者

初級二年級 初級中學肄業或具同等學力者

初級三年級 初級中學畢業或具同等學力者

高級一年級 高級中學工科肄業或具同等學力者

高級二年級 高級中學工科畢業或具同等學力者

報名 即日起每日上午九時至下午五時親至(一)牯嶺路本校或(二)南京路大陸商場六樓六二〇號上海市建築協會內本校辦事處填寫報名單隨付手續費一元(錄取與否概不發還)領取應考証憑証於指定日期入場應試

考科 各級入學試驗之科目 (初一)英文・算術 (初二)英文・代數 (初三)英文・三角(高一)英文・解析幾何 (高二)微積分・應用力學

考期 二月九日(星期日)上午九時起在牯嶺路本校舉行(二月九日以後隨到隨考)

校址 牯嶺路派克路口第一六八號

附告 (一)凡在高級小學畢業執有證書者准予免試編入初級一年級肄業投考其他各級必須經過入學試驗

(二)本校章程可向牯嶺路本校或大陸商場上海市建築協會內本校辦事處函索或面取

中華民國二十五年一月 日 校長 湯景賢

建業營造廠

JAY EASE & CO.

GENERAL BUILDING CONTRACTORS

本廠承造之中國旅行社西京招待所

本廠最近承造工程之一覽

英工部局西人監牢A/B……上海華德路
英工部局西人監牢R/D……上海華德路
招商局鋼骨水泥貨棧一二三號……廣州
宋漢章先生住宅……上海金神父路
中央大學農學院……南京
新住宅區蘭園合作社第一部工程……南京
張治中先生住宅……南京
中國銀行經理住宅……南京
總理陵園藏經樓……南京
西北農林專科學校大樓……陝西武功
中國旅行社西京招待所……西京

總事務所　上海九江路一一三號　電話一四八八四號　電報掛號二一四四號

分廠　南京　西安　廣州　電報掛號二一四四號

Armstrong Accotile
Armstrong Rubber Tile
Armstrong Cork Tile
Armstrong Linowall
Armstrong Linoleum

1. TEMPERED PRESDWOOD
   for Furniture, Concrete form, Floors, Wall Panneling, Cabinet Making, etc.
2. STANDARD PRESDWOOD
   for all Interior Walls & Ceilings.
3. QUARTER BOARD
   for Walls and Ceilings.
4. INSULATION BOARD
   for Interior Finishes, insulation and sound absorption.

Durable, Artistic, Economical.
Estimates and Samples given without obligation.
Skillful workmanship and under Foreign Supervision.

EXCLUSIVE AGENTS ;--

GETZ BROS. & CO.

66 Nanking Road .... Tel. 16851-3

本行經售：一

雅氏含土瀝青地磚
雅氏橡皮地磚
雅氏軟木地磚
雅氏油牆毯

（1）美生油板
可作家具，水泥壳子，地板，牆壁及衣橱之用。

（2）美生光板
用於內牆及平頂

（3）美生二分板
用於牆壁及平頂

（4）美生隔絕板
用於內牆。以隔絕聲響。

經久耐用 · 經濟美觀
如蒙委託估價或索取樣品概不取費
獨家經理

美商吉時洋行

南京路六十六號　電話一六八五一至三

上海

新光印書館

電話七四六三五　聖母院路聖達里三十一號

本館精印中西書報及其他各種印刷品莫不出品迅速印刷精良定期不悞素爲各界所贊美倘蒙委託承印無不竭誠歡迎之至

此建築月刊
由本館承印

THE LIGHTING PRESS LTD.

31 Passage 40 Route Des Soeurs, Shanghai.　Telephone 74635

The Shanghai Sanitarium. Chang, Ede & Partners, Architects.

AN-CHEE CONSTRUCTION CO.
ENGINEERS & CONTRACTORS
Lane No.97 Mm 69, Myburgh Road. Tel 35059

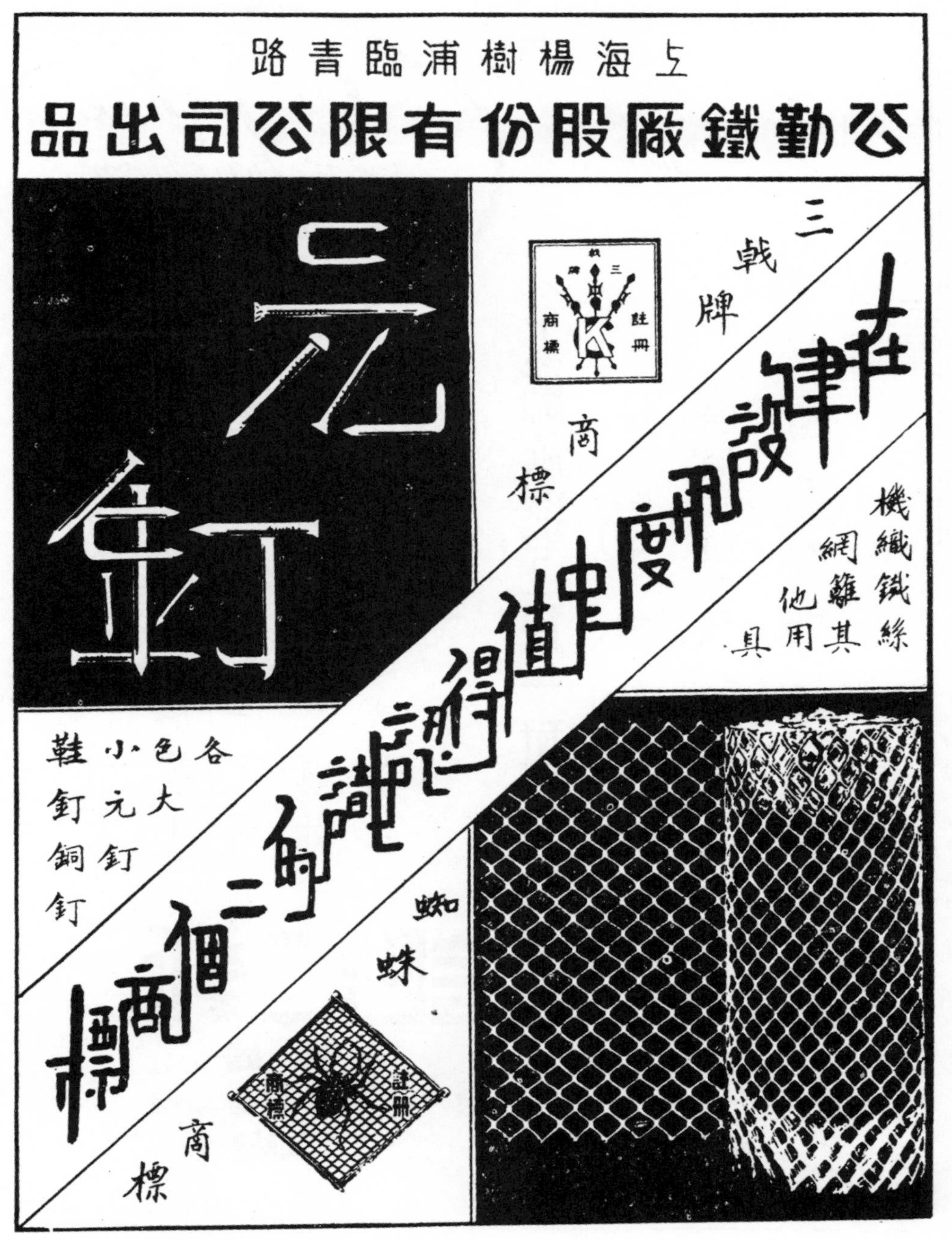
上海楊樹浦臨青路
公勤鐵廠股份有限公司出品
元釘
三戟牌
商標
機織鐵絲
網籬其
他用具
建設用度值得讚的二個商標
各色大
小元釘
鞋釘銅釘
蜘蛛
商標

長城機製磚瓦
股份有限公司
註冊商標
TRADE MARK
價比普通磚廉
質品較任何機器磚高
總公司 騰越路一四四號 電話五一一七九
製造廠事務所 牛莊路七四二號 電話九〇九八〇
証明
壓力、吸水量、耐久性
均經上海工部局
詳細化驗負責証明
成績超越一切磚瓦
出品
堅韌硬磚
輕硬空心磚
瀉水瓦片
如蒙垂詢價格及索閱貨樣請電話通知即當送奉

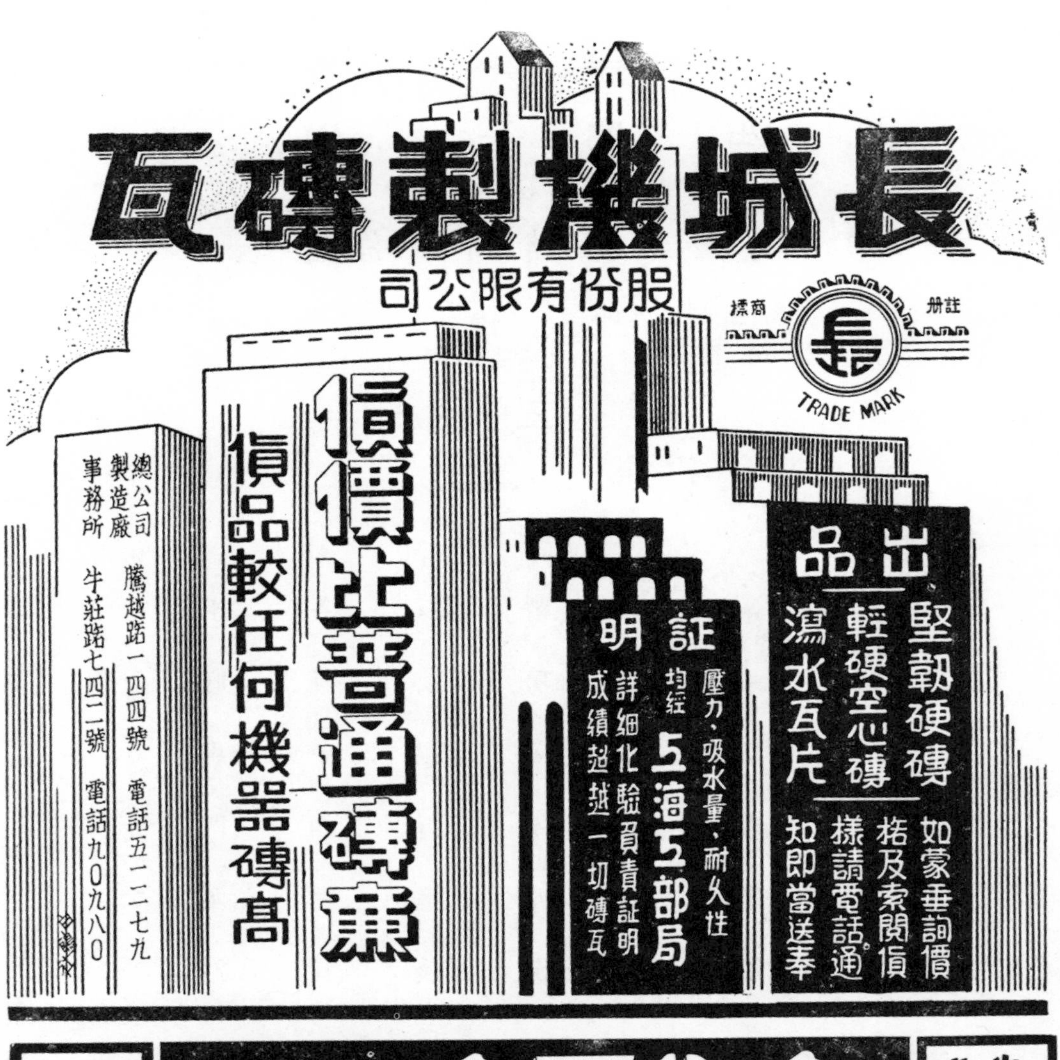

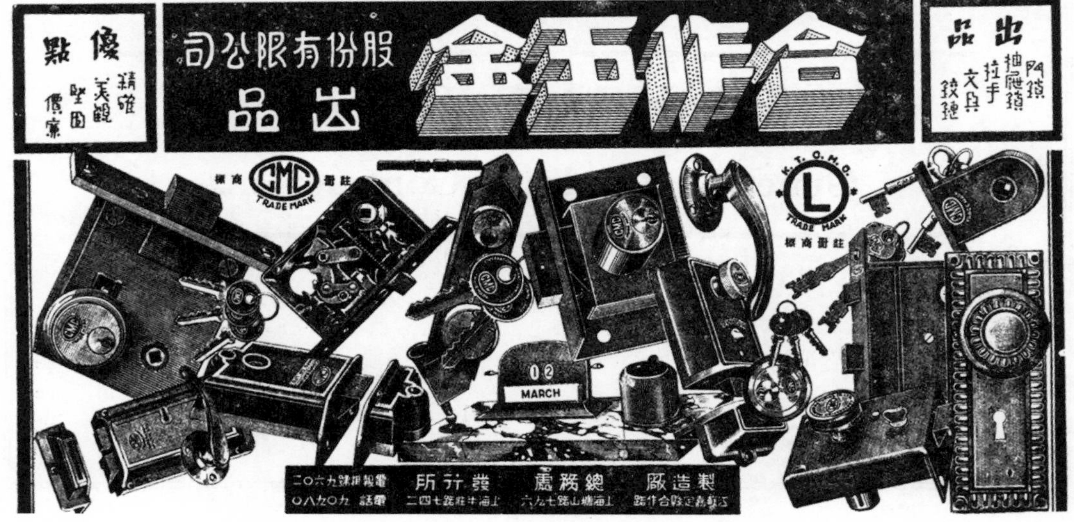

優點
精確 美觀 堅固 價廉
合作五金
股份有限公司
出品
出品
門鎖 抽屜鎖 拉手 文具 鉸鏈
註冊商標 CMC TRADE MARK
K.T.C.M.C. L TRADE MARK 註冊商標
12 MARCH
製造廠 江灣寶定路合作路
總務處 上海塘山路七九六
發行所 上海牛莊路七四二
電報掛號九六〇二 電話九〇九八〇

藝術之建築 燦爛之油漆
飛虎牌油漆
振華油漆公司製造
總公司上海北蘇州路四七八號
本外埠各大五金號漆號均有出售

註冊商標

註冊名稱

瑪瑙石油漆　瑪瑙顆地板蠟　瑪瑙珠水牆

瑪瑙靈凡立水　瑪瑙德乾牆粉

上海

英商永光油漆有限公司出品

總經理

太古公司

電話　八二〇二〇

法租界外灘二十一至二十三號